山东森林植物资源分类解析

房 用 慕宗昭 孟振农 主编

中国环境出版社·北京

图书在版编目（CIP）数据

山东森林植物资源分类解析/房用，慕宗昭，孟振农主编. —北京：中国环境出版社，2014.10

ISBN 978-7-5111-1985-8

Ⅰ. ①山… Ⅱ. ①房… ②慕… ③孟… Ⅲ. ①森林植物—植物资源—研究—山东省 Ⅳ. ①Q948.525.2

中国版本图书馆 CIP 数据核字（2014）第 159161 号

出 版 人 王新程
责任编辑 周 煜
文字编辑 曹 玮
责任校对 尹 芳
封面设计 宋 瑞

出版发行 中国环境出版社
（100062 北京市东城区广渠门内大街 16 号）
网 址：http://www.cesp.com.cn
电子邮箱：bjgl@cesp.com.cn
联系电话：010-67112765（编辑管理部）
发行热线：010-67125803，010-67113405（传真）
印 刷 北京中科印刷有限公司
经 销 各地新华书店
版 次 2014 年 10 月第 1 版
印 次 2014 年 10 月第 1 次印刷
开 本 787×1092 1/16
印 张 26.25
字 数 603 千字
定 价 78.00 元

编写人员名单

主　编：房　用　慕宗昭　孟振农

副主编：梁　玉　董　智　慕德宇

编　委：范小莉　王成栋　王　强　王卫东　李红利　唐永辉

孙吉峰　张学锋　邹玉芹　鞠传龙　蹇兆忠　刘伯燕

王月海　燕鸿星　时海燕　周继磊　杨小奎

前 言

植物资源是大自然赋予人类的一项巨大财富，也是人类赖以生存的物质基础，无论在工农业生产还是人们的日常生活中，资源植物都发挥着重要作用。合理地利用和保护各种资源植物，是实施可持续发展战略的重要内容和行动。

山东是中华民族的发源地之一，人类活动历史悠久，长期的开垦、放牧、采伐等生产活动，使山东自然植被受到严重破坏。随着近百年来现代工农业经济的发展和对外交流的增加，大量外来物种和栽培品种涌入山东，由于缺乏对种质资源的保护意识，没有重视对于外来种质资源生态安全性的评估，由此造成的生态问题已经显现出来。

木本植物资源的保护，关系到森林生态系统的健康发展，是山东生态与环境可持续发展中面临的关键问题之一。2003 年，山东省做出了“发展循环经济，建设生态省”的战略决策，森林植被能否得到有效的恢复是提高生态省建设质量的重要基础条件。至 2010 年，山东省已经投资 3 600 亿元，用于以环境保护、生态建设、循环经济为重点的生态省建设工作。生态省建设的十大重点工程中，国土绿化工程和生态保护与建设工程直接涉及木本植物资源的应用问题。

山东省地处暖温带落叶阔叶林区，目前境内有维管植物 2 300 多种，其中乡土植物约占 70%以上，多数是森林植被成分，或与森林植被有着密切的联系。长期以来，由于人工造林中忽视了对物种多样性的保育和对乡土植物的应用，省内丰富的植物资源并没有得到很好的应用，由此造成了全省大部分区域的森林存在林分单一、群落结构简单、森林生态系统脆弱等一系列生态问题，严重影响了森林植被的生态效益、景观质量和持续演替的能力，使造林绿化工作蒙受了巨大的经济损失。因此，针对山东各地的立地条件，因地制宜地选择植物资源，是生态建设中亟待解决的重要问题。山东省在种质资源的研究和保护方面做了大量的工作，本书力求对这些研究成果和工作进行比较全面的总结。

本书是在《山东森林植物资源及应用》一书的基础上进行的修订，补充了山东生态造林项目和湿地植物资源调查的相关资料，查阅大量参考文献并进行了校正。在呈现方式上本书按生境、经济用途、灌藤植物、造林树种、经济林资源和保护物种等分门别类地收集了相关植物名录，介绍了植物的分布特点和对立地环境的要求，可以为山东省林业造林、水土保持和湿地保护等工作中实地调查和树种的选择提供参考资料。兼顾树种的生态效益、环境效益和美化效益，将城乡绿化树种进行了分类排序，试图为科学搭配和充分利用好植物资源提供一些有益的借鉴。全书共分 7 章 34 节，力求条理清楚、易查易找、方便实用。可以为林业教学、林业生产实践、森林生态保护与恢复、湿地生态建设等方面提供借鉴和参考。本书在编写过程中，承蒙许多领导和同行专家的大力支持，在此表示衷心感谢。

编　者

目　录

1 山东植物资源分区概述

山东省的立地条件比较复杂多样，地形包括中山、低山、丘陵、盆地、台地、平原、湖泊、海岸等多种类型，平原、盆地约占全省总面积的63%；山地、丘陵约占34%；河流、湖泊约占3%，既有海拔1 545 m的泰山，又有海拔2～10 m的黄河三角洲。

以不同立地条件中的天然植物资源为背景，参考山东植被分区并与山东省林业区划相协调，将全省划分为四个植物资源区：鲁北滨海平原区（相当于山东省林业区划中的渤海平原农田防护林盐碱地改良林区）、鲁西平原区（相当于山东省林业区划中的鲁西平原、农田防护林、经济林区）、鲁中南低山丘陵区（相当于山东省林业区划中的鲁中南低山丘陵水源林、经济林区）、鲁东丘陵区（相当于山东省林业区划中的鲁东丘陵水源用材林、经济林区）。对不同区域的植物资源分布特点加以分析。

1.1 鲁北滨海平原区

鲁北滨海平原区位于渤海沿岸，范围包括滨州市区、无棣县、沾化县、阳信县、滨县、博兴县、广饶县；潍坊市区、寿光市、昌邑市；东营市的利津县、垦利县。总面积 2 694万亩，占全省土地总面积的11.89%，其中耕地1 028万亩，占总面积的38%。

1.1.1 生态与环境条件

地形：黄河以北地势低平，局部海岸内侧地势稍微起伏，有垄岗地形分布。海拔高度一般在20 m以下，地面坡降很小，平均为1/6 000～1/8 000，属淤泥质海岸，潮间带宽几公里，有的达10余公里，分布于海拔3 m以下，地面坡降在1/8 000～1/10 000。高潮线上下，发育着广阔的潮沟地貌，由于受不同程度的高潮浸灌和脱盐历时长短的影响，形成不同程度的盐土。黄河三角洲由于河口受海潮顶托及泥沙的堆积，每年向海延伸发展。黄河以南海拔在50 m以下，地势较平，并有碟形洼地分布，平均坡降为1/4 000。小清河到胶莱河间，地势低平，洼地较多，与海滩盐碱地呈带状发育，海拔高仅2～3 m。

气候：全年平均气温12～18℃，极端最低气温为–18～–26℃；极端最高气温为40～42℃，全年日照时数2 700～2 800 h，积温4 300℃左右。年降水量550～600 mm，春雨占12%～16%，夏雨占 65%～70%。干燥度 1.3～1.5。冰雹机遇 1～2 年，干热风机遇 1～5年，全年无霜期200天左右。多旱多涝是本区气候特点。

土壤：以盐土类的滨海潮盐土为主，主要分布在海拔 3.5～13 m 以内。海拔 7.5～13 m 范围内的滨海潮盐土，潜水矿化度多在 10～20 g/L，多成斑状，与滨海岩化潮土成复区分布。海拔 3.5～7.5 m 范围的滨海潮盐土，潜水矿化度大于 50 g/L，常为年高潮所淹没。

1.1.2 植物资源分布特点

本区存在许多可用于防风固沙和盐碱地改良的植物资源，抗旱树种以旱柳、杨树、刺槐、柽柳、紫穗槐为主，白榆、臭椿、杞柳次之，其中有些可用作山东植被恢复的先锋物种，或是作为防风固沙、水土保持、盐碱地改良的资源植物，具有重要意义的种质资源。

本区域斑块状地分布了滨海盐地獐茅草甸、滨海盐地碱蓬草甸、芦苇盐生草甸等盐渍化土地上特有的植物资源，在植物资源应用方面是比较特殊的一个区。由于本区的盐渍化和沙化比较严重，立地条件具有明显的特殊性，水资源比较充足但可用水资源量小，比较适合耐盐碱、宿根性的草本和一年生草本的生长，湿地植物比较丰富，耐盐碱灌木也有很大的发展前途，而乔木生长则比较困难，可选择的物种较少，多数只能生长在中低盐分区域或经过人为改土的区域。

1.1.3 物种资源

如表 1-1、表 1-2、表 1-3 所示。其中乡土物种是指原产于该地区或在该地区有野生分布的物种；栽培物种是指引种栽培后未经驯化或者已经驯化但尚未逸为野生的，其中包括一些栽培变种、变型、品种（或品系）等。

表 1-1 鲁北滨海平原区主要的草本和草质藤本植物

（其中○为乡土种、□为栽培物种、※为草质藤本）

科、属		种名	
香蒲科	Typhaceae		
香蒲属	*Typha* L.	香　蒲	*T. orientalis* Presl. ○
		小香蒲	*T. minima* Funk. ○
		无苞香蒲	*T. laxmannii* Lepech. ○
		水　烛	*T. angustifolia* L. ○
		长苞香蒲	*T. angustata* Bory. et Chaub.
黑三棱科	Sparganiaceae		
黑三棱属	*Sparganium* L.	黑三棱	*S. stoloniferum* Hamit. ○
眼子菜科	Potamogetonaceae		
水麦冬属	*Triglochin* L.	水麦冬	*T. palustre* L. ○
眼子菜属	*Potamogeton* L.	浮叶眼子菜	*P. natans* L. ○
		眼子菜	*P. distinctus* A. Benn. ○
		竹叶眼子菜	*P. malaianus* Miq. ○
		穿叶眼子菜	*P. perfoliatus* L. ○
		微齿眼子菜	*P. maackianus* A. Benn.
		菹　草	*Potamogeton crispus* L. ○
		篦齿眼子菜	*P. pectinatus* L. ○
		小眼子菜	*P. pusillus* L. ○
川蔓藻属	*Ruppia L.*	川蔓藻	*R. maritima* L. ○
茨藻科	Najadaceae		
茨藻属	*Najas* L.	大茨藻	*N. marina* L. ○
		小茨藻	*N. minor* All. ○
泽泻科	Alismataceae		
泽泻属	*Alisma* L.	东方泽泻	*A. orientale*（Sam.）Juzepcz. ○
慈姑属	*Sagittaria* L.	野慈姑	*S. trifolia* L. ○
水鳖科	Hydrocharitaceae		
水鳖属	*Hydrocharis* L.	水　鳖	*H. dubia*（Bl.）Backer○
黑藻属	*Hydrilla* Rich.	黑　藻	*H. verticillata*（L. f.）Royle○
苦草属	*Vallisneria* L.	苦　草	*V. natans*（Lour.）Hara○
禾本科	Gramineae		
羊茅属	*Festuca* L.	苇状羊茅	*F. arundinacea* Schreb. ○
早熟禾属	*Poa* L.	白顶早熟禾	*P. acroleuca* Steud. ○
		早熟禾	*P. annua* L. ○
画眉草属	*Eragrostis* Beauv.	大画眉草	*E. cilianensis*（All.）Link ex Merr. Vign.-Lut ○
		小画眉草	*E. poaeoides* Beauv. ○
		知风草	*E. ferruginea*（Thunb.）Beauv. ○
		画眉草	*E. pilosa*（L.）Beaur○
芦苇属	*Phragmites* Trin.	芦　苇	*P. communis* Trin. ○
双稃草属	*Diplachne* Beauv.	双稃草	*D. fusca*（L.）Beauv. ○
䅟　属	*Eleusine* Gaertn.	牛筋草	*E. indica*（L.）Gaertn. ○
草沙蚕属	*Tripogon* Roem. et Schult	中华草沙蚕	*T. chinensis*（Franch.）Hack. ○

科、属		种名	
虎尾草属	*Chloris* Swartz	虎尾草	*C. virgata* Swatrz○
狗牙根属	*Cynodon* Rich.	狗牙根	*C. dactylon*（L.）Pers. ○
拂子茅属	*Calamagrostis* Adans.	拂子茅	*C. epigeios*（L.）Roth○
		假苇拂子茅	*C. pseudophragmites*（Hall. f.）Koel. ○
看麦娘属	*Alopecurus* L.	看麦娘	*A. aequalis* Sobol. ○
獐毛属	*Aeluropus Trin.*	獐　毛	*A. sinensis*（Debeaux）Tzvel. ○
柳叶箬属	*Isachne* R. Br.	柳叶箬	*I. Globosa*（Thunb.）Kuntze○
稗　属	*Echinochloa* Beauv.	稗	*E. crusgallii*（L.）Beauv. ○
		西来稗	*E. crusgallii*（L.）Beauv. var. *zelayensis*（H. B. K.）Hitchc. ○
		无芒稗	*E. crusgallii*（L.）Beauv. var. *mitis*（Pursh）Peterm. ○
		旱　稗	*E. crusgallii*（L.）Beauv. var. *hispidula*（Retz.）Kitag. ○
马唐属	*Digitaria* Heist	止血马唐	*D. ischaemum*（Schreb.）Schreb. ○
		马　唐	*D. sanguinalis*（L.）Scop. ○
		毛马唐	*D. ciliaris*（Retz.）Koel. ○
		升马唐	*D. adscendens*（H. B. K.）Henred. ○
狗尾草属	*Setaria* Beauv.	大狗尾草	*S. faberii* Herrm. ○
		狗尾草	*S. viridis*（L.）Beauv. ○
		金色狗尾草	*S. glauca*（L.）Beauv. ○
锋芒草属	*Tragus* Hall.	虱子草	*T. berteronianus* Schult. ○
		锋芒草	*T. racemosus*（L.）○
芒　属	*Miscanthus* Anders.	荻	*M. sacchariflorus*（Maxim.）Hack. ○
		芒	*M. sinensis* Anders. ○
白茅属	*Imperata* Cyr.	丝　茅	*I. koenigii*（Retz.）Beauv. ○
		白　茅	*I. cylindrica*（L.）Beauv. var. *major*（Nees）C. B. Hubb. ○
牛鞭草属	*Hemarthria* R. Br.	牛鞭草	*H. altissima* Stapf et C. E. Hubb○
荩草属	*Arthraxon* Beauv.	矛叶荩草	*A. prionodes*（Steud.）Dandy○
		荩　草	*A. hispidus*（Thunb.）Makino○
莎草科	Cyperaceae		
藨草属	*Scirpus* L.	扁秆藨草	*S. planiculmis* Fr. Schmidt○
		水　葱	*S. validus* Vahl○
荸荠属	*Eleocharis* R. Br.	刚毛荸荠	*E. valleculosa* Ohwi f. Setosa（Ohwi）*Kitagawa*
飘拂草属	*Fimbristylis* Vahl	烟台飘拂草	*F. stauntoni* Debeaux et Franch. ○
莎草属	*Cyperus* L.	香　附	*C. rotundus* L. ○
		头状穗莎草	*C. glomeratus* L. ○
		碎米莎草	*C. iria* L. ○
		小碎米莎草	*C. microiria* Steud. ○
		褐穗莎草	*C. fuscus* L. ○
		异型莎草	*C. difformis* L. ○
		旋鳞莎草	*C. michelianus*（L.）Link. ○
		白鳞莎草	*C. nipponicus* Franch. et Savat.

科、属		种名	
扁莎属	*Pycreus* P. Beauv.	球穗扁莎	*P. globosus*（All.）Reichb.
		小球穗扁莎	*P. globosus*（All.）Reichb. var. *nilagiricus* C. B. Clarke
		直球穗扁莎	*P. globosus*（All.）Reichb. var. *strictus*（Roxb.）C. B. Clarke
薹草属	*Carex* L.	糙叶薹草	*C. scabrifolia* Steud.
		白颖薹草	*C. rigescens*（Franch.）V. Krecz. ○
		溪水薹草	*C. forficula* Franch. et Savat
天南星科	Araceae		
菖蒲属	*Acorus* L.	菖　蒲	*A. calamus* L. ○
浮萍科	Lemnaceae		
芜萍属	*Wolffia* Hork. ex Schleid.	芜　萍	*W. arrhiza*（L.）Wimmer○
紫萍属	*Spirodela* Schleid.	紫　萍	*S. polyrrhiza*（L.）Schleid. ○
浮萍属	*Lemna* L.	浮　萍	*L. minor* L. ○
雨久花科	Pontederiaceae		
雨久花属	*Monochoria* Presl	雨久花	*M. korsakowii* Regel et Maack□
灯心草科	Juncaceae		
灯心草属	*Juncus* L.	灯心草	*J. effuses* L. ○
鸢尾科	Iridaceae		
鸢尾属	*Iris* L.	马　蔺	*I. lactea* var. *chinensis*（Fisch.）Koidz. ○
桑　科	Moraceae		
葎草属	*Humulus* L.	葎　草	*H. scandens*（Lour.）Merr. ○※
蓼　科	Polygonaceae		
蓼　属	*Polygonum* L.	萹　蓄	*P. aviculare* L. ○※
		红　蓼	*P. orientale* L. □
		酸模叶蓼	*P. lapathifolium* L. ○
		两栖蓼	*P. amphibium* L. ○
酸模属	*Rumex* L.	齿果酸模	*R. dentatus* L. ○
		黑龙江酸模	*R. amurensis* F. Sehm. ex Maxim. ○
藜　科	Chenopodiaceae		
盐角草属	*Salicornia* L.	盐角草	*S. europaea* L. ○
滨藜属	*Atriplex* L.	滨　藜	*A. patens*（Litv.）Iljin○
		中亚滨藜	*A. centralasiatica* Iljin○
藜　属	*Chenopodium* L.	灰绿藜	*C. glaucum* L. ○
		东亚市藜	*C. urbicum* L. subsp. *sinicum* Kung et G. L. Chu○
		藜	*C. album* L. ○
		小　藜	*C. serotinum* L. ○
地肤属	*Kochia* Roth	地　肤	*K. scoparia*（L.）Schrad. ○
		碱地肤	*K. scoparia*（L.）Schrad. var. *sieversiana*（Pall.）Ulbr. ex Aschen. et Graebn. ○
		扫帚菜	*K. scoparia*（L.）Schrad. f. trichophylla（Hort.）Schinz.et Thell ○

科、属		种名	
碱蓬属	*Suaeda* Forsk. ex Scop.	碱　蓬	*S. glauca*（Bge.）Bge. ○
		盐地碱蓬	*S. salsa*（L.）Pall. ○
猪毛菜属	*Salsola* L.	猪毛菜	*S. collina* Pall. ○
青葙属	*Celosia* L.	青　葙	*C. argentea* L. ○
		鸡冠花	*C. cristata* L.
苋　科	Amaranthaceae		
苋　属	*Amaranthus* L.	反枝苋	*A. retroflexus* L. ○
		绿穗苋	*A. hybridus* L. ○
		合被苋	*A. polygonoides* L. ○
		皱果苋	*A. viridis* L. ○
		凹头苋	*A. lividus* L. ○
马齿苋科	Portulaceae		
马齿苋属	*Portulaca* L.	马齿苋	*P. oleracea* L. ○
石竹科	Caryophyllaceae		
繁缕属	*Stellaria* L.	繁　缕	*S. media*（L.）Cyr. ○
蝇子草属	*Silene* L.	麦瓶草	*S. conoidea* L. ○
王不留行属	*Vaccaria* Medic.	王不留行	*V. segetalis*（Neck.）Garcke○
睡莲科	Nymphaceae		
莲　属	*Nelumbo* Adans.	莲	*N. nucifera* Gaertn. ○
金鱼藻科	Ceratophyllaceae		
金鱼藻属	*Ceratophyllum* L.	金鱼藻	*C. demersum* L. ○
毛茛科	Ranunculaceae		
铁线莲属	*Clematis* L.	大叶铁线莲	*C. heracleifolia* DC. ○
白头翁属	*Pulsatilla* Adans.	白头翁	*P. chinensis*（Bge.）Regel○
毛茛属	*Ranunculus* L.	杨子毛茛	*R. sieboldii* Miq.
		石龙芮	*R. sceleratus* L. ○
		茴茴蒜	*R. chinensis* Bge. ○
小檗科	Berberidaceae		
淫羊藿属	*Epimedium L.*	朝鲜淫羊藿	*E. koreanum* Nakai
罂粟科	Papaveraceae		
白屈菜属	*Chelidonium* L.	白屈菜	*C. majus* L. ○
蓟罂粟属	*Argemone* L.	蓟罂粟	*A. mexicana* L.
罂粟属	*Papaver* L.	虞美人	*P. rhoeas* L.
角茴香属	*Hypecoum* L.	角茴香	*H. erectum* L. ○
十字花科	Cruciferae		
独行菜属	*Lepidium* L.	光果宽叶独行菜	*L. latifolium* L. var. *affine* C. A. Mey○
		独行菜	*L. apetalum* Willd. ○
荠　属	*Capsella* Medic	荠	*C. bursa-pastoris*（L.）Medic. ○
播娘蒿属	Descurainia Webb. et Berth.	播娘蒿	*D. sophia*（L.）Webb. ex prantl○
离子芥属	*Chorispora* R. Br. ex DC.	离子芥	*C. tenella*（Pall.）DC.

科、属		种名	
蔊菜属	*Rrippa* Scop.	蔊　菜	*R. indica*（L.）Hiern. ○
		无瓣蔊菜	*R. dubia*（Pers.）Hara ○
糖芥属	*Erysimum* L.	小花糖芥	*E. cheiranthoides* L. ○
葶苈属	*Droba* L.	葶　苈	*Droba nemorosa* L. ○
盐芥属	*Thellungiella O. E. Schulz*	盐　芥	*T. salsuginea*（Pall.）O. E. Schulz○
景天科	Crassulaceae		
瓦松属	*Orostachys* Fisch.	瓦　松	*O. fimbriatus*（Turcz.）Berger○
蔷薇科	Rosaceae		
委陵菜属	*Potentilla* L.	朝天委陵菜	*P. supina* L. ○
豆　科	Leguminosae		
田菁属	*Sesbania Scop.*	田　菁	*S. cannabina*（Retz.）Pers. ○
鸡眼草属	*Kummerowia* Schindl.	鸡眼草	*K. striata*（Thunb.）Schindl. ○
		长萼鸡眼草	*K. stipulacea*（Maxim.）Makino○
苜蓿属	*Medicago* L.	紫苜蓿	*M. sativ* L. □
草木樨属	*Melilotus* Mill.	白花草木樨	*M. alba* Medic. ex Desr. ○
		草木樨	*M. suaveolens* Ledeb. ○
		细齿草木樨	*M. dentate*（Waldst. et Kit.）Pers.
		印度草木樨	*M. indicus*（L.）All.
豇豆属	*Vigna Savi*	贼小豆	*V. minima*（Roxb.）Ohwi et Ohashi
大豆属	*Glycine* L.	野大豆	*G. soja* Sieb. et Zucc. ○
野豌豆属	*Vicia* L.	歪头菜	*V. unijuga* A. Br. ○
		救荒野豌豆	*V. sativa* L. ○
		三齿萼野豌豆	*V. bungei* Ohwi○※
米口袋属	*Gueldenstaedtia* Fisch.	狭叶米口袋	*G.stenophylla* Bge. ○
		米口袋	*G. multiflora* Bge. ○
		海滨米口袋	*G. maritima* Maxim. ○
甘草属	*Glycyrrhiza L.*	甘　草	*G. uralensis* Fisch. □
		刺果甘草	*G. pallidiflora* Maxim.
黄耆属	*Astragalus* L.	糙叶黄耆	*A. scaberrimus* Bge. ○
车轴草属	*Trifolium* L.	白车轴草	*T. repens* L.
		红车轴草	*T. pratense* L.
酢浆草科	Oxalidaceae		
酢浆草属	*Oxalis* L.	酢浆草	*O. corniculata* L. ○
牻牛儿苗科	Geraniaceae		
牻牛儿苗属	*Erodium* L' Herit	牻牛儿苗	*E. stephanianum* Willd. ○
蒺藜科	Zygophyllaceae		
蒺藜属	*Tribulus* L.	蒺　藜	*T. terrestris* L. ○
大戟科	Euphorbiaceae		
大戟属	*Euphorbia* L.	地　锦	*E. humifusa* Willd. ○
		斑地锦	*E. supina* Rafin. ○
蓖麻属	*Ricinus* L.	蓖　麻	*R. communis* L.
铁苋菜属	*Acalypha* L.	铁苋菜	*A. australis* L. ○

科、属		种 名	
凤仙花科	Balsaminaceae		
凤仙花属	*Impatiens* L.	凤仙花	*I. balsamina* L. □
		水金凤	*I. noli-tangere* L. ○
葡萄科	Vitaceae		
乌蔹莓属	*Cayratia* Juss.	乌蔹莓	*C. japonica*（Thunb.）Gagnep. ○※
堇菜科	Violaceae		
堇菜属	*Viola* L.	紫花地丁	*V. philippica* Cav. Lcons et Descr. ○
伞形科	Umbelliferae		
蛇床属	*Cnidium* Cuss.	蛇　床	*C. monnieri*（L.）Cuss. ○
报春花科	Primulaceae		
点地梅属	*Androsace* L.	点地梅	*A. umbellata*（Lour.）Merr. ○
龙胆科	Gentianaceae		
莕菜属	*Nymphoides* Sequier	莕　菜	*N. peltatum*（Gmel.）O. Kuntze○
白花丹科	Plumbaginaceae		
补血草属	*Limonium* Mill.	补血草	*L. sienense*（Girard）O. Kuntze○
		二色补血草	*L. bicolor*（Bge.）O. Kuntze○
萝藦科	Asclepiadaceae		
萝藦属	*Metaplexis* R. Br.	萝　藦	*M. japonica*（Thunb.）Mkino○※
鹅绒藤属	*Cynanchum* L.	地梢瓜	*C. thesioides*（Freyn）K. Schum. ○
		鹅绒藤	*C. chinense* R. Br. ○※
旋花科	Convolvulaceae		
菟丝子属	*Cuscuta* L.	南方菟丝子	*C. australis* R. Br. ○※
		菟丝子	*C. chinensis* Lam. ○※
打碗花属	*Calystegia* R. Br.	打碗花	*C. hederacea* Wall. ex Roxb. ○※
旋花属	*Convolvulus* L.	田旋花	*C. arvensis* L. ○
牵牛属	*Pharbitis* Choisy	圆叶牵牛	*P. purpurea*（L.）Voigt. ※
		牵　牛	*P. hederacea*（L.）Choisy※
		裂叶牵牛	*P. nil*（L.）Choisy※
紫草科	Boraginaceae		
砂引草属	*Messerschmidia* L.	砂引草	*L. arvense* L. var. *angustior*（DC.）W. T. Wang○
附地草属	*Trigonotis* Stev.	附地菜	*T. peduncularis*（Trev.）Benth. ex Baker et Moore○
唇形科	Labiatae		
夏至草属	*Lagopsis* Bge. ex Benth.	夏至草	*L. supina*（Steph.）IK.-Gal. ex Knorr. ○
益母草属	*Leonurus* L.	益母草	*L. japonicus* Houtt. ○
		錾　菜	*L. pseudomacranthus* Kitag. ○
薄荷属	*Mentha* L.	薄　荷	*M. haplocalyx*（Briq.）Kudo○
茄科	Solanaceae		
酸浆属	*Physalis* L.	挂金灯	*P.alkekengi* L.var.*francheti*（Mast，）Makino□
茄科	Solanaceae		
茄　属	*Solanum* L.	龙　葵	*S. nigrum* L. ○
		青　杞	*S. septemlobum* Bge. ○

科、属		种名	
曼陀罗属	*Datura* L.	曼陀罗	*D. Stramonium* L. □
		毛曼陀罗	*D. innoxia* Mill.
		洋金花	*D. metel* L. ○
玄参科	Scrophulariaceae		
地黄属	*Rehmannia* Libosch. ex Fisch. et Mey.	地　黄	*R. glutinosa*（Gaert.）Libosch. ○
车前科	Plantaginaceae		
车前属	*Plantago* L.	车　前	*P. asiatica* L. ○
		大车前	*P. major* L. ○
		平车前	*P. depressa* Willd. ○
茜草科	Rubiaceae		
茜草属	*Rubia* L.	茜　草	*R. cordifolia* L. ○※
		卵叶茜草	*R. ovatifolia* Z. Y. Zhang○※
		狭叶茜草	*R. truppeliana* Loes. ○※
菊　科	Compositae		
泽兰属	*Eupatorium* L.	佩　兰	*E. fortunei* Turcz.
马兰属	*Kalimeris* Cass.	马　兰	*K. indica*（L.）Sch.-Bip. ○
狗娃花属	*Heteropappus* Less.	阿尔泰狗娃花	*H. altaicus*（Willd.）Navopokr. ○
白酒草属	*Conyza* Less.	小蓬草	*C. canadensis*（L.）Cronq. ○
		野塘蒿	*C. bonariensis*（L.）Cronq. ○
旋覆花属	*Inula* L.	欧亚旋覆花	*I. britanica* L.
		旋覆花	*I. japonica* Thunb. ○
苍耳属	*Xanthium* L.	苍　耳	*X. sibiricum* Patrin. ○
鳢肠属	*Eclipta* L.	鳢　肠	*E. prostrata*（L.）L. Mant. ○
鬼针草属	*Bidens* L.	小花鬼针草	*B. parviflora* Willd. ○
石胡荽属	*Centipeda* Lour.	石胡荽	*C. minima*（L.）A. Br. et Ascher.
蒿　属	*Artemisia* L.	茵陈蒿	*A. capillaris* Thunb. ○
		黄花蒿	*A. annua* L. ○
		青　蒿	*A. carvifolia* Buch.-Ham○
		艾　蒿	*A. argyi* L′ evl. et Vant○
蓟　属	*Cirsium* Mill.	大刺儿菜	*C. setosum*（Willd.）MB. ○
		刺儿菜	*C. segetum* Bge. ○
泥胡菜属	*Hemistepta* Bge.	泥胡菜	*H. lyrata*（Bge.）Bge. ○
蒲公英属	*Taraxacum* Weber.	蒲公英	*T. mongolicum* Hand.-Mazz. ○
苦苣菜属	*Sonchus* L.	续断菊	*S. asper*（L.）Hill. ○
		苦苣菜	*S. oleraceus* L. ○
		抱茎苦荬菜	*I. sonchifolia*（Bge.）Hance○
		苦菜	*I. chinensis*（Thunb.）Nakai○

表 1-2 鲁北滨海平原区的主要灌木和藤本植物

（其中○为乡土种、□为栽培物种、※为藤本植物）

科、属		种 名	
麻黄科	Ephedraceae		
麻黄属	*Ephedra* Tourn. ex L.	草麻黄	*E.sinica* Stapf○
百合科	Liliaceae		
丝兰属	*Yucca* L.	丝 兰	*Y. smalliana* Fern. □
		凤尾丝兰	*Y. gloriosa* L. □
马兜铃科	Aristolochiaceae		
马兜铃属	*Aristolochia* L.	寻骨风（绵毛马兜铃）	*A. mollissima* Hance○※
小檗科	Berberidaceae		
小檗属	*Berberis* L.	日本小檗	*B. thunbergii* DC. □
		紫叶小檗	*B. thunbergii* DC. var. *atropurpurea* Chenault. □
蜡梅科	Calycanthaceae		
蜡梅属	*Chimonanthus* Lindl.	蜡 梅	*C. praecox*（L.）Link. ○
蔷薇科	Rosaceae		
珍珠梅属	*Sorbaria*（Ser.）A. B. ex Aschers.	华北珍珠梅	*S. kirilowii*（Regel）Maxim. ○
		珍珠梅	*S. sorbifolia*（L.）A. Br. □
棣棠花属	*Kerria* DC.	棣棠花	*K. japonica*（L.）DC. ○
蔷薇属	*Rosa* L.	黄蔷薇	*R. hugonise* Hemsl. □
		月季花	*R. chinensis* Jacq. □
		黄刺玫	*R. xanthina* Lindl. □
木瓜属	*Chaenomeles* Lindl.	皱皮木瓜	*C. speciosa*（Sweet.）Nakai□
苏木科	Caesalpiniaceae		
紫荆属	*Cercis* L.	紫 荆	*C. chinensis* Bge. □
豆 科	Leguminosae		
紫穗槐属	*Amorpha* L.	紫穗槐	*A. fruticosa* L. ○
紫藤属	*Wisteria* Nutt.	紫 藤	*W. sinensis*（Sims.）Sweet. □ ※
黄杨科	Buxaceae		
黄杨属	*Buxus* L.	黄 杨	*B. sinic*（Rehd. et Wils.）Cheng□
		雀舌黄杨	*B. bodinieri* Leul. □
卫矛科	Celastraceae		
卫矛属	*Euonymus* L.	冬青卫矛	*E. japonicus* Thunb. □
葡萄科	Vitaceae		
葡萄属	*Vitis* L.	葡 萄	*V. Vinifera* L. ○□ ※
爬山虎属	*Parthenocissus* Planch.	爬山虎	*P. tricuspidata*（Sieb. et Zucc.）Planch. ※
锦葵科	Malvaceae		
木槿属	*Hibicus* L.	木 槿	*H. syriacus* L. □
柽柳科	Tamaricaceae		
柽柳属	*Tamarix* L.	柽柳（红荆条）	*Tamarix chinensis* Lour. ○
千屈菜科	Lythraceae		
紫薇属	*Lagerstroemia* L.	紫 薇	*L. indica* L. □
石榴科	Punicaceae		

科、属		种名	
石榴属	*Punica* L.	石　榴	*P. granatum* L. ○□
		白石榴（变种）	*P. granatum* L. var. *albescens* DC. ○
木犀科	Oleaceae		
丁香属	*Syringa* L.	紫丁香	*S. oblata* Lindl. □
		白丁香（变种）	*S. oblata* Lindl. var. *alba* Hort. ex Rehd. □
		北京丁香	*S. pekinensis* Rupr. □
女贞属	*Ligustrum* L.	小蜡树	*L. sinense* Lour. ○
		小叶女贞	*L. quihoui* Carr.
夹竹桃科	Apocynaceae		
夹竹桃属	*Nerium* L.	夹竹桃	*N. indicum* Mill. □
罗布麻属	*Apocynum* L.	罗布麻	*A. venetum* L. ○
马鞭草科	Verbenaceae		
牡荆属	*Vitex* L.	单叶蔓荆	*V. trifolia* L. var. *simplicifolia* Cham. ○※
茄科	Solanaceae		
枸杞属	*Lycium* L.	枸　杞	*L. chinense* Mill. ○□

表 1-3　鲁北滨海平原区的主要乔木

（其中○为乡土种、□为栽培物种）

科、属		种名	
银杏科	Ginkgoaceae		
银杏属	*Ginkgo* L.	银杏	*G. biloba* L. □
松科	Pinaceae		
云杉属	*Picea* Dietr.	白扦	*P.meyeri* Rehd. et Wils. □
云杉属	*Picea* Dietr.	青扦	*P. wilsonii* Mast. □
雪松属	*Cedrus* Trew	雪松	*C. deodara*（Roxb.）Loud□
松属	*Pinus* L.	白皮松	*P. bungeana* Zucc. ex Endl. ○
杉科	Taxodiaceae		
水杉属	*Metasequoia* Miki ex Hu et Cheng	水杉	*M. glyptostroboides* Hu et Cheng□
柏科	Cupressaceae		
侧柏属	*Platycladus* Spach	侧柏	*P. orientalis*（L.）Franco○
柏木属	*Cupressus L.*	柏木	*C. funebris* Endl. □
圆柏属	*Sabina* Mill.	圆柏	*S. chinensis*（L.）Ant. ○
		龙柏（变种）	*S. chinensis*（L.）Ant. cv.‘Kaizuca’ □
杨柳科	Salicaceae		
杨属	*Populus* L.	银白杨	*P. alba* L. ○
		毛白杨	*P. tomentosa* Carr. □
		加拿大杨	*P. canadensis* Moench. □
		箭杆杨（变种）	*P. nigra* L. var. *thevestina*（Dode）Bean□
柳属	*Salix* L.	旱柳	*S. matsudana* Koidz. ○
		绦　柳（变型）	*S. matsudana* Koidz. f. pendula Schneid□
		龙爪柳（变型）	*S. matsudana* Koidz. f. tortuosa（Vilm.）Rehd. □
		垂柳	*S. babylonica* L. □
		杞柳	*S. integra* Thunb. ○

科、属		种名	
榆　科	Ulmaceae		
榆　属	*Ulmus* L.	榆	*U. pumila* L. ○
桑　科	Moraceae		
构　属	*Broussonetia* L′Her.	构树	*B. papyrifera*（L.）Vent. ○
榕　属	*Ficus* L.	无花果	*F. carica* L. □
木兰科	Magnoliaceae		
木兰属	*Magnolia* L.	玉兰（白玉兰）	*M. denudata* Desr. □
		荷花玉兰（广玉兰）	*M. grandiflora* L. □
鹅掌楸属	*Liriodendron* L.	鹅掌楸	*L. chinense*（Hemsl.）Sarg. ○
杜仲科	Eucommiaceae		
杜仲属	*Eucommia* Oliv.	杜仲	*E. ulmoides* Oliv. ○
悬铃木科	Platanaceae		
悬铃木属	*Platanus* L.	一球悬铃木	*P. occidentalis* L. □
		二球悬铃木	*P. acerifolia*（Ait.）Willd. □
		三球悬铃木	*P. orientalis* L. □
蔷薇科	Rosaceae		
木瓜属	*Chaenomeles* Lindl.	木瓜	*C. sinensis*（Thouin.）Koehne ○
梨　属	*Pyrus* L.	白梨（罐梨）	*P. bretschneideri* Rehd. ○
		杜梨（棠梨）	*P. betulaefolia* Bge. ○
苹果属	*Malus* Mill.	西府海棠	*M. micromalus* Makino□
		苹果	*M. pumila* Mill. □
李　属	*Prunus* L.	桃	*P. persica*（L.）Batch. ○
		榆叶梅	*P. triloba* Lindl. □
		杏	*P. armeniaea* L. ○
		紫叶李	*P cerasifera* Ehrh. f. *atropurpurea*（Jacq.）Rehd.
		樱桃	P. pseudocerasus Lindl. ○
		东京樱花	*C. yedoensis*（Matsum.）Yu et Li□
含羞草科	Mimosaceae		
合欢属	*Albizia* Durazz.	合欢	*A. julibrissin* Durazz. ○
苏木科	Caesalpiniaceae		
皂荚属	*Gleditsia* L.	皂荚	*G. sinensis* Lam. ○
豆　科	Leguminosae		
槐　属	*Sophora* L.	槐树	*S. japonica* L. ○
		龙爪槐	*S. japonica* L. var. pendula Hort. □
刺槐属	*Robinia* L	刺槐	*R. pseudoacacia* L.
芸香科	Rutaceae		
花椒属	*Zanthoxylum* L.	花椒	*Z. bungeanum* Maxim. ○
苦木科	Simaroubaceae		
臭椿属	*Ailanthus* Desf.	臭椿（樗树）	*A. altissima*（Mill.）Swingle○
楝　科	Meliaceae		
香椿属	*Toona* Roem.	香椿	*T. sinensis*（A. Juss.）Roem. ○□
楝　属	*Melia* L.	苦楝（楝树）	*M. azedarach* L. ○

科、属		种 名	
无患子科	Sapindaceae		
栾树属	*Koelreuteria* Laxm.	栾树	*K. paniculata* Laxm. ○
鼠李科	Rhammaceae		
枣 属	*Ziziphus* Mill.	枣	*Z. jujuba* Mill. ○□
		龙爪枣（变种）	*Z. jujuba* Mill.cv. “Tortuosa” □
梧桐科	Sterculiaceae		
梧桐属	*Firmiana* Marsili	梧桐	*F. platanifolia*（L. f.）Marsili○
胡颓子科	Elaeagnaceae		
胡颓子属	*Elaeagnus* L.	沙枣	*E.angustifolia* L. ○
沙棘属	*Hippophae* L.	中国沙棘	*H. rhamnoides* L.subsp. *sinensis* Rousi□
大风子科	Flacourtiaceae		
山桐子属	*Idesia* Maxim.	毛叶山桐子（变种）	*I. polycarpa* Maxim. var. *vestita* Diels. ○
木犀科	Oleaceae		
梣 属	*Fraxinus* L.	白蜡树	*F. chinensis* Roxb. ○
	Fraxinus L.	美国红梣（毛白蜡）	*F. pennsylvanica* Marsh. □
	Fraxinus L.	绒毛白蜡树（绒毛梣）	*F. velutina* Torr. □
女贞属	*Ligustrum* L.	女贞	*L. lucidum* Ait. ○
玄参科	Scrophulariaceae		
泡桐属	*Paulownia* Sieb. et Zucc.	毛泡桐	*P. tomentosa*（Thunb.）Steud. ○□
	Paulownia Sieb. et Zucc.	兰考泡桐	*P. elongata* S. Y. Hu. ○
禾本科	Gramineae		
刚竹属	*Phyllostachys* Sieb. et Zucc.	淡竹	*Ph. glauca* McClure○

1.2 鲁西平原区

鲁西平原区位于黄泛区冲积平原。范围包括济南市的商河县、济阳县；德州市区、齐河县、庆云县、乐陵市、夏津县、宁津县、惠民县、高青县、陵县、武城县、平原县、禹城市；聊城东昌府区、临邑市、茌平县、高唐县、临清市、东阿县、冠县、阳谷县、莘县；济宁市的梁山县；菏泽市区、郓城县、巨野县、嘉祥县、金乡县、鱼台县、鄄城县、东明县、定陶县、成武县、曹县、单县。总面积 5 698 万亩，占全省土地总面积的 25%，其中耕地 3 539 万亩，占全区总面积的 62%。

1.2.1 生态与环境条件

地形：本区是华北平原的组成部分。包括鲁西、鲁北两部分。全境地势低下，90%以上的面积在海拔 50 m 以下，黄河以北地区海拔一般在 10～49 m 之间，地面坡降为 1/6 000～1/7 500，黄河以南地区一般海拔在 50 m 以上，地面坡降为 1/5 000～1/6 000。在鲁西黄河冲积平原和鲁中山麓平原之间形成地势低洼的运河湖带。鲁北平原的内陆地带，一般海拔在 20 m 左右。由于距海较近，盐碱地较多。

气候：全年平均气温 12～13℃，极端最低气温为 −18～−26℃，极端最高气温为 40～

42℃，全年日照时数 2 400～2 700 h，积温 4 400～4 600℃。年平均降水量 600～750 mm，春雨占 12%～16%，夏雨占 65%～70%。干燥度 1.2～1.5。干热风机遇 1～5 年，全年无霜期 200～210 天。

土壤：本区土壤由黄河冲积而成，以潮土为主，在鲁北地区的滨海地带有盐化潮土分布，鲁西南地区的低洼地带有碱化潮土分布，地下水埋深为 1～3 m，地下水矿化度小于 2 g/L。

1.2.2 植物资源及分布特点

本地区的林木多为人工栽培，因此经济林比较多，以速生杨、泡桐、大枣、梨、柿、苹果为主。另外，本区还是我省乃至我国的主要农业生产基地，桐粮间作集中成片，全区宜林网面积 3 461 多万亩，占耕地面积的 95.2%，已实现林网化 1 516 万亩，占宜林网面积的 45%；农桐间作 685 万亩，占全省农林间作面积的 91.2%（其中：桐粮间作 489 万亩，占全省桐粮间作的 97.4%，枣粮间作 129 万亩，占全省枣粮间作的 78.2%）。

1.2.3 物种资源

本区的植物资源多可用于林业造林（表 1-4，表 1-5，表 1-6），并且多数有很高的经济价值。

表 1-4 鲁西平原区主要的草本和草质藤本植物

（其中○为乡土种、□为栽培物种、※为藤本植物、●为水生植物）

科、属		种　名	
卷柏科	Selaginellaceae		
卷柏属	*Selaginella* Spring	中华卷柏	*S. sinensis*（Desv.）Spring ○
木贼科	Equisetaceae		
问荆属	*Equisetum* L.	问　荆	*E. arvense* L.
木贼属	*Hippochaete* Milde	节节草	*H. ramosissima*（Desf.）Boerner○
水蕨科	Parkeriaceae		
水蕨属	*Ceratopteris* Brongn.	水　蕨	*C. thalictroides*（L.）Brongn.●○
		粗梗水蕨	*C. pteridoides*（Hook.）Hieron.●○
蹄盖蕨科	Athyriaceae		
蹄盖蕨属	*Athyrium* Roth	华东蹄盖蕨	*A. nipponicum*（Mett.）Hance○
铁角蕨科	Aspleniaceae		
过山蕨属	*Camptosorus* Link	过山蕨	*C. sibiricus* Rupr.○
铁角蕨属	*Asplenium* L.	虎尾铁角蕨	*A. incisum* Thunb.○
苹科	Marsileaceae		
苹属	*Marsilea* L.	苹	*M. quadrifolia* L.○●
槐叶苹科	Salviniaceae		
槐叶苹属	*Salvinia* Adans	槐叶苹	*S. natans*（L.）All.○●
满江红科	Azollaceae		
满江红属	*Azolla* Lam.	满江红	*A. imbricata*（Roxb.）Nakai○●
		多果满江红	*A. imbricata*（Roxb.）Nakai var. *prolifera* Y. X. Lian●

科、属		种名	
香蒲科	Typhaceae		
香蒲属	*Typha* L.	东方香蒲	*T. orientalis* Presl.○●
		小香蒲	*T. minima* Funk.○●
		长苞香蒲	*T. angustata* Bory.et Chaub.○●
		狭叶香蒲（水烛）	*T. angustifolia* L.○●
黑三棱科	Sparganiaceae		
黑三棱属	*Sparganium* L.	黑三棱	*S. stoloniferum* Hamit.○●
眼子菜科	Potamogetonaceae		
眼子菜属	*Potamogeton* L.	浮叶眼子菜	*P. natans* L.○●
		小叶眼子菜	*P. cristatus* Regel et Maack.○●
		眼子菜	*P. distinctus* A.Benn.○●
		竹叶眼子菜（马来眼子菜）	*P. malaianus* Miq.○●
		光叶眼子菜	*P. lucens* L.○●
		菹　草	*P. crispus* L.○●
		微齿眼子菜	*P. maackianus* ABenn.○●
		篦齿眼子菜	*P. pectinatus* L.○●
		小眼子菜	*P. pusillus* L.○●
角果藻属	*Zannichellia* L.	角果藻	*Z. palustris* L.○●
茨藻科	Najadaceae		
茨藻属	*Najas* L.	大茨藻	*N.marina* L.○●
		小茨藻	*N.minor* All.○●
泽泻科	Alismataceae		
泽泻属	*Alisma* L.	泽泻	*A.plantago-aquatica* L.var.*orientale* Sam.○●
慈姑属	*Sagittaria* L	慈姑	*S.sagittifolia* L.○●
花蔺科	Butomaceae		
花蔺属	*Butomus* L.	花蔺	*B.umbellatus* L.○●
水鳖科	Hydrocharitaceae		
水鳖属	*Hydrocharis* L.	水鳖	*H.dubia*（Bl.）Backer ○●
黑藻属	*Hydrilla* Rich	黑藻	*H.verticillata*（L.f.）Rich.○●
苦草属	*Vallisneria* L.	苦　草	*V.spiralis* L.○●
禾本科	Gramineae		
早熟禾属	*Poa* L.	华东早熟禾	*P. faberi* Rendle○
		早熟禾	*P. annua* L.○
臭草属	*Melica* L.	大花臭草	*Melica grandiflora*（Hack.）Koidz.○
		臭　草	*M. scabrosa* Trin○
雀麦属	*Bromus* L.	雀　麦	*B. japonicus* Thunb.○
隐子草属	*Cleistogenes* Keng	北京隐子草	*C. hancei* Keng○
		丛生隐子草	*C. caespitosa* Keng○
画眉草属	*Eragrostis* Beauv.	大画眉草	*E. cilianensis*（All.）Link ex Merr. Vign.-Lut○
		小画眉草	*E. poaeoides* Beauv.○
		知风草	*E. ferruginea*（Thunb.）Beauv.○
		画眉草	*E. pilosa*（L.）Beauv.○
		秋画眉草	*E. autumnalis* Keng○

科、属		种 名	
芦苇属	*Phragmites* Trin.	芦　苇	*Ph. communis* Trin. ○●
鹅观草属	*Roegneria* C. Koch	竖立鹅观草	*R. japonensis*（Honda）Keng○
		纤毛鹅观草	*R. ciliaris*（Trin.）Nevski○
		东瀛鹅观草	*R. mayebarana*（Honda）Ohwi○
		鹅观草	*R. kamoji* Owhi○
䅟　属	*Eleusine* Gaertn.	牛筋草	*E. indica*（L.）Gaertn.○
草沙蚕属	*Tripogon* Roem. et Schult	中华草沙蚕	*T. chinensis*（Franch.）Hack.○
双稃草属	*Diplachne* Beauv.	双稃草	*D. fusca*（L.）Beauv.○
千金子属	*Leptochloa* Beauv.	千金子	*L. chinensis*（L.）Nees○
虎尾草属	*Chloris* Swartz	虎尾草	*Ch. virgata* Swatrz○
狗牙根属	*Cynodon* Rich.	狗牙根	*C. dactylon*（L.）Pers.○
拂子茅属	*Calamagrostis* Adans.	拂子茅	*C. epigeios*（L.）Roth○
		假苇拂子茅	*C. pseudophragmites*（Hall.f.）Koel.○
剪股颖属	*Agrostis* L.	巨序剪股颖	*A.gigantea* L.○
棒头草属	*Polypogon* Desf.	长芒棒头草	*P. monspeliensis*（L.）Desf.○
看麦娘属	*Alopecurus* L.	看麦娘	*A. aequalis* Sobol.○
隐花草属	*Crypsis* Ait.	蔺状隐花草	*C. schoenoides*（L.）Lam.○
芨芨草属	*Achnatherum* Beauv.	远东芨芨草	*A. extremiorientale*（Hara）Keng○
针茅属	*Stipa* L.	长芒草	*S.bungeana* Trin.ex Bge.○
假稻属	*Leersia* Sw.	假　稻	*L.japonica* Makino
菰　属	*Zizania* L.	菰	*Z.latifolia*（Griseb.）Turcz.○●
柳叶箬属	*Isachne* R. Br.	柳叶箬	*I. globosa*（Thunb.）Kuntze○
黍　属	*Panicum* L.	糠　稷	*P.bisulcatum* Thunb.○
		细柄黍	*P.psilopodium* Trin○
稗　属	*Echinochloa* Beauv.	稗	*E. crusgallii*（L.）Beauv.●○
		长芒野稗	*E. crusgallii*（L.）Beauv. var. *caudata*（Roshev.）Kitagawa
		无芒稗	*E. crusgallii*（L.）Beauv. var. *mitis*（Pursh）Peterm.
		旱　稗	*E. crusgallii*（L.）Beauv. var. *hispidula*（Retz.）Kitag.
野黍属	*Eriochloa* Kunth	野　黍	*E. villosa*（Thunb.）Kunth○
雀稗属	*Paspalum* L.	雀　稗	*P. thunbergii* Kunth○
		双穗雀稗	*P. distichum* L.○
马唐属	*Digitaria* Heist	止血马唐	*D. ischaemum*（Schreb.）Schreb.○
		马　唐	*D. sanguinalis*（L.）Scop.○
		毛马唐	*D. ciliaris*（Retz.）Koel.○
		升马唐	*D. adscendens*（H. B. K.）Henred.○
狗尾草属	*Setaria* Beauv.	狗尾草	*S. viridis*（L.）Beauv.○
		金色狗尾草	*S. glauca*（L.）Beauv.○
		大狗尾草	*S. faberii* Herrm.
狼尾草属	*Pennisetum* Rich.	狼尾草	*P. alopecuroides*（L.）Spreng.○
伪针茅属	*Pseudoraphis* Griff.	瘦瘠伪针茅	*P. spinescens*（R.Br.）Vickery var.*depauperata*（Nees）Bor.

科、属		种 名	
结缕草属	*Zoysia* Willd.	结缕草	*Z. japonica* Steud.○
		中华结缕草	*Z. sinica* Hance○
芒　属	*Miscanthus* Anders.	芒	*M. sinensis* Anders. ○
荻　属	*T riarrhena* Nakai	荻	*T. sacchariflorus*（Maxim.）Hack.○
白茅属	*Imperata* Cyr.	白　茅	*I. cylindrica*（L.）var. *major*（Nees）C. B. Hubb.○
莠竹属	*Microstegium* Nees	柔枝莠竹	*M. vimineum*（Trin.）A.Camus
荩草属	*Arthraxon* Beauv.	荩　草	*A. hispidus*（Thunb.）Makino○
孔颖草属	*Bothriochloa* Kuntze	白羊草	*B. ischaemum*（L.）Keng○
香茅草属	*Cymbopogon* Spreng.	橘　草	*C. goeringii*（Steud.）A. Camus○
裂稃草属	*Schizachyrium* Nees	裂稃草	*S. brevifolium*（Swartz.）Nees
菅草属	*Themeda* Forsk	菅　草	*T. Japonica*（Willd.）C. Tanaka○
莎草科	Cyperaceae		
藨草属	*Scirpus* L.	荆三棱	*S.yagara* Ohwi ○
		扁秆藨草	*S.planiculmis* Fr. Schmidt○●
		藨　草	*S.triqueter* L.○●
		水　葱	*S.tabernaemontani* Gmel.○●
		水毛花	*S.triangulatus* Roxb.○●
		萤　蔺	*S.juncoides* Roxb.○●
		线状匍匐茎蔗草	*S.lineolatus* Franch.et Savat.
荸荠属	*Eleocharis* R. Br.	荸　荠	*E.tuberosa*（Roxb.）Roem.et Schult○●
		紫果蔺	*E.atropurpurea*（Retz.）Presl○●
		牛毛毡	*E. yokoscensis*（Franch. et Savat.）●○
		刚毛荸荠	*E. valleculosa* Ohwi f. *setosa* Kitagawa●○
球柱草属	*Bulbostylis* C. B. Clarke	丝叶球柱草	*B. densa*（Wall.）Hand.-Mzt
飘拂草属	*Fimbristylis* Vahl	烟台飘拂草	*F. stauntoni* Debeaux et Franch. ○
		两岐飘拂草	*F. dichotoma*（L.）Vahl
湖瓜草属	*Lipocarpha* R.Br.	湖瓜草	*L.microcephala*（R.Rr.）Kunth ○●
莎草属	*Cyperus* L.	香　附	*C. rotundus* L.○
		球形莎草	*C. glomeratus* L.
		高秆莎草	*C. exaltatus* Retz.
		碎米莎草	*Cyperus iria* L.○
		小碎米莎草	*C. microiria* Steud.
		褐穗莎草	*C. fuscus* L.
		旋鳞莎草	*C. michelianus*（L.）Link
		阿穆尔莎草	*C. amuricus* Maxim.
		异型莎草	*C. difformis* L.○
		白鳞莎草	*C. nipponicus* Franch. et Savat.
扁莎属	*Pycreus* P. Beauv.	红鳞扁莎	*P. sanguinolentus*（Vahl）Nees
		球穗扁莎	*P. globosus*（All.）Reich
水蜈蚣属	*Kyllinga* Rottb.	光鳞水蜈蚣	*K. brevifolia* Rottb. var. *leiolepis* Hara ○●
薹草属	*Carex* L.	白颖薹草	*C. rigescens*（Franch.）V. Krecz.○
		翼果薹草	*C. neurocarpa* Maxim○
		青绿薹草	*C. leucochlora* Bge.○

科、属		种名	
		矮丛薹草	*C. humilis* Leysser var.*nana*（L'evl. et Vant.）Ohwi○
		溪水薹草	*C. forficula* Franch. et Savat
		披针叶薹草	*C. lanceolata* Boott
天南星科	Araceae		
蒲　属	*Acorus* L.	菖　蒲	*Acorus calamus* L.○●
大薸属	*Pistia* L.	大薸（水浮莲）	*P. stratiotes* L.○●
半夏属	*Pinellia* Tenore	半　夏	*P. ternata*（Thunb.）Breit.○
浮萍科	Lemnaceae		
芜萍属	*Wolffia* Hork.ex Schleid.	芜　萍	*W. arrhiza*（L.）Wimmer ○●
紫萍属	*Spirodela* Schleid.	紫　萍	*S. polyrrhiza*（L.）Schleid.○●
浮萍属	*Lemna* L.	品　藻	*L. trisulca* L.●
		浮　萍	*L. minor* L.○●
鸭跖草科	Commelinaceae		
鸭跖草属	*Commelina* L.	鸭跖草	*C. communis* L.○
		饭包草（火柴头）	*C. benghalensis* L.○
水竹叶属	*Murdannia* Royle	裸花水竹叶	*M. nudiflora*（L.）Brenna○
雨久花科	Pontederiaceae		
雨久花属	*Monochoria* Presl	雨久花	*M. korsakowii* Regel et Maack○●
		鸭舌草	*M. vaginalis*（Burm.f.）Presl●
凤眼莲属	*Eichhornia* Kunth	凤眼莲（水葫芦）	*E. crassipes*（Mart.）Solms.●
灯心草科	Juncaceae		
灯心草属	*Juncus* L.	灯心草	*J. effuses* L.○●
百合科	Liliaceae		
山麦冬属	*Liriope* Lour.	山麦冬	*L. spicata*（Thunb.）Lour.○
		低矮山麦冬	*L. spicata*（Thunb.）Lour. var. *humilis* F. Z. Li
		阔叶山麦冬	*L. platyphylla* Wang et Tang○
萱草属	*Hemerocallis* L.	黄花菜	*H. citrina* Baroni○
黄精属	*Polygonatum* Mill.	玉　竹	*P. odoratum*（Mill.）Druce○
葱　属	*Allium* L.	野　韭	*A. ramosum* L.○
		细叶韭	*A. tenuissimum* L.
		薤　白	*A. macrostemon* Bge.○
绵枣儿属	*Scilla* L.	绵枣儿	*S. scilloides*（Lindl.）Druce○
百合属	*Lilium* L.	山丹（细叶百合）	*L. pumilum* DC.○
鸢尾科	Iridaceae		
鸢尾属	*Iris* L.	野鸢尾	*I. dichotoma* Pall. ○
		马蔺（蠡实）	*I. lactea* var. *chinensis*（Fisch.）Koidz.○
荨麻科	Urticaceae		
苎麻属	*Boehmeria* Jacq.	苎　麻	*B. nivea*（L.）Gaud.○□
		大叶苎麻	*B. longispica* Steud.○□
蓼　科	Polygonaceae		
蓼　属	*Polygonum* L.	萹　蓄	*P. aviculare* L.○
		两栖蓼	*P. amphibium* L.○
		红　蓼	*P. orientale* L.

科、属		种名	
		酸模叶蓼	*P. lapathifolium* L.○
		桃叶蓼	*P. persicari* L. ○
		丛枝蓼	*P. posumbum* Hamilt. et D. Don.○
		箭叶蓼	*P. sagittatum* L.○
		水　蓼	*P. hydropiper* L. ○
		虎　杖	*P. cuspidatum* Sieb. et Zucc.○
荞麦属	*Fagopyrum* Geartn.	荞　麦	*F. esculentum* Moench.
酸模属	*Rumex* L.	巴天酸模	*R. patientia* L.○
		齿果酸模	*R. dentatus* L.○
		长刺酸模	*R. maritimus* L.○
藜　科	Chenopodiaceae		
藜　属	*Chenopodium* L.	灰绿藜	*Ch. glaucum* L.○
		藜	*Ch. album* L.○
		小　藜	*Ch. serotinum* L.
地肤属	*Kochia* Roth	地　肤	*K. scoparia*（L.）Schrad.○
猪毛菜属	*Salsola* L.	猪毛菜	*S. collina* Pall.○
苋　科	Amaranthaceae		
青箱属	*Celosia* L.	青　箱	*C. argentea* L.○
苋　属	*Amaranthus* L.	反枝苋	*A. retroflexus* L.○
		绿穗苋	*A. hybridus* L.○
		合被苋	*A. polygonoides* L.○
		苋	*A. tricolor* L.○
		皱果苋	*A. viridis* L.○
		凹头苋	*A. lividus* L.○
牛膝属	*Achyranthes* L.	牛　膝	*A. bidentata* Bl.○
莲子草属	*Alternanthera* Forsk.	喜旱莲子草	*A. philoxeroides*（Mart.）Griseb●
		莲子草	*A. sessilis*（L.）DC.●
商陆科	Phytolaccaceae		
商陆属	*Phytolacca* L.	商　陆	*Ph. acinosa* Roxb.○
马齿苋科	Portulaceae		
马齿苋属	*Portulaca* L.	马齿苋	*P. oleracea* L.○
石竹科	Caryophyllaceae		
鹅肠菜属	*Malachium* Fries	鹅肠菜	*M. aquaticum*（L.）Fries○
繁缕属	*Stellaria* L.	繁　缕	*S. media*（L.）Cyr.○
蝇子草属	*Silene* L.	麦瓶草	*S. conoidea* L.○
		女娄菜	*S. aprica* Turcz. ex Fisch. et Mey.○
王不留行属	*Vaccaria* Medic.	王不留行	*V. segetalis*（Neck.）Garche○
石竹属	*Dianthus* L.	石　竹	*D. chinensis* L.○
		瞿　麦	*D. superbus* L.○
石头花属	*Gypsophila* L.	长蕊石头花	*G. oldhamiana* Miq.○
睡莲科	Nymphaceae		
莲　属	*Nelumbo* Adans	莲	*N. nucifera* Gaertn.●
芡　属	*Eruyale* Salisb.ex DC.	芡　实	*E. ferox* Salisb. ex Konig et Sims●

科、属		种名	
睡莲属	*Nymphaea* L.	睡　莲	*N. tetragona* Georgi●
莼菜属	*Brasenia* J. F.	莼　菜	*Brasenia schreberi* J. F.●
金鱼藻科	Ceratophyllaceae		
金鱼藻属	*Ceratophyllum* L.	金鱼藻	*C. demersum* L.○●
		五刺金鱼藻	*C. oryzetorum* Kom.●
毛茛科	Ranunculaceae		
铁线莲属	*Clematis* L.	长冬草	*C. haxapetala* Pall. var. *tchefouensis*（Debeaus）S. Y. Hu.○
唐松草属	*Thalictrum* L.	东亚唐松草	*Th. minus* L. var. *hypoleucum*（Sieb. et Zucc.）Miq.○
白头翁属	*Pulsatilla* Adans.	白头翁	*P. chinensis*（Bge.）Regel○
毛茛属	*Ranunculus* L.	毛　茛	*R. japonicus* Thunb.○
		茴茴蒜	*R. chinensis* Bge.○
罂粟科	Papaveraceae		
白屈菜属	*Chelidonium* L.	白屈菜	*Ch. majus* L.○
角茴香属	*Hypecoum* L.	角茴香	*H. erectum* L.○
白花菜科	Capparidaceae		
白花菜属	*Cleome* L.	白花菜	*C. gynandra* L.
十字花科	Cruciferae		
碎米荠属	*Cardamine* L.	弯曲碎米荠	*C. flexuosa* With.
		碎米荠	*C. hirsuta* L.○
臭荠属	*Coroaopus* T.G.Zinn	臭　荠	*C. didymus*（L.）J.E.Smith.○
独行菜属	*Lepidium* L.	北美独行菜	*L. virginicum* L.○
		独行菜	*L. apetalum* Willd.○
荠　属	*Capsella* Medic	荠	*C. bursa-pastoris*（L.）Medic.○
播娘蒿属	*Descurainia* Webb. et Berth.	播娘蒿	*D. sophia*（L.）Webb. ex prantl○
诸葛菜属	*Orychophragmus* Bge.	诸葛菜	*O. violaceus*（L.）O. E. Sch○
蔊菜属	*Rrippa* Scop.	蔊　菜	*R. indica*（L.）Hiern.○
		广州蔊菜	*R. cantoniensis*（Lour.）Ohwi○
		风花菜	*R. globosa*（Tuecz.）Hayek○
		沼生蔊菜	*R. islandica*（Oed.）Borb.○
葶苈属	*Droba* L.	葶　苈	*Droba nemorosa* L.○
景天科	Crassulaceae		
景天属	*Sedum* L.	费　菜	*S. aizoon* L.○
		垂盆草	*S. sarmentosum* Bge.○
瓦松属	*Orostachys* Fisch.	瓦　松	*O. fimbriatus*（Turcz.）Berger○
八宝属	*Hylotelephium* H. Ohba	八　宝	*H. erythrostictum*（Miq.）H. Ohha○
蔷薇科	Rosaceae		
委陵菜属	*Potentilla* L.	朝天委陵菜	*P. supina* L.○
		莓叶委陵菜	*P. fragarioides* L.○
		翻白草	*P. discolor* Bge.○
		委陵菜	*P. chinensis* Ser.○
		匐枝委陵菜	*P. flagellaris* Willd. ex Schlecht.○

科、属		种名	
		三叶委陵菜	*P. freyniana* Bornm○
		蛇含委陵菜	*P. kleiniana* Wight. et Arn.○
蛇莓属	*Duchesnea* J. E. Smith	蛇莓	*D. indica*（Andr.）Focke○
龙牙草属	*Agrimonia* L.	龙芽草	*A. pilosa* Ldb.○
地榆属	*Sanguisorba* L.	地榆	*S. officinalis* L.○
云实科	Caesalpiniaceae		
决明属	*Cassia* L.	豆茶决明	*C. nomame*（Sieb.）Kitag.○
蝶形花科	Papilionaceae		
鸡眼草属	*Kummerowia* Schindl.	鸡眼草	*K. striata*（Thunb.）Schindl.○
		长萼鸡眼草	*K. stipulacea*（Maxim.）Makino
苜蓿属	*Medicago* L.	天蓝苜蓿	*M. Lupulina* L.
草木樨属	*Melilotus* Mill.	草木樨	*M. suaveolens* Ledeb.
两型豆属	Amphicarpaea Elliott.	三籽两型豆	*A. trisperma*（Miq.）Baker.○
大豆属	*Glycine* L.	野大豆	*G. soja* Sieb. et Zucc.※○
葛属	*Pueraria* DC.	野葛	*P. lobata*（Willd.）Ohwi※○
野豌豆属	*Vicia* L.	救荒野豌豆	*V. sativa* L.○
		窄叶野豌豆	*V. angustifolia* L.○
		三齿萼野豌豆	*V. bungei* Ohwi○
		山野豌豆	*V. amoena* Fisch.○
米口袋属	*Gueldenstaedtia* Fisch.	米口袋	*G. multiflora* Bge.○
酢浆草科	Oxalidaceae		
酢浆草属	*Oxalis* L.	酢浆草	*O. corniculata* L.○
牻牛儿苗科	Geraniaceae		
牻牛儿苗属	*Erodium* L' Herit	牻牛儿苗	*E. stephanianum* Willd.○
老鹳草属	*Geranium* L.	老鹳草	*G. wilfordii* Maxim.○
		鼠掌老鹳草	*G. sibiricum* L.
蒺藜科	Zygophyllaceae		
蒺藜属	*Tribulus* L.	蒺藜	*T. terrestris* L.○
远志科	Polygalaceae		
远志属	*Polygala* L.	远志	*P. tenuifolia* Willd.○
		瓜子金	*P. japonica* Houtt.○
大戟科	Euphorbiaceae		
大戟属	*Euphorbia* L.	大戟	*E. pekinensis* Rupr.○
		月腺大戟	*E. ebracteolata* Hayata
		乳浆大戟	*E. esula* L.○
		地锦	*E. humifusa* Willd.○
地构叶属	*Speranskia* Baill.	地构叶	*S. tuberculata*（Bge.）Baill.○
铁苋菜属	*Acalypha* L.	铁苋菜	*A. australis* L.○
雀儿舌头属	*Leptopus* Decne.	雀儿舌头	*L. chinensis*（Bge.）Pojark.○
椴树科	Tiliaceae		
田麻属	*Corchoropsis* Sieb. et Zucc.	光果田麻	*C. psilocarpa* Harms et Loes.○
锦葵科	Malvaceae		
		野西瓜苗	*H. trionum* L.○

科、属		种　名	
堇菜科	Violaceae		
堇菜属	*Viola* L.	球果堇菜	*V. collina* Bess.○
		紫花地丁	*V. philippica* Cav. Lcons et Descr.○
		早开堇菜	*V. prionantha* Bge.○
菱　科	Trapaceae		
菱　属	*Trapa* L.	丘角菱	*T. japonica* Fler.●
		二角菱	*T. bispinosa* Roxb.●
		乌　菱	*T. bicornis* Osbeck ●
		四角菱	*T. quadrispinosa* Roxb.●
		细果野菱	*T. maximowiczii* Korsh.●
柳叶菜科	Onagraceae		
山桃草属	*Gaura* L.	小花山桃草	*G. Parviflora* Douglas○
月见草属	*Oenothera* L.	月见草	*O. biennis* L.○
柳叶菜属	*Epilobium* L.	柳叶菜	*E. hirsutum* L.○
丁香蓼属	*Ludwigia* L.	丁香蓼	*L. prostrata* Roxb.
小二仙草科	Haloragidaceae		
狐尾藻属	*Myriophyllum* L.	狐尾藻	*M spicatum* L.○●
		轮叶狐尾藻	*M.verticillatum* L.●
伞形科	Umbelliferae		
变豆菜属	*Sanicula* L.	变豆菜	*S. chinensis* Bge. ○
窃衣属	*Torilis* Adans.	小窃衣	*T. japonica*（Houtt.）DC.○
柴胡属	*Bupleurum* L.	红柴胡	*B. scorzonerifolinm* Willd.
		北柴胡	*B. chinense* DC.○
山芹属	*Ostericum* Hoffm.	山　芹	*O. sieboldii*（Miq.）Nakai○
水芹属	*Oenanthe* L.	水　芹	*O. javanica*（Bl.）DC.●
当归属	*Angelica* L.	拐芹当归	*A. polymorpha* Maxim.○
蛇床属	*Cnidium* Cuss.	蛇　床	*C. monnieri*（L.）Cuss.○
岩风属	*Libanotis* Hill.	香　芹	*L. seseloides*（Fisch. et Mey）Turcz.
报春花科	Primulaceae		
点地梅属	*Androsace* L.	点地梅	*A. umbellata*（Lour.）Merr.○
珍珠菜属	*Lysimachia* L.	狭叶珍珠菜	*L. pentapetala* Bge.○
龙胆科	Gentianaceae		
獐牙菜属	*Swertia* L.	北方獐牙菜	*S. diluta*（Turcz.）Benth. et Hook. f.○
莕菜属	*Nymphoides* Sequier	莕　菜	*N.peltatum*（Gmel.）O.Kuntze○●
		金银莲花	*N. indica*（L.）O.Kuntze
萝藦科	Asclepiadaceae		
鹅绒藤属	*Cynanchum* L.	徐长卿	*C. paniculatum* Bge. ○
		地梢瓜	*C. thesioides*（Freyn）K. Schum.○
紫草科	Boraginaceae		
紫草属	*Lithospermum* L.	田紫草	*L. arvense* L.
斑种草属	*Bothriospermum* Bge.	斑种草	*B. chinense* Bge.
		多苞斑种草	*B. secundum* Maxim.
附地草属	*Trigonotis* Stev.	附地菜	*T. peduncularis*（Trev.）Benth. ex Baker et Moore

科、属		种名	
唇形科	Labiatae		
黄芩属	*Scutellaria* L.	黄　芩	*S. baicalensis* Georgi
夏至草属	*Lagopsis* Bge. ex Benth.	夏至草	*L.supina*（Steph.）IK.-Gal. ex Knorr.
藿香属	*Agastache* Clayt.	藿　香	*A. rugosa*（Fish. et Mey.）O. Ktze.
糙苏属	*Phlomis* L.	糙　苏	*Ph. umbrosa* Turcz.
野芝麻属	*Lamium* L.	宝盖草	*L. amplexicaule* L.
益母草属	*Leonurus* L.	益母草	*L. japonicus* Houtt.
		錾　菜	*L. pseudomacranthus* Kitag.
鼠尾草属	*Salvia* L.	丹　参	*S. miltiorrhiza* Bge.
		荔枝草	*S. plebeia* R. Br.
风轮菜属	*Clinopodium* L.	风轮菜	*C. chinense*（Benth.）O. Ktze.
百里香属	*Thymus* L.	地　椒	*T. quinquecostatus* Celak.
紫苏属	*Perilla* L.	紫　苏	*P. frutescens*（L.）Britt
薄荷属	*Mentha* L.	薄　荷	*M. haplocalyx*（Briq.）Kudo
茄　科	Solanaceae		
酸浆属	*Physalis* L.	挂金灯	*Ph. alkekengi* L. var. *francheti*（Mast.）Makino
		小酸浆	*P.minima* L.
茄　属	*Solanum* L.	龙　葵	*S. nigrum* L.
		白　英	*S. Lyratum* Thunb.
曼陀罗属	*Datura* L.	曼陀罗	*D. stramonium* L.
玄参科	Scrophulariaceae		
柳穿鱼属	*Linaria* Mill.	柳穿鱼	*L. vulgaris* Mill. ssp. *sinensis*（Bebeaux.）Hong
婆婆纳属	*Veronica* L.	北水苦荬	*V.anagallis-aquatica* L.
腹水草属	*Veronicastrum* Heist. ex Farbic.	草本威灵仙	*V. sibiricum*（L.）Pennell.
阴行草属	*Siphonostegia* Benth.	阴行草	*S. chinensis* Benth.
地黄属	*Rehmannia* Libosch. ex Fisch. et Mey.	地　黄	*R. glutinosa*（Gaert.）Libosch.
通泉草属	*Mazus* Lour.	弹刀子菜	*M. stachydifolius*（Turcz.）Maxim.
		通泉草	*M. japonicus*（Thunb.）O. Kuntz.
母草属	*Lindernia* L	陌上菜	*L. procumbens*（Krock.）Philcox
紫葳科	Bignoniaceae		
角蒿属	*Incarvillea* Juss.	角　蒿	*Incarvillea sinensis* Lam.
列当科	Orobanchaceae		
列当属	*Orobanche* L.	列　当	*O. coerulescens* Steph.
透骨草科	Phrymataceae		
透骨草属	*Phryma* L.	透骨草	*Ph. leptostachya* L. var. *asiatica* Hara
狸藻科	Lentibuladaceae		
狸藻属	*Utricularia* L.	短梗耳挖草	*U.caerulea* L.
		黄花狸藻	*U.aurea* Lour.●
		狸　藻	*U.vulgaris* L.●
车前科	Plantaginaceae		
车前属	*Plantago* L.	车　前	*P. asiatica* L.
		大车前	*P. major* L.
桔梗科	Campanulaceae		
桔梗属	*Platycodon* A. DC.	桔　梗	*P. grandiflorus*（Jacq.）A. DC.

科、属		种 名	
沙参属	*Adenophora* Fisch.	荠　苨	*A. trachelioides* Maxim.
		石沙参	*A. polyantha* Nakai
菊　科	Compositae		
泽兰属	*Eupatorium* L.	林泽兰	*E. lindleyanum* DC.
马兰属	*Kalimeris* Cass.	全叶马兰	*K. integrifolia* Turcz. ex Dc.
		马　兰	*K. indica*（L.）Sch.-Bip.
狗娃花属	*Heteropappus* Less.	阿尔泰狗娃花	*H. altaicus*（Willd.）Navopokr.
		狗娃花	*H. hispidus*（Thunb.）Less.
飞蓬属	*Erigeron* L.	一年蓬	*E. annuus*（L.）Pers.
		飞　蓬	*E. acer* L.
白酒草属	*Conyza* Less.	小蓬草	*C. canadensis*（L.）Cronq.
		野塘蒿	*C. bonariensis*（L.）Cronq.
旋覆花属	*Inula* L.	旋覆花	*I. japonica* Thunb.
		线叶旋覆花	*I. linariifolia* Turcz.
天名精属	*Carpesium* L.	烟管头草	*C. cernuum* L.
苍耳属	*Xanthium* L.	苍　耳	*X. sibiricum* Patrin.
豨莶属	*Siegesbeckia* L.	豨　莶	*S. orientalis* L.
鳢肠属	*Eclipta* L.	鳢　肠	*E. prostrata*（L.）L. Mant.
鬼针草属	*Bidens* L.	狼把草	*B. tripartita* L.
		小花鬼针草	*B. parviflora* Willd.
		婆婆针	*B. bipinnata* L.
牛膝菊属	*Galinsoga* Ruiz. et Cav.	牛膝菊	*G. parviflora* Cav.
菊　属	*Dendranthema*（DC.）Des Moul.	甘　菊	*D. lavandulifolium*（Fisch. ex Trautv.）Ling et Shih
蒿　属	*Artemisia* L.	茵陈蒿	*A. capillaris* Thunb.
		南牡蒿	*A. eriopoda* Bge.
		牡　蒿	*A. japonica* Thunb.
		黄花蒿	*A. annua* L.
		青　蒿	*A. carvifolia* Buch.-Ham
		艾	*A. argyi* H. lèv. & Vaniot
		蒙古蒿	*A. mongolica*（Fisch. ex Bess.）
		野艾蒿	*A. lavandulaefolia* DC.
		矮　蒿	*A. lancea* Van.
		阴地蒿	*A. sulvatica* Maxim.
兔儿伞属	*Syneilesis* Maxim.	兔儿伞	*S. aconitifolia*（Bge.）Maxim.
千里光属	*Senecio* L.	狗舌草	*S.integrifolius*（L.）Clairv.
蓝刺头属	*Echinops* L.	华东蓝刺头	*E. grijisii* Hance
蓟　属	*Cirsium* Mill.	小刺儿菜	*C. segetum* Bge.
泥胡菜属	*Hemistepta* Bge.	泥胡菜	*H. lyrata*（Bge.）Bge.
毛莲菜属	*Picris* L.	毛莲菜	*P. japonica* Thunb.
蒲公英属	*Taraxacum* Weber.	蒲公英	*T. mongolicum* Hand.-Mazz.
苦苣菜属	*Sonchus* L.	续断菊	*S. asper*（L.）Hill.
		苦苣菜	*S. oleraceus* L.
小苦荬属	*Ixeridium*（A. Grag）Tzvel	抱茎苦荬菜	*Ixeridium sonchifolia*（Bge.）Hance
		苦　菜	*Ixeridium chinensis*（Thunb.）Nakai
黄瓜菜属	*Paraixeris* Nakai	黄瓜菜	*P. denticulata*（Houtt.）Stebb.
盘果菊属	*Pterocypsela* Shih	山莴苣	*P. indica* L.

表 1-5　鲁西平原区的主要灌木和藤本植物

（其中○为乡土种、□为栽培物种、※为藤本植物）

科、属		种　名	
禾本科	Gramineae		
刚竹属	*Phyllostachys* Sieb. et Zucc.	淡　竹	*P. glauca* McClure□
		刚　竹	*P. viridis*（Young）McClure□
薯蓣科	Dioscoreaceae		
薯蓣属	*Dioscorea* L.	穿龙薯蓣	*D. nipponica* Makino○※
杨柳科	Salicaceae		
柳　属	*Salix* L.	杞　柳	*S. integra* Thunb.○
桑　科	Moraceae		
构　属	*Broussonetia* L'Her.	构　树	*B. papyrifera*（L.）Vent.○
柘　属	*Cudrania* Trec.	柘　树	*C. tricuspidata*（Carr.）Bur.○
葎草属	*Humulus* L.	葎　草	*H. scandens*（Lour.）Merr.○※
檀香科	Santalaceae		
百蕊草属	*Thesium* L.	百蕊草	*Th. chinense* Turcz.○
马兜铃科	Aristolochiaceae		
马兜铃属	*Aristolochia* L.	寻骨风	*A. mollissima* Hance○※
		北马兜铃	*A. contorta* Bge.○※
小檗科	Berberidaceae		
小檗属	*Berberis* L.	日本小檗	*B. thunbergii* DC.□
防己科	Menispermaceae		
蝙蝠葛属	*Menispermum* L.	蝙蝠葛（山豆根）	*M. dahuricum* DC.○※
蜡梅科	Calycanthaceae		
蜡梅属	*Chimonanthus* Lindl.	蜡　梅	*Ch. praecox*（L.）Link.○□
蔷薇科	Rosaceae		
绣线菊属	*Spiraea* L.	三裂绣线菊	*S. trilobata* L.○
悬钩子属	*Rubus* L.	茅　莓	*R. parvifolius* L.○
蔷薇属	*Rosa* L.	多花蔷薇	*R. crataegifolius* Bge.□※
		玫　瑰	*R. rugosa* Thunb.○□
		月季花	*R. chinensis* Jacq.○□
		黄刺玫	*R. xanthina* Lindl.□
桃　属	*Prunus* L	榆叶梅	*P. triloba* Lindl.□
		欧　李	*P. humilis* Bge.○
云实科	Caesalpiniaceae		
紫荆属	*Cercis* L.	紫　荆	*C. chinensis* Bge.□
蝶形花科	Papilionaceae		
槐　属	*Sophora* L.	苦　参	*S. flavescens* Ait.○
胡枝子属	*Lespedeza* Miehx	胡枝子	*L.* bicolor Turcz.　○
		达胡里胡枝子	*L. davurica*（Laxm.）Schindl.○
		多花胡枝子	*L. floribunda* Bge.○
锦鸡儿属	*Caragana* Fabr.	小叶锦鸡儿	*C. microphylla* Lam.
合萌属	*Aeschynomene* L.	田皂角	*A. indica* L.
木蓝属	*Indigofera* L.	花木蓝	*Indigofera kirilowii* Maxim. ex Palibin○

科、属		种名	
紫穗槐属	*Amorpha* L.	紫穗槐	*A. fruticosa* L.□
紫藤属	*Wisteria* Nutt.	紫　藤	*W. sinensis*（Sims.）Sweet.□※
黄耆属	*Astragalus* L.	糙叶黄耆	*A. scaberrimus* Bge.○
		膜荚黄耆	*A. membranaceus*（Fisch.）Bge.○□
芸香科	Rutaceae		
花椒属	*Zanthoxylum* L.	花　椒	*Z. bungeanum* Maxim.○□
		野花椒	*Z. simulans* Hance○
		竹叶椒	*Z. armatum* DC.○
吴茱萸属	*Evodia* J. R. et G. Forst.	臭檀（抛辣子）	*E. daniellii*（Benn.）Hemsl. ○
黄杨科	Buxaceae		
黄杨属	*Buxus* L.	黄　杨	*B. sinic*（Rehd. et Wils.）Cheng□
		雀舌黄杨	*B. bodinieri* Leul.□
枣　属	*Ziziphus* Mill.	酸　枣	*Z. jujuba* Mill. var. *spinosa*（Bge.）Hu ex H. F. Chow○
葡萄科	Vitaceae		
葡萄属	*Vitis* L.	葡　萄	*V. vinifera* L.□※
		山葡萄	*V. amurensis* Rupr.※
蛇葡萄属	*Ampelopsis* Michx.	葎叶蛇葡萄	*A. humulifolia* Bge.※
爬山虎属	*Parthenocissus* Planch.	爬山虎	*P. tricuspidata*（Sieb. et Zucc.）Planch.※
乌蔹莓属	*Cayratia* Juss.	乌蔹莓	*C. japonica*（Thunb.）Gagnep.※
椴树科	Tiliaceae		
扁担杆属	*Grewia* L.	扁担木（扁担杆子）	*G. biloba* G. Don var. *parviflora*（Bge.）Hand.-Mazz.○
锦葵科	Malvaceae		
木槿属	*Hibicus* L.	木　槿	*H. syriacus* L.□
瑞香科	Thymelaeaceae		
瑞香属	*Daphne* L.	芫　花	*D. genkwa* Sieb. et Zucc.
千屈菜科	Lythraceae		
千屈菜属	*Lythrum* L.	千屈菜	*L. salicaria* L.○
紫薇属	*Lagerstroemia* L.	紫　薇	*L. indica* L. □
山矾科	Symplocacene		
山矾属	*Symplocos* Jacq.	白　檀	*S. paniculata*（Thunb.）Miq.○
木犀科	Oleaceae		
连翘属	*Forsythia* Vahl.	连　翘	*F. suspensa*（Thunb.）Vahl.○※
女贞属	*Ligustrum* L.	女　贞	*L. lucidum* Ait.□
		小叶女贞	*L. quihoui* Carr.□
		辽东水蜡树	*L. obtusifolium* Sieb. et Zucc. ssp. Suave（Kitag.）Kitag.□
素馨属	*Jasminum* L.	迎春花	*J. nudiflorum* Lindl.□
夹竹桃科	Apocynaceae		
络石属	*Trachelospermum* Lem.	石　血	*T. jasminoides*（Lindl.）Lem. var. *heterophyllum* Tsiang ○※
萝藦科	Asclepiadaceae		
萝藦属	*Metaplexis* R. Br.	萝　藦	*M. japonica*（Thunb.）Mkino○※

科、属		种名	
鹅绒藤属	*Cynanchum* L.	鹅绒藤	*C. chinense* R. Br.○※
旋花科	Convolvulaceae		
菟丝子属	*Cuscuta* L.	南方菟丝子	*C. australis* R. Br.○※
		菟丝子	*C. chinensis* Lam.○※
打碗花属	*Calystegia* R. Br.	打碗花	*C. hederacea* Wall. ex Roxb.※
		藤长苗	*C. pellita*（Ledeb.）G. Don.※
旋花属	*Convolvulus* L.	田旋花	*C. arvensis* L.※
牵牛属	*Pharbitis* Choisy	圆叶牵牛	*P. purpurea*（L.）Voigt※
		牵　牛	*P. hederacea*（L.）Choisy※
		裂叶牵牛	*P. nille*（L.）Choisy※
马鞭草科	Verbenaceae		
牡荆属	*Vitex* L.	黄　荆	*V. negundo* L.
		荆　条	*V. negundo* L. var. *heterophylla*（Franch.）Rehd.
		牡　荆	*V. negundo* L. var. *cannabifolia*（Sieb. et Zucc.）Hand.-Mazz.
紫珠属	*Callicarpa* L.	白棠子树	*C. dichotoma*（Lour.）K. Koch.
茄　科	Solanaceae		
枸杞属	*Lycium* L.	枸　杞	*L. chinense* Mill.
紫葳科	Bignoniaceae		
凌霄属	*Campsis* Lour.	凌　霄	*C. grandiflora*（Thunb.）Loisel.□※
茜草科	Rubiaceae		
茜草属	*Rubia* L.	茜　草	*R. cordifolia* L.※
猪殃殃属	*Galium* L.	蓬子菜	*G. verum* L.※
		四叶葎	*G.bungei* Steud.※
忍冬科	Caprifoliaceae		
忍冬属	Lonicera L.	金银花	*L. japonica* Thunb.※
葫芦科	Cucurbitaceae		
盒子草属	*Actinostemma* Griff.	盒子草	*A. tenerum* Griff. ※
栝楼属	*Trichosanthes* L.	栝　楼	*T. kirilowii* Maxim.※
黄瓜属	*Cucumis* L.	小马泡	*C. bisexualis* A. M. Lu. et G. C.Wang ex Lu et Z. Y. Zhang.※

表 1-6　鲁西平原区的主要乔木

（其中○为乡土种、◎为外来物种、□为栽培物种）

科、属		种名	
银杏科	Ginkgoaceae		
银杏属	*Ginkgo* L.	银　杏	*G. biloba* L.□
松　科	Pinaceae		
雪松属	*Cedrus* Trew	雪　松	*C. deodara*（Roxb.）Loud.□◎
杉　科	Taxodiaceae		
柳杉属	*Cryptomeria* D. Don.	柳　杉	*C. fortunei* Hooibrenk ex Otto et Dietr.□
水杉属	*Metasequoia* Miki ex Hu et Cheng	水　杉	*M. glyptostroboides* Hu et Cheng□

科、属		种名	
柏　科	Cupressaceae		
侧柏属	*Platycladus* Spach	侧　柏	*P. orientalis*（L.）Franco○□
圆柏属	*Sabina* Mill.	圆　柏	*S. chinensis*（L.）Ant. ○□
		龙　柏	*S. chinensis*（L.）Ant. cv.‘Kaizuca’○□
刺柏属	*Juniperus* L.	刺　柏	*J. formosana* Hayata□
杨柳科	Salicaceae		
杨　属	*Populus* L.	毛白杨	*P. tomentosa* Carr.
		加拿大杨	*P. canadensis* Moench.◎
		沙兰杨	*P. eurameriacana*（Dode）Guinier cv. ‘Sacrau 79’□
		意大利 214 杨	*P. euramericana*（Dode）Guinier cv. ‘I—214’□◎
		健　杨	*P. robusta* Schneid◎
柳　属	*Salix* L.	旱　柳	*S. matsudana* Koidz.
		垂　柳	*S. babylonica* L.
胡桃科	Juglandaceae		
胡桃属	*Juglans* L.	胡　桃	*J. regia* L.○
枫杨属	*Pterocarya* Kunth	枫　杨	*P. stenoptera* DC.○
壳斗科	Fagaceae		
栗　属	*Castanea* Mill.	板　栗	*C. mollissima* Bl.○□
栎　属	*Quercus* L.	槲　树	*Q. dentata* Thunb.○
		槲　栎	*Q. aliena* Bl.○
		栓皮栎	*Q. variabilis* Bl.　○
榆　科	Ulmaceae		
榆　属	*Ulmus* L.	黄　榆	*U. macrocarpa* Hance○□
		榆	*U. pumila* L.○□
		榔　榆	*U. parvifolia* Jacq.○
刺榆属	*Hemiptelea* Planch.	刺　榆	*H. davidii* Planch.○□
朴　属	*Celtis* L.	大叶朴	*C. koraiensis* Nakai○
		小叶朴	*C. bungeana* Bl.○
		朴　树	*C. sinensis* Pers.○
桑　科	Moraceae		
桑　属	*Morus* L.	桑	*M. alba* L.○
木兰科	Magnoliaceae		
木兰属	*Magnolia* L.	玉　兰	*M. denudata* Desr.□
		二乔玉兰	*M. soulangeana* Soul.-Bod.□
杜仲科	Eucommiaceae		
杜仲属	*Eucommia* Oliv.	杜　仲	*E. ulmoides* Oliv.□
悬铃木科	Platanaceae		
悬铃木属	*Platanus* L.	一球悬铃木	*P. occidentalis* L.□
		二球悬铃木	*P. acerifolia*（Ait.）Willd.□
		三球悬铃木	*P. orientalis* L.□
木瓜属	*Chaenomeles* Lindl.	木　瓜	*Ch. sinensis*（Thouin.）Koehne
梨　属	*Pyrus* L.	杜　梨	*P. betulaefolia* Rehd.○□
苹果属	*Malus* Mill.	山荆子	*M. baccata*（L.）Borkh.○
		苹　果	*M. pumila* Mill.□

科、属		种　名	
山楂属	*Crataegus* L.	山　楂	*C. pinnatifida* Bge.□
桃　属	*Prunus* L	桃	*P. persica*（L.）Batch.□
		碧　桃	*P. persica*（L.）Batch. f. *duplex* Rehd.□
		山　桃	*P. davidiana* Carr. Franch.○
		杏	*P. armeniaea* L.
		野　杏	*P. armeniaca* L. var. *ansu* Maxim.○
		红叶樱桃李	*P. cerasifera* Ehrh. f. *atropurpurea*（Jacq.）Rehd.□
含羞草科	Mimosaceae		
合欢属	*Albizia* Durazz.	合　欢	*A. julibrissin* Durazz.○
		山合欢	*A. kalkora*（Roxb.）Prain.○
云实科	Caesalpiniaceae		
皂荚属	*Gleditsia* L.	皂　荚	*G. Sinensis* Lam.○
蝶形花科	Papilionaceae		
槐　属	*Sophora* L.	槐　树	*S. japonica* L.○
		龙爪槐	*S. japonica* L. var. *pendula* Hort.□◎
刺槐属	*Robinia* L.	刺　槐	*R. pseudoacacia* L.
苦木科	Simaroubaceae		
臭椿属	*Ailanthus* Desf.	臭　椿	*A. altissima*（Mill.）Swingle○
苦木属	*Picrasma* Bl.	苦　木	*P. quassioides*（D. Don.）Benn.○
楝　科	Meliaceae		
香椿属	*Toona* Roem.	香　椿	*T. sinensis*（A. Juss.）Roem.○□
楝　属	*Melia* L.	苦　楝	*M. azedarach* L.○□
漆树科	Anacardiaceae		
黄连木属	*Pistacia* L.	黄连木	*P. chinensis* Bge.○
盐肤木属	*Rhus*（Tourn.）L.	盐肤木	*Rh. chinensis* Mill.○
		火炬树	*Rh. typhina* L.◎
卫矛科	Celastraceae		
卫矛属	*Euonymus* L.	卫　矛	*E. alatus*（Thunb.）Sieb.　○
槭树科	Acerceae		
槭　属	*Acer* L.	元宝槭	*A. truncatum* Bge.□
		鸡爪槭	*A. palmatum* Thunb.□
无患子科	Sapindaceae		
栾树属	*Koelreuteria* Laxm.	栾　树	*K. paniculata* Laxm.○□
鼠李科	Rhammaceae		
鼠李属	*Rhammus* L.	小叶鼠李	*Rhamnus parvifolia* Bge.○
		锐齿鼠李	*Rh. arguta* Maxim○
		圆叶鼠李	*Rh. globosa* Bge.○
枣　属	*Ziziphus* Mill.	枣	*Z. jujuba* Mill.○
梧桐科	Sterculiaceae		
梧桐属	*Firmiana* Marsili	梧　桐	*F. platanifolia*（L. f.）Marsili
石榴科	Punicaceae		
石榴属	*Punica* L.	石　榴	*P. granatum* L.◎

科、属		种 名	
五加科	Araliaceae		
刺楸属	*Kalopanax* Miq.	刺 楸	*K. septemlobus*（Thunb.）Koidz.○
柿树科	Ebenaceae		
柿 属	*Diospyros* L.	君迁子	*D. lotus* L.□
		柿 树	*D. kaki* L. f.□
木犀科	Oleaceae		
梣 属	*Fraxinus* L.	白蜡树	*F. chinensis* Roxb.○□
玄参科	Scrophulariaceae		
泡桐属	*Paulownia* Sieb. et Zucc.	毛泡桐	*P. tomentosa*（Thunb.）Steud.□
		兰考泡桐	*P. elongata* S. Y. Hu.□
		楸叶泡桐	*P. catalpifolia* Gong Tong□
紫葳科	Bignoniaceae		
梓树属	*Catalpa* Scop.	楸 树	*C. bungei* C. A. Mey.□

1.3 鲁中南低山丘陵区

鲁中南低山丘陵区位于黄河以南、运河以东、沭河以西、胶济路以南的内陆地区，范围包括济南市区、平阴县、章丘市；滨州市的邹平县、桓台县；淄博市张店区、周村区、淄川区、临淄区、博山区；潍坊市的青州市、临朐县、安丘市；济宁市区、兖州市、汶上县、东平县；泰山区、肥城市、宁阳县、新泰市；莱芜市；临沂市区、郯城县、苍山县、临沭县、费县、平邑县、沂南县、蒙阴县、沂水县、沂源县；峄城区、薛城区、滕州市；邹城市、泗水县、曲阜市。共 46 个县（市）。土地总面积 8 366 万亩，占全省土地总面积的 36.6%，其中耕地 3 697 万亩，占总面积的 44%。

1.3.1 生态与环境条件

地形：本区总的地势是中凸起，向四周逐渐倾斜。高达千米以上的山中有泰山、沂山、鲁山、蒙山、徂徕山五座。向外逐渐降为 500～600 m 的低山，到边缘地带则为 300 m 以下的山麓丘陵。由于地形最高部位偏北，因而从山地北斜面发源的潍、弥、胶、清等河流，多源近流短；而发源于南斜面的沂、沭、汶、泗等河流则源远流长。山体构成物质：中山地区多由变质岩、岩浆岩组成，除鲁山一带大部分由石灰岩构成外，其余都是结晶岩风化的砂石山。岩石颗粒粗，物理风化强，地表多砂质土。低山地区多由石灰岩和砂页岩组成，岩石颗粒细，化学风化强，地表多黏质土。低山丘陵间还有临朐、沂源、肥城、枣庄等盆地地貌及沂沭、汶泗、胶清、太莱登山前平原。山区以岩隙、溶洞水为主，除石灰岩山区外，一般地区水利资源丰富，水质较好。

气候：年平均气温为 12～13℃，极端最低气温为 −18～−24℃，极端最高气温为 38～41℃，全年日照时数 2 500～2 800 h，积温 4 000～4 500℃。干燥度 1～1.4，全年雨量多在 700～900 mm 上下。山地的东南部因迎夏季风，又邻近海洋，成为多雨区，年雨量可达 800 mm 以上。而山地的西北部，夏季季风减弱，又邻近内陆，成为少雨区，年雨量仅 700 mm

上下。春雨量占13%～14%，夏季雨量占60%～65%，年相对湿度65%～70%。冰雹机遇1～5年，干热风机遇1～3年，全年无霜期190～220天。

土壤：以褐土为主，棕壤次之。褐土广泛分布于低山丘陵及胶济、津浦沿线的山麓平原。荒山草坡以褐土性土（砂岭土）为主，自然植被以百里香、菅草为主，局部地段还有侧柏、鹅耳枥、黄栌等次生杂木林。侧柏、刺槐等林相较好的地区为林地褐土，自然植被有黄荆、胡枝子、菅草等。泰山、蒙山、徂徕山等森林较好地段，有林地棕壤和棕壤性土分布。

1.3.2 植物资源及分布特点

本区的林业资源丰富，泰山、蒙山、沂山、鲁山等大片山区是我省的重要林业基地。

主要树种：山地以油松、赤松、黑松、侧柏、麻栎、栓皮栎为主，沟谷以枫杨最多，平原以杨树为主，旱柳、泡桐、刺槐次之。经济林以核桃、柿类、板栗、花椒为主，苹果、梨、山楂次之。茶、毛竹、落叶松、乌桕、杜仲都有引种，但以落叶松表现较好。

本区的植物资源可用于生态省建设、水土保持、林业造林、城乡绿化中树种的选择，高海拔地区分布的植物也是重要的种植资源。

1.3.3 物种资源

如表1-7、表1-8、表1-9所示。其中乡土物种和栽培物种的含义同上。

表1-7 鲁中南低山丘陵区主要的草本和草质藤本植物

（其中○为乡土种、□为栽培物种、※为草质藤本）

科、属		种名	
香蒲科	Typhaceae		
香蒲属	*Typha* L.	香　蒲	*T. orientalis* Presl.○
香蒲属	*Typha* L.	长苞香蒲	*T. angustata* Bory. et Chaub.
黑三棱科	Sparganiaceae		
黑三棱属	*Sparganium* L.	黑三棱	*S. stoloniferum* Hamit.○
眼子菜科	Potamogetonaceae		
眼子菜属	*Potamogeton* L.	竹叶眼子菜	*P. malaianus* Miq.○
		菹　草	*Potamogeton* crispus L.○
		篦齿眼子菜	*P. pectinatus* L.○
		小眼子菜	*P. pusillus* L.○
禾本科	Gramineae		
羊茅属	*Festuca* L.	羊　茅	*F. rubra* L. ○
		远东羊茅	*F. subulata* Trin. ssp. *japonica*（Hack.）T.○
		小颖羊茅	*F. parvigluma* Steud.○
早熟禾属	*Poa* L.	草地早熟禾	*P. pratensis* L.
		华东早熟禾	*P. faberi* Rendle○
		硬质早熟禾	*P. sphondylodes* Trin.○
		白顶早熟禾	*P. acroleuca* Steud.○
		早熟禾	*P. annua* L.○

科、属		种名	
臭草属	*Melica* L.	广序臭草	*M. onoei* Franch. et Sav.○
		大花臭草	*M. grandiflora*（Hack.）Koidz.○
		臭　草	*M. scabrosa* Trin○
		细叶臭草	*M. radula* Franch.○
雀麦属	*Bromus* L.	雀　麦	*B. japonicus* Thunb○.
隐子草属	*Cleistogenes* Keng	糙隐子草	*C. squarrosa*（Trin.）Keng○
		北京隐子草	*C. hancei* Keng○
		朝阳青茅	*C. hackelii*（Honda）Honda
		丛生隐子草	*C. caespitosa* Keng○
		中华隐子草	*C. chinensis*（Maxim.）Keng○
画眉草属	*Eragrostis* Beauv.	大画眉草	*E. cilianensis*（All.）Link ex Merr. Vign.-Lut ○
		小画眉草	*E. poaeoides* Beauv.○
		知风草	*E. ferruginea*（Thunb.）Beauv.○
		画眉草	*E. pilosa*（L.）Beaur○
		秋画眉草	*E. autumnalis* Keng○
芦苇属	*Phragmites* Trin.	芦　苇	*P. communis* Trin.○
鹅观草属	*Roegneria* C. Koch	竖立鹅观草	*R. japonensis*（Honda）Keng○
		纤毛鹅观草	*R. ciliaris*（Trin.）Nevski○
		缘毛鹅观草	*R. pendulina* Nevski○
		东瀛鹅观草	*R. mayebarana*（Honda）Ohwi○
		鹅观草	*R. kamoji* Owhi○
披碱草属	*Elymus* L.	披碱草	*E. dahuricus* Turcz.○
双稃草属	*Diplachne* Beauv.	双稃草	*D. fusca*（*L.*）Beauv.○
千金子属	*Leptochloa* Beauv.	千金子	*L. chinensis*（L.）Nees○
移　属	*Eleusine* Gaertn.	牛筋草	*E. indica*（L.）Gaertn.○
草沙蚕属	*Tripogon* Roem. et Schult	中华草沙蚕	*T. chinensis*（Franch.）Hack.○
虎尾草属	*Chloris* Swartz	虎尾草	*C. virgata* Swatrz○
野青茅属	*Deyeuxia* Clarion	野青茅	*D. arundinaceae*（L.）Beauv.○
		北方野青茅	*D. arundinaceae*（L.）Beauv. var. *borealis*（Rendle）P. C. Kuo et S. L.Lu○
		纤毛野青茅	*D. arundinaceae*（L.）Beauv. var. *ciliata*（Honda）P. C. Kuo et S. L. Lu○
		疏花野青茅	*D. arundinaceae*（L.）Beauv. var. *laxiflora*（Rendle）P. C. Kuo et S. L. Lu○
拂子茅属	*Calamagrostis* Adans.	拂子茅	*C. epigeios*（L.）Roth○
乱子草属	*Muhlenbergia* Schreb.	乱子草	*M. hugelii* Trin.○
鼠尾粟属	*Sporobolus* R. Br.	鼠尾粟	*S. indicus*（L.）R. Br. var. *purpurea-suffusus*（Ohwi）T. Koyoma○
看麦娘属	*Alopecurus* L.	看麦娘	*A. aequalis* Sobol.○
芨芨草属	*Achnatherum* Beauv.	远东芨芨草	*A. extremiorientale*（Hara）Keng○
针茅属	*Stipa* L.	长芒草	*S. bungeana* Trin. ex Bge.○
三芒草属	*Aristida* L.	三芒草	*Aristida adscensionis* L.○
茅香属	*Hierochloe* R. Br.	光稃茅香	*H. glabra* Trin.○
假稻属	*Leersia* Sw.	假　稻	*L. japonica* Makino

科、属		种名	
柳叶箬属	*Isachne* R. Br.	柳叶箬	*I. Globosa*（Thunb.）Kuntze○
黍　属	*Panicum* L.	黍	*P. miliaceum* L.○
		糠　稷	*P. bisulcatum* Thunb.○
求米草属	*Oplismenus* Beauv.	求米草	*O. undulatifolius*（Arduino）Roem. et Schult.○
稗　属	*Echinochloa* Beauv.	稗	*E. crusgallii*（L.）Beauv.○
		旱　稗	*E. crusgallii*（L.）Beauv. var. *hispidula*（Retz.）Kitag.○
野黍属	*Eriochloa* Kunth	野　黍	*E. villosa*（Thunb.）Kunth○
雀稗属	*Paspalum* L.	雀　稗	*P. thunbergii* Kunth○
马唐属	*Digitaria* Heist	紫马唐	*D. violasens* Link.○
		止血马唐	*D. ischaemum*（Schreb.）Schreb.○
		马　唐	*D. sanguinalis*（L.）Scop.○
		毛马唐	*D. ciliaris*（Retz.）Koel.○
		升马唐	*D. adscendens*（H. B. K.）Henred.○
狗尾草属	*Setaria* Beauv.	狗尾草	*S. viridis*（L.）Beauv.○
		金色狗尾草	*S. glauca*（L.）Beauv.○
狼尾草属	*Pennisetum* Rich.	狼尾草	*P. alopecuroides*（L.）Spreng.○
野古草属	*Arundinella* Raddi	野古草	*A. hirta*（Thunb.）Tanaka○
结缕草属	*Zoysia* Willd.	结缕草	*Z. japonica* Steud.○
		中华结缕草	*Z. sinnia* Hance○
锋芒草属	*Tragus* Hall.	虱子草	*T. berteronianus* Schult.○
		锋芒草	*T. racemosus*（L.）○
芒　属	*Miscanthus* Anders.	荻	*M. sacchariflorus*（Maxim.）Hack.○
		芒	*M. sinensis* Anders.○
		紫　芒	*M. sinensis* Anders. var. *pupurascens*（Anderss.）Matsum.○
白茅属	*Imperata* Cyr.	白　茅	*I. cylindrica*（L.）Beauv. var. *major*（Nees）C. B. Hubb.○
大油芒属	*Spodiopogon* Trin.	油　芒	*S. coyulifer*（Thunb.）Hack○
		大油芒	*S. sibiricus* Trin.○
莠竹属	*Microstegium* Nees	莠　竹	*M. vimineum*（Trin.）A. Camus var. *imberbe*（Nees）Honda
黄金茅属	*Eulalia* Kunth	金　茅	*E. speciosa*（Debeaux）Kuntze○
牛鞭草属	*Hemarthria* R. Br.	牛鞭草	*H. altissima* Stapf et C. E. Hubb○
荩草属	*Arthraxon* Beauv.	矛叶荩草	*A. prionodes*（Steud.）Dandy○
		荩　草	*A. hispidus*（Thunb.）Makino○
孔颖草属	*Bothriochloa* Kuntze	白羊草	*B. ischaemum*（L.）Keng○
细柄草属	*Capillipedium* Stapf	细柄草	*C. parviflorum*（R. Br.）Stapf○
香茅草属	*Cymbopogon* Spreng.	橘　草	*C. goeringii*（Steud.）A. Camus
裂稃草属	*Schizachyrium* Nees	裂稃草	*S. brevifolium*（Swartz.）Nees
菅草属	*Themeda* Forsk	菅　草	*T. Japonica*（Willd.）C. Tanaka○
薏苡属	*Coix* L.	薏苡	*C. lacryma-jobi* L.□
莎草科	Cyperaceae		
藨草属	*Scirpus* L.	华东藨草	*S. karuizawensis* Makino○
		萤　蔺	*S. juncoides* Roxb.○

科、属		种名	
荸荠属	*Eleocharis* R. Br.	牛毛毡	*E. yokoscensis*（Franch. et Savat.）Tang et Wang○
		刚毛荸荠	*E. valleculosa* Ohwi f. *Setosa*（Ohwi）Kitagawa
球柱草属	*Bulbostylis* C. B. Clarke	丝叶球柱草	*B. densa*（Wall.）Hand.-Mzt.
飘拂草属	*Fimbristylis* Vahl	烟台飘拂草	*F. stauntoni* Debeaux et Franch.○
		双穗飘拂草	*F. subbispicata* Nees et Meyen○
		两歧飘拂草	*F. dichotoma*（L.）Vahl○
		复序飘拂草	*F. bisumbellata*（Forsk.）Bubani○
		畦畔飘拂草	*F. squarrosa* Vahl○
湖瓜草属	*Lipocarpha* R. Br.	湖瓜草	*L. microcephala*（R. Rr.）Kunth○
莎草属	*Cyperus* L.	香　附	*C. rotundus* L.○
		碎米莎草	*C. iria* L.○
		小碎米莎草	*C. microiria* Steud.○
		扁穗莎草	*C. compressus* L.
		风车草	*C. altenifolius* L. ssp. *flabelliformis*（Rottb.）Kukenth.
		褐穗莎草	*C. fuscus* L.
		异型莎草	*C. difformis* L.○
		山东白鳞莎草	*C. shandongense* F. Z. Li ○
		旋鳞莎草	*C. michelianus*（L.）Link.○
		白鳞莎草	*C. nipponicus* Franch. et Savat.○
扁莎属	*Pycreus* P. Beauv.	红鳞扁莎	*P. sanguinolentus*（Vahl）Nees○
		球穗扁莎	*P. globosus*（All.）Reichb.○
		小球穗扁莎	*P. globosus*（All.）Reichb. var. *nilagiricus* C. B. Clarke○
		直球穗扁莎	*P. globosus*（All.）Reichb. var. *strictus*（Roxb.）C. B. Clarke○
水蜈蚣属	*Kyllinga* Rottb.	光鳞水蜈蚣	*K. brevifolia* Rottb. var. *leiolepis*（Franch.et Savat.）Hara○
断节莎属	*Torulinium* Desv.	球序断节莎	*T. ferax*（L. C. Rich.）Urb. var. *conglobatus*（Link.）Kukenth.
薹草属	*Carex* L.	白颖薹草	*C. rigescens*（Franch.）V. Krecz.○
		翼果薹草	*C. neurocarpa* Maxim.
		尖嘴薹草	*C. leiorhyncha* C. A. Mey
		异鳞薹草	*C. heterolepis* Bge.○
		白头山薹草	*C. peiktusani* Kom.
		东陵薹草	*C. tangiana* Ohwi
		低矮薹草	*C. humilis* Leysser
		青绿薹草	*C. leucochlora* Bge.
		亚柄薹草	*C. subpediformis*（Kukenth.）Sut. et Suzuki○
		宽叶薹草	*C. siderosticata* Hance○
		披针叶薹草	*C. lanceolata* Boott○
		日本薹草	*C. japonica* Thunb.
		溪水薹草	*C. forficula* Franch. et Savat
天南星科	Araceae		
菖蒲属	*Acorus* L.	菖　蒲	*A. calamus* L.○

科、属		种 名	
马蹄莲属	*Zantedeschia* Spreng.	马蹄莲	*Z. aethiopica*（L.）Spreng.□
半夏属	*Pinellia* Tenore	半 夏	*P. ternata*（Thunb.）Brelt.○□
		虎 掌	*P. pedatisecta* Schott○
犁头尖属	*Typhonium* Schott	独角莲	*T. giganteum* Engl.□
天南星属	*Arisaema* Mart.	东北南星	*A. amurense* Maxim.○
海芋属	*Alocasia*（Schott）G. Don	海 芋	*A. macrorrhiza*（L.）Schott□
浮萍科	Lemnaceae		
紫萍属	*Spirodela* Schleid.	紫 萍	*S. polyrrhiza*（L.）Schleid.
浮萍属	*Lemna* L.	浮 萍	*L. minor* L.○
谷精草科	Eriocaulaceae		
谷精草属	*Eriocaulon*	泰山谷精草	*E. taishanense* F. Z. Li○
鸭跖草科	Commelinaceae		
竹叶子属	*Streptonlirion* Edgew.	竹叶子	*S. volubile* Edgew.○※
紫竹梅属	*Commelina* L.	紫竹梅	*S. volubile* Edgew.□
鸭跖草属	*Commelina* L.	鸭跖草	*C. communis* L.○
		饭包草	*C. benghalensis* L.○
水竹叶属	*Murdannia* Royle	裸花水竹叶	*M. nudiflora*（L.）Brenna□
雨久花科	Pontederiaceae		
雨久花属	*Monochoria* Presl	雨久花	*M. korsakowii* Regel et Maack□
灯心草科	Juncaceae		
灯心草属	*Juncus* L.	小灯心草	*J. bufonius* L.○
		乳头灯心草	*J. papillosus* Franch. et Savat.○
		星花灯心草	*J. distrophanthus* Buchen○
百部科	Stemonaceae		
百部属	*Stemona* Lour.	直立百部	*S. sessilifolia*（Miq.）Miq.○
		山东百部	*S. shandongensis* D. K. Zang○
百合科	Liliaceae		
天门冬属	*Asparagus* L.	龙须菜	*A. Schoberioides* Kunth○
		石刁柏	*A. officinalis* L.□※
		南玉带	*A. oligoclonos* Maxim.○
菝葜属	*Smilax* L.	牛尾菜	*S. riparia A.* DC.○※
山麦冬属	*Liriope* Lour.	禾叶山麦冬	*L. graminifolia*（Thunb.）Lour.○
		阔叶山麦冬	*L. platyphylla* Wang et Tang○
		山麦冬	*L. spicata*（Thunb.）Lour.○
沿阶草属	*Ophiopogon* Ker-Gawl.	麦 冬	*O. japonicus*（L. f.）Ker-Gawl.
百子莲属	*Agapanthus* L'Her.	百子莲	*A. africanus* Hoffmg.○
蜘蛛抱蛋属	*Aspidistra* Ker-Gawl.	蜘蛛抱蛋	*A. elatior* Bl.
虎尾兰属	*Sansevieria* Thunb.	虎尾兰	*S. trifasciata* Prain□
铃兰属	*Convallaria* L.	铃 兰	*C. majalis* L.□
吉祥草属	*Reineckia* Kunth	吉祥草	*R. carnea*（Andr.）Kunth□
萱草属	*Hemerocallis* L.	黄花菜	*H. citrina* Baroni○
		北黄花菜	*H. lilio-asphodelus* L.○
		小黄花菜	*H. minor* Mill.○
		萱 草	*H. fulva*（L.）L.□
		重瓣萱草	*H. fulva*（L.）L. var. *kwanso* Regel□

科、属		种名	
知母属	*Anemarrhena* Bge.	知　母	*A. asphodeloides* Bge.○
玉簪属	*Hosta Tratt.*	玉　簪	*H. plantaginea*（Lam.）Aschers○
		紫　萼	*H. ventricosa*（Salisb.）Stearn○
鹿药属	*Smilacina* Desf.	鹿　药	*S. japonica* A. Gray○
黄精属	*Polygonatum* Mill.	黄　精	*P. sibiricum* Delar. ex Redoute○
		玉　竹	*P. odoratum*（Mill.）Druce○
		热河黄精	*P. macropodium* Turcz.
万寿竹属	*Disporum Salisb.*	宝铎草	*D. sessile* D. Don○
葱　属	*Allium* L.	野　韭	*A. ramosum* L.○
		碱　韭	*A. polyrhizum* Turcz. ex Regel○
		矮齿韭	*A. brevidentatum* F. Z. Li○
		薤白（小根蒜）	*A. macrostemon* Bge.○
		密花小根蒜	*A. macrostemon* Bge. var. *uratense*（Franch.）Airy-Shaw○
		黄花葱	*A. condensatum* Turcz.○
		泰山韭	*A. taishanense* J. M. Xu○
		细叶韭	*A. tenuissimum* L.○
藜芦属	*Veratrum* L.	藜　芦	*V. nigrum* L.○
绵枣儿属	*Scilla* L.	绵枣儿	*S. scilloides*（Lindl.）Druce○
虎眼万年青属	*Ornithogalum* L.	虎眼万年青	*O. caudatum* Jacq.□
百合属	*Lilium* L.	卷　丹	*L. lancifolium* Thunb.□
		有斑百合	*L. concolor* Salisb. var. *pulchellum*（Fisch.）Regel○
		山　丹	*L. pumilum* DC.○
郁金香属	*Tulipa* L.	郁金香	*T. gesnreiana* L.□
		老鸦瓣	*T. edulis*（Miq.）Baker○
顶冰花属	*Gagea* Salisb.	顶冰花	*Gagea lutea*（L.）Ker.-Gawl.□
石蒜科	Orchidaceae		
水仙属	*Narcissus* L.	水仙	*N. tazetta* L. var. *chinensis* Roem.□
文殊兰属	*Crinum* L.	文殊兰	*C. asiaticum* L. var. *sinicum*（Roxb. ex Herb.）□
朱顶红属	*Hippeastrum* Herb.	花朱顶红	*H. vittatum*（L'Her）Herb.□
		朱顶红	*H. rutilum*（Ker-Gawl.）Herb.□
葱莲属	*Zephyranthes* Herb.	韭　莲	*Z. grandiflora* Lindl.□
		葱　莲	*Z. candida*（Lindl.）Herb.□
君子兰属	*Clivia* Lindl.	君子兰	*C. miniata* Regel□
		垂笑君子兰	*C. nobilis* Lindl.□
晚香玉属	*Polianthes* L.	晚香玉	*P. tuberosa* L.□
龙舌兰属	*Agave* L.	龙舌兰	*A. americana* L.□
		金边龙舌兰	*A. americana* L. var. *variegata* Nichols□
薯蓣科	Dioscoreaceae		
薯蓣属	*Dioscorea* L.	穿龙薯蓣	*D. nipponica* Makino○※
		薯　蓣	*D. opposita* Thunb.○※
鸢尾科	Iridaceae		
射干属	*Belamcanda* Adans.	射　干	*B. chinensis*（L.）DC.○

科、属		种 名	
鸢尾属	*Iris* L.	野鸢尾	*Iris dichotoma* Pall.○
		鸢　尾	*I.tectorum* Maxim.□
		矮紫苞鸢尾	*I. ruthenica* Ker.-Gawl. var. *nana* Maxim.□
		马　蔺	*I. lactea* var. *chinensis*（Fisch.）Koidz.○
芭蕉科	Musaceae		
芭蕉属	*Musa* L.	芭　蕉	*M. basjoo* Sieb. et Zucc.□
鹤望兰属	*Strelitzia* Aiton.	鹤望兰	*S. reginae* Aiton.□
美人蕉科	Cannaceae		
美人蕉属	*Canna* L.	兰花美人蕉	*C. orchioides* Bailey□
		大花美人蕉	*C.generalis* Bailey□
兰　科	Orchidaceae		
舌唇兰属	*Platanthera* L. C. Rich.	二叶舌唇兰	*P. chlorantha* Gust. ex Rchb. ○
无柱兰属	*Amitostigma* Schltr.	无柱兰	*A. gracile*（Bl.）Schltr.○
火烧兰属	*Epipactis* Zinn.	北火烧兰	*E. xanthophaea* Schltr.
兰　属	*Cy* mbidium Sw.	蕙　兰	*C. faberi* Rolfe□
		春　兰	*C. goeringii*（Rchb. f.）Rchb. f.□
		墨　兰	*C.sinense*（Jackson ex Andr.）Willd.□
		建　兰	*C. ensifolium*（L.）Sw.□
角盘兰属	*Herminium* Guett.	角盘兰	*H. monorchis*（L.）R. Br.□
羊耳蒜属	*Liparis* L. C. Rich.	羊耳蒜	*L. japonica*（Miq.）Maxim.○
绶草属	*Spiranthes* Rich.	绶　草	*S. sinensis*（Pers.）Ames.○
斑叶兰属	*Goodyera* R. Br.	小斑叶兰	*G. repens*（L.）R. Br.□
金粟兰科	Chloranthaceae		
金粟兰属	*Chloranthus* Sw.	银线草	*C. japonicus* Sieb.○
		及　己	*C. serratus*（Thunb.）Roem. et Schult.○
大麻科	Cannabaceae		
大麻属	*Cannabis* L.	大　麻	*C. sativa* L.□
葎草属	*Humulus* L.	葎　草	*H. scandens*（Lour.）Merr.○※
		啤酒花	*H. lupulus* L.□※
荨麻科	Urticaceae		
荨麻属	*Urtica* L.	宽叶荨麻	*U. laetevirens* Maxim.○
蝎子草属	*Girardinia* Gaud.	蝎子草	*G. suborbiculata* C. J. Chen.○
苎麻属	*Boehmeria* Jacq.	苎　麻	*B. nivea*（L.）A. Gaud.○
		大叶苎麻	*B. longispica* Steud.○
		细野麻（细穗苎麻）	*B. gracilis* C. H. Wright○
墙草属	*Parietaria* L.	墙　草	*P. micrantha* Ledeb.
檀香科	Santalaceae		
百蕊草属	*Thesium* L.	百蕊草	*T. chinense* Turcz.○
马兜铃科	Aristolochiaceae		
马兜铃属	*Aristolochia* L.	北马兜铃	*A. contorta* Bge.○※
蓼　科	Polygonaceae		
蓼　属	*Polygonum* L.	萹　蓄	*P. aviculare* L.○
		习见蓼	*P. plebeium* R. Br.○

科、属		种名	
		尼泊尔蓼	*P. nepalense* Meisn.○
		红　蓼	*P. orientale* L.□
		酸模叶蓼	*P. lapathifolium* L.○
		桃叶蓼	*P. persicari* L.○
		长鬃蓼	*P. longisetum* De Br.○
		箭叶蓼	*P. sagittatum* L.○
		叉分蓼	*P. divaricatum* L.○
		高山蓼	*P.alpinum* All.○
		稀花蓼	*P. dissitiflorum* Hensl.○
		丛枝蓼	*P. posumbum* Hamilt. et D. Don.○
		扛板归	*P. perfoliatum* L.○※
		水　蓼	*P. hydropiper* L.○
		何首乌	*P. multiflorum* Thunb.○※
		齿翅蓼	*F. dentate-alata*（F. Schm.）Holub○
		虎　杖	*P. cuspidatum* Sieb. et Zucc.○
		拳　蓼	*P. bistorta* L.○
荞麦属	*Fagopyrum* Geartn.	荞　麦	*F. esculentum* Moench.□
酸模属	*Rumex* L.	酸　模	*R. acetosa* L.○
		巴天酸模	*R. patientia* L.
		齿果酸模	*R. dentatus* L.○
藜　科	Chenopodiaceae		
甜菜属	*Beta* L.	甜　菜	*B. vulagaris* L.□
藜　属	*Chenopodium* L.	灰绿藜	*C. glaucum* L.○
		尖头叶藜	*C. acuminatum* Willd.○
		杂配藜	*C. hybridum* L.○
		藜	*C. album* L.○
		小　藜	*C. serotinum* L.○
地肤属	*Kochia* Roth	地　肤	*K. scoparia*（L.）Schrad.○
		扫帚菜	*K. scoparia*（L.）Schrad. f. trichophylla（Hort.）Schinz.et Thell○
虫实属	*Corispermum* L.	烛台虫实	*C. candelabrum* Iljin.○
猪毛菜属	*Salsola* L.	猪毛菜	*S. collina* Pall.○
苋　科	Amaranthaceae		
青葙属	*Celosia* L.	青　葙	*C. argentea* L.○
		鸡冠花	*C. cristata* L.□
苋　属	*Amaranthus* L.	刺　苋	*A. spinosus* L.○
		反枝苋	*A. retroflexus* L.○
		绿穗苋	*A. hybridus* L.○
		合被苋	*A. polygonoides* L.○
		苋	*A. tricolor* L.○
		腋花苋	*A. roxburghianus* Kung
		北美苋	*A. blitoides* S. Watson
		皱果苋	*A. viridis* L.
		凹头苋	*A. lividus* L.○

科、属		种名	
牛膝属	*Achyranthes* L.	牛　膝	*A. bidentata* Bl.○
莲子草属	*Alternanthera* Forsk.	喜旱莲子草	*A. philoxeroides*（Mart.）Griseb.
千日红属	*Gomphrena* L.	千日红	*G. globosa* L.□
紫茉莉科	Nyctaginaceae		
紫茉莉属	*Mirabilis* L.	紫茉莉	*M. jalapa* L.□
商陆科	Phytolaccaceae		
商陆属	*Phytolacca* L.	商　陆	*P. acinosa* Roxb.○
番杏科	Aizoaceae		
粟米草属	*Mollgo* L.	粟米草	*M. verticillata* L.
马齿苋科	Portulaceae		
马齿苋属	*Portulaca* L.	马齿苋	*P. oleracea* L.○
		大花马齿苋	*P. grandiflora* Hook.□
土人参属	*Talinum Adans.*	土人参	*T. paniculatum*（Jacq.）Gaertn.○
落葵科	Caryophyllaceae		
落葵属	*Basella* L.	落　葵	*B. alba* L.□
石竹科	Caryophyllaceae		
假繁缕属	*Pseudostellaria* Pax	蔓孩儿参	*P. davidii*（Frach.）Pax○※
		孩儿参	*P. heterophylla*（Miq.）Pax ex Pax et Hoffm.○
鹅肠菜属	*Malachium* Fries	鹅肠菜	*M. aquaticum*（L.）Fries○
卷耳属	*Cerastium* L.	球序卷耳	*C.glomeratum* Thuill.
繁缕属	*Stellaria* L.	繁　缕	*S. media*（L.）Cyr.○
		中国繁缕	*S. chinensis* Regel○
		雀舌草	*S. alsine* Murr.
		沼生繁缕	*S. palustris* Ehrh.ex Retz.
蚤缀属	*Arenaria* L.	蚤缀	*A. serpyllifolia* L.○
蝇子草属	*Silene* L.	麦瓶草	*S. conoidea* L.○
		白花蝇子草	*S. pratensis*（Rafin.）Godron et Gren○
		粗壮女娄菜	*S. firma* Sieb. et zucc.○
		女娄菜	*S. aprica* Turcz. ex Fisch. et Mey.○
		蝇子草	*S. fortunei* Vis.
		山蚂蚱（旱麦瓶草）	*S. jenisseensis* Willd.○
王不留行属	*Vaccaria* Medic.	王不留行	*V. segetalis*（Neek.）Garche○
石竹属	*Dianthus* L.	石　竹	*D. chinensis* L.○
		长苞石竹	*D. chinensis* L. longisquama Nakai et Kitagawa○
		辽东石竹	*D. chinensis* L.var. *liaotungensis* Y. C. Chu○
		山东石竹	*D. chinensis* L.var. *shandongensis* J. X. Li et F. Q. Zhou○
		三脉石竹	*D. chinensis* L.var. *trinervis* D. Q. Lu○
		瞿　麦	*D. superbus* L.○
石头花属	*Gypsophila* L.	长蕊石头花	*G. oldhamiana* Miq.○
睡莲科	Nymphaceae		
莲　属	*Nelumbo* Adans.	莲	*N. nucifera* Gaertn.□
睡莲属	*Nymphaea* L.	睡　莲	*N. tetragona* Georgi□
		红睡莲	*N. alba* L. var. *rubra* Lonnr□

科、属		种 名	
金鱼藻科	Ceratophyllaceae		
金鱼藻属	*Ceratophyllum* L.	金鱼藻	*C. demersum* L.○
毛茛科	Ranunculaceae		
芍药属	*Paeonia* L.	芍 药	*P. lactiflora* Pall.○
乌头属	*Aconitum* L.	乌 头	*A. carmichaeli* Debx.○
		展毛乌头	*A. carmichaeli* Debx. var. *truppelianum* W. T. Wang et Hsiao○
耧斗菜属	*Aquilegia* L.	耧斗菜	*A. viridiflora* Pall.○
		紫花耧斗菜	*A. viridiflora* Pall. f. *atropurpurea*（Willd.）Kitag.○
		华北耧斗菜	*A. yabeana* Kitag.○
铁线莲属	*Clematis* L.	长冬草	*C.. haxapetala* Pall. var. *tchefouensis*（Debeaus）S. Y. Hu.○
唐松草属	*Thalictrum* L.	东亚唐松草	*T. minus* L. var. *hypoleucum*（Sieb. et Zucc.）Miq.○
白头翁属	*Pulsatilla* Adans.	白头翁	*P. chinensis*（Bge.）Regel○
毛茛属	*Ranunculus* L.	毛 茛	*R. japonicus* Thunb.○
		茴茴蒜	*R. chinensis* Bge.○
小檗科	Berberidaceae		
淫羊藿属	*Epimedium L.*	朝鲜淫羊藿	*E. koreanum* Nakai
罂粟科	Papaveraceae		
白屈菜属	*Chelidonium* L.	白屈菜	*C. majus* L.○
蓟罂粟属	*Argemone* L.	蓟罂粟	*A. mexicana* L.□
罂粟属	*Papaver* L.	虞美人	*P. rhoeas* L.□
角茴香属	*Hypecoum* L.	角茴香	*H. erectum* L.○
紫堇属	*Corydalis* Vent	全叶延胡索	*C. repens* Mandl. et Muhl. ○
紫堇属	*Corydalis* Vent	地丁草	*C. bungeana* Turcz.○
		小黄紫堇	*C. ochotensis* Turcz. var. *raddeana* Regei.○
白花菜科	Capparidaceae		
白花菜属	*C1 eome* L.	白花菜	*C. gynandra* L.□
		醉蝶花	*C. spinosa* L.□
十字花科	Cruciferae		
碎米荠属	*Cardamine* L.	弯曲碎米荠	*C. flexuosa* With.○
		假弯曲碎米荠	*C. flexuosa* With.var. *fallax*（O. E. Schulz）T. Y. Cheo et R. C. Fang
		碎米荠	*C. hirsuta* L.○
臭荠属	*Coronopus* T. G. Zinn	臭 荠	*C. didymus*（L.）J. E. Smith.○
独行菜属	*Lepidium* L.	北美独行菜	*L. virginicum* L.○
		独行菜	*L. apetalum* Willd.○
荠 属	*Capsella* Medic	荠	*C. bursa-pastoris*（L.）Medic.○
播娘蒿属	*Descurainia* Webb. et Berth.	播娘蒿	*D. sophia*（L.）Webb. ex prantl○
诸葛菜属	*Orychophragmus* Bge.	诸葛菜	*O. violaceus*（L.）O. E. Sch○
离子芥属	*Chorispora* R. Br. ex DC.	离子芥	*C. tenella*（Pall.）DC. ○
焯菜属	*Rrippa* Scop.	焯 菜	*R. indica*（L.）Hiern.○
		无瓣焯菜	*R. dubia*（Pers.）Hara○

科、属		种名	
		广州蔊菜	*R. cantoniensis*（Lour.）Ohwi
		风花菜	*R. globosa*（Tuecz.）Hayek○
		沼生蔊菜	*R. islandica*（Oed.）Borb.○
菘蓝属	*Isatis* L.	菘　蓝	*Isatis indigotica* Fort.□
菥蓂属	*Thlaspi* L.	菥蓂(遏蓝菜)	*T. arvense* L.
花旗杆属	*Dontostemon* Andrz. ex Ledeb.	花旗杆	*D. dentatus*（Bge.）Ledeb.○
南芥属	*Arabis* L.	垂果南芥	*A. pendula* L.
		硬毛南芥	*A. hirsuta*（L.）Scop.
拟南芥属	*Arabidopsis*（DC.）Heynh.	鼠耳芥（拟南芥）	*A. thaliana*（L.）Heynh.□
糖芥属	*Erysimum* L.	糖　芥	*E. bungei*（Kitag.）Kitag.○
		小花糖芥	*E. cheiranthoides* L.○
景天科	Crassulaceae		
景天属	*Sedum* L.	费　菜	*S. aizoon* L.○
		狭叶费菜	*S. aizoon* L. f. *angustifolium* Franch.○
		垂盆草	*Sedum sarmentosum* Bge.○
		火焰草	*S. stellariaefolium* Franch.
瓦松属	*Orostachys* Fisch.	瓦　松	*O. fimbriatus*（Turcz.）Berger○
		山东瓦松	*O. fimbriatus*（Turcz.）Berger var. *shandonggensis* F. Z. Li et X. D. Chen○
		大花瓦松	*O. fimbriatus*（Turcz.）Berger var. *grandiflorus* F. Z. Li et X. D. Chen○
八宝属	*Hylotelephium* H. Ohba	八　宝	*H. erythrostictum*（Miq.）H. Ohha○
		长药八宝	*H. spectabile*（bor.）H. Ohha○
落地生根属	*Bryophyllum* Salisb.	落地生根	*B. pinnatum*（L. f.）Oken
虎耳草科	Saxifragaceae		
落新妇属	*Astilbe* Buch.-Ham. ex D. Don.	落新妇	*A. chinensis*（Maxim.）Franch. et Savat.○
金腰属	*Chrysosplenium* Tourn. ex L.	柔毛金腰	*C. Pilosum* Maxim. var. *valdepilosum* Ohwi□
虎耳草属	*Saxifraga* Tourn ex L.	球茎虎耳草	*S. sibirica* L.○
蔷薇科	Rosaceae		
路边青属	*Geum* L.	路边青（水杨梅）	*G. aleppicum* Jacq.○
		柔毛路边青	*G. japonica* Thunb. var. *chinense* F. Bolle○
委陵菜属	*Potentilla* L.	朝天委陵菜	*P. supina* L.○
		三叶朝天委陵菜	*P. supina* L. var. *sinica* Miq.○
		莓叶委陵菜	*P. fragarioides* L.○
		翻白草	*P. discolor* Bge.○
		委陵菜	*P. chinensis* Ser.○
		匍枝委陵菜	*P. flagellaris* Willd. ex Schlecht.○
		三叶委陵菜	*P. freyniana* Bornm○
		蛇含委陵菜	*P. kleiniana* Wight. et Arn.○

科、属		种　名	
草莓属	*Fragaria* L.	草　莓	*F. ananassa* Duch.
蛇莓属	*Duchesnea* J. E. Smith	蛇　莓	*D. indica*（Andr.）Focke○
龙牙草属	*Agrimonia* L.	龙芽草	*A. pilosa* Ldb.○
		黄龙尾	*A. pilosa* Ldb. var. *nepalensis*（D. Don）Nakai○
地榆属	*Sanguisorba* L.	地榆	*S. officinalis* L.○
含羞草科	Mimosaceae		
含羞草属	*Mimosa* L.	含羞草	*M. pudica* L.□
苏木科	Caesalpiniaceae		
决明属	*Cassia* L.	决　明	*C. tora* L.□
		豆茶决明	*C. nomame*（Sieb.）Kitag.○
豆　科	Leguminosae		
槐　属	*Sophora* L.	苦参	*S. flavescens* Ait.○
		毛苦参	*S. flavescens* Ait. var. *galegoides* Hemsl.○
田菁属	*Sesbania Scop.*	田　菁	*S. cannabina*（Retz.）Pers.○
猪屎豆属	*Crotalaria* L.	野百合	*C. sessiliflora* L.○※
鸡眼草属	*Kummerowia* Schindl.	鸡眼草	*K. striata*（Thunb.）Schindl.○
		长萼鸡眼草	*K. stipulacea*（Maxim.）Makino○
苜蓿属	*Medicago* L.	紫苜蓿	*M. sativ* L.□
		南苜蓿	*M. hispida* Gaertn.
		天蓝苜蓿	*M. Lupulina* L.
草木樨属	*Melilotus* Mill.	白花草木樨	*M. alba* Medic. ex Desr.○※
		草木樨	*M. suaveolens* Ledeb.○※
		细齿草木樨	*M. dentate*（Waldst. et Kit.）Pers.
		印度草木樨	*M. indicus*（L.）All.
两型豆属	*Amphicarpaea* Elliott.	两型豆	*A. edgeworthii* Benth.○※
豇豆属	*Vigna* Savi	贼小豆	*V. minima*（Roxb.）Ohwi et Ohashi
大豆属	*Glycine* L.	野大豆	*G. soja* Sieb. et Zucc.○※
葛　属	*Pueraria* DC.	野　葛	*P. lobata*（Willd.）Ohwi○
野豌豆属	*Vicia* L.	歪头菜	*V. unijuga* A. Br.○
		救荒野豌豆	*V. sativa* L.○※
		窄叶野豌豆	*V. angustifolia* L.○
		三齿萼野豌豆	*V. bungei* Ohwi○※
		四籽野豌豆	*V. tetrasperma*（L.）Moench.○※
		长柔毛野豌豆	*V. viliosa* Roth.○
		白花长柔毛野豌豆	*V. amoena* Fisch. var. *alba* Y. Q. Zhu ○
		确山野豌豆	*V. kioshanica* Bail○
香豌豆属	*Lathyrus* L.	茳芒香豌豆	*L. davidii* Hance○
合萌属	*Aeschynomene* L.	田皂角	*A. indica* L.○
棘豆属	*Oxytropis* DC.	二色棘豆	*O. bicolor* Bge.○
		硬毛棘豆	*O. hirta* Bge.○
米口袋属	*Gueldenstaedtia* Fisch.	狭叶米口袋	*G.stenophylla* Bge.○
		米口袋	*G. multiflora* Bge.○
		白花米口袋	*G. multiflora* Bge. f. *alba* F. Z. Li○

科、属		种名	
黄耆属	*Astragalus* L.	糙叶黄耆	*A. scaberrimus* Bge.○※
		草木樨状黄耆	*A. melilotoides* Pall.
		达胡里黄耆（兴安黄耆）	*A. dahuricus*（Pall.）DC.○
		膜荚黄耆	*A. membranaceus*（Fisch.）Bge.○※
车轴草属	*Trifolium* L.	白车轴草	*T. repens* L.□
		红车轴草	*T. pratense* L.□
		杂种车轴草	*T. hydridum* L.□
酢浆草科	Oxalidaceae		
酢浆草属	*Oxalis* L.	酢浆草	*O. corniculata* L.○
		大花酢浆草	*O. bowiei* Lindl.□
		红花酢浆草	*O. corymbosa* DC.□
牻牛儿苗科	Geraniaceae		
牻牛儿苗属	*Erodium* L' Herit	牻牛儿苗	*E. stephanianum* Willd.○
老鹳草属	*Geranium* L.	老鹳草	*G. wilfordii* Maxim.○
		裂瓣老鹳草	*G. wilfordii* Maxim. var. *schizopetalum* F. Z. Li○
		鼠掌老鹳草	*G. sibiricum* L.○
		灰背老鹳草	*G. wlassowianum* Fisch. et Link.○
天竺葵属	*Pelargonium* L' Herit	天竺葵	*P. hortorum* Bailey□
		马蹄纹天竺葵	*P. zonale* Ait.□
		香叶天竺葵	*P. graveolens* L'Herit□
		大花天竺葵	*P. domesticum* Bailey□
		盾叶天竺葵	*P. peltatum*（L.）Ait.□
旱金莲科	Tropaeolaceae		
旱金莲属	*Tropaeolum* L.	旱金莲	*T. majus* L.□※
亚麻科	Linaceae		
亚麻属	*Linum* L.	野亚麻	*L. stelleroides* Planch.○
蒺藜科	Zygophyllaceae		
蒺藜属	*Tribulus* L.	蒺　藜	*T. terrestris* L.○
远志科	Polygalaceae		
远志属	*Polygala* L.	小扁豆	*P. tatarinowii* Regel
		远　志	*P. tenuifolia* Willd.○
		瓜子金	*P. japonica* Houtt.
		西伯利亚远志	*P. sibirica* L.○
大戟科	Euphorbiaceae		
大戟属	*Euphorbia* L.	银边翠（六月雪）	*E.marginata* Pursh.□
		大　戟	*E. pekinensis* Rupr.○
		乳浆大戟	*E. esula* L.○
		猫眼草	*E. lunulate* Bge.○
		地　锦	*E. humifusa* Willd.○
		斑地锦	*E. supina* Rafin.○
蓖麻属	*Ricinus* L.	蓖　麻	*R. communis* L.
地构叶属	*Speranskia* Baill.	地构叶	*S. tuberculata*（Bge.）Baill.○

科、属		种名	
铁苋菜属	*Acalypha* L.	铁苋菜	*A. australis* L.○
叶下珠属	*Phyllanthus* L.	蜜甘草	*P. matsumurae* Hayata○
		叶下珠	*P. urinaria* L.○
凤仙花科	Balsaminaceae		
凤仙花属	*Impatiens* L.	凤仙花	*I. balsamina* L.
		水金凤	*I. noli-tangere* L.○
葡萄科	Vitaceae		
乌蔹莓属	*Cayratia* Juss.	乌蔹莓	*C. japonica*（Thunb.）Gagnep.○※
椴树科	Tiliaceae		
田麻属	*Corchoropsis* Sieb. et Zucc.	光果田麻	*C. psilocarpa* Harms et Loes.○
锦葵科	Malvaceae		
锦葵属	*Malva* L.	圆叶锦葵	*M. rotundifolia* L.
		野　葵	*M. verticillata* L.○
蜀葵属	*Althaea* L.	蜀　葵	*A. rosea*（L.）Cavan.
苘麻属	*Abutilon* Miller	苘　麻	*A. theophrasti* Medicus○
木槿属	*Hibicus* L.	野西瓜苗	*H. trionum* L.○
		红秋葵(槭葵)	*H. coccineus*（Medicus）Walt.
		大麻槿(洋麻)	*H. cannabinus* L.
棉　属	*Gossypium* L.	陆地棉	*G. hirsutum* L.□
藤黄科	Guttiferae		
金丝桃属	*Hypericum* L.	赶山鞭	*H. attenuatum* Choisy○
堇菜科	Violaceae		
堇菜属	*Viola* L.	三色堇菜	*V. tricolor* L.□
		鸡腿堇菜	*V. acuminata* Ledeb.○
		南山堇菜	*V. chaerophylloides*（Regel）W.Bckr.○
		裂叶堇菜	*V. dissecta* Ledeb.○
		球果堇菜	*V. collina* Bess.○
		泰山堇菜	*V. taishanensis* C. J. Wang○
		紫花地丁	*V. philippica* Cav. Lcons et Descr.○
		早开堇菜	*V. prionantha* Bge.○
		斑叶堇菜	*V. variegata* Fisch. ex Link.○
		细距堇菜	*V. tenuicornis* W. Beck.○
		阴地堇菜	*V. yezoensis* Maxim.○
		西山堇菜	*V. hancockii* W. Beck.○
		蒙古堇菜	*V. mongolica* Franch.○
		维西堇菜	*V. monbeigii* W. Beck.
千屈菜科	Lythraceae		
水苋菜属	*Lythrum* L	耳基水苋	*L. salicaria* L.
		多花水苋	*L. salicaria* L.
千屈菜属	Lythrum L.	千屈菜	*L. salicaria* L.□
		中型千屈菜	*L. intermedium* Ledeb. ex Colla
秋海棠科	Begoniaceae		
秋海棠属	*Begonia* L.	毛叶秋海棠	*B. rex* Putz.□
		中华秋海棠	*B. grandis* Dry. subsp. sinesis（A. DC.）Irmsch.□

科、属		种名	
		裂叶秋海棠	*B. palmata* D. Don□
		四季海棠	*B. semperflorens* Link et Otto.□
仙人掌科	Cactaceae		
乳突球属	*Mammillaria* Haw.	白玉兔	*M. geminispina* Haw.□
粟麻属	*Diarthron* Turcz.	草瑞香	*Diarthron linifolium* Turcz.□
柳叶菜科	Onagraceae		
露珠草属	*Circaea* L.	高山露珠草	*C. alpina* L.
		露珠草	*C. cordata* Royle○
		南方露珠草	*C. mollis* Sieb. et Zucc.
山桃草属	*Gaura* L.	小花山桃草	*G. parviflora* Douglas○
		山桃草	*G. lindheimeri* Engelm. et Gray
倒挂金钟属	*Fuchsia* L.	倒挂金钟	*F. hybrida* Hoet. ex Sieb. et Zucc.□
月见草属	*Oenothera* L.	月见草	*O. biennis* L.○
		黄花月见草	*O. glazioviana* Mich.○
柳叶菜属	*Epilobium* L.	柳叶菜	*E. hirsutum* L.
		小花柳叶菜	*E. parviflorum* Schreb.
		多枝柳叶菜	*E. fastigiato-ramosum* Nakai
		毛脉柳叶菜	*E. amurense* Hausskn.
		光滑柳叶菜	*E. amurense* Hausskn. subsp. *cephalostigma* C. J. Chen
柳兰属	*Chamaenerion* Adans.	柳　兰	*C. angustifolium* L.○
丁香蓼属	*Ludwigia* L.	丁香蓼	*L. prostrata* Roxb.○
伞形科	Umbelliferae		
天胡荽属	*Hydrocotyle* L.	天胡荽	*H. sibthorpioides* Lam.○
变豆菜属	*Sanicula* L.	变豆菜	*S. chinensis* Bge.○
峨参属	*Anthriscus*（Pers.）Hoffm.	峨　参	*A. sylvestris*（L.）Hoffm.○
窃衣属	*Torilis* Adans.	小窃衣	*T. japonica*（Houtt.）DC.○
柴胡属	*Bupleurum* L.	红柴胡	*B. scorzonerifolinm* Willd.
		北柴胡	*B. chinense* DC.○
毒芹属	*Cicuta* L.	毒　芹	*C. virosa* L.○
藁本属	*Ligusticum* L.	辽藁本	*L. jeholense*（Nakai et Kitagawa）Nakai et Kitagawa○
		黑水岩茴香	*L. ajanense*（Regel）K.-Pol.○
独活属	Heracleum L.	短毛独活	*H. moellendorffii* Hance○
水芹属	*Oenanthe* L.	水　芹	*O. javanica*（Bl.）DC.○
前胡属	*Peucedanum* L.	泰山前胡	*P. wawrum*（Wolff.）Shan○
当归属	*Angelica* L.	拐芹当归	*A. polymorpha* Maxim.○
山芹属	*Ostericum* Hoffm.	山　芹	*O. sieboldii*（Miq.）Nakai○
柳叶芹属	*Czernaevia* Turcz.	柳叶芹	*C. laevigata* Turcz.○
蛇床属	*Cnidium* Cuss.	蛇　床	*C. monnieri*（L.）Cuss.○
葛缕子属	*Carum* L.	葛缕子	*C. carvi* L.○
岩风属	*Libanotis* Hill.	香　芹	*L. seseloides*（Fisch. et Mey）Turcz. ○
防风属	*Saposhnikovia* Schischk	防　风	*S. divaricata*（Turcz.）Schishk.○
胡萝卜属	*Daucus* L.	野胡萝卜	*D.carota* L.○
山茴香属	*Carlesia* Dunn	山茴香	*C. sinensis* Dunn○

科、属		种名	
报春花科	Primulaceae		
仙客来属	*Cyclamen* L.	仙客来	*C. persicum* Mill.□
点地梅属	*Androsace* L.	点地梅	*A. umbellata*（Lour.）Merr.○
珍珠菜属	*Lysimachia* L.	轮叶过路黄	*L. klattiana* Hance
		狭叶珍珠菜	*L. pentapetala* Bge.○
		虎尾珍珠菜	*L. barystachys* Bge.○
		小叶珍珠菜	*L. parvifolia* Franch ex Hemsl.○
报春花属	*Primula* L.	藏报春	*P. sinensis* Sabine ex Lindl.□
		报春花	*P. malacoides* Franch.□
龙胆科	Gentianaceae		
龙胆属	*Gentiana* L.	鳞叶龙胆	*G. squarrosa* Ledeb.○
扁蕾属	*Gentianopsis* Ma	回旋扁蕾	*G. contorta*（Royle）Ma ○
獐牙菜属	*Swertia* L.	北方獐牙菜	*S. diluta*（Turcz.）Benth. et Hook. f.○
夹竹桃科	Apocynaceae		
长春花属	*Catharanthus* G. Don	长春花	*C. roseus*（L.）G. Don□
萝藦科	Asclepiadaceae		
萝藦属	*Metaplexis* R. Br.	萝　藦	*M. japonica*（Thunb.）Mkino○※
鹅绒藤属	*Cynanchum* L.	徐长卿	*C. paniculata* Bge.○
		竹灵消	*C. inamoenum*（Maxim.）Loes.○
		华北白前	*C. hancockianum*（Maxim.）Al. Iljin.○
		白　薇	*C. atratum* Bge.○※
		地梢瓜	*C. thesioides*（Freyn）K. Schum.○※
		白首乌	*C. bungei* Decne.○※
		变色白前	*C. versicolor* Bge.○
		鹅绒藤	*C. chinense* R. Br.○※
菟丝子属	*Cuscuta* L.	南方菟丝子	*C. australis* R. Br.※
		菟丝子	*C. chinensis* Lam.○※
		金灯藤	*C. japonica* Choisy※
打碗花属	*Calystegia* R. Br.	打碗花	*C. hederacea* Wall. ex Roxb.○※
		毛打碗花	*C. dahurica*（Herb.）Choisy○
		藤长苗	*C. pellita*（Ledeb.）G. Don.○※
旋花属	*Convolvulus* L.	田旋花	*C. arvensis* L.○
鱼黄草属	*Merremia* Dennst L.	北鱼黄草	*M. sibirica*（L.）Hall. f.○
牵牛属	*Pharbitis* Choisy	圆叶牵牛	*P. purpurea*（L.）Voigt.※
		牵　牛	*P. hederacea*（L.）Choisy※
月光花属	*Calonyction Choisy*	月光花	*C. aculeatum*（L.）House
茑萝属	*Quamoclit* Mill.	茑萝松	*Q. pennata*（Desr.）Boj.□※
紫草科	Boraginaceae		
紫草属	*Lithospermum* L.	紫　草	*L. erythrorhizon* Sieb. et Zucc.○
		田紫草	*L. arvense* L.○
鹤虱属	*Lappula* V. Wolf	鹤　虱	*L. myosotis* V. Wolf○
斑种草属	*Bothriospermum* Bge.	斑种草	*B. chinense* Bge.○
		细弱斑种草	*B. tenellum*（Hornem.）Fisch. et Mey.○
		多苞斑种草	*B. secundum* Maxim.○

科、属		种名	
附地草属	*Trigonotis* Stev.	蒙山附地菜	*T. tenera* Johoston○
		附地菜	*T. peduncularis*（Trev.）Benth. ex Baker et Moore○
		大花附地菜	*T. peduncularis*（Trev.）Benth. ex Baker et Moore var. *macrantha* W. T. Wang
		钝萼附地菜	*T. amblyosepala* Nakai et Kitagawa○
唇形科	Labiatae		
筋骨草属	*Ajuga* L.	筋骨草	*A. ciliata* Bge.○
水棘针属	*Amethystea* L.	水棘针	*A. caerulea* L.○
黄芩属	*Scutellaria* L.	京黄芩	*S. pekinensis* Maxim.○
		紫茎京黄芩	*S. pekinensis* Maxim. var. *purpureicaulis*（Migo）C. Y. Wu et H. W. Li
		黄　芩	*S. baicalensis* Georgi○
		纤弱黄芩	*S. dependens* Maxim.○
夏至草属	*Lagopsis* Bge. ex Benth.	夏至草	*L. supina*（Steph.）IK.-Gal. ex Knorr.○
藿香属	*Agastache* Clayt.	藿　香	*A. rugosa*（Fish. et Mey.）O. Ktze.○
裂叶荆芥属	*Schizonepeta* Briq.	裂叶荆芥	*S. tenuifolia*（Benth.）Briq.○
荆芥属	*Nepeta* L.	荆　芥	*N. cataria* L.○
活血丹属	*Glechoma* L.	活血丹	*G. longituba*（Nakai.）Kupr.○
糙苏属	*Phlomis* L.	糙　苏	*P. umbrosa* Turcz.○
野芝麻属	*Lamium* L.	宝盖草	*L. amplexicaule* L.○
益母草属	*Leonurus* L.	益母草	*L. japonicus* Houtt.○
		錾　菜	*L. pseudomacranthus* Kitag.○
水苏属	*Stachys* L.	甘露子	*S. sieboldii* Miq.
鼠尾草属	*Salvia* L.	丹　参	*S. miltiorrhiza* Bge.○
		荔枝草	*S. plebeia* R. Br.○
风轮菜属	*Clinopodium* L.	风轮菜	*C. chinense*（Benth.）O. Ktze.○
紫苏属	*Perilla* L.	紫　苏	*P. frutescens*（L.）Britt.○
薄荷属	*Mentha* L.	薄　荷	*M. haplocalyx*（Briq.）Kudo○
地笋属	*Mentha* L.	地　笋	*M. haplocalyx*（Briq.）Kudo○
石荠宁属	*Mosla* Buch.-Ham. ex Maxim.	石荠宁	*M. scabra*（Thunb.）C. Y. Wu et H. W. Li○
		小鱼仙草	*M. dianthera*（Buch.-Hand.）Maxim.○
香薷属	*Elsholtzia* Willd.	香　薷	*E. ciliata*（Thunb.）Hyland.○
		海州香薷	*E. splendens* Nakai ex F. Maekawa○
香茶菜属	*Rabdosia*（Bl.）Hassk.	内折香茶菜	*R. inflexa*（Thunb.）Hara.○
		蓝萼香茶菜	*R. japonica*（Burm. f.）Hara var. *glaucocalys*（Maxim.）Hara○
茄科	Solanaceae		
酸浆属	*Physalis* L.	挂金灯	*P.alkekengi* L.var.francheti（Mast，）Makino□
		小酸浆	*P. minima* L.○
		苦　蘵	*P. angulata* L.
		毛酸浆	*P. pubescens* L.○
散血丹属	*Physaliastrum* Makino	日本散血丹	*P. japonicum*（Franch. et Sav.）Honda

科、属		种名	
茄　属	*Solanum* L.	龙　葵	*S. nigrum* L.○
		青　杞	*S. septemlobum* Bge.○
		野海茄	*S. japonense* Nakai○
		千年不烂心	*S. cathayanum* C. Y. Wu et S. C. Huang○
		白　英	*S. Lyratum* Thunb.○
番茄属	*Lycopersicon* Mill.	番　茄	*L. esculentum* Mill.
曼陀罗属	*Datura* L.	曼陀罗	*D. Stramonium* L.
		紫花曼陀罗	*D. Stramonium* L. var. *tatula* Torrey
		毛曼陀罗	*D. innoxia* Mill.○
烟草属	*Nicotiana* L.	烟　草	*N. tabacum* L.□
碧冬茄属	*Petunia* Juss.	碧冬茄	*P. hybrida* Vilm.
玄参科	Scrophulariaceae		
金鱼草属	*Antirrhinum* L.	金鱼草	*A. majus* L.□
荷包花属	*Calceolaria* L.	荷包花	*C.crenatiflora* Cav.○
婆婆纳属	*Veronica* L.	细叶婆婆纳	*V. linariifolia* Pall. ex Link.○
		水蔓青	*V. linariifolia* Pall. ex Link.ssp. *dilatata*（Nakai et Kitag.）Hong○
		阿拉伯婆婆纳	*V. persica* Poir.○
		北水苦荬	*V. anagallisaquatica* L.○
腹水草属	*Veronicastrum* Heist. ex Farbic.	草本威灵仙	*V. sibiricum*（L.）Pennell.○
阴行草属	*Siphonostegia* Benth.	阴行草	*S. chinensis* Benth.○
山萝花属	*Melampyrum* L.	山萝花	*M. roseum* Maxim.○
马先蒿属	*Pedicularia* L.	返顾马先蒿	*P. resupinata* L.○
松蒿属	*Phtheirospermum* Bge.	松　蒿	*P. japonicum*（Thunb.）Kanitz.
沟酸浆属	*Mimulus* L.	沟酸浆	*M. tenellus* Bge.
地黄属	*Rehmannia* Libosch. ex Fisch. et Mey.	地　黄	*R. glutinosa*（Gaert.）Libosch.○
通泉草属	*Mazus* Lour.	弹刀子菜	*M. stachydifolius*（Turcz.）Maxim.○
		通泉草	*M. japonicus*（Thunb.）O. Kuntz.○
母草属	*Lindernia* L	泰山母草	*L. taishanensis* F. Z. Li○
		陌上菜	*L. procumbens*（Krock.）Philcox○
紫葳科	Bignoniaceae		
角蒿属	*Incarvillea* Juss.	角　蒿	*I. Sinensis* Lam.○
胡麻科	Pedaliaceae		
胡麻属	*Sesamum* L.	芝　麻	*S. indicum* L.□
列当科	Orobanchaceae		
列当属	*Orobanche* L.	列　当	*O. coerulescens* Steph.○
苦苣苔科	Gesneriaceae		
旋蒴苣苔属	*Boea* Com. ex Lam.	旋蒴苣苔	*B. hygrometrica*（Bge.）R. Br.○
爵床科	Acanthaceae		
爵床属	*Rostellularia* Reichb.	爵　床	*R. procumbens*（L.）Ness○
透骨草科	Phrymataceae		
透骨草属	*Phryma* L.	透骨草	*P. leptostachya* L.var. *asiatica* Hara○

科、属		种名	
车前科	Plantaginaceae		
车前属	*Plantago* L.	车　前	*P. asiatica* L.○
		大车前	*P. major* L.○
		平车前	*P. depressa* Willd.○
茜草科	Rubiaceae		
茜草属	*Rubia* L.	茜　草	*R. cordifolia* L.○※
		狭叶茜草	*R. truppeliana* Loes.○※
猪殃殃属	*Galium* L.	拉拉藤	*G. aparine* L. var. *echinospermum*（Wallr.）Cuf.○※
		蓬子菜	*G. verum* L.○※
		四叶葎	*G. bungei* Steud.○※
败酱科	Valerianaceae		
败酱属	*Patrinia* Juss.	败　酱	*P. scabiosaefolia* Fisch. ex Trev.○
		少蕊败酱	*P. monandra* C. B. Clarke○
		岩败酱	*P. rupestris*（Pall.）Juss.○
		糙叶败酱	*P. scabra* Bge.
		墓头回	*P. heterophylla* Bge.
		攀倒甑	*P. villosa*（Thunb.）Juss.
缬草属	*Valeriana* L.	缬　草	*V. officinalis* L.○
		宽蕊缬草	*V. officinalis* L. var. *latifolia* Miq.
葫芦科	Cucurbitaceae		
赤瓟属	*Thladiantha* Bge.	赤　瓟	*T. dubia* Bge. ○
盒子草属	*Actinostemma* Griff.	盒子草	*A. tenerum* Griff.○※
假贝母属	*Bolbostemma* Franq.	假贝母	*B. paniculatum*（Maxim.）Franq.○
栝楼属	*Trichosanthes* L.	栝　楼	*T. kirilowii* Maxim.○※
南瓜属	*Cucurbita* L.	笋　瓜	*C. maxima* Duch.ex Lam.□※
葫芦属	*Lagenaria* Ser.	瓠　子	*L. siceraria*（Molina）Standl. var. *hispida*（Thunb.）Hara□※
苦瓜属	*Momordica* L.	苦　瓜	*Cucumis* L.□※
黄瓜属	*Trichosanthes* L.	黄　瓜	*C. sativus* L.□※
冬瓜属	*Benincasa Savi* L.	冬　瓜	*B. hispida*（Thunb.）Cogn.□
桔梗科	Campanulaceae		
党参属	*Codonopsis* Wall.	羊乳（四叶参）	*C. lanceolata*（Sieb. et Zucc.）Trautv.○
		党　参	*C. pilosula*（Franch.）Nannf.○
桔梗属	*Platycodon* A. DC.	桔　梗	*P. grandiflorus*（Jacq.）A. DC.○
沙参属	*Adenophora* Fisch.	细叶沙参	*A. paniculata* Nannf.○
		轮叶沙参	*A. tetraphylla*（Thunb.）Fisch.○
		荠苨（杏叶沙参）	*A. trachelioides* Maxim.○
		石沙参	*A. polyantha* Nakai○
		狭叶沙参	*A.gmelinii*（Spreng.）Fisch.○
菊　科	Compositae		
泽兰属	*Eupatorium* L.	林泽兰	*E. lindleyanum* DC.○
		佩　兰	*E. fortunei* Turcz.

科、属		种名	
雏菊属	*Bellis* L.	雏　菊	*B. perennis* L.
马兰属	*Kalimeris* Cass.	全叶马兰	*K. integrifolia* Turcz. ex Dc.○
		马　兰	*K. indica*（L.）Sch.-Bip.○
		山马兰	*K. lautureana*（Debx.）Kitam.○
		蒙古马兰	*K. mongolica*（Franch.）Kitam.
翠菊属	*Callistephus Cass.*	翠　菊	*C. chinensis*（L.）Nees
东风菜属	*Doellingeria* Nees	东风菜	*D. scabra*（Thunb.）Nees○
女菀属	*Turczaninowia* DC.	女　菀	*T. fastigiata*（Fisch.）DC.○
狗娃花属	*Heteropappus* Less.	阿尔泰狗娃花	*H. altaicus*（Willd.）Navopokr.○
		狗娃花	*H. hispidus*（Thunb.）Less.○
紫菀属	*Aster* L.	紫　菀	*A. tataricus* L. f.○
		三脉紫菀	*A. ageratoides* Turcz.○
飞蓬属	*Erigeron* L.	飞　蓬	*E. acer* L.○
白酒草属	*Conyza* Less.	小蓬草	*C. canadensis*（L.）Cronq.○
		野塘蒿	*C. bonariensis*（L.）Cronq.○
火绒草属	*Leontopodium* R. Br.	火绒草	*L. leontopodioides*（Willd.）Beauv.○
香青属	*Anaphalis* DC.	香　青	*A. sinica* Hance○
鼠麴草属	*Gnaphalium* L.	鼠鞠草	*G. affine* D. Don
旋覆花属	*Inula* L.	线叶旋覆花	*I. lineariifolia* Turcz.○
		欧亚旋覆花	*I. britanica* L.
		旋覆花	*I. japonica* Thunb.○
天名精属	*Carpesium* L.	烟管头草	*C. cernuum* L.○
苍耳属	*Xanthium* L.	苍　耳	*X. sibiricum* Patrin.○
		蒙古苍耳	*X. mongolicum* Kitag
百日菊属	*Zinnia* L.	百日菊	*Z.elegans* Jacq.
豨莶属	*Siegesbeckia* L.	豨　莶	*S. orientalis* L.○
		腺梗豨莶	*S. pubescens* Makino○
鳢肠属	*Eclipta* L.	鳢　肠	*E. prostrata*（L.）L. Mant.○
金鸡菊属	*Coreopsis* L.	大花金鸡菊	*C.grandiflora* Hogg.
大丽花属	*Dahlia* Cav.	大丽花	*D. pinnata* Cav.
秋英属	*Cosmos* Cav.	黄秋英	*C. sulphureus* Cav.
鬼针草属	*Bidens* L.	狼把草	*B. tripartita* L.○
		小花鬼针草	*B. parviflora* Willd.○
		婆婆针	*B. bipinnata* L.○
		金盏银盘	*B. biternata*（Lour.）Merr. et Sherff
牛膝菊属	*Galinsoga* Ruiz. et Cav.	牛膝菊	*G. parviflora* Cav.○
万寿菊属	*Tagetes* L.	孔雀草	*T. patula* L.
天人菊属	*Gaillardia* Foug.	天人菊	*G. pulchella* Foug.
菊　属	*Dendranthema*（DC.）Des oul.	委陵菊	*D. potentilloides*（Hand.-Mazz.）Shih
		甘　菊	*D. lavandulifolium*（Fisch. ex Trautv.）Ling et Shih
		紫花野菊	*D. zawadskii*（Herb.）Tzvel.○
石胡荽属	*Centipeda* Lour.	石胡荽	*C. minima*（L.）A. Br. et Ascher.○

科、属		种名	
蒿　属	*Artemisia* L.	茵陈蒿	*A. capillaris* Thunb.○
		猪毛蒿	*A. scoparia* Waldst.○
		南牡蒿	*A. eriopoda* Bge.○
		黄花蒿	*A. annua* L.○
		青　蒿	*A. carvifolia* Buch.-Ham○
		白莲蒿	*A. sacrorum* Ledeb.○
		歧茎蒿	*A. igniaria* Maxim.
		蒌　蒿	*A. selengensis* Turcz. ex Bess.
		红足蒿	*A. rubripes* Nakai
		五月艾	*A. indica* Willd.
		阴地蒿	*A. sulvatica* Maxim.○
		艾　蒿	*A. argyi* L′ evl. et Vant○
		野艾蒿	*A. lavandulaefolia* DC.○
兔儿伞属	*Syneilesis* Maxim.	兔儿伞	*S. aconitifolia*（Bge.）Maxim.○
蟹甲草属	*Parasenecio* W. W. Smoith et J. Small	山尖子	*P. hastata*（L.）H. Koyama○
千里光属	*Senecio* L.	狗舌草	*S. integrifolius*（L.）Clairv.○
		林荫千里光	*S. nemorensis* L.○
蓝刺头属	*Echinops* L.	华东蓝刺头	*E. grijisii* Hance○
苍术属	*Atractylodes* DC.	苍　术	*A. lancea*（Thunb.）DC.○
		白　术	*A. macrocephala* Koidz.○
牛蒡属	*Arctium* L.	牛蒡	*A. lappa* L.○
飞廉属	*Carduus* L.	丝毛飞廉	*C. crispus* L.○
蓟　属	*Cirsium* Mill.	绿　蓟	*C. chinense* Gardn. et Champ.○
		蓟（大蓟）	*C. japonicum* DC.○
		野　蓟	*C. maackii* Maxim.○
		大刺儿菜	*C. setosum*（Willd.）MB.○
		小刺儿菜	*C. segetum* Bge.○
泥胡菜属	*Hemistepta* Bge.	泥胡菜	*H. lyrata*（Bge.）Bge.○
风毛菊属	*Saussurea* DC.	风毛菊	*S. japonica*（Thunb.）DC.○
		乌苏里风毛菊	*S. ussuriensis* Maxim○
		蒙古风毛菊	*S. mongolica*（Franch.）Franch.
麻花头属	*Serratula* L.	麻花头	*S. centauroides* L.○
漏芦属	*Stemmacantha* Cass.	漏芦	*S. uniflora*（L.）Ditrich○
红花属	*Carthamus* L.	红　花	*C. tinctorius* L.
大丁草属	*Leibnitzia* Cass.	大丁草	*L. anandria*（L.）Nakai○
毛连菜属	*Picris* L.	毛连菜	*P. japonica* Thunb.○
鸦葱属	*Scorzonera* L.	鸦　葱	*S. austriaca* Willd.○
		华北鸦葱	*S. albicaulis* Bge.○
		桃叶鸭葱	*S. sinensis* Lipsch. et Krasch.○
蒲公英属	*Taraxacum* Weber.	蒲公英	*T. mongolicum* Hand.-Mazz.○
		白缘蒲公英	*T. platypecidum* Diels○
		华蒲公英	*T. borealisinense* Kitam.○

科、属		种 名	
苦苣菜属	*Sonchus* L.	续断菊	*S. asper*（L.）Hill.○
		苦苣菜	*S. oleraceus* L.
盘果菊属	*Prenanthes* L.	盘果菊	*P. tatarinowii* Maxim.
黄鹌菜属	*Youngia* Cass.	黄鹌菜	*Y. japonica*（L.）DC.
福王草属	*Prenanthus* L.	福王草	*P. tatarinowii* Maxim.
翅果菊属	*Pterocypsela* Shih	翅果菊	*P. indica*（L.）Shih
		多裂翅果菊	*P. laciniata*（Houtt.）Shih
苦荬菜属	*Ixeris* Cass.	苦荬菜	*I. polycephala* Cass.○
		抱茎苦荬菜	*I. sonchifolia*（Bge.）Hance○
		苦菜	*I. chinensis*（Thunb.）Nakai○
黄瓜菜属	*Paraixeris* Nakai	黄瓜菜	*P. denticulata*（Houtt.）Nakai
		羽裂黄瓜菜	*P. pinnatipartita*（Makino）Tzvel.

表 1-8　鲁中南低山丘陵区的主要灌木和藤本植物

（其中○为乡土种、□为栽培物种、※为藤本植物）

科、属		种 名	
麻黄科	Ephedraceae		
麻黄属	*Ephedra* Tourn. ex L.	木贼麻黄	*E. euisetina* Bge.○
棕榈科	Palmae		
棕竹属	*Rhapis* L. f.	棕　竹	*R. excelsa*（Thunb.）Henry ex Rehd.□
		矮棕竹	*R. humilis* Bl.□
刺葵属	*Phoenix* L.	软叶刺葵	*Ph. Roebelenii* O. Brien□
百合科	Liliaceae		
假叶树属	*Ruscus* L.	假叶树	*R. aculeata* L.□
菝葜属	*Smilax* L.	菝　葜	*S. china* L.○※
		华东菝葜	*S. sieboldii* Miq.○※
		鞘柄菝葜	*S. stans* Maxim.○※
丝兰属	*Yucca* L.	丝　兰	*Y. smalliana* Fern.□
		凤尾丝兰	*Y. gloriosa* L.□
马兜铃科	Aristolochiaceae		
马兜铃属	*Aristolochia* L.	寻骨风（绵毛马兜铃）	*A. mollissima* Hance○※
蓼　科	Polygonaceae		
竹节蓼属	*Homalocladium*（F. Muell.）Bailey	竹节蓼	*H. platycladum*（F. Muell.）Bailey□
紫茉莉科	Nyctaginaceae		
叶子花属	*Bougainvillea* Comm. ex Juss.	叶子花	*B. glabra* Choisy○
毛茛科	Ranunculaceae		
芍药属	*Paeonia* L.	牡　丹	*P. suffuruticosa* Andr.□
铁线莲属	*Clematis* L.	太行铁线莲	*C. kirilowii* Maxim.○
		狭裂太行铁线莲	*C. kirilowii* Maxim. var. *chanetii*（L'evl.）Hand.-Mazz.○
		毛果扬子铁线莲	*C. ganpiniana* Tamura var. *tenuisepala*（Maxim.）C. T. Ting○

科、属		种 名	
木通科	Lardizabalaceae		
木通属	*Akebia* Decne.	五叶木通	*A. quinata*（Houtt.）Decne.○※
小檗科	Berberidaceae		
小檗属	*Berberis* L.	黄芦木	*B. amurensis* Rupr.○
		细叶小檗	*B. poiretii* Schneid.
		日本小檗	*B. thunbergii* DC.□
		紫叶小檗	*B. thunbergii* DC. var. *atropurpurea* Chenault.□
南天竹属	*Nandina* Thunb.	南天竹	*N. domestica* Thunb.□
防己科	Menispermaceae		
蝙蝠葛属	*Menispermum* L.	蝙蝠葛	*M. dahuricum* DC.○※
木防己属	*Cocculus* DC.	木防己	*C. trilobus*（Thunb.）DC.○※
木兰科	Magnoliaceae		
含笑属	*Michelia L.*	含笑花	*M. figo*（Lour.）Spreng.□
五味子属	*Schisandra* Michx.	五味子	*S. chinensis*（Turcz.）Baill.○※
蜡梅科	Calycanthaceae		
蜡梅属	*Chimonanthus* Lindl.	蜡　梅	*C. praecox*（L.）Link.
景天科	Crassulaceae		
树莲花属	*Aeonium Webb. et Berth.*	树莲花	*A. haworthii* Webb. et Berth.□
伽蓝菜属	*Kalanchoe Adans.*	燕子海棠	*K. blossefeldiana* Poell□
		伽蓝菜棠	*K. laciniata*（L.）DC.□
虎耳草科	Saxifragaceae		
绣球属	*Hydrangea* L.	绣　球	*H. macrophylla*（Thunb.）Seringe□
溲疏属	*Deutzia* Thunb.	溲　疏	*D. scabra* Thunb.○
		大花溲疏	*D. grandiflora* Bunge.○
		齿叶溲疏	*D. crenata* Sieb. et Zuzz.○
山梅花属	*Philadelphus* L.	太平花	*P. pekinensis* Rupr.○
		山梅花	*P. incanus* Koehne○
茶藨子属	*Ribes L.*	华茶藨	*R. fasciculatum* Sieb. et Zucc.○
		东北茶藨子	*R. mandschuricum*（Maxim.）Kom.○
		黑茶藨子	*R. nigrum* L.○
金缕梅科	Pittosporaceae		
檵木属	*Loropetalum* R. Brown	红花檵木	*L. Chinensis*（R. Br.）Oliver var. *ruberum* Yieh□
牛鼻栓属	*Fortunearia* Rehd. et Wils.	牛鼻栓	*F. Sinensis* Rehd. et Wils.○
蔷薇科	Rosaceae		
绣线菊属	*Spiraea* L.	粉花绣线菊（日本绣线菊）	*S. japonica* L.□
		华北绣线菊	*S. firtschiana* Schneid.○
		长毛华北绣线菊	*S. firtschiana* Schneid. var. *villosa* Y. Q. Zhu et D. K.○
		麻叶绣线菊	*S. cantoniensis* Lour.○
		金州绣线菊	*S. nishmurae* Kitag.
		三裂绣线菊	*S. trilobata* L.○
		绣球绣线菊	*S. blumei* G. Don

科、属		种名	
		土庄绣线菊	*S. pubescens* Turcz.○
		直果绣线菊	*S. chinensis* Maxim. var. *erecticarpa* Y. Q. Zhu et X. W. Li
		李叶绣线菊	*S. prunifolia* Sieb. et Zucc.
		珍珠绣线菊	*S. thunbergii* Blume
珍珠梅属	*Sorbaria*（Ser.）A. B. ex Aschers.	华北珍珠梅	*S. kirilowii*（Regel）Maxim.○
		珍珠梅	*S. sorbifolia*（L.）A. Br.□
白鹃梅属	*Exochorda* Lindl.	白鹃梅	*E. racemosa*（Lindl.）Rehd.
棣棠花属	*Kerria* DC.	棣棠花	*K. japonica*（L.）DC.○
鸡麻属	*Rhodotypos* Sieb. et Zucc.	鸡　麻	*R. scandens*（Thunb.）Makino
悬钩子属	*Rubus* L.	牛叠肚	*R. crataegifolius* Bge.○
		茅　莓	*R. parvifolius* L.○
蔷薇属	*Rosa* L.	木香（木香花）	*R. banksiae* Ait.○
		黄蔷薇	*R. hugonise* Hemsl.
		玫　瑰	*R. rugosa* Thunb.○
		多花蔷薇	*R. multiflora* Thunb.
		月季花	*R. chinensis* Jacq.□
		黄刺玫	*R. xanthina* Lindl.
石楠属	*Photinia* Lindl.	石　楠	*P. serrulata* Lindl.□
木瓜属	*Chaenomeles* Lindl.	皱皮木瓜	*C. speciosa*（Sweet.）Nakai□
栒子属	*Cotoneaster* B. Ehrhart	西北栒子	*C. zabelii* Schneid.○
		平枝栒子	*C. horizontalis* Dcne○
李　属	*Prunus* L.	毛樱桃	*P. tomentosa* Thunb.○
		欧　李	*P. humilis* Bge.○
		郁　李	*P. japonica* Thunb.○
		麦　李	*P. glandulosa* Thunb.○
苏木科	Caesalpiniaceae		
云实属	*Caesalpinia* L.	云　实	*C.decapetala*（Roth.）Alston□
豆　科	Leguminosae		
槐　属	*Sophora* L.	白刺花（马蹄针）	*S. viciifolia* Hance
胡枝子属	*Lespedeza* Miehx.	胡枝子	*L. bicolor* Turcz.○
		短梗胡枝子	*L. cyrtobotrya* Miq.○
		达胡里胡枝子	*L. davurica*（Laxm.）Schindl.○
		毛胡枝子	*L. tomentosa*（Thunb.）Sieb.○
		多花胡枝子	*L. floribunda* Bge.○
		细梗胡枝子	*L. virgata*（Thunb.）DC.○
		长叶铁扫帚	*L. caraganae* Bge.○
		截叶铁扫帚	*L. Cuneata*（Dum. Cours）G. Don○
		尖叶胡枝子	*L. Hedysaroides*（Pall.）Kitag.○
锦鸡儿属	*Caragana* Fabr.	锦鸡儿	*C. sinica*（Buc'hoz）Rehd.□
		小叶锦鸡儿	*C. microphylla* Lam.○
		红花锦鸡儿	*C. rosea* Turtz.
		毛掌叶锦鸡儿	*C. leveillei* Kom.

科、属		种名	
木蓝属	*Indigofera* L.	河北木蓝	*I. bungeana* Walp.
		花木蓝	*I. kirilowii* Maxim. ex Palibin○
紫穗槐属	*Amorpha* L.	紫穗槐	*A. fruticosa* L.
紫藤属	*Wisteria* Nutt.	紫　藤	*W. sinensis*（Sims.）Sweet.□※
		藤　萝	*W. villosa* Rehd.□※
亚麻科	Linaceae		
石海椒属	*Reinwardtia Dum.*	石海椒	*R. indica* Dum.
芸香科	Rutaceae		
花椒属	*Zanthoxylum* L.	竹叶椒	*Z. armatum* DC.○
		香椒子	*Z. schinifolium* Sieb. et Zucc.○
大戟科	Euphorbiaceae		
雀儿舌头属	*Leptopus* Decne.	雀儿舌头	*L. chinensis*（Bge.）Pojark.○
一叶萩属	*Securinega* Juss.	叶底珠	*S. suffruticosa*（Pall.）Rehd.○
山麻杆属	*Alchornea* Sw.	山麻杆	*A. davidii* Franch.○
土沉香属	*Excoecaria L.*	红背桂花	*E. cochinchinensis* Lour. □
		绿背桂花	*E. cochinchinensis* Lour. var. *viridis*（Pax et Hoffm.）Merr.□
黄杨科	Buxaceae		
黄杨属	*Buxus* L.	雀舌黄杨	*B. bodinieri* Leul.□
卫矛科	Celastraceae		
卫矛属	*Euonymus* L.	卫　矛	*E. alatus*（Thunb.）Sieb.○
		栓翅卫矛	*E. phellomanus* Loes.○
		垂丝卫矛	*E. oxyphyllus* Miq.○
		胶东卫矛	*E. kiautschovicus* Loes.○
		扶芳藤	*E. fortunei*（Turcz.）Hand. Mazz.○
南蛇藤属	*Celastrus* L.	南蛇藤	*C. orbiculatus* Thunb.○
鼠李科	Rhammaceae		
鼠李属	*Rhammus* L.	卵叶鼠李	*R. bungeana* J. Vass.○
		小叶鼠李	*R. parvifolia* Bge.○
		锐齿鼠李	*R. arguta* Maxim.○
		圆叶鼠李	*R. globosa* Bge.○
		冻　绿	*R. utilis* Decne.○
猫乳属	*Rhamnella* Miq.	猫乳（长叶绿柴）	*R. franguloides*（Maxim.）Weberb.○
葡萄科	Vitaceae		
葡萄属	*Vitis* L.	葡　萄	*V. Vinifera* L.□※
		山葡萄	*V. amurensis* Rupr.○※
		毛葡萄	*V. quinquangularis* Rehd.○※
		蘡　薁	*V. adstricta* Hance※
		刺葡萄	*V. davidii* Foex.※
		桑叶葡萄	*V. ficifolia* Bge.
蛇葡萄属	*Ampelopsis* Michx.	蛇葡萄	*A. brevipedunculata*（Maxim.）Trautv.○※
		葎叶蛇葡萄	*A. humulifolia* Bge.○※
		异叶蛇葡萄	*A. humulifolia* Bge. var. *heterophylla*（Thunb.）Koch○※

科、属		种名	
		乌头叶蛇葡萄	*A. aconitifolia* Bge.○※
		掌裂蛇葡萄	*A. aconitifolia* Bunge var. *glabra* Diels○※
		白 蔹	*A. japonica*（Thunb.）Makino○※
爬山虎属	*Parthenocissus* Planch.	爬山虎	*P. tricuspidata*（Sieb. et Zucc.）Planch.※
椴树科	Tiliaceae		
扁担杆属	*Grewia* L.	扁担木	*G. biloba* G. Don var. *parviflora*（Bge.）Hand.-Mazz. ○
锦葵科	Malvaceae		
木槿属	*Hibicus* L.	朱 槿	*H. rosa-sinensis* L.□
		木 槿	*H. syriacus* L.□
猕猴桃科	Actinidiaceae		
猕猴桃属	*Actinidia* Lindl.	中华猕猴桃	*A. chinensis* Planch.○※
		软枣猕猴桃	*A. arguta*（Sieb. et Zucc.）Planch.○※
		葛枣猕猴桃	*A. polygama*（Sieb. et Zucc.）Miq.○※
藤黄科	Guttiferae		
金丝桃属	*Hypericum* L.	金丝桃	*H. monogynum* L.
		金丝梅	*H. patulum* Thunb.
仙人掌科	Cactaceae		
仙人掌属	*Opuntia Mill.*	珊瑚树	*O. salmiana* Parm. ex Pfeiff.□
		仙人掌	*O. dillernii*（Ker-Gawl.）Haw.□
蟹爪兰属	*Schlumbergera* K. *Schum.*	蟹爪兰	*S. truncata*（Haw.）K. Schum□
		仙人指	*S. bridgesii*（Lemaire）Lininger□
昙花属	*Epiphyllum* Haw.	昙花	*E. oxypetalum*（Dc.）Haw.□
令箭荷花属	*Napalxochia* Britt. et Rose.	令箭荷花	*N. ackermannii*（Haw.）Kunth.□
仙人鞭属	*Nyctocereus* Britt. et Rose.	仙人鞭	*N. serpentinus*（Leg. et Rodri.）Britt. et Rose.□
瑞香科	Thymelaeaceae		
瑞香属	*Daphne* L.	芫 花	*D. genkwa* Sieb. et Zucc.○
结香属	*Edgeworthia* Meissn.	结 香	*E. chrysantha* Lindl.○
千屈菜科	Lythraceae		
紫薇属	*Lagerstroemia* L.	紫 薇	*L. indica* L.□
		银 薇	*L. indica* L. f. *alba*（Nichols.）Rehd.□
		福建紫薇	*L. limii* Merr.□
胡颓子科	Elaeagnaceae		
胡颓子属	*Elagnus* L.	牛奶子	*E. umbellata* Thunb.○
石榴科	Punicaceae		
石榴属	*Punica* L.	石 榴	*P. granatum* L.○
		白石榴（变种）	*P. granatum* L. var. *albescens* DC.
		黄石榴（变种）	*P. granatum* L. cv.'Flavescens'Sweet
		重瓣白石榴（变种）	*P. granatum* L. cv.'Multiplex'Sweet
八角枫科	Alangiaceae		
八角枫属	*Alangium* Lam.	瓜 木	*A. platanifolium*（Sieb.et Zucc.）Harms.○
		八角枫	*A. platanifolium*（Sieb. et Zucc.）Harms.○

科、属		种 名	
柳叶菜科	Onagraceae		
倒挂金钟属	*Fuchsia* L.	白萼倒挂金钟	*F. albo-coccinea* Hort.
五加科	Araliaceae		
常春藤属	*Hedera* L.	菱叶常春藤	*H. rhombea*（Miq.）Bean.□※
五加属	*Acanthopanax* Miq.	五加	*A. gracilistylus* W. W. Smith.
楤木属	*Aralia* L.	楤 木	*A. chinensis* L.○
山茱萸科	Cornaceae		
桃叶珊瑚属	*Aucuba* Thunb.	花叶青木	*A. japonica* Thunb. var. *variegate* D'Ombr.□
四照花属	*Dendrobenthamia* Hutch.	四照花	*D. japonica*（DC.）Fang var. *chinensis*（Osborn）○
杜鹃花科	Ericaceae		
杜鹃花属	*Rhododendron* L.	尖叶杜鹃	*R. mucronulatum* Turcz.○
		照山白	*R. micranthum* Turcz.○
山矾科	Symplocacene		
山矾属	*Symplocos* Jacq.	白檀（锦织木）	*S. paniculata*（Thunb.）Miq.○
木犀科	Oleaceae		
丁香属	*Syringa* L.	紫丁香	*S. oblata* Lindl.□
		白丁香	*S. oblata* Lindl. var. *alba* Hort. ex Rehd.
		北京丁香	*S. pekinensis* Rupr.□
		巧玲花	*S. pubescens* Turcz.○
雪柳属	*Fontanesia* Labill.	雪 柳	*F. fortunei* Carr.○
连翘属	*Forsythia* Vahl.	连 翘	*F. suspensa*（Thunb.）Vahl.○
		秦连翘	*F. giraldiana* Lingelsh○
木犀属	*Osmanthus*.	木 犀	*O. fragrans*（Thunb.）Lour.□
		柊树	*O. heterophyllus*（G. Don）P. S. Green□
女贞属	*Ligustrum* L.	日本女贞	*L. japonicum* Thunb.□
		小蜡树	*L. sinense* Lour.○
		小叶女贞	*L. quihoui* Carr.○
		辽东水蜡树	*L. obtusifolium* Sieb. et Zucc. ssp. *suave*（Kitag.）Kitag.○
素馨属	*Jasminum* L.	迎春花	*J. nudiflorum* Lindl.
		探春花	*J. floridum* Bunge□
		矮探春	*J. humile* L.□
马钱科	Loganiaceae		
醉鱼草属	*Buddleja* L.	醉鱼草	*B. lindleyana* Fortune
夹竹桃科	Apocynaceae		
络石属	*Trachelospermum* Lem.	络 石	*T. jasminoides*（Lindl.）Lem.○※
		石 血	*T. jasminoides*（Lindl.）Lem. var. *heterophyllum* Tsiang○※
夹竹桃属	*Nerium* L.	夹竹桃	*N. indicum* Mill.□
		白花夹竹桃	*N. indicum* Mill.cv.'Paihua'□
罗布麻属	*Apocynum* L.	罗布麻	*A. venetum* L.○
萝藦科	Asclepiadaceae		
杠柳属	*Periploca* L.	杠 柳	*P. sepium* Bge.○※

科、属		种 名	
马鞭草科	Verbenaceae		
马缨丹属	*Verbena* L.	马缨丹	*V. officinalis* L.○
牡荆属	*Vitex* L.	黄 荆	*V. negundo* L.○
		荆 条	*V. negundo* L.var. *heterophylla*（Franch.）Rehd.○
紫珠属	*Callicarpa* L.	日本紫珠	*C. japonica* Thunb.
		白棠子树	*C. dichotoma*（Lour.）K. Koch.○
海州常山属	*Clerodendron* L.	海州常山（臭梧桐）	*C. trichotomum* Thunb.○
唇形科	Labiatae		
百里香属	*Thymus* L.	地 椒	*T. quinquecostatus* Celak.○
茄科	Solanaceae		
夜香树属	*Cestrum* L.	夜香树	*C. nocturnum* L.□
枸杞属	*Lycium* L.	枸 杞	*L. chinense* Mill.○
玄参科	Scrophulariaceae		
爆仗竹属	*Russelia* Jacq.	爆仗竹	*R. equisetiformis* Schlecht. et Cham.
紫葳科	Bignoniaceae		
硬骨凌霄属	*Tecomaria* Spach.	硬骨凌霄	*T. capensis*（Thunb.）Spach.□
凌霄属	*Campsis* Lour.	凌 霄	*C. grandiflora*（Thunb.）Loisel.
		厚萼凌霄	*C. radicans*（L.）Seem.□
茜草科	Rubiaceae		
水团花属	*Adina* Salisb.	细叶水团花	*A. rubella* Hance○
虎刺属	*Damnacanthus* Gaertn. f.	虎 刺	*D. indicus* Gaertn. f.
白马骨属	*Serissa Comm.* fx A. L. Juss.	六月雪	*R. cordifolia* L.
鸡矢藤属	*Paederia* L.	鸡矢藤	*P. scandens*（Lour.）Merr.○※
		毛鸡矢藤	*P. scandens*（Lour.）Merr. var. *tomentosa*（Bl.）Hand.-Mazz.※
忍冬科	Caprifoliaceae		
接骨木属	*S. williamsaii* Hance	接骨木（接骨丹）	*S. williamsaii* Hance○
		西洋接骨木	*S. nigra* L.
荚蒾属	*Viburnum* L.	天目琼花	*V. sargentii* Koehne○
		珊瑚树（法国冬青）	*V. odoratissimum* Ker.□
		绣球荚蒾	*V. macrocephalum* Fort.□
		八仙花	*V. macrocephalum* Fort. f. *keteleeri*（Carr.）Rehd.□
		陕西荚蒾	*V. shensianum* Maxim.○
		粉 团	*V. plicatum* Thunb.○
		欧洲荚蒾	*V. opulus* L.
		鸡树条	*V. opulus* L. var. *calvescens*（Rehd.）Hara○
		泰山琼花荚蒾	*V. opulus L.* var. *calvescens*（Rehd.）Hara f. bracteatum（Y. Q. Zhu）F. Z. Li
		荚 蒾	*V. dilatatum* Thunb.○

科、属		种 名	
忍冬属	*Lonicera* L.	金银花	*L. japonica* Thunb.○※
		金花忍冬	*L. chrysantha* Turcz.○※
		须蕊忍冬	*L. chrysantha* Turcz. var. *longipes* Maxim.
		金银木	*L. maackii*（Rupr.）Maxim.
		郁香忍冬	*L. fragrantissima* Lindl.
		樱桃忍冬	*L. fragrantissima* Lindl. ssp. *phyllocarpa*（Maxim.）Hsu et H. J. Wang
		苦糖果	*L. standishii* Carr.
锦带花属	*Weigela* Thunb.	日本锦带花（杨栌）	*W. japonica* Thunb.
		海仙花	*W. coraeensis* Thunb.
六道木属	*Abelia* R.Br.	糯米条	*A. chinensis* R. Br. ○
猬实属	*Kolkwitzia* Graebn.	猬 实	*K. amabilis* Graebn.○

表 1-9 鲁中南低山丘陵区的主要乔木

（其中○为乡土种、◎为外来物种、□为栽培物种）

科、属		种 名	
苏铁科	Cycadaceae		
苏铁属	*Cycas* L.	苏 铁	*C. revoluta* Thunb.□
银杏科	Ginkgoaceae		
银杏属	*Ginkgo* L.	银杏	*G. biloba* L.
南洋杉科	Araucariaceae		
南洋杉属	*Araucaria Juss.*	南洋杉	*A. cunninghamii* Sweet□
松科	Pinaceae		
冷杉属	*Larix Mill.*	杉松	*A. holophylla* Maxim.
云杉属	*Picea* Dietr.	欧洲云杉	*P. abies*（L.）Karst.
		红皮云杉	*P. koraiensis* Nakai
		白扦	*P.meyeri* Rchd. et Wils.
		青扦	*P. wilsonii* Mast.
		日本云杉	*P. polita*（Sieb. et Zucc.）Carr.
落叶松属	*Larix* Mill.	华北落叶松	*L. principis-rupprechtii* Mayr.○
		落叶松（兴安落叶松）	*L. gmelini*（Rupr.）Rupr.
		黄花落叶松	*L. olgensis* Henry
		日本落叶松	*L. kaempferi*（Lamb.）Carr
金钱松属	*Pseudolarix* Gord.	金钱松	*P. amabilis*（Nelson）Rehd.
雪松属	*Cedrus* Trew	雪松	*C. deodara*（Roxb.）Loud
松属	*Pinus* L.	红松	*P. koraiensis* Sieb. et Zucc.
		华山松	*P. armandii* Franch.
		日本五针松	*P. parviflora* Sieb.et Zucc□
		白皮松	*P. bungeana* Zucc. ex Endl.○
		马尾松	*P. massoniana* Lamb.

科、属		种 名	
		赤松	*P. densiflora* Sieb. et Zucc.○
		黄山松	*P. taiwanensis* Hayata
		油松	*P. tabulaeformis* Carr.
		樟子松（变种）	*P. sylvestris* L.var. *mongoli* Litv.
		北美短针松	*P. banksiana* Lamb.
		黑松	*P. thunbergii* Parl.
		黑赤松	*P. thunbergii* Parl. sp. *densiflora* Sieb. et Zucc.
		刚松	*P. ridiga* Mill.
杉科	Taxodiaceae		
杉木属	*Cunninghamia* R. Br.	杉木	*C. lanceolata*（Lamb.）Hook.
柳杉属	*Cryptomeria* D. Don.	柳杉	*C. fortunei* Hooibrenk ex Otto et Dietr.
		日本柳杉	*C. japonica*（L. f.）D. Don
水松属	*Glyptostrobus* Endl.	水松	*G. Pensilis*（Staunt.）Koch
落羽杉属	*Taxodium* Rich.	落羽杉（落羽松）	*T. distichum*（L.）Rich.
		池杉（池柏）	*T. ascendens* Brongn.
水杉属	*Metasequoia* Miki ex Hu et Cheng	水杉	*M. glyptostroboides* Hu et Cheng
柏科	Cupressaceae		
侧柏属	*Platycladus* Spach	侧柏	*P. orientalis*（L.）Franco○
		千头柏（栽培变种）	*P. orientalis*（L.）Franco cv. 'Sieboldii'□
		金黄球柏（栽培变种）	*P. orientalis*（L.）Franco cv.'Semperaurescens'□
		金塔柏（变种）	*P. orientalis*（L.）Franco cv.'Beverlryensis'□
柏木属	*Cupressus L.*	柏木	*C. funebris* Endl.
扁柏属	*Chamaecyparis* Spach	日本花柏	*C. pisifera*（Sieb. et Zucc.）Endl.
		线柏（变种）	*C. pisifera*（Sieb. et Zucc.）Endl. cv. 'Filifera'
		日本扁柏	*Ch. obtusa*（Sieb. et Zucc.）Endl.
圆柏属	*Sabina* Mill.	粉柏	*S. squamata*（Buch.-Hamilt.）Ant. cv.'Meyeri'
		北美圆柏（铅笔柏）	*S. virginiana*（L.）Ant.
		圆柏	*S. chinensis*（L.）Ant.○
		龙柏（变种）	*S. chinensis*（L.）Ant. cv.'Kaizuca'□
		鹿角桧（变种）	*S. chinensis*（L.）Ant. cv.'Pfitzeriana'□
		金球桧（变种）	*S. chinensis*（L.）Ant. cv.'Aureoglobosa'□
		塔柏（蜀桧）（变种）	*S. chinensis*（L.）Ant. cv.'Pyramidalis'□
刺柏属	*Juniperus* L.	刺柏	*J. formosana* Hayata
		杜松	*J. rigida* Sieb. et Zucc.
		欧洲刺柏（璎珞柏）	*J. communis* L.
罗汉松科	Podocarpaceae		
罗汉松属	*Podocarpus* L'Her. Ex Persoon	罗汉松	*P. macrophyllus*（Thunb.）D. Don□

科、属		种名	
杨柳科	Salicaceae		
杨属	*Populus* L.	银白杨	*P. alba* L.○
		毛白杨	*P. tomentosa* Carr.
		山杨	*P. davidiana* Dode○
		河北杨	*P. hopeiensis* Hu et Chow○
		响毛杨	*P. pseudo-tomentosa* C. Wang et Tung
		小叶杨	*P. simonii* Carr
		塔形小叶杨（变型）	*P. simonii* Carr.f. *fastigiata* Schneid
		小钻杨	*P. xiaozhanica* W. Y. Hsu et Liang
		加拿大杨	*P. canadensis* Moench.
		钻天杨（变种）	*P. nigra* var. *italica*（Moench.）Koehne.
		箭杆杨（变种）	*P. nigra L.* var. *thevestina*（Dode）Bean
柳属	*Salix* L.	旱柳	*S. matsudana* Koidz.○
		绦　柳（变型）	*S. matsudana* Koidz. f. *pendula* Schneid
		龙爪柳（变型）	*S. matsudana* Koidz. f. *tortuosa*（Vilm.）Rehd.
		泰山柳	*S. taishanensis* C. Wang et C. F. Fang○
		垂　柳	*S. babylonica* L.
		小叶山毛柳	*S. pseudopermollis* C. Y. Yu et Ch. Y. Yang○
		簸箕柳	*S. suchowensis* Cheng○
		中国黄花柳	*S. sinica*（Hao）C. Wang et C. F. Fang○
		腺柳（河柳）	*S. chaenomeloides* Kimura○
胡桃科	Juglandaceae		
胡桃属	*Juglans* L.	胡　桃	*J. regia* L.
		野核桃	*J. cathayensis* Dode○
		胡桃楸	*J. mandshurica* Maxim.○
枫杨属	*Pterocarya* Kunth	枫杨（枰柳）	*P. stenoptera* DC.○
山核桃属	*Carya* Nutt.	美国山核桃（薄壳山核桃）	*C. illinoensis*（Wangenh.）K. Koch
化香属	*Platycarya* Sieb. et Zucc.	化香树	*P. strobilacea* Sieb. et Zucc.○
桦木科	Betulaceae		
榛　属	*Corylus* L.	榛（榛子）	*C. heterophylla* Fisch. ex Trautv.○
鹅耳枥属	*Carpinus* L.	鹅耳枥	*C. turczaninowii* Hance○
桤木属	*Alnus* Mill.	日本桤木（赤杨）	*A. japonica*（Thunb.）Steud.○
		辽东桤木（水冬瓜）	*A. sibirica* Fisch. ex Turcz.○
桦木属	*Betula* L.	白　桦	*B. platyphylla* Suk.
		坚　桦	*B. chinensis* Maxim.○
壳斗科	Fagaceae		
栗　属	*Castanea* Mill.	板　栗	*C. mollissima* Bl.
栎　属	*Quercus* L.	麻栎（橡子树）	*Q. acutissima* Carr.○
		北方麻栎（变种）	*Q. acutissima* Carr. var. *septemtrionalis* Liou
		大果麻栎（变种）	*Q. acutissima* var. *macrocarpa* X.W.Li et Y.Q.Zhu.
		小叶栎	*Q. chenii* Nakai

科、属		种　名	
		栓皮栎	*Q. variabilis* Bl.○
		槲　树	*Q. dentata* Thunb.○
		槲　栎	*Q. aliena* Bl.○
		锐齿槲栎（变种）	*Q. aliena* Bl. var. *acuteserrata* Maxim.
		白　栎	*Q. fabri* Hance.
		辽东栎	*Q. wutaishanica* Mayr.○
		沼生栎	*Q. palustris* Muench.
		蒙古栎	*Q. mongolica* Fisch.○
榆　科	Ulmaceae		
榆　属	*Ulmus* L.	黄榆（大果榆）	*U. macrocarpa* Hance○
		榆	*U. pumila* L.○
		黑　榆	*U. davidiana* Planch.○
		美国榆	*U. Americana* L.
		欧洲白榆	*U. laevis* Pall.
		榔榆（小叶榆）	*U. parvifolia* Jacq.○
		裂叶榆	*U. laciniata*（Trautv.）Mayr.
榉　属	*Zelkova* Spach	光叶榉	*Z. serrata* Makino
		大叶榉树	*Z. schneideriana* Hand.-Mazz.
朴　属	*Celtis* L.	大叶朴	*C. koraiensis* Nakai○
		小叶朴（黑弹树）	*C. bungeana* Bl.○
		朴　树	*C. sinensis* Pers.○
		珊瑚朴（变型）	*C. tetrandra* Roxb. f. *pendula* Y. Q. Zhu
		垂枝朴	*C. tetrandra* Roxb. f. *pendula* Y. Q. Zhu
青檀属	*Pteroceltis* Maxim.	青檀（翼朴）	*P. tatarinowii* Maxim.○
桑　科	Moraceae		
桑　属	*Morus* L.	蒙　桑	*M. mongolica* Schneid.○
		桑	*M. alba* L.○
		鸡　桑	*M. australis* Poir.○
构　属	*Broussonetia* L′ Her.	构　树	*B. papyrifera*（L.）Vent.○
柘　属	*Cudrania* Trec.	柘树（柘桑）	*C. tricuspidata*（Carr.）Bur.○
榕　属	*Ficus* L.	无花果	*F. carica* L.□
		榕　树	*F. microcarpa* L. f.□
木兰科	Magnoliaceae		
木兰属	*Magnolia* L.	玉兰（白玉兰）	*M. denudata* Desr.□
		紫玉兰	*M. liliflora* Desr.□
		武当木兰	*M. sprengeri* Pamp.□
		厚　朴	*M. officinalis* Rehd. et Wils.□
		凹叶厚朴（庐山厚朴）	*M. biloba*（Rehd. et Wils.）Cheng□
		荷花玉兰（广玉兰）	*M. grandiflora* L.□
鹅掌楸属	*Liriodendron* L.	北美鹅掌楸	*L. tulipifera* L.□
		鹅掌楸（马褂木）	*L. chinense*（Hemsl.）Sarg.□

科、属		种 名	
樟　科	Lauraceae		
山胡椒属	*Lindera* Thunb.	山胡椒（崂山棍）	*L. glauca*（Sieb. et Zucc.）Bl.○
		三椏乌药	*L. obtusiloba* Bl.○
檫木属	*Sassafras* Franch.	檫　木	*S. tzumu*（Hemsl.）Hemsl.○
海桐花科	Pittosporaceae		
海桐花属	*Pittosporum* Banks	海　桐	*P. Tobira*（Thunb.）Ait□
金缕梅科	Pittosporaceae		
枫香属	*Liquidambar* L.	枫香树	*L. formosana* Hance
蚊母树属	*Distylium* Sieb. et Zucc.	蚊母树	*D. Racemosum* Sieb. et Zucc.□
杜仲科	Eucommiaceae		
杜仲属	*Eucommia* Oliv.	杜仲（丝棉树）	*E. ulmoides* Oliv.○
悬铃木科	Platanaceae		
悬铃木属	*Platanus* L.	一球悬铃木（美桐）	*P. occidentalis* L.□
		二球悬铃木（英桐）	*P. acerifolia*（Ait.）Willd.□
		三球悬铃木（法桐）	*P. orientalis* L.□
蔷薇科	Rosaceae		
枇杷属	*Eriobotrya* Lindl.	枇　杷	*E. japonica*（Thunb.）Lindl.□
花楸属	*Sorbus* L.	水榆花楸（水榆）	*S. alnifolia*（Sieb. et Zucc.）K. Koch○
		花楸树（百花山花楸）	*S. pohuashanensis*（Hance）Hedl.○
		泰山花楸	*S. taishanensis* F. Z. Li et X. D. Chen○
木瓜属	*Chaenomeles* Lindl.	木　瓜	*C. sinensis*（Thouin.）Koehne □
唐棣属	*Amelanchier* Medic.	唐　棣	*A. sinica*（Schneid.）Chun
梨　属	*Pyrus* L.	白　梨（罐梨）	*P. bretschneideri* Rehd.□
		沙　梨	*P. pyrifolia*（Burm. f.）Nakai
		杜　梨（棠梨）	*P. betulaefolia* Bge.○
		褐　梨	*P. phaeocarpa* Rehd.
		秋子梨（花盖梨）	*P. ussuriensis* Maxim.
		豆　梨	*P. calleryana* Dcne.○
		洋　梨	*P. communis* L. var. *sativa*（DC.）DC.□
苹果属	*Malus* Mill.	湖北海棠	*M. hupehensis*（Pamp.）Rehd.○
		垂丝海棠	*M. halliana* Kochne.□
		山荆子	*M. baccata*（L.）Borkh.○
		毛山荆子	*M. manshurica*（Maxim.）Kom.○
		西府海棠	*M. micromalus* Makino□
		海棠花	*M. spectabilis*（Ait.）Borkh.□
		楸子（海棠果）	*M. prunifolia*（Willd.）Borkh.□
		歪把海棠（变种）	*M. prunifolia*（Willd.）Borkh. var. *obliquipedicellata* X. W. Li et J. W. Sun
		苹　果	*M. pumila* Mill.□

科、属		种 名	
山楂属	*Crataegus* L.	山　楂	*C. pinnatifida* Bge.○
		山里红	*C. pinnatifida* Bge. var. *major* N. E. Br.○
		无毛山楂（变种）	*C. pinnatifida* Bge.var. *psilosa* Schneid.
		山东山楂	*C. shandongensis* F. Z. Li et W. D. Peng○
		湖北山楂	*C. hupehensis* Sarg.○
火棘属	*Pyracantha* Roem.	细圆齿火棘	*P. crenulata*（D. Don）Roem.□
李　属	*Prunus* L.	桃	*P. persica*（L.）Batch.○
		蟠桃（变种）	*P. persica*（L.）Batch. var. *comprexa*（Loud.）Bean.□
		寿星桃（变种）	*P. persica*（L.）Batch. var. *densa* Makino□
		碧桃（变型）	*P. persica*（L.）Batch. f. *duplex* Rehd.□
		垂枝碧桃（变型）	*P. persica* L. f. *pendula* Dipp.□
		紫叶桃（变型）	*P. persica*（L.）Batch. f. *atropurpurea* Schneid.□
		山　桃	*P. davidiana* Carr. Franch.○
		榆叶梅	*P. triloba* Lindl.□
		鸾枝梅（变种）	*P. triloba* Lindl. f. *petzoldii*（K. Koch）Bailey.□
		重瓣榆叶梅（变型）	*P. triloba* Lindl. f. *plena* Dipp.□
		杏	*P. armeniaea* L.○
		野杏（山杏、变种）	*P. armeniaca* L. var. *ansu* Maxim.○
		梅	*P. mume* Sieb. et Zucc.□
		李	*P. salicina* Lindl.□
		欧洲李	*P domestica* L.□
		紫叶李	*P cerasifera* Ehrh. f. *atropurpurea*（Jacq.）Rehd.□
		樱桃（中国樱桃）	*P. pseudocerasus* Lindl.
		东京樱花（日本樱花）	*C. yedoensis*（Matsum.）Yu et Li□
		山樱花	*C. serrulata*（Lindl.）G. Don ex London○
		泰山野樱花（变种）	*C. serrulata*（Lindl.）G. Don ex London var. *taishanensis* Y. Zhang et C. D. Shi○
		稠　李	*P. padus* L.○
含羞草科	Mimosaceae		
合欢属	*Albizia* Durazz.	合　欢	*A. julibrissin* Durazz.□
		山合欢	*A. kalkora*（Roxb.）Prain.○
苏木科	Caesalpiniaceae		
肥皂荚属	*Gymnocladus Lam.*	北美肥皂荚	*G. dioeca* K. Koch
皂荚属	*Gleditsia* L.	皂　荚	*G. sinensis* Lam.○
		野皂荚	*G. heterophylla* Bunge○
		山皂荚	*G. melanacantha* Tang et Wang○
紫荆属	*Cercis* L.	紫　荆	*C. chinensis* Bge.□
豆　科	Leguminosae		
槐　属	*Sophora* L.	槐　树	*S. japonica* L.○
		龙爪槐（变种）	*S. japonica* L. var. *pendula* Hort.

科、属		种名	
刺槐属	*Robinia* L	刺　槐	*R. pseudoacacia* L.
		无刺刺槐（变型）	*R. pseudoacacia* L. f. *inermis*（Mirb.）Rehd.
		毛刺槐（江南槐）	*R. hispida* L.
芸香科	Rutaceae		
花椒属	*Zanthoxylum* L.	花　椒	*Z. bungeanum* Maxim.○
吴茱萸属	*Evodia* J. R. et G. Forst.	臭檀（抛辣子）	*E. daniellii*（benn.）Hemsl.○
		吴茱萸	*E. rutaecarpa*（Juss.）Benth.○
黄檗属	*Phellodendron* Rupr.	黄檗（黄柏、黄波罗）	*P. amurense* Rupr.
枸桔属	*Poncirus* Raf.	枸桔（枳臭杞）	*P. trifoliata*（L.）Raf.
金橘属	*Fortunella Swingle*	金　橘	*F. margarita*（Lour.）Swingle□
柑橘属	*Citrus L.*	柚	*C. maxima*（Burm.）Merr.□
苦木科	Simaroubaceae		
臭椿属	*Ailanthus* Desf.	臭椿（樗树）	*A. altissima*（Mill.）Swingle○
苦木属	*Picrasma* Bl.	苦木（苦皮树）	*P. quassioides*（D. Don.）Benn○.
楝　科	Meliaceae		
香椿属	*Toona* Roem.	香　椿	*T. sinensis*（A. Juss.）Roem.
楝　属	*Melia* L.	苦楝（楝树）	*M. azedarach* L.○
米仔兰属	*Aglaia* Lour.	米仔兰	*A. odorata* Lour.□
大戟科	Euphorbiaceae		
秋枫属	*Bischofia* Bl.	重阳木	*B. polycarpa*（L'evl.）Airy-Shaw□
野桐属	*Mallotus* Lour.	野梧桐	*M. japonicus* Muell.-Arg.□
		白背叶	*M. apelta*（Lour.）Muell.-Arg.
变叶木属	*Codiaeum* A. Juss.	变叶木	*C. variegatum*（L.）A. Juss.□
乌桕属	*Sapiun* P. Br.	乌　桕	*S. sebiferum*（L.）Roxb.□
黄杨科	Buxaceae		
黄杨属	*Buxus* L.	黄　杨	*B. sinic*（Rehd. et Wils.）Cheng□
漆树科	Anacardiaceae		
黄栌属	*Cotinus* Mill.	红叶黄栌（变种）	*C. coggygria* Scop. var. *cinerea* Engl.○
		毛黄栌（变种）	*C. coggygria* Scop. var. *pubescens* Engl.○
黄连木属	*Pistacia*	黄连木（楷木）	*P. chinensis* Bge.○
盐肤木属	*Rhus*（Tourn.）L.	盐肤木	*R. chinensis* Mill.○
		火炬树	*R typhina.* L.
		泰山盐肤木	*Rh. taishanensis* S. B. Liang○
漆　属	*Toxicodendron*（Tourn.）Mill.	漆（大木漆）	*T. overnicifluum*（Stokes）F. A. Barkl.○
冬青科	Aquifoliaceae		
冬青属	*Ilex* L.	枸骨	*Ilex cornuta* Linn□
卫矛科	Celastraceae		
卫矛属	*Euonymus* L.	白杜（桃叶卫矛、丝棉木）	*E. bungeanus* Maxim.○
		冬青卫矛	*E. japonicus* Thunb.□
		银边黄杨	*E. japonicus* Thunb. var. *albo-marginatus* T. Moore□

科、属		种名	
槭树科	Acerceae		
槭　属	*Acer* L.	元宝槭（平基槭）	*A. truncatum* Bge.○
		地锦槭（色木槭）	*A. mono* Maxim. ○
		三角槭	*A. buergerianum* Miq.
		鸡爪槭	*A. palmatum* Thunb.
		茶条槭	*A. ginnala* Maxim.○
		青榨槭	*A. davidii* Franch.
		梣叶槭（复叶槭）	*A. negundo* L.
七叶树科	Hippocastanaceae		
七叶树属	*Aesculus* L.	七叶树	*A. chinensis* Bge.□
		日本七叶树	*A. turbinata* Bl.□
无患子科	Sapindaceae		
栾树属	*Koelreuteria* Laxm.	栾　树	*K. paniculata* Laxm.○
		全缘叶栾树	*K. integrifoliola* Merr.
文冠果属	*Xanthoceras* Bge.	文冠果	*X. sorbifolia* Bge.□
清风藤科	Sabiaceae		
泡花树属	*Meliosma* Bl.	多花泡花树（山东泡花树）	*M. myriantha* Sieb. et Zucc.○
		红枝柴	*M. oldhamii* Maxim.○
鼠李科	Rhammaceae		
鼠李属	*Rhammus* L.	冻　绿	*R. utilis* Decne.○
枳椇属	*Hovenia* Thunb.	北枳椇（拐枣）	*H. dulcis* Thunb.○
枣　属	*Ziziphus* Mill.	枣	*Z. jujuba* Mill.○
		龙爪枣（变种）	*Z. jujuba* Mill.cv. “Tortuosa”
		酸枣（变种）	*Z. jujuba* Mill. var. *spinosa*（Bge.）Hu ex H. F. Chow○
椴树科	Tiliaceae		
椴树属	*Tilia* L.	阔叶椴（欧椴）	*T. platyphyllus* Scop.
		辽　椴（糠椴）	*T. mandshurica* Rupr. et Maxim.○
		紫　椴	*T. amurensis* Rupr.○
		光叶糯米椴（变种）	*T. henryana* Szyszyl. var. *subglabra* V. Engl.○
		蒙　椴	*T. mongolica* Maxim.
		泰山椴	*T. taishanensis* S. B. Liang○
梧桐科	Sterculiaceae		
梧桐属	*Firmiana* Marsili	梧　桐	*F. platanifolia*（L. f.）Marsili
山茶科	Theaceae		
茶　属	*Camellia* L.	茶	*C. amellia sinensis*（L.）O. Kuntze□
		山　茶	*C. japonica* L.□
柽柳科	Tamaricaceae		
柽柳属	*Tamarix* L.	柽柳（红荆条）	*Tamarix chinensis* Lour.○
大风子科	Flacourtiaceae		
山桐子属	*Idesia* Maxim.	毛叶山桐子（变种）	*I. polycarpa* Maxim. var. *vestita* Diels.○

科、属		种 名	
胡颓子科	Elaeagnaceae		
沙棘属	*Hippophae* L.	中国沙棘	*H. rhamnoides* L.subsp. *sinensis* Rousi□
珙桐科	Nyssaceae		
喜树属	*Camptotheca* Decne.	喜　树	*C.acuminata* Decne.□
桃金娘科	Myrtaceae		
红千层属	*Callistemon* R. Br.	红千层	*C. rigidus* R. Br.□
五加科	Araliaceae		
刺楸属	*Kalopanax* Miq.	刺　楸	*K. septemlobus*（Thunb.）Koidz.○
山茱萸科	Cornaceae		
山茱萸属	*Cornus* Linn	山茱萸	*C. officinalis* Sieb.et Zucc.
梾木属	*Swida* Opiz	毛梾（车梁木）	*S. walteri*（Wanger.）Sojak○
灯台树属	*Bothrocaryum*（Koehne）Pojark	灯台树（瑞木）	*B. controversum*（Hemsl.）Pojark.○
柿树科	Ebenaceae		
柿　属	*Diospyros* L.	君迁子	*D. lotus* L.○
		柿　树	*D. kaki* L. f.○
		野　柿	*D. kaki* L. f. var. *sylvestris* Makino○
安息香科	Styracaceae		
野茉莉属	*Styrax* L.	野茉莉	*S. japonica* Sieb. et Zucc. ○
木犀科	Oleaceae		
梣　属	*Fraxinus* L.	白蜡树	*F. chinensis* Roxb.
		花曲柳（大叶白蜡树）	*F. rhynchophylla* Hance○
		小叶白蜡	*F. bungeana* DC.○
		美国红梣（毛白蜡）	*F. pennsylvanica* Marsh.
		绒毛白蜡树（绒毛梣）	*F. velutina* Torr.
		水曲柳	*F. mandshurica* Rupr.
流苏属	*Chionanthus* L.	流苏树（牛筋子）	*C. retusus* Lindl.○
女贞属	*Ligustrum* L.	女　贞	*L. lucidum* Ait.
玄参科	Scrophulariaceae		
泡桐属	*Paulownia* Sieb. et Zucc.	毛泡桐（绒毛泡桐）	*P. tomentosa*（Thunb.）Steud.
		兰考泡桐（河南桐）	*P. elongata* S. Y. Hu.
		楸叶泡桐（胶东桐）	*P. catalpifolia* Gong Tong○
		白花泡桐（大果泡桐）	*P. fortunei*（Seem.）Hemsl.
紫葳科	Bignoniaceae		
梓树属	*Catalpa* Scop.	梓树（河楸）	*C. ovata* G. Don.○
		楸　树	*C. bungei* C. A. Mey.

科、属		种名	
		黄金树（美国楸树）	*C. speciosa*（Ward. ex Berney）Engelm.
		灰　楸	*C. fargesii* Bureau.
禾本科	Gramineae		
刚竹属	*Phyllostachys* Sieb. et Zucc.	淡　竹	*P. glauca* McClure
棕榈科	Palmae		
棕榈属	*Trachycarpus* H. Wendl.	棕　榈	*T. fortunei*（Hook.）H. Wendl.□
蒲葵属	*Livistona* R. Br.	蒲　葵	*L. chinensis*（Jacq.）R. Br.□
刺葵属	*Phoenix* L.	长叶刺葵	*P. Canariensis* Hort. et Chabaud.□
鱼尾葵属	*Caryota L.*	鱼尾葵	*C. ochlandra* Hance□

1.4 鲁东丘陵区

鲁东丘陵区位于胶莱河及沭河以东的沿海地区，范围包括威海市环翠区、乳山市、文登市、荣成市；烟台市区、海阳市、莱阳市、栖霞市、龙口市、莱州市、蓬莱市、长岛县；青岛市区、莱西市、平度市、即墨市、胶南市、高密市、胶州市；日照市区、胶南市、诸城市、莒县、五莲县、莒南县。共 27 个县（市），土地总面积 6 075 万亩，占全省土地总面积的 26.6%，其中耕地 2 681 万亩，占全区总面积的 44%。

1.4.1 生态与环境条件

地形：以丘陵为主，平原洼地较少，东西狭长，南北濒海，中为胶莱平原。包括胶东半岛及沭东丘陵两部分。胶东地区海拔 500 m 以上的山岭概分两支：一支由东北—西南走向，绵亘于半岛中部，以昆嵛山最高，海拔 923 m，次为牙山、大泽山、罗山、艾山、伟德山；另一支自罗山向南尽于胶州湾，崛起为崂山，海拔 1 138 m。山体构造，海拔 500 m 以下的丘陵，大部由片岩、片麻岩、砂砾岩构成。丘陵之间及滨海一带还发育有宽窄不一的剥蚀和冲积平原。河流呈辐射状，源近流短，南北分流入海。沭东地区呈东北—西南走向，除小珠山海拔 724 m，五莲山、铁橛山等海拔 500 m 以上外，其他地区海拔多在 400 m 左右，山体构造以花岗岩和变质岩为主。滨海平原海拔一般在 50 m 以下。

气候：由于地处中纬度温带季风区，且濒临海洋，故气候温和湿润。年平均气温 11～12℃，极端最高气温为 34～40℃，极端最低气温为 -14～-24℃。年平均降雨量 600～900 mm，分布由东南向西北递减，春雨量占 12%～14%，夏季雨量占 60%～65%。干燥度 1～1.2，年相对湿度 65%～75%，大风日数 30～110 天，无霜期 200 天左右。

土壤：以棕壤为主，除部分山地外，大部分已开垦种植。低山丘陵中上部基岩裸露的荒草坡以棕壤性土（砂岭土）为主，土质贫瘠，侵蚀严重，自然植被多为百里香、瓦松和赤松、松栎次生林。林地棕壤土质较好，林下有蕨类、杜鹃、石竹、鸭跖草等耐阴植物。盐碱土分布在滨海一带，不经改良不宜利用。砂姜黑土，广泛分布于莱西、即墨盆地及胶莱、沽河平原，潜水埋深 1～5 m。此外，在昆嵛、崂山等山体上部（700 m 以上）还有少量的山地草甸土。

1.4.2 植物资源及分布特点

本区是我省立地条件较好、天然植被保存最好和植物种最丰富的一个区。丰富的种质资源是我省的巨大财富，其中有些种类已经被列入国家保护植物名录。另外，植物资源可以用于生态省建设、水土保持、林业造林、城乡绿化中树种的选择，也不乏有经济价值的资源植物。

1.4.3 物种资源

如表 1-10、表 1-11、表 1-12 所示。其中乡土物种和栽培物种的含义同上。

表 1-10 鲁东丘陵区主要的草本和草质藤本植物

（其中○为乡土种、□为栽培物种、※为草质藤本）

科、属		种 名	
黑三棱科	Sparganiaceae		
黑三棱属	*Sparganium* L.	黑三棱	*S. stoloniferum* Hamit.○
眼子菜科	Potamogetonaceae		
眼子菜属	*Potamogeton* L.	竹叶眼子菜	*P. malaianus* Miq.○
		菹 草	*Potamogeton* crispus L.○
		篦齿眼子菜	*P. pectinatus* L.○
		小眼子菜	*P. pusillus* L.○
角果藻属	*Zannichellia* L.	角果藻	*Z. palustris* L.○
泽泻科	Alismataceae		
泽泻属	*Alisma* L.	泽 泻	*A. plantago-aquatica* var. *orientale* Sam.○
禾本科	Gramineae		
羊茅属	*Festuca* L.	羊 茅	*F. rubra* L. ○
		小颖羊茅	*F. parvigluma* Steud.○
早熟禾属	*Poa* L.	加拿大早熟禾	*P. compressa* L.
		华东早熟禾	*P. faberi* Rendle○
		硬质早熟禾	*P. sphondylodes* Trin.○
		早熟禾	*P. annua* L.○
碱茅属	*Puccinellia* Parl.	星星草	*P. tenuiflora*（Turca.）Scribn. et Merr.
		朝鲜碱茅	*P. chinampoensis* Ohwi
臭草属	*Melica* L.	大花臭草	*Melica grandiflora*（Hack.）Koidz.○
		臭 草	*M. scabrosa* Trin○
		细叶臭草	*M. radula* Franch.○
雀麦属	*Bromus* L.	雀 麦	*B. japonicus* Thunb.○
隐子草属	*Cleistogenes* Keng	北京隐子草	*C. hancei* Keng○
		多叶隐子草	*C. polyphlla* Keng○
		阳青茅	*C. hackelii*（Honda）Honda○
		丛生隐子草	*C. caespitosa* Keng○

科、属		种 名	
画眉草属	*Eragrostis* Beauv.	大画眉草	*E. cilianensis*（All.）Link ex Merr. Vign.-Lut ○
		小画眉草	*E. poaeoides* Beauv.○
		知风草	*E. ferruginea*（Thunb.）Beauv.○
		画眉草	*E. pilosa*（L.）Beaur○
		秋画眉草	*E. autumnalis* Keng○
龙常草属	*Diarrhena* Beauv.	龙常草	*D. manshurica* Maxim.
芦竹属	*Arundo* L.	芦　竹	*A. donax* L.
芦苇属	*Phragmites* Trin.	芦　苇	*P. communis* Trin.○
鹅观草属	*Roegneria* C. Koch	东瀛鹅观草	*R. mayebarana*（Honda）Ohwi○
		鹅观草	*R. kamoji* Owhi○
黑麦草属	*Lolium* L.	黑　麦	*L. perenne* L.
凿属	*Eleusine* Gaertn.	牛筋草	*E. indica*（L.）Gaertn.○
草沙蚕属	*Tripogon* Roem. et Schult	中华草沙蚕	*T. chinensis*（Franch.）Hack.○
虎尾草属	*Chloris* Swartz	虎尾草	*C. virgata* Swatrz○
狗牙根属	*Cynodon* Rich.	狗牙根	*C. dactylon*（L.）Pers.○
棒头草属	*Polypogon* Desf.	长芒棒头草	*P. monspeliensis*（L.）Desf.○
		棒头草	*P. fugax* Nees ex Steud.○
乱子草属	*Muhlenbergia* Schreb.	日本乱子草	*M. japonica* Steud.○
		乱子草	*M. hugelii* Trin.○
鼠尾粟属	*Sporobolus* R. Br.	鼠尾粟	*S. indicus*（L.）R. Br. var. *purpurea-suffusus*（Ohwi）T. Koyoma
看麦娘属	*Alopecurus* L.	看麦娘	*A. aequalis* Sobol.○
柳叶箬属	*Isachne* R. Br.	柳叶箬	*I. Globosa*（Thunb.）Kuntze○
稗　属	*Echinochloa* Beauv.	稗	*E. crusgallii*（L.）Beauv.○
		长芒野稗	*E. crusgallii*（L.）Beauv. var. *caudata*（Roshev.）Kitagawa○
		无芒稗	*E. crusgallii*（L.）Beauv. var. *mitis*（Pursh）Peterm.○
		旱　稗	*E. crusgallii*（L.）Beauv. var. *hispidula*（Retz.）Kitag.○
野黍属	*Eriochloa* Kunth	野　黍	*E. villosa*（Thunb.）Kunth○
雀稗属	*Paspalum* L.	雀　稗	*P. thunbergii* Kunth○
		双穗雀稗	*P. distichum* L.○
马唐属	*Digitaria* Heist	止血马唐	*D. ischaemum*（Schreb.）Schreb.○
		马　唐	*D. sanguinalis*（L.）Scop.○
		毛马唐	*D. ciliaris*（Retz.）Koel.○
		升马唐	*D. adscendens*（H. B. K.）Henred.○
狗尾草属	*Setaria* Beauv.	大狗尾草	*S. faberii* Herrm.○
		狗尾草	*S. viridis*（L.）Beauv.○
		金色狗尾草	*S. glauca*（L.）Beauv.○
狼尾草属	*Pennisetum* Rich.	狼尾草	*P. alopecuroides*（L.）Spreng.○
伪针草属	*Pseudoraphis* Griff.	瘦瘠伪针草	*P. spinescens*（R. Br.）Vickery var. *depauperata*（Nees）Bor.
野古草属	*Arundinella* Raddi	野古草	*A. hirta*（Thunb.）Tanaka○
结缕草属	*Zoysia* Willd.	结缕草	*Z. japonica* Steud.○
		中华结缕草	*Z. sinnia* Hance○

科、属		种 名	
芒 属	*Miscanthus* Anders.	荻	*M. sacchariflorus*（Maxim.）Hack.○
		芒	*M. sinensis* Anders.○
白茅属	*Imperata* Cyr.	白 茅	*I. cylindrica*（L.）Beauv. var. *major*（Nees）C. B. Hubb.○
大油芒属	*Spodiopogon* Trin.	油 芒	*S. coyulifer*（Thunb.）Hack○
		大油芒	*S. sibiricus* Trin.○
鸭嘴草属	*Ischaemum* L.	毛鸭嘴草	*I. antephoroides*（Steud.）
		鸭嘴草	*I. aristatum* L. var. *glaucum*（Honda）T. Koyama○
牛鞭草属	*Hemarthria* R. Br.	牛鞭草	*H. altissima* Stapf et C. E. Hubb○
荩草属	*Arthraxon* Beauv.	矛叶荩草	*A. prionodes*（Steud.）Dandy○
		荩 草	*A. hispidus*（Thunb.）Makino○
孔颖草属	*Bothriochloa* Kuntze	白羊草	*B. ischaemum*（L.）Keng○
细柄草属	*Capillipedium* Stapf	细柄草	*C. parviflorum*（R. Br.）Stapf
香茅草属	*Cymbopogon* Spreng.	橘 草	*C. goeringii*（Steud.）A. Camus
菅草属	*Themeda* Forsk	菅 草	*T. Japonica*（Willd.）C. Tanaka○
莎草科	Cyperaceae		
藨草属	*Scirpus* L.	藨 草	*S. triqueter* L.○
		荣成藨草	*S. rongchenensis* F. Z. Li○
		华东藨草	*S. karuizawensis* Makino○
		萤 蔺	*S. juncoides* Roxb.○
荸荠属	*Eleocharis* R. Br.	牛毛毡	*E. yokoscensis*（Franch. et Savat.）Tang et Wang○
		羽毛荸荠	*E. wichurai* Bocklr.
		刚毛荸荠	*E. valleculosa* Ohwi f. *setosa*（Ohwi）Kitagawa○
球柱草属	*Bulbostylis* C. B. Clarke	丝叶球柱草	*B. densa*（Wall.）Hand.-Mzt.○
飘拂草属	*Fimbristylis* Vahl	水虱草	*F. miliacea*（L.）Vahl○
		烟台飘拂草	*F. stauntoni* Debeaux et Franch.○
		长穗飘拂草	*F. longispica* Steud.○
		复序飘拂草	*F. bisumbellata*（Forsk.）Bubani○
莎草属	*Cyperus* L.	香 附	*C. rotundus* L.○
		碎米莎草	*C. iria* L.○
		小碎米莎草	*C. microiria* Steud.○
		三轮草	*C. orthostachyus* Franch. et Savat
		异型莎草	*C. difformis* L.○
		白鳞莎草	*C. nipponicus* Franch. et Savat.○
扁莎属	*Pycreus* P. Beauv.	红鳞扁莎	*P. sanguinolentus*（Vahl）Nees○
		红边扁莎	*P. sanguinolentus*（Vahl）Nees f. *rubro-marginatus*（Schrenk）L.K. Dai○
		球穗扁莎	*P. globosus*（All.）Reichb.○
		直球穗扁莎	*P. globosus*（All.）Reichb. var. *strictus*（Roxb.）C. B. Clarke
水蜈蚣属	*Kyllinga* Rottb.	光鳞水蜈蚣	*K. brevifolia* Rottb. var. *leiolepis*（Franch.et Savat.）Hara

科、属		种名	
薹草属	*Carex* L.	白颖薹草	*C. rigescens*（Franch.）V. Krecz.○
		翼果薹草	*C. neurocarpa* Maxim.○
		尖嘴薹草	*C. leiorhyncha* C. A. Mey○
		青绿薹草	*C. leucochlora* Bge.
		亚柄薹草	*C. subpediformis*（Kukenth.）Sut. et Suzuki○
		宽叶薹草	*C. siderosticata* Hance○
		毛崖棕	*C. ciliato-margianata* Nakai○
		矮生薹草	*C. pumila* Thunb.○
		披针叶薹草	*C. lanceolata* Boott○
		溪水薹草	*C. forficula* Franch. et Savat○
天南星科	Araceae		
半夏属	*Pinellia* Tenore	半　夏	*P. ternata*（Thunb.）Brelt.○
		虎　掌	*P. pedatisecta* Schott○
天南星属	*Arisaema* Mart.	东北南星	*A. amurense* Maxim.○
芋属	*Colocasia* Schott.	芋	*C. esculenta*（L.）Schott.○
浮萍科	Lemnaceae		
芜萍属	*Wolffia* Hork. ex Schleid.	芜　萍	*W. arrhiza*（L.）Wimmer○
紫萍属	*Spirodela* Schleid.	紫　萍	*S. polyrrhiza*（L.）Schleid.○
谷精草科	Eriocaulaceae		
谷精草属	*Eriocaulon*	白药谷精草	*E. cinereum* R. Br.○
鸭跖草科	Commelinaceae		
鸭跖草属	*Commelina* L.	鸭跖草	*C. communis* L.○
		饭包草	*C. benghalensis* L.○
水竹叶属	*Murdannia* Royle	裸花水竹叶	*M. nudiflora*（L.）Brenna○
灯心草科	Juncaceae		
灯心草属	*Juncus* L.	灯心草	*J. effuses* L.○
		细灯心草	*J. gracillimus*（Buch.）V. Krecz. et Gontsch.○
		翅灯心草	*J. alatus* Franch. et Savat.○
		洮南灯心草	*J. taonanensis* Satake. et Kitagawa○
		星花灯心草	*J. distrophanthus* Buchen○
百合科	Liliaceae		
天门冬属	*Asparagus* L.	龙须菜	*A. Schoberioides* Kunth○
		长花天门冬	*A. longiflorus* Franch.○
		南玉带	*A. oligoclonos* Maxim.○
菝葜属	*Smilax* L.	牛尾菜	*S. riparia* A. DC.○※
山麦冬属	*Liriope* Lour.	阔叶山麦冬	*L. platyphylla* Wang et Tang○
		山冬麦	*L. spicata*（Thunb.）Lour.○
		低矮山麦冬	*L. spicata*（Thunb.）Lour. var. *humilis* F. Z. Li○
铃兰属	*Convallaria* L.	铃　兰	*C. majalis* L.○
粉条儿菜属	*Aletris* L.	粉条儿菜	*A. spicata*（Thunb.）Franch.○
萱草属	*Hemerocallis* L.	黄花菜	*H. citrina* Baroni○
		小黄花菜	*H. minor* Mill.○
		萱　草	*H. fulva*（L.）L.

科、属		种 名	
鹿药属	*Smilacina* Desf.	鹿 药	*S. japonica* A. Gray○
葱 属	*Allium* L.	野 韭	*A. ramosum* L.○
		球序韭	*A. thunbergii* G. Don○
		细叶韭	*A. tenuissimum* L.○
藜芦属	*Veratrum* L.	毛穗藜芦	*V. maackii* Regel○
绵枣儿属	*Scilla* L.	绵枣儿	*S. scilloides*（Lindl.）Druce○
百合属	*Lilium* L.	卷 丹	*L. lancifolium* Thunb.○
		青岛百合	*L. tsingtauense* Gilg○
郁金香属	*Tulipa* L.	郁金香	*T. gesnreiana* L.□
		老鸦瓣	*T. edulis*（Miq.）Baker○
薯蓣科	Dioscoreaceae		
薯蓣属	*Dioscorea* L.	穿龙薯蓣	*D. nipponica* Makino○※
		薯 蓣	*D. opposita* Thunb.○※
鸢尾科	Iridaceae		
射干属	*Belamcanda* Adans.	射 干	*B. chinensis*（L.）DC.○
鸢尾属	*Iris* L.	野鸢尾	*Iris dichotoma* Pall.○
		马 蔺	*I. lactea* var. *chinensis*（Fisch.）Koidz.○
兰 科	Orchidaceae		
绶草属	*Spiranthes* Rich.	绶 草	*S. sinensis*（Pers.）Ames.○
斑叶兰属	*Goodyera* R. Br.	小斑叶兰	*G. repens*（L.）R. Br.○
金粟兰科	Chloranthaceae		
金粟兰属	*Chloranthus* Sw.	银线草	*C. japonicus* Sieb.○
		及 己	*C. serratus*（Thunb.）Roem. et Schult.○
桑 科	Moraceae		
葎草属	*Humulus* L.	葎 草	*H. scandens*（Lour.）Merr.○※
荨麻科	Urticaceae		
荨麻属	*Urtica* L.	宽叶荨麻	*U. laetevirens* Maxim.○
苎麻属	*Boehmeria* Jacq.	悬铃木叶苎麻	*B. platanifolia* Franch.et Savat.○
		大叶苎麻	*B. longispica* Steud.○
墙草属	*Parietaria* L.	墙 草	*P. micrantha* Ledeb.
檀香科	Santalaceae		
百蕊草属	*Thesium* L.	百蕊草	*T. chinense* Turcz.○
马兜铃科	Aristolochiaceae		
马兜铃属	*Aristolochia* L.	北马兜铃	*A. contorta* Bge.○□
蓼 科	Polygonaceae		
蓼 属	*Polygonum* L.	萹 蓄	*P. aviculare* L.○
		红 蓼	*P. orientale* L.
		酸模叶蓼	*P. lapathifolium* L.○
		桃叶蓼	*P. persicari* L.○
		长鬃蓼	*P. longisetum* De Br.○
		丛枝蓼	*P. posumbum* Hamilt. et D. Don.○
		扛板归	*P. perfoliatum* L.○※
		水 蓼	*P. hydropiper* L.○

科、属		种名	
		何首乌	*P. multiflorum* Thunb.○※
		虎　杖	*P. cuspidatum* Sieb. et Zucc.○
		拳　蓼	*P. bistorta* L.○
荞麦属	*Fagopyrum* Geartn.	荞　麦	*F. esculentum* Moench.
酸模属	*Rumex* L.	酸　模	*R. acetosa* L.○
		巴天酸模	*R. patientia* L.○
		齿果酸模	*R. dentatus* L.○
藜　科	Chenopodiaceae		
藜　属	*Chenopodium* L.	灰绿藜	*C. glaucum* L.○
		藜	*C. album* L.○
		小　藜	*C. serotinum* L.○
地肤属	*Kochia* Roth	地　肤	*K. scoparia*（L.）Schrad.○
		扫帚菜	*K. scoparia*（L.）Schrad. f. *trichophylla*（Hort.）Schinz.et Thell○
虫实属	*Corispermum* L.	软毛虫实	*C. puberulum* Iljin○
		光果软毛虫实	*C. puberulum* Iljin var. *ellipsocarpum* Tsien e C. G. Ma○
		细苞虫实	*C. stenolepis* Kitagawa○
碱蓬属	*Suaeda* Forsk. ex Scop.	碱　蓬	*S. glauca*（Bge.）Bge.○
猪毛菜属	*Salsola* L.	猪毛菜	*S. collina* Pall.○
		刺沙蓬	*S. ruthenica* Iljin
苋　科	Amaranthaceae		
青葙属	*Celosia* L.	青　葙	*C. argentea* L.○
		鸡冠花	*C. cristata* L.
苋　属	*Amaranthus* L.	刺　苋	*A. spinosus* L.○
		反枝苋	*A. retroflexus* L.○
		尾穗苋	*A. caudatus* L.○
		泰山苋	*A. taishanensis* F. Z. Li et C. K. Ni○
		苋	*A. tricolor* L.○
		皱果苋	*A. viridis* L.○
		凹头苋	*A. lividus* L.○
牛膝属	*Achyranthes* L.	牛　膝	*A. bidentata* Bl.○
马齿苋科	Portulaceae		
马齿苋属	*Portulaca* L.	马齿苋	*P. oleracea* L.○
石竹科	Caryophyllaceae		
假繁缕属	*Pseudostellaria* Pax	孩儿参	*P. heterophylla*（Miq.）Pax ex Pax et Hoffm.○
鹅肠菜属	*Malachium* Fries	鹅肠菜	*M. aquaticum*（L.）Fries○
卷耳属	*Cerastium* L.	粘毛卷耳	*C. viscosum* L.○
繁缕属	*Stellaria* L.	繁　缕	*S. media*（L.）Cyr.○
蚤缀属	*Arenaria* L.	蚤缀属	*A. serpyllifolia* L.○
		灯心草蚤缀	*A. juncea* Bieb.○
蝇子草属	*Silene* L.	粗壮女娄菜	*S. firma* Sieb. et zucc.○
		女娄菜	*S. aprica* Turcz. ex Fisch. et Mey.○

科、属		种名	
		蝇子草	*S. fortunei* Vis.○
		山蚂蚱（旱麦瓶草）	*S. jenisseensis* Willd.○
王不留行属	*Vaccaria* Medic.	王不留行	*V. segetalis*（Neek.）Garche○
石竹属	*Dianthus* L.	石　竹	*D. chinensis* L.○
		瞿　麦	*D. superbus* L.○
石头花属	*Gypsophila* L.	长蕊石头花	*G. oldhamiana* Miq.○
毛茛科	Ranunculaceae		
乌头属	*Aconitum* L.	乌　头	*A. carmichaeli* Debx.○
翠雀属	*Delphinium* L.	烟台翠雀花	*D. chefoense* Franch.○
铁线莲属	*Clematis* L.	大叶铁线莲	*C. heracleifolia* DC.○
		长冬草	*C. haxapetala* Pall. var. *tchefouensis*（Debeaus）S. Y. Hu.○
唐松草属	*Thalictrum* L.	短梗箭头唐松草	*T. simplex* L. var. *brevipes* Hara○
		东亚唐松草	*T. minus* L. var. *hypoleucum*（Sieb. et Zucc.）Miq.○
白头翁属	*Pulsatilla* Adans.	白头翁	*P. chinensis*（Bge.）Regel○
毛茛属	*Ranunculus* L.	毛　茛	*R. japonicus* Thunb.○
		石龙芮	*R. sceleratus* L.○
		茴茴蒜	*R. chinensis* Bge.○
罂粟科	Papaveraceae		
白屈菜属	*Chelidonium* L.	白屈菜	*C. majus* L.○
角茴香属	*Hypecoum* L.	角茴香	*H. erectum* L.○
紫堇属	*Corydalis* Vent	齿瓣延胡索	*C. remota* Fisch. ex Maxim.○
		延胡索	*C. yanhusuo* W. T. Wang○
		东北延胡索（山延胡索、变种）	*C. ambigua* Cham et Schlecht.○
		台湾黄堇	*C. balansae* Prain.
		黄　堇	*C. pallida*（Thunb.）Pers.○
十字花科	Cruciferae		
碎米荠属	*Cardamine* L.	弹裂碎米荠	*C. impatiens* L.○
		毛果碎米荠	*C. dasycarpa*（M. B.eb.）T. Y. Cheo et R. C. Fang○
		弯曲碎米荠	*C. flexuosa* With.○
		碎米荠	*C. hirsuta* L.○
臭荠属	*Coronopus* T. G. Zinn	臭　荠	*C. didymus*（L.）J. E. Smith.○
独行菜属	*Lepidium* L.	光果宽叶独行菜	*L. latifolium* L. var. *affine* C. A. Mey○
		北美独行菜	*L. virginicum* L.
		柱毛独行菜	*L. ruderale* L.○
		独行菜	*L. apetalum* Willd.○
荠　属	*Capsella* Medic	荠	*C. bursa-pastoris*（L.）Medic.○
播娘蒿属	*Descurainia* Webb. et Berth.	播娘蒿	*D. sophia*（L.）Webb. ex Prantl○

科、属		种名	
诸葛菜属	*Orychophragmus* Bge.	诸葛菜	*O. violaceus*（L.）O. E. Sch○
大蒜芥属	*Sisymbrium* L.	全叶大蒜芥	*S. luteum*（Maxim.）O. E. Schulz○
蔊菜属	*Rrippa* Scop.	蔊　菜	*R. indica*（L.）Hiern.○
		无瓣蔊菜	*R. dubia*（Pers.）Hara○
		广州蔊菜	*R. cantoniensis*（Lour.）Ohwi
		风花菜	*R. globosa*（Tuecz.）Hayek
		沼生蔊菜	*R. islandica*（Oed.）Borb.
花旗杆属	*Dontostemon* Andrz. ex Edeb.	花旗杆	*D. dentatus*（Bge.）Ledeb.○
糖芥属	*Erysimum* L.	糖　芥	*E. bungei*（Kitag.）Kitag.○
		小花糖芥	*E. cheiranthoides* L.○
群心菜属	*Cardaria* Desv.	群心菜	*C. draba*（L.）Desv.
		球果群心菜	*C. Chalepensis*（L.）Hand.-Mazz.
葶苈属	*Droba* L.	葶　苈	*Droba nemorosa* L.○
亚麻芥属	*Camelina* Crantz	小果亚麻芥	*C. microcarpa* Andrz.
景天科	Crassulaceae		
景天属	*Sedum* L.	费　菜	*S. aizoon* L.○
		狭叶费菜	*S. aizoon* L. f. *angustifolium* Franch.○
		宽叶费菜	*S. aizoon* L. var. *Latifolium* Maxim.○
		勘察加景天	*Sedum kamtrchaticum* Fisch.
		垂盆草	*Sedum sarmentosum* Bge.○
瓦松属	*Orostachys* Fisch.	瓦　松	*O. fimbriatus*（Turcz.）Berger○
		山东瓦松	*O. fimbriatus*（Turcz.）Berger var. *shandonggensis* F. Z. Li et X. D. Chen○
		狼爪瓦松	*O. cartilaginous* A. Bor.○
八宝属	*Hylotelephium* H. Ohba	八　宝	*H. erythrostictum*（Miq.）H. Ohha○
		长药八宝	*H. spectabile*（bor.）H. Ohha○
虎耳草科	Saxifragaceae		
扯根菜属	*Penthorum* L.	扯根菜	*P. chinense* Pursh○
落新妇属	*Astilbe* Buch.-Ham.ex D. Don.	落新妇	*A. chinensis*（Maxim.）Franch. et Savat.○
虎耳草属	*Saxifraga* Tourn ex L.	虎耳草	*S. stolonifera* Meerb○
蔷薇科	Rosaceae		
委陵菜属	*Potentilla* L.	朝天委陵菜	*P. supina* L.○
		莓叶委陵菜	*P. fragarioides* L.○
		翻白草	*P. discolor* Bge.○
		委陵菜	*P. chinensis* Ser.○
		细裂委陵菜	*P. chinensis* Ser. var. *lineariloba* Franch. et Savat
		三叶委陵菜	*P. freyniana* Bornm
		蛇含委陵菜	*P. kleiniana* Wight. et Arn.○
蛇莓属	*Duchesnea* J. E. Smith	蛇　莓	*D. indica*（Andr.）Focke○
龙牙草属	*Agrimonia* L.	龙芽草	*A. pilosa* Ldb.○
地榆属	*Sanguisorba* L.	地榆	*S. officinalis* L.○
		长叶地榆	*S. officinalis* L. var. *longifol*（Bertol.）Yu et Li○
		宽蕊地榆	*S. applanata* Yu et Li○

科、属		种名	
苏木科	Caesalpiniaceae		
决明属	*Cassia* L.	豆茶决明	*C. nomame*（Sieb.）Kitag.○
豆　科	Leguminosae		
槐　属	*Sophora* L.	苦参	*S. flavescens* Ait.○
鸡眼草属	*Kummerowia* Schindl.	鸡眼草	*K. striata*（Thunb.）Schindl.○
		长萼鸡眼草	*K. stipulacea*（Maxim.）Makino○
苜蓿属	*Medicago* L.	紫苜蓿	*M. sativ* L.○
		天蓝苜蓿	*M. Lupulina* L.
草木樨属	*Melilotus* Mill.	草木樨	*M. suaveolens* Ledeb.○
		印度草木樨	*M. indicus*（L.）All.
大豆属	*Glycine* L.	野大豆	*G. soja* Sieb. et Zucc.○
葛　属	*Pueraria* DC.	野　葛	*P. lobata*（Willd.）Ohwi○
野豌豆属	*Vicia* L.	歪头菜	*V. unijuga* A. Br.○
		救荒野豌豆	*V. sativa* L.○
		窄叶野豌豆	*V. angustifolia* L.○
		三齿萼野豌豆	*V. bungei* Ohwi○
		四籽野豌豆	*V. tetrasperma*（L.）Moench.○
		山野豌豆	*V. amoena* Fisch.○
香豌豆属	*Lathyrus* L.	香豌豆	*L. odoratus* L.○
		茳芒香豌豆	*L. davidii* Hance○
合萌属	*Aeschynomene* L.	田皂角	*A. indica* L.○
米口袋属	*Gueldenstaedtia* Fisch.	狭叶米口袋	*G.stenophylla* Bge.○
		米口袋	*G. multiflora* Bge.○
		海滨米口袋	*G. maritima* Maxim.○
黄耆属	*Astragalus* L.	糙叶黄耆	*A. scaberrimus* Bge.○
		草木樨状黄耆	*A. melilotoides* Pall.○
		膜荚黄耆	*A. membranaceus*（Fisch.）Bge.○
酢浆草科	Oxalidaceae		
酢浆草属	*Oxalis* L.	酢浆草	*O. corniculata* L.○
		大花酢浆草	*O. bowiei* Lindl.□
牻牛儿苗科	Geraniaceae		
牻牛儿苗属	*Erodium* L' Herit	牻牛儿苗	*E. stephanianum* Willd.○
老鹳草属	*Geranium* L.	老鹳草	*G. wilfordii* Maxim.○
		裂瓣老鹳草	*G. wilfordii* Maxim. var. *schizopetalum* F. Z. Li○
		鼠掌老鹳草	*G. sibiricum* L.○
		青岛老鹳草	*G. tsingtauense* Yabe.○
蒺藜科	Zygophyllaceae		
蒺藜属	*Tribulus* L.	蒺　藜	*T. terrestris* L.○
芸香科	Rutaceae		
白鲜属	*Dictamnus* L.	白　鲜	*D. dasycarpus* Turcz.○
远志科	Polygalaceae		

科、属		种　名	
远志属	*Polygala* L.	远　志	*P. tenuifolia* Willd.○
		瓜子金	*P. japonica* Houtt.○
		西伯利亚远志	*P. sibirica* L.○
大戟科	Euphorbiaceae		
大戟属	*Euphorbia* L.	大　戟	*E. pekinensis* Rupr.○
		乳浆大戟	*E. esula* L.○
		猫眼草	*E. lunulate* Bge.○
		地　锦	*E. humifusa* Willd.○
		毛地锦	*E. humifusa* Willd. var. *pilosa* Thell.○
		斑地锦	*E. supina* Rafin.○
蓖麻属	*Ricinus* L.	蓖　麻	*R. communis* L.
地构叶属	*Speranskia* Baill.	地构叶	*S. tuberculata*（Bge.）Baill.○
铁苋菜属	*Acalypha* L.	铁苋菜	*A. australis* L.○
叶下珠属	*Phyllanthus* L.	叶下珠	*P. urinaria* L.○
葡萄科	Vitaceae		
乌蔹莓属	*Cayratia* Juss.	乌蔹莓	*C. japonica*（Thunb.）Gagnep.○※
		大叶乌蔹莓	*C. oligocarpa*（Level. et Vant.）Gagnep.※
椴树科	Tiliaceae		
田麻属	*Corchoropsis* Sieb. et Zucc.	光果田麻	*C. psilocarpa* Harms et Loes.○
锦葵科	Malvaceae		
蜀葵属	*Althaea* L.	蜀　葵	*A. rosea*（L.）Cavan.
木槿属	*Hibicus* L.	野西瓜苗	*H. trionum* L.○
堇菜科	Violaceae		
堇菜属	*Viola* L.	鸡腿堇菜	*V. acuminata* Ledeb.○
		球果堇菜	*V. collina* Bess.○
		东北堇菜	*V. mandshurica* W. Beck.○
		紫花地丁	*V. philippica* Cav. Lcons et Descr.○
		早开堇菜	*V. prionantha* Bge.○
		蒙古堇菜	*V. mongolica* Franch.○
千屈菜科	Lythraceae		
千屈菜属	Lythrum L.	中型千屈菜	*L. intermedium* Ledeb. ex Colla
柳叶菜科	Onagraceae		
山桃草属	*Gaura* L.	小花山桃草	*G. parviflora* Douglas○
月见草属	*Oenothera* L.	月见草	*O. biennis* L.○
		红萼月见草	*O. erythrosepala* Borb.○
柳叶菜属	*Epilobium* L.	柳叶菜	*E. hirsutum* L.○
丁香蓼属	*Ludwigia* L.	丁香蓼	*L. prostrata* Roxb.
伞形科	Umbelliferae		
天胡荽属	*Hydrocotyle* L.	天胡荽	*H. sibthorpioides* Lam.○
变豆菜属	*Sanicula* L.	变豆菜	*S. chinensis* Bge.○
窃衣属	*Torilis* Adans.	小窃衣	*T. japonica*（Houtt.）DC.○
柴胡属	*Bupleurum* L.	红柴胡	*B. scorzonerifolinm* Willd.
		北柴胡	*B. chinense* DC.○
		烟台柴胡	*B. chinense* DC. f. *vanheurchii*（Muell.-Arg.）Shan et Y. Li○

科、属		种名	
独活属	Heracleum L.	短毛独活	*H. moellendorffii* Hance
水芹属	*Oenanthe* L.	水　芹	*O. javanica*（Bl.）DC.○
藁本属	*Ligusticum* L.	辽藁本	*L. jeholense*（Nakai et Kitagawa）Nakai et Kitagawa○
前胡属	*Peucedanum* L.	紫花前胡	*P. decursivum*（Miq.）Maxim.
		泰山前胡	*P. wawrum*（Wolff.）Shan○
当归属	*Angelica* L.	拐芹当归	*A. polymorpha* Maxim.○
柳叶芹属	*Czernaevia* Turcz.	柳叶芹	*C. laevigata* Turcz.○
蛇床属	*Cnidium* Cuss.	蛇　床	*C. monnieri*（L.）Cuss.○
葛缕子属	*Carum* L.	葛缕子	*C. carvi* L.○
珊瑚菜属	*Glehnia* Fr. Schmidt ex Miq.	珊瑚菜	*G. littoralis* Fr. Schmidt ex Miq○
岩风属	*Libanotis* Hill.	香　芹	*L. seseloides*（Fisch. et Mey）Turcz.
报春花科	Primulaceae		
点地梅属	*Androsace* L.	点地梅	*A. umbellata*（Lour.）Merr.○
海乳草属	*Giaux* L.	海乳草	*G. maritime* L.
珍珠菜属	*Lysimachia* L.	黄连花	*L. davurica* Ledeb.
		轮叶过路黄	*L. klattiana* Hance
		狭叶珍珠菜	*L. pentapetala* Bge.○
		滨海珍珠菜	*L. mauritiana* Lam.○
		珍珠菜	*L. clethroides* Duby○
白花丹科	Plumbaginaceae		
补血草属	*Limonium* Mill.	补血草	*L. sienense*（Girard）O. Kuntze○
		烟台补血草	*L. franchetii*（Debeaux）O. Kuntze○
		二色补血草	*L. bicolor*（Bge.）O. Kuntze○
萝藦科	Asclepiadaceae		
萝藦属	*Metaplexis* R. Br.	萝　藦	*M. japonica*（Thunb.）Mkino○※
鹅绒藤属	*Cynanchum* L.	徐长卿	*C. paniculata* Bge.○
		合掌消	*C. amplexicaule*（Sieb. et Zucc.）Hemsl.○
		竹灵消	*C. inamoenum*（Maxim.）Loes.○
		华北白前	*C. hancockianum*（Maxim.）Al. Iljin.○
		白　薇	*C. atratum* Bge.○※
		地梢瓜	*C. thesioides*（Freyn）K. Schum.○
		鹅绒藤	*C. chinense* R. Br.○※
旋花科	Convolvulaceae		
打碗花属	*Calystegia* R. Br.	打碗花	*C. hederacea* Wall. ex Roxb.○※
		藤长苗	*C. pellita*（Ledeb.）G. Don.○※
旋花属	*Convolvulus* L.	田旋花	*C. arvensis* L.○※
牵牛属	*Pharbitis* Choisy	圆叶牵牛	*P. purpurea*（L.）Voigt.※
		牵　牛	*P. hederacea*（L.）Choisy※
茑萝属	*Quamoclit* Mill.	茑萝松	*Q. pennata*（Desr.）Boj.※
紫草科	Boraginaceae		
紫草属	*Lithospermum* L.	紫　草	*L. erythrorhizon* Sieb. et Zucc.○
		田紫草	*L. arvense* L.○

科、属		种名	
斑种草属	*Bothriospermum* Bge.	斑种草	*B. chinense* Bge.○
		细弱斑种草	*B. tenellum*（Hornem.）Fisch. et Mey.○
		多苞斑种草	*B. secundum* Maxim.○
附地草属	*Trigonotis* Stev.	附地菜	*T. peduncularis*（Trev.）Benth. ex Baker et Moore○
唇形科	Labiatae		
黄芩属	*Scutellaria* L.	黄　芩	*S. baicalensis* Georgi○
		粘毛黄芩	*S. Viscidula* Bge.○
		喜荫黄芩	*S. sciaphila* S. Moore.○
夏至草属	*Lagopsis* Bge. ex Benth.	夏至草	*L. supina*（Steph.）IK.-Gal. ex Knorr.○
藿香属	*Agastache* Clayt.	藿　香	*A. rugosa*（Fish. et Mey.）O. Ktze.○
糙苏属	*Phlomis* L.	糙　苏	*P. umbrosa* Turcz.○
野芝麻属	*Lamium* L.	宝盖草	*L. amplexicaule* L.○
益母草属	*Leonurus* L.	益母草	*L. japonicus* Houtt.○
		錾　菜	*L. pseudomacranthus* Kitag.○
鼠尾草属	*Salvia* L.	一串红	*S. splendens* Ker. -Gawl.□
		丹　参	*S. miltiorrhiza* Bge.○
		荔枝草	*S. plebeia* R. Br.○
风轮菜属	*Clinopodium* L.	风轮菜	*C. chinense*（Benth.）O. Ktze.○
		风车草	*C. chinense*（Benth.）O. Ktze. var. *grandiflorum*（Maxim）. Hara
薄荷属	*Mentha* L.	薄　荷	*M. haplocalyx*（Briq.）Kudo○
香茶菜属	*Rabdosia*（Bl.）Hassk.	内折香茶菜	*R. inflexa*（Thunb.）Hara.○
		蓝萼香茶菜	*R. japonica*（Burm. f.）Hara var. *glaucocalys*（Maxim.）Hara○
茄科	Solanaceae		
酸浆属	*Physalis* L.	挂金灯	*P.alkekengi* L.var. *francheti*（Mast,）Makino
		小酸浆	*P. minima* L.○
茄　属	*Solanum* L.	龙　葵	*S. nigrum* L.○
		白　英	*S. Lyratum* Thunb.○
曼陀罗属	*Datura* L.	曼陀罗	*D. Stramonium* L.○
		无刺曼陀罗	*D. Stramonium* L. var. *inermis*（Jacq.）Schinz et Thell.
		紫花曼陀罗	*D. Stramonium* L. var. *tatula* Torrey
		毛曼陀罗	*D. innoxia* Mill.○
		洋金花	*D. metel* L.
玄参科	Scrophulariaceae		
婆婆纳属	*Veronica* L.	细叶婆婆纳	*V. linariifolia* Pall. ex Link.○
		北水苦荬	*V. anagallisaquatica* L.○
		水苦荬	*V. undulata* Wall.○
腹水草属	*Veronicastrum* Heist. ex Farbic.	草本威灵仙	*V. sibiricum*（L.）Pennell.○
阴行草属	*Siphonostegia* Benth.	阴行草	*S. chinensis* Benth.○
山萝花属	*Melampyrum* L.	山萝花	*M. roseum* Maxim.○

科、属		种名	
马先蒿属	*Pedicularia* L.	返顾马先蒿	*P. resupinata* L.○
松蒿属	*Phtheirospermum* Bge.	松　蒿	*P. japonicum*（Thunb.）Kanitz.
地黄属	*Rehmannia* Libosch. ex Fisch. et Mey.	地　黄	*R. glutinosa*（Gaert.）Libosch.○
通泉草属	*Mazus* Lour.	通泉草	*M. japonicus*（Thunb.）O. Kuntz.○
紫葳科	Bignoniaceae		
角蒿属	*Incarvillea* Juss.	角　蒿	*I. Sinensis* Lam.○
列当科	Orobanchaceae		
列当属	*Orobanche* L.	中华列当	*O. mongolica* G. Beck○
		列　当	*O. coerulescens* Steph.○
透骨草科	Phrymataceae		
透骨草属	*Phryma* L.	透骨草	*P. leptostachya* L.var. *asiatica* Hara○
车前科	Plantaginaceae		
车前属	*Plantago* L.	车　前	*P. asiatica* L.○
		大车前	*P. major* L.○
		平车前	*P. depressa* Willd.○
		长叶车前	*P. lanceolata* L.○
茜草科	Rubiaceae		
茜草属	*Rubia* L.	茜　草	*R. cordifolia* L.○※
		狭叶茜草	*R. truppeliana* Loes.○※
猪殃殃属	*Galium* L.	猪殃殃	*G. aparine* L.○※
		麦仁珠	*G. tricone* Srokes
		蓬子菜	*G. verum* L.○※
		四叶葎	*G. Bungei* Steud.○※
车叶草属	*Asperula* L.	车叶草	*A. maximowiczii* Kom.
葫芦科	Cucurbitaceae		
盒子草属	*Actinostemma* Griff.	盒子草	*A. tenerum* Griff.○※
栝楼属	*Trichosanthes* L.	栝　楼	*T. kirilowii* Maxim.○※
桔梗科	Campanulaceae		
桔梗属	*Platycodon* A. DC.	桔　梗	*P. grandiflorus*（Jacq.）A. DC.○
沙参属	*Adenophora* Fisch.	展翅沙参	*A. divaricata* Franch. et Sav.
		荠苨（杏叶沙参）	*A. trachelioides* Maxim.○
		石沙参	*A. polyantha* Nakai○
菊　科	Compositae		
泽兰属	*Eupatorium* L.	林泽兰	*E. lindleyanum* DC.
		佩　兰	*E. fortunei* Turcz.○
马兰属	*Kalimeris* Cass.	全叶马兰	*K. integrifolia* Turcz. ex Dc.○
		马　兰	*K. indica*（L.）Sch.-Bip.○
		山马兰	*K. lautureana*（Debx.）Kitam.○
狗娃花属	*Heteropappus* Less.	狗娃花	*H. hispidus*（Thunb.）Less.○
飞蓬属	*Erigeron* L.	一年蓬	*E. annuus*（L.）Pers.○
		飞　蓬	*E. acer* L.○

科、属		种　名	
白酒草属	*Conyza* Less.	小蓬草	*C. canadensis*（L.）Cronq.○
		野塘蒿	*C. bonariensis*（L.）Cronq.
旋覆花属	*Inula* L.	欧亚旋覆花	*I. britanica* L.○
		旋覆花	*I. japonica* Thunb.○
天名精属	*Carpesium* L.	烟管头草	*C. cernuum* L.○
苍耳属	*Xanthium* L.	苍　耳	*X. sibiricum* Patrin.○
鳢肠属	*Eclipta* L.	鳢　肠	*E. prostrata*（L.）L. Mant.○
鬼针草属	*Bidens* L.	狼把草	*B. tripartita* L.○
		小花鬼针草	*B. parviflora* Willd.○
		婆婆针	*B. bipinnata* L.○
牛膝菊属	*Galinsoga* Ruiz. et Cav.	牛膝菊	*G. parviflora* Cav.○
菊　属	*Dendranthema*（DC.）DesMoul.	野　菊	*D. indicum*（L.）Dos Moul.○
		甘　菊	*D. lavandulifolium*（Fisch. ex Trautv.）Ling et Shih
蒿　属	*Artemisia* L.	茵陈蒿	*A. capillaris* Thunb.○
		南牡蒿	*A. eriopoda* Bge.○
		牡　蒿	*A. japonica* Thunb.○
		黄花蒿	*A. annua* L.○
		青　蒿	*A. carvifolia* Buch.-Ham○
		白莲蒿	*A. sacrorum* Ledeb.○
		艾　蒿	*A. argyi* L′ evl. et Vant○
		蒙古蒿	*A. mongolica*（Fisch. ex Bess.）
兔儿伞属	*Syneilesis* Maxim.	兔儿伞	*S. aconitifolia*（Bge.）Maxim.○
千里光属	*Senecio* L.	狗舌草	*S. integrifolius*（L.）Clairv.
		林荫千里光	*S. nemorensis* L.○
蓝刺头属	*Echinops* L.	华东蓝刺头	*E. grijisii* Hance○
苍术属	*Atractylodes* DC.	朝鲜苍术	*A. coreana*（Nakai）Kitam.○
蓟　属	*Cirsium* Mill.	绿　蓟	*C. chinense* Gardn. et Champ.
		大刺儿菜	*C. setosum*（Willd.）MB.○
		小刺儿菜	*C. segetum* Bge.○
泥胡菜属	*Hemistepta* Bge.	泥胡菜	*H. lyrata*（Bge.）Bge.○
风毛菊属	*Saussurea* DC.	乌苏里风毛菊	*S. ussuriensis* Maxim○
猫儿菊属	*Achyrophorus* Adans.	猫儿菊	*A. ciliatus*（Thunb.）Sch.
蒲公英属	*Taraxacum* Weber.	蒲公英	*T. mongolicum* Hand.-Mazz.○
		白缘蒲公英	*T. platypecidum* Diels○
苦苣菜属	*Sonchus* L.	续断菊	*S. asper*（L.）Hill.○
		苦苣菜	*S. oleraceus* L.
苦荬菜属	*Ixeris* Cass.	秋苦荬菜	*I. denticulata*（Houtt.）Sstebb.○
		抱茎苦荬菜	*I. sonchifolia*（Bge.）Hance○
山柳菊属	*Hieracicum* L.	山柳菊	*H. umbellatum* L.○

表 1-11 鲁东丘陵区的主要灌木和藤本植物

（其中○为乡土种、◎为外来物种、□为栽培物种、※为藤本植物）

科、属		种 名	
麻黄科	Ephedraceae		
麻黄属	*Ephedra* Tourn. ex L.	木贼麻黄	*E. euisetina* Bge.○
棕榈科	Palmae		
棕竹属	*Rhapis* L. f.	棕　竹	*R. excelsa*（Thunb.）Henry ex Rehd.
百合科	Liliaceae		
菝葜属	*Smilax* L.	菝　葜	*S. china* L.○※
		华东菝葜	*S. sieboldii* Miq.○※
		鞘柄菝葜	*S. stans* Maxim.○
丝兰属	*Yucca* L.	丝　兰	*Y. smalliana* Fern.
		凤尾丝兰	*Y. gloriosa* L.
毛茛科	Ranunculaceae		
铁线莲属	*Clematis* L.	褐毛铁线莲	*C. fusca* Turcz.○※
小檗科	Berberidaceae		
小檗属	*Berberis* L.	黄芦木	*B. amurensis* Rupr.○
		日本小檗	*B. thunbergii* DC.
		紫叶小檗	*B. thunbergii* DC. var. *atropurpurea* Chenault.
防己科	Menispermaceae		
蝙蝠葛属	*Menispermum* L.	蝙蝠葛	*M. dahuricum* DC.○※
木防己属	*Cocculus* DC.	木防己	*C. trilobus*（Thunb.）DC.○※
木兰科	Magnoliaceae		
五味子属	*Schisandra* Michx.	五味子	*S. chinensis*（Turcz.）Baill.○※
蜡梅科	Calycanthaceae		
蜡梅属	*Chimonanthus* Lindl.	蜡　梅	*C. praecox*（L.）Link.○
虎耳草科	Saxifragaceae		
溲疏属	*Deutzia* Thunb.	溲　疏	*D. scabra* Thunb.○
		大花溲疏	*D. grandiflora* Bunge.○
		崂山溲疏	*D. glabrata* Kom.○
蔷薇科	Rosaceae		
绣线菊属	*Spiraea* L.	华北绣线菊	*S. firtschiana* Schneid.○
		三裂绣线菊	*S. trilobata* L.○
小米空木属	*Stephanandra* Sieb. et Zucc.	小米空木	*S. incisa*（Thunb.）Zabel○
珍珠梅属	*Sorbaria*（Ser.）A. B. ex Aschers.	珍珠梅	*S. sorbifolia*（L.）A. Br.○
悬钩子属	*Rubus* L.	牛叠肚	*R. crataegifolius* Bge.○
		茅　莓	*R. parvifolius* L.○
		多腺悬钩子	*R. phoenicolasius* Maxim.○
蔷薇属	*Rosa* L.	多花蔷薇	*R. crataegifolius* Bge.
		月季花	*R. chinensis* Jacq.○□
		黄刺玫	*R. xanthina* Lindl.○□
木瓜属	*Chaenomeles* Lindl.	皱皮木瓜	*C. speciosa*（Sweet.）Nakai□

科、属		种　名	
李　属	*Prunus* L.	毛樱桃	*P. tomentosa* Thunb.○
		欧　李	*P. humilis* Bge.○
		郁　李	*P. japonica* Thunb.○
		麦　李	*P. glandulosa* Thunb.○
豆　科	Leguminosae		
胡枝子属	*Lespedeza* Miehx.	胡枝子	*L. bicolor* Turcz.○
		达胡里胡枝子	*L. davurica*（Laxm.）Schindl.○
		毛胡枝子	*L. tomentosa*（Thunb.）Sieb.○
		多花胡枝子	*L. floribunda* Bge.○
		截叶铁扫帚	*L. Cuneata*（Dum. Cours）G. Don○
		尖叶胡枝子	*L. Hedysaroides*（Pall.）Kitag.○
		阴山胡枝子	*L. inschanica*（Maxim.）Schindl.○
锦鸡儿属	*Caragana* Fabr.	小叶锦鸡儿	*C. microphylla* Lam.○
		黄刺条	*C. frutex*（L.）K. Koch○
木蓝属	*Indigofera* L.	花木蓝	*I. kirilowii* Maxim. ex Palibin○
紫穗槐属	*Amorpha* L.	紫穗槐	*A. fruticosa* L.
紫藤属	*Wisteria* Nutt.	紫　藤	*W. sinensis*（Sims.）Sweet.□
		藤　萝	*W. villosa* Rehd.□
蒺藜科	Zygophyllaceae		
白刺属	*Nitraria* L.	白　刺	*N. sibirica* Pall.
芸香科	Rutaceae		
花椒属	*Zanthoxylum* L.	野花椒	*Z. simulans* Hance○
		竹叶椒	*Z. armatum* DC.○
大戟科	Euphorbiaceae		
雀儿舌头属	*Leptopus* Decne.	雀儿舌头	*L. chinensis*（Bge.）Pojark.○
黄杨科	Buxaceae		
黄杨属	*Buxus* L.	雀舌黄杨	*B. bodinieri* Leul.□
卫矛科	Celastraceae		
卫矛属	*Euonymus* L.	卫　矛	*E. alatus*（Thunb.）Sieb.○
		垂丝卫矛	*E. oxyphyllus* Miq.○
		胶东卫矛	*E. kiautschovicus* Loes.○
		扶芳藤	*E. fortunei*（Turcz.）Hand. Mazz.○※
南蛇藤属	*Celastrus* L.	南蛇藤	*C. orbiculatus* Thunb.○※
鼠李科	Rhammaceae		
鼠李属	*Rhammus* L.	小叶鼠李	*R. parvifolia* Bge.○
		锐齿鼠李	*R. arguta* Maxim.○
		圆叶鼠李	*R. globosa* Bge.○
葡萄科	Vitaceae		
葡萄属	*Vitis* L.	葡　萄	*V. Vinifera* L.□※
		山葡萄	*V. amurensis* Rupr.○※
		桑叶葡萄	*V. ficifolia* Bge.○※
蛇葡萄属	*Ampelopsis* Michx.	蛇葡萄	*A. brevipedunculata*（Maxim.）Trautv.○※
		葎叶蛇葡萄	*A. humulifolia* Bge.○※

科、属		种名	
		异叶蛇葡萄	*A. humulifolia* Bge. var. *heterophylla*（Thunb.）Koch○※
		掌裂蛇葡萄	*A. aconitifolia* Bunge var. *glabra* Diels○※
		白　蔹	*A. japonica*（Thunb.）Makino○※
爬山虎属	*Parthenocissus* Planch.	爬山虎	*P. tricuspidata*（Sieb. et Zucc.）Planch.○※
锦葵科	Malvaceae		
木槿属	*Hibicus* L.	朱　槿	*H. rosa-sinensis* L.□
		木　槿	*H. syriacus* L.□
猕猴桃科	Actinidiaceae		
猕猴桃属	*Actinidia* Lindl.	葛枣猕猴桃	*A. polygama*（Sieb. et Zucc.）Miq.○※
瑞香科	Thymelaeaceae		
瑞香属	*Daphne* L.	芫　花	*D. genkwa* Sieb. et Zucc.○
结香属	*Edgeworthia* Meissn.	结　香	*E. chrysantha* Lindl.○
胡颓子科	Elaeagnaceae		
胡颓子属	*Elagnus* L.	牛奶子	*E. umbellata* Thunb.○
		木半夏	*E. multiflora* Thunb.○
		大叶胡颓子	*E. macrophylla* Thunb.○
杜鹃花科	Ericaceae		
杜鹃花属	*Rhododendron* L.	尖叶杜鹃	*R. mucronulatum* Turcz.○
		照山白	*R. micranthum* Turcz.○
木犀科	Oleaceae		
雪柳属	*Fontanesia* Labill.	雪　柳	*F. fortunei* Carr.○
连翘属	*Forsythia* Vahl.	连　翘	*F. suspensa*（Thunb.）Vahl.○※
女贞属	*Ligustrum* L.	小叶女贞	*L. quihoui* Carr.□
		辽东水蜡树	*L. obtusifolium* Sieb. et Zucc. ssp. Suave（Kitag.）Kitag.
素馨属	*Jasminum* L.	迎春花	*J. nudiflorum* Lindl.□
		探春花	*J. floridum* Bunge□
夹竹桃科	Apocynaceae		
络石属	*Trachelospermum* Lem.	络　石	*T. jasminoides*（Lindl.）Lem.○※
		石　血	*T. jasminoides*（Lindl.）Lem. var. *heterophyllum* Tsiang○※
罗布麻属	*Apocynum* L.	罗布麻	*A. venetum* L.○
萝藦科	Asclepiadaceae		
杠柳属	*Periploca* L.	杠　柳	*P. sepium* Bge.○※
马鞭草科	Verbenaceae		
紫珠属	*Callicarpa* L.	日本紫珠	*C. japonica* Thunb.○
		白棠子树	*C. dichotoma*（Lour.）K. Koch.○
唇形科	Labiatae		
百里香属	*Thymus* L.	地　椒	*T. quinquecostatus* Celak.○
茄科	Solanaceae		
夜香树属	*Cestrum* L.	夜香树	*C. nocturnum* L.□
枸杞属	*Lycium* L.	枸　杞	*L. chinense* Mill.○※

科、属		种名	
紫葳科	Bignoniaceae		
凌霄属	*Campsis* Lour.	凌　霄	*C. grandiflora*（Thunb.）Loisel.※
		厚萼凌霄	*C. radicans*（L.）Seem.※
茜草科	Rubiaceae		
鸡矢藤属	*Paederia* L.	鸡矢藤	*P. scandens*（Lour.）Merr.○※
		毛鸡矢藤	*P. scandens*（Lour.）Merr. var. *tomentosa*（Bl.）Hand.-Mazz.○※
忍冬科	Caprifoliaceae		
荚蒾属	*Viburnum* L.	天目琼花	*V. sargentii* Koehne○
忍冬属	*Lonicera* L.	金银花	*L. japonica* Thunb.○※
		金花忍冬	*L. chrysantha* Turcz.○※
		长梗金花忍冬	*L. chrysantha* Turcz. var. *longipes* Maxim.○※
		金银木	*L. maackii*（Rupr.）Maxim.
		苦糖果	*L. standishii* Carr.○
锦带花属	*Weigela* Thunb.	锦带花	*W. floridum* Bge.

表 1-12　鲁东丘陵区的主要乔木

（其中○为乡土种、◎为外来物种、□为栽培物种）

科、属		种名	
银杏科	Ginkgoaceae		
银杏属	*Ginkgo* L.	银杏	*G. biloba* L.○
松科	Pinaceae		
冷杉属	*Abies* Mill.	日本冷杉	*A. firma* Sieb. et Zucc.
		杉松	*A. holophylla* Maxim.
云杉属	*Picea* Dietr.	欧洲云杉	*P. abies*（L.）Karst.
落叶松属	*Larix* Mill.	华北落叶松	*L. principis-rupprechtii* Mayr.○
		落叶松	*L. gmelini*（Rupr.）Rupr.○
		黄花落叶松	*L. olgensis* Henry
		日本落叶松	*L. kaempferi*（Lamb.）Carr
金钱松属	*Pseudolarix* Gord.	金钱松	*P. amabilis*（Nelson）Rehd.
雪松属	*Cedrus* Trew	雪松	*C. deodara*（Roxb.）Loud
松属	*Pinus* L.	红松	*P. koraiensis* Sieb. et Zucc.
		华山松	*P. armandii* Franch.
		日本五针松	*P. parviflora* Sieb. et Zucc.
		白皮松	*P. bungeana* Zucc. ex Endl.○
		美国白松	*P. strobus* L.
		马尾松	*P. massoniana* Lamb.
		赤松	*P. densiflora* Sieb. et Zucc.○
		黄山松	*P. taiwanensis* Hayata
		油松	*P. tabulaeformis* Carr.
		樟子松（变种）	*P. sylvestris* L.var. *mongoli* Litv.
		北美短针松	*P. banksiana* Lamb.
		黑松	*P. thunbergii* Parl.

科、属		种名	
		黑赤松	*P. thunbergii* Parl.sp. *densiflora* Sieb. et Zucc.
		湿地松	*P. elliottii* Engelm.
		刚松	*P. ridiga* Mill.
		火炬松	*P. taeda* L.
		刚火松	*P. rigida* taeda
		乔松	*P. griffithii* M'Clelland
		海岸松	*P. pinaster* Ait
杉科	Taxodiaceae		
杉木属	*Cunninghamia* R. Br.	杉木	*C. lanceolata*（Lamb.）Hook.
柳杉属	*Cryptomeria* D. Don.	柳杉	*C. fortunei* Hooibrenk ex Otto et Dietr.
		日本柳杉	*C. japonica*（L. f.）D. Don
水松属	*Glyptostrobus* Endl.	水松	*G. Pensilis*（Staunt.）Koch
落羽杉属	*Taxodium* Rich.	落羽杉	*T. distichum*（L.）Rich.
		池杉	*T. ascendens* Brongn.
水杉属	*Metasequoia* Miki ex Hu et Cheng	水杉	*M. glyptostroboides* Hu et Cheng
柏科	Cupressaceae		
崖柏属	*Thuja* L.	北美香柏	*T. occidentalis* L.
侧柏属	*Platycladus* Spach	侧柏	*P. orientalis*（L.）Franco○
		千头柏（栽培变种）	*P. orientalis*（L.）Franco cv. 'Sieboldii'
		金黄球柏（栽培变种）	*P. orientalis*（L.）Franco cv.'Semperaurescens'
柏木属	*Cupressus* L.	柏　木	*C. funebris* Endl.
扁柏属	*Chamaecyparis* Spach	日本花柏	*C. pisifera*（Sieb. et Zucc.）Endl.
		线柏（变种）	*C. pisifera*（Sieb. et Zucc.）Endl. cv. 'Filifera'
		绒柏（变种）	*C. pisifera*（Sieb. et Zucc.）Endl. cv.'Squarrosa'
		孔雀柏（变种）	*C. obtusa*（Sieb. et Zucc.）Endl. cv. 'Tetragona'
圆柏属	*Sabina* Mill.	铺地柏	*S. procumbens*（Endl.）Iwata et Kusaka
		北美圆柏	*S. virginiana*（L.）Ant.
		圆柏	*S. chinensis*（L.）Ant.○
		龙柏（变种）	*S. chinensis*（L.）Ant. cv.'Kaizuca'
		金球桧（变种）	*S. chinensis*（L.）Ant. cv.'Aureoglobosa'
		蜀桧（变种）	*S. chinensis*（L.）Ant. cv.'Pyramidalis'
刺柏属	*Juniperus* L.	刺柏	*J. formosana* Hayata
		杜松	*J. rigida* Sieb. et Zucc.
禾本科	Gramineae		
刚竹属	*Phyllostachys* Sieb. et Zucc.	淡　竹	*P. glauca* McClure○
		毛竹（变种）	*P. heterocycla*（Carr.）Mitford cv'Pubescens'
		刚　竹	*P. viridis*（Young）McClure○
棕榈科	Palmae		
棕榈属	*Trachycarpus* H. Wendl.	棕　榈	*T. fortunei*（Hook. F.）H. Wendl.
杨柳科	Salicaceae		
杨属	*Populus* L.	银白杨	*P. alba* L.○
		毛白杨	*P. tomentosa* Carr.

科、属		种 名	
		山杨	*P. davidiana* Dode
		五莲杨	*P. wulianensis* S.B. Liang et X. W. Li○
		小叶杨	*P. simonii* Carr○
		小钻杨	*P. xiaozhanica* W. Y. Hsu et Liang
		加拿大杨	*P. canadensis* Moench.
		意大利 214 杨（变种）	*P. euramericana*（*dode*）Guinier cv. ‘I-214’
		健　杨	*P. robusta* Schneid
		箭杆杨（变种）	*P. nigra* L. var. *thevestina*（Dode）Bean
柳属	*Salix* L.	旱柳	*S. matsudana* Koidz.○
		绦　柳（变型）	*S. matsudana* Koidz. f. *pendula* Schneid
		朝鲜柳	*S. koreensis* Anderss.
		山东柳（变种）	*S. koreensis* Anderss. var. *shandongensis* C. F. Fang○
		垂　柳	*S. babylonica* L.○
		杞　柳	*S. integra* Thunb.○
		簸箕柳	*S. suchowensis* Cheng○
		三蕊柳	*S. triandra* L.○
		日本三蕊柳（变种）	*S. triandra* L. var. *nipponica*（Franch. et Savat.）Seem.
		腺　柳	*S. chaenomeloides* Kimura○
胡桃科	Juglandaceae		
胡桃属	*Juglans* L.	胡　桃	*J. regia* L.
		野核桃	*J. cathayensis* Dode○
		华东野核桃（变种）	*J. cathayensis* Dode var. *formosana*（Hayata）A. M. Lu et R. H. Chang
		胡桃楸	*J. mandshurica* Maxim.○
枫杨属	*Pterocarya* Kunth	枫杨（枰柳）	*P. stenoptera* DC.○
山核桃属	*Carya* Nutt.	美国山核桃	*C. illinoensis*（Wangenh.）K. Koch
桦木科	Betulaceae		
榛　属	*Corylus* L.	榛（榛子）	*C. heterophylla* Fisch. ex Trautv.○
		川　榛	*C. heterophylla* Fisch. ex Trautv. var. *sutchuenensis* Franch.
		毛　榛（变种）	*C. heterophylla* Fisch. ex Trautv. var. *mandshurica* Maxim. et Rupr.○
鹅耳枥属	*Carpinus* L.	千金榆	*C. cordata* Bl.○
		鹅耳枥	*C. turczaninowii* Hance○
桤木属	*Alnus* Mill.	日本桤木（赤杨）	*A. japonica*（Thunb.）Steud.○
桤木属	*Alnus* Mill.	辽东桤木（水冬瓜）	*A. sibirica* Fisch. ex Turcz.○
		欧洲赤杨	*A. glutinosa*（L.）Gaertn.
桦木属	*Betula* L.	白　桦	*B. platyphylla* Suk.
		坚　桦	*B. chinensis* Maxim.
		胶东桦	*B. jiaodongensis* S. B. Liang○

科、属		种 名	
壳斗科	Fagaceae		
栗 属	*Castanea* Mill.	板 栗	*C. mollissima* Bl.○
		锥 栗	*C. henryi*（Skan）Rehd. et Wils.
栎 属	*Quercus* L.	麻 栎（橡子树）	*Q. acutissima* Carr.○
		扁果麻栎（变种）	*Q. acutissima* Carr. var. *depressinucata* H. W. Jen et R. Q. Gao
		栓皮栎	*Q. variabilis* Bl.○
		槲 树	*Q. dentata* Thunb.○
		房山栎	*Q. fangshanensis* Liou
		河北栎	*Q. hopeiensis* Liou
		槲 栎	*Q. aliena* Bl.○
		高壳槲栎（变型）	*Q. aliena* Bl. f. jeholensis（Liou et Li）H. W. Jen et L. M. Wang
		锐齿槲栎（变种）	*Q. aliena* Bl. var. *acuteserrata* Maxim.
		北京槲栎（变种）	*Q. aliena* Bl. var. *pekingensis* Shott.
		枹 栎	*Q. glandulifera* Bl.○
		短柄枹（变种）	*Q. glandulifera* Bl. var. *brevipetiolata*（DC.）Nakai○
		蒙古栎	*Q. mongolica* Fisch.○
榆 科	Ulmaceae		
榆 属	*Ulmus* L.	黄榆（大果榆）	*U. macrocarpa* Hance○
		榆	*U. pumila* L.○
		黑 榆	*U. davidiana* Planch.○
		春榆（变种）	*U. davidiana* Planch. var. *japonica*（Rehd.）Nakai○
		榔榆（小叶榆）	*U. parvifolia* Jacq.○
榉 属	*Zelkova* Spach	光叶榉	*Z. serrata* Makino○
刺榆属	*Hemiptelea* Planch.	刺 榆	*H. davidii* Planch.○
朴 属	*Celtis* L.	大叶朴	*C. koraiensis* Nakai○
		小叶朴（黑弹树）	*C. bungeana* Bl.○
		朴 树	*C. sinensis* Pers.
桑 科	Moraceae		
桑 属	*Morus* L.	蒙 桑	*M. mongolica* Schneid.○
		桑	*M. alba* L.○
		鸡 桑	*M. australis* Poir.○
构 属	*Broussonetia* L′Her.	构 树	*B. papyrifera*（L.）Vent.○
柘 属	*Cudrania* Trec.	柘树（柘桑）	*C. tricuspidata*（Carr.）Bur.○
榕 属	*Ficus* L.	无花果	*F. carica* L.○
木兰科	Magnoliaceae		
木兰属	*Magnolia* L.	木 兰	*M. liliflora* Desr.○
		玉兰（白玉兰）	*M. denudata* Desr.○
		重瓣玉兰	*M. denudata* Desr. Cv. Plean□
		厚 朴	*M. officinalis* Rehd. et Wils.○
		凹叶厚朴（庐山厚朴）	*M. biloba*（Rehd. et Wils.）Cheng○

科、属		种　名	
含笑属	*Michelia* L.	白兰花	*M. alba* DC.□
鹅掌楸属	*Liriodendron* L.	鹅掌楸（马褂木）	*L. chinense*（Hemsl.）Sarg.○
		杂交马褂木	*L. chinense* × *tulipifera*
樟　科	Lauraceae		
山胡椒属	*Lindera* Thunb.	山胡椒（崂山棍）	*L. glauca*（Sieb. et Zucc.）Bl.○
		狭叶山胡椒	*L. angustifolia* Cheng○
		红果山胡椒（红果钓樟）	*L. erythrocarpa* Makino○
		长梗红果山胡椒（变种）	*L. erythrocarpa* Makino var. *longipes* S. B. Liang○
		三桠乌药（假崂山棍）	*L. obtusiloba* Bl.○
檫木属	*Sassafras* Franch.	檫　木	*S. tzumu*（Hemsl.）Hemsl.○
海桐花科	Pittosporaceae		
海桐花属	*Pittosporum* Banks.	海桐花	*P. tobira*（Thunb.）Ait.□
金缕梅科	Pittosporaceae		
枫香属	*Liquidambar* L.	枫香树	*L. formosana* Hance○
杜仲科	Eucommiaceae		
杜仲属	*Eucommia* Oliv.	杜仲（丝棉树）	*E. ulmoides* Oliv.○
悬铃木科	Platanaceae		
悬铃木属	*Platanus* L.	一球悬铃木（美桐）	*P. occidentalis* L.
		二球悬铃木（英桐）	*P. acerifolia*（Ait.）Willd.
		三球悬铃木（法桐）	*P. orientalis* L.
蔷薇科	Rosaceae		
花楸属	*Sorbus* L.	水榆花楸（水榆）	*S. alnifolia*（Sieb. et Zucc.）K. Koch○
		花楸树（百花山花楸）	*S. pohuashanensis*（Hance）Hedl.○
		北京花楸（白果花楸）	*S. discolor*（Maxim.）Maxim.○
		湖北花楸	*S. hupehensis* Schneid.○
木瓜属	*Chaenomeles* Lindl.	木　瓜	*C. sinensis*（Thouin.）Koehne ○
梨　属	*Pyrus* L.	白　梨（罐梨）	*P. bretschneideri* Rehd.○
		沙　梨	*P. pyrifolia*（Burm. f.）Nakai○
		杜　梨（棠梨）	*P. betulaefolia* Bge.○
		褐　梨	*P. phaeocarpa* Rehd.○
		秋子梨（花盖梨）	*P. ussuriensis* Maxim.
		豆　梨	*P. calleryana* Dcne.○
		洋　梨	*P. communis* L. var. *sativa*（DC.）DC.
苹果属	*Malus* Mill.	三叶海棠（山海棠）	*M. sieboldii*（Regel）Rehd.○
		垂丝海棠	*M. halliana* Kochne.
		西府海棠	*M. micromalus* Makino
		海棠花	*M. spectabilis*（Ait.）Borkh.
		山荆子	*M. baccata*（L.）Borkh.○
		楸子（海棠果）	*M. prunifolia*（Willd.）Bork h.○

科、属		种名	
		花　红（沙果）	*M. asiatica* Nakai
		苹　果	*M. pumila* Mill.○□
山楂属	*Crataegus* L.	山　楂	*C. pinnatifida* Bge.○□
		山里红	*C. pinnatifida* Bge. var. *major* N. E. Br.○
		山东山楂	*C. shandongensis* F. Z. Li et W. D. Peng○
李　属	*Prunus* L.	桃	*P. persica*（L.）Batch.○□
		蟠桃（变种）	*P. persica*（L.）Batch. var. *comprexa*（Loud.）Bean.□
		寿星桃（变种）	*P. persica*（L.）Batch. var. *densa* Makino□
		碧桃（变型）	*P. persica*（L.）Batch. f. *duplex* Rehd.□
		紫叶桃（变型）	*P. persica*（L.）Batch. f. *atropurpurea* Schneid.□
		山　桃	*P. davidiana* Carr. Franch.○
		扁　桃	*P. amygdalus* Batsch
		榆叶梅	*P. triloba* Lindl.□
		重瓣榆叶梅（变型）	*P. triloba* Lindl. f. *plena* Dipp.□
		杏	*P. armeniaea* L.○□
		野杏（山杏、变种）	*P. armeniaca* L. var. *ansu* Maxim.○
		红　梅（变型）	*P. mume*（Sieb.）Sieb. et Zucc. f. *alphandii*（Carr.）Rehd.□
		绿萼梅（变型）	*P. mume*（Sieb.）Sieb. et Zucc. f. *viridicalyx*（Makino）T. Y. Chen□
		红叶樱桃李（变型）	*P. cerasifera* Ehrh. f. *atropurpurea*（Jacq.）Rehd.□
		欧洲甜樱桃	*P. avium* L.□
		欧洲酸樱桃	*P. cerasus* L.□
		李	*P. salicina* Lindl.□
		樱桃（中国樱桃）	*P. pseudocerasus* Lindl.□
		稠　李	*P. padus* L.○
含羞草科	Mimosaceae		
合欢属	*Albizia* Durazz.	合　欢	*A. julibrissin* Durazz.
		山合欢	*A. kalkora*（Roxb.）Prain.○
苏木科	Caesalpiniaceae		
皂荚属	*Gleditsia* L.	皂　荚	*G. sinensis* Lam.○
		山皂荚	*G. melanacantha* Tang et Wang○
紫荆属	*Cercis* L.	紫　荆	*C. chinensis* Bge.
豆　科	Leguminosae		
马鞍树属	*Maackia* Rupr. et Maxim.	怀　槐（朝鲜槐）	*M. amurensis* Rupr. et Maxim.
槐　属	*Sophora* L.	槐　树	*S. japonica* L.○
		龙爪槐（变种）	*S. japonica* L. var. *pendula* Hort.
		紫花槐（变种）	*S. Japonica* L. var. *violacea* Carr.
黄檀属	*Dalbergia* L. f.	黄　檀	*D. hupeana* Hance○
刺槐属	*Robinia* L	刺　槐	*R.. pseudoacacia* L.
芸香科	Rutaceae		
花椒属	*Zanthoxylum* L.	花　椒	*Z. bungeanum* Maxim.○
吴茱萸属	*Evodia* J. R. et G. Forst.	臭檀（抛辣子）	*E. daniellii*（*benn.*）Hemsl.○

科、属		种 名	
黄檗属	*Phellodendron* Rupr.	黄檗（黄柏、黄波罗）	*P. amurense* Rupr.○
枸桔属	*Poncirus* Raf.	枸桔（枳臭杞）	*P. trifoliata*（L.）Raf.○
苦木科	Simaroubaceae		
臭椿属	*Ailanthus* Desf.	臭　椿（樗树）	*A. altissima*（Mill.）Swingle○
苦木属	*Picrasma* Bl.	苦木（苦皮树）	*P. quassioides*（D. Don.）Benn.○
楝　科	Meliaceae		
香椿属	*Toona* Roem.	香　椿	*T. sinensis*（A. Juss.）Roem.○□
楝　属	*Melia* L.	苦　楝（楝树）	*M. azedarach* L.○
大戟科	Euphorbiaceae		
油桐属	*Vernicia* Lour.	油　桐	*V. fordii*（Hemsl.）Airy-Shaw.
乌桕属	*Sapiun* P. Br.	乌　桕	*S. sebiferum*（L.）Roxb.
		白木乌桕	*S.japonicum*（Sieb.et Zucc.）Paxet Hoffm.
黄杨科	Buxaceae		
黄杨属	*Buxus* L.	黄　杨	*B. sinic*（Rehd. et Wils.）Cheng
漆树科	Anacardiaceae		
黄连木属	*Pistacia*	黄连木（楷木）	*P. chinensis* Bge.○
黄栌属	*Cotinus* Mill.	红叶黄栌	*C. coggygria* Scop. var. *cinerea* Engl.○
		毛黄栌	*C.coggygria* Scop.var. *pubescens* Engl.○
盐肤木属	*Rhus*（Tourn.）L.	盐肤木	*R. chinensis* Mill.○
		火炬树	*R typhina*. L.
漆树属	*Toxicodendron*（Tourn.）Mill.	漆树（大木漆）	*T. overnicifluum*（Stokes）F. A. Barkl.○
卫矛科	Celastraceae		
卫矛属	*Euonymus* L.	白杜（桃叶卫矛、丝棉木）	*E. bungeanus* Maxim.○
		冬青卫矛	*E. japonicus* Thunb.
槭树科	Acerceae		
槭　属	*Acer* L.	元宝槭（平基槭）	*A. truncatum* Bge.○
		地锦槭（色木槭）	*A. mono* Maxim.
		三角槭	*A. buergerianum* Miq.○
		鸡爪槭	*A. palmatum* Thunb.
		茶条槭	*A. ginnala* Maxim.○
		梣叶槭（复叶槭）	*A. negundo* L.○
无患子科	Sapindaceae		
栾树属	*Koelreuteria* Laxm.	栾　树	*K. paniculata* Laxm.○
无患子属	*Sapindus* L.	无患子	*S. mukorossi* Gaertn.
文冠果属	*Xanthoceras* Bge.	文冠果	*X. sorbifolia* Bge.
鼠李科	Rhammaceae		
鼠李属	*Rhammus* L.	锐齿鼠李（牛李子）	*R. arguta* Maxim.○
枳椇属	*Hovenia* Thunb.	北枳椇（拐枣）	*H. dulcis* Thunb.○
猫乳属	*Rhamnella* Miq.	猫　乳（长叶绿柴）	*R. franguloides*（Maxim.）Weberb.○
枣　属	*Ziziphus* Mill.	枣	*Z. jujuba* Mill.○□
		无刺枣（变种）	*Z. jujuba* Mill. var. *inermis*（Bge.）Rehd.○

科、属		种　名	
		酸枣（变种）	*Z. jujuba* Mill. var. *spinosa*（Bge.）Hu ex H. F. Chow○
椴树科	Tiliaceae		
椴树属	*Tilia* L.	辽椴（糠椴）	*T. mandshurica* Rupr. et Maxim.○
		紫　椴	*T. amurensis* Rupr.○
		胶东椴	*T. jiaodonensis* S. B. Liang○
		华东椴	*T. japonica* Simonk.○
扁担杆属	*Grewia* L.	扁担木（变种）	*G. biloba* G. Don var. *parviflora*（Bge.）Hand.-Mazz. ○
锦葵科	Malvaceae		
木槿属	*Hibicus* L.	木芙蓉	*H.mutabilis* L.□
梧桐科	Sterculiaceae		
梧桐属	*Firmiana* Marsili	梧　桐	*F. platanifolia*（L. f.）Marsili○
胡颓子科	Elaeagnaceae		
胡颓子属	*Elagnus* L.	沙　枣	*E. angustifolia* L.○
千屈菜科	Lythraceae		
紫薇属	*Lagerstroemia* L.	紫　薇	*L. indica* L.□
		银　薇	*L. indica* L. f. *alba*（Nichols.）Rehd.□
		翠　薇	*L. indica* L. var. *rubra* Lavallee□
石榴科	Punicaceae		
石榴属	*Punica* L.	石　榴	*P. granatum* L.□
		白石榴（变种）	*P. granatum* L. var. *albescens* DC.
		月季石榴（变种）	*P. granatum* L. var. *nana*（L.）Pers.
		重瓣红石榴（变种）	*P. granatum* L. var. *planiflora* Hayne
		墨石榴	*P. granatum* L. var. *nigra* Hort.
珙桐科	Nyssaceae		
喜树属	*Camptotheca* Decne.	喜　树	*C. acuminata* Decne.
蓝果树属	*Nyssa* L.	蓝果树	*N. sinensis* Oliver
八角枫科	Alangiaceae		
八角枫属	*Alangium* Lam.	瓜木（八角枫）	*A. platanifolium*（Sieb. et Zucc.）Harms.○
		八角枫（华瓜木）	*A. chinensis*（Lour.）Harms.○
五加科	Araliaceae		
刺楸属	*Kalopanax* Miq.	刺　楸	*K. septemlobus*（Thunb.）Koidz.○
		深裂叶刺楸	*K. septemlobus*（Thunb.）Koidz. var. *maximowiczi*（V. Houtte）Hand.-Mazz.
楤木属	*Aralia* L.	楤　木	*A. chinensis* L.○
		辽东楤木	*A. elata*（Miq.）Seem.○
山茱萸科	Cornaceae		
梾木属	*Swuda* Opiz.	毛梾（车梁木）	*S. walteri*（Wanger.）Sojak○
灯台树属	*Bothrocaryum*（Koehne）Pojark	灯台树	*C. controversa* Hemsl.○
柿树科	Ebenaceae		
柿　属	*Diospyros* L.	君迁子	*D. lotus* L.○
		柿　树	*D. kaki* L. f.○□

科、属		种 名	
山矾科	Symplocacene		
山矾属	*Symplocos* Jacq.	白　檀	*S. pnixulr* （Rhunv.）Miq.○
木犀科	Oleaceae		
梣　属	*Fraxinus* L.	白蜡树	*F. chinensis* Roxb.○
		花曲柳（大叶白蜡树）	*F. rhynchophylla* Hance
		美国红梣（毛白蜡）	*F. pennsylvanica* Marsh.
		绒毛白蜡树（绒毛梣）	*F. velutina* Torr.
		水曲柳	*F. mandshurica* Rupr.○
丁香属	*Syringa* L.	紫丁香	*S. oblata* Lindl.
		白丁香（变种）	*S. oblata* Lindl. var. *alba* Hort. ex Rehd.
流苏属	*Chionanthus* L.	流苏树（牛筋子）	*C. retusus* Lindl.○
女贞属	*Ligustrum* L.	女　贞	*L. lucidum* Ait.
马鞭草科	Verbenaceae		
牡荆属	*Vitex* L.	黄　荆	*V. negundo* L.○
		荆　条	*V. negundo* L. var. *heterophylla*（Franch.）Rehd.○
		牡　荆	*V. negundo* L. var. *cannabifolia*（Sieb. et Zucc.）Hand.-Mazz.○
海州常山属	*Clerodendron* L.	海州常山（臭梧桐）	*C. trichotomum* Thunb.○
玄参科	Scrophulariaceae		
泡桐属	*Paulownia* Sieb. et Zucc.	毛泡桐（绒毛泡桐）	*P. tomentosa*（Thunb.）Steud.○
		兰考泡桐（河南桐）	*P. elongata* S. Y. Hu.○
		楸叶泡桐（胶东桐）	*P. catalpifolia* Gong Tong○
紫葳科	Bignoniaceae		
梓树属	*Catalpa* Scop.	梓　树（河楸）	*C. ovata* G. Don.○
		楸　树	*C. bungei* C. A. Mey.○
		黄金树（美国楸树）	*C. speciosa*（Ward. ex Berney）Engelm.
		灰　楸	*C. fargesii* Bureau.
忍冬科	Caprifoliaceae		
接骨木属	*S. williamsaii* Hance	接骨木（接骨丹）	*S. williamsaii* Hance○

2 适应于不同立地环境的植物资源

2.1 耐干旱植物

山东省地处温暖带东部海滨地区，气候的基本特征是：冬季寒冷干燥，夏季高温多雨，雨热同季。年平均温度 11.2～12.5℃，最冷月气温为–3.7～–1.0℃，年降水量 600～900 mm，集中在 7 月、8 月、9 月三个月。

在山东鲁中和鲁东有大片山地丘陵区，其中石灰岩山区面积较大，面积在 4 600 km^2 以上。由于石灰岩具有易溶解和漏水的特点，往往造成干旱缺水，加之人为破坏植被，土层瘠薄，能生长的植被类型有限。山地丘陵区在同一时间里不同坡度、坡向承受的太阳辐射量和降雨量不同，南坡温度高而北坡温度低，水分和土壤状况北坡好于南坡。因此阳坡比较干旱贫瘠，能生长的也是那些耐干旱贫瘠的植物类型。

山东省的海岸线较长，居全国第二位，其中砂岸是主要的海岸类型。砂质海岸土壤类型为海滨沙土，机械组成以沙粒为主，透水性极强，加之蒸发强烈，沙土含水量很低，尤其在冬春季土壤干燥，含水量仅为 1.5%～2.0%，最低仅为 0.6%，最高也不超过 10%，因此保水保肥力差，养分极低，在这样的生境条件下分布在沙滩上的植物多是耐干旱、耐瘠薄的沙生植被。

综合以上各种情况，山东省境内分布着相当数量的耐干旱瘠薄的植被类型，以适应特殊的气候和土壤条件。笔者对山东省的耐干旱贫瘠的植物进行了初步统计，山东省耐干旱贫瘠植物共 359 种，分属于 82 科，215 属。耐旱力可大体划分为 4 级：①耐旱力最强：经受 2 个月以上的干旱和高温，其间未采取任何抗旱措施而生长正常或略缓慢的树种；②耐旱力较强：经受 2 个月以上的干旱高温，未采取抗旱措施，树木生长缓慢，有叶黄落及枯梢现象；③耐旱力中等：经受 2 个月以上的干旱高温不死，但又较重的落叶及枯梢现象；④耐旱力最弱：旱期一个月左右即死亡，在相对湿度低，气温高达 40℃以上时死亡最为严重。

山东省境内河流除黄河外，可分为山溪性河流与平原河流两大类。山溪性河流大都源短流急，流域坡度大，汇流速度快，由于暴雨集中，洪水量级大，暴涨暴落，极易形成洪灾；平原河流受黄河的影响，加之平原地区微地貌复杂，岗坡洼相间，地面坡降小，水系紊乱，排水能力低下，洪涝灾害频繁。按照不同的生长条件要求和生长特性选择水土保持树种，耐干旱性是最重要的限制因素。

2.1.1 乔木

据统计，山东省耐干旱乔木共有 186 种。具体情况见表 2-1、表 2-2。为方便查找，所列物种按种名第一个字的笔画排序，以下各表若无特殊说明均按此格式排列。

2.1.1.1 常绿乔木类

据初步统计，耐干旱的常绿乔木有33种，隶属10科，20属。其中，松科的雪松、白皮松、赤松、油松、黑松，柏科的侧柏、圆柏、北美圆柏、刺柏、樟树、石楠、女贞、毛竹等为常见耐干旱种类。

表2-1 耐干旱贫瘠常绿乔木

	种名		科名		耐旱能力
1	三尖杉	*Cephalotaxus fortunei* Hook.f	三尖杉科	Cephalotaxaceae	耐旱力较弱
2	千头柏	*Platycladus orientalis*（*L.*）*Franco* cv. 'Sieboldii'	柏科	Cupressaceae	耐旱力较强
3	女贞（蜡树）	*Ligustrum lucidum* Ait.	木犀科	Oleaceae	耐旱力中等
4	马尾松	*Pinus massoniana* Lamb.	松科	Pinaceae	耐旱力较强
5	日本五针松	*Pinus parviflora* Sieb.et Zucc.	松科	Pinaceae	耐旱力中等
6	日本花柏	*Chamaecyparis pisifera*（Sieb.et Zucc.）Endl.	柏科	Cupressaceae	耐旱力最弱
7	日本扁柏	*Chamaecyparis obtusa*（Sieb.et Zucc.）Endl.	柏科	Cupressaceae	耐旱力最弱
8	毛竹	*Phyllostachys pubescens* Mazel ex H. de Lehaie	禾本科	Gramineae	耐旱力较强
9	水竹	*Phyllostachys heteroclada* Oliver	禾本科	Gramineae	耐旱力较强
10	水松	*Glyptostrobus pensilis*（Staunt.）Koch	杉科	Taxodiaceae	耐旱性最弱
11	火炬松	*Pinus taeda* L.	松科	Pinaceae	能耐干旱瘠薄的土壤
12	丝兰	*Yucca filamentosa* L.	百合科	Liliaceae	适应性强，能耐瘠薄
13	北美香柏	*Thuja occidentalis* L.	柏科	Cupressaceae	耐旱力中等
14	北美圆柏（铅笔柏）	*Sabina virginiana*（L.）Ant.	柏科	Cupressaceae	耐干旱贫瘠
15	白皮松	*Pinus bungeana* Zucc.ex Endl.	松科	Pinaceae	耐旱力中等
16	龙柏	*Sabina chinensis*（L.）Ant.cv.'Kaizuca'	柏科	Cupressaceae	耐旱能力较强
17	光叶石楠	*Photinia glabra*（Thunb.）Maxim	蔷薇科	Rosaceae	耐旱力最强
18	华山松	*Pinus armandi* Franch.	松科	Pinaceae	耐旱力较弱
19	红楠	*Machilus thunbergii* Sieb. et Zucc.	樟科	Lauraceae	耐旱力强，可在石缝中生长
20	杉木	*Cunninghamia lanceolata*（Lamb.）Hook.	杉科	Taxodiaceae	耐旱力最弱
21	赤松	*Pinus densiflora* Sieb. et Zucc.	松科	Pinaceae	耐旱力较强
22	侧柏	*Platycladus orientalis*（L.）Franco	柏科	Cupressaceae	耐旱力较强，在向阳干燥瘠薄的山坡和石缝中能生长
23	刺柏	*Juniperus formosana* Hayata	柏科	Cupressaceae	耐旱力中等

	种　名		科　名		耐旱能力
24	枇杷	*Eriobotrya japonica*（Thunb.）Lindl.	蔷薇科	Rosaceae	耐旱力最强
25	油松	*Pinus sylvestris* L. var. mongolica Litv.	松科	Pinaceae	耐旱力较强
26	枸骨	*Ilex cornuta* L.	冬青科	Aquifoliaceae	耐旱力较强
27	柏木	*Cupressus funebris* Endl.	柏科	Cupressaceae	耐旱力较强
28	柳杉	*Cryptomeria fortunei* Hooibrenk ex Otto et Dietr.	杉科	Taxodiaceae	耐旱力较弱
29	圆柏（桧）	*Sabina chinensis*（L.）Ant.	柏科	Cupressaceae	耐旱能力较强
30	雪松	*Cedrus deodara*（Roxb.）G.Don	松科	Pinaceae	耐旱力最强
31	黑松	*Pinus thunbergii* Parl.	松科	Pinaceae	耐旱力最强
32	樟子松	*Pinus sylvestris* L.var. *mongolica* Litv.	松科	Pinaceae	耐干旱瘠薄
33	樟树	*Cinnamomum camphora*（L.）Presl	樟科	Lauraceae	耐旱力较强

2.1.1.2　落叶乔木类

初步统计，耐干旱的落叶乔木有 153 种，隶属 36 科，74 属。其中，杨柳科植物，美国山核桃、辽东桤木，麻栎属，白榆、旱榆、榉树、刺榆、糙叶树、小叶朴、大叶朴、朴树、桑、构树、柘树、无花果、杜仲、悬铃木、山楂，蔷薇科的经济树木，合欢、紫荆、皂荚、槐树、龙爪槐、刺槐、黄檀、苦楝、乌桕、重阳木、黄连木、盐肤木、漆树、白杜、槭树科植物、无患子、栾树、枣酸、枣沙、枣、君迁子、栲等为常见耐干旱种类。

表 2-2　耐干旱贫瘠落叶乔木

	种　名		科　名		耐旱能力
1	一球悬铃木	*Platanus occidentalis* L.	悬铃木科	Platanaceae	耐旱力中等
2	二乔玉兰	*Magnolia soulangeana*（Lindl.）Soul.-bod.	木兰科	Magnoliaceae	耐旱力较弱
3	二球悬铃木	*Platanus acerifolla*（Ait.）Willd.	悬铃木科	Platanaceae	耐旱力中等
4	八里庄杨	*Populus ×xiaochuanica* W.Y.Hsu et Liang cv.‘Balizhuangyang’	杨柳科	Salicaceae	能耐干瘠
5	三角槭（三角枫）	*Acer buergerianum* Miq.	槭树科	Aceraceae	耐旱力中等
6	三球悬铃木	*Platanus orientalis* L.	悬铃木科	Platanaceae	耐旱力中等
7	大叶白蜡树（花曲柳）	*Fraxinus rhynchophylla* Hance	木犀科	Oleaceae	耐旱
8	大叶朴	*Celtis koraiensis* Nakai	榆科	Ulmaceae	耐旱力较强
9	大果榆	*Ulmus macrocarpa* Hance	榆科	Ulmaceae	耐旱，在干瘠山坡、石缝都有生长
10	小叶朴	*Celtis bungeana* Blume	榆科	Ulmaceae	耐旱力最强
11	小叶杨	*Populus simonii* Carr.	杨柳科	Salicaceae	耐旱力中等
12	小叶栎	*Quercus chenii* Nakai	壳斗科	Fagaceae	耐旱力最强
13	山杏（野杏树）	*Prunus armeniaca* Linn var. *ansu* Maxim.	蔷薇科	Rosaceae	抗旱，适应性强

	种　名		科　名		耐旱能力
14	山杨	*Populus davidiana* Dode	杨柳科	Salicaceae	
15	山皂荚	*Gleditsia melanacantha* Tang et Wang	豆科	Leguminosae	抗干旱能力较皂荚强
16	山茱萸（萸肉）	*Cornus officinalis* Sieb. et Zucc.	山茱萸科	Cornaceae	耐瘠薄
17	山荆子	*Malus baccata*（L.）Borkh.	蔷薇科	Rosaceae	较耐干旱
18	山桃（花桃、山毛桃）	*Prunus davidiana*（Carr.）Franch.	蔷薇科	Rosaceae	耐旱，适生于山坡平地各种沙质土壤
19	山楂	*Crataegus pinnatifida* Bunge	蔷薇科	Rosaceae	耐干旱
20	山槐（山合欢，马樱花）	*Albizzia kalkora*（*Roxb.*）Prain.	豆科	Leguminosae	耐旱力最强，适应性强
21	山樱（青肤樱、樱花）	*Prunus serrulata* Lindl.	蔷薇科	Rosaceae	抗旱
22	乌桕	*Sapium sebiferum*（L.）Roxb.	大戟科	Euphorbiaceae	耐旱性最强
23	元宝槭（五角枫、五脚树）	*Acer truncatum* Bunge	槭树科	Aceraceae	稍耐干瘠
24	化香树	*Platycarya strobilacea* Sieb. et Zucc.	胡桃科	Juglandaceae	耐旱力最强
25	文冠果（文官果）	*Xanthoceras sorbifolia* Bunge	无患子科	Sapindaceae	耐干旱贫瘠及轻盐碱土
26	无花果	*Ficus carica* L.	桑科	Moraceae	耐旱力较强
27	无患子（油患子）	*Sapindus mukorossi* Gaertn.	无患子科	Sapindaceae	耐旱力较强
28	日本桤木	*Alnus japonica*（Thunb.）Steud.	桦木科	Betulaceae	耐旱力中等
29	木瓜	*Chaenomeles sinensis*（Thouin）Koehne	蔷薇科	Rosaceae	耐旱力中等
30	毛山荆子	*Malus manshurica*（Maxim.）Kom.	蔷薇科	Rosaceae	耐干旱能力优于山荆子
31	毛山楂	*Crataegus maximowiezii* Schneid.	蔷薇科	Rosaceae	耐瘠
32	毛白杨（大叶杨，响杨）	*Populus tomentosa* Carr.	杨柳科	Salicaceae	耐旱力较强
33	毛徕（车梁木）	*Swida walteri*（Wanger.）Sojak	山茱萸科	Cornaceae	耐旱，适应性很强
34	毛樱桃（梅桃，山豆子）	*Prunus tomentosa* Thunb.	蔷薇科	Rosaceae	耐旱，沙壤土、石砾土及石灰岩山地风化土壤都能适应，抗性强
35	水曲柳	*Fraxinus mandshurica* Rupr.	木犀科	Oleaceae	耐旱力较强
36	水杉	*Metasequoia glyptostroboides* Hu et Cheng	杉科	Taxodiaceae	耐旱力最弱
37	加拿大杨	*Populus canadensis* Moench.	杨柳科	Salicaceae	耐旱力最强
38	北方麻栎	*Qurecus acutissima* Carr.var.septemrrionalis Liou	壳斗科	Fagaceae	耐旱力较强
39	北京槲栎	*Quercus aliena* Blume var. *pekingensis* Schott.	壳斗科	Fagaceae	较耐干瘠
40	北枳椇（拐枣）	*Hovenia dulcis* Thunb.	鼠李科	Rhamnaceae	耐旱力中等

	种　名		科　名		耐旱能力
41	白杜（丝棉木、桃叶卫矛）	*Euonymus bungeanus* Maxim.	卫矛科	Celastraceae	耐旱力较强
42	白栎	*Quercus fabri* Hance	壳斗科	Fagaceae	耐旱力最强
43	白背叶（野桐）	*Mallotus japonicus* Muell.-Arg.	大戟科	Euphorbiaceae	较耐旱，耐旱性最强
44	白桦	*Betula platyphylla* Suk.	桦木科	Betulaceae	耐干瘠，耐旱力中等
45	白梨	*Pyrus bretschneideri* Rehd.	蔷薇科	Rosaceae	抗旱
46	白榆	*Ulmus pumila* L.	榆科	Ulmaceae	耐旱力较强
47	白檀（山葫芦）	*Symplocos paniculata*（Thunb.）Miq.	山矾科	Symplocaceae	耐旱力较强
48	辽东栎	*Quercus liaotunggensis* Koidz.	壳斗科	Fagaceae	抗旱性较强
49	辽东桤木	*Alnus sibirica* Fisch. ex Turcz.	桦木科	Betulaceae	耐旱力中等
50	辽杏（东北杏，山杏）	*Prunus mandshurica* Koehne	蔷薇科	Rosaceae	耐干瘠
51	龙爪柳	*Salix matsudana* Koidz. f. *umbraculifera* Schneid.	杨柳科	Salicaceae	耐旱力较强
52	龙爪槐（倒垂槐）	*Sophora japonica* L. var. *pendula* Loud.	豆科	Leguminosae	耐旱力中等
53	合欢（绒花树，芙蓉花）	*Albizzia julibrissin* Durazz.	豆科	Leguminosae	耐旱力最强，适于沙质土壤
54	地锦槭（水色树、色木槭、五角枫）	*Acer mono* Maxim.	槭树科	Aceraceae	耐干瘠程度不如元宝槭
55	多花泡花树	*Meliosma myriantha* Sieb. et Zucc.	清风藤科	Sabiaceae	耐干旱瘠薄
56	朴树	*Celtis sinensis* Pers.	榆科	Ulmaceae	耐旱力较强
57	灯台树（瑞木）	*Bothrocaryum controversa*（Hemsl.）Pojark.	山茱萸科	Cornaceae	耐旱力中等
58	红枝柴（羽叶泡花树）	*Meliosma okdhamii* Maxim.	清风藤科	Sabiaceae	耐干旱瘠薄
59	西府海棠	*Malus micromalus* Makino	蔷薇科	Rosaceae	抗干旱
60	君迁子（黑枣）	*Diospyros lotus* L.	柿树科	Ebenaceae	耐旱力最强，耐瘠抗旱
61	坚桦	*Betula chinensis* Maxim.	桦木科	Betulaceae	较耐干旱
62	旱柳	*Salix matsudana* Koidz	杨柳科	Salicaceae	耐旱力最强
63	旱榆	*Ulmus glaucescens* Franch.	榆科	Ulmaceae	耐干燥瘠薄
64	李（李子树）	*Prunus salicina* Lindl.	蔷薇科	Rosaceae	稍耐干燥
65	杏	*Prunus armeniaca* L.	蔷薇科	Rosaceae	抗旱，耐旱力较强
66	杜仲	*Eucommia ulmoides* Oliv.	杜仲科	Eucommiaceae	耐旱力中等
67	杜梨	*Pyrus betulaefolia*	蔷薇科	Rosaceae	抗旱性较强
68	沙枣（桂香柳）	*Elaeagnus angustifolia* L.	胡颓子科	Elaeagnaceae	对干旱、瘠薄抗性较强
69	沙梨	*Pyrus pyrifolia*（Burm. f.）Nakai	蔷薇科	Rosaceae	抗旱性较强
70	皂荚	*Gleditsia sinensis* Lam.	豆科	Leguminosae	适应性强，耐旱力较强
71	花红	*Malus asiatica* Nakai	蔷薇科	Rosaceae	耐旱
72	花椒	*Zanthoxylum bungeanum* Maxim.	芸香科	Rutaceae	较耐干瘠，对各类土壤都能适应，不耐水湿

	种　名		科　名		耐旱能力
73	豆梨	*Pyrus calleryana* Dcne.	蔷薇科	Rosaceae	抗旱性较强
74	鸡爪槭	*Acer palmatum* Thunb.	槭树科	Aceraceae	耐旱力中等
75	刺楸	*Kalopanax septenlobus*（Thunb.）Koidz.	五加科	Araliaceae	耐旱力中等
76	刺榆	*Hemiptelea davidii* Planch.	榆科	Ulmaceae	抗干旱瘠薄
77	刺槐（洋槐）	*Robinia pseudoacacia* L.	豆科	Leguminosae	抗旱力中等，耐瘠薄
78	垂柳	*Salix babylonica* L.	杨柳科	Salicaceae	耐旱力最强
79	板栗	*Castanea mollissima* Blume	壳斗科	Fagaceae	耐旱力较强
80	构树	*Broussonetia papyrifera*（Linn）L'Her.ex Vent.	桑科	Moraceae	耐旱力最强
81	枣（大枣、红枣）	*Ziziphus jujuba* Mill.	鼠李科	Rhamnaceae	耐旱力中等
82	枫香	*Liquidambar formosana* Hance	金缕梅科	Hamamelidaceae	耐旱力最强
83	欧洲甜樱桃（烟台大樱桃）	*Prunus avium* L.	蔷薇科	Rosaceae	耐干瘠能力不如樱桃
84	欧洲酸樱桃（酸樱桃）	*Prunus cerasus* Ledeb.	蔷薇科	Rosaceae	耐旱
85	河北栎	*Quercus hopeiensis* Liou	壳斗科	Fagaceae	较耐干瘠
86	油桐（三年桐）	*Vernicia fordii*（Hemsl.）Airy Shaw	大戟科	Euphorbiaceae	耐旱性较强
87	苦楝（楝树）	*Melia azedarach* L.	楝科	Meliaceae	耐旱力最强
88	金钱松	*Pseudolarix amabilis*（Nelson）Rehd.	松科	Pinaceae	耐旱力较弱
89	青杨	*Populus cathayana* Rehd.	杨柳科	Salicaceae	较能耐旱
90	厚朴	*Magnolia officinalis* Rehd. et Wils.	木兰科	Magnoliaceae	耐旱力中等
91	扁桃	*Prunus amygdalus* Stokes	蔷薇科	Rosaceae	适生于干旱地区
92	春榆	*Ulmus davidiana* Planch. var. *japonica*（Rehd.）Nakai	榆科	Ulmaceae	耐旱力较强
93	枸桔	*Poncirus trifoliata*（L.）Raf.	芸香科	Rutaceae	耐旱力较强
94	枹栎	*Quercus glandulifera* Blume	壳斗科	Fagaceae	能耐干瘠
95	柘树	*Cudrania tricuspidata*（carr.）Bur.	桑科	Moraceae	耐旱力最强
96	柞槲栎	*Quercus mongolico-dentata* Uyeki	壳斗科	Fagaceae	耐旱力较强
97	柿树	*Diospyros kaki* Linn f.	柿树科	Ebenaceae	耐旱力较强
98	秋叶泡桐	*Paulownia catalpifolia* Gong Tong	玄参科	Scrophulariaceae	稍耐瘠薄及干旱
99	美国山核桃	*Carya illinoensis*（Wangenh.）K. koch	胡桃科	Juglandaceae	耐旱力强
100	美国红梣（毛白蜡、洋白蜡）	*Fraxinus pennsylvanica* Marsh.	木犀科	Oleaceae	耐干燥
101	胡桃（核桃）	*Juglans regia* L.	胡桃科	Juglandaceae	耐旱力中等

	种　名		科　名		耐旱能力
102	胡桃楸	*Juglans mandshurica* Maxim.	胡桃科	Juglandaceae	耐旱力中等
103	茶条槭（黑枫）	*Acer ginnala* Maxim.	槭树科	Aceraceae	耐瘠薄
104	重阳木	*Bischofia polycarpa*（Lévl.）Airy Shaw	大戟科	Euphorbiaceae	耐旱力较强
105	香椿（椿芽树）	*Toona sinensis*（A.Juss.）Roem.	楝科	Meliaceae	耐旱力较强
106	栓皮栎	*Quercus bariabilis* Blume	壳斗科	Fagaceae	耐旱力最强
107	栾树	*Koelreuteria paniculata* Laxm.	无患子科	Sapindaceae	耐旱力较强
108	桃（桃树）	*Prunus persica*（L.）Batsch	蔷薇科	Rosaceae	适应性强，耐旱力最强
109	桑	*Morus alba* L.	桑科	Moraceae	耐旱力较强
110	梣（白蜡树、蜡条）	*Fraxinus chinensis* Roxb.	木犀科	Oleaceae	耐旱力中等
111	梧桐	*Firmiana simplex*（Linn）W.F.Wight	梧桐科	Sterculiaeae	耐旱力较强
112	泰山盐肤木	*Rhus taishanensis* S.B. Liang	漆树科	Anacardiaceae	耐干燥瘠薄
113	海棠花（海棠梨）	*Malus spectabilis*（Ait.）Borkh.	蔷薇科	Rosaceae	抗旱
114	盐肤木	*Rhus chinensis* Mill.	漆树科	Anacardiaceae	耐干旱贫瘠，耐旱性最强
115	秤棰树	*Sinojackia xylocarpa* Hu	安息香科	Styracaceae	耐旱力最强
116	臭椿（椿树、樗树）	*Ailanthus altissima*（Mill.）Swingle	苦木科	Simaroubaceae	耐旱力最强
117	钻天杨	*Populus nigra* Linn var. *italica* Koehne	杨柳科	Salicaceae	耐旱力中等
118	梅（酸梅、梅花）	*Prunus mume*（Sieb.）Sieb.et Zucc.	蔷薇科	Rosaceae	耐旱力中等
119	野茉莉（齐墩果）	*Styrax japonica* Sieb.et Zucc.	安息香科	Styracaceae	耐旱力中等
120	野核桃	*Juglans cathayensis* Dode	胡桃科	Juglandaceae	耐旱力中等
121	银白杨	*Populus alba* L.	杨柳科	Salicaceae	耐旱力中等
122	银杏	*Ginkgo biloba* L.	银杏科	Ginkgoaceae	耐旱力最弱
123	麻栎	*Qurecus acutissima* Carr.	壳斗科	Fagaceae	耐旱力较强
124	黄连木	*Pistacia chinensis* Bunge	漆树科	Anacardiaceae	耐旱性最强
125	黄檀（白檀、檀树）	*Dalbergia hupeana* Hance	豆科	Leguminosae	耐旱力最强，能在较瘠薄的山坡及石砾地生长
126	喜树（旱莲、旱莲木）	*Camptotheca acuminata* Decne.	蓝果树科	Nyssaceae	耐旱力中等
127	榔榆	*Ulmus parvifolia* Jacq.	榆科	Ulmaceae	耐旱能力最强
128	短柄枹	*Quercus glandulifera* Blume var. *brevipetiolata*（DC.）Nakai	壳斗科	Fagaceae	能耐干瘠
129	紫荆（紫珠、满条红）	*Cercis chinensis* Bunge	豆科	Leguminosae	适应性强，耐旱力中等
130	紫椴	*Tilia amurensis* Rupr.	椴树科	Tiliaceae	耐旱力较强
131	落羽杉	*Taxoium distichum*（L.）Rich.	杉科	Taxodiaceae	耐旱力中等

	种 名		科 名		耐旱能力
132	锐齿槲栎	*Quercus aliena* Blume var. *acuteserrata*	壳斗科	Fagaceae	
133	鹅耳枥	*Carpinus turczaninowii* Hance	桦木科	Betulaceae	能生于干瘠之地
134	鹅掌楸	*Liriodendron chinense*（Hemsl.）Sarg.	木兰科	Magnoliaceae	耐旱力较弱
135	黑桦（棘皮桦）	*Betula dahurica* Pall.	桦木科	Betulaceae	耐旱力较强
136	黑榆	*Ulmus davidiana* Planch.	榆科	Ulmaceae	较耐干瘠
137	新疆杨	*Populus bolleana* Lauche	杨柳科	Salicaceae	能耐干旱
138	楸子（海棠果）	*Malus prunifolia*（Willd.）Borkh.	蔷薇科	Rosaceae	耐旱
139	榅桲	*Cydonia oblonga* Mill.	蔷薇科	Rosaceae	耐干旱，有较强适应性
140	榉树	*Zelkova schneideriana* Hand.-Mazz.	榆科	Ulmaceae	耐旱力较强
141	槐树（国槐）	*Sophora japonica* L.	豆科	Leguminosae	耐旱力较强
142	蒙古栎	*Quercus mongolica* Fisch.	壳斗科	Fagaceae	耐瘠薄
143	蒙桑	*Morus mongolica* Schneid.	桑科	Moraceae	耐旱力较强
144	漆树（大木漆）	*Toxicodendron verniciflnum*（Stokes）F. A. Barkley	漆树科	Anacardiaceae	耐旱力中等
145	酸枣（棘）	*Ziziphus jujuba* Mill. var *spinosa*（Bunge）Hu ex H.F.Chow	鼠李科	Rhamnaceae	耐干燥瘠薄
146	槲栎	*Quercus aliena* Blume	壳斗科	Fagaceae	较耐干燥瘠薄
147	槲树	*Quercus dentata* Thunb.	壳斗科	Fagaceae	耐旱力较强
148	樱花（日本早樱）	*Prunus subhirtella* Miq.	蔷薇科	Rosaceae	耐旱力中等
149	樱桃	*Prunus pseudocerasus* Lindl.	蔷薇科	Rosaceae	耐旱力中等
150	樱桃李（红叶李、紫叶李）	*Prunus cerasifera* Ehrh.	蔷薇科	Rosaceae	适应性强，耐旱
151	箭杆杨（电杆杨）	*Populus nigra* L. var.thevestina（Dode）Bean	杨柳科	Salicaceae	耐大气干旱
152	糙叶树	*Aphananthe aspera* Planch.	榆科	Ulmaceae	耐旱力较强
153	糠椴	*Tilia mandshurica* Rupr.et Maxim.	椴树科	Tiliaceae	耐旱力较强

2.1.2 灌木

初步统计，山东省耐干旱贫瘠的灌木共有 90 种，14 种常绿类和 76 种落叶类。情况如下。

2.1.2.1 常绿灌木类

据初步统计，山东省有耐干旱贫瘠常绿类灌木约 14 种，分属于 11 科，13 属。其中石楠、黄杨、冬青卫矛、栀子等为常见种类。它们耐干旱贫瘠的情况见表 2-3 的备注。

表 2-3 耐干旱贫瘠常绿灌木

	种 名		科 名		耐旱能力
1	仙人掌	*Opuntia dillenii*（Ker.-Gaw.）Haw.	仙人掌科	Cactaceae	耐干旱贫瘠
2	冬青卫矛（大叶黄杨）	*Euonymus japonicus* Thunb.	卫矛科	Celastraceae	耐旱力较弱
3	石楠	*Photinia serrulata* Lindl.	蔷薇科	Rosaceae	耐干瘠，耐旱力最强
4	夹竹桃	*Nerium indicum* Mill.	夹竹桃科	Apocynaceae	耐旱力最强
5	旱禾树（珊瑚树、法国冬青）	*Viburnum odoratissimum* Ker.	忍冬科	Caprifoliaceae	耐瘠薄
6	竹叶椒（山椒）	*Zanthoxylum planispinum* Sieb. et Zucc.	芸香科	Rutaceae	适应性强，荒坡路边
7	金银花（忍冬）	*Lonicera japonica* Thunb.	忍冬科	Caprifoliaceae	耐干旱贫瘠
8	南天竹（天竺）	*Nandina domestica* Thunb.	小檗科	Berberidaceae	耐旱力较强
9	柚子	*Citrus grandis* Osbeck.	芸香科	Rutaceae	耐旱力中等
10	栀子（栀子花、山栀子）	*Gardenia jasminoides* Ellis.	茜草科	Rubiaceae	耐旱力最强
11	桔（柑桔）	*Citrus reticulata* Blanco	芸香科	Rutaceae	耐旱力中等
12	海桐	*Pittosporum tobira*（Thunb.）Ait.	海桐花科	Pittosporaceae	耐旱力中等
13	继木	*Loropetalun chinense*（R.Br.）Oliver	金缕梅科	Hamamelidaceae	耐旱力最强
14	黄杨（锦熟黄杨）	*Buxus sinica*（Rehd. et Wils.）Cheng	黄杨科	Buxaceae	耐旱力较强

2.1.2.2 落叶灌木类

据初步统计，山东省有耐干旱贫瘠落叶类灌木约 76 种，分属于 29 科，54 属。其中柘树、蜡梅、细叶小檗、黄刺玫、榆叶梅、毛樱桃、郁李、锦鸡儿、黄荆、胡枝子类、紫穗槐、白刺、山麻杆、火炬树、木槿、柽柳、多枝柽柳、中国沙棘、紫薇、八角枫、连翘、金种连翘、小蜡树、辽东水蜡树、接骨木、菝葜等为常见耐干旱类型植物。它们耐干旱贫瘠的情况见表 2-4 的备注。

表 2-4 耐干旱贫瘠落叶灌木

	种 名		科 名		耐旱能力
1	八角枫（华瓜木）	*Alangium chinense*（Lour.）Harms	八角枫科	Alangiaceae	耐旱性较强
2	三裂绣线菊	*Spiraea blumei* G. Don	蔷薇科	Rosaceae	耐旱
3	土庄绣线菊	*Spiraea pubescens* Turcz.	蔷薇科	Rosaceae	适应性强，较耐干燥、瘠薄
4	大花溲疏	*Deutzia grandiflora* Bunge	虎耳草科	Saxifragaceae	耐旱
5	小花溲疏	*Deutzia parviflora* Bunge	虎耳草科	Saxifragaceae	耐旱
6	小蜡树	*Ligustrum sinense* Lour.	木犀科	Oleaceae	耐旱力中等
7	山茱萸（萸肉）	*Cornus officinalis* Sieb. et Zucc.	山茱萸科	Cornaceae	耐瘠薄
8	山梅花	*Philadelphus incanus* Koehne	虎耳草科	Saxifragaceae	耐旱力中等
9	山麻杆	*Alchornea davidii* Franch.	大戟科	Euphorbiaceae	耐旱力较强

	种　名		科　名		耐旱能力
10	中国沙棘（醋柳、酸刺）	*Hippophae rhamnoides* L. ssp. *sinensis* Rousi	胡颓子科	Elaeagnaceae	耐干瘠
11	云实（药王子、云英）	*Caesalpinia sepiaria* Roxb.	豆科	Leguminosae	耐旱力较强
12	太平花（京山梅花）	*Philadelphus pekinensis* Rupr.	虎耳草科	Saxifragaceae	能生长在较干瘠的地上
13	木芙蓉（芙蓉花）	*Hibicus mutabilis* L.	锦葵科	Malvaceae	耐旱力最强
14	木绣球（绣球荚蒾）	*Viburnum macrocephalum* Fort.	忍冬科	Caprifoliaceae	耐旱力中等
15	木槿	*Hibicus syriacus* L.	锦葵科	Malvaceae	耐旱力较强
16	毛樱桃（山豆子）	*Prunus tomentosa* Thunb.	蔷薇科	Rosaceae	抗性强
17	火炬树	*Rhus typhina* L.	漆树科	Anacardiaceae	耐旱
18	牛奶子（麦粒子）	*Elaeagnus umbellata* Thunb.	胡颓子科	Elaeagnaceae	适应性强，耐干旱
19	四照花	*Dendrobenthamia japonica*（DC.）Fang var. *chinensis*（Osborn）	山茱萸科	Cornaceae	耐瘠薄
20	本氏木蓝（铁扫把）	*Indigofera bungeana* Steud.	豆科	Leguminosae	耐干旱贫瘠
21	白刺	*Nitraria sibirica* Pall.	蒺藜科	Zygophyllaceae	抗旱，适生于沙荒地
22	白背叶	*Mallotus apelta*（Lour.）Muell.-Arg.	大戟科	Euphorbiaceae	较耐旱
23	石榴	*Punica granatum* L.	石榴科	Punicaceae	耐旱力较强
24	辽东水蜡树（钝叶水蜡树）	*Ligustrum obtusifolium* Sieb.et Zucc.ssp. Suave（Kitag.）Kitag.	木犀科	Oleaceae	稍耐干燥，耐旱力中等
25	多花胡枝子	*Lespedeza floribunda* Bunge	豆科	Leguminosae	能耐干旱
26	多枝柽柳（红柳）	*Tamarix ramosissima* Ledeb.	柽柳科	Tamaricaceae	耐旱
27	尖叶杜鹃（迎红杜鹃）	*Rhododendron mucronulatum* Turcz.	杜鹃花科	Ericaceae	耐旱力中等
28	红叶黄栌	*Cotinus coggygria* Scop. var. *cinerea* Engl.	漆树科	Anacardiaceae	耐干燥瘠薄
29	羊踯躅（黄杜鹃）	*Rhododendron molle*（Bl.）G.Don	杜鹃花科	Ericaceae	耐旱力较强
30	西北栒子	*Cotoneaster zabelii* Schneid	蔷薇科	Rosaceae	耐旱，耐瘠薄
31	达呼里胡枝子	*Lespedeza davurica*（Laxm.）Schindl.	豆科	Leguminosae	适应性强，耐干旱瘠薄
32	杠柳（北五加皮）	*Periploca sepium* Bunge	萝藦科	Asclepiadaceae	耐瘠薄干旱
33	芫花	*Daphne genkwa* Sieb. et Zucc.	瑞香科	Thymelaeaceae	耐旱力最强
34	迎春花	*Jasminum nudiflorum* Lindl.	木犀科	Oleaceae	耐旱力较强
35	连翘（挂拉鞭）	*Forsythia suspensa*（Thunb.）Vahl	木犀科	Oleaceae	耐干旱瘠薄，耐旱力中等
36	杭子梢	*Campylotropis macrocarpa*（Bge.）Rehd.	豆科	Leguminosae	耐旱力较强

	种　名		科　名		耐旱能力
37	河朔荛花	*Wikstroemia chamaedaphne* Meissn.	瑞香科	Thymelaeaceae	耐干旱
38	玫瑰	*Rosa rugosa* Thunb.	蔷薇科	Rosaceae	耐旱
39	细叶小檗（针雀）	*Berberis poiretii* Schneid.	小檗科	Berberidaceae	生于干燥山坡
40	苦参（地槐）	*Sophora flavescens* Ait.	豆科	Leguminosae	稍耐干瘠，适应性强
41	郁李（赤李子、车李子）	*Prunus japonica* Thunb.	蔷薇科	Rosaceae	耐旱力中等
42	金花忍冬（黄花忍冬）	*Lonicera chrysantha* Turcz.	忍冬科	Caprifoliaceae	耐瘠薄干旱
43	金钟连翘（金钟花）	*Forsythia viridissima* Lindl.	木犀科	Oleaceae	耐干瘠，耐旱力中等
44	陕西荚蒾（土蓝条）	*Viburnum shensianum* Maxim.	忍冬科	Caprifoliaceae	耐瘠薄干旱
45	扁担木（扁担杆子，孩儿拳头）	*Grewia biloba* G.Don var. *parviflora*（Bunge）Hand.-Mazz.	椴树科	Tiliaceae	耐旱力较强
46	枸杞	*Lycium chinense* Mill.	茄科	Solanaceae	耐旱
47	柘树（柘桑）	*Cudrania tricuspidata*（Carr.）Bur.	桑科	Moraceae	耐干燥瘠薄
48	柽柳	*Tamarix chinensis* Lour.	柽柳科	Tamaricaceae	耐干燥
49	狭叶山胡椒	*Lindera angustifolia* Cheng	樟科	Lauraceae	耐旱力最强
50	美丽胡枝子（马扫帚）	*Lespedeza formosa*（Vog.）Koehne	豆科	Leguminosae	耐旱
51	胡枝子	*Lespedeza bicolor*	豆科	Leguminosae	耐干旱
52	荚蒾	*Viburnum dilatatum* Thunb.	忍冬科	Caprifoliaceae	耐旱力中等
53	粉花绣线菊（日本绣线菊）	*Spiraea japonica* L.f.	蔷薇科	Rosaceae	耐旱力中等
54	绣线菊	*Spiraea salicifolia* L.	蔷薇科	Rosaceae	耐旱力中等
55	接骨木（接骨丹）	*Sambucus williamsii* Hance	忍冬科	Caprifoliaceae	耐旱力中等
56	菝葜	*Smilax china* L.	百合科	Liliaceae	耐旱力最强
57	野花椒（刺椒）	*Zanthoxylum simulans* Hance	芸香科	Rutaceae	抗逆性较强
58	银薇	*Lagerstroemia indica* L. var. *alba* Nicholson	千屈菜科	Lythraceae	耐旱性较强
59	雀儿舌头（黑钩叶）	*Leptopus chinensis*（Bunge）Pojark.	大戟科	Euphorbiaceae	耐干旱贫瘠
60	雪柳（五谷树、过街柳）	*Fontanesia fortunei* Carr.	木犀科	Oleaceae	耐旱力较强
61	黄刺玫	*Rosa xanthina* Lindl.	蔷薇科	Rosaceae	耐旱、瘠薄
62	黄荆	*Vitex negundo* L.	马鞭草科	Verbenaceae	耐旱力中等
63	黄荆条（金雀花）	*Caragana frutex*（L.）K. Koch	豆科	Leguminosae	耐旱
64	黄蔷薇（鸡蛋黄花）	*Rosa hugonis* Hemsl.	蔷薇科	Rosaceae	耐干旱
65	短梗胡枝子	*Lespedeza cyrtobotrya* Miq.	豆科	Leguminosae	生于干旱山坡

	种 名		科 名		耐旱能力
66	紫丁香（华北紫丁香）	*Syringa bblata* Lindl.	木犀科	Oleaceae	耐干瘠适应能力强
67	紫薇（百日红、痒痒树）	*Lagerstroemia indica* L.	千屈菜科	Lythraceae	耐旱性较强
68	紫穗槐（棉槐）	*Amorpha fruticosa* Linn	豆科	Leguminosae	耐旱力最强
69	蜡梅	*Chimonanthus praecox*（L.）Link.	蜡梅科	Calycanthaceae	耐干旱
70	楤木	*Aralia chinensis* Linn	五加科	Araliaceae	耐旱力中等
71	榆叶梅（兰枝、鸾枝梅）	*Prunus triloba* Lindl.	蔷薇科	Rosaceae	抗旱
72	锦鸡儿	*Caragana sinica*（Bue'hoz）Rehd.	豆科	Leguminosae	耐干旱瘠薄
73	锦带花	*Weigela florida*（Bunge）A.DC.	忍冬科	Caprifoliaceae	耐旱力中等适应能力强
74	榛（榛子）	*Corylus heterophylla* Fisch. ex Trautv	桦木科	Betulaceae	耐旱耐
75	算盘子（葫芦头）	*Glochidion puberum*（L.）Hutch.	大戟科	Euphorbiaceae	耐旱力最强
76	蜡瓣花	*Corylopsis sinensis* Hemsl.	金缕梅科	Hamamelidaceae	耐旱力中等

2.1.3 藤本

耐干旱贫瘠的藤本植物共有 7 种，分属于 4 科，7 属。其中，紫藤、葡萄、爬山虎、忍冬等几种为常见类型。见表 2-5。

表 2-5 耐干旱贫瘠藤本植物

	种 名		科 名		抗旱能力
1	沙地葡萄	*Vitis rupestris* Scheele	葡萄科	Vitaceae	抗旱
2	爬山虎	*Parthenocissus tricuspidata*（Sieb.et Zucc.）Planch.	葡萄科	Vitaceae	抗性较强
3	金银花（忍冬）	*Lonicera japonica* Thunb.	忍冬科	Caprifoliaceae	耐干旱
4	菱叶常春藤	*Hedera rhombea*（Miq.）Bean.	五加科	Araliaceae	耐旱力较强
5	紫藤	*Wisteria sinensis* Sweet	豆科	Leguminosae	耐旱力最强
6	葛藤（野葛、葛子）	*Pueraria lobata*（Willd.）Ohwi.	豆科	Leguminosae	适应性强，耐干旱瘠薄
7	葡萄	*Vitis vinifera* L.	葡萄科	Vitaceae	抗旱能力较强

2.1.4 草本

初步统计，耐干旱贫瘠的草本植物共有 76 种，分属于 27 科，67 属。其中，常见的种类有羊茅、糙隐子草、多叶隐子草、丛生隐子草、芦苇、羊草、中华草沙蚕、拂子茅、远东芨芨草、狼尾草、结缕草、中华结缕草、白颖薹草、萱草、地肤、猪毛菜、喜旱莲子草、石竹、鸡眼草、野苜蓿、甘草、牵牛、一枝黄花、金盏花等。具体情况见表 2-6。

表 2-6 耐干旱瘠薄草本植物

	种 名		科 名		耐旱能力
1	一枝黄花	*Solidago virgaurea* L.var *dahurica* Kitag.	菊科	Compositae	耐干旱瘠薄
2	二色棘豆	*Oxytropis bicolor* Bge.	豆科	Leguminosae	耐干旱
3	万寿菊	*Tagetes erecta* L.	菊科	Compositae	耐干旱贫瘠
4	三芒草	*Aristida adscensionis* L.	禾本科	Gramineae	耐干燥，生于干燥山坡及沙土地上
5	大拂子茅	*Calamagrostis macrolepis* Litv.	禾本科	Gramineae	生于砂丘
6	小冠花	*Coronilla varia* L.	豆科	Leguminosae	耐干旱贫瘠
7	山东丰花草	*Borreria shandongensis* F.Z.Li et X.D.Chen	茜草科	Rubiaceae	耐干旱
8	山蚂蚱（旱麦瓶草）	*Silene jenisseensis* Willd.	石竹科	Caryophyllaceae	沙质山坡
9	飞燕草	*Consolida ajacis*（L.）Schur.	毛茛科	Ranunculaceae	稍耐旱
10	中华结缕草	*Zoysia sinica* Hance	禾本科	Gramineae	生于干旱山坡，耐干旱
11	中华草沙蚕	*Tripogon chinensis*（Franch.）Hack.	禾本科	Gramineae	极耐干旱
12	天人菊	*Gaillardia pulchella* Foug.	菊科	Compositae	耐炎热干旱
13	文殊兰	*Crinum asiaticum* L.var. *sinicum* Baker	石蒜科	Amaryllidaceae	耐干旱
14	火绒草	*Leontopodium leontopodioides*（Willd）Beauv.	菊科	Compositae	生于干旱山坡
15	牛鞭草	*Hemarthria altissima*（Poir.）Stapf et C. E. Hubb.	禾本科	Gramineae	耐一定干旱
16	长芒草	*Stipa bungeana* Trin. ex Bge.	禾本科	Gramineae	耐干旱，生于干燥山坡及路边
17	长春花（雁来红）	*Catharanthus roseus*（L.）G.Don	夹竹桃科	Apocynaceae	耐干旱贫瘠
18	长蕊石头花（霞草）	*Gypsophila oldhamiana* Miq	石竹科	Caryophyllaceae	耐旱
19	丛生隐子草	*Cleistogenes caespitosa* Keng	禾本科	Gramineae	耐干旱，生于干燥山坡
20	半枝莲	*Scutellaria barbata* D.Don	唇形科	Labiatae	适应性强，耐干瘠
21	玉簪	*Hosta plantaginea*（Lam.）Aschers	百合科	Liliaceae	耐干旱
22	甘草（甜草）	*Glycyrrhiza uralensis* Fisch.	豆科	Leguminosae	耐干旱
23	白草	*Pennisetum flaccidum* Griseb.	禾本科	Gramineae	耐干旱，生于沙地及荒地
24	白颖薹草	*Carex rigescens*（Franch.）V.Krecz.	莎草科	Cyperaceae	生于干旱山坡，耐干旱
25	石竹	*Dianthus chinensis* L.	石竹科	Caryophyllaceae	耐干旱
26	龙舌兰	*Agave americana* L.	石蒜科	Amaryllidaceae	耐旱
27	列当	*Orobanche coerulescens* Steph.	列当科	Orobanchaecae	耐干旱，生于干旱山坡

	种　名		科　名		耐旱能力
28	华东蓝刺头	*Echinops grijisii* Hance	菊科	Compositae	生于阳坡沙砾地
29	华黄耆（木黄耆）	*Astragalus chinensis* L.f.	豆科	Leguminosae	耐干旱，生于沙质地
30	地肤	*Kochia scoparia*（L.）Schrad.	藜科	Chenopodiaceae	耐干旱瘠薄
31	多叶隐子草	*Cleistogenes polyphlla* Keng	禾本科	Gramineae	耐干旱，生于干燥山坡及草地
32	百日菊（步步登高）	*Zinnia elegans* Jacq.	菊科	Compositae	适应性强，耐干旱
33	羊茅	*Festuca ovina* L.	禾本科	Gramineae	耐干旱，生于干燥山坡、草地
34	羊草	*Leymus chinensis*（Trin.）Tzvel.	禾本科	Gramineae	耐干旱
35	芦苇	*Phragmites communis* Trin.	禾本科	Gramineae	耐干旱，生于干旱沙丘
36	角茴香	*Hypecoum erectum* L.	罂粟科	Papaveraceae	耐干旱
37	远东芨芨草	*Achnatherum extremiorientale*（Hara）Keng	禾本科	Gramineae	耐干旱
38	鸡眼草	*Kummerowia striata*（Thunb.）Schindl.	豆科	Leguminosae	耐旱力最强
39	披碱草	*Elymus dahuricus* Turcz.	禾本科	Gramineae	耐干旱
40	拂子茅	*Calamagrostis epigeios*（L.）Roth	禾本科	Gramineae	耐干旱
41	直立黄耆（沙打旺）	*Astragalus adsurgens* Pall.	豆科	Leguminosae	耐干旱
42	细叶鸦葱（笔管草、白茎鸦葱）	*Scrzonera albicaulis* Bge.	菊科	Compositae	耐干旱，生于石质山坡、荒地、沙丘
43	细叶臭草	*Melica radula* Franch.	禾本科	Gramineae	耐干旱，喜生干旱环境
44	茅根	*Perotis hordeiformis* Nees ex Trin.	禾本科	Gramineae	生于干燥沙土，耐干旱
45	金光菊	*Rudbeckia laciniata* L.	菊科	Compositae	适应性强，耐干旱
46	金鱼草（龙头花）	*Antirrhinum majus* L.	玄参科	Scrophulariaceae	稍耐干旱
47	金盏花	*Calendula officinalis* L.	菊科	Compositae	耐瘠薄
48	鸢尾	*Iris tectorum* Maxim.	鸢尾科	Iridaceae	耐旱
49	洽草	*Koeleria cristata*（L.）Pers.	禾本科	Gramineae	耐干旱
50	牵牛	*Pharbitis hederacea*（L.）Choisy.	旋花科	Convolvulaceae	耐干旱
51	砂引草	*Messerschmidia sibirica* L.	紫草科	Boraginaceae	耐干旱，生于干旱荒漠
52	秋英（大波斯菊）	*Cosmos bipinnatus* Cav.	菊科	Compositae	耐干旱瘠薄
53	结缕草	*Zoysia japonica* Steud.	禾本科	Gramineae	生于干旱山坡，耐干旱
54	海滨米口袋（光滑米口袋）	*Gueldenstaedtia maritima* Maxim.	豆科	Leguminosae	耐干旱，生于海滨沙地

	种 名		科 名		耐旱能力
55	狼爪瓦松	*Orostachys cartilagineus* A.Bor.	景天科	Crassulaceae	耐干燥
56	狼尾草	*Pennisetum alopecuroides*（L.）Spreng.	禾本科	Gramineae	耐一定干旱
57	离子芥（离子草）	*Chorispora tenella*（Pall.）DC.	十字花科	Cruciferae	耐干旱
58	胶东景天	*Sedum jiaodonggense* Y.M.Zhang et X.D.Chen	景天科	Crassulaceae	生于山坡岩石缝上
59	猪毛菜	*Salsola collina* Pall.	藜科	Chenopodiaceae	耐干旱
60	粘毛黄芩	*Scutellaria viscidula* Bge.	唇形科	Labiatae	耐干旱，生于沙砾低、荒坡
61	野亚麻	*Linum stelleroides* Planch.	亚麻科	Linaceae	耐干旱
62	野苜蓿（黄花苜蓿）	*Medicago falcata* L.	豆科	Leguminosae	生于山坡、干旱草地、河岸、路旁
63	铜锤草（红花酢浆草）	*Oxalis corymbosa* DC.	酢浆草科	Oxalidaceae	耐干旱
64	银边翠（六月雪）	*Euphorbia marginata* Pursh.	大戟科	Euphorbiaceae	耐干旱
65	喜旱莲子草	*Alternanthera philoxeroides*（Mart.）Griseb.	苋科	Amaranthaceae	耐干旱
66	硬毛南芥	*Arabis hrisuta*（L.）Scop.	十字花科	Cruciferae	耐干旱
67	硬毛棘豆（毛棘豆）	*Ocytropis hirta* Bge.	豆科	Leguminosae	耐干旱
68	紫羊茅	*Festuca rubra* L.	禾本科	Gramineae	耐干旱，生于干燥山坡、草地
69	萱草	*Hemerocallis fulva*（L.）L.	百合科	Liliaceae	耐干旱瘠薄耐盐碱
70	蒙山莴苣（紫花山莴苣）	*Lactuca tatarica*（L.）C.A.Mey.	菊科	Compositae	耐干旱，生于沙地
71	蒙古苍耳	*Xanthium mongulicum* Kitag	菊科	Compositae	生于干旱山坡
72	蜈蚣兰	*Cleisostoma scolopendrifolium*（Makino）Garay	兰科	Orchidaceac	岩石壁
73	路边青（水杨梅）	*Geum aleppicum* Jacq.	蔷薇科	Rosaceae	耐旱力最强
74	蝎子草	*Girardinia cuspidata* Wedd.	荨麻科	Urticaceae	耐干旱瘠薄
75	橙红茑萝（圆叶茑萝）	*Quamoclit coccinea*（L.）Moench	旋花科	Convolvulaceae	耐干旱
76	糙隐子草	*Cleistogenes squarrosa*（Trin.）Keng	禾本科	Gramineae	耐干旱

抗旱自然能力较强的有柏树类、白蜡、国槐、火炬树、枣、桑、卫矛、黄杨、石榴、杏、桃、海棠、苹果等；抗贫瘠性强的有柽柳、枸杞、酸枣、杜梨、桑树、河流、叶杏、野桃、白蜡、国槐、泡桐、榆、毛白杨、银白杨、大叶杨、火炬树、紫藤、石榴、连翘、

枣、杏、卫矛黄杨、柏树类。

耐旱力顺序：侧柏、柏木、麻栎、马尾松、杜仲、女贞、白栎、榆树、冬青、朴树、刺槐、山杨、蒙古柞、樟子松、黑桦、春榆、糠椴、紫椴、白桦、水曲柳、核桃楸。

2.2 耐水湿植物

积极开展耐水湿植物的研究并加以推广，不仅可以提高沿海地区和低湿地土地资源的利用率，而且对于调整农村产业结构，改善生态环境，意义重大。

初步统计结果显示，目前山东省耐水湿植物共有147种，分属于59科99属。种类也是比较丰富的。

耐淹力最强：能耐长期（3个月以上）的深水浸淹，水退后生长正常或略见衰弱，树叶有黄叶现象，有时枝梢枯萎；又有洪水虽没顶但生长如旧或生势减弱而不致死亡。

耐淹力较强：能耐较长期（2个月以上）深水浸淹，水退后生长衰弱，树叶黄落，新枝、幼茎也常枯萎，但有萌芽能力，以后仍能萌发恢复生长。

耐淹力中等：能耐较短时期（1～2个月）的水淹，水退后必呈衰弱，时期一久即趋枯萎，即使有一定萌芽能力也难恢复生势。

耐淹力较弱：仅能耐2～3周的短期水淹，超过时间即趋枯萎，一般经短期水淹后生长也显然衰弱。

耐淹力最弱：最不耐淹，水仅浸淹地表或根系一部至大部时，经过不到一周的短暂时期即趋枯萎而无恢复生长的可能。

2.2.1 乔木

据统计，山东省现有的耐水湿乔木共有47种，分属于23科，33属。种类也比较丰富。

2.2.1.1 常绿乔木类

据初步统计，山东省耐水湿常绿乔木共有12种，分属于6科，7属。其中湿地松、水松等为常见类型。其具体情况查看表2-7。

表2-7 耐水湿常绿乔木

	种名		科名		耐湿能力
1	千头柏	*Platycladus orientalis*（L.）Franco cv. 'Sieboldii'	柏科	Cupressaceae	耐淹力中等
2	水竹	*Phyllostachys heteroclada* Oliver	禾本科	Gramineae	耐淹力中等
3	水松	*Glyptostrobus pensilis*（Staunt.）Koch	杉科	Taxodiaceae	耐淹力较强
4	龙柏	*Sabina chinensis*（L.）Ant.cv.'Kaizuca'	柏科	Cupressaceae	耐淹力中等
5	华山松	*Pinus armandi* Franch.	松科	Pinaceae	耐一定水湿，但不耐积水
6	红松	*Pinus koraiensis* Sieb.et Zucc.	松科	Pinaceae	耐一定水湿
7	侧柏	*Platycladus orientalis*（L.）Franco	柏科	Cupressaceae	耐淹力中等
8	圆柏	*Sabina chinensis*（L.）Ant.	柏科	Cupressaceae	耐淹力中等

	种　名		科　名		耐湿能力
9	荷花玉兰（广玉兰）	*Magnolia grandiflora* L.	木兰科	Magnoliaceae	耐淹力中等
10	棕榈	*Trachycarpus fortunei*（Hook.f.）H.Wendl.	棕榈科	Palmae	耐淹力较强
11	湿地松	*Pinus elliottii* Engelm.	松科	Pinaceae	较耐水湿
12	紫竹	*Phyllostachys nigra*（Lodd.）Munro	禾本科	Gramineae	耐淹力中等

2.2.1.2　落叶乔木类

据初步统计，山东省有耐水湿落叶类乔木 35 种，分属于 18 科，26 属。其耐水湿情况见表 2-8。

表 2-8　耐水湿落叶乔木

	种　名		科　名		耐湿能力
1	三球悬铃木	*Platanus orientalis* L.	悬铃木科	Platanaceae	耐淹力较强
2	乌桕	*Sapium sebiferum*（L.）Roxb.	大戟科	Euphorbiaceae	耐短期积水，耐淹力较强
3	日本桤木	*Alnus japonica*（Thunb.）Steud.	桦木科	Betulaceae	
4	水杉	*Metasequoia glyptostroboides* Hu et Cheng	杉科	Taxodiaceae	耐淹力中等
5	龙爪柳	*Salix matsudana* Koidz. F. umbraculifera Schneid.	杨柳科	Salicaceae	耐淹力最强
6	光叶榉	*Zelkova serrata* Makino	榆科	Ulmaceae	耐淹力较强
7	池杉（池柏）	*Taxodium ascendens* Brongn.	杉科	Taxodiaceae	极耐水湿
8	西府海棠	*Malus micromalus* Makino	蔷薇科	Rosaceae	耐水湿
9	杏李（红李）	*Prunus simonii* Carr.	蔷薇科	Rosaceae	耐湿
10	杜梨	*Pyrus betulaefolia*	蔷薇科	Rosaceae	较耐水湿
11	沙梨	*Pyrus pyrifolia*（Burm. f.）Nakai	蔷薇科	Rosaceae	耐淹力较强
12	花红	*Malus asiatica* Nakai	蔷薇科	Rosaceae	耐水湿能力比山荆子强，不如楸子
13	豆梨	*Pyrus calleryana* Dcne.	蔷薇科	Rosaceae	耐淹力最强
14	构树	*Broussonetia papyrifera*（L.）L'Her.ex Vent.	桑科	Moraceae	耐水湿
15	枫杨	*Pterocarya stenoptera* C. DC.	胡桃科	Juglandaceae	耐旱力较强
16	枫香	*Liquidambar formosana* Hance	金缕梅科	Hamamelidaceae	耐淹力较强
17	苦楝（楝树）	*Melia azedarach* L.	楝科	Meliaceae	耐水湿，耐淹力较强
18	苹果	*Malus pumila* Mill.	蔷薇科	Rosaceae	耐淹力中等
19	柘树	*Cudrania tricuspidata*（carr.）Bur.	桑科	Moraceae	耐淹力最强
20	柿树	*Diospyros kaki* L. f.	柿树科	Ebenaceae	耐淹力较强
21	美国红梣（毛白蜡、洋白蜡）	*Fraxinus pennsylvanica* Marsh.	木犀科	Oleaceae	耐低湿地

	种 名		科 名		耐湿能力
22	重阳木	*Bischofia polycarpa*（Levl.）Airy Shaw	大戟科	Euphorbiaceae	耐水湿，耐淹力较强
23	香椿（椿芽树）	*Toona sinensis*（A.Juss.）Roem.	楝科	Meliaceae	耐淹力中等
24	桑	*Morus alba* L.	桑科	Moraceae	耐淹力最强
25	梣（白蜡树、蜡条）	*Fraxinus chinensis* Roxb.	木犀科	Oleaceae	较耐水湿
26	臭椿（椿树、樗树）	*Ailanthus altissima*（Mill.）Swingle	苦木科	Simaroubaceae	耐淹力中等
27	梓树（河楸）	*Catalpa ovata* Don	紫葳科	Bignoniaceae	耐水湿
28	麻栎	*Qurecus acutissima* Carr.	壳斗科	Fagaceae	耐淹力较强
29	黄金树	*Catalpa speciosa* Ward.	紫葳科	Bignoniaceae	耐淹力中等
30	喜树（旱莲、旱莲木）	*Camptotheca acuminata* Decne.	珙桐科	Nyssaceae	耐淹力中等
31	榔榆	*Ulmus parvifolia* Jacq.	榆科	Ulmaceae	耐淹力最强
32	落羽杉	*Taxoium distichum*（L.）Rich.	杉科	Taxodiaceae	耐淹力最强
33	楸子（海棠果）	*Malus prunifolia*（Willd.）Borkh.	蔷薇科	Rosaceae	耐水湿
34	槐树（国槐）	*Sophora japonica* L.	豆科	Leguminosae	耐淹力中等
35	褐梨	*Pyrus phaeocarpa* Rehd.	蔷薇科	Rosaceae	耐湿涝

2.2.2 灌木

据统计，耐水湿的灌木类共有 15 种，分属于 10 科，13 属。

2.2.2.1 常绿灌木类

耐水湿的常绿灌木仅有 3 种，分属于 2 科 2 属。见表 2-9。

表 2-9 耐水湿常绿灌木

	种 名		科 名		耐湿能力
1	冬青卫矛（大叶黄杨）	*Euonymus japonicus* Thunb.	卫矛科	Celastraceae	耐淹力中等
2	白杜	*Euonymus bungeanus* Maxim.	卫矛科	Celastraceae	耐淹力中等
3	夹竹桃	*Nerium indicum* Mill.	夹竹桃科	Apocynaceae	耐淹力中等

2.2.2.2 落叶灌木类

据初步统计，共有耐水湿落叶类灌木 12 种，分属于 8 科 11 属，见表 2-10。

表 2-10 耐水湿落叶灌木类

	种 名		科 名		耐湿能力
1	三叶海棠	*Malus sieboldii*（Regel）Rehd.	蔷薇科	Rosaceae	耐涝
2	小米空木	*Stephanandra incisa*（Thunb.）Zabel	蔷薇科	Rosaceae	耐阴湿
3	山胡椒（崂山棍）	*Lindera glauca*（Sieb. et Zucc.）Blume	樟科	Lauraceae	耐淹力较强

	种 名		科 名		耐湿能力
4	中国沙棘（醋柳、酸刺）	*Hippophae rhamnoides* L. ssp. *Sinensis* Rousi	胡颓子科	Elaeagnaceae	耐水湿
5	木香花	*Rosa banksiae* Aitons	蔷薇科	Rosaceae	耐淹力中等
6	迎春花	*Jasminum nudiflorum* Lindl.	木犀科	Oleaceae	耐淹力中等
7	枸杞	*Lycium chinense* Mill.	茄科	Solanaceae	耐淹力中等
8	柽柳	*Tamarix chinensis* Lour.	柽柳科	Tamaricaceae	耐淹力最强
9	狭叶山胡椒	*Lindera angustifolia* Cheng	樟科	Lauraceae	耐淹力较强
10	雪柳（五谷树、过街柳）	*Fontanesia fortunei* Carr.	木犀科	Oleaceae	耐淹力较强
11	紫薇（百日红、痒痒树）	*Lagerstroemia indica* L.	千屈菜科	Lythraceae	耐淹力中等
12	紫穗槐（棉槐）	*Amorpha fruticosa* L.	豆科	Leguminosae	耐水湿

2.2.3 藤本

耐水湿藤本类共有 5 种，分属于 5 科 5 属，情况见表 2-11。

表 2-11 耐水湿藤本类

	种 名		科 名		木质藤本常绿	木质藤本落叶	草质藤本常绿	草质藤本落叶	耐湿能力
1	金银花（忍冬）	*Lonicera japonica* Thunb.	忍冬科	Caprifoliaceae			√		耐水湿
2	络石（万字茉莉）	*Trachelospermum jiaminoides*（Lindl.）Lem.	夹竹桃科	Apocynaceae		√			耐湿
3	凌霄	*Campsis grandiflora*（Thunb.）Loisel.	紫葳科	Bignoniaceae			√		耐淹力较强
4	紫藤	*Wisteria sinensis* Sweet	豆科	Leguminosae		√			耐淹力较强
5	葡萄	*Vitis vinifera* L.	葡萄科	Vitaceae		√			耐淹力较强

2.2.4 草本

初步统计，共有耐水湿草本 80 种，分属于 29 科 50 属。其中一部分就是沼泽和水生植物。见表 2-12。

表 2-12 耐水湿草本

	种 名		科 名		耐湿能力
1	丁香蓼	*Ludwigia prostrata* Roxb.	小二仙科	Haloragidaceae	水生
2	二角菱（菱角）	*Trapa bispinosa* Roxb.	菱科	Trapaceae	耐水湿
3	千屈菜	*Lythrum salicaria* L.	千屈菜科	Lythraceae	耐水湿，可在浅水中生长

	种 名		科 名		耐湿能力
4	千金子	*Leptochloa chinensis*（L.）Nees	禾本科	Gramineae	生于水边湿地或田间
5	大叶藻	*Zostera marina* L.	眼子菜科	Potamogetonaceae	生于浅海中，耐水湿
6	大米草	*Spartina anglica* C. E. Hubb.	禾本科	Gramineae	耐淹
7	大茨藻	*Najas marina* L.	茨藻科	Najadaceae	耐水湿
8	小叶眼子菜	*Potamogeton cristatus* Regel et Maack.	眼子菜科	Potamogetonaceae	耐水湿
9	小茨藻	*Najas minor* All.	茨藻科	Najadaceae	耐水湿
10	小香蒲	*Typha minima* Funk.	香蒲科	Typhaceae	耐水湿
11	小眼子菜	*Potamogeton pusillus* L.	眼子菜科	Potamogetonaceae	耐水湿
12	川蔓藻	*Ruppia rostellata* Koch	眼子菜科	Potamogetonaceae	耐水湿
13	马蹄莲	*Zantedeschia aethiopica*（L.）Spreng.	天南星科	Araceae	耐水湿，在沼泽地和水湿地生长
14	中型千屈菜	*Lythrum intermedium* Ledeb.ex Colla	千屈菜科	Lythraceae	生于湖沼池塘
15	乌菱（红菱）	*Trapa bicornis* Osbeck	菱科	Trapaceae	耐水湿
16	五刺金鱼藻	*Certophyllum oryzetorum* Kom.	金鱼藻科	Ceratophyllaceae	耐水湿
17	文殊兰	*Crinum asiaticum* L.var.*sinicum* Baker	石蒜科	Amaryllidaceae	耐湿
18	水马齿	*Callitriche stagnalis* Scop.	水马齿科	Callitrichaceae	耐水湿
19	水毛茛	*Batracium bungei*（Steud.）L.Liou	毛茛科	Ranunculaceae	耐水湿
20	水芹	*Oenanthe javanica*（Bl.）DC.	伞形科	Umbelliferae	生于水沟边湿地及浅水中
21	水麦冬	*Triglochin palustre* L.	水麦冬科	Juncaginaceae	生于河边湿草地、浅水、草滩上
22	水苦荬（芒种草）	*Veronica undulata* Wall.	玄参科	Scrophulariaceae	耐水湿
23	水浮莲	*Pista stratiotes* L.	天南星科	Araceae	耐水湿
24	水葱	*Scirpus tabernaemontani* Gmel.	莎草科	Cyperaceae	耐水湿，湖边、水边湿地或浅水
25	水鳖	*Hydrocharis dubia*（Bl.）Backer	水鳖科	Hydrocharitaceae	耐水湿
26	长苞香蒲	*Typha angustata* Bory. et Chaub.	香蒲科	Typhaceae	耐水湿
27	丘角菱	*Trapa japoica* Fler.	菱科	Trapaceae	生于湖沼池塘
28	东方香蒲	*Typha orientalis* Presl.	香蒲科	Typhaceae	耐水湿
29	北水苦荬	*Veronica anagallis aquatica* L.	玄参科	Scrophulariaceae	耐水湿
30	四角菱	*Trapa quadrispinosa* Roxb.	菱科	Trapaceae	耐水湿

	种 名		科 名		耐湿能力
31	玉蝉花（花菖蒲）	*Iris ensata* Thunb.	鸢尾科	Iridaceae	生于沼泽地或河岸水湿边
32	玉簪	*Hosta plantaginea*（Lam.）Aschers	百合科	Liliaceae	耐水湿
33	石龙芮	*Ranunculus sceleratus* L.	毛茛科	Ranunculaceae	耐水湿
34	龙师草	*Eleocharis tetraquetra* Nees	莎草科	Cyperaceae	生于沼泽地
35	光叶眼子菜	*Potamogeton lucens* L.	眼子菜科	Potamogetonaceae	耐水湿
36	华次子莞	*Rhynchospora chinensis* Nees et Mey.	莎草科	Cyperaceae	生于沼泽或湿草地
37	竹叶眼子菜	*Potamogeton malaianus* Miq.	眼子菜科	Potamogetonaceae	耐水湿
38	红纤维虾海藻	*Phyllospadix iwatensis* Makino	眼子菜科	Potamogetonaceae	耐水湿
39	红睡莲	*Nymphaea alba* L. var. *rubra* Lonnr	睡莲科	Nymphaceae	耐水湿
40	芜萍	*Wolffia arrhiza*（L.）Wimmer	浮萍科	Lemnaceae	水生漂浮植物
41	芡实（鸡头米）	*Eruyale ferox* Salisb. ex Konig et Sims.	睡莲科	Nymphaceae	耐水湿
42	花蔺	*Butomus umbellatus* L.	花蔺科	Butomaceae	耐水湿
43	角果藻	*Zannichellia palustris* L.	眼子菜科	Potamogetonaceae	生于海滨或内陆盐碱湖泊，耐水湿
44	豆瓣菜	*Nasturtium officinale* R.Br.	十字花科	Cruciferae	耐湿
45	泽泻	*Alisma plantago-aquatica* L. var. *orientale* Sam.	泽泻科	Alismataceae	耐水湿
46	狐尾藻	*Myriophyllum spicatum* L.	小二仙科	Haloragidaceae	水生
47	细叶次子莞	*Rhynchospora faberi* C.B. Clarke	莎草科	Cyperaceae	水边湿地或沼泽地
48	细果野菱	*Trapa maximowiczii* Korsh.	菱科	Trapaceae	耐水湿
49	苦草	*Vallisneria spiralis* L.	水鳖科	Hydrocharitaceae	耐水湿
50	金鱼藻	*Ceratophyllum demersum* L.	金鱼藻科	Ceratophyllaceae	耐水湿
51	金银莲花	*Nymphoides indica*（L.）O.Kuntze	龙胆科	Gentianaceae	耐水湿
52	雨久花	*Monochoria korsakowii* Regel et Maack	雨久花科	Pontederiaceae	耐水湿
53	剑苞藨草	*Scirpus ehrenbergii* Bocklr.	莎草科	Cyperaceae	生于湖水中
54	毒芹	*Cicuta virosa* L.	伞形科	Umbelliferae	生于水边或浅水中
55	狭叶香蒲	*Typha angustifolia* L.	香蒲科	Typhaceae	耐水湿
56	穿叶眼子菜	*Potamogeton perfoliatus* L.	眼子菜科	Potamogetonaceae	耐水湿
57	茴茴蒜	*Ranunculus chinensis* Bge.	毛茛科	Ranunculaceae	耐水湿

	种　名		科　名		耐湿能力
58	荆三棱	*Scirpus yagara* Ohwi	莎草科	Cyperaceae	生于浅水
59	浮叶眼子菜	*Potamogeton natans* L.	眼子菜科	Potamogetonaceae	耐水湿
60	浮萍	*Lemna minor L.*	浮萍科	Lemnaceae	耐水湿
61	海韭菜	*Triglochin maritimum* L.	水麦冬科	Juncaginaceae	耐水湿
62	荇菜	*Nymphoides peltatum*（Gmel.）O.Kuntze	龙胆科	Gentianaceae	耐水湿
63	莲（荷花）	*Nelumbo nucifera* Gaertn.	睡莲科	Nymphaceae	耐水湿
64	鸭舌草	*Monochoria vaginalis*（Burm.f.）Presl	雨久花科	Pontederiaceae	耐水湿，水田或水沟旁
65	眼子菜	*Potamogeton distinctus* A. Benn.	眼子菜科	Potamogetonaceae	耐水湿
66	菰	*Zizania latifolia*（Griseb.）Turcz.	禾本科	Gramineae	耐水湿
67	菹草	*potamogeton crispus* L.	眼子菜科	Potamogetonaceae	耐水湿
68	鄂报春（四季樱草、四季报春）	*Primula obconica* Hance	报春花科	Primulaceae	较耐湿
69	黄睡莲	*Nymphaea mexicana* Zucc.	睡莲科	Nymphaceae	耐水湿
70	紫萍	*Spirodela polyrrhiza*（L.）Schleid.	浮萍科	Lemnaceae	水生漂浮植物
71	黑三棱	*Sparganium stoloniferum* Hamit.	黑三棱科	Sparganiaceae	耐水湿
72	黑纤维虾海藻	*Phyllospadix japonica* Makino	眼子菜科	Potamogetonaceae	耐水湿
73	黑藻	*Hydrilla verticillata*（L.f.）Rich.	水鳖科	Hydrocharitaceae	耐水湿
74	微齿眼子菜	*Potamogeton maackianus* A. Benn.	眼子菜科	Potamogetonaceae	耐水湿
75	慈姑	*Sagittaria sagittifolia* L.	泽泻科	Alismataceae	耐水湿
76	满江红	*Azolla imbricata*（Roxb.）Nakai	满江红科	Azollaceae	耐水湿
77	睡莲（子午莲）	*Nymphaea tetragona* Georgi	睡莲科	Nymphaceae	耐水湿
78	稗	*Echinochloa crusgallii*（L.）Beauv.	禾本科	Gramineae	水边、沼泽及湿地
79	篦齿眼子菜	*Potamogeton pectinatus* L.	眼子菜科	Potamogetonaceae	耐水湿
80	囊颖草	*Sacciolepis indica*（L.）A. Chase	禾本科	Gramineae	生于湿地或水田边

目前关于植物耐涝性的研究大部分集中在树木类，耐涝性表现强的树种主要有：旱柳、河柳、龙爪柳、杞柳、紫薇、落羽杉、池杉、乌桕、枫杨、水蜡树、白蜡树、丝棉木、榔榆、桑、重阳木、木槿、悬铃木、大叶黄杨、柽柳、紫穗槐、石榴、水杉、白榆、黄连木、小叶杨、柘树等。无患子、罗汉松、枸骨、栀子花、刺梨等有一定的耐涝性，而对水涝很

敏感的树种有：蜡梅、樱花、广玉兰、桃、梅、紫竹、淡竹、海桐、青桐、泡桐、鸡爪槭、红枫、柳杉、构树、金丝桃、含笑、卫矛等。

根据我国常用的评判标准：①耐水淹类：此类树种能持续30 d在深水中淹浸，即使水淹过顶也不会死亡；水退后，仍能正常生长，这类树种主要有垂柳（*Salixchaenomeloideskimura*）、池杉（*Taxodiumasendens*）、重阳木[*Bischofiaplycarpa*（levl.）Airy2shaw]、乌桕[*Sapiumsebiferm*（L.）raxb]、白蜡树（*Fraxnuschinensisroxb*）、榔榆（*Ulmusparvifoliajacq*）、桑（*Morus*）、黄连木（*Pistaciachinensisbunge*）、大叶黄杨（*Euonymusjaponiajhumb*）等。②中等耐水淹类：此类树种一般也能耐30 d的深水淹浸，但水淹过树梢就会死亡，代表树种有枫杨（*Pterocaryastnoptera*）、侧柏（*Platycladusorientalis*）、紫穗槐（*Amorphafruticosa*）、棕榈（*Trachycaryafortunei*）、梧桐（*Firmianasimplex*）、棠梨（*Pyrusbetulaefoliabunge*）等。③不耐水淹类：此类树种不能耐受 30 d 时间的水涝、水淹，水淹后随时间的持续而相继死亡，主要树种有水杉（*Metasequoiaglyptostrobides*）、杉木（*Cunninghamialanceolata*）、泡桐（*Paulowniaforturei*）、毛竹（*Phyllostachyspubescens*）、苦楝（*Meliaazedarach*）、香椿（*Toonasinensis*）、刺槐（*Robiniapseucloacacia*）、女贞（*Ligustrunlucidum*）、枸桔（*Citrusmedica*）、木槿（*Hibiscussyriacus*）、桃（*Prunuspersica*）、杏（*Prunusarmeniaca*）、油桐（*Aleuritesfordii*）等。

有调查表明：不同科的树种耐水淹性存在明显差异，山茶科、茜草科、罗汉松科、芸香科树种一般表现很强的耐水性，退水后大部分植株生长良好；而松科、柏科耐水性较差，这与植物长期所处的生态环境和遗传因素有密切关系；裸子植物与被子植物耐水淹的差异性不明显，裸子植物中罗汉松科的罗汉松、竹柏；杉科中的池杉等具有很强的耐水淹性，而松科整个树种耐水淹性非常弱。定植时间短的树种一般比定植时间长的树种耐水性弱；如细叶女贞，树龄4年，树高0.8 m，淹水8 d后，定植1年的死亡100%，定植2年的死亡20%，定植3年的生长正常，茶花也是如此，树龄6年，淹水8 d后，定植才1年的死亡率达90%，定植2年的30%死亡，定植3年以上的生长正常。

一般耐水性强的阔叶树种，其耐旱能力也多很强，如柳类、桑、柘、榔榆、梨类、紫穗槐、紫藤、夹竹桃、乌桕、楝树、白蜡、柽柳等；深根性树种多耐旱，如松类、栎类、樟树、臭椿、乌桕、构树等，浅根性树种多不耐旱，如杉木、柳杉、刺槐等，但根系深浅与耐水能力大小之间似乎无一定的关系；乡土树种多表现较强的耐旱力，如构树、柘树、楝树、乌桕、合欢、臭椿、榔榆、紫藤、胡志、算盘子等，耐旱力均突出，但乡土树种的耐水力则有强有弱，差异较大；有外地引入的树种，其原产地的生境条件与其目前的耐旱力、耐水力强弱有一定关系，如柽柳、石榴、紫穗槐、广玉兰等均来自干旱生境，故均较耐旱，从冷湿地区引入的柳杉、金钱松等多不耐旱，而落羽杉、水松、柳类、栀子、乌桕、枫杨等原产低湿地区的树种，多有较强的耐水能力，但其耐旱力表现强弱不一；有些树种期一般抗性强，栽培分布广，既耐旱又耐水如柳类、榔榆、桑树、紫藤、柘树、隶属、楝树、乌桕、柽柳、栀子花等是栽培应用和引种值得多加重视的种类。另有若干种比较娇气，既不耐旱又不耐水，如玉兰、蜡梅、杉木、柳杉等在栽培应用上不宜大规模发展。

2.3 耐盐碱植物

盐碱土是地球陆地上分布广泛的一种土壤类型，约占陆地总面积的25%。在我国，从滨海到内陆，从低地到高原分布不同类型的盐碱土壤，总面积约5亿多亩，已开垦的1亿多亩，还有3亿多亩等待开垦利用。山东省约有盐碱地110万hm^2，其中盐碱耕地约占81%。山东省内的盐碱土多为内陆盐碱土，主要分布在鲁西北平原的洼地边缘、河间洼地及黄河沿岸。地下水位1.5～2.0 m，矿化度1～3 g/L，盐类组成以氯化物、硫酸盐为主，土壤含盐量为0.2%～0.55%，盐分分布特点为表层重、底层轻。其次为滨海盐碱土，分布于渤海湾沿岸，构成海距约20 km的宽带，自胶莱河口向细胞库昌邑、寒亭、寿光等地的背部及广饶、利津、垦利、沾化、滨州、无棣等县市的大部分。这些地区的地面高程在7.5 m以下，地下水位1.5～2.0 m，矿化度大于10 g/L，盐碱地土壤含盐量一般在0.5%左右，重者可达1%～2%。土壤上下层含盐量均高，主要盐类为氯化钠，占全盐量的80%～90%。

德国的Breckle（1990）将盐生植物分为3个生理类型：（1）真盐生植物（euhalophyte），叶肉质化的和茎肉质化的，它们地上部分肉质化，可以吸收更多水分，将吸收的盐分稀释，将盐分积累在叶或茎的肉质化组织和绿色组织的液泡中；（2）泌盐盐生植物（recretohalophyte），可将吸收的盐分通过盐腺或囊泡分泌到体外；（3）假盐生植物（pseudohalophyte），除对盐离子有一定的选择性吸收外，还能将盐分储藏在植物根部或地上部的基部。

选好植物是盐碱地造林绿化的重要因素之一，实践证明，选择抗盐性强的植物是实现盐碱地绿化的重要条件。

盐碱地对植物的危害：（1）土壤过多的盐分，提高了土壤溶液浓度和渗透压，致使植物根系吸水困难，造成“生理干旱”，破坏植物体内水分的正常代谢；（2）土壤多量的盐分，对植物产生直接毒害作用，如碳酸钠和碳酸氢钠的毒害较大，它们在土壤溶液中产生的氢氧根的碱性能腐蚀植物组织，破坏酶的作用；（3）土壤过多的盐分可以破坏树叶的叶绿体内蛋白质的合成；（4）土壤过多的钠盐，特别是碳酸钠和碳酸氢钠，可使土壤胶体吸附大量钠离子，其表面有一层厚水膜，具有很强的分散作用，使土壤呈高度分散状态，湿时膨胀泥泞，干时收缩坚硬，早晨土壤板结，透水性和透气性差，妨碍生长。

受盐害时，植物表现为下列症状：叶色异常，叶片枯黄，叶片脱落，枝叶萎蔫。

树木的耐盐能力指造林后1～3年内幼树对土壤盐碱的适应性，是盐碱地上树木忍受盐渍化程度并产生产量的能力，根据这个概念，确定以树木生长受到盐碱的抑制，但不显著降低树木的成活率和生长量的土壤含盐量为该树种的耐盐能力。

耐盐能力是相对的，选择时应根据各地的不同条件，具体加以确定，才能获得预期效果。

选择耐盐树种的原则：耐盐能力强，抗旱抗涝能力强，易繁殖，生长快，经济价值高，并且具有改良土壤的作用。

山东省耐盐碱类植物非常丰富，据初步统计，约有274种，分属79科，180属，可以满足本地区盐碱地绿化、改善生态环境、发展经济的需要。

2.3.1 乔木

耐盐碱的乔木类共有 85 种（见表 2-13、表 2-14），分别属于 32 科，52 个属。16 种为常绿的，69 种落叶的。其中在山东省常用来作为盐碱地区常见树种的有白皮松、黑松、侧柏、圆柏、女贞、毛白杨、加拿大杨、垂柳、旱柳、朴树、桑树、三球悬铃木、苦楝、栾树、构树，蔷薇科的经济树种、合欢、皂角、紫荆、国槐、刺槐、漆树、火炬树、栲叶槭、元宝槭、枣、君迁子、栲、绒毛白蜡树、花曲柳、泡桐等。

2.3.1.1 常绿乔木类

表 2-13 耐盐碱常绿类乔木

	种名		科名		耐受性
1	女贞（蜡树）	*Ligustrum lucidum* Ait.	木犀科	Oleaceae	耐轻度盐渍化土，0.1%～0.2%
2	乌哺鸡竹（雅竹）	*Phyllostachys vivax* McClure	禾本科	Gramineae	微碱土壤
3	火炬松	*Pinus taeda* L.	松科	Pinaceae	耐盐范围 0.25%～0.4%
4	北美圆柏（铅笔柏）	*Sabina virginiana*（L.）Ant.	柏科	Cupressaceae	耐盐碱 0.3%～0.5%
5	白皮松	*Pinus bungeana* Zucc.ex Endl.	松科	Pinaceae	耐盐碱
6	龙柏	*Sabina chinensis*（Linn）Ant. cv. ‘Kaizuca’	柏科	Cupressaceae	耐盐碱 0.3%～0.5%
7	侧柏	*Platycladus orientalis*（L.）Franco	柏科	Cupressaceae	耐盐能力 0.2%～0.4%，含盐量 0.2%左右的土壤上能生长良好
8	罗汉松	*Podocarpus macrophyllus*（Thunb.）D. Don.	罗汉松科	Podocarpaceae	耐盐碱
9	圆柏（桧）	*Sabina chinensis*（L.）Ant.	柏科	Cupressaceae	耐盐碱 0.3%～0.5%
10	蚊母树	*Distylium racemosum* Sieb.et Zucc.	金缕梅科	Hamamelidaceae	耐轻度盐渍化土，0.1%～0.2%
11	淡竹	*Phyllostachys glauca* McClure	禾本科	Gramineae	耐盐碱
12	棕榈	*Trachycarpus fortunei*（Hook.f.）H.Wendl.	棕榈科	Palmae	耐盐碱能力达 0.75%
13	湿地松	*Pinus elliottii* Engelm.	松科	Pinaceae	耐盐碱 0.46%～0.75%
14	紫竹	*Phyllostachys nigra*（Lodd.）Munro	禾本科	Gramineae	耐盐碱
15	黑松	*Pinus thunbergii* Parl.	松科	Pinaceae	耐轻度盐渍化土，0.1%～0.2%
16	樟树（香樟）	*Cinnamomum camphora*（Linn）Presl	樟科	Lauraceae	耐盐碱
17	刚竹	*Phyllostachys sulphurea*（Carr.）A. et C. Riv. cv. Viridis	禾本科	Gramineae	耐盐碱

	种　名		科　名		耐受性
18	云杉	*Picea asperata* Mast.	松科	Pinaceae	<0.35
19	雪松	*Cedrus deodara*（Roxb.）G. Don	松科	Pinaceae	<0.2
20	白兰	*Michelia alba* DC.	木兰科	Magnoliaceae	耐盐碱
21	大叶榉树	*Zelkova schneideriana* Hand.-Mazz.	榆科	Ulmaceae	0.3
22	桤木	*Alnus cremastogyne* Burk.	桦木科	Betulaceae	0.3
23	千头柏	*Platycladus orientalis*（L.）Franco cv. Sieboldii	柏科	Cupressaceae	<0.4
24	红楠	*Machilus thunbergii* Sieb. et Zucc.	樟科	Lauraceae	0.9

2.3.1.2　落叶乔木类

表 2-14　耐盐碱落叶类乔木

	种　名		科　名		耐受性
1	八里庄杨	*Populus xiaochuanica* W.Y.Hsu et Liang cv.'balizhuangyang'	杨柳科	Salicaceae	耐盐能力 0.1%～0.2%
2	三球悬铃木（法桐）	*Platanus orientalis* L.	悬铃木科	Platanaceae	耐盐碱
3	大果榆	*Ulmus macrocarpa* Hance	榆科	Ulmaceae	稍耐盐碱，<0.16%
4	小叶杨	*Populus simonii* Carr.	杨柳科	Salicaceae	耐盐能力 0.1%～0.2%
5	山皂荚	*Gleditsia melanacantha* Tang et Wang	豆科	Leguminosae	耐盐碱能力较皂荚强
6	山桃（花桃、山毛桃）	*Prunus davidiana*（Carr.）Franch.	蔷薇科	Rosaceae	较抗盐碱，含盐量 1.5%以下土壤
7	乌桕	*Sapium sebiferum*（Linn）Roxb.	大戟科	Euphorbiaceae	微碱性土，具一定抗盐性，含盐量 0.3%以下可生长
8	元宝槭（五角枫、五脚树）	*Acer truncatum* Bunge	槭树科	Aceraceae	耐盐碱
9	文冠果（文官果）	*Xanthoceras sorbifolia* Bunge	无患子科	Sapindaceae	耐轻盐碱土，耐盐范围 0.25%～0.4%
10	无花果	*Ficus carica* L.	桑科	Moraceae	浅根系耐盐碱
11	日本柳杉	*Crytomeria japonica*（L.f.）D. Don	杉科	Taxodiaceae	耐轻度盐渍土壤
12	木瓜	*Chaenomeles sinensis*（Thouin）Koehne	蔷薇科	Rosaceae	耐轻盐渍化土
13	毛白杨（大叶杨，响杨）	*Populus tomentosa* Carr.	杨柳科	Salicaceae	耐盐能力 0.1%～0.2%
14	毛泡桐	*Paulownia tomentosa*（Thunb.）Steud.	玄参科	Scrophulariaceae	耐盐范围 0.25%～0.35%
15	毛梾（车梁木、毛梾木）	*Cornus walteri* Wanger.	山茱萸科	Cornaceae	耐微碱土壤
16	水杉	*Metasequoia glyptostroboides* Hu et Cheng	杉科	Taxodiaceae	耐盐碱

	种　名		科　名		耐受性
17	加拿大杨	*Populus canadensis* Moench.	杨柳科	Salicaceae	耐盐能力 0.2%～0.3%
18	北枳椇（拐枣）	*Hovenia dulcis* Thunb.	鼠李科	Rhamnaceae	耐轻度盐渍土，0.1%～0.2%
19	北美鹅掌楸（百合木）	*Liriodendron tulipifera* L.	木兰科	Magnoliaceae	耐轻度盐渍化土，0.1%～0.2%
20	白梨	*Pyrus bretschneideri* Rehd.	蔷薇科	Rosaceae	抗微碱
21	白榆	*Ulmus pumila* L.	榆科	Ulmaceae	耐盐能力 0.2%～0.4%
22	合欢（绒花树，芙蓉花）	*Albizzia julibrissin* Durazz.	豆科	Leguminosae	耐盐碱 0.5%
23	朴树	*Celtis sinensis* Pers.	榆科	Ulmaceae	耐中度盐渍化土，0.2%～0.4%
24	西府海棠	*Malus micromalus* Makino	蔷薇科	Rosaceae	耐盐碱
25	君迁子（软枣）	*Diospyros lotus* L.	柿树科	Ebenaceae	耐轻度盐碱，0.1%～0.3%
26	旱柳	*Salix matsudana* Koidz	杨柳科	Salicaceae	适宜在轻度硫酸盐土地上生长
27	李（李子树）	*Prunus salicina* Lindl.	蔷薇科	Rosaceae	微碱性土壤可生长
28	杏	*Prunus armeniaca* L.	蔷薇科	Rosaceae	耐盐能力 0.2%～0.35%
29	杜仲	*Eucommia ulmoides* Oliv.	杜仲科	Eucommiaceae	耐中度盐渍化土
30	杜梨	*Pyrus betulaefolia*	蔷薇科	Rosaceae	较耐盐碱，耐盐能力 0.2%～0.4%
31	沙枣（桂香柳）	*Elaeagnus angustifolia* L.	胡颓子科	Elaeagnaceae	对盐碱抗性较强，耐盐范围 0.3%～1.2%
32	皂荚（皂角）	*Gleditsia sinensis* Lam.	豆科	Leguminosae	耐轻度盐碱，耐盐能力 0.2%～0.4%
33	花曲柳（大叶白蜡树）	*Fraxinus mandshurica* Rupr.	木犀科	Oleaceae	耐盐碱
34	花红	*Malus asiatica* Nakai	蔷薇科	Rosaceae	耐盐碱能力比山荆子强，不如楸子
35	刺槐（洋槐）	*Robinia pseudoacacia* L.	豆科	Leguminosae	轻度盐碱土，耐盐能力 0.2%～0.4%
36	垂柳	*Salix babylonica* L.	杨柳科	Salicaceae	耐盐范围 0.3%～0.4%
37	构树	*Broussonetia papyrifera*（Linn，）L'Her.ex Vent.	桑科	Moraceae	耐盐范围 0.3%～0.4%
38	枣	*Ziziphus jujuba* Mill.	鼠李科	Rhamnaceae	耐盐范围 0.3%～0.55%
39	枫杨（枰柳）	*Pterocarya stenoptera* DC.	胡桃科	Juglandaceae	耐盐力 0.1%～0.3%
40	苦楝（楝树）	*Melia azedarach* L.	楝科	Meliaceae	轻度盐碱土＜0.35%可造林，一年生苗木可耐含盐量 0.6%
41	苹果	*Malus pumila* Mill.	蔷薇科	Rosaceae	耐盐范围 0.2%～0.35%
42	青杨	*Populus cathayana* Rehd.	杨柳科	Salicaceae	耐盐能力 0.1%～0.2%
43	厚壳树	*Ehritia thysiflora*（Sieb. et Zucc.）Nakai	紫草科	Boraginaceae	耐轻盐碱 0.1%～0.2%

	种　名		科　名		耐受性
44	柳杉	*Cryptomeria fortunei* Hooibrenk ex Otto et Dietr.	杉科	Taxodiaceae	耐轻度盐渍土壤
45	绒毛白蜡树（绒毛梣）	*Fraxinus velutina* Torr.	木犀科	Oleaceae	能耐盐碱，耐盐范围0.3%～0.55%
46	胡桃楸	*Juglans mandshurica* Maxim.	胡桃科	Juglandaceae	耐盐力 0.1%～0.2%
47	重阳木	*Bischofia polycarpa*（Lévl.）Airy Shaw	大戟科	Euphorbiaceae	耐轻度盐渍化土，0.1%～0.2%
48	栾树	*Koelreuteria paniculata* Laxm.	无患子科	Sapindaceae	耐盐渍土壤
49	桃	*Prunus persica*（L.）Batch.	蔷薇科	Rosaceae	耐盐范围 0.25%～0.4%
50	桑	*Morus alba* Linn	桑科	Moraceae	耐盐能力 0.2%～0.4%
51	梣（白蜡树、蜡条）	*Fraxinus chinensis* Roxb.	木犀科	Oleaceae	0.2%以下的盐碱地可生长
52	梣叶槭（白蜡槭、糖槭、复叶槭）	*Acer negundo* L.	槭树科	Aceraceae	耐盐碱
53	流苏树（牛筋子、茶叶树）	*Chionanthus retusus* Lindl. et Paxt.	木犀科	Oleaceae	微碱性土壤
54	臭椿（椿树、樗树）	*Ailanthus altissima*（Mill.）Swingle	苦木科	Simaroubaceae	排水良好、含盐量不超过 0.3%的盐碱土
55	钻天杨	*Populus nigra* L. var. *italica* Koehne	杨柳科	Salicaceae	耐盐能力 0.2%～0.4%
56	梓树（河楸）	*Catalpa ovata* Don	紫葳科	Bignoniaceae	耐轻盐碱
57	银杏	*Ginkgo biloba* L.	银杏科	Ginkgoaceae	耐轻度盐碱
58	黄檀（白檀、檀树）	*Dalbergia hupeana* Hance	豆科	Leguminosae	轻度盐碱土
59	榔榆	*Ulmus parvifolia* Jacq.	榆科	Ulmaceae	中度盐渍化土
60	紫荆（紫珠、满条红）	*Cercis chinensis* Bunge	豆科	Leguminosae	耐盐碱，0.1%～0.5%
61	新疆杨	*Populus bolleana* Lauche	杨柳科	Salicaceae	耐盐能力 0.4%～0.6%
62	楸子（海棠果）	*Malus prunifolia*（Willd.）Borkh.	蔷薇科	Rosaceae	耐盐碱
63	楸树	*Catalpa bungei* C. A. Mey.	紫葳科	Bignoniaceae	耐轻度盐碱
64	槐树（国槐）	*Sophora japonica* L.	豆科	Leguminosae	微碱性土壤可生长，耐盐范围 0.3%～0.5%
65	漆树（大木漆）	*Toxicodendron verniciflnum*（Stokes）F. A. Barkley	漆树科	Anacardiaceae	耐中度盐渍化土
66	褐梨	*Pyrus phaeocarpa* Rehd.	蔷薇科	Rosaceae	耐盐碱
67	樱桃李（红叶李、紫叶李）	*Prunus cerasifera* Ehrh.	蔷薇科	Rosaceae	耐盐碱
68	箭杆杨（电杆杨）	*Populus nigra* L. var. *thevestina*（Dode）Bean	杨柳科	Salicaceae	稍耐盐碱，在土层中硫酸钠含量 0.3%～0.41%，氯化钠含量 0.1%以下生长良好

	种 名		科 名		耐受性
69	垂丝海棠	*Malus halliana* Koehne	蔷薇科	Rosaceae	0.1～0.2
70	碧桃	*Amygdalus persica* var. *persica*	蔷薇科	Rosaceae	0.1～0.2
71	樱桃	*Cerasus pseudocerasus*（Lindl.）G. Don	蔷薇科	Rosaceae	0.1～0.2
72	龙爪槐	*Sophora japonica* Linn var. *japonica*	豆科	Leguminosae	0.2～0.4
73	毛梾	*Swida walteri*（Wanger.）Sojak	山茱萸科	Cornaceae	耐盐碱
74	胡杨	*Populus euphratica*	杨柳科	Salicaceae	0.6～0.8
75	珠美海棠	*Malus zumi*	蔷薇科	Rosaceae	0.4～0.6
76	柿	*Diospyros kaki* Thunb.	柿科	Ebenaceae	＜0.2
77	黄连木	*Pistacia chinensis* Bunge	漆树科	Anacardiaceae	＜0.2
78	水曲柳	*Fraxinus mandschurica* Rupr.	木犀科	Oleaceae	＜0.2
79	玉兰	*Magnolia denudata* Desr.	木兰科	Magnoliaceae	耐盐碱
80	白杜（白杜卫矛）	*Euonymus maackii* Rupr.	卫矛科	Celastraceae	0.4 左右
81	馒头柳	*Salix matsudana* var. *matsudana* f. *umbraculifera* Rehd.	杨柳科	Salicaceae	0.3～0.4
82	花椒	*Zanthoxylum bungeanum* Maxim.	芸香科	Rutaceae	0.3～0.4
83	绦柳	*Salix matsudana* var. *matsudana* f. *pendula* Schneid.	杨柳科	Salicaceae	0.4～0.5
84	无患子	*Sapindus mukorossi* Gaertn.	无患子科	Sapindaceae	0.6
85	中华红叶杨	*Ppulus alba* var.*pyramidalis*	杨柳科	Salicaceae	0.3～0.6

2.3.2 灌木

据现有资料统计得知，耐盐碱的灌木类共有 49 种，常绿的有 4 种，落叶类有 45 种，分属于 23 科，38 属。其中在比较常见种类有卫矛、冬青卫矛、杞柳、小檗、珍珠梅、多花蔷薇、月季、玫瑰、贴梗海棠、榆叶梅、锦鸡儿、白刺花、紫穗槐、白刺、柽柳、桧柽柳、多枝柽柳（红柳）、中国沙棘、连翘、紫丁香、小叶女贞、迎春花、罗布麻、单叶蔓荆、枸杞、锦带花等。

2.3.2.1 常绿灌木类

表 2-15 耐盐碱常绿类灌木

	种 名		科 名		耐受性
1	卫矛	*Euonymus alatus*（Thunb.）Sieb.	卫矛科	Celastraceae	耐盐碱
2	冬青卫矛（大叶黄杨）	*Euonymus japonicus* Thunb.	卫矛科	Celastraceae	耐盐碱
3	金银花（忍冬）	*Lonicera japonica* Thunb.	忍冬科	Caprifoliaceae	耐盐碱
4	黄杨（锦熟黄杨）	*Buxus sinica*（Rehd. et Wils.）Cheng	黄杨科	Buxaceae	微碱性土上可生长
5	石楠	*Photinia serrulata* Lindl.	蔷薇科	Rosaceae	0.2～0.4

	种 名		科 名		耐受性
6	常春藤	*Hedera nepalensis* K.	五加科	Araliaceae	0.22～0.38
7	沙冬青	*Ammopiptanthus mongolicus*	豆科	Leguminosae	1.5～1.8
8	厚叶石斑木	*Rhaphiolepis umbellata*	蔷薇科	Rosaceae	0.9
9	小叶蚊母树	*Distylium buxifolium*	金缕梅科	Hamamelidaceae	0.9
10	金边黄杨	*Euonymus japonicus* Thunb. var. *aurea-marginatus* Hort.	卫矛科	Celastraceae	0.9
11	金叶女贞	*Ligustrum vicaryi*	木犀科	Oleaceae	0.4 左右
12	花叶蔓长春花	*Vinca major* Linn cv. Variegata	夹竹桃科	Apocynaceae	0.2～0.35
13	蔓长春花（长春蔓）	*Vinca major* L.	夹竹桃科	Apocynaceae	0.2～0.35
14	日本女贞	*Ligustrum japonicum* Thunb.	木犀科	Oleaceae	0.3
15	夹竹桃	*Nerium indicum* Mill.	夹竹桃科	Apocynaceae	0.6
16	铺地柏	*Sabina procumbens*（Endl.）Iwata et Kusaka	柏科	Cupressaceae	0.2～0.4

2.3.2.2 落叶灌木类

表 2-16 耐盐碱落叶类灌木

	种 名		科 名		耐受性
1	小叶女贞（小白蜡树）	*Ligustrum quihoui* Carr.	木犀科	Oleaceae	耐盐碱，0.6%～0.8%
2	小檗（日本小檗）	*Berberis thunbergii* DC.	小檗科	Berberidaceae	耐盐碱 0.3%～0.5%
3	中国沙棘（醋柳、酸刺）	*Hippophae rhamnoides* L. ssp. Sinensis Rousi	胡颓子科	Elaeagnaceae	耐盐碱，可在 1.1%的土地上生长
4	月季花	*Rosa chinensis* Jacq.	蔷薇科	Rosaceae	耐盐碱
5	木芙蓉（芙蓉花）	*Hibicus mutabilis* L.	锦葵科	Malvaceae	耐盐碱 0.18%～0.3%
6	木槿	*Hibicus syriacus* L.	锦葵科	Malvaceae	耐盐范围 0.2%～0.4%
7	毛刺槐（江南槐）	*Robinia hispida* L.	豆科	Leguminosae	耐盐碱
8	火炬树	*Rhus typhina* L.	漆树科	Anacardiaceae	耐盐碱
9	牛奶子（麦粒子）	*Elaeagnus umbellata* Thunb.	胡颓子科	Elaeagnaceae	耐盐碱
10	宁夏枸杞	*Lycium barbarum* L.	茄科	Solanaceae	耐盐碱
11	白刺	*Nitraria sibirica* Pall.	蒺藜科	Zygophyllaceae	耐盐范围＞1.5%
12	白刺花（马蹄针）	*Sophora viciifolia* Hance	豆科	Leguminosae	耐盐碱，生于石灰质土壤的山坡上
13	石榴	*Punica granatum* L.	石榴科	Punicaceae	耐盐碱力强，pH 4.5～8.2 均可生长
14	多花蔷薇	*Rosa multiflora* Thunb.	蔷薇科	Rosaceae	耐盐碱能力较强
15	多枝柽柳（红柳）	*Tamarix ramosissima* Ledeb.	柽柳科	Tamaricaceae	耐盐碱，耐盐碱界限 0.5%～1.2%
16	红叶黄栌	*Cotinus coggygria* Scop. var. *cinerea* Engl.	漆树科	Anacardiaceae	对酸碱度要求不严，可在石灰岩山地生长
17	红瑞木	*Swida alba*（L.）Opia（Cornus alba L.）	山茱萸科	Cornaceae	耐盐碱

	种　名		科　名		耐受性
18	杞柳	*Salix integra* Thunb.	杨柳科	Salicaceae	耐盐范围 0.3%～0.45%
19	牡丹	*Paeonia suffruticosa* Andr.	毛茛科	Ranunculaceae	较耐碱，pH=8 处仍可生长
20	迎春花	*Jasminum nudiflorum* Lindl.	木犀科	Oleaceae	耐盐碱
21	连翘（挂拉鞭）	*Forsythia suspensa*（Thunb.）Vahl	木犀科	Oleaceae	耐盐碱
22	单叶蔓荆	*Vitex trifolia* L. var. *simplicifolia* Cham.	马鞭草科	Verbenaceae	耐盐碱，生于沙滩、海滨及湖畔
23	玫瑰	*Rosa rugosa* Thunb.	蔷薇科	Rosaceae	在微碱性土可生长，耐盐范围 0.2%～0.35%
24	罗布麻（茶叶花）	*Apocynum venetum* L.	夹竹桃科	Apocynaceae	耐盐碱，可生于 1%以上盐碱地
25	金银木（金银忍冬）	*Lonicera maackii*（Rupr.）Maxim.	忍冬科	Caprifoliaceae	耐盐碱，适应能力强
26	枸杞	*Lycium chinense* Mill.	茄科	Solanaceae	耐盐力强，在含盐量 0.444 7%时生长正常
27	柽柳	*Tamarix chinensis* Lour.	柽柳科	Tamaricaceae	耐盐碱（含盐量 0.4%），耐盐范围＞1.5%
28	珍珠梅（东北珍珠梅）	*Sorbaria sorbifolia*（L.）A. Br.	蔷薇科	Rosaceae	能耐盐碱
29	草麻黄	*Ephedra sinica* Stapf	麻黄科	Ephedraceae	耐盐碱
30	重瓣红石榴	*Punica granatum* L. var. *planiflora* Hayne	石榴科	Punicaceae	较耐盐碱
31	香茶藨（黄丁香）	*Ribes odoratum* Wendl.	虎耳草科	Saxifragaceae	耐盐碱能力强
32	桧柽柳	*Tamarix juniperina* Bunge	柽柳科	Tamaricaceae	耐盐碱
33	皱皮木瓜（贴梗海棠）	*Chaenomeles speciosa*（Sweet）Nakai	蔷薇科	Rosaceae	耐盐碱 0.1%～0.5%
34	接骨木（接骨丹）	*Sambucus williamsii* Hance	忍冬科	Caprifoliaceae	耐盐碱，适应性强
35	野皂荚（山皂荚）	*Gleditsia heterophylla* Bunge	豆科	Leguminosae	耐盐范围 0.2%～0.4%
36	黄刺玫	*Rosa xanthina* Lindl.	蔷薇科	Rosaceae	耐盐碱
37	猬实	*Kolkwitzia amabilis* Graebn.	忍冬科	Caprifoliaceae	耐盐碱
38	紫丁香（华北紫丁香）	*Syringa bblata* Lindl.	木犀科	Oleaceae	耐盐碱，适应能力强
39	紫薇（百日红、痒痒树）	*Lagerstroemia indica* Linn	千屈菜科	Lythraceae	可在微碱性土壤上生长，耐淹力中等
40	紫穗槐（棉槐）	*Amorpha fruticosa* L.	豆科	Leguminosae	耐盐碱，可在含盐量 0.4%～0.6%土壤中生长
41	榆叶梅（兰枝、鸾枝梅）	*Prunus triloba* Lindl.	蔷薇科	Rosaceae	耐盐碱
42	锦鸡儿	*Caragana sinica*（Bue'hoz）Rehd.	豆科	Leguminosae	耐盐碱

	种名		科名		耐受性
43	锦带花	*Weigela florida*（Bunge）A.DC.	忍冬科	Caprifoliaceae	耐盐碱，适应能力强
44	榛（榛子）	*Corylus heterophylla* Fisch. ex Trautv	桦木科	Betulaceae	耐盐碱土
45	棣棠花	*Kerria japonica*（L.）DC.	蔷薇科	Rosaceae	0.1～0.2
46	细穗柽柳	*Tamarix leptostachys* Bunge	柽柳科	Tamaricaceae	2.5～3.9
47	多花柽柳	*Tamarix hohenackeri* Bunge	柽柳科	Tamaricaceae	2.5～3.9
48	簸箕柳	*Salix suchowensis*	杨柳科	Salicaceae	1.5～2.0
49	柠条锦鸡儿	*Caragana korshinskii* Kom.	豆科	Leguminosae	1.0～1.5
50	白刺花（狼牙刺）	*Sophora davidii*	豆科	Leguminosae	1.2～1.5
51	白刺	*Nitraria tangutorum* Bobr.	蒺藜科	Zygophyllaceae	2.5～3.9
52	胡枝子	*Lespedeza bicolor* Turcz.	豆科	Leguminosae	0.6～1.0
53	芙蓉菊	*Crossostephium chinense*	菊科	Compositae	0.9
54	滨柃	*Eurya emarginata*（Thunb.）Makino	山茶科	Theaceae	0.6
55	海桐	*Pittosporum tobira*	海桐花科	Pittosporaceae	0.6
56	红花锦鸡儿	*Caragana rosea* Turcz. ex Maxim.	豆科	Leguminosae	0.3～0.5
57	红瑞木	*Swida alba*	山茱萸科	Cornaceae	0.2～0.3
58	银芽柳	*Salix leucopithecia*	杨柳科	Salicaceae	0.2～0.3
59	海州常山	*Clerodendrum trichotomum* Thunb.	马鞭草科	Verbenaceae	0.3 左右
60	盐爪爪	*Kalidium foliatum*	藜科	Chenopodiaceae	耐盐碱
61	红砂	*Reaumuria songarica*	柽柳科	Tamaricaceae	耐盐碱
62	假木贼属	*Anabasis* L.	藜科	Chenopodiaceae	耐盐碱
63	小果白刺	*Nitraria sibirica* Pall.	蒺藜科	Zygophyllaceae	1.5
64	紫珠	*Callicarpa bodinieri* Levl.	马鞭草科	Verbenaceae	耐盐碱
65	黄芦木（小檗）	*Berberis amurensis* Rupr.	小檗科	Berberidaceae	耐盐碱
66	山莓	*Rubus corchorifolius* L. f.	蔷薇科	Rosaceae	0.2～0.4
67	大花美人蕉	*Canna generalis* Bailey	美人蕉科	Cannaceae	耐盐碱

2.3.3 藤本

藤本类共有 8 种耐盐碱植物，分属于 6 科，7 属，除褐毛铁线莲外，其他几类在园艺上都较常用，而葡萄多作为庭院绿化植物。

表 2-17 耐盐碱藤本植物

	种名		科名		木质常绿	木质落叶	草质常绿	草质落叶	耐受性
1	五叶地锦（五叶爬山虎）	*Parthenocissus quinquefolia*（L.）Planch.	葡萄科	Vitaceae		√			耐盐碱

	种　名		科　名		木质常绿	木质落叶	草质常绿	草质落叶	耐受性
2	扶芳藤	*Euonymus fortunei*（Turcz.）Hand.-Mazz.	卫矛科	Celastraceae	√				耐盐碱，能适应较强的盐碱土壤
3	爬山虎	*Parthenocissus tricuspidata*（Sieb.et Zucc.）Planch.	葡萄科	Vitaceae		√			耐盐碱
4	金银花（忍冬）	*Lonicera japonica* Thunb.	忍冬科	Caprifoliaceae			√		耐盐碱 0.3%～0.4%
5	凌霄	*Campsis grandiflora*（Thunb.）Loisel.	紫葳科	Bignoniaceae			√		耐盐范围 0.3%～0.4%
6	紫藤	*Wisteria sinensis* Sweet	豆科	Leguminosae		√			耐盐碱
7	葡萄	*Vitis vinifera* L.	葡萄科	Vitaceae		√			抗盐能力较强，耐盐范围 0.25%～0.4%
8	褐毛铁线莲（褐紫铁线莲）	*Clematis fusca* Turcz.	毛茛科	Ranunculaceae		√			耐盐碱
9	厚萼凌霄	*Campsis radicans*（L.）Seem.	紫葳科	Bignoniaceae					0.2～0.4
10	紫藤	*Wisteria sinensis*	豆科	Leguminosae					＜0.3

2.3.4 草本

据初步统计耐盐碱的草本类有 132 种，分属 33 科，94 属。其中禾本科的碱茅属、獐茅属、紫羊茅、早熟禾、芦苇、狗牙根、披碱草、结缕草、羊草、虎尾草、大米草、白茅，蓼科盐角草，藜科植物，糙叶薹草、灯心草、美人蕉、猪毛菜、鸡冠花、千日红、盐芥、紫苜蓿、田菁、凤仙花、蜀葵、珊瑚菜、补血草、牵牛、车前、碱菀、茵陈蒿、蒙古鸦葱等为常见盐碱地植物。（见表 2-18）

表 2-18　耐盐碱草本

	种　名		科　名		耐受性
1	一串红（墙下红）	*Salvia splendens* Ker.-Gawl.	唇形科	Labiatae	耐盐碱
2	一枝黄花	*Solidago virgaurea* L.var. *dahurica* Kitag.	菊科	Compositae	耐盐碱
3	二色补血草	*Limonium bicolor*（Bge.）O. Kuntze	白花丹科	Plumbaginaceae	耐盐碱，生于盐渍土，为盐渍土指示物
4	万寿菊	*Tagetes erecta* L.	菊科	Compositae	耐盐碱
5	三色堇菜	*Viola tricolor* L.	堇菜科	Violaceae	耐一定盐碱
6	千日红	*Gomphrena globosa* L.	苋科	Amaranthaceae	耐盐碱
7	大车前	*Plantago major* L.	车前科	Plantaginaceae	耐盐碱

	种　名		科　名		耐受性
8	大叶藻	*Zostera marina* L.	眼子菜科	Potamogetonaceae	耐盐碱，生于浅海中
9	大米草	*Spartina anglica* C. E. Hubb.	禾本科	Gramineae	耐盐碱，生于海滨沼泽地；耐淹
10	大丽花（大丽菊）	*Cahlia pinnata* Cav.	菊科	Compositae	耐盐碱
11	大麻槿（洋麻）	*Hibicus cannabinus*L.	锦葵科	Malvaceae	耐盐碱
12	大穗结缕草	*Zoysia macrostachya*	禾本科	Gramineae	耐盐碱
13	小冠花	*Coronilla varia* L.	豆科	Leguminosae	耐中度盐渍化土
14	小盐芥	*Thellungiella halophila*（C.A.Mey.）O.E.Schulz	十字花科	Cruciferae	耐盐碱，生于盐碱地上
15	小藜	*Chenopodium serotinum* L.	藜科	Chenopodiaceae	耐盐碱
16	川蔓藻	*Ruppia rostellata* Koch	眼子菜科	Potamogetonaceae	耐盐碱，生于海边咸水
17	马蔺	*Iris lactea Pall.* var. *chinensis*（Fisch.）Koidz.	鸢尾科	Iridaceae	耐盐碱
18	中亚滨藜	*Atriplex centralasiatica* Iljin	藜科	Chenopodiaceae	生于盐碱地草丛
19	中华结缕草	*Zoysia sinica* Hance	禾本科	Gramineae	耐盐碱
20	凤仙花（指甲花）	*Impatiens balsamina* L.	凤仙花科	Balsaminaceae	耐一定盐碱
21	孔雀草（小万寿菊）	*Tagetes patula* L.	菊科	Compositae	耐盐碱
22	无翅猪毛菜	*Salsola komarovii* Iljin	藜科	Chenopodiaceae	耐盐碱，生于海滨沙滩或河滩沙质土壤
23	毛果蝇虫实	*Corispermum declinaturn* Steph.ex Stev. var. *tylocarpum*（Hance）Tsien et C.GMa	藜科	Chenopodiaceae	耐轻度盐碱
24	毛鸭嘴草	*Ischaemum antephoroides*（Steud.）Miq.	禾本科	Gramineae	海边沙滩，河边及沙质山坡
25	水麦冬	*Triglochin palustre* L.	水麦冬科	Juncaginaceae	耐盐碱，生于盐碱沼泽地
26	水葫芦苗	*Halerpestes sarmentosa*（Adams）Kom.	毛茛科	Ranunculaceae	耐湿，耐盐碱
27	长刺酸模（海滨酸模）	*Rumex maritimus* L.	蓼科	Polygonaceac	湖边低洼湿地，耐盐碱，生于湖滨盐化低地
28	平车前	*Plantago depressa* Willd.	车前科	Plantaginaceae	耐盐碱，可生于含盐量较高的地方
29	甘草（甜草）	*Glycyrrhiza uralensis* Fisch.	豆科	Leguminosae	耐盐碱
30	甘菊	*Dendranthema lavandulifolium*（Fisch. ex Trautv.）Lang et Shih	菊科	Compositae	耐盐碱，生于海边盐渍地
31	田菁	*Sesbania cannabina*（Retz.）Pers.	豆科	Leguminosae	耐潮湿，耐中度盐渍化土
32	白车轴草（白三叶）	*Trifolium repens* L.	豆科	Leguminosae	耐盐碱

	种　名		科　名		耐受性
33	白茅	*Imperata cylindrica*（L.）Beauv. var. *major*（Nees）C.B.Hubb.	禾本科	Gramineae	耐盐碱，含盐量0.5%左右
34	白香草木樨	*Melilotus albus* Desr.	豆科	Leguminosae	耐轻度盐碱
35	光果宽叶独行菜（北独行菜）	*Lepidium latifolium* L.var. *affine* C.A.Mey	十字花科	Cruciferae	耐盐碱，生于含盐质的沙滩、田边及路旁
36	兴安天门冬	*Asparagus dauricus* Fish.ex Link.	百合科	Liliaceae	耐轻度盐碱，砂石坡、海边沙滩
37	华黄耆（木黄耆）	*Astragalus chinensis* L.f.	豆科	Leguminosae	耐干旱，生于沙质地，耐盐碱
38	地肤	*Kochia scoparia*（L.）Schrad.	藜科	Chenopodiaceae	耐重盐碱
39	尖帽草	*Mitrasacme indica* Wight.	马钱科	Loganiaceae	耐盐碱，生于沿海沙地
40	早熟禾	*Poa annua* L.	禾本科	Gramineae	耐盐碱
41	灯心草	*Juncus effusus* L.	灯心草科	Juncaceae	耐盐碱，假盐生植物
42	灰绿藜	*Chenopodium glaucum* L.	藜科	Chenopodiaceae	耐盐碱，生于轻度盐碱的土壤上
43	红纤维虾海藻	*Phyllospadix iwatensis* Makino	眼子菜科	Potamogetonaceae	耐盐碱，生于海岸低潮带岩石上
44	羊草	*Leymus chinensis*（Trin.）Tzvel.	禾本科	Gramineae	耐干旱，抗盐碱
45	西伯利亚蓼	*Polygonum sibiricum* Laxm.	蓼科	Polygonaceac	耐盐碱，生于盐碱荒地或沙质盐碱土上
46	拟漆姑	*Spergularia marina*（L.）Griseb.	石竹科	Caryophyllaceae	耐轻度盐碱，生于低湿的盐碱地、盐渍化草甸及沙质轻度盐碱地
47	束尾草	*Phacelurus latifolius*（Steud.）Ohwi	禾本科	Gramineae	耐盐碱，生于海滨沙滩
48	沙滩黄芩	*Scutellaria strigillosa* Hemsl.	唇形科	Labiatae	耐盐碱，生于海边沙地
49	芦苇	*Phragmites communis* Trin.	禾本科	Gramineae	耐盐碱，生于盐碱荒地
50	菵草	*Beckmannia syzigachne*（Steud.）Fermald	禾本科	Gramineae	耐盐碱
51	补血草（中华补血草）	*Limonium sienense*（Girard）O.Kuntze	白花丹科	Plumbaginaceae	耐盐碱，生于海滨盐土地，为盐渍土指示物
52	角果藻	*Zannichellia palustris* L.	眼子菜科	Potamogetonaceae	耐盐碱，生于海滨或内陆盐碱湖泊
53	阿尔泰狗娃花	*Heteropappus altaicus*（Willd.）Navopokr.	菊科	Compositae	耐盐碱
54	鸡冠花	*Celosia cristata* L.	苋科	Amaranthaceae	耐盐碱
55	刺儿菜	*Cirsium segetum* Bge.	菊科	Compositae	耐盐碱，可生于轻度盐碱地
56	刺沙蓬	*Salsola ruthenica* Iljin	藜科	Chenopodiaceae	耐盐碱，生于海滨沙滩

	种　名		科　名		耐受性
57	刺果甘草	*Glycyrrhiza pallidiflora* Maxim.	豆科	Leguminosae	耐盐碱，生于盐碱荒地
58	咖啡黄葵（秋葵）	*Abelmoschus esculentus*（L.）Moench	锦葵科	Malvaceae	耐盐碱 0.1%～0.5%
59	披碱草	*Elymus dahuricus* Turcz.	禾本科	Gramineae	耐盐碱
60	拂子茅	*Calamagrostis epigeios*（L.）Roth	禾本科	Gramineae	耐盐碱
61	狗牙根	*Cynodon dactylon*（L.）Pers.	禾本科	Gramineae	耐盐碱
62	狗尾草	*Setaria viridis*（L.）Beauv.	禾本科	Gramineae	耐盐碱，生于轻度盐碱地
63	直立黄耆（沙打旺）	*Astragalus adsurgens* Pall.	豆科	Leguminosae	耐盐碱
64	细叶鸦葱（白茎鸦葱）	*Scrzonera mongolica* Maxim.	菊科	Compositae	耐盐碱，生于盐碱地，盐化草甸和沙地
65	细叶鸦葱（笔管草、白茎鸦葱）	*Scrzonera albicaulis* Bge.	菊科	Compositae	耐盐碱，耐干旱，生于石质山坡、荒地、沙丘
66	细苞虫实	*Corispermum stenolepis* Kitagawa	藜科	Chenopodiaceae	耐盐碱，生于轻度盐碱地，海滨沙丘
67	细齿草木樨	*Melilotus dentatus*（Wwldst. et Kit.）Pers.	豆科	Leguminosae	耐盐碱，生于轻盐渍化的低湿地
68	肾叶打碗花（滨旋花）	*Calystegia soldanella*（L.）R.Br.	旋花科	Convolvulaceae	耐盐碱，生于海滨沙地或海岸岩石缝
69	苦菜	*Ixeris chinensis*（Thunb.）Nakai	菊科	Compositae	耐盐碱，生于含盐量低的土壤，0.2%～0.4%
70	虎尾草	*Chloris virgata* Swartz	禾本科	Gramineae	耐盐碱
71	软毛虫实	*Corispermum puberulum* Iljin	藜科	Chenopodiaceae	耐盐碱，生于沙质荒地或海滨沙滩
72	鸢尾	*Iris tectorum* Maxim.	鸢尾科	Iridaceae	耐盐碱
73	匍匐苦荬菜	*Ixeris repens*（L.）A.Gray	菊科	Compositae	耐轻度盐碱，含盐量 0.2%～0.4%
74	扁担藨草	*Scirpus planiculmis* Fr. Schmidt	莎草科	Cyperaceae	耐盐碱，生于盐生草甸，生于水边湿地
75	星星草	*Puccinellia tenuiflora*（Turca.）Scribn. et Merr.	禾本科	Gramineae	耐盐碱，生于碱性荒草地
76	牵牛	*Pharbitis hederacea*（L.）Choisy.	旋花科	Convolvulaceae	耐盐碱
77	狭叶束尾草	*Phacelurus latifolius*（Steud.）Ohwi var. *angustifolius*（Debeaux）Kitagawa	禾本科	Gramineae	耐盐碱，生于海滨沙滩
78	珊瑚菜（北沙参）	*Glehnia littoralis* Fr.Schmidt ex Miq.	伞形科	Umbelliferae	耐盐碱，生于海滨沙地

	种名		科名		耐受性
79	砂引草	*Messerschmidia sibirica* L.	紫草科	Boraginaceae	耐盐碱，生于海滨沙地；耐干旱，生于干旱荒漠
80	结缕草	*Zoysia japonica* Steud.	禾本科	Gramineae	耐盐碱 0.5%～0.68%，生于海滨
81	美人蕉	*Canna indica* L.	美人蕉科	Cannaceae	耐盐碱
82	茵陈蒿	*Artemisia capillaris* Thunb.	菊科	Compositae	耐盐碱，生于沙质土
83	草莓	*Fragaria ananassa* Duch.	蔷薇科	Rosaceae	耐轻度盐渍化土
84	费菜（土三七）	*Sedum aizoon* L.	景天科	Crassulaceae	耐盐碱 0.3%以上
85	弱锈鳞飘拂草	*Fimbristylis ferrugineae*（L.）Vahl var. *sieboldii*（Miq.）Ohwi	莎草科	Cyperaceae	耐盐碱，海边及咸水湿地
86	海边香豌豆	*Lathyrus maritimus*（L.）Bigel.	豆科	Leguminosae	耐盐碱，生于海边沙地
87	海州蒿	*Artemisia fauriei* Nakai	菊科	Compositae	耐盐碱，生于近海盐碱地
88	海乳草	*Glaux maritima* L.	报春花科	Primulaceae	耐盐碱，生于盐碱地和沼泽草甸中
89	海韭菜	*Triglochin maritimum* L.	水麦冬科	Juncaginaceae	耐盐碱，生于湿润沙地、盐碱沼泽、海边滩地
90	海滨米口袋（光滑米口袋）	*Gueldenstaedtia maritima* Maxim.	豆科	Leguminosae	耐干旱，耐盐碱，生于海滨沙地
91	海滨珍珠菜	*Lysimachia mauritiana* Lam.	报春花科	Primulaceae	耐盐碱，生于海滩石缝
92	烟台补血草（紫花补血草）	*Limonium franchetii*（Debeaux）O.Kuntze	白花丹科	Plumbaginaceae	耐盐碱，生于海滨至近海地区山坡
93	盐地碱蓬（黄须菜）	*Suaeda salsa*（L.）Pall.	藜科	Chenopodiaceae	耐盐碱，生于盐碱荒地
94	盐芥	*Thellungiella salsuginea*（Pall.）O.E.Schulz	十字花科	Cruciferae	耐盐碱
95	荷兰菊	*Aster novi-belgii* L.	菊科	Compositae	耐盐碱
96	荻	*Miscanthus sacchariflorus*（Maxim.）Hack.	禾本科	Gramineae	耐中度盐渍化土
97	莳萝蒿	*Artemisia anethoides* Mattf.	菊科	Compositae	耐盐碱，生于近河岸的盐碱地及路边
98	猪毛菜	*Salsola collina* Pall.	藜科	Chenopodiaceae	耐盐碱
99	眼角草	*Salicornia europaea* L.	蓼科	Polygonaceac	耐盐碱，可在 0.8%～1.2%的盐地上生长
100	菊花	*Dendranthema morifolium*（Ramat.）Tzvel.	菊科	Compositae	耐盐碱

	种 名		科 名		耐受性
101	菖蒲（臭蒲）	*Acorus calamus* L.	天南星科	Araceae	耐盐碱
102	蛇床	*Cnidium monnieri*（L.）Cuss.	伞形科	Umbelliferae	耐盐碱
103	野大豆	*Glycine soja* Sieb.et Zucc.	豆科	Leguminosae	耐盐碱，生于盐荒地
104	野菊	*Dendranthema indicum*（L.）Des Moul.	菊科	Compositae	耐盐碱，生于滨海盐渍地
105	隐花草	*Crypsis aculeata*（L.）Ait.	禾本科	Gramineae	耐盐碱
106	朝鲜碱茅	*Puccinellia chinampoensis* Ohwi	禾本科	Gramineae	耐盐碱，生于碱性或微碱性荒草地
107	筛草	*Carex kobomugi* Ohwi	莎草科	Cyperaceae	耐盐碱，生于海边沙滩
108	紫羊茅	*Festuca rubra* L.	禾本科	Gramineae	耐盐碱
109	紫苜蓿（紫花苜蓿）	*Medicago sativa* L.	豆科	Leguminosae	耐盐碱
110	紫茉莉	*Mirabilis jalapa* L.	紫茉莉科	Nyctaginaceac	耐轻度盐碱
111	萱草	*Hemerocallis fulva*（L.）L.	百合科	Liliaceae	耐盐碱
112	鹅绒藤	*Cynanchum chinense* R.Br.	萝藦科	Asclepiadaceae	耐盐碱，生于盐碱湿地
113	黑纤维虾海藻	*Phyllospadix japonica* Makino	眼子菜科	Potamogetonaceae	耐盐碱，生于海岸低潮带岩石上
114	黑麦草	*Lolium perenne* L.	禾本科	Gramineae	耐盐碱
115	微药碱茅	*Puccillia micrandra*（Keng）Keng	禾本科	Gramineae	耐盐碱，生于微碱性、潮湿荒草地
116	滨麦	*Leymus mollis*（Trin.）Hara	禾本科	Gramineae	耐盐碱，生于海滩沙地
117	滨蛇床	*Cnidium japonicum* Miq.	伞形科	Umbelliferae	耐盐碱，生于海滨沙地
118	滨藜	*Atriplwx patens*（Litv.）lljin	藜科	Chenopodiaceae	耐盐碱，生于含轻度盐碱的湿草地
119	睡莲（子午莲）	*Nymphaea tetragona* Georgi	睡莲科	Nymphaceae	耐水湿，耐盐碱
120	矮生薹草	*Carex pumila* Thunb.	莎草科	Cyperaceae	耐盐碱，生于海滨沙滩
121	蒙山莴苣（紫花山莴苣）	*Lactuca tatarica*（L.）C.A.Mey.	菊科	Compositae	耐盐碱，生于沙地和盐碱地
122	獐毛（马绊草）	*Aeluropus littoralis*（Gouan）Parl. var. *sinensis* Debeaux	禾本科	Gramineae	耐盐碱，生于盐碱沙滩地，含盐量1%左右
123	碱地肤	*Kochia scoparia*（L.）Schrad. var. *siebersiana*（Pall.）Uibr.ex Aschers.et Graebn.	藜科	Chenopodiaceae	耐盐碱，生于沿海盐碱荒地
124	碱茅	*Puccillia distans*（L.）Parl.	禾本科	Gramineae	耐盐碱，生于微碱性荒草地
125	碱菀（竹叶菊）	*Tripolium vulgare* Nees	菊科	Compositae	耐盐碱，生于盐碱地水边
126	碱蓬	*Suaeda glauca*（Bge.）Bge.	藜科	Chenopodiaceae	耐盐碱，生于盐碱荒地
127	蔺状隐花草	*Crypsis schoenoides*（L.）Lam.	禾本科	Gramineae	耐盐碱，生于盐化草甸及海滨盐滩地、沙质滩地

	种　名		科　名		耐受性
128	蜀葵（一丈红）	*Althaea rosea*（L.）Cavan.	锦葵科	Malvaceae	耐盐碱
129	糙叶薹草	*Carex scabrifolia* Steud.	莎草科	Cyperaceae	耐盐碱，生于海滨沙滩
130	繁穗苋	*Amaranthus paniculatus* L.	苋科	Amaranthaceae	生于宅旁轻度盐碱荒地
131	藨草	*Scirpus triqueter* L.	莎草科	Cyperaceae	耐盐碱
132	攀援天门冬（海滨天冬）	*Asparagus brachyphyllus* Turcz.	百合科	Liliaceae	砂石坡、海边沙滩
133	千屈菜	*Lythrum salicaria* L.	千屈菜科	Lythraceae	0.4 左右
134	费菜	*Sedum aizoon* L.	景天科	Crassulaceae	0.3 左右
135	三七景天	*sedum spetabiles*	景天科	Crassulaceae	0.25～0.43
136	八宝景天	*Sedum spectabile* Boreau	景天科	Crassulaceae	0.28～0.43
137	云南蓍（蓍草）	*Achillea sibirca* Heimerl ex Hand.-Mazz.	菊科	Compositae	0.2～0.4
138	蓍	*Achillea millefolium* L.	菊科	Compositae	0.2～0.4
139	薄荷	*Mentha haplocalyx* Briq.	唇形科	Labiatae	0.2～0.4
140	金鸡菊	*Coreopsis drummondii* Torr.	菊科	Compositae	0.2～0.4
141	黑心金光菊（地被菊）	*Rudbeckia hirta* L.	菊科	Compositae	0.25～0.45
142	朱顶红	*Hippeastrum rutilum*（Ker-Gawl.）Herb.	石蒜科	Amaryllidaceae	耐盐碱
143	高羊茅	*Festuca elata* Keng ex E.	禾本科	Gramineae	0.3～0.4
144	射干	*Belamcanda chinensis*（L.）Redouté	鸢尾科	Iridaceae	0.2～0.4
145	紫花地丁	*Viola philippica*	堇菜科	Violaceae	0.2～0.4
146	蛇莓	*Duchesnea indica*（Andr.）Focke	蔷薇科	Rosaceae	0.2～0.4
147	蒲公英	*Taraxacum mongolicum* Hand.-Mazz.	菊科	Compositae	0.4～0.6
148	海边月见草	*Oenothera drummondii* Hook.	柳叶菜科	Onagraceae	0.2～0.4
149	喜盐鸢尾	*Iris halophila*	鸢尾科	Iridaceae	0.2～0.4
150	短穗毛舌兰（凤尾兰）	*Trichoglottis rosea* var. *breviracema*	兰科	Orchidaceae	0.4～0.6
151	盐角草	*Salicornia europaea* L.	藜科	Chenopodiaceae	2.5～3.0
152	苦豆子	*Sophora alopecuroides* L.	豆科	Leguminosae	耐盐碱
153	野胡麻	*Dodartia orientalis* L.	玄参科	Scrophulariaceae	耐盐碱
154	球根阿魏	*Schumannia turcomanica* Kuntze	伞形科	Umbelliferae	耐盐碱
155	雾冰藜	*Bassia dasyphylla*	藜科	Chenopodiaceae	耐盐碱
156	芨芨草	*Achnatherum splendens*	禾本科	Gramineae	耐盐碱
157	蜀葵	*Althaea rosea*	锦葵科	Malvaceae	0.6～0.8
158	碱菀	*Tripolium vulgare* Nees	菊科	Compositae	＜0.4

	种　名		科　名		耐受性
159	小天蓝绣球（福禄考）	*Phlox drummondii* Hook.	花荵科	Polemoniaceae	＜0.4
160	玉簪	*Hosta plantaginea*（Lam.）Aschers.	百合科	Liliaceae	0.12～0.25
161	圆叶牵牛	*Pharbitis purpurea*（L.）Voisgt	旋花科	Convolvulaceae	0.3 左右
162	大丽花	*Dahlia pinnata* Cav.	菊科	Compositae	0.3 左右
163	金盏花	*Calendula officinalis* L.	菊科	Compositae	0.3 左右
164	芙蓉葵	*Hibiscus moscheutos* Linn	锦葵科	Malvaceae	0.3 左右
165	鸡冠花	*Celosia cristata* L.	苋科	Amaranthaceae	0.3 左右
166	一串红	*Salvia splendens* Ker-Gawl.	唇形科	Labiatae	0.3 左右
167	大花马齿苋	*Portulaca grandiflora* Hook.	马齿苋科	Portulacaceae	0.3
168	紫露草	*tradescantia rdflexa*	鸭跖草科	Commelinaceae	0.3
169	红花酢浆草	*Oxalis corymbosa* DC.	酢浆草科	Oxalidaceae	0.18～0.33
170	垂盆草	*Sedum sarmentosum* Bunge	景天科	Crassulaceae	0.2～0.38
171	黄花鸢尾	*Iris wilsonii*	鸢尾科	Iridaceae	0.2～0.4
172	菊芋	*Helianthus tuberosus* L.	菊科	Compositae	0.3～0.4
173	向日葵（丈菊）	*Helianthus annuus* L.	菊科	Compositae	0.3～0.5
174	丝兰	*Yucca smalliana* Fern.	百合科	Liliaceae	0.6 左右
175	地黄	*Rehmannia glutinosa*（Gaetn.）Libosch. ex Fisch. et Mey.	玄参科	Scrophulariaceae	0.3～0.6
176	曼陀罗	*Datura stramonium* Linn	茄科	Solanaceae	0.3～0.6
177	打碗花	*Calystegia hederacea* Wall.ex.Roxb.	旋花科	Convolvulaceae	0.3～0.6
178	田旋花	*Convolvulus arvensis* L.	旋花科	Convolvulaceae	0.3～0.6
179	苘麻	*Abutilon theophrasti* Medicus	锦葵科	Malvaceae	0.4～0.6
180	野西瓜苗	*Hibiscus trionum* Linn	锦葵科	Malvaceae	0.4～0.6
181	蓖麻	*Ricinus communis* L.	大戟科	Euphorbiaceae	0.4～0.6
182	大叶补血草	*Limonium gmelinii*（Willd.）Kuntze	白花丹科	Plumbaginaceae	0.8
183	大苞萱草	*Hemerocallis middendorfii* Trautv. et Mey.	百合科	Liliaceae	0.6～0.8
184	球序韭	*Allium thunbergii*	百合科	Liliaceae	0.9
185	玉蝉花	*Iris ensata*	鸢尾科	Iridaceae	0.9
186	山菅	*Dianella ensifolia*（L.）DC.	百合科	Liliaceae	0.9
187	芦竹	*Arundo donax*	禾本科	Gramineae	0.6～1.0
188	藜	*Chenopodium album* L.	藜科	Chenopodiaceae	0.1～2.0
189	东亚市藜	*Chenopodium urbicum*	藜科	Chenopodiaceae	1.5～3.0
190	互花米草	*Spartina alterniflora* Lois.	禾本科	Poaceae	3.0～4.0
191	霍州油菜（小叶野决明）	*Thermopsis chinensis* Benth. ex S. Moore	豆科	Leguminosae	＜0.8

黄河三角洲地区是我省典型的盐碱区，在这里经过 10 多年的观察考证，在当地自然条件下，能生长成活的树种，盐碱能力的强弱情况：（1）抗性强：柽柳、枸杞、白蜡、桧柏、紫穗槐、金银花、柳树、爬山虎、蜀桧、葡萄；（2）抗性较强：国槐、刺槐、毛白杨、臭椿、月季、木槿、刺梅、榆树、枣树、侧柏、石榴、金银木；（3）抗性一般：木槿、紫荆、海棠、凌霄、丁香、连翘、法桐、大叶黄杨、小叶黄杨、龙柏、紫藤、女贞、蔷薇、杏树、桃树、泡桐、合欢、火炬、桑树；（4）抗性较差：油松、雪松、云杉、红瑞木、紫薇等。

在轻度盐碱地上造林，表中所有树种均可选择；在中度盐碱地上造林，经济林树种可选择桃、葡萄、枣树、梨树、枸杞等，绿化观赏树种可选择绒毛白蜡、国槐、柳树、苦楝、白桑、构树等；防护用材树种可选择绒毛白蜡、白榆、苦楝等；在重度盐碱地上造林可供选择的树种较少，经济林主要有枸杞、单叶蔓荆、白刺；绿化观赏树种主要有柽柳、沙枣、白刺；防护用材乔木树种很少，只有沙枣可以在重度盐碱地上造林。

各树种和草种具有不同的耐盐能力，按其差异可分为五级：（1）脱盐土：土壤含盐量＜0.1%（1 m 土层内，下同），能适应大多数树种、草种生长，如水杉、池山、杉亩、樟树、羊、刚竹、淡竹、桂竹、紫云英、大豆、蚕豆等。但耐盐能力小于 0.1%的一般不被列为耐盐植物；（2）轻度盐渍化土：土壤含盐量 0.1%～0.2%。适生种类如银杏、柳杉、日本柳杉、榉树、泡桐、毛白杨、重阳木、枫杨、皂荚、黄连木、丝棉亩、椴树、槐树、梓树、三角枫、五角枫、无患子、栓皮栎、悬铃木、枳椇、北美鹅掌楸、黑松、女贞、木瓜、石楠、白蜡条、海桐、大叶黄杨、花椒、美国山核桃、蚊母树、杞柳、葡萄、梨、白三叶草、草莓等；（3）中度盐渍化土：土壤含盐量 0.2%～0.4%，适生种类有刺槐、白榆、苦楝、绒毛白蜡、臭椿、榔榆、侧柏、圆柏（桧柏）、北美圆柏（铅笔柏）、朴树、桤木、乌桕、栾树、旱柳、桑树、杜仲、漆树、紫穗槐、枸杞、单叶蔓荆、石榴、杏、无花果、枣、夹竹桃、牛尾草、野菊花、白茅、麦冬、紫花苜蓿、荻、束尾草、小冠花等；（4）强度盐渍化土：土壤含盐量 0.4%～0.8%，适生种类有火炬树、沙枣、牛奶子、沙棘、獐毛、大穗结缕草、田菁、芦苇、茵陈蒿、粗叶苔、罗布麻等；（5）盐土：土壤含盐量 0.8%～1.2%，适生种类有柽柳、白刺、眼角草、盐蒿、碱蓬、中华补血草、大米草等。

耐盐碱能力顺序：沙枣＞紫穗槐＞白榆＞银白杨＞钻天杨＞刺槐＞复叶槭。

2.4 喜光植物

光是影响植物生长发育最重要的生态因子之一，它不仅为光合作用提供能量，还作为一种外部信号调节植物生长发育。在植物生活史的每个阶段，如种子萌发、幼苗生长、开花诱导及器官衰老等，光通过对基因表达的调控，调节植物的生长发育。植物在不适育个体发育所需要的光照条件下，生长发育不正常。光线过弱，不能满足其光合作用的需要，营养器官发育不良，瘦弱、徒长，易感病虫害；开花不良，严重时不能转向生殖生长。光线过强，生长发育受抑制，产生灼伤，严重时造成死亡。不同的光照强度、光照长短和光质都会影响植物的生长。了解了光对植物的影响，并进一步搞清不同种植物的光特性，有利于我们充分利用植物，更好地提高植物利用效率，创造良好的生态环境服务。

阳性植物：喜光而不能忍受阴蔽。

根据所收集到的资料初步统计，山东省共有喜光植物357种，分属于85科，210属。可供我们选择的余地也很大。

2.4.1 乔木

初步统计得知，山东省喜光乔木共有160种，分属于31科73属。

2.4.1.1 常绿乔木类

初步统计，喜光常绿乔木有19种，分属于7科11属。见表2-19。

表2-19 喜光常绿乔木

	种名		科名	
1	女贞（蜡树）	*Ligustrum lucidum* Ait.	木犀科	Oleaceae
2	马尾松	*Pinus massoniana* Lamb.	松科	Pinaceae
3	白皮松	*Pinus bungeana* Zucc.ex Endl.	松科	Pinaceae
4	华山松	*Pinus armandi* Franch.	松科	Pinaceae
5	红松	*Pinus koraiensis* Sieb.et Zucc.	松科	Pinaceae
6	杉木	*Cunninghamia lanceolata*（Lamb.）Hook.	杉科	Taxodiaceae
7	赤松	*Pinus densiflora* Sieb. et Zucc.	松科	Pinaceae
8	侧柏	*Platycladus orientalis*（L.）Franco	柏科	Cupressaceae
9	刺柏	*Juniperus formosana* Hayata	柏科	Cupressaceae
10	油松	*Pinus tabulaeformis* Carr.	松科	Pinaceae
11	青扦	*Picea wilsonii* Mast.	松科	Pinaceae
12	茶	*Camellia sinensis*（L.）O.Kuntze	山茶科	Theaceae
13	圆柏	*Sabina chinensis*（L.）Ant.	柏科	Cupressaceae
14	荷花玉兰（广玉兰）	*Magnolia grandiflora* L.	木兰科	Magnoliaceae
15	雪松	*Cedrus deodara*（Roxb.）G.Don	松科	Pinaceae
16	黄山松	*Pinus taiwanensis* Hayata	松科	Pinaceae
17	湿地松	*Pinus elliottii* Engelm.	松科	Pinaceae
18	黑松	*Pinus thunbergii* Parl.	松科	Pinaceae
19	樟树	*Cinnamomum camphora*（L.）Presl	樟科	Lauraceae

2.4.1.2 落叶乔木类

据初步统计，共有喜光落叶乔木141种，分属于28科63属。见表2-20。

表2-20 喜光落叶乔木

	种名		科名	
1	一球悬铃木	*Platanus occidentails* L.	悬铃木科	Platanaceae
2	二乔玉兰	*Magnolia soulangeana*（Lindl.）Soul.-bod.	木兰科	Magnoliaceae
3	二球悬铃木	*Platanus acerifolla*（Ait.）Willd.	悬铃木科	Platanaceae
4	三角槭（三角枫）	*Acer buergerianum* Miq.	槭树科	Aceraceae

	种　名		科　名	
5	三桠乌药	*Lindera obtusiloba* Blume	樟科	Lauraceae
6	三球悬铃木	*Platanus orientalis* L.	悬铃木科	Platanaceae
7	大叶朴	*Celtis koraiensis* Nakai	榆科	Ulmaceae
8	大果榆	*Ulmus macrocarpa* Hance	榆科	Ulmaceae
9	小叶朴	*Celtis bungeana* Blume	榆科	Ulmaceae
10	山杏	*Prunus mandshurica* Koehne	蔷薇科	Rosaceae
11	山皂荚	*Gleditsia melanacantha* Tang et Wang	豆科	Leguminosae
12	山茱萸（萸肉）	*Cornus officinalis* Sieb. et Zucc.	山茱萸科	Cornaceae
13	山荆子	*Malus baccata*（L.）Borkh.	蔷薇科	Rosaceae
14	山桃（花桃、山毛桃）	*Prunus davidiana*（Carr.）Franch.	蔷薇科	Rosaceae
15	山楂	*Crataegus pinnatifida* Bunge	蔷薇科	Rosaceae
16	山槐（山合欢，马樱花）	*Albizzia kalkora*（Roxb.）Prain.	豆科	Leguminosae
17	山樱（青肤樱、樱花）	*Prunus serrulata* Lindl.	蔷薇科	Rosaceae
18	乌桕	*Sapium sebiferum*（L.）Roxb.	大戟科	Euphorbiaceae
19	元宝槭（五角枫、五脚树）	*Acer truncatum* Bunge	槭树科	Aceraceae
20	化香树	*Platycarya strobilacea* Sieb. et Zucc.	胡桃科	Juglandaceae
21	文冠果（文官果）	*Xanthoceras sorbifolia* Bunge	无患子科	Sapindaceae
22	无花果	*Ficus carica* L.	桑科	Moraceae
23	无患子（油患子）	*Sapindus mukorossi* Gaertn.	无患子科	Sapindaceae
24	日本桤木	*Alnus japonica*（Thunb.）Steud.	桦木科	Betulaceae
25	日本落叶松	*Larix kaempferi*（Lamb.）Carr.	松科	Pinaceae
26	日本樱花（东京樱花、吉野樱）	*Prunus yedoensis* Mats.	蔷薇科	Rosaceae
27	木瓜	*Chaenomeles sinensis*（Thouin）Koehne	蔷薇科	Rosaceae
28	毛白杨	*Populus tomentosa* Carr.	杨柳科	Salicaceae
29	毛泡桐	*Paulownia tomentosa*（Thunb.）Steud.	玄参科	Scrophulariaceae
30	毛梾（车梁木）	*Cornus walteri* Wanger.	山茱萸科	Cornaceae
31	毛樱桃（梅桃，山豆子）	*Prunus tomentosa* Thunb.	蔷薇科	Rosaceae
32	水曲柳	*Fraxinus mandshurica* Rupr.	木犀科	Oleaceae
33	水榆花楸	*Sorbus alnifolia*（Sieb. et Zucc.）K. Koch	蔷薇科	Rosaceae
34	兰考泡桐	*Paulownia elongata* S. Y. Hu	玄参科	Scrophulariaceae
35	加拿大杨	*Populus canadensis* Moench.	杨柳科	Salicaceae
36	北京花楸	*Sorbus discolor*（Maxim.）Maxim.	蔷薇科	Rosaceae
37	北京槲栎	*Quercus aliena* Blume var. *pekingensis* Schott.	壳斗科	Fagaceae
38	玉兰	*Magnolia denudata* Desr.	木兰科	Magnoliaceae
39	白花桐（泡桐）	*Paulownia fortunei*（Seem.）Hemsl.	玄参科	Scrophulariaceae
40	白刺花（马蹄针）	*Sophora viciifolia* Hance	豆科	Leguminosae
41	白桦	*Betula platyphylla* Suk.	桦木科	Betulaceae

	种　名		科　名	
42	白榆	*Ulmus pumila* L.	榆科	Ulmaceae
43	辽东栎	*Quercus liaotunggensis* Koidz.	壳斗科	Fagaceae
44	华北落叶松	*Larix principis-rupprechtii* Mayr	松科	Pinaceae
45	合欢（绒花树，芙蓉花）	*Albizzia julibrissin* Durazz.	豆科	Leguminosae
46	朴树	*Celtis sinensis* Pers.	榆科	Ulmaceae
47	灯台树（瑞木）	*Cornus controversa* Hemsl.	山茱萸科	Cornaceae
48	红果山胡椒	*Lindera erythrocarpa* Makino	樟科	Lauraceae
49	西府海棠	*Malus micromalus* Makino	蔷薇科	Rosaceae
50	李（李子树）	*Prunus salicina* Lindl.	蔷薇科	Rosaceae
51	杏	*Prunus armeniaca* Linn	蔷薇科	Rosaceae
52	杜仲	*Eucommia ulmoides* Oliv.	杜仲科	Eucommiaceae
53	杜梨	*Pyrus betulaefolia*	蔷薇科	Rosaceae
54	沙枣（桂香柳）	*Elaeagnus angustifolia* L.	胡颓子科	Elaeagnaceae
55	皂荚	*Gleditsia sinensis* Lam.	豆科	Leguminosae
56	花红	*Malus asiatica* Nakai	蔷薇科	Rosaceae
57	花椒	*Zanthoxylum bungeanum* Maxim.	芸香科	Rutaceae
58	鸡爪槭	*Acer palmatum* Thunb.	槭树科	Aceraceae
59	刺槐（洋槐）	*Robinia pseudoacacia* Linn	豆科	Leguminosae
60	垂丝海棠	*Malus halliana* Koehne	蔷薇科	Rosaceae
61	垂柳	*Salix babylonica* L.	杨柳科	Salicaceae
62	板栗	*Castanea mollissima* Blume	壳斗科	Fagaceae
63	构树	*Broussonetia papyrifera*（L.）L'Her.ex Vent.	桑科	Moraceae
64	枫杨	*Pterocarya stenoptera* C. DC.	胡桃科	Juglandaceae
65	欧洲李（西洋李子）	*Prunus domestica* L.	蔷薇科	Rosaceae
66	欧洲甜樱桃（烟台大樱桃）	*Prunus avium* L.	蔷薇科	Rosaceae
67	欧洲酸樱桃（酸樱桃）	*Prunus cerasus* Ledeb.	蔷薇科	Rosaceae
68	欧楂	*Mespilus germinica* L..	蔷薇科	Rosaceae
69	河北栎	*Quercus hopeiensis* Liou	壳斗科	Fagaceae
70	油桐（三年桐）	*Vernicia fordii*（Hemsl.）Airy Shaw	大戟科	Euphorbiaceae
71	苦楝（楝树）	*Melia azedarach* L.	楝科	Meliaceae
72	苹果	*Malus pumila* Mill.	蔷薇科	Rosaceae
73	金钱松	*Pseudolarix amabilis*（Nelson）Rehd.	松科	Pinaceae
74	金缘栾树（黄山栾树）	*Koelreuteria integrifoliola* Merr.	无患子科	Sapindaceae
75	青檀	*Pteroceltis tatarinowii* Maxim.	榆科	Ulmaceae
76	南京椴	*Tilia miqueliana* Maxim.	椴树科	Tiliaceae
77	厚朴	*Magnolia officinalis* Rehd. et Wils.	木兰科	Magnoliaceae
78	扁桃	*Prunus amygdalus* Stokes	蔷薇科	Rosaceae
79	枸橘（枳、臭杞）	*Poncirus trifoliata*（L.）Raf.	芸香科	Rutaceae
80	枹栎	*Quercus glandulifera* Blume	壳斗科	Fagaceae
81	柘树	*Cudrania tricuspidata*（carr.）Bur.	桑科	Moraceae

	种 名		科 名	
82	柞槲栎	*Quercus mongolico-dentata* Uyeki	壳斗科	Fagaceae
83	秋子梨	*Pyrus ussuriensis* Maxim.	蔷薇科	Rosaceae
84	秋叶泡桐	*Paulownia catalpifolia* Gong Tong	玄参科	Scrophulariaceae
85	绒毛白蜡树（绒毛梣）	*Fraxinus velutina* Torr.	木犀科	Oleaceae
86	美国红梣（毛白蜡、洋白蜡）	*Fraxinus pennsylvanica* Marsh.	木犀科	Oleaceae
87	美国鹅掌楸	*Liriodendron tulipifera* L.	木兰科	Magnoliaceae
88	胡桃（核桃）	*Juglans regia* Linn	胡桃科	Juglandaceae
89	茶条槭（黑枫）	*Acer ginnala* Maxim.	槭树科	Aceraceae
90	重阳木	*Bischofia polycarpa*（Lévl.）Airy Shaw	大戟科	Euphorbiaceae
91	香椿（椿芽树）	*Toona sinensis*（A.Juss.）Roem.	楝科	Meliaceae
92	栓皮栎	*Quercus bariabilis* Blume	壳斗科	Fagaceae
93	栾树	*Koelreuteria paniculata* Laxm.	无患子科	Sapindaceae
94	桃（桃树）	*Prunus persica*（L.）Batsch	蔷薇科	Rosaceae
95	桑	*Morus alba* L.	桑科	Moraceae
96	梣（白蜡树、蜡条）	*Fraxinus chinensis* Roxb.	木犀科	Oleaceae
97	梣叶槭（白蜡槭、糖槭、复叶槭）	*Acer negundo* L.	槭树科	Aceraceae
98	梧桐	*Firmiana simplex*（L.）W.F.Wight	梧桐科	Sterculiaeae
99	泰山盐肤木	*Rhus taishanensis* S.B. Liang	漆树科	Anacardiaceae
100	海棠花（海棠梨）	*Malus spectabilis*（Ait.）Borkh.	蔷薇科	Rosaceae
101	盐肤木	*Rhus chinensis* Mill.	漆树科	Anacardiaceae
102	臭椿（椿树、樗树）	*Ailanthus altissima*（Mill.）Swingle	苦木科	Simaroubaceae
103	臭檀	*Euodia daniellii*（Benn.）Hemsl.	芸香科	Rutaceae
104	假色槭（彩色槭）	*Acer pseudo sieboldianum* Kom.	槭树科	Aceraceae
105	望春花	*Magnolia biondii* Pamp.	木兰科	Magnoliaceae
106	梅（酸梅、梅花）	*Prunus mume*（Sieb.）Sieb.et Zucc.	蔷薇科	Rosaceae
107	梓树（河楸）	*Catalpa ovata* Don	紫葳科	Bignoniaceae
108	猪牙皂	*Gleditsia officinalis* Hemsl.	豆科	Leguminosae
109	野皂荚（短角皂荚、山皂角）	*Gleditsia heterophylla* Bunge	豆科	Leguminosae
110	野核桃	*Juglans cathayensis* Dode	胡桃科	Juglandaceae
111	银白杨	*Populus alba* L.	杨柳科	Salicaceae
112	银杏	*Ginkgo biloba* L.	银杏科	Ginkgoaceae
113	麻栎	*Qurecus acutissima* Carr.	壳斗科	Fagaceae
114	黄连木	*Pistacia chinensis* Bunge	漆树科	Anacardiaceae
115	黄金树	*Catalpa speciosa* Ward.	紫葳科	Bignoniaceae
116	黄檗（黄柏、黄波罗）	*Phellodendron amurense* Rupr.	芸香科	Rutaceae
117	朝鲜槐（高丽槐）	*Maackia amurensis* Rupr.et Maxim.	豆科	Leguminosae
118	榔榆	*Ulmus parvifolia* Jacq.	榆科	Ulmaceae
119	湖北海棠	*Malus hupehensis*（Pamp.）Rihd.	蔷薇科	Rosaceae
120	短柄枹	*Quercus glandulifera* Blume var. *brevipetiolata*（DC.）Nakai	壳斗科	Fagaceae

	种 名		科 名	
121	紫花玉兰	*Magnolia denudata* Desr. var. *prupurascens* Rehd. et Wils.	木兰科	Magnoliaceae
122	紫椴	*Tilia amurensis* Rupr.	椴树科	Tiliaceae
123	锐齿槲栎	*Quercus aliena* Blume var. *acuteserrata*	壳斗科	Fagaceae
124	鹅耳枥	*Carpinus turczaninowii* Hance	桦木科	Betulaceae
125	鹅掌楸	*Liriodendron chinense*（Hemsl.）Sarg.	木兰科	Magnoliaceae
126	楸子（海棠果）	*Malus prunifolia*（Willd.）Borkh.	蔷薇科	Rosaceae
127	楸树	*Catalpa bungei* C. A. Mey.	紫葳科	Bignoniaceae
128	榅桲	*Cydonia oblonga* Mill.	蔷薇科	Rosaceae
129	榉树	*Zelkova schneideriana* Hand.-Mazz.	榆科	Ulmaceae
130	槐树	*Sophora japonica* L.	豆科	Leguminosae
131	腺柳（河柳）	*Salix chaenomeloides* Kimura	杨柳科	Salicaceae
132	蒙古栎	*Quercus mongolica* Fisch.	壳斗科	Fagaceae
133	蒙桑	*Morus mongolica* Schneid.	桑科	Moraceae
134	蒙椴	*Tilia mongolica* Maxim.	椴树科	Tiliaceae
135	漆树（大木漆）	*Toxicodendron verniciflnum*（Stokes）F. A. Barkley	漆树科	Anacardiaceae
136	褐梨	*Pyrus phaeocarpa* Rehd.	蔷薇科	Rosaceae
137	槲树	*Quercus dentata* Thunb.	壳斗科	Fagaceae
138	樱花（日本早樱）	*Prunus subhirtella* Miq.	蔷薇科	Rosaceae
139	樱桃李（红叶李、紫叶李）	*Prunus cerasifera* Ehrh.	蔷薇科	Rosaceae
140	箭杆杨（电杆杨）	*Populus nigra* L.var.*thevestina*（Dode）Bean	杨柳科	Salicaceae
141	糠椴	*Tilia mandshurica* Rupr.et Maxim.	椴树科	Tiliaceae

2.4.2 灌木

初步统计，山东省喜光灌木共有 84 种，分属于 33 科 58 属。

2.4.2.1 常绿灌木类

据初步统计，喜光常绿灌木共有 11 种，分属于 8 科 10 属。见表 2-21。

表 2-21 喜光常绿灌木类

	种 名		科 名		备 注
1	卫矛	*Euonymus alatus*（Thunb.）Sieb.	卫矛科	Celastraceae	喜光
2	冬青卫矛（大叶黄杨）	*Euonymus japonicus* Thunb.	卫矛科	Celastraceae	喜光
3	白马骨（六月雪）	*Serissa Comm.ex* Juss.	茜草科	Rubiaceae	喜光
4	石楠	*Photinia serrulata* Lindl.	蔷薇科	Rosaceae	喜光
5	夹竹桃	*Nerium indicum* Mill.	夹竹桃科	Apocynaceae	喜光
6	旱禾树（珊瑚树、法国冬青）	*Viburnum odoratissimum* Ker.	忍冬科	Caprifoliaceae	喜光，耐阴
7	朱槿（扶桑）	*Hibicus rosa-sinensis* L.	锦葵科	Malvaceae	喜光，阳性树种

	种 名		科 名		备 注
8	金银花（忍冬）	*Lonicera japonica* Thunb.	忍冬科	Caprifoliaceae	喜光
9	南天竹（天竺）	*Nandina domestica* Thunb.	小檗科	Berberidaceae	喜光
10	栀子（栀子花、山栀子）	*Gardenia jasminoides* Ellis.	茜草科	Rubiaceae	喜光
11	海桐	*Pittosporum tobira*（Thunb.）Ait.	海桐花科	Pittosporaceae	喜光树种，略耐阴

2.4.2.2 落叶灌木类

初步统计，喜光落叶灌木类共有 73 种，分属于 29 科 49 属。见表 2-22。

表 2-22 喜光落叶灌木类

	种 名		科 名		备 注
1	三叶海棠	*Malus sieboldii*（Regel）Rehd.	蔷薇科	Rosaceae	喜光
2	三桠乌药(假崂山棍)	*Lindera obtusiloba* Blume	樟科	Lauraceae	喜光
3	三裂绣线菊	*Spiraea blumei* G. Don	蔷薇科	Rosaceae	喜光
4	土庄绣线菊	*Spiraea pubescens* Turcz.	蔷薇科	Rosaceae	喜光
5	大叶胡颓子（冬枣）	*Elaeagnus macrophylla* Thunb.	胡颓子科	Elaeagnaceae	喜光
6	大花溲疏	*Deutzia grandiflora* Bunge	虎耳草科	Saxifragaceae	喜光，稍耐阴
7	小花溲疏	*Deutzia parviflora* Bunge	虎耳草科	Saxifragaceae	喜光，稍耐阴
8	小檗（日本小檗）	*Berberis thunbergii* DC.	小檗科	Berberidaceae	喜光
9	山胡椒（崂山棍）	*Lindera glauca*（Sieb. et Zucc.）Blume	樟科	Lauraceae	喜光
10	山茱萸（萸肉）	*Cornus officinalis* Sieb. et Zucc.	山茱萸科	Cornaceae	喜光
11	山梅花	*Philadelphus incanus* Koehne	虎耳草科	Saxifragaceae	喜光性中等
12	山麻子(华北茶藨子)	*Ribes manschuricum*（Maxim.）Kom.	虎耳草科	Saxifragaceae	喜光，稍耐阴
13	中国沙棘（醋柳、酸刺）	*Hippophae rhamnoides* L. ssp. *sinensis* Rousi	胡颓子科	Elaeagnaceae	喜光
14	五加（五加皮）	*Acanthopanax gracilistylus* W. W. Smith	五加科	Araliaceae	喜光
15	太平花（京山梅花）	*Philadelphus pekinensis* Rupr.	虎耳草科	Saxifragaceae	喜光，能生长在较干瘠的地上
16	月季花	*Rosa chinensis* Jacq.	蔷薇科	Rosaceae	喜光
17	木兰（辛夷）	*Magnolia liliflora* Desr.	木兰科	Magnoliaceae	喜光
18	木半夏(多花胡颓子)	*Elaeagnus multiflofa* Thunb.	胡颓子科	Elaeagnaceae	阳性树种，喜光，适应性强
19	木香花	*Rosa banksiae* Aitons	蔷薇科	Rosaceae	喜光
20	木槿	*Hibicus syriacus* L.	锦葵科	Malvaceae	喜光
21	毛樱桃（山豆子）	*Prunus tomentosa* Thunb.	蔷薇科	Rosaceae	喜光，抗性强
22	火炬树	*Rhus typhina* L.	漆树科	Anacardiaceae	阳性树种

	种名		科名		备注
23	牛奶子（麦粒子）	*Elaeagnus umbellata* Thunb.	胡颓子科	Elaeagnaceae	喜光
24	四照花	*Dendrobenthamia japonica*（DC.）Fang var. *chinensis*（Osborn）	山茱萸科	Cornaceae	喜光，稍耐阴
25	本氏木蓝（铁扫把）	*Indigofera bungeana* Steud.	豆科	Leguminosae	阳性树种，喜光
26	白刺	*Nitraria sibirica* Pall.	蒺藜科	Zygophyllaceae	喜光
27	白刺花（马蹄针）	*Sophora viciifolia* Hance	豆科	Leguminosae	喜光
28	白棠子树	*Callicarpa dichotoma*（Lour.）K.Koch	马鞭草科	Verbenaceae	喜光
29	白鹃梅（金瓜果）	*Exochorda racemosa*（Lindl.）Rehd.	蔷薇科	Rosaceae	喜光，略耐阴
30	华北珍珠梅(珍珠梅）	*Sorbaria kirilowii*（Regel）Maxim.	蔷薇科	Rosaceae	喜光，能耐阴
31	华茶藨	*Ribes fasciculatum* Sieb et Zucc. var. *chinense* Maxim.	虎耳草科	Saxifragaceae	喜光性中等，稍耐阴
32	地椒	*Thymus quinquecostatus* Celak.	唇形科	Labiatae	喜光
33	多花蔷薇	*Rosa multiflora* Thunb.	蔷薇科	Rosaceae	喜光
34	红瑞木	*Swida alba*（L.）Opia（Cornus alba L.）	山茱萸科	Cornaceae	喜光
35	西北栒子	*Cotoneaster zabelii* Schneid	蔷薇科	Rosaceae	略喜光
36	吴茱萸（伏辣子）	*Euodia rutaecarpa*(Juss.)Benth.	芸香科	Rutaceae	喜光
37	李叶绣线菊(笑靥花）	*Spiraea prunifolia* Sieb. et Zucc.	蔷薇科	Rosaceae	喜光
38	杠柳（北五加皮）	*Periploca sepium* Bunge	萝藦科	Asclepiadaceae	喜光
39	牡丹	*Paeonia suffruticosa* Andr.	毛茛科	Ranunculaceae	喜光
40	芫花	*Daphne genkwa* Sieb. et Zucc.	瑞香科	Thymelaeaceae	喜光
41	连翘（挂拉鞭）	*Forsythia suspensa*（Thunb.）Vahl	木犀科	Oleaceae	喜光
42	鸡桑（小叶桑）	*Morus australis* Poir.	桑科	Moraceae	喜光，多生于向阳坡
43	麦李（钝齿赤李）	*Purnus glandulosa* Thunb.	蔷薇科	Rosaceae	喜光
44	河蒴荛花	*Wikstroemia chamaedaphne* Meissn.	瑞香科	Thymelaeaceae	喜光
45	玫瑰	*Rosa rugosa* Thunb.	蔷薇科	Rosaceae	喜光
46	郁李（赤李子、车李子）	*Prunus japonica* Thunb.	蔷薇科	Rosaceae	喜光
47	金种连翘（金种花）	*Forsythia viridissima* Lindl.	木犀科	Oleaceae	喜光
48	扁担木（扁担杆子，孩儿拳头）	*Grewia biloba* G.Don var. *parviflora*（Bunge）Hand.-Mazz.	椴树科	Tiliaceae	喜光
49	枸杞	*Lycium chinense* Mill.	茄科	Solanaceae	喜光

	种名		科名		备注
50	柘树（柘桑）	*Cudrania tricuspidata*（Carr.）Bur.	桑科	Moraceae	喜光
51	柽柳	*Tamarix chinensis* Lour.	柽柳科	Tamaricaceae	喜光
52	珍珠绣线菊（喷雪花）	*Spiraea thunbergii* Sieb. ex Blume	蔷薇科	Rosaceae	喜光
53	珍珠梅（东北珍珠梅）	*Sorbaria sorbifolia*（L.）A. Br.	蔷薇科	Rosaceae	喜光
54	胡枝子	*Lespedeza bicolor*	豆科	Leguminosae	略喜光
55	重瓣红石榴	*Punica granatum* L. var. *planiflora* Hayne	石榴科	Punicaceae	喜光
56	香茶藨（黄丁香）	*Ribes odoratum* Wendl.	虎耳草科	Saxifragaceae	喜光
57	皱皮木瓜（贴梗海棠）	*Chaenomeles speciosa*（Sweet）Nakai	蔷薇科	Rosaceae	喜光
58	粉花绣线菊（日本绣线菊）	*Spiraea japonica* L.f.	蔷薇科	Rosaceae	喜光，稍耐阴
59	野皂荚（山皂荚）	*Gleditsia heterophylla* Bunge	豆科	Leguminosae	喜光，阳性树种
60	雪柳（五谷树、过街柳）	*Fontanesia fortunei* Carr.	木犀科	Oleaceae	喜光
61	麻叶绣线菊	*Spiraea cantoniensis* Lour.	蔷薇科	Rosaceae	喜光
62	黄刺玫	*Rosa xanthina* Lindl.	蔷薇科	Rosaceae	喜光
63	黄荆	*Vitex negundo* L.	马鞭草科	Verbenaceae	喜光
64	黄蔷薇（鸡蛋黄花）	*Rosa hugonis* Hemsl.	蔷薇科	Rosaceae	喜光
65	溲疏	*Deutzia scabra* Thunb.	虎耳草科	Saxifragaceae	喜光性中等，稍耐阴
66	紫薇（百日红、痒痒树）	*Lagerstroemia indica* L.	千屈菜科	Lythraceae	阳性树种，喜光
67	蜡梅	*Chimonanthus praecox*（L.）Link.	蜡梅科	Calycanthaceae	喜光，稍耐阴
68	榆叶梅（兰枝、鸾枝梅）	*Prunus triloba* Lindl.	蔷薇科	Rosaceae	略喜光
69	锦鸡儿	*Caragana sinica*（Bue'hoz）Rehd.	豆科	Leguminosae	喜光
70	锦带花	*Weigela florida*（Bunge）A.DC.	忍冬科	Caprifoliaceae	喜光
71	榛（榛子）	*Corylus heterophylla* Fisch. ex Trautv	桦木科	Betulaceae	喜光
72	算盘子（葫芦头）	*Glochidion puberum*（L.）Hutch.	大戟科	Euphorbiaceae	喜光，生于向阳坡
73	樱桃李	*Prunus cerasifera* Ehrh.	蔷薇科	Rosaceae	略喜光，适应性强

2.4.3 藤本植物

初步统计，喜光藤本植物共有 12 种，分属于 8 科 10 属。见表 2-23。

表 2-23 喜光藤本植物

	种名		科名		木质常绿	木质落叶	草质常绿	草质落叶	备注
1	爬山虎	*Parthenocissus tricuspidata*（Sieb.et Zucc.）Planch.	葡萄科	Vitaceae		√			喜光
2	转子莲（大花铁线莲）	*Clematis patens* Morr. et Decne.	毛茛科	Ranunculaceae				√	喜光
3	软枣猕猴桃	*Actinidia arguta*（Sieb.et Zucc）Planch	猕猴桃科	Actinidiaceae			√		喜光
4	金银花（忍冬）	*Lonicera japonica* Thunb.	忍冬科	Caprifoliaceae			√		喜光
5	南蛇藤	*Celastrus orbiculatus* Thunb.	卫矛科	Celastraceae	√				喜光，耐半阴
6	厚萼凌霄（美国凌霄）	*Campsis radicans*（L.）Seem.	紫葳科	Bignoniaceae		√			喜光，适应性强
7	穿叶忍冬	*Lonicera sempervirens* L.	茜草科	Rubiaceae	√				喜光
8	凌霄	*Campsis grandiflora*（Thunb.）Loisel.	紫葳科	Bignoniaceae			√		喜光
9	猕猴桃	*Actinidia chinensis* Planch.	猕猴桃科	Actinidiaceae			√		喜光
10	紫藤	*Wisteria sinensis* Sweet	豆科	Leguminosae		√			喜光
11	葡萄	*Vitis vinifera* L.	葡萄科	Vitaceae		√			阳性树种，喜光
12	褐毛铁线莲（褐紫铁线莲）	*Clematis fusca* Turcz.	毛茛科	Ranunculaceae		√			耐阴

2.4.4 草本植物

据初步统计，山东喜光草本植物 101 种，分属于 46 科 90 属。其中一部分在园艺上应用较多。见表 2-24。

表 2-24 喜光草本植物

	种名		科名		备注
1	一枝黄花	*Solidago virgaurea* L.var *dahurica* Kitag.	菊科	Compositae	喜光
2	八宝（景天）	*Hylotelephium erythrostictum*（Miq.）H.Ohba	景天科	Crassulaceae	喜光
3	万寿菊	*Tagetes erecta* L.	菊科	Compositae	喜光

	种 名		科 名		备 注
4	三色堇菜	*Viola tricolor* L.	堇菜科	Violaceae	喜光，略耐半阴
5	千日红	*Gomphrena globosa* L.	苋科	Amaranthaceae	喜光
6	千屈菜	*Lythrum salicaria* L.	千屈菜科	Lythraceae	喜强光
7	大叶黄芩	*Scutellaria megaphylla* C.Y.Wu et H.W.Li	唇形科	Labiatae	喜光
8	大丽花（大丽菊）	*Cahlia pinnata* Cav.	菊科	Compositae	喜光
9	大花金鸡菊	*Coreopsis grandiflora* Hogg.	菊科	Compositae	喜光
10	小天蓝绣球（福禄考）	*Pholox drummondii* Hook.	花忍科	Polemoniaceae	喜光
11	山丹	*Lilium pumilum DC.*	百合科	Liliaceae	喜光
12	山东丰花草	*Borreria shandongensis* F.Z.Li et X.D.Chen	茜草科	Rubiaceae	喜光
13	飞燕草	*Consolida ajacis*（L.）Schur.	毛茛科	Ranunculaceae	喜光，稍耐旱
14	马利筋	*Asclepias curassavica* L.	萝藦科	Asclepiadaceae	喜光
15	中华隐子草	*Cleistogenes chinensis*（Maxim.）Keng	禾本科	Gramineae	喜光
16	乌头	*Aconitum carmichaeli* Debx.	毛茛科	Ranunculaceae	喜光
17	五彩苏（彩叶草）	*Coleus scutellarioides*（L.）Benth.	唇形科	Labiatae	喜光
18	凤仙花（指甲花）	*Impatiens balsamina* L.	凤仙花科	Balsaminaceae	喜光
19	午时花（夜落金钱）	*Phoenicea* L.	梧桐科	Sterculiaeae	喜光
20	天人菊	*Gaillardia pulchella* Foug.	菊科	Compositae	喜光
21	天门冬	*Asparagus cochinchinensis*（Lour.）Merr.	百合科	Liliaceae	喜光
22	天竺葵	*Pelargonium hortorum* Bailey	牻牛儿苗科	Geraniaceae	喜光，耐半阴
23	水浮莲	*Pista stratiotes* L.	天南星科	Araceae	喜光
24	水葱	*Scirpus tabernaemontani* Gmel.	莎草科	Cyperaceae	喜光，耐阴
25	长叶车前	*Plantago lanceolata* L.	车前科	Plantaginaceae	喜光
26	长白鸢尾	*Iris mandshurica* Maxim.	鸢尾科	Iridaceae	喜光
27	长苞香蒲	*Typha angustata* Bory. et Chaub.	香蒲科	Typhaceae	喜光
28	长春花（雁来红）	*Catharanthus roseus*（L.）G.Don	夹竹桃科	Apocynaceae	喜光
29	长蕊石头花（霞草）	*Gypsophila oldhamiana* Miq	石竹科	Caryophyllaceae	喜光
30	北柴胡	*Bupleurum chinense* DC.	伞形科	Umbelliferae	喜光
31	半枝莲	*Scutellaria barbata* D.Don	唇形科	Labiatae	喜光，适应性强
32	甘草（甜草）	*Glycyrrhiza uralensis* Fisch.	豆科	Leguminosae	喜光
33	矢车菊（蓝芙蓉）	*Centaurea cyanus* L.	菊科	Compositae	喜光
34	石竹	*Dianthus chinensis* L.	石竹科	Caryophyllaceae	喜光
35	龙舌兰	*Agave americana* L.	石蒜科	Amaryllidaceae	喜光

	种　名		科　名		备　注
36	向日葵	*Helianthus annuus* L.	菊科	Compositae	喜光
37	地构叶（珍珠透骨草）	*Speranskia tuberculata*（Bge.）Baill.	大戟科	Euphorbiaceae	喜光
38	地肤	*Kochia scoparia*（L.）Schrad.	藜科	Chenopodiaceae	喜光
39	早开堇菜	*Viola prionantha* Bge.	堇菜科	Violaceae	喜光，生于向阳山坡
40	百日菊（步步登高）	*Zinnia elegans* Jacq.	菊科	Compositae	喜光
41	红柴胡（狭叶柴胡）	*Bupleurum scorzonerifolium* Willd.	伞形科	Umbelliferae	喜光
42	芍药	*Paeonia lactiflora* Pall.	毛茛科	Ranunculaceae	喜光
43	防风	*Saposhnikovia varicata*（Turcz.）Schishk.	伞形科	Umbelliferae	喜光
44	阴行草（刘寄奴）	*Siphonostegia chinensis* Benth.	玄参科	Scrophulariaceae	喜光
45	芙蓉葵（草芙蓉）	*Hibicus moscheutos* L.	锦葵科	Malvaceae	喜光
46	芦荟	*Alöe vera L.* var. *chinensis*（Haw.）Berg.	百合科	Liliaceae	喜光
47	花烟草	*Nicotiana alata* Link et Otto	茄科	Solanaceae	喜光
48	花菱草	*Eschscholtzia californica* Cham.	罂粟科	Papaveraceae	喜光
49	角蒿	*Incarvillea sinensis* Lam.	紫葳科	Bignoniaceae	喜光
50	细叶结缕草（天鹅绒）	*Zoysia tenuifolia* Willd. ex Trin.	禾本科	Gramineae	喜光
51	细叶韭	*Allium tenuissimum* L.	百合科	Liliaceae	喜光
52	金光菊	*Rudbeckia laciniata* L.	菊科	Compositae	喜光
53	金鱼草（龙头花）	*Antirrhinum majus* L.	玄参科	Scrophulariaceae	喜光，耐半阴
54	金盏花	*Calendula officinalis* L.	菊科	Compositae	喜光
55	青锁龙	*Crassula lycopodioides* Lam.	景天科	Crassulaceae	喜强光
56	洽草	*Koeleria cristata*（L.）Pers.	禾本科	Gramineae	喜光
57	狭叶米口袋	*Gueldenstaedtia stenophylla* Bge.	豆科	Leguminosae	喜光
58	秋英（大波斯菊）	*Cosmos bipinnatus* Cav.	菊科	Compositae	喜光
59	结缕草	*Zoysia japonica* Steud.	禾本科	Gramineae	喜光
60	美女樱	*Verbena phlogiflora* Cham.	马鞭草科	Verbenaceae	喜光
61	草地早熟禾	*Poa pratensis* L.	禾本科	Gramineae	喜光
62	草瑞香（粟麻）	*Diarthron linifolium* Turcz.	瑞香科	Thymelaeaceae	喜光，生于向阳山坡
63	蚤缀	*Arenaria serpyllifolia* L.	石竹科	Caryophyllaceae	喜光
64	晚香玉	*Polianthes tuberosa* L.	石蒜科	Amaryllidaceae	喜光
65	桔梗	*Platycodon grandiflorus*（Jacq.）A.Dc.	桔梗科	Campanulaceae	喜光，生于向阳坡
66	泰山前胡	*Peucedanum wawrum*（Wolff.）Shan	伞形科	Umbelliferae	喜光，生于向阳山坡

	种 名		科 名		备 注
67	荷兰菊	*Aster novi-belgii* L.	菊科	Compositae	喜光
68	荷包花	*Calceolaria crenatiflora* Cav.	玄参科	Scrophulariaceae	喜光
69	莲（荷花）	*Nelumbo nucifera* Gaertn.	睡莲科	Nymphaceae	喜光
70	诸葛菜（二月蓝）	*Orychophragmus violaceus*（L.）O.E.Sch	十字花科	Cruciferae	喜光
71	野鸢尾（白射干）	*Iris dichotoma* Pall.	鸢尾科	Iridaceae	喜光
72	野韭	*Allium ramosum* L.	百合科	Liliaceae	喜光
73	铜山阿魏	*Ferula tunshanica* SU.	伞形科	Umbelliferae	喜光
74	铜锤草（红花酢浆草）	*Oxalis corymbosa* DC.	酢浆草科	Oxalidaceae	喜光
75	银边翠（六月雪）	*Euphorbia marginata* Pursh.	大戟科	Euphorbiaceae	喜光
76	雪香兰（小苍兰）	*Freesia refracta* Klatt	鸢尾科	Iridaceae	喜光
77	朝阳青茅	*Cleistofenes hackelii*（Honda）Honda	禾本科	Gramineae	喜光
78	番红花（藏红花）	*Crocus sativus* L.	鸢尾科	Iridaceae	喜光
79	紫羊茅	*Festuca rubra* L.	禾本科	Gramineae	喜光
80	紫花地丁	*Viola philippica* Cav.Lcons et Descr.	堇菜科	Violaceae	喜光，适应性极强
81	紫罗兰	*Matthiola incana*（L.）R.Br.	十字花科	Cruciferae	喜光
82	紫茉莉	*Mirabilis jalapa* L.	紫茉莉科	Nyctaginaceac	喜光
83	紫菀	*Aster tataricus* L.f.	菊科	Compositae	喜强光
84	紫露草	*Tradescantia reflexa* Raf.	鸭跖草科	Commelinaceae	喜光
85	萱草	*Hemerocallis fulva*（L.）L.	百合科	Liliaceae	喜光
86	落地生根	*Bryothyllum pinnatum*（Lam.）Oken	景天科	Crassulaceae	喜光
87	黑龙江香科科	*Teucrium ussuriense* Komarov	唇形科	Labiatae	喜光
88	矮齿韭	*Allium brevidentatum* F.Z.Li	百合科	Liliaceae	喜光
89	矮雪轮（大蔓樱草）	*Silene pendula* L.	石竹科	Caryophyllaceae	喜光
90	锦葵（大花葵）	*Malva siensis* Cavan.	锦葵科	Malvaceae	喜光
91	罂粟（鸦片花）	*Papaver somniferum* L.	罂粟科	Papaveraceae	喜光
92	翠菊（将希腊）	*Callistephus chinensis*（L.）Nees	菊科	Compositae	喜光
93	聚合草（爱国草）	*Symphytum officinale* L.	紫草科	Boraginaceae	喜光
94	蜀葵（一丈红）	*Althaea rosea*（L.）Cavan.	锦葵科	Malvaceae	喜光
95	蜡菊（麦秆菊）	*Helichrysum bracteatum*（Vent.）Andr.	菊科	Compositae	喜光
96	蝎子草	*Girardinia cuspidata* Wedd.	荨麻科	Urticaceae	喜光
97	醉蝶花	*Cleome spinosa* L.	白花菜科	Capparidaceae	喜光
98	鹤望兰	*Strelitzia reginae* Aiton	芭蕉科	Musaceae	喜光
99	橙红茑萝（圆叶茑萝）	*Quamoclit coccinea*（L.）Moench	旋花科	Convolvulaceae	喜光
100	薯蓣（山药）	*Dioscorea opposita* Thunb.	薯蓣科	Dioscoreaceae	喜光
101	麝香石竹	*Dianthus caryophyllus* L.	石竹科	Caryophyllaceae	喜光

2.5 喜阴植物

根据所搜集到的资料，初步统计得知山东地区有喜阴植物 38 种，分属于 23 科 37 属。

2.5.1 乔木

初步统计，喜阴乔木共有 11 种，分属于 7 科 10 属。见表 2-25。

表 2-25 喜阴乔木

	种 名		科 名		常绿	落叶	备注
1	天女花	*Magnolia sieboldii* K.Koch	木兰科	Magnoliaceae		√	
2	日本花柏（花柏）	*Chamaecyparis pisifera*（Sieb. et Zucc.）Endl.	柏科	Cupressaceae	√		阴性树种
3	日本榧树	*Torreya nucifera*（Linn）Sieb.et Zucc.	红豆杉科	Taxaceae	√		
4	东北红豆杉（紫杉）	*Taxus cuspidata* Sieb. et Zucc.	红豆杉科	Taxaceae	√		阴性树种
5	光叶榉	*Zelkova serrata* Makino	榆科	Ulmaceae		√	
6	竹柏	*Podocarpus nagi*（Thunb.）Zoll.et Mor. ex Zoll	罗汉松科	Podocarpaceae	√		阴性树种
7	杉松	*Abies holophylla* Maxim.	松科	Pinaceae	√		
8	刺柏	*Juniperus formosana* Hayata	柏科	Cupressaceae	√		
9	罗汉松	*Podocarpus macrophyllus*（Thunb.）D. Don.	罗汉松科	Podocarpaceae	√		阴性树种
10	黄花松	*Larix olgensis* Henry	松科	Pinaceae		√	
11	黄檀（白檀、檀树）	*Dalbergia hupeana* Hance	豆科	Leguminosae		√	阴性树种

2.5.2 灌木

初步统计，山东省有喜阴灌木 7 种，分属于 6 科 7 属，见表 2-26。

表 2-26 喜阴灌木

	种 名		科 名		常绿	落叶	备注
1	八角枫（华瓜木）	*Alangium chinense*（Lour.）Harms	八角枫科	Alangiaceae		√	喜阴
2	华东菝葜	*Smilax sieboldii* Miq.	百合科	Liliaceae		√	喜阴湿
3	宜昌荚蒾（小叶荚蒾）	*Viburnum ichangense*（Hemsl.）Rehd.	忍冬科	Caprifoliaceae		√	喜阴
4	结香（黄瑞香）	*Edgeworthia chrysantha* Lind.	瑞香科	Thymelaeaceae		√	喜阴

	种　名		科　名		常绿	落叶	备注
5	圆锥绣球	*Hydrangea paniculata* Sieb.	虎耳草科	Saxifragaceae		√	喜阴
6	接骨木（接骨丹）	*Sambucus williamsii* Hance	忍冬科	Caprifoliaceae		√	喜阴
7	黄杨（锦熟黄杨）	*Buxus sinica*（Rehd. et Wils.）Cheng	黄杨科	Buxaceae	√		中性偏阴树种

2.5.3 藤本植物

喜阴藤本植物仅有两种，葛枣猕猴桃和络石。

表 2-27　喜阴藤本植物

	种　名		科　名		木质常绿	木质落叶	草质常绿	草质落叶	备注
1	葛枣猕猴桃（木天蓼）	*Actinidia polygama*（Sieb.et Zucc.）Miq.	猕猴桃科	Actinidiaceae			√		喜阴
2	络石（万字茉莉）	*Trachelospermum jiaminoides*（Lindl.）Lem.	夹竹桃科	Apocynaceae		√			喜半阴

2.5.4 草本植物

据初步统计，喜阴草本植物共 18 种，分属于 10 科 18 属。见表 2-28。

表 2-28　喜阴草本植物类

	种　名		科　名		备　注
1	天麻	*Gastrodia elata* Bl.	兰科	Orchidaceac	阴湿处
2	日本乱子草	*Muhlenbergia japonica* Steud.	禾本科	Gramineae	喜阴湿
3	玉簪	*Hosta plantaginea*（Lam.）Aschers	百合科	Liliaceae	喜半阴
4	白芨	*Bletilla striata*（Thunb.）Rchb.f.	兰科	Orchidaceac	喜半阴
5	白屈菜	*Chelidonium majus* L.	罂粟科	Papaveraceae	喜阴
6	石蒜	*Lycoris radiata*（L′ Her）Herb.	石蒜科	Amaryllidaceae	喜阴湿
7	麦冬（沿阶草）	*Ophiopogon japonicus*（L.f.）Ker-Gawl.	百合科	Liliaceae	喜半阴
8	细叶沙参	*Adenophora paniculata* Nannf.	桔梗科	Campanulaceae	喜阴
9	虎耳草	*Saxifraga stolonifera* Curt.	虎耳草科	Saxifragaceae	喜阴
10	春兰	*Cymbidium goeringii*（Rchb.F.）Rchb.f.	兰科	Orchidaceac	喜半阴
11	珊瑚花	*Cyrtanthera carnea*（Lindl.）Bremek.	爵床科	Acanthaceae	喜半阴
12	热河黄精	*Polygonatum macropodium* Turcz.	百合科	Liliaceae	阴坡
13	荷包牡丹	*Dicentra spectabilis*（L.）Lem.	罂粟科	Papaveraceae	喜半阴
14	铃兰	*Convallaria majalis* L.	百合科	Liliaceae	喜半阴，生于阴湿处

	种 名		科 名		备 注
15	假贝母	*Bolbostemma paniculatum*（Maxim.）Franq.	葫芦科	Cucurbitaceae	喜阴，生于阴山坡草丛
16	落新妇（红升麻）	*Astilbe chinensis*（Maxim.）Frandh. et Savat.	虎耳草科	Saxifragaceae	喜半阴
17	阔叶山麦冬	*Liriope platyphylla* Wang et Tang	百合科	Liliaceae	喜阴
18	墙草	*Parietaria micrantha* Ledeb.	荨麻科	Urticaceae	阴湿

2.6 湿地植物

2.6.1 沉水植物

	种 名		科 名		生 境	备注
1	大叶藻	*Zostera marina* L.	大叶藻科	Zosteraceae	沉水	草本
2	大茨藻	*Najas marina* L.	茨藻科	Najadaceae	沉水	草本
3	小茨藻	*Najas minor* All.	茨藻科	Najadaceae	沉水	草本
4	小眼子菜	*Potamogeton pusillus L.*	眼子菜科	Potamogetonaceae	沉水	草本
5	川蔓藻	*Ruppia maritima* L.	川蔓藻科	Ruppiaceae	沉水	草本
6	马来眼子菜	*Potamogeton malaianus*	眼子菜科	Potamogetonaceae	沉水	草本
7	五刺金鱼藻	*Ceratophyllum oryzetorum* Kom.	金鱼藻科	Ceratophyllaceae	沉水	草本
8	水毛茛	*Batrachium bungei*（Steud.）L. Liou	毛茛科	Ranunculaceae	沉水	草本
9	龙舌草	*Ottelia alismoides*（L.）Pers.	水鳖科	Hydrocharitaceae	沉水	草本
10	光叶眼子菜	*Potamogeton lucens* L.	眼子菜科	Potamogetonaceae	沉水	草本
11	竹叶眼子菜	*Potamogeton wrightii* Morong	眼子菜科	Potamogetonaceae	沉水	草本
12	角果藻	*Zannichellia palustria* Linn.	角果藻科	Zannichelliaceae	沉水	草本
13	苦草	*Vallisneria natans*（Lour.）Hara	水鳖科	Hydrocharitaceae	沉水	草本
14	刺苦草	*Vallisneria spinulosa* Yan	水鳖科	Hydrocharitaceae	沉水	草本
15	金鱼藻	*Ceratophyllum demersum* L.	金鱼藻科	Ceratophyllaceae	沉水	草本
16	狐尾藻	*Myriophyllum verticillatum* L.	小二仙草科	Haloragidaceae	沉水、漂浮	草本
17	穿叶眼子菜	*Potamogeton perfoliatus L.*	眼子菜科	Potamogetonaceae	沉水	草本
18	狸藻	*Utricularia vulgaris* L.	狸藻科	Lentibulariaceae	沉水、漂浮	草本
19	黄花狸藻	*Utricularia aurea* Lour.	狸藻科	Lentibulariaceae	沉水、漂浮	草本
20	菹草	*Potamogeton crispus* L.	眼子菜科	Potamogetonaceae	沉水	草本
21	眼子菜	*Potamogeton distinctus* A. Benn.	眼子菜科	Potamogetonaceae	沉水	草本
22	黑藻	*Hydrilla verticillata*（L. f.）Royle	水鳖科	Hydrocharitaceae	沉水	草本
23	微齿眼子菜	*Potamogeton maackianus* A. Benn.	眼子菜科	Potamogetonaceae	沉水	草本
24	篦齿眼子菜	*Potamogeton pectinatus* L.	眼子菜科	Potamogetonaceae	沉水	草本
25	穗状狐尾藻	*Myriophyllum spicatum* L.	小二仙草科	Haloragidaceae	沉水、漂浮	草本

2.6.2 浮水植物

	种 名		科 名		生 境	备注
1	水鳖	*Hydrocharis dubia*（Bl.）Backer	水鳖科	Hydrocharitaceae	浮水	草本
2	乌菱	*Trapa bicornis* Osbeck	菱科	Trapaceae	浮水	草本
3	凤眼莲	*Eichhornia crassipes*（Mart.）Solms	雨久花科	Pontederiaceae	浮水	草本
4	丘角菱	*Trapa japonica Flerow*	菱科	Trapaceae	浮水	草本
5	豆瓣菜	*Nasturtium officinale* R. Br.	十字花科	Brassicaceae	浮水	草本
6	两栖蓼	*Polygonum amphibium* L.	蓼科	Polygonaceae	浮水、湿生	草本
7	苹	*Marsilea quadrifolia*	苹科	Marsileaceae	湿生或浮水	蕨类
8	雨久花	*Monochoria korsakowii* Regel et Maack	雨久花科	Pontederiaceae	浮水	草本
9	金鱼藻	*Ceratophyllum demersum*	金鱼藻科	Ceratophyllaceae	浮水	草本
10	泽薹草	*Caldesia parnassifolia*（Bassi ex Linn.）Parl.	泽泻科	Alismataceae	沉水、漂浮	草本
11	细果野菱	*Trapa maximowiezii* Korsh.	菱科	Trapaceae	浮水	草本
12	格菱	*Trapa pseudoincisa* Nakai	菱科	Trapaceae	浮水	草本
13	鸭舌草	*Monochoria vaginalis*（Burm.f.）Presl	雨久花科	Pontederiaceae	浮水	草本
14	浮萍	*Lemna minor* L.	浮萍科	Lemnaceae	浮水	草本
15	菱	*Trapa bispinosa* Roxb.	菱科	Trapaceae	浮水	草本
16	梭鱼草	*Pontederia cordata* L.	雨久花科	Pontederiaceae	浮水	草本
17	野菱	*Trapa incisa* Sieb. et Zucc. var. *quadricaudata* Glück.	菱科	Trapaceae	浮水	草本
18	紫萍	*Spirodela polyrrhiza*（L.）Schleid.	浮萍科	Lemnaceae	浮水	草本
19	槐叶蘋	*Salvinia natans*	槐叶苹科	Salviniaceae	浮水	蕨类
20	满江红	*Azolla pinnata* subsp. *asiatica*	满江红科	Azollaceae	浮水	蕨类

2.6.3 挺水植物

	种 名		科 名		生 境	备注
1	小香蒲	*Typha minima* Funk.	香蒲科	Typhaceae	挺水	草本
2	小慈菇	*Sagittaria potamogetifola* Merr.	泽泻科	Alismataceae	挺水	草本
3	水金英	*Hydrocleys nymphoides*	花蔺科	Butomaceae	挺水	草本
4	水金莲花	*Nymphoides aurantiacum*（Dalz. ex Hook.）O. Kuntze	睡菜科	Menyanthaceae	漂浮、挺水	草本
5	水烛	*Typha angustifolia* L.	香蒲科	Typhaceae	挺水	草本
6	水葱	*Scirpus validus* Vahl	莎草科	Cyperaceae	挺水	草本
7	长苞香蒲	*Typha angustata* Bory et Chaubard	香蒲科	Typhaceae	挺水	草本
8	东方泽泻	*Alisma orientale*（Sam.）Juzepcz.	泽泻科	Alismataceae	挺水	草本
9	白睡莲	*Nymphaea alba*	睡莲科	Nymphaeaceae	漂浮、挺水	草本
10	刚毛荸荠	*Heleocharis valleculosa* form. setosa（Ohwi）Kitagawa	莎草科	Cyperaceae	挺水	草本
11	红睡莲	*Nymphaea alba* var. *rubra*	睡莲科	Nymphaeaceae	漂浮、挺水	草本

	种　名		科　名		生　境	备注
12	花蔺	*Butomus umbellatus* L.	花蔺科	Butomaceae	挺水	草本
13	芡实	*Euryale ferox*	睡莲科	Nymphaeaceae	漂浮、挺水	草本
14	克鲁兹王莲	*Victoria cruziana*	睡莲科	Nymphaeaceae	漂浮、挺水	草本
15	杉叶藻	*Hippuris vulgaris* L.	杉叶藻科	Hippuridaceae	挺水	草本
16	豆瓣菜	*Nasturtium officinale* R. Br.	十字花科	Brassicaceae	漂浮、挺水	草本
17	欧洲慈姑	*Sagittaria sagittifolia* L.	泽泻科	Alismataceae	挺水	草本
18	泽泻	*Alisma plantago-aquatica* L.	泽泻科	Alismataceae	挺水	草本
19	香蒲	*Typha orientalis* Presl.	香蒲科	Typhaceae	挺水	草本
20	荇菜	*Nymphoides peltatum*（Gmel.）O. Kuntze	龙胆科	Gentianaceae	漂浮、挺水	草本
21	莲	*Nelumbo nucifera*	睡莲科	Nymphaeaceae	漂浮、挺水	草本
22	莼菜	*Brasenia schreberi* J.F.Gmel.	莼菜科	Cabombaceae	漂浮、挺水	草本
23	宽叶香蒲	*Typha latifolia* Linn.	香蒲科	Typhaceae	挺水	草本
24	黄睡莲	*Nymphaea mexicana*	睡莲科	Nymphaeaceae	漂浮、挺水	草本
25	萍蓬草	*Nuphar pumila*	睡莲科	Nymphaeaceae	漂浮、挺水	草本
26	野慈姑	*Sagittaria trifolia* L.	泽泻科	Alismataceae	挺水	草本
27	黑三棱	*Sparganium stoloniferum* Hamit.	黑三棱科	Sparganiaceae	挺水	草本
28	慈姑	*Sagittaria trifolia* Linn. var. *sinensis*（Sims）Makino	泽泻科	Alismataceae	挺水	草本

2.6.4 湿生植物

	种　名		科　名		生境	备注
1	七星莲（蔓茎堇菜）	*Viola diffusa*	堇菜科	Violaceae	湿生	草本
2	三白草	*Saururus chinensis*（Lour.）Baill.	三白草科	Saururaceae	湿生	草本
3	大车前	*Plantago major* L.	车前科	Plantaginaceae	湿生	草本
4	大米草	*Spartina anglica* Hubb.	禾本科	Gramineae	湿生	草本
5	大花美人蕉	*Canna generalis*	美人蕉科	Cannaceae	湿生	草本
6	大茨藻	*Najas marina* L.	茨藻科	Najadaceae	湿生	草本
7	大狼杷草	*Bidens frondosa* L.	菊科	Compositae	湿生	草本
8	小灯心草	*Juncus bufonius* L.	灯心草科	Juncaceae	湿生	草本
9	小花柳叶菜	*Epilobium parviflorum* Schreber	柳叶菜科	Onagraceae	湿生	草本
10	小花黄堇	*Corydalis racemosa*	紫堇科	Fumariaceae	湿生	草本
11	山冷水花	*Pilea japonica*（Maxim.）Hand.-Mazz.	荨麻科	Urticaceae	湿生	草本
12	千屈菜	*Lythrum salicaria* L.	千屈菜科	Lythraceae	湿生	草本
13	无芒稗	*Echinochloa crusgalli*（L.）Beauv. var. *mitis*（Pursh）Peterm.	禾本科	Gramineae	湿生	草本
14	无根萍	*Wolffia arrhiza*	浮萍科	Lemnaceae	湿生	草本
15	无瓣蔊菜	*Rorippa dubia*（Pers.）Hara	十字花科	Cruciferae	湿生	草本
16	支柱蓼	*Polygonum suffultum* Maxim.	蓼科	Polygonaceae	湿生	草本

	种　名		科　名		生境	备注
17	犬问荆	*Equisetum palustre* L.	木贼科	Equisetaceae	湿生	蕨类
18	中华秋海棠	*Begonia grandis* var. *sinensis*	秋海棠科	Begoniaceae	湿生	草本
19	中国繁缕	*Stellaria chinensis* Regel	石竹科	Caryophyllaceae	湿生	草本
20	水毛花	*Scirpus triangulatus* Roxb.	莎草科	Cyperaceae	湿生	草本
21	水龙	*Ludwigia adscendens*（L.）Hara	柳叶菜科	Onagraceae	湿生	草本
22	水芹	*Oenanthe javanica*（Bl.）DC.	伞形科	Umbelliferae	湿生	草本
23	水苏	*Stachys japonica* Miq.	唇形科	Labiatae	湿生	草本
24	水苦荬	*Veronica undulata* Wall.	玄参科	Scrophulariaceae	湿生	草本
25	水金凤	*Impatiens noli-tangere* Linn	凤仙花科	Balsaminaceae	湿生	草本
26	水莎草	*Juncellus serotinus*（Rottb.）C. B. Clarke	莎草科	Cyperaceae	湿生	草本
27	水烛（狭叶香蒲）	*Typha angustifolia*	香蒲科	Typhaceae	湿生	草本
28	水葫芦苗	*Halerpestes cymbalaria*（Pursh）Green	毛茛科	Ranunculaceae	湿生	草本
29	水棘针	*Amethystea caerulea*	唇形科	Labiatae	湿生	草本
30	水稗	*Echinochloa phyllopogon*（Stapf）Koss.	禾本科	Gramineae	湿生	草本
31	水蔗草	*Apluda mutica* Linn.	禾本科	Gramineae	湿生	草本
32	水蓼	*Polygonum hydropiper* L	蓼科	Polygonaceae	湿生	草本
33	牛毛毡	*Eleocharis yokoscensis*（Franch. et Savat.）Tang et Wang	莎草科	Cyperaceae	湿生	草本
34	毛草龙	*Ludwigia octovalvis*（Jacq.）Raven	柳叶菜科	Onagraceae	湿生	草本
35	毛茛	*Ranunculus japonicus* Thunb.	毛茛科	Ranunculaceae	湿生	草本
36	毛颖荩草	*Arthraxon lanceolatus* var. *raizadae*	禾本科	Gramineae	湿生	草本
37	长叶碱毛茛	*Halerpestes ruthenica*（Jacq.）Ovcz.	毛茛科	Ranunculaceae	湿生	草本
38	长芒棒头草	*Polypogon monspeliensis*	禾本科	Gramineae	湿生	草本
39	长芒稗	*Echinochloa caudata* Roshev.	禾本科	Gramineae	湿生	草本
40	长鬃蓼	*Polygonum longisetum* De Br.	蓼科	Polygonaceae	湿生	草本
41	风花菜（球果蔊菜）	*Rorippa globosa*	十字花科	Cruciferae	湿生	草本
42	乌苏里狐尾藻	*Myriophyllum ussuriense* A. Cunn	小二仙草科	Haloragidaceae	湿生	草本
43	巴天酸模	*Rumex patientia* L.	蓼科	Polygonaceae	湿生	草本
44	甘露子	*Stachys sieboldii* Miq	唇形科	Labiatae	湿生	草本
45	节节菜	*Rotala indica*（Willd.）Koehne	木贼科	Equisetaceae	湿生	蕨类
46	石龙芮	*Ranunculus sceleratus* L	毛茛科	Ranunculaceae	湿生	草本
47	石胡荽	*Centipeda minima*（L.）A. Br. et Ascher.	菊科	Compositae	湿生	草本
48	北水苦荬	*Veronica anagallis-aquatica* L.	玄参科	Scrophulariaceae	湿生	草本
49	田菁	*Sesbania cannabina*（Retz.）Poir.	豆科	Leguminosae	湿生	草本
50	白花碎米荠	*Cardamine leucantha*	十字花科	Cruciferae	湿生	草本
51	白茅	*Imperata cylindrica*（L.）Beauv.	禾本科	Gramineae	湿生	草本

	种　名		科　名		生境	备注
52	白屈菜	*Chelidonium majus* L.	罂粟科	Papaveraceae	湿生	草本
53	丛枝蓼	*Polygonum possum bu* Buch.-Ham. ex D. Don	蓼科	Polygonaceae	湿生	草本
54	半边莲	*Lobelia chinensis* Lour.	桔梗科	Campanulaceae	湿生	草本
55	尼泊尔蓼	*Polygonum nepalense* Meisn.	蓼科	Polygonaceae	湿生	草本
56	地耳草	*Hypericum japonicum* Thunb. ex Murray	藤黄科	Guttiferae	湿生	草本
57	过路黄	*Lysimachia christiniae* Hance	报春花科	Primulaceae	湿生	草本
58	再力花	*Thalia dealbata*	竹芋科	Marantaceae	湿生	草本
59	百金花	*Centaurium pulchellum var. altaicum*	龙胆科	Gentianaceae	湿生	草本
60	达香蒲	*Typha davidiana*	香蒲科	Typhaceae	湿生	草本
61	光华柳叶菜	*Epilobium amurense* Hausskn. ssp. *cephalostigma*	柳叶菜科	Onagraceae	湿生	草本
62	光鳞水蜈蚣	*Kyllinga brevifolia* Rottb. var. *leiolepis*（Franch. et Savat.）Hara	莎草科	Cyperaceae	湿生	草本
63	伏毛蓼	*Polygonum pubescens* Blume	蓼科	Polygonaceae	湿生	草本
64	华水苏	*Stachys chinensis* Bunge	唇形科	Labiatae	湿生	草本
65	华刺子莞	*Rhynchospora* chinensis	莎草科	Cyperaceae	湿生	草本
66	伪泥胡菜	*Serratula coronata* L.	菊科	Compositae	湿生	草本
67	问荆	*Equisetum arvense* L.	木贼科	Equisetaceae	湿生	蕨类
68	灯心草	*Juncus effusus* L.	灯心草科	Juncaceae	湿生	草本
69	异型莎草	*Cyperus difformis* L.	莎草科	Cyperaceae	湿生	草本
70	异鳞薹草	*Carex heterolepis* Bge.	莎草科	Cyperaceae	湿生	草本
71	红鳞扁莎	*Pycreus sanguinolentus*（Vahl）Nees	莎草科	Cyperaceae	湿生	草本
72	扯根菜	*Penthorum chinense* Pursh	虎耳草科	Saxifragaceae	湿生	草本
73	花叶芦竹	*Arundo donax* L. var. *versicolor*（Mill.）Stockes	禾本科	Gramineae	湿生	草本
74	花蔺	*Butomus umbellatus*	花蔺科	Butomaceae	湿生	草本
75	芦竹	*Arundo donax* L.	禾本科	Gramineae	湿生	草本
76	芦苇	*Phragmites australis*（Cav.）Trin. ex Steud.	禾本科	Gramineae	湿生	草本
77	求米草	*Oplismenus undulatifolius*（Arduino）Beauv.	禾本科	Gramineae	湿生	草本
78	豆瓣菜	*Nasturtium officinale* R. Br.	十字花科	Cruciferae	湿生	草本
79	角盘兰	*Herminium monorchis*（L.）R. Br.	兰科	Orchidaceae	湿生	草本
80	饭包草	*Commelina bengalensis* Linn.	鸭跖草科	Commelinaceae	湿生	草本
81	疗齿草	*Odontites vulgaris*（Lam.）Dum.	玄参科	Scrophulariaceae	湿生	草本
82	鸡腿堇菜	*Viola acuminata* Ledeb.	堇菜科	Violaceae	湿生	草本
83	驴蹄草	*Caltha palustris* L.	毛茛科	Ranunculaceae	湿生	草本
84	披叶野决明（披针叶黄华）	*Thermopsis lanceolata*	豆科	Leguminosae	湿生	草本

	种　名		科　名		生境	备注
85	林泽兰	*Eupatorium lindleyanum* DC.	菊科	Compositae	湿生	草本
86	雨久花	*Monochoria korsakowii*	雨久花科	Pontederiaceae	湿生	草本
87	齿果酸模	*Rumex dentatus* L	蓼科	Polygonaceae	湿生	草本
88	齿翅蓼	*Fallopia dentatoalata*（Fr. Schm.）Holub	蓼科	Polygonaceae	湿生	藤本
89	具芒碎米莎草	*Cyperus microiria* Steud.	莎草科	Cyperaceae	湿生	草本
90	乳突薹草	*Carex maximowiczii* Miq.	莎草科	Cyperaceae	湿生	草本
91	沼生水马齿	*Callitriche palustris*	水马齿科	Callitrichaceae	湿生	草本
92	沼生柳叶菜	*Epilobium palustre* L	柳叶菜科	Onagraceae	湿生	草本
93	沼生蔊菜	*Rorippa islandica*（Oed.）Borb.	十字花科	Cruciferae	湿生	草本
94	沼生繁缕	*Stellaria palustris* Ehrh. Retz.	石竹科	Caryophyllaceae	湿生	草本
95	泽芹	*Sium suave* Walt.	伞形科	Umbelliferae	湿生	草本
96	泽珍珠菜	*Lysimachia candida* Lindl.	报春花科	Primulaceae	湿生	草本
97	细叶繁缕	*Stellaria filicaulis*	石竹科	Caryophyllaceae	湿生	草本
98	毒芹	*Cicuta virosa* L.	伞形科	Umbelliferae	湿生	草本
99	荆三棱	*Scirpus yagara* Ohwi	莎草科	Cyperaceae	湿生	草本
100	茴茴蒜	*Ranunculus chinensis* Bunge	毛茛科	Ranunculaceae	湿生	草本
101	荔枝草	*Salvia plebeia* R. Br.	唇形科	Labiatae	湿生	草本
102	柳叶鬼针草	*Bidens cernua*L.	菊科	Compositae	湿生	草本
103	柳叶菜	*Epilobium hirsutum* L	柳叶菜科	Onagraceae	湿生	草本
104	看麦娘	*Alopecurus aequalis* Sobol	禾本科	Gramineae	湿生	草本
105	秕壳草	*Leersia sayanuka* Ohwi	禾本科	Gramineae	湿生	草本
106	香附子	*Cyperus rotundus* L.	莎草科	Cyperaceae	湿生	草本
107	香蒲	*Typha orientalis*	香蒲科	Typhaceae	湿生	草本
108	秋海棠	*Begonia grandis* Dry	秋海棠科	Begoniaceae	湿生	草本
109	狭叶荨麻	*Urtica angustifolia* Fisch. ex Hornem	荨麻科	Urticaceae	湿生	草本
110	弯曲碎米荠	*Cardamine flexuosa* With.	十字花科	Cruciferae	湿生	草本
111	洼瓣花	*Lloydia serotina*	百合科	Liliaceae	湿生	草本
112	扁茎灯心草	*Juncus gracillimus*	灯心草科	Juncaceae	湿生	草本
113	扁秆藨草	*Scirpus planiculmis* Fr.Schmidt	莎草科	Cyperaceae	湿生	草本
114	柔毛金腰	*Chrysosplenium pilosum* var. *valdepilosum*	虎耳草科	Saxifragaceae	湿生	草本
115	盐地碱蓬	*Suaeda salsa*（L.）Pall.	藜科	Chenopodiaceae	湿生	草本
116	盐角草	*Salicornia europaea* L.	藜科	Chenopodiaceae	湿生	草本
117	莲子草	*Alternanthera sessilis*（L.）DC.	苋科	Amaranthaceae	湿生	草本
118	荻	*Triarrhena sacchariflora*（Maxim.）Nakai	禾本科	Gramineae	湿生	草本
119	鸭舌草	*Monochoria vaginalis*	雨久花科	Pontederiaceae	湿生	草本
120	鸭跖草	*Commelina communis* Linn.	鸭跖草科	Commelinaceae	湿生	草本
121	圆叶节节菜	*Rotala rotundifolia*（Buch.-Ham. ex Roxb.）Koehne	千屈菜科	Lythraceae	湿生	草本

	种　名		科　名		生境	备注
122	透茎冷水花	*Pilea pumila*（L.）A. Gray	荨麻科	Urticaceae	湿生	草本
123	狼杷草	*Bidens tripartita* L.	菊科	Compositae	湿生	草本
124	烟台飘拂草	*Fimbristylis stauntoni*	莎草科	Cyperaceae	湿生	草本
125	海刀豆	*Canavalia maritima*（Aubl.）Thou.	豆科	Leguminosae	湿生	草质藤本
126	海韭菜	*Triglochin maritimum*	水麦冬科	Juncaginaceae	湿生	草本
127	宽叶荨麻	*Urtica laetevirens* Maxim.	荨麻科	Urticaceae	湿生	草本
128	通泉草	*Mazus pumilus*（Thunb.）O. Kuntze	玄参科	Scrophulariaceae	湿生	草本
129	绢毛匍匐委陵菜	*Potentilla reptans* var. *sericophylla*	蔷薇科	Rosaceae	湿生	草本
130	球穗扁莎	*Pycreus flavidus*（All.）Reichb.	莎草科	Cyperaceae	湿生	草本
131	球穗莎草	*Cyperus globosus*	莎草科	Cyperaceae	湿生	草本
132	黄花小二仙草	*Gonocarpus chinensis*（Lour.）Merr.	小二仙草科	Haloragidaceae	湿生	草本
133	黄海棠	*Hypericum ascyron* L.	藤黄科	Guttiferae	湿生	草本
134	菖蒲	*Acorus calamus*	天南星科	Araceae	湿生	草本
135	菵草	*Beckmannia syzigachne*（Steud.）Fern.	禾本科	Gramineae	湿生	草本
136	萤蔺	*Scirpus juncoides* Roxb.	莎草科	Cyperaceae	湿生	草本
137	菰	*Zizania latifolia*（Griseb.）Stapf	禾本科	Gramineae	湿生	草本
138	梅花草	*Parnassia palustris*	虎耳草科	Saxifragaceae	湿生	草本
139	梭鱼草	*Pontederia cordata*	雨久花科	Pontederiaceae	湿生	草本
140	雀舌草	*Stellaria alsine* Murr.	石竹科	Caryophyllaceae	湿生	草本
141	蛇床	*Cnidium monnieri*（L.）Cuss.	伞形科	Umbelliferae	湿生	草本
142	蛇莓	*Duchesnea indica*（Andr.）Focke	蔷薇科	Rosaceae	湿生	草本
143	假苇拂子茅	*Calamagrostis* pseudophragmites（Hall. f.）Koel.	禾本科	Gramineae	湿生	草本
144	假鼠妇草	*Glyceria leptolepis* Ohwi	禾本科	Gramineae	湿生	草本
145	假稻	*Leersia japonica*（Makino）Honda	禾本科	Gramineae	湿生	草本
146	盒子草	*Actinostemma tenerum* Griff.	葫芦科	Cucurbitaceae	湿生	藤本
147	猫爪草	*Ranunculus ternatus* Thunb.	毛茛科	Ranunculaceae	湿生	草本
148	旋覆花	*Inula japonica* Thunb.	菊科	Compositae	湿生	草本
149	旋鳞莎草	*Cyperus michelianus*（L.）Delile	莎草科	Cyperaceae	湿生	草本
150	绶草	*Spiranthes sinensis*（Pers.）Ames	兰科	Orchidaceae	湿生	草本
151	款冬	*Tussilago farfara* L.	菊科	Compositae	湿生	草本
152	喜旱莲子草	*Alternanthera philoxeroides*（Mart.）Griseb.	苋科	Amaranthaceae	湿生	草本
153	蒌蒿	*Artemisia selengensis* Turcz. ex Bess.	菊科	Compositae	湿生	草本
154	落新妇	*Astilbe chinensis*（Maxim.）Franch. et Savat.	虎耳草科	Saxifragaceae	湿生	草本
155	黑三棱	*Sparganium stoloniferum*	黑三棱科	Sparganiaceae	湿生	草本
156	黑龙江酸模	*Rumex amurensis* Fr. Schm. ex Maxim.	蓼科	Polygonaceae	湿生	草本
157	番杏	*Tetragonia tetragonides*（Pall.）Kuntze	番杏科	Aizoaceae	湿生	草本

	种　名		科　名		生境	备注
158	湿生扁蕾	*Gentianopsis paludosa*（Hook. f.）Ma	龙胆科	Gentianaceae	湿生	草本
159	蒿柳	*Salix schwerinii*	杨柳科	Salicaceae	湿生	灌木
160	碎米荠	*Cheilosoria mysurensis*（Wall. ex Hook.）Ching et Shing	十字花科	Cruciferae	湿生	草本
161	碎米莎草	*Cyperus iria* L.	莎草科	Cyperaceae	湿生	草本
162	稗	*Echinochloa crusgalli*（L.）Beauv.	禾本科	Gramineae	湿生	草本
163	腺柳	*Salix chaenomeloides*	杨柳科	Salicaceae	湿生	小乔木
164	意大利苍耳	*Xanthium italicum*	菊科	Compositae	湿生	草本
165	墙草	*Parietaria micrantha*	荨麻科	Urticaceae	湿生	草本
166	焯菜	*Rorippa indica*（L.）Hiern.	十字花科	Cruciferae	湿生	草本
167	酸模	*Rumex acetosa* L.	蓼科	Polygonaceae	湿生	草本
168	酸模叶蓼	*Polygonum lapathifolium* L.	蓼科	Polygonaceae	湿生	草本
169	碱蓬	*Suaeda glauca*（Bunge）Bunge	藜科	Chenopodiaceae	湿生	草本
170	獐毛	*Aeluropus sinensis*（Debeaux）Tzvel.	禾本科	Gramineae	湿生	草本
171	瘦脊伪针茅	*Pseudoraphis spinescens*（R. Br.）Vickery var. *depauperata*（Nees）Bor	禾本科	Gramineae	湿生	草本
172	蝎子草	*Girardinia Suborbiculata*	荨麻科	Urticaceae	湿生	草本
173	箭叶蓼	*Polygonum sieboldii* Meisn.	蓼科	Polygonaceae	湿生	草本
174	薏苡	*Coix lacryma-jobi* L.	禾本科	Gramineae	湿生	草本
175	薄荷	*Mentha canadensis* Briq.	唇形科	Labiatae	湿生	草本
176	繁缕	*Stellaria media*（L.）Cyr.	石竹科	Caryophyllaceae	湿生	草本
177	翼果薹草	*Carex neurocarpa* Maxim.	莎草科	Cyperaceae	湿生	草本
178	藨草	*Scirpus triqueter* L.	莎草科	Cyperaceae	湿生	草本
179	鳢肠	*Eclipta prostrata*（L.）L.	菊科	Compositae	湿生	草本
180	虉草	*Phalaris arundinacea* L.	禾本科	Gramineae	湿生	草本

2.6.5 耐水湿植物

	种　名		科　名		生　境	备　注
1	水麦冬	*Triglochin palustre*	水麦冬科	Juncaginaceae	湿生	草本
2	水杉	*Metasequoia glyptostroboides* Hu et Cheng	杉科	Taxodiaceae	可中生	乔木
3	牛膝	*Achyranthes bidentata* Bl.	苋科	Amaranthaceae	可中生	草本
4	月见草	*Oenothera biennis* Linn.	柳叶菜科	Onagraceae	可中生	草本
5	火焰草	*Castilleja pallida*（L.）Kunth	景天科	Crassulaceae	可中生	草本
6	半枝莲	*Scutellaria barbata* D. Don	唇形科	Lamiaceae	湿生	草本
7	地笋	*Lycopus lucidus* Turcz.ex Benth.	唇形科	Lamiaceae	湿生	草本
8	西伯利亚蓼	*Polygonum sibiricum* Laxm.	蓼科	Polygonaceae	可中生	草本
9	竹柳	*Salix* sp.	杨柳科	Salicaceae	可中生	乔木
10	池杉	*Taxodium ascendens* Brg.	杉科	Taxodiaceae	湿生	乔木

	种　名		科　名		生　境	备　注
11	红蓼	*Polygonum orientale* L.	蓼科	Polygonaceae	可中生	草本
12	杞柳	*Salix integra* Thunb.	杨柳科	Salicaceae	可中生	灌木
13	旱柳	*Salix matsudana* Koidz.	杨柳科	Salicaceae	可中生	乔木
14	苦楝	*Melia azedarach* L.	楝科	Meliaceae	可中生	乔木
15	枫杨	*Pterocarya stenoptera* DC.	胡桃科	Juglandaceae	可中生	乔木
16	罗布麻	*Apocynum venetum* L.	夹竹桃科	Apocynaceae	可中生	草本
17	垂柳	*Salix babylonica* L.	杨柳科	Salicaceae	可中生	乔木
18	柽柳	*Tamarix chinensis Lour.*	柽柳科	Tamaricaceae	可中生	灌木或小乔木
19	海乳草	*Glaux maritima* L.	报春花科	Primulaceae	可中生	草本
20	野大豆	*Glycine soja* Sieb. et Zucc.	豆科	Leguminosae	可中生	草本
21	铜锤草	*Oxalis corymbosa* DC.	酢浆草科	Oxalidaceae	可中生	草本
22	盒子草	*Actinostemma tenerum* Griff.	葫芦科	Cucurbitaceae	可中生	草质藤本
23	落羽杉	*Taxodium distichum*（Lion.）Rich.	杉科	Taxodiaceae	可中生	乔木
24	萹蓄	*Polygonum aviculare* L.	蓼科	Polygonaceae	可中生	草本
25	紫穗槐	*Amorpha fruticosa* L.	豆科	Leguminosae	可中生	灌木
26	湿地松	*Pinus elliottii* Engelm.	松科	Pinaceae	可中生	乔木
27	腺柳	*Salix chaenomeloides* Kimura	杨柳科	Salicaceae	可中生	灌木或小乔木
28	墨西哥落羽杉	*Taxodium mucronatum* Tenore	杉科	Taxodiaceae	湿生	乔木
29	簸箕柳	*Salix suchowensis* Cheng	杨柳科	Salicaceae	可中生	灌木或小乔木

3 不同用途的植物资源

本章对山东植物按用途进行了汇总。对于每种用途按乔、灌、草、藤分类列出名录，以方便读者查阅。对用材树种、经济植物的经济价值进行简略描述。

植物生态用途包括：固沙、固堤、保土功能，或者适应能力特别强、能在恶劣地带生长，广泛用于绿化的、抗污染。对每种的功能进行简略描述。

3.1 用材树种

种名		科名		应用
三尖杉	*Cephalotaxus fortunei* Hook.f	三尖杉科	Cephalotaxaceae	用材：木材优良。枝、叶、种子及根可提取多种植物碱种子可药用
三角槭（三角枫）	*Acer buergerianum* Miq.	槭树科	Acerceae	用材：落叶乔木，较好的庭园观赏树，木材坚硬致密
三桠乌药（假崂山棍）	*Lindera obtusiloba* Bl.	樟科	Lauraceae	用材：落叶灌木或小乔木，木材致密、坚硬，可作细木工用材，种子榨油，枝叶及果皮可提取芳香油
三蕊柳	*Salix triandra* L.	杨柳科	Salicaceae	用材：灌木或小乔木，供薪柴等用
千金榆	*Carpinus cordata* Bl.	桦木科	Betulaceae	用材：乔木，用材，制作家具，农具等
大叶朴	*Celtis koraiensis* Nakai	榆科	Ulmaceae	用材：乔木，用材，供建筑、家具及器具等；茎皮富含纤维
女贞	*Ligustrum lucidum* Ait.	木犀科	Oleaceae	用材：常绿乔木，观赏绿化树种，木材质细，果药用，名“女贞子”，树皮、叶、根、茎均可入药
小叶山毛柳	*Salix pseudopermollis* C.Y.Yu et Ch.Y.Yang	杨柳科	Salicaceae	用材：灌木或小乔木，枝细柔可供编制
小叶朴	*Celtis bungeana* Bl.	榆科	Ulmaceae	用材：乔木，用材，供建筑、家具及器具等；茎皮富含纤维可代麻用
小叶栎	*Quercus chenii* Nakai	壳斗科	Fagaceae	用材：落叶乔木，用材，木材坚实，供建筑、枕木、家具等用
山东柳	*Salix koreensis Anderss.* var. *shandongensis* C.F.fang	杨柳科	Salicaceae	用材：用材树种，也可造纸编筐
山合欢	*Albizia kalkora*（Roxb.）Prain	豆科	Leguminosae	用材：落叶乔木，木材可制家具、农具等
山皂荚	*Gleditsia japonica* Miq.	豆科	Leguminosae	用材：落叶乔木或小乔木，木材供制车辆、农具等

种名		科名		应用
山胡椒（崂山棍）	*Lindera glauca*（Sieb.et Zucc.）Bl.	樟科	Lauraceae	用材：落叶灌木或小乔木，木材可做家具，种子榨油，根枝叶果可药用
山荆子（山定子）	*Malus baccata*（L.）Borkh.	蔷薇科	Rosaceae	用材：乔木，木材可供做家具、农具
川楝	*Melia toosendan* Sieb. et Zucc.	楝科	Meliaceae	用材：落叶乔木，木材供建筑、家具、农具等用材
马尾松	*Pinus massoniana* Lamb.	松科	Pinaceae	用材：用材树种，树干可割取松脂，种子可提取油
乌苏里鼠李	*Rhamnus ussuriensis* J. Vess.	鼠李科	Rhamnaceae	用材：灌木，木材坚硬，可供细木工用
乌桕	*Sapium sebiferum*（L.）Roxb.	大戟科	Euphorbiaceae	用材：落叶乔木，重要经济树种，种子含蜡、油，可提黑色燃料及栲胶，根皮、叶药用，木质坚硬，不翘不裂，良好用材
元宝槭（平基槭）	*Acer truncatum* Bge.	槭树科	Acerceae	用材：落叶乔木，木材坚韧细致
化香树	*Platycarya strobilacea* Sieb.et Zucc.	胡桃科	Juglandaceae	用材：落叶小乔木，含鞣质，可提栲胶，木材粗松，可做火柴杆
文冠果（文官果）	*Xanthoceras sorbifolia* Bge.	无患子科	Sapindaceae	用材：落叶小乔木，木材坚硬致密
无患子	*Sapindus mukorossi* Gaertn.	无患子科	Sapindaceae	用材：落叶乔木，木材制器具，主要分布于长江以南各省区
日本三蕊柳	*S. triandra L.*var.*nipponica*（Franch.et Savat.）Seem.	杨柳科	Salicaceae	用材：灌木或小乔木，供薪柴等用
日本冷杉	*Abies firma* Sieb. et Zucc.	松科	Pinaceae	用材：木材优良，可供建筑、家具用材
日本辛夷（白木兰）	*Magnolia kobus* DC.	木兰科	Magnoliaceae	用材：落叶乔木或灌木，栽培供观赏，花蕾可药用，木材可供做家具
日本厚朴	*Magnolia hypoleuca* Sieb. et Zucc.	木兰科	Magnoliaceae	用材：落叶乔木，树皮药用称“和朴”，其他部分亦可药用，药效较差，木材制乐器、制图板等
日本柳杉	*Crytomeria japonica*（L.f.）D. Don	杉科	Taxodiaceae	用材：用材树种
日本桤木（赤杨）	*Alnus japonica*（Thunb.）Steud.	桦木科	Betulaceae	用材：乔木，用材，建筑，家具等用
日本落叶松	*Larix kaempferi*（Lamb.）Carr.	松科	Pinaceae	用材：适应性强，可用于造林。木材用途同落叶松
月桂	*Laurus nobilis* L.	樟科	Lauraceae	用材：常绿小乔木，含芳香油，种子可榨油，供工业用
木瓜	*Chaeomeles sinensis*（Thouin.）Koehne	蔷薇科	Rosaceae	用材：小乔木，木材坚硬致密，优良用材
毛山楂	*Crataegus maximowiczii* Schneid.	蔷薇科	Rosaceae	用材：落叶灌木，观赏树木，木材适做家具、文具

种　名		科　名		应　用
毛叶山桐子	*Idesia polycarpa* Maxim. var. *vestita* Diels.	大风子科	Flacourtiaceae	用材：落叶乔木，木材可供箱板及火柴杆用
毛竹	*Phyllostachys pubescens* Mazel ex H. de Lehaie	禾本科	Gramineae	用材：重要经济竹种，建筑用材、编织，笋可食用
毛泡桐（绒毛泡桐）	*Paulownia tomentosa*（Thunb.）Steud.	玄参科	Scrophulariaceae	用材：乔木，材质优良，为箱板、胶合板、家具等用材
毛梾（车梁木）	*Swida salteri*（Wanger.）Sojak	山茱萸科	Cornaceae	用材：落叶乔木，种子含油，供食用及工业用，木材供建筑、家具用材，树皮药用
水曲柳	*Franxinus mandshurica* Rupr.	木犀科	Oleaceae	用材：落叶大乔木，木材优良，可供多方面用材
水杉	*Metasequoia glyptostroboides* Hu et Cheng	杉科	Taxodiaceae	用材：建筑、板材、电杆、家具等工业原料
水松	*Glyptostrobus pensilis*（Staunt.）Koch	杉科	Taxodiaceae	用材：材质轻软，叶、枝及球果药用
水榆花楸	*Sorbus alnifolia*（Sieb. et Zucc.）K. Koch	蔷薇科	Rosaceae	用材：乔木或大灌木，木材可作器具、家具车辆等；果实可酿酒及制果酱
火炬松	*Pinus taeda* L.	松科	Pinaceae	用材：可供用材，树姿优美，是理想的庭院绿化树
牛鼻拴	*Fortunearia sinensis* Rehd. et Wils.	金缕梅科	Hamamelidaceae	用材：落叶灌木或小乔木，可作园林树木，木材粘韧，常用来做牛鼻拴
长裂葛萝槭（山青桐）	*Acer grosseri Pax* var. *hersii*（Rehd.）Rehd.	槭树科	Acerceae	用材：落叶乔木，木材可做器具、农具等
东北杏	*Prunus mandshurica*（Maxim.）Koehne	蔷薇科	Rosaceae	用材：乔木，作栽培杏的砧木，木材坚实，可做家具
兰考泡桐（河南桐）	*Paulownia elongata* S. Y. Hu	玄参科	Scrophulariaceae	用材：乔木，材质优良，为箱板、胶合板、家具等用材
凹叶厚朴（庐山厚朴）	*Magnolia biloba*（Rehd.et Wils.）Cheng	木兰科	Magnoliaceae	用材：落叶乔木，树皮为著名中药，其他部分亦可药用，种子可榨油，木材制乐器、制图板等。
北方麻栎	var.*septemtrionalis* Liou	壳斗科	Fagaceae	用材：落叶乔木，用材，木质好，叶可饲蚕，壳斗为栲胶原料
北京花楸	*Sorbus discolor*（Maxim.）Maxim.	蔷薇科	Rosaceae	用材：落叶乔木，木材可作家具，果可酿酒、制果酱及入药；有观赏价值
北枳椇（拐枣）	*Hovenia dulcis* Thunb.	鼠李科	Rhamnaceae	用材：乔木，木材坚硬，可供建筑及细木工
北美香柏	*Thuja occidentalis* L.	柏科	Cupressaceae	用材：可作家具、乐器
北美圆柏	*Sabina virginiana*（L.）Ant.	柏科	Cupressaceae	用材：乔木，木材可提取显微镜油，也是制作铅笔杆及细木工的优良材料

种名		科名		应用
北美短叶松	*Pinus banksiana* Lamb.	松科	Pinaceae	用材：木材可供建筑等用
北美鹅掌楸（百合木）	*Liriodendron tulipifera* L.	木兰科	Magnoliaceae	用材：乔木，优美的庭院绿化树种，木材适宜做家具、建筑与造船。叶及树皮可入药
玉铃花	*Styrax obassia* Sieb. et Zucc.	安息香科	Styracaceae	用材：落叶乔木或灌木，木材可制作器具、雕刻等
白木乌桕	*Sapium japonicum*（Sieb. et Zucc.）Pax et Hoffm.	大戟科	Euphorbiaceae	用材：灌木或小乔木，木材致密，可制家具
白皮松	*Pinus bungeana* Zucc. Ex Endl.	松科	Pinaceae	用材：较能耐盐碱，理想的绿化树种；用材树种，种子可食
白扦	*Picea meyeri* Rehd. Et Wils.	松科	Pinaceae	用材：北方大城市常栽培作庭院绿化树，也可用材
白杜（桃叶卫矛、丝棉木）	*Euonymus bungeanus* Maxim.	卫矛科	Celastraceae	用材：落叶灌木或小乔木，木材供细工、雕刻
白花泡桐（大果泡桐）	*Paulownia fortunei*（Seem.）Hemsl.	玄参科	Scrophulariaceae	用材：乔木，材质优良，为箱板、胶合板、家具等用材
白栎	*Quercus fabri* Hance.	壳斗科	Fagaceae	用材：落叶乔木，用材，木材坚实，供建筑、枕木、家具等用；带皮树干可培养香菇、木耳
白桦	*Betula platyphylla* Suk.	桦木科	Betulaceae	用材：落叶乔木，用材，建筑，矿柱，造纸，树皮可药用
白梨（罐梨）	*Pyrus bretschneideri* Rehd.	蔷薇科	Rosaceae	用材：落叶乔木，木材褐色，致密，良好的雕刻材料
白蜡树（梣蜡条）	*Fraxinus chinensis* Roxb.	木犀科	Oleaceae	用材：乔木，木材坚硬有弹性，枝条编织
辽东栎	*Quercus liaotungensis* Koidz.	壳斗科	Fagaceae	用材：落叶乔木，用材，木材坚实，供建筑、枕木、家具等用；叶可养柞蚕
辽东桤木（水冬瓜）	*Aluns sibirica* Fisch.ex Turcz.	桦木科	Betulaceae	用材：乔木，用材，建筑，家具，火柴杆等用
辽东楤木	*Aralia elata*（Miq.）Seem.	五加科	Araliaceae	用材：灌木或小乔木，木材可做器具
龙爪柳	*Salix matsudana Koidz* f.*tortuosa*（Vilm.）Rehd.	杨柳科	Salicaceae	用材：用材树种，也可造纸编筐
光叶榉	*Zelkova serrata* Makino	榆科	Ulmaceae	用材：落叶乔木，用材，木材坚实、耐水湿；庭院绿化和行道树种
光叶糯米椴	*Tilia henryana Szyszyl*. var. *subglabra* B.Engl.	椴树科	Tiliaceae	用材：乔木，木材供建筑、桥梁、枕木、坑木等用
全缘栾树（黄山栾树）	*Koelreuteria bipinnata Franch*. var. *integrifoliola*（Merr.）T.	无患子科	Sapindaceae	用材：落叶乔木，木材制家具、农具等，其余同栾树
刚竹	*Phyllostachys viridis*（Young）McClure	禾本科	Gramineae	用材：经济价值不如毛竹（有两种变形）

种　名		科　名		应　用
华山松	*Pinus armandii* Franch.	松科	Pinaceae	用材：木材优良，树干可提树脂，树皮可提栲胶
华东椴	*Tilia japonica* Simonk.	椴树科	Tiliaceae	用材：乔木，木材可做家具、胶合板
华北落叶松	*Larix pincipis-rupprechtii* Mayr.	松科	Pinaceae	用材：高山林场主要树种，木材坚韧，树皮可提栲胶
华桑	*Morus cathayana* Hemsl.	桑科	Moraceac	用材：小乔木或灌木，叶可饲桑蚕，但质量不如桑；椹果可食，各部分均可入药，木材坚实，可供家具等用材，亦可雕刻
合欢（夜合树）	*Albizia julibrissin* Durazz.	豆科	Leguminosae	用材：落叶乔木，木材可制家具
地锦槭（色木槭）	*Acer mono* Maxim.	槭树科	Acerceae	用材：落叶乔木，木材坚硬致密，优良用材
多枝柽柳（红柳）	*Tamarix ramosissima* Ledeb.	柽柳科	Tamaricaceae	用材：灌木或小乔木，枝条供编织
曲枝垂柳	*Salix babylonica* L. f.tortuosa Y.L.Chou	杨柳科	Salicaceae	用材：乔木，用材，枝条编筐，公园多栽为观赏树
朴树	*Celtis sinensis* Pers.	榆科	Ulmaceae	用材：落叶乔木，用材，供器具、家具、建筑等，可植为风景树
池杉	*Taxodium ascendens* Brongn.	杉科	Taxodiaceae	用材：建筑、电杆、枕木、造船
灯台树（瑞木）	*Bothrocaryum controversum* (Hemsl.) Pojark.	山茱萸科	Cornaceae	用材：落叶乔木，木材供建筑、雕刻等用，种子油可制肥皂及润滑油
灰楸	*Catalpa fargesii* Bureau.	紫葳科	Bignoniaceae	用材：落叶乔木，材质较楸树差，适于家具、船舶等用材
竹柏	*Podocarpus nagi* (Thunb.) Zoll.et Mor. Ex Zoll	罗汉松科	Podocarpaceae	用材：木材可供建筑用，种子榨油
红叶黄栌	*Cotinus coggygria* Scop. var. *cinerea* Engl.	漆树科	Anacardiaceae	用材：落叶灌木或小乔木，木材可制器具及细木工
红松	*Pinus koraiensis* Sieb. et Zucc.	松科	Pinaceae	用材：木材优良
红果山胡椒（红果钓樟）	*Lindera erythrocarpa* Makino	樟科	Lauraceae	用材：落叶灌木或小乔木，木材可做家具，种子榨油，树皮及叶可提取芳香油
红枝柴（羽叶泡花树）	*Meliosma oldhamii* Maxim.	清风藤科	Sabiaceae	用材：落叶乔木，木材坚硬
红楠（小楠木）	*Machilus thunbergii* Sieb. et Zucc.	樟科	Lauraceae	用材：常绿乔木，用材树种及沿海防护林树种，有绿化价值，种子可榨油，树皮药用
君迁子（软枣）	*Diospyros lotus* L.	柿树科	Ebenaceae	用材：落叶乔木，木材可做家具
坚桦	*Betula chinensis* Maxim.	桦木科	Betulaceae	用材：小乔木，用材，制作车轴等
怀槐（朝鲜槐）	*Maackia amurensis* Rupr. et Maxim.	豆科	Leguminosae	用材：落叶乔木，木材质地细致紧密

种　名		科　名		应　　用
旱柳	*Salix matsudana* Koidz.	杨柳科	Salicaceae	用材：较好的用材树种
旱榆	*Ulmus glaucescens* Franch.	榆科	Ulmaceae	用材：落叶乔木，材质坚硬，果实嫩时可食
杉木	*Cunninghamia lanceolata*（Lamb.）Hook.	杉科	Taxodiaceae	用材：用材树种，树皮可入药，种子含油率 20%
杉松	*Abies holophylla* Maxim.	松科	Pinaceae	用材：材质轻软，耐腐蚀力强
杏	*Prunus armeniaca* L.	蔷薇科	Rosaceae	用材：乔木，常见果树，木材可做器具及雕刻用材；变种：野杏（山杏）；变形：垂枝杏
杜仲（丝棉树）	*Eucommia ulmoides* Oliv.	杜仲科	Eucommiaceae	用材：落叶乔木，可作庭院树种，树皮药用，木材供建筑、家具用材，使绿化结合生产的优良树种
杜松	*Juniperus rigida* Sieb. Et Zucc.	柏科	Cupressaceae	用材：家具及工艺品，球果可药用
沙枣（桂香柳）	*Elaeagnus angustifolia* L.	胡颓子科	Elaeagnaceae	用材：落叶乔木，花可提芳香油，木材做家具，果可生食或加工
皂荚（皂角）	*Gleditsia sinensis* Lam.	豆科	Leguminosae	用材：落叶乔木或小乔木，木材供制车辆、农具等
花曲柳（大叶白蜡树）	*Fraxinus rhynchophylla* Hance	木犀科	Oleaceae	用材：木材坚硬而有弹性，枝条供编织，干、枝药用，种子含油
花楸树（百花山花楸）	*Sorbus pohuashanensis*（Hance）Hedl.	蔷薇科	Rosaceae	用材：乔木或灌木，木材可作家具，果可酿酒、制果酱及入药；有观赏价值
鸡桑	*Morus australis* Poir.	桑科	Moraceac	用材：小乔木或灌木，叶可饲桑蚕，但质量不如桑；椹果可食，各部分均可入药，木材坚实，可供家具等用材，亦可雕刻
侧柏	*Platycladus oriedtalis*（L.）Franco	柏科	Cupressaceae	用材：木材坚实耐用（常见有三个变种）
刺柏	*Juniperus formosana* Hayata	柏科	Cupressaceae	用材：家具，造船，桥柱等树形美观，可作庭院绿化树种
刺椿（刺叶椿）	*Ailanthus vilmoriniana* Dode	苦木科	Simaroubaceae	用材：落叶乔木，用材，纤维、绿化、油料等多种用途的林木树种
刺楸	*Kalopanax septemlobus*（Thunb.）Koidz.	五加科	Araliaceae	用材：落叶乔木，木材供建筑、家具、雕刻等用
刺榆（钉枝榆）	*Hemiptelea davidii* Planch.	榆科	Ulmaceae	用材：落叶小乔木或灌木状用材，材质坚硬，农器具用
刺槐（洋槐）	*Robinia pseudoacacia* L.	豆科	Leguminosae	用材：落叶乔木，木质坚硬；变种：无刺刺槐（无刺洋槐）、伞刺槐（伞洋槐）
垂柳	*Salix babylonica* L.	杨柳科	Salicaceae	用材：乔木，用材，枝条编筐，公园多栽为观赏树
垂珠花	*Styrax dasyanthus* Perk.	安息香科	Styracaceae	用材：落叶小乔木，园林观赏植物

种名		科名		应用
房山栎	*Quercus fangshanensis* Liou	壳斗科	Fagaceae	用材：落叶乔木，用材，木材坚实，供建筑、枕木、家具等用；壳斗、树皮可提栲胶
板栗	*Castanea mollissima* Bl.	壳斗科	Fagaceae	用材：落叶乔木，用材，木材坚硬，耐水湿，果实甜美可食
构树	*Broussonetia papyrifera*（L.）Vent.	桑科	Moraceac	用材：乔木，富含纤维，根皮果实均可药用
枣	*Ziziphus jujuba* Mill.	鼠李科	Rhamnaceae	用材：落叶小乔木，木材坚实，为器具、雕刻用材
枫杨	*Pterocarya stenoptera* DC.	胡桃科	Juglandaceae	用材：乔木，用材，可做家具
欧洲白榆	*Ulmus laevis* Pall.	榆科	Ulmaceae	用材：落叶乔木，材质坚硬，用材
欧椴（大叶椴）	*Tilia platyphyllus* Scop.	椴树科	Tiliaceae	用材：乔木，木材制家具、胶合板，可作为庭院绿化树种
河北栎	*Quercus hopeiensis* Liou	壳斗科	Fagaceae	用材：落叶乔木，用材，木材坚实，供建筑、枕木、家具等用
油松	*Pinus tabulaeformis* Carr.	松科	Pinaceae	用材：理想用材树种，也是鲁中南山地丘陵区主要荒山造林树种
油桐	*Vernicia fordii*（Hemsl.）Airy-Shaw.	大戟科	Euphorbiaceae	用材：落叶乔木，木本油料作物，木质轻软，可做家具、火柴杆等
沼生栎	*Quercus palustris* Muench.	壳斗科	Fagaceae	用材：落叶乔木，城市绿化树种
苦木（苦皮树）	*Picrasma quassioides*（D.Don.）Benn.	苦木科	Simaroubaceae	用材：小乔木或灌木，树皮药用，木材可做家具
苦楝（楝树）	*Melia azedarach* L.	楝科	Meliaceae	用材：落叶乔木，木材供建筑、家具、农具等用材
金松	*Sciadopitys verticillata*（Thunb.）Sieb.et Zucc.	杉科	Taxodiaceae	用材：材质优良，可供建筑等用
金钱松	*Pseudolarix amabilis*（Nelson）Rehd.	松科	Pinaceae	用材：可用于造林，树皮可提栲胶、入药，种子可榨油。木材优良
青榨槭	*Acer davidii* Franch.	槭树科	Acerceae	用材：落叶乔木，木材结构细，适宜作各种器材
青檀	*Pteroceltis tatarinowii* Maxim.	榆科	Ulmaceae	用材：落叶乔木，用材，供建筑、家具等用；茎皮纤维造纸，造人造棉等
南京椴（白椴）	*Tilia miqueliana* Maxim.	椴树科	Tiliaceae	用材：乔木，木材可制胶合板，可做城市绿化树种
厚朴（川朴）	*Magnolia officinalis* Rehd.et Wils.	木兰科	Magnoliaceae	用材：落叶乔木，树皮为著名中药，其他部分亦可药用，木材制乐器、制图板等
厚壳树	*Ehretia thyrsiflora*（Sieb. et Zucc.）Nakai	紫草科	Boraginaceae	用材：落叶乔木，木材可供建筑及家具
扁桃	*Prunus amygdalus* Batsch	蔷薇科	Rosaceae	用材：中小乔木，著名的取仁用桃树，木材坚硬，可供细工材
枹栎	*Quercus glandulifera* Bl.	壳斗科	Fagaceae	用材：落叶乔木，用材，木材坚实，供建筑、枕木、家具等用

种名		科名		应用
柏木	*Cupressus funebris* Endl.	柏科	Cupressaceae	用材：木材耐水湿，枝叶可提芳香油
柘树	*Cudrania tricuspidata*（Carr.）Bur.	桑科	Moraceac	用材：用材，家具等。茎皮可打绳造纸等，根皮药用，椹果可食，叶可养蚕
柳杉	*Cryptomeria fortunei* *Hooibrenk ex* Otto et Dietr.	杉科	Taxodiaceae	用材：用材树种，枝条和木材可蒸馏芳香油
柽柳（红荆条、三春柳）	*Tamarix chinensis* Lour	柽柳科	Tamaricaceae	用材：灌木或小乔木，枝条可编制筐篮，嫩枝及叶可药用
柿树（柿子树）	*Diospyros kaki* L. f.	柿树科	Ebenaceae	用材：落叶乔木，木材可做家具
狭叶山胡椒	*Lindera angustifolia* Cheng	樟科	Lauraceae	用材：落叶灌木或小乔木，木材可做家具，种子榨油，质量高于山胡椒，根枝叶果可药用
珊瑚朴	*Celtis julianae* Schneid.	榆科	Ulmaceae	用材：落叶乔木，用材，供建筑、家具等用；茎皮纤维造纸，造人造棉等
柞槲栎	*Quercus mongolica-dentata* Nakai	壳斗科	Fagaceae	用材：落叶乔木，用材，木材坚实，供建筑、枕木、家具等用
秋子梨（花盖梨）	*Pyrus ussuriensis* Maxim.	蔷薇科	Rosaceae	用材：落叶乔木，木材细致坚硬，可做家具及雕刻用材
绒毛白蜡树（毡毛梣）	*Fraxinus velutina* Torr.	木犀科	Oleaceae	用材：落叶乔木，木材质重而硬，可供多方面用材
美国山核桃	*Carya illinoensis*（Wangenh.）K.Koch	胡桃科	Juglandaceae	用材：乔木，用材，种仁可食用，也可作行道树和观赏树种
美国红梣（毛白蜡、洋白蜡）	*Fraxinus pennsylvanica* Marsh.	木犀科	Oleaceae	用材：落叶乔木，木材质重而硬，可供多方面用材
美国榆	*Ulmus americana* L.	榆科	Ulmaceae	用材：落叶乔木，材质坚硬，用材
胡桃	*Juglans regia* L.	胡桃科	Juglandaceae	用材：乔木，用材，核仁食用
胡桃楸	*Juglans mandshurica* Maxim.	胡桃科	Juglandaceae	用材：木工等，种仁可食，树皮等可提制栲胶
茶条槭	*Acer ginnala* Maxim.	槭树科	Acerceae	用材：落叶小乔木或灌木，木材供薪炭及农具用材，树皮纤维好
重阳木	*Bischofia polycarpa*（L'evl.）Airy-Shaw	大戟科	Euphorbiaceae	用材：乔木，耐水湿，木材质量好
香椿	*Toona sinensis*（A.Juss.）Roem.	楝科	Meliaceae	用材：落叶乔木，木材细致美观
圆柏	*Sabina chinensis*（L.）Ant.	柏科	Cupressaceae	用材：木材可供建筑、工艺等用材枝叶可药用（常见有四变种）
夏栎	*Quercus robur* L.	壳斗科	Fagaceae	用材：落叶乔木，用材，木材坚实，供建筑、枕木、家具等用；亦为优良庭院绿化树种

种名		科名		应用
栓皮栎	*Quercus variabilis* Bl.	壳斗科	Fagaceae	用材：落叶乔木，用材，木材坚实，耐性好，为国防、轻工喜用
栾树	*koelreuteria paniculata* Laxm.	无患子科	Sapindaceae	用材：落叶乔木，木材坚实
桂竹	*Phyllostachys bambusoides* Sieb. Et Zucc.	禾本科	Gramineae	用材：优良用材竹种
桑	Morus alba L.	桑科	Moraceac	用材：小乔木或灌木，叶可饲桑蚕，椹果可食，各部分均可入药，木材坚实，可供家具等用材，亦可雕刻
梣叶槭（复叶槭）	*Acer negundo* L.	槭树科	Acerceae	用材：落叶乔木，木材可做家具
梧桐（青桐）	*Firmiana platanifolia*（L.f.）Marsili	梧桐科	Sterculiaeae	用材：落叶乔木，木材质地轻软
泰山花楸	*Sorbus taishanensis* F.Z.Li et X.D. Chen	蔷薇科	Rosaceae	用材：落叶乔木，木材可作家具，果可酿酒、制果酱及入药；有观赏价值
泰山椴	*Tilia taishanensis* S.B.Liang	椴树科	Tiliaceae	用材：乔木，木材供建筑、家具用
流苏树（牛筋子）	*Chionanthus retusus* Lindl.	木犀科	Oleaceae	用材：落叶乔木，木材质硬
绦柳	*Salix matsudana* Koidz.f.pendula Schneid	杨柳科	Salicaceae	用材：用材树种，也可造纸编筐
胶东桦	*Betula jiaodongensis* S.B.Liang	桦木科	Betulaceae	用材：小乔木，用材，制作车轴等
胶东椴	*Tilia jiaodonensis* S.B. Liang	椴树科	Tiliaceae	用材：乔木，木材可做家具、胶合板
臭椿（樗树）	*Ailanthus altissima*（Mill.）Swingle	苦木科	Simaroubaceae	用材：落叶乔木，纤维、绿化、油料等多种用途
臭檀（抛辣子）	*Evodia daniellii*（Benn.）Hemsl.	芸香科	Rutaceae	用材：落叶乔木，木材做家具、器具
望春花（望春玉兰）	*Magnolia biondii* Pamp.	木兰科	Magnoliaceae	用材：落叶乔木，花蕾可药用，木材可供做家具
梓树（河楸）	*Catalpa ovata* G. Don.	紫葳科	Bignoniaceae	用材：落叶乔木，速生树种木材白色稍软，叶、根内白皮药用
梾木	*Swida macrophylla*（Wall.）Sojak	山茱萸科	Cornaceae	用材：乔木，木材可制器具
野茉莉（齐墩果）	*Styrax japonica* Sieb. et Zucc	安息香科	Styracaceae	用材：落叶小乔木，木材制作器具、雕刻等，种子榨油
银杏	*Ginkgo biloba* L.	银杏科	Ginkgoaceae	用材：木材优良，唯生长较慢
麻栎	*Quercus acutissima* Carr.	壳斗科	Fagaceae	用材：落叶乔木，用材，木质好，叶可饲蚕，壳斗为栲胶原料
黄山松	*Pinus taiwanensis* Hayata	松科	Pinaceae	用材：用材树种，木材坚实，山东有少量引种
黄杨（锦熟黄杨）	*Buxus sinic*（Rehd. et Wils.）Cheng	黄杨科	Buxaceae	用材：常绿灌木或小乔木，木材坚硬，适于做木梳等工艺美术品

种名		科名		应用
黄花落叶松	*Larix olgensis* Henry	松科	Pinaceae	用材：木材耐用，树干可提树脂，树皮可提栲胶
黄连木（楷树）	*Pistacia chinensis* Bge.	漆树科	Anacardiaceae	用材：落叶乔木，木材坚硬细致
黄金树（美国楸树）	*Catalpa speciosa*（Ward. ex Berney）Engelm.	紫葳科	Bignoniaceae	用材：落叶乔木，木材供建筑及家具
黄榆（大果榆）	*Ulmus macrocarpa* Hance	榆科	Ulmaceae	用材：乔木或灌木状，木材坚韧；树皮纤维可制绳、造纸等
黄檀	*Dalbergia hupeana* Hance	豆科	Leguminosae	用材：落叶乔木，材质坚韧、致密，优良用材树
黄檗（黄柏，黄波罗）	*Phellodendron amurense* Rupr.	芸香科	Rutaceae	用材：乔木，木材可做家具等，木栓层作软木塞
喜树（旱莲木）	*Camptotheca acuminata* Decne.	蓝果树科	Nyssaceae	用材：落叶乔木，木材松软，可供家具及造纸原料
朝鲜柳	*Salix koreensis* Anderss.	杨柳科	Salicaceae	用材：用材树种，也可造纸编筐
榔榆	*Ulmus parvifolia* Jacq.	榆科	Ulmaceae	用材：落叶乔木，材质坚硬，用材；庭院绿化
湖北花楸	*Sorbus hupehensis* Schneid.	蔷薇科	Rosaceae	用材：落叶乔木，木材制农具、家具
湿地松	*Pinus elliottii* Engelm.	松科	Pinaceae	用材：木材供建筑、枕木、坑木等工业原料用
琅琊榆	*Ulmus chenmoui* Cheng	榆科	Ulmaceae	用材：落叶乔木，材质坚硬，用材
紫丁香（华北紫丁香）	*Syringa oblata* Lindl.	木犀科	Oleaceae	用材：灌木或小乔木，木材可制农具；变种：白丁香
紫椴	*Tilia amurensis* Rupr.	椴树科	Tiliaceae	用材：乔木，木材供胶合板、家具用
紫穗槐（棉槐）	*Amorpha fruticosa* L.	豆科	Leguminosae	用材：落叶灌木，枝条可编筐
落叶松	*Larix gmelini*（Rupr.）Rupr.	松科	Pinaceae	用材：林场造林，木材耐久用，树皮可提栲胶
落羽杉	*Taxodium distichum*（L.）Rich.	杉科	Taxodiaceae	用材：建筑、电杆、枕木、造船
裂叶榆	*Ulmus laciniata*（Trautv.）Mayr.	榆科	Ulmaceae	用材：落叶乔木，茎皮纤维可制绳，木材制家具、农具
鹅耳枥	*carpinus turczaninowii* Hance	桦木科	Betulaceae	用材：小乔木，用材，制作农具等
鹅掌楸（马褂木）	*Liriodendron chinense*（Hemsl.）Sarg.	木兰科	Magnoliaceae	用材：大乔木，供观赏，叶形奇特花大美丽，树皮药用，木材质量好
黑松	*Pinus thunbergii* Parl.	松科	Pinaceae	用材：建筑，矿柱，器具。也可提取树脂
黑桦	*Betula dahurica* Pall.	桦木科	Betulaceae	用材：乔木，用材，木材质重，耐用
黑榆	*Ulmus davidiana* Planch.	榆科	Ulmaceae	用材：落叶乔木，材质坚硬，用材
楤木	*Aralia chinensis* L.	五加科	Araliaceae	用材：灌木或小乔木，木材可做器具

种　名		科　名		应　用
楸叶泡桐（胶东桐）	*Paulownia catalpifolia* Gong Tong	玄参科	Scrophulariaceae	用材：乔木，材质好，干性强，绿化优良树种
楸树	*Catalpa bungei* C. A. Mey.	紫葳科	Bignoniaceae	用材：乔木，材质优良，高级家具用材
榆	*Ulmus pumila* L.	榆科	Ulmaceae	用材：落叶乔木，用材，木材坚韧。生态：净化空气，吸收二氧化硅能力极强
榉树	*Zelkova schneideriana* Hand.-Mazz.	榆科	Ulmaceae	用材：落叶乔木，用材，木材坚实、耐水湿；庭院绿化和行道树种
槐树	*Sophora japonica* L.	豆科	Leguminosae	用材：落叶乔木，木材富弹性，耐水湿
蒙山柳	*S. triandra* *L.*var.*menshanensis* S.B.Liang	杨柳科	Salicaceae	用材：灌木或小乔木，供薪柴等用
蒙古栎	*Quercus mongolica* Fisch.	壳斗科	Fagaceae	用材：落叶乔木，用材，木材坚实，供建筑、枕木、家具等用；叶可养柞蚕
蒙桑	*Morus mongolica* Schneid.	桑科	Moraceac	用材：小乔木或灌木，叶可饲桑蚕，但质量不如桑；椹果可食，各部分均可入药，木材坚实，可供家具等用材，亦可雕刻
蒙椴	*Tilia mongolica* Maxim.	椴树科	Tiliaceae	用材：小乔木，木材供建筑、家具等用
鼠李（大绿）	*Rhamnus davurica* Pall.	鼠李科	Rhamnaceae	用材：灌木或小乔木，木材坚实
褐梨	*Pyrus phaeocarpa* Rehd.	蔷薇科	Rosaceae	用材：落叶乔木，木材性质较好，适于雕刻；也可作为栽培梨的砧木
馒头柳	*Salix matsudana Koidz f.umbraculifera* Rehd.	杨柳科	Salicaceae	用材：用材树种，也可造纸编筐
槲栎	*Quercus aliena* BL.	壳斗科	Fagaceae	用材：落叶乔木，用材，木材坚实，供建筑、枕木、家具等用；朽木可培养香菇、木耳
槲树	*Quercus dentata* Thunb.	壳斗科	Fagaceae	用材：落叶乔木，用材，木材坚实，供建筑、枕木、家具等用
樟子松	*Pinus sylvestris L.*var. *mongolica* Litv.	松科	Pinaceae	用材：可作建筑等用材，提取各种树脂、松香、栲胶等
樟树（香樟）	*Cinnamomum comphora*（L.）Presl.	樟科	Lauraceae	用材：常绿乔木，珍贵用材树木、各部位均可提制樟脑及樟油，叶含单宁，可提制栲胶
糙叶树	*Aphananthe aspera* Planch.	榆科	Ulmaceae	用材：落叶小乔木或灌木状用材，材质坚种，农器具、建筑用
糠椴（辽椴）	*Tilia mandshurica* Rupr. et Maxim.	椴树科	Tiliaceae	用材：落叶乔木，材质轻软，可制家具等
檫树	*Sassafras tzumu*（Hemsl.）Hemsl.	樟科	Lauraceae	用材：落叶大乔木，木材可用于建筑、家具等。根、树皮药用，叶、果及根皮可提取芳香油

3.2 经济植物

3.2.1 乔木

种　名		科　名		应　用
一球悬铃木（美桐）	*Platanus occidentalis* L.	悬铃木科	Platanaceae	经济：落叶乔木，优美的公园及街道绿化树
七叶树	*Aesculus chinensis* Bge.	七叶树科	Hippocastanaceae	经济：落叶乔木，庭园观赏树种，世界流行四大行道树之一，叶可提栲胶，种子可药用或榨油
二乔玉兰（苏朗玉兰）	*Magnolia soulangeana* Soul.-Bod.	木兰科	Magnoliaceae	经济：落叶乔木或大灌木，栽培供观赏，为栽培玉兰类花木的原始材料
二球悬铃木（英国梧桐）	*Platanus acerifolia*（Ait.）Willd.	悬铃木科	Platanaceae	经济：落叶乔木，优美的公园及街道绿化树
人面竹	*Phyllostachys aurea* Carr. ex A. et C. Riviere	禾本科	Gramineae	经济：乔木，观赏竹种
三叶海棠	*Malus sieboldii*（Regel）Rehd.	蔷薇科	Rosaceae	经济：灌木或小乔木，苹果属果树的优良砧木，花可供观赏； 生态：植株保土性能好
三尖杉	*Cephalotaxus fortunei* Hook.f	三尖杉科	Cephalotaxaceae	经济：乔木，木材优良。枝、叶、种子及根可提取多种植物碱种子可药用
三角槭（三角枫）	*Acer buergerianum* Miq.	槭树科	Acerceae	经济：落叶乔木，较好的庭园观赏树，木材坚硬致密，种子可榨油
三球悬铃木（法桐）	*Platanus orientalis* L.	悬铃木科	Platanaceae	经济：落叶乔木，优美的公园及街道绿化树
千金榆	*Carpinus cordata* Bl.	桦木科	Betulaceae	经济：乔木，用材，制作家具、农具等
大叶早樱（日本早樱花）	*Prunus subhirtella* Miq.	蔷薇科	Rosaceae	经济：乔木，供观赏
大叶朴	*Celtis koraiensis* Nakai	榆科	Ulmaceae	经济：乔木，用材，供建筑、家具及器具等；茎皮富含纤维
大鲜果（洋海棠）	*Malus sulardii* Britt.	蔷薇科	Rosaceae	经济：落叶乔木，苹果树的一天然杂种，果适于生食及加工，花色美丽，目前仅作为苹果育种的种质资源保存

种名		科名		应用
女贞	*Ligustrum lucidum* Ait.	木犀科	Oleaceae	经济：常绿乔木，观赏绿化树种，木材质细，果药用，名“女贞子”，树皮、叶、根、茎均可入药
小叶朴	*Celtis bungeana* Bl.	榆科	Ulmaceae	经济：乔木，用材，供建筑、家具及器具等；茎皮富含纤维可代麻用
小叶栎	*Quercus chenii* Nakai	壳斗科	Fagaceae	经济：落叶乔木，用材，木材坚实，供建筑、枕木、家具等用
山东柳	*Salix koreensis Anderss.*var. *shandongensis* C.F.fang	杨柳科	Salicaceae	经济：乔木，用材树种，也可造纸编筐；生态：四旁绿化树种
山合欢	*Albizia kalkora*（Roxb.）Prain	豆科	Leguminosae	经济：落叶乔木，木材可制家具、农具等，根和茎皮药用，种子可榨油
山皂荚	*Gleditsia japonica* Miq.	豆科	Leguminosae	经济：落叶乔木或小乔木，木材供制车辆、农具等，荚果煎汁可代肥皂，荚、种子、刺均入药；可作四旁绿化树种
山茱萸（萸肉）	*Cornus officinalis* Sieb. et Zucc.	山茱萸科	Cornaceae	经济：落叶小乔木，果实药用，可栽培观赏
山荆子（山定子）	*Malus baccata*（L.）Borkh.	蔷薇科	Rosaceae	经济：乔木，优良的苹果树砧木及观赏树种，木材可供做家具、农具；叶及树皮富含丹宁，可提制栲胶
山桃（花桃）	*Prunus davidiana*（Carr.）Franch.	蔷薇科	Rosaceae	经济：乔木，供观赏，桃仁可榨油，也常作为嫁接桃树良种的砧木，一变型：白花山桃
山楂（酸楂）	*Crataegus pinnatifida* Bge.	蔷薇科	Rosaceae	经济：落叶乔木，果实可生食及加工制成各种食品，有药用价值。变种有：山里红（大果山楂），无毛山楂
山樱花（山樱桃）	*Prunus serrulata* Lindl.	蔷薇科	Rosaceae	经济：乔木，共观赏及作樱桃、樱花的育种材料；种核药用。毛叶山樱花（变种）；日本晚樱（重瓣樱花）（变种）
川楝	*Melia toosendan* Sieb. et Zucc.	楝科	Meliaceae	经济：落叶乔木，木材供建筑、家具、农具等用材，皮、叶、果实药用，比苦楝效果好，根、茎、皮可提栲胶，种子油可制肥皂、润滑油

种　名		科　名		应　用
马尾松	*Pinus massoniana* Lamb.	松科	Pinaceae	经济：乔木，用材树种，树干可割取松脂，种子可提取油
中华槭（五裂槭）	*Acer sinense* Pax	槭树科	Acerceae	经济：落叶小乔木，可供观赏
乌柏	*Sapium sebiferum*（L.）Roxb.	大戟科	Euphorbiaceae	经济：落叶乔木，重要经济树种，种子含蜡、油，可提黑色燃料及栲胶，根皮、叶药用，木质坚硬，不翘不裂，良好用材
元宝槭（平基槭）	*Acer truncatum* Bge.	槭树科	Acerceae	经济：落叶乔木，木材坚韧细致，树冠庇荫性能好，适宜作行道树及庭院树
化香树	*Platycarya strobilacea* Sieb.et Zucc.	胡桃科	Juglandaceae	经济：落叶小乔木，含鞣质，可提栲胶，木材粗松，可做火柴杆
天女花（天女木兰）	*Magnolia sieboldii* K. Koch	木兰科	Magnoliaceae	经济：落叶小乔木或灌木，供观赏，叶可提芳香油，花可制浸膏，药用
文冠果（文官果）	*Xanthoceras sorbifolia* Bge.	无患子科	Sapindaceae	经济：落叶小乔木，种子可食，常作为油料树种引种，木材坚硬致密，花供观赏
无患子	*Sapindus mukorossi* Gaertn.	无患子科	Sapindaceae	经济：落叶乔木，果皮含无患子皂素，可代肥皂，根、果药用，木材制器具，主要分布于长江以南各省区
日本七叶树	*Aesculus turbinata* Bl.	七叶树科	Hippocastanaceae	经济：落叶乔木，可作观赏树
日本云杉	*Picea polita*（Sieb. Et Zucc.）Carr.	松科	Pinaceae	经济：乔木，庭院绿化，青岛 1898 年引种
日本五叶松	*Pinus parviflora* Sieb. Et Zucc.	松科	Pinaceae	经济：乔木，庭院绿化、盆景
日本冷杉	*Abies firma* Sieb. Et Zucc.	松科	Pinaceae	经济：乔木，木材优良，可供建筑、家具用材
日本花柏	*Chamaecyparis pisifera*（Sieb. Et Zucc.）Endl.	柏科	Cupressaceae	经济：乔木，庭院绿化树种，易引种。常见有三个变种
日本辛夷（白木兰）	*Magnolia kobus* DC.	木兰科	Magnoliaceae	经济：落叶乔木或灌木，栽培供观赏，花蕾可药用，木材可供做家具
日本厚朴	*Magnolia hypoleuca* Sieb. et Zucc.	木兰科	Magnoliaceae	经济：落叶乔木，栽培供观赏，树皮药用称“和朴”，其他部分亦可药用，药效较差，木材制乐器、制图板等

种名		科名		应用
日本扁柏	*Chamaecyparis obtusa*（Sieb. Et Zucc.）Endl.	柏科	Cupressaceae	经济：乔木，庭院绿化树
日本柳杉	*Crytomeria japonica*（L.f.）D. Don	杉科	Taxodiaceae	经济：乔木，用材树种
日本桤木（赤杨）	*Alnus japonica*（Thunb.）Steud.	桦木科	Betulaceae	经济：乔木，用材，建筑，家具等用； 生态：护岸，固堤，涵养水源
日本落叶松	*Larix kaempferi*（Lamb.）Carr.	松科	Pinaceae	经济：乔木，适应性强，可用于造林。木材用途同落叶松
日本榧树	*Torreya nucifera*（L.）Sieb.et Zucc.	红豆杉科	Taxaceae	经济：乔木，木材硬度适中，耐水湿，种子榨油，假种皮可提炼芳香油
月桂	*Laurus nobilis* L.	樟科	Lauraceae	经济：常绿小乔木，含芳香油，种子可榨油，供工业用
木瓜	*Chaeomeles sinensis*（Thouin.）Koehne	蔷薇科	Rosaceae	经济：小乔木，常见观赏花木及果树，木材坚硬致密，优良用材
毛山荆子	*Malus manshurica*（Maxim.）Kom.	蔷薇科	Rosaceae	经济：乔木，苹果育种的原始材料之一，也可供观赏
毛叶山桐子	*Idesia polycarpa* Maxim. var. *vestita* Diels.	大风子科	Flacourtiaceae	经济：落叶乔木，种子油可作肥皂和润滑油，也可为桐油代用品，木材可供箱板及火柴杆用，也作为园林绿化树种
毛竹	*Phyllostachys pubescens* Mazel ex H. de Lehaie	禾本科	Gramineae	经济：乔木，重要经济竹种，建筑用材、编织，笋可食用
毛泡桐（绒毛泡桐）	*Paulownia tomentosa*（Thunb.）Steud.	玄参科	Scrophulariaceae	经济：乔木，材质优良，为箱板、胶合板、家具等用材
毛梾（车梁木）	*Swida salteri*（Wanger.）Sojak	山茱萸科	Cornaceae	经济：落叶乔木，种子含油，供食用及工业用，木材供建筑、家具用材，树皮药用
水曲柳	*Franxinus mandshurica* Rupr.	木犀科	Oleaceae	经济：落叶大乔木，木材优良，可供多方面用材
水竹	*Phyllostachys heteroclada* Oliver	禾本科	Gramineae	经济：乔木，观赏，编织，笋可食用
水杉	*Metasequoia glyptostroboides* Hu et Cheng	杉科	Taxodiaceae	经济：乔木，建筑、板材、电杆、家具等工业原料。树姿优美，可植为绿化树
水松	*Glyptostrobus pensilis*（Staunt.）Koch	杉科	Taxodiaceae	经济：乔木，用材，材质轻软，叶、枝及球果药用
水榆花楸	*Sorbus alnifolia*（Sieb. et Zucc.）K. Koch	蔷薇科	Rosaceae	经济：乔木或大灌木，木材可作器具、家具车辆等；果实可酿酒及制果酱

种　名		科　名		应　用
火炬松	*Pinus taeda* L.	松科	Pinaceae	经济：乔木，供用材，树姿优美，是理想的庭院绿化树
长叶刺葵	*Phoenix canarinsis* Hort. ex Chabaud.	棕榈科	Palmae	经济：乔木状、著名观赏植物
长裂葛萝槭（山青桐）	*Acer grosseri* Pax var. *hersii*（Rehd.）Rehd.	槭树科	Acerceae	经济：落叶乔木，木材可做器具、农具等，皮纤维可代麻，枝干青绿，有观赏价值
东北红豆杉	*Taxus cuspidata* Sieb. et Zucc.	红豆杉科	Taxaceae	经济：乔木，可用于观赏树种
东北杏	*Prunus mandshurica*（Maxim.）Koehne	蔷薇科	Rosaceae	经济：乔木，作栽培杏的砧木，木材坚实，可做家具，核仁供药用及食品用
东京樱花（日本樱花）	*Prunus yedoensis* Matsum.	蔷薇科	Rosaceae	经济：乔木，供观赏
兰考泡桐（河南桐）	*Paulownia elongata* S. Y. Hu	玄参科	Scrophulariaceae	经济：乔木，材质优良，为箱板、胶合板、家具等用材
凹叶厚朴（庐山厚朴）	*Magnolia biloba*（Rehd.et Wils.）Cheng	木兰科	Magnoliaceae	经济：落叶乔木，栽培供观赏，树皮为著名中药，其他部分亦可药用，种子可榨油，木材制乐器、制图板等
北方麻栎	var.*septemtrionalis* Liou	壳斗科	Fagaceae	经济：落叶乔木，用材，木质好，叶可饲蚕，壳斗为栲胶原料
北京花楸	*Sorbus discolor*（Maxim.）Maxim.	蔷薇科	Rosaceae	经济：落叶乔木，木材可作家具，果可酿酒、制果酱及入药；有观赏价值
北枳椇（拐枣）	*Hovenia dulcis* Thunb.	鼠李科	Rhamnaceae	经济：乔木，果序轴肥大肉质，多糖可食，木材坚硬，可供建筑及细木工
北美肥皂荚	*Gymnocladus dioeca* K. Koch	豆科	Leguminosae	经济：乔木，木材坚重，耐久；种子炒食，可代咖啡，可栽培供观赏
北美香柏	*Thuja occidentalis* L.	柏科	Cupressaceae	经济：乔木，可作家具、乐器；生态：庭院绿化树
北美圆柏	*Sabina virginiana*（L.）Ant.	柏科	Cupressaceae	经济：乔木，木材可提取显微镜油，也是制作铅笔杆及细木工的优良材料
北美短叶松	*Pinus banksiana* Lamb.	松科	Pinaceae	经济：乔木，木材可供建筑等用
北美鹅掌楸（百合木）	*Liriodendron tulipifera* L.	木兰科	Magnoliaceae	经济：乔木，优美的庭院绿化树种，木材适宜做家具、建筑与造船。叶及树皮可入药

种名		科名		应用
四照花	*Dendrobenthamia japonica*（DC.）Fang var. chinensis（Osborn）Fang	山茱萸科	Cornaceae	经济：落叶小乔木或灌木，美丽的公园观赏树种，果实味甜可食及酿酒
玉兰（白玉兰）	*Magnolia denudata* Desr.	木兰科	Magnoliaceae	经济：落叶乔木，供观赏，花瓣可制茶、提取香精，也可制食品；花蕾，树皮可药用
玉铃花	*Styrax obassia* Sieb. et Zucc.	安息香科	Styracaceae	经济：落叶乔木或灌木，木材可制作器具、雕刻等，花美，可观赏、提芳香油，种子榨油
白毛掌（银世界）	*Opuntia leucotricha* DC.	仙人掌科	Cactaceae	经济：乔木状，供观赏
白兰花（白兰）	*Michelia alba* DC.	木兰科	Magnoliaceae	经济：常绿小乔木，供观赏，名贵的芳香植物
白皮松	*Pinus bungeana* Zucc. Ex Endl.	松科	Pinaceae	经济：乔木，较能耐盐碱，理想的绿化树种；用材树种，种子可食
白扦	*Picea meyeri* Rehd. et Wils.	松科	Pinaceae	经济：乔木，北方大城市常栽培作庭院绿化树，也可用材
白花泡桐（大果泡桐）	*Paulownia fortunei*（Seem.）Hemsl.	玄参科	Scrophulariaceae	经济：乔木，材质优良，为箱板、胶合板、家具等用材
白栎	*Quercus fabri* Hance.	壳斗科	Fagaceae	经济：落叶乔木，用材，木材坚实，供建筑、枕木、家具等用；带皮树干可培养香菇、木耳
白桦	*Betula platyphylla* Suk.	桦木科	Betulaceae	经济：落叶乔木，用材，建筑，矿柱，造纸，树皮可药用
白梨（罐梨）	*Pyrus bretschneideri* Rehd.	蔷薇科	Rosaceae	经济：落叶乔木，果肉脆甜，品质好，可食用又有药用价值；木材褐色，致密，良好的雕刻材料
白蜡树（梣蜡条）	*Fraxinus chinensis* Roxb.	木犀科	Oleaceae	经济：乔木，行道树及护堤树种，木材坚硬有弹性，枝条编织
辽东栎	*Quercus liaotungensis* Koidz.	壳斗科	Fagaceae	经济：落叶乔木，用材，木材坚实，供建筑、枕木、家具等用；叶可养柞蚕
辽东桤木（水冬瓜）	*Aluns sibirica* Fisch.ex Turcz.	桦木科	Betulaceae	经济：乔木，用材，建筑，家具，火柴杆等用； 生态：速生用材、护岸保土

种　名		科　名		应　用
乌哺鸡竹	*Phyllostachys vivax* McClure	禾本科	Gramineae	经济：乔木，建筑、编织用材；笋味美可食
龙爪柳	*S. matsudana Koidz.f.tortuosa*（Vilm. Rehd.	杨柳科	Salicaceae	经济：乔木，用材树种，也可造纸编筐；生态：四旁绿化树种
光叶石楠	*Photinia glabra*（Thunb.）Maxim.	蔷薇科	Rosaceae	经济：常绿小乔木，供观赏，适宜做绿篱及庭院树；木材可作器具、车辆等；种子可榨油，叶供药用
光叶榉	*Zelkova serrata* Makino	榆科	Ulmaceae	经济：落叶乔木，用材，木材坚实、耐水湿；庭院绿化和行道树种
光叶糯米椴	*Tilia henryana* Szyszyl. var. *subglabra* B.Engl.	椴树科	Tiliaceae	经济：乔木，木材供建筑、桥梁、枕木、坑木等用，叶可代茶，花为蜜源植物
全缘栾树（黄山栾树）	*Koelreuteria bipinnata* Franch. var. *integrifoliola*（Merr.）T.	无患子科	Sapindaceae	经济：落叶乔木，木材制家具，农具等，其余同栾树
刚竹	*Phyllostachys viridis*（Young）McClure	禾本科	Gramineae	经济：乔木，经济价值不如毛竹（有两种变形）
刚松	*Pinus rigida* Mill	松科	Pinaceae	经济：乔木，城市绿化、试种造林
华山松	*Pinus armandii* Franch.	松科	Pinaceae	经济：乔木，山地造林、园林绿化经济，木材优良，树干可提树脂，树皮可提栲胶
华东椴	*Tilia japonica* Simonk.	椴树科	Tiliaceae	经济：乔木，木材可做家具、胶合板
华北落叶松	*Larix pincipis-rupprechtii* Mayr.	松科	Pinaceae	经济：乔木，高山林场主要树种，木材坚韧，树皮可提栲胶
华桑	*Morus cathayana* Hemsl.	桑科	Moraceac	经济：小乔木或灌木，叶可饲桑蚕，但质量不如桑；椹果可食，各部分均可入药，木材坚实，可供家具等用材，亦可雕刻
印度胶树	*Ficus elastica* Roxb.	桑科	Moraceac	经济：常绿乔木，北方多为盆景观赏
合欢（夜合数）	*Albizia julibrissin* Durazz.	豆科	Leguminosae	经济：落叶乔木，木材可制家具，树皮、花蕾入药，花美，可供绿化观赏
地锦槭（色木槭）	*Acer mono* Maxim.	槭树科	Acerceae	经济：落叶乔木，木材坚硬致密，优良用材，树液可制糖，其他用途同元宝槭

种名		科名		应用
多花泡花树（山东泡花树）	*Meliosma myriantha* Sieb. et Zucc.	清风藤科	Sabiaceae	经济：落叶乔木，花白、果红，可作为四旁及庭院绿化树种
曲枝垂柳	*S. babylonica* L.f. *tortuosa* Y.L.Chou	杨柳科	Salicaceae	经济：乔木，用材，枝条编筐，公园多栽为观赏树
朱砂玉兰（武当玉兰）	*Magnolia sprengeri* Pamp.	木兰科	Magnoliaceae	经济：落叶乔木，供观赏，花瓣可制茶、提取香精，也可制食品；花蕾，树皮可药用
朴树	*Celtis sinensis* Pers.	榆科	Ulmaceae	经济：落叶乔木，用材，供器具、家具、建筑等。可植为风景树
池杉	*Taxodium ascendens* Brongn.	杉科	Taxodiaceae	经济：乔木，湿地造林或庭院树； 用材：建筑、电杆、枕木、造船
灯台树（瑞木）	*Bothrocaryum controversum*（Hemsl.）Pojark.	山茱萸科	Cornaceae	经济：落叶乔木，木材供建筑、雕刻等用，种子油可制肥皂及润滑油，也可做庭荫树及行道树
灰楸	*Catalpa fargesii* Bureau.	紫葳科	Bignoniaceae	经济：落叶乔木，材质较楸树差，适于家具、船舶等用材
竹柏	*Podocarpus nagi*（Thunb.）Zoll.et Mor. Ex Zoll	罗汉松科	Podocarpaceae	经济：乔木，木材可供建筑用，种子榨油，栽培供观赏
红千层	*Callistemon rigidus* R. Br.	桃金娘科	Myrtaceae	经济：小乔木，山东省有温室盆栽供观赏
红叶樱桃李（红叶李）	*Prunus cerasifera* Ehrh. f. atropurpurea（Jacq.）Rehd.	蔷薇科	Rosaceae	经济：小乔木，栽培供观赏，较常见
红松	*Pinus koraiensis* Sieb. et Zucc.	松科	Pinaceae	经济：乔木，山地造林、园林绿化经济，木材优良，种子“松子”可食、可入药
红枝柴（羽叶泡花树）	*Meliosma oldhamii* Maxim.	清风藤科	Sabiaceae	经济：落叶乔木，木材坚硬，种子油可作润滑油
红楠（小楠木）	*Machilus thunbergii* Sieb. et Zucc.	樟科	Lauraceae	经济：常绿乔木，用材树种及沿海防护林树种，有绿化价值，种子可榨油，树皮药用
羽扇槭（日本槭）	*Acer japonicum* Thunb.	槭树科	Acerceae	经济：落叶乔木，供观赏
西府海棠（小果海棠）	*Malus micromalus* Makino	蔷薇科	Rosaceae	经济：小乔木，栽培供观赏及充小杂果，也常作苹果砧木

种名		科名		应用
君迁子（软枣、黑枣）	*Diospyros lotus* L.	柿树科	Ebenaceae	经济：落叶乔木，果实可食，木材可做家具，是柿树的良好砧木
坚桦	*Betula chinensis* Maxim.	桦木科	Betulaceae	经济：小乔木，用材，制作车轴等
怀槐（朝鲜槐）	*Maackia amurensis* Rupr. et Maxim.	豆科	Leguminosae	经济：落叶乔木，可作行道树及绿化树种，树皮、叶提制栲胶；木材质地细致紧密；种子可榨油，茎枝药用
旱柳	*Salix matsudana* Koidz.	杨柳科	Salicaceae	经济：乔木；用材树种； 生态：固沙保土，四旁绿化
旱榆	*Ulmus glaucescens* Franch.	榆科	Ulmaceae	经济：落叶乔木，材质坚硬，用材，果实嫩时可食
杉木	*Cunninghamia lanceolata*（Lamb.）Hook.	杉科	Taxodiaceae	经济：乔木，用材树种，树皮可入药，种子含油率 20%
杉松	*Abies holophylla* Maxim.	松科	Pinaceae	经济：乔木，材质轻软，耐腐蚀力强。树皮可提栲胶、种子含油可供工业用
李（李子）	*Prunus salicina* Lindl.	蔷薇科	Rosaceae	经济：落叶乔木，常见果树之一，果生吃也可加工，根、叶、种核树胶可入药，种仁可榨油
杏	*Prunus armeniaca* L.	蔷薇科	Rosaceae	经济：乔木，常见果树，果可生食或加工食用，有药用效果；木材可做器具及雕刻用材；变种：野杏（山杏）；变形：垂枝杏
杏李（红李）	*Prunus simonii* Carr.	蔷薇科	Rosaceae	经济：小乔木，果实品质好，多在果园内作培育良种的原始材料
杜仲（丝棉树）	*Eucommia ulmoides* Oliv.	杜仲科	Eucommiaceae	经济：落叶乔木，可作庭院树种，树皮药用，木材供建筑、家具用材，使绿化结合生产的优良树种
杜松	*Juniperus rigida* Sieb. et Zucc.	柏科	Cupressaceae	经济：乔木，用材，家具及工艺品，球果可药用
杜梨（棠梨）	*Pyrus betulaefolia* Bge.	蔷薇科	Rosaceae	经济：落叶乔木或大灌木，白梨品系的主要砧木； 生态：华北防护林及沙荒地的主要造林树种之一
沙枣（桂香柳）	*Elaeagnus angustifolia* L.	胡颓子科	Elaeagnaceae	经济：落叶乔木，花可提芳香油，木材做家具，果可生食或加工，也有药用价值； 生态：固沙、保土、改良盐碱地及四旁绿化的重要树种

种名		科名		应用
沙梨（酥梨）	*Pyrus pyrifolia*（Burm. f.）Nakai	蔷薇科	Rosaceae	经济：落叶乔木，果适于生吃，但不宜储藏
皂荚（皂角）	*Gleditsia sinensis* Lam.	豆科	Leguminosae	经济：落叶乔木或小乔木，木材供制车辆、农具等，荚果煎汁可代肥皂，荚、种子、刺均入药；可作四旁绿化树种
花曲柳（大叶白蜡树）	*Fraxinus rhynchophylla* Hance	木犀科	Oleaceae	经济：木材坚硬而有弹性，枝条供编织，干、枝药用，种子含油
花红（沙果）	*Malus asiatica* Nakai	蔷薇科	Rosaceae	经济：落叶小乔木，果肉软，适于生吃，也可加工成果干类；树皮和根药用
花椒	*Zanthoxylum bungeanum* Maxim.	芸香科	Rutaceae	经济：落叶小乔木或灌木，果皮调味，并可提取芳香油，可药用；种子可榨油
花楸树（百花山花楸）	*Sorbus pohuashanensis*（Hance）Hedl.	蔷薇科	Rosaceae	经济：乔木或灌木，木材可作家具，果可酿酒、制果酱及入药；有观赏价值
苏铁	*Cycas revoluta* Thunb.	苏铁科	Cycadaceae	经济：乔木，茎内有淀粉，种子药用，供观赏
赤松	*Pinus densiflora* Sieb. et. Zucc.	松科	Pinaceae	经济：乔木，鲁东丘陵主要造林树种
鸡爪槭	*Acer palmatum* Thunb.	槭树科	Acerceae	经济：落叶乔木，常见的观赏品种，较多变种
鸡桑	*Morus australis* Poir.	桑科	Moraceac	经济：小乔木或灌木，叶可饲桑蚕，但质量不如桑；椹果可食，各部分均可入药，木材坚实，可供家具等用材，亦可雕刻
鸡蛋花	*Plumeria rubra* L. cv. acutifolia	夹竹桃科	Apocynaceae	经济：落叶小乔木，供观赏，花、树皮药用
侧柏	*Platycladus oriedtalis*（L.）Franco	柏科	Cupressaceae	经济：乔木，石灰岩山地主要造林树种，常见的庭院绿化树种。木材坚实耐用（常见有三个变种）
刺柏	*Juniperus formosana* Hayata	柏科	Cupressaceae	经济：乔木，用材，家具，造船，桥柱等树形美观，可作庭院绿化树种
刺椿（刺叶椿）	*Ailanthus vilmoriniana* Dode	苦木科	Simaroubaceae	经济：落叶乔木，用材，纤维、绿化、油料等多种用途的林木树种； 生态：抗污染能力好，适于城镇工矿区栽种

种名		科名		应用
刺榆（钉枝榆）	*Hemiptelea davidii* Planch.	榆科	Ulmaceae	经济：落叶小乔木或灌木状用材，材质坚硬，农器具用
刺槐（洋槐）	*Robinia pseudoacacia* L.	豆科	Leguminosae	经济：落叶乔木，木质坚硬，叶可作饲料，较好的蜜源植物；变种：无刺刺槐（无刺洋槐）；伞刺槐（伞洋槐）
垂丝海棠	*Malus halliana* Kochne.	蔷薇科	Rosaceae	经济，小乔木，供观赏，园林佳品
垂柳	*Salix babylonica* L.	杨柳科	Salicaceae	经济：乔木，用材，枝条编筐，公园多栽为观赏树
垂珠花	*Styrax dasyanthus* Perk.	安息香科	Styracaceae	经济：落叶小乔木，园林观赏植物
房山栎	*Quercus fangshanensis* Liou	壳斗科	Fagaceae	经济：落叶乔木，用材，木材坚实，供建筑、枕木、家具等用；壳斗、树皮可提栲胶
板栗	*Castanea mollissima* Bl.	壳斗科	Fagaceae	经济：落叶乔木，用材，木材坚硬，耐水湿，果实甜美可食
构树	*Broussonetia papyrifera*（L.）Vent.	桑科	Moraceac	经济：乔木，富含纤维，根皮果实均可药用；生态：适应性强，抗干旱贫瘠及烟害，适宜作城镇及工矿区绿化用树
枇杷	*Eriobotrya japonica*（Thunb.）Lindl.	蔷薇科	Rosaceae	经济：常绿小乔木，庭园观赏花木，果可生食或作蜜饯和酿酒；木材坚韧，叶、花、果、种仁及根供药用
枣（红枣）	*Ziziphus jujuba* Mill.	鼠李科	Rhamnaceae	经济：落叶小乔木，枣维著名干果，树皮、根、叶，核仁可药用，木材坚实，为器具、雕刻用材，花为重要蜜源植物，多变种，如无刺枣、酸枣（棘）、龙爪枣（潘龙枣）等
枫杨	*Pterocarya stenoptera* DC.	胡桃科	Juglandaceae	经济：乔木，用材，可做家具。生态：山沟，河岸造林树种
枫香树（枫树）	*Liquidambar formosana* Hance	金缕梅科	Hamamelidaceae	经济：乔木，树脂药用，果序球药用
欧洲白榆	*Ulmus laevis* Pall.	榆科	Ulmaceae	经济：落叶乔木，材质坚硬，用材
欧洲李（西洋李）	*Prunus domestica* L.	蔷薇科	Rosaceae	经济：落叶乔木，供观赏，果可生吃及加工

种 名		科 名		应 用
欧洲刺柏	*Juniperus communis* L.	柏科	Cupressaceae	经济：乔木，庭院绿化
欧洲甜樱桃（甜樱桃）	*prunus avium* L.	蔷薇科	Rosaceae	经济：乔木，著名的栽培大樱桃种系之一，果品质好
欧洲酸樱桃	*Prunus cerasus* L.	蔷薇科	Rosaceae	经济：乔木，栽培大樱桃的另一个品系，果生食或制作罐头，生产上常作甜樱桃的授粉树或砧木
欧椴（大叶椴）	*Tilia platyphyllus* Scop.	椴树科	Tiliaceae	经济：乔木，木材制家具、胶合板，可作为庭院绿化树种
欧楂（西洋山楂）	*Mespilus germinica* L.	蔷薇科	Rosaceae	经济：小乔木，果可食，味同山楂，是成功引种的果树资源之一
河北栎	*Quercus hopeiensis* Liou	壳斗科	Fagaceae	经济：落叶乔木，用材，木材坚实，供建筑、枕木、家具等用
河北梨	*Pyrus hopeiensis* Yü	蔷薇科	Rosaceae	经济：落叶乔木，良好的砧木树种
油松	*Pinus tabulaeformis* Carr.	松科	Pinaceae	经济：乔木，理想用材树种，也是鲁中南山地丘陵区主要荒山造林树种
油桐	*Vernicia fordii*（Hemsl.）Airy-Shaw.	大戟科	Euphorbiaceae	经济：落叶乔木，木本油料作物，根、叶、花、果均可药用，木质轻软，可做家具、火柴杆等
沼生栎	*Quercus palustris* Muench.	壳斗科	Fagaceae	经济：落叶乔木，城市绿化树种
罗汉松	*Podocarpus macrophyllus*（Thunb.）D. Don.	罗汉松科	Podocarpaceae	经济：乔木，庭院观赏树，种子可药用
罗汉柏	*Thujopsis dolabrata*（L.f.）Sieb. Et Zucc.	柏科	Cupressaceae	经济：乔木，良好的绿化树种
苦木（苦皮树）	*Picrasma quassioides*（D.Don.）Benn.	苦木科	Simaroubaceae	经济：小乔木或灌木，树皮药用，木材可做家具
苦楝（楝树）	*Melia azedarach* L.	楝科	Meliaceae	经济：落叶乔木，木材供建筑、家具、农具等用材，皮、叶、果实药用，根、茎、皮可提栲胶，种子油可制肥皂、润滑油
苹果	*Malus pumila* Mill.	蔷薇科	Rosaceae	经济：落叶乔木，目前山东栽培量最大的果树之一，品种众多
金松	*Sciadopitys verticillata*（Thunb.）Sieb.et Zucc.	杉科	Taxodiaceae	经济：乔木，树形优美，观赏树木。材质优良，可供建筑等用

种　名		科　名		应　用
金钱松	*Pseudolarix amabilis*（Nelson）Rehd.	松科	Pinaceae	经济：乔木，可用于造林，树皮可提栲胶、入药，种子可榨油。树姿优美，是理想的公园、庭院绿化树种
青扦	*Picea wilsonii* Mast.	松科	Pinaceae	经济：乔木，青岛、济南等栽培作庭院绿化树
青榨槭	*Acer davidii* Franch.	槭树科	Acerceae	经济：落叶乔木，木材结构细，适宜作各种器材，种子可榨油，皮纤维可作工业原料，树冠整齐，秋天叶变色，观赏价值较高
青檀	*Pteroceltis tatarinowii* Maxim.	榆科	Ulmaceae	经济：落叶乔木，用材，供建筑、家具等用；茎皮纤维造纸，造人造棉等
鱼尾葵	*Caryota ochlandra* Hance	棕榈科	Palmae	经济：热带乔木，山东盆栽，优美风景树及温室观赏植物
南京椴（白椴）	*Tilia miqueliana* Maxim.	椴树科	Tiliaceae	经济：乔木，木材可制胶合板，可做城市绿化树种
厚叶石斑木	*Raphiolepis umbellata*（Thunb）Makino	蔷薇科	Rosaceae	经济：小乔木或灌木，供观赏
厚朴（川朴）	*Magnolia officinalis* Rehd.et Wils.	木兰科	Magnoliaceae	经济：落叶乔木，栽培供观赏，树皮为著名中药，其他部分亦可药用，种子可榨油，木材制乐器、制图板等
扁桃	*Prunus amygdalus* Batsch	蔷薇科	Rosaceae	经济：中小乔木，著名的取仁用桃树，木材坚硬，可供细工材
枸杞（枳、臭杞）	*Poncirus trifoliata*（L.）Raf.	芸香科	Rutaceae	经济：落叶小乔木，供作绿篱，果药用，可代茶，种子可榨油；叶、花、果可提制香精油
枸橼（香橼）	*Citrus medica* L.	芸香科	Rutaceae	经济：常绿小乔木或灌木，盆栽供观赏，叶、花、果可提制芳香油，果皮药用。 变种：佛手桔
枹栎	*Quercus glandulifera* Bl.	壳斗科	Fagaceae	经济：落叶乔木，用材，木材坚实，供建筑、枕木、家具等用
柏木	*Cupressus funebris* Endl.	柏科	Cupressaceae	经济：乔木，木材耐水湿，枝叶可提芳香油。生态：树形优美，可作庭院绿化树
柚子	*Citrus grandis*（L.）Osbeck.	芸香科	Rutaceae	经济：常绿小乔木，柑橘属重要果树，果大，可食也适于加工；叶及果皮药用，山东省多盆栽观赏

种　名		科　名		应　用
柳杉	*Cryptomeria fortunei* Hooibrenk ex Otto et Dietr.	杉科	Taxodiaceae	经济：乔木，用材树种，枝条和木材可蒸馏芳香油
柿树（柿子树）	*Diospyros kaki L. f.*	柿树科	Ebenaceae	经济：落叶乔木，果实生食或作柿饼，有药用价值，木材可做家具
洋梨	*Pyrus communis* L. var. *sativa*（DC.）DC.	蔷薇科	Rosaceae	经济：落叶乔木，生食种上品
珊瑚朴	*Celtis julianae* Schneid.	榆科	Ulmaceae	经济：落叶乔木，用材，供建筑、家具等用；茎皮纤维造纸，造人造棉等
柞槲栎	*Quercus mongolica-dentata* Nakai	壳斗科	Fagaceae	经济：落叶乔木，用材，木材坚实，供建筑、枕木、家具等用
秋子梨（花盖梨）	*Pyrus ussuriensis* Maxim.	蔷薇科	Rosaceae	经济：落叶乔木，著名生食用种群，也可作嫁接砧木，木材细致坚硬，可做家具及雕刻用材
绒毛白蜡树（毡毛梣）	*Fraxinus velutina* Torr.	木犀科	Oleaceae	经济：落叶乔木，木材质重而硬，可供多方面用材
美国山核桃	*Carya illinoensis*（Wangenh.）K.Koch	胡桃科	Juglandaceae	经济：乔木，用材，种仁可食用，也可作行道树和观赏树种
美国红梣（毛白蜡、洋白蜡）	*Fraxinus pennsylvanica* Marsh.	木犀科	Oleaceae	经济：落叶乔木，木材质重而硬，可供多方面用材
美国榆	*Ulmus americana* L.	榆科	Ulmaceae	经济：落叶乔木，材质坚硬，用材
胡桃	*Juglans regia* L.	胡桃科	Juglandaceae	经济：乔木，用材，核仁食用
胡桃楸	*Juglans mandshurica* Maxim.	胡桃科	Juglandaceae	经济：用材，种仁可食，树皮等可提栲胶
茶条槭	*Acer ginnala* Maxim.	槭树科	Acerceae	经济：落叶小乔木或灌木，可作绿化观赏树种，木材供薪炭及农具用材，树皮纤维好，良好蜜源植物，种子可榨油
重阳木	*Bischofia polycarpa*（L'evl.）Airy-Shaw	大戟科	Euphorbiaceae	经济：乔木，耐水湿，木材质量好，果肉可酿酒，叶、根、树皮药用； 生态：适宜作行道树及河堤防护树种
重瓣玉兰	*Magnolia denudata* Desr. cv. 'Plena'	木兰科	Magnoliaceae	经济：落叶乔木，供观赏，花瓣可制茶、提取香精，也可制食品；花蕾，树皮可药用

种　名		科　名		应　用
香园	*Citrus silsonii* Tanaka	芸香科	Rutaceae	经济：常绿乔木，供观赏，果药用
香椿	*Toona sinensis*（A.Juss.）Roem.	楝科	Meliaceae	经济：落叶乔木，木材细致美观，幼芽，嫩叶可食，跟皮，果药用
唐棣	*Amelanchier sinica*（Schneid.）Chun	蔷薇科	Rosaceae	经济：小乔木，供观赏，树皮药用
圆柏	*Sabina chinensis*（L.）Ant.	柏科	Cupressaceae	经济：乔木，木材可供建筑、工艺等用材枝叶可药用（常见有四变种）
夏栎	*Quercus robur* L.	壳斗科	Fagaceae	经济：落叶乔木，用材，木材坚实，供建筑、枕木、家具等用；亦为优良庭院绿化树种
栓皮栎	*Quercus variabilis* Bl.	壳斗科	Fagaceae	经济：落叶乔木，用材，木材坚实，耐性好，为国防、轻工喜用
栾树	*koelreuteria paniculata* Laxm.	无患子科	Sapindaceae	经济：落叶乔木，木材坚实，叶提制栲胶，花作黄色染料，种子油可制肥皂或润滑油
桂竹	*Phyllostachys bambusoides* Sieb. Et Zucc.	禾本科	Gramineae	经济：乔木，优良用材竹种
桃	*Prunus persica*（L.）Batch.	蔷薇科	Rosaceae	经济：乔木，常见栽培果树及观赏树种，常见变种如下：油桃；蟠桃；寿星桃；碧桃；垂枝碧桃；洒金碧桃；绯桃；绛桃；紫叶桃
桑	*Morus alba* L.	桑科	Moraceac	经济：小乔木或灌木，叶可饲桑蚕，椹果可食，各部分均可入药，木材坚实，可供家具等用材，亦可雕刻
梣叶槭（复叶槭）	*Acer negundo* L.	槭树科	Acerceae	经济：落叶乔木，适宜作行道树及萌阴树，木材可做家具，树液含糖
梧桐（青桐）	*Firmiana platanifolia*（L.f.）Marsili	梧桐科	Sterculiaeae	经济：落叶乔木，优良的绿化和观赏树种，木材质地轻软，花、果、根皮、叶均可入药，种子炒后可食
泰山花楸	*Sorbus taishanensis* F.Z.Li et X.D. Chen	蔷薇科	Rosaceae	经济：落叶乔木，木材可作家具，果可酿酒、制果酱及入药；有观赏价值
泰山盐肤木	*Rhus taishanensis* S.B.Liang	漆树科	Anacardiaceae	经济：同盐肤木

种名		科名		应用
泰山椴	*Tilia taishanensis* S.B.Liang	椴树科	Tiliaceae	经济：乔木，木材供建筑，家具用
流苏树（牛筋子）	*Chionanthus retusus* Lindl.	木犀科	Oleaceae	经济：落叶乔木，木材质硬，优良观赏树种，幼树为嫁接桂花砧木
海桐	*Pittosporum tobira*（Thunb.）Ait.（Evonymus tobira Thunb.）	海桐花科	Pittosporaceae	经济：常绿小乔木，栽培通常为灌木型，供观赏，叶可以代替明矾作媒染剂用，根、种子及叶药用
海棠花	*Malus spectabilis*（Ait.）Borkh.	蔷薇科	Rosaceae	经济：落叶乔木，供观赏，果可食用及加工，实生苗常用作苹果砧木
盐肤木	*Rhus chinensis* Mill.	漆树科	Anacardiaceae	经济：落叶小乔木或灌木，叶上寄生的"五倍子"（虫瘿）供工业及药用，秋天叶变红，可作观赏树种
秤锤树	*Sinojackia xylocarpa* Hu	安息香科	Styracaceae	经济：落叶乔木，观赏植物
绦柳	*S. matsudana* Koidz.f.*pendula* Schneid	杨柳科	Salicaceae	经济：乔木，用材树种，也可造纸编筐；生态：四旁绿化树种
胶东桦	*Betula jiaodongensis* S.B.Liang	桦木科	Betulaceae	经济：小乔木，用材，制作车轴等
胶东椴	*Tilia jiaodonensis* S.B. Liang	椴树科	Tiliaceae	经济：乔木，木材可做家具、胶合板，花为蜜源植物
臭椿（樗树）	*Ailanthus altissima*（Mill.）Swingle	苦木科	Simaroubaceae	经济：落叶乔木，用材，纤维、绿化、油料等多种用途的林木树种； 生态：抗污染能力好，适于城镇工矿区栽种
臭檀（抛辣子）	*Evodia daniellii*（Benn.）Hemsl.	芸香科	Rutaceae	经济：落叶乔木，木材做家具、器具，种子可榨油可药用
蚊母树	*Distylium racemosum* Sieb. et Zucc.	金缕梅科	Hamamelidaceae	经济：小乔木，供观赏，树皮含鞣质，可提栲胶
假槟榔（亚历山大椰子）	*Archontophoenix alexandrae* H. Wendl.et Drude	棕榈科	Palmae	经济：乔木；热带庭院树，山东盆栽，观赏价值高
望春花（望春玉兰）	*Magnolia biondii* Pamp.	木兰科	Magnoliaceae	经济：落叶乔木，栽培供观赏，花蕾可药用，木材可供做家具
梅（梅花）	*Prunus mume*（Sieb.）Sieb. et Zucc.	蔷薇科	Rosaceae	经济：小乔木或灌木，供观赏，果可食用，有药用价值；变种较多：红梅（变型）、冰梅（变型）、绿萼梅（变型）、朱砂梅（变型）、照水梅（变种）、杏梅（变种）

种　名		科　名		应　用
梓树（河楸）	*Catalpa ovata* G. Don.	紫葳科	Bignoniaceae	经济：落叶乔木，速生树种，可作行道树，木材白色稍软，叶、根内白皮药用
梾木	*Swida macrophylla*（Wall.）Sojak	山茱萸科	Cornaceae	经济：乔木，木材可制器具
淡竹	*Phyllostachys glauca* McClure	禾本科	Gramineae	经济：乔木，编织，建筑用材；笋美味可食； 生态：庭院绿化
甜竹	*Phyllostachys flexuosa*（Carr.）A. et C. Riviere	禾本科	Gramineae	经济：乔木，编织、食用
野茉莉（齐墩果）	*Styrax japonica* Sieb. et Zucc	安息香科	Styracaceae	经济：落叶小乔木，木材制作器具，雕刻等，种子榨油，花美，可作庭院观赏树种
野梧桐	*Mallotus japonicus* Muell.-Arg.	大戟科	Euphorbiaceae	经济：落叶小乔木，用途同白背叶
银杏	*Ginkgo biloba* L.	银杏科	Ginkgoaceae	经济：乔木，树形优美，绿化观赏树，木材优良，种子名白果，可食，可入药。叶可杀虫，亦可作肥料
雪松	*Cedrus deodara*（Roxb.）Loud.	松科	Pinaceae	经济：乔木，用于园林绿化树
麻栎	*Quercus acutissima* Carr.	壳斗科	Fagaceae	经济：落叶乔木，用材，木质好，叶可饲蚕，壳斗为栲胶原料
黄山松	*Pinus taiwanensis* Hayata	松科	Pinaceae	经济：乔木，用材树种，木材坚实，山东有少量引种
黄叶夹竹桃	*Thevetia peruviana*（Pers.）K.Schum.	夹竹桃科	Apocynaceae	经济：小乔木，供观赏，种子榨油，果仁可药用
黄花落叶松	*Larix olgensis* Henry	松科	Pinaceae	经济：乔木，木材耐用，树干可提树脂，树皮可提栲胶
黄连木（楷树）	*Pistacia chinensis* Bge.	漆树科	Anacardiaceae	经济：落叶乔木，木材坚硬细致，果实、叶可提栲胶，种子榨油，油饼可做饲料，幼叶可代蔬菜并可代茶
黄苦竹	*Phyllostachys angusta* McClure	禾本科	Gramineae	经济：乔木，编织，笋可食用； 生态：庭院栽培观赏
黄金树（美国楸树）	*Catalpa speciosa*（Ward. ex Berney）Engelm.	紫葳科	Bignoniaceae	经济：落叶乔木，木材供建筑及家具，常作为行道树及庭院绿化树
黄榆（大果榆）	*Ulmus macrocarpa* Hance	榆科	Ulmaceae	经济：乔木或灌木状，木材坚韧；树皮纤维可制绳、造纸等
黄槽竹	*Phyllostachys aureosulcata* McClure	禾本科	Gramineae	生态：乔木，耐寒、栽培较广（变种：金镶玉竹）

种名		科名		应用
黄檀	*Dalbergia hupeana* Hance	豆科	Leguminosae	经济：落叶乔木，材质坚韧、致密，优良用材树；生态：荒山造林先锋树种
黄檗（黄柏，黄波罗）	*Phellodendron amurense* Rupr.	芸香科	Rutaceae	经济：乔木，木材可做家具等，木栓层作软木塞，内皮药用，果能驱虫，种子可榨油
喜树（旱莲木）	*Camptotheca acuminata* Decne.	蓝果树科	Nyssaceae	经济：落叶乔木，木材松软，可供家具及造纸原料，根、枝叶、皮、果实药用
朝鲜柳	*Salix koreensis* Anderss.	杨柳科	Salicaceae	经济：乔木，用材树种，也可造纸编筐；生态：四旁绿化树种
棕榈	*Trachycarpus fortunei*（Hook.f.）H.Wendl.	棕榈科	Palmae	经济：常绿乔木，著名观赏植物，纤维用途众多，果实可药用
榔榆	*Ulmus parvifolia* Jacq.	榆科	Ulmaceae	经济：落叶乔木，材质坚硬，用材；庭院绿化
湖北山楂	*Crataegus hupehensis* Sarg.	蔷薇科	Rosaceae	经济：落叶乔木或灌木，果实可食或作山楂糕及酿酒
湖北花楸	*Sorbus hupehensis* Schneid.	蔷薇科	Rosaceae	经济：落叶乔木，树皮可提制栲胶，木材制农具、家具；花果均白色，具观赏价值
湖北海棠	*Malus hupehensis*（Pamp.）Rehd.	蔷薇科	Rosaceae	经济：乔木，观花、观果及保土树种（生态）。根可药用，也是重要砧木种
湿地松	*Pinus elliottii* Engelm.	松科	Pinaceae	经济：乔木，木材供建筑、枕木、坑木等工业原料用
琅琊榆	*Ulmus chenmoui* Cheng	榆科	Ulmaceae	经济：落叶乔木，材质坚硬，用材
紫竹	*Phyllostachys nigra*（Lodd.）Munro	禾本科	Gramineae	经济：乔木，耐寒、珍贵盆景材料；也可用于编织
紫椴	*Tilia amurensis* Rupr.	椴树科	Tiliaceae	经济：乔木，木材供胶合板、家具用，种子榨油，重要蜜源植物
落叶松	*Larix gmelini*（Rupr.）Rupr.	松科	Pinaceae	经济：乔木，林场造林，木材耐久用，树皮可提栲胶
落羽杉	*Taxodium distichum*（L.）Rich.	杉科	Taxodiaceae	经济：乔木，建筑、电杆、枕木、造船
裂叶榆	*Ulmus laciniata*（Trautv.）Mayr.	榆科	Ulmaceae	经济：落叶乔木，茎皮纤维可制绳，木材制家具、农具
鹅耳枥	*carpinus turczaninowii* Hance	桦木科	Betulaceae	经济：小乔木，用材，制作农具等

种　名		科　名		应　用
鹅掌楸（马褂木）	*Liriodendron chinense*（Hemsl.）Sarg.	木兰科	Magnoliaceae	经济：大乔木，供观赏，叶形奇特花大美丽，树皮药用，木材质量好
黑松	*Pinus thunbergii* Parl.	松科	Pinaceae	经济：乔木，建筑，矿柱，器具，也可提取树脂
黑桦	*Betula dahurica* Pall.	桦木科	Betulaceae	经济：乔木，用材，木材质重，耐用
黑榆	*Ulmus davidiana* Planch.	榆科	Ulmaceae	经济：落叶乔木，材质坚硬，用材
楸子（海棠果）	*Malus prunifolia*（willd.）Borkh.	蔷薇科	Rosaceae	经济：落叶乔木，果肉脆，可生食或加工，也可药用；是常用嫁接花红、苹果的砧木
楸叶泡桐（胶东桐）	*Paulownia catalpifolia* Gong Tong	玄参科	Scrophulariaceae	经济：乔木，材质好，干性强，绿化优良树种
楸树	*Catalpa bungei* C. A. Mey.	紫葳科	Bignoniaceae	经济：乔木，材质优良，高级家具用材
榆	*Ulmus pumila* L.	榆科	Ulmaceae	经济：落叶乔木，用材，木材坚韧。生态：净化空气，吸收二氧化硅能力极强
榉树	*Zelkova schneideriana* Hand.-Mazz.	榆科	Ulmaceae	经济：落叶乔木，用材，木材坚实、耐水湿；庭院绿化和行道树种
槐树	*Sophora japonica* L.	豆科	Leguminosae	经济：落叶乔木，木材富弹性，耐水湿；生态：树姿美观，耐烟尘，可作绿化树种；变种：龙爪槐；紫叶槐等
福建柏	*Fokienia hodginsii*（Dunn）Henry et Thomas	柏科	Cupressaceae	经济：乔木，栽培供观赏
稠李	*Prunus padus* L.	蔷薇科	Rosaceae	经济：乔木，栽培供观赏，良好蜜源，木材质地细，种子可榨油，花、果、叶可药用。北亚稠李（变种）
蒙古栎	*Quercus mongolica* Fisch.	壳斗科	Fagaceae	经济：落叶乔木，用材，木材坚实，供建筑、枕木、家具等用；叶可养柞蚕
蒙桑	*Morus mongolica* Schneid.	桑科	Moraceac	经济：小乔木或灌木，叶可饲桑蚕，但质量不如桑；椹果可食，各部分均可入药，木材坚实，可供家具等用材，亦可雕刻
蒙椴	*Tilia mongolica* Maxim.	椴树科	Tiliaceae	经济：小乔木，木材供建筑，家具等用，花为蜜源植物，种子可榨油

种名		科名		应用
蒲葵	*Livistona chinensis*（Jacq.）R.Br	棕榈科	Palmae	经济：常绿乔木，可盆栽观赏，叶可制蓑衣扇子等，果实及根、叶均可药用
榕树	*Ficus microcarpa* L.	桑科	Moraceac	经济：常绿乔木，北方多为盆景观赏
榅桲（木梨）	*Cydonia oblonga* Mill.	蔷薇科	Rosaceae	经济：小乔木，果芳香，可食，可药用；种子可代糨糊，实生苗可作砧木，也是观赏花木之一
漆（大木漆）	*Toxicodendron vernicifluum*（Stokes.）F.A.Barkl.	漆树科	Anacardiaceae	经济：落叶乔木，树皮韧皮部割取生漆，干漆可工业用、可药用，种子油可制肥皂、油墨，果皮可取蜡，叶可提取栲胶，叶、花及种子供药用
褐梨	*Pyrus phaeocarpa* Rehd.	蔷薇科	Rosaceae	经济：落叶乔木，果形中等，无太大商业价值，木材性质较好，适于雕刻；也可作为栽培梨的砧木
赛山梅	*Styrax confusus* Hemsl.	安息香科	Styracaceae	经济：落叶小乔木，花供观赏，种子榨油
馒头柳	*S. matsudana* Koidz.*f.umbraculifera* Rehd.	杨柳科	Salicaceae	经济：乔木，用材树种，也可造纸编筐；生态：四旁绿化树种
槲栎	*Quercus aliena* BL.	壳斗科	Fagaceae	经济：落叶乔木，用材，木材坚实，供建筑、枕木、家具等用；朽木可培养香菇、木耳
槲树	*Quercus dentata* Thunb.	壳斗科	Fagaceae	经济：落叶乔木，用材，木材坚实，供建筑、枕木、家具等用
樟子松	*Pinus sylvestris* L.var. *mongolica* Litv.	松科	Pinaceae	经济：乔木，很有潜力的造林树种也可作建筑等用材，提取各种树脂、松香、栲胶等
樟树（香樟）	*Cinnamomum comphora*（L.）Presl.	樟科	Lauraceae	经济：常绿乔木，珍贵用材树木、各部位均可提制樟脑及樟油，叶含单宁，可提制栲胶
樱桃（中国樱桃）	*Prunus pseudocerasus* Lindl.	蔷薇科	Rosaceae	经济：乔木，著名的早春水果及观赏树，果可生食或加工，核仁、树皮可药用

种名		科名		应用
糙叶树	*Aphananthe aspera* Planch.	榆科	Ulmaceae	经济：落叶小乔木或灌木状用材，材质坚种，农器具、建筑用
糠椴（辽椴）	*Tilia mandshurica* Rupr. et Maxim.	椴树科	Tiliaceae	经济：落叶乔木，材质轻软，可制家具等，花药用，亦为蜜源植物
檫树	*Sassafras tzumu*（Hemsl.）Hemsl.	樟科	Lauraceae	经济：落叶大乔木，木材可用于建筑、家具等。根、树皮药用，叶、果及根皮可提取芳香油

3.2.2 灌木

种名		科名		应用
一品红	*Euphorbia pulcherrima* Willd.	大戟科	Euphorbiaceae	经济：直立灌木，栽培供观赏
八角枫（华瓜木）	*Alangium chinense*（Lour.）Harms.	八角枫科	Alangiaceae	经济：落叶灌木或小乔木，皮含鞣质，可提栲胶，纤维可作人造棉，根、叶药用
十大功劳（狭叶十大功劳）	*Mathonia fortunei*（Lindl.）Fedde	小檗科	Berberidaceae	经济：常绿灌木，盆栽观赏，根茎可药用
三角榕	*Ficus diversifolia* Bl.	桑科	Moraceac	经济：灌木或小乔木，珍贵的盆栽植物，供观赏
三桠乌药（假崂山棍）	*Lindera obtusiloba* Bl.	樟科	Lauraceae	经济：落叶灌木或小乔木，木材致密、坚硬，可作细木工用材，种子榨油，枝叶及果皮可提取芳香油
三裂绣线菊	*Spiraea trilobata* L.	蔷薇科	Rosaceae	经济：落叶灌木，栽培供观赏，根、茎含丹宁，为鞣料植物
三蕊柳	*Salix triandra* L.	杨柳科	Salicaceae	经济：灌木或小乔木，供薪柴等用； 生态：护岸，绿化树种
卫矛	*Euonymus alatus*（Thunb.）Sieb.	卫矛科	Celastraceae	经济：落叶灌木，茎、叶可提栲胶，根、枝及木栓翘药用
土庄绣线菊（柔毛绣线菊）	*Spiraea pubescens* Turcz.	蔷薇科	Rosaceae	经济：落叶灌木，供观赏
大叶胡颓子（冬枣）	*Elaeagnus macrophylla* Thunb.	胡颓子科	Elaeagnaceae	经济：常绿性直立或攀援灌木，可供观赏，果可生吃，叶、根可药用

种　名		科　名		应　用
大花溲疏	*Deutzia grandiflora* Bge.	虎耳草科	Saxifragaceae	经济：灌木，可栽培供观赏
小令箭荷花	*Napalxochia phyllanthoides*（DC.）Beritt. et Rose.	仙人掌科	Cactaceae	经济：直立灌木状，著名观赏植物
小叶女贞（小白蜡树）	*Ligustrum quihoui* Carr.	木犀科	Oleaceae	经济：落叶灌木，庭院绿化树种，叶、树皮药用； 生态：抗二氧化硫性能较强，可作工矿区绿化
小叶山毛柳	*Salix pseudopermollis* C.Y.Yu et Ch.Y.Yang	杨柳科	Salicaceae	经济：灌木或小乔木，枝细柔可供编制
小叶溲疏	*Deutzia parviflora* Bge.	虎耳草科	Saxifragaceae	经济：灌木，可栽培供观赏
小叶锦鸡儿	*Caragana microphylla* Lam.	豆科	Leguminosae	经济：从生灌木，良好的饲用植物，蜜源植物，根、花、种子药用，也可栽培观赏
小叶鼠李（护山棘）	*Rhamnus parvifolia* Bge.	鼠李科	Rhamnaceae	生态：灌木，生于干燥山坡，可用于干旱地水土保持
小米空木（小野珠兰）	*Stephanandra incisa*（Thunb.）Zabel	蔷薇科	Rosaceae	经济：落叶灌木，可引种栽培供观赏
小米椒	*Capsicum frutescens* L.	唇形科	Labiatae	经济：灌木或亚灌木，可作盆景，或调味品； 变种：樱桃椒，朝天椒，簇生椒
小蜡树	*Ligustrum sinense* Lour.	木犀科	Oleaceae	经济：落叶灌木，园林绿化树种，嫩叶代茶，果可酿酒，树皮和叶药用
山胡椒（崂山棍）	*Lindera glauca*（Sieb.et Zucc.）Bl.	樟科	Lauraceae	经济：落叶灌木或小乔木，木材可做家具，种子榨油，根枝叶果可药用
山茶花（耐冬）	*Camellia japonica* L.	山茶科	Theaceae	经济：常绿灌木或小乔木，品种繁多，著名花木，花可药用
山莓	*Rubus corchorifolius* L. f.	蔷薇科	Rosaceae	经济：直立落叶灌木，果可食，根及叶药用，根皮茎皮可提取栲胶
山梅花	*Philadelphus incanus* Koehne	虎耳草科	Saxifragaceae	经济：灌木，花期长，观赏树种
山麻子（东北茶藨子）	*Ribes mandschuricum*（Maxim.）Kom.（*R.multiflorum* Kitaib. var. *mandschuricum* Maxim.）	虎耳草科	Saxifragaceae	经济：落叶灌木，供观赏，果实可生食，做果酱
山麻杆	*Alchornea davidii* Franch.	大戟科	Euphorbiaceae	经济：落叶灌木，茎皮纤维可造纸
山踯躅	*Rhododendron indicum*（L.）Sweet.	杜鹃花科	Ericaceae	经济：常绿或半常绿灌木，供观赏，为杂种洋杜鹃重要亲本之一

种名		科名		应用
马缨丹（五色梅）	*Lantana camara* L.	马鞭草科	Verbenaceae	经济：直立或半藤状灌木，栽培供观赏，根、茎、叶药用
中国沙棘（醋柳，酸刺）	*Hippophae rhamnoides* L. ssp. *sinensis* Rousi	胡颓子科	Elaeagnaceae	经济：果实含大量维生素及脂肪，可食用或药用，种子榨油，树皮、叶可提栲胶；生态：优良的保土固沙植物和薪炭林树种
中麻黄	*Ephedra intermedia* Schrenk ex Mey	麻黄科	Ephedra	经济：灌木，可供药用
乌苏里鼠李	*Rhamnus ussuriensis* J. Vess.	鼠李科	Rhamnaceae	经济：灌木，种子油供润滑油用，树皮、果实可提栲胶和黄色染料，枝、叶可药用，木材坚硬，可供细木工用
云实	*Caesalpinia decapetala*（Roth.）Alston	豆科	Leguminosae	经济：攀援灌木，栽培作绿篱，观赏；根、茎及果实药用；果壳、树皮可提栲胶
五加（五加皮）	*Acanthopanax gracilistylus* W.W. Smith.	五加科	Araliaceae	经济：灌木，根皮药用，称“五加皮”
六道木（六条木）	*Abelia biflora* Turcz.	忍冬科	Caprifoliaceae	经济：落叶灌木，干材坚硬，可制细木工，果药用，亦为良好的观赏植物
凤尾丝兰	*Yucca gloriosa* L.	百合科	Liliaceae	经济：常绿乔木状灌木，栽培观赏，亦可药用
凤尾竹	*Bambusa multiplex*（Lour.）Reausch. Var. nana（Roxb.）Keng f.	禾本科	Gramineae	经济：灌木状，庭院观赏
天目琼花（鸡树条荚蒾）	*Viburnum sargentii* Kochne	忍冬科	Caprifoliaceae	经济：落叶灌木，嫩枝、叶、果实供药用，种子含油，皮纤维可制绳索，也是庭园绿化优良树种
太平花（京山梅花）	*Philadelphus pekinensis* Rupr.	虎耳草科	Saxifragaceae	经济：灌木，可栽培供观赏
无毛风箱果	*Physocarpus opulifolius*（L.）Maxim.	蔷薇科	Rosaceae	经济：落叶灌木，观赏花木
无毛溲疏（崂山溲疏）	*Deutzia glabrata* Kom.	虎耳草科	Saxifragaceae	经济：灌木，可栽培供观赏
无花果	*Ficus carica* L.	桑科	Moraceac	经济：落叶灌木或小乔木，庭院观赏，隐花果可食，有药用价值
无梗五加	*Acanthopanax sessiliflorus*（Rupr. et Maxim.）Seem.	五加科	Araliaceae	经济：灌木，根皮药用，称“五加皮”

种名		科名		应用
日本女贞	*Ligustrum japonicum* Thunb.	木犀科	Oleaceae	经济：常绿灌木或小乔木，良好庭园观赏树种
日本紫珠（紫珠）	*Callicarpa japonica* Thunb.	马鞭草科	Verbenaceae	经济：灌木，可作园林绿化观赏树种
月季花	*Rosa chinensis* Jacq.	蔷薇科	Rosaceae	经济：直立灌木，花色艳丽，重要观赏花木；花瓣含芳香油，花、根、叶药用
木兰（辛夷）	*Magnolia liliflora* Cesr.	木兰科	Magnoliaceae	经济：落叶灌木，公园栽培供观赏，花蕾可药用
木半夏（多花胡颓子）	*Elaeagnus multiflora* Thunb.	胡颓子科	Elaeagnaceae	经济：落叶灌木，果实可食及加工，果、根、叶药用，有观赏价值
木芙蓉（芙蓉花）	*Hibicus mutabilis* L.	锦葵科	Malvaceae	经济：落叶灌木或小乔木，久经栽培的园林观赏植物，花、叶、根药用
木香（木香花）	*Rosa banksiae* Ait.	蔷薇科	Rosaceae	经济：落叶或半常绿攀援灌木，著名花卉、观赏植物
木绣球（绣球荚蒾）	*Viburnum macrocephalum* Fort.	忍冬科	Caprifoliaceae	经济：落叶灌木，名贵花木，供观赏； 变型：八仙花（蝴蝶花）
木贼麻黄	*Ephedra equisetina* Bge	麻黄科	Ephedra	经济：灌木，可供药用
木犀（桂花）	*Osmanthus fragrans*（Thunb.）Lour.	木犀科	Oleaceae	经济：常绿灌木或小乔木，珍贵观赏花木，花含芳香油，可加工香料，可药用，果榨油可食用； 栽培变种：丹桂，银桂，金桂，四季桂
木槿	*Hibicus syriacus* L.	锦葵科	Malvaceae	经济：落叶灌木，供绿化及观赏，树皮药用、花药用； 生态：对污染气体抗性较强，可在大气污染较重的地区栽种； 变型：粉紫重瓣木槿； 变种：短苞木槿
毛山楂	*Crataegus maximowiczii* Schneid.	蔷薇科	Rosaceae	经济：落叶灌木，观赏树木，果可食及加工，木材适做家具、文具
毛叶木瓜	*Chaenomeles cathayensis*（Hemsl.）Schneid.	蔷薇科	Rosaceae	经济：灌木至小乔木，供观赏，果实可作木瓜的代用品
毛叶石楠（鸡零子）	*Photinia villosa*（Thunb.）DC.	蔷薇科	Rosaceae	经济：落叶灌木或小乔木，可观赏，根药用；生态：保土灌土

种　名		科　名		应　用
毛刺槐（江南槐）	*Robinia hispida* L.	豆科	Leguminosae	经济：落叶灌木，花色艳丽，供观赏（常用刺槐作砧木）
毛胡枝子（山豆花）	*Lespedeza tomentosa*（Thunb.）Sieb.	豆科	Leguminosae	经济：草本状灌木，根药用，嫩茎、叶可作饲料，茎皮纤维做绳索或造纸
毛黄栌	*Cotinus coggygria* Scop. var. *pubescens* Engl.	漆树科	Anacardiaceae	经济：同红叶黄栌
毛榛	*Corylus mandshurica* Maxim.et Rupr.	桦木科	Betulaceae	经济：灌木，果实可食
毛樱桃（山豆子）	*Prunus tomentosa* Thunb.	蔷薇科	Rosaceae	经济：灌木，果实可食用及酿酒，种子可榨油，种仁药用；亦可观赏
水茄	*Solanum torvum* Swartz.	唇形科	Labiatae	经济：灌木，根药用
水栒子（多花栒子）	*Cotoneaster multiflorus* Bge.	蔷薇科	Rosaceae	经济：落叶灌木，植物园有栽培，可供观赏
火炬树	*Rhus typhina* L.	漆树科	Anacardiaceae	经济：落叶灌木或小乔木，皮、叶提取栲胶，秋天叶红艳，园林观赏； 生态：抗旱性能强，宜作干旱山地水土保持树种
牛奶子（麦粒子）	*Elaeagnus umbellata* Thunb.	胡颓子科	Elaeagnaceae	经济：落叶灌木，果可生食及加工，花为蜜源，叶、根、果可药用； 生态：水土保持，防护林树种
牛茄子	*Solanum surattense* Burm.f.	唇形科	Labiatae	经济：直立草本或半灌木，供观赏，可作药用
牛叠肚（山楂叶悬钩子）	*Rubus crataegifolius* Bge.	蔷薇科	Rosaceae	经济：直立落叶灌木，果可食，可药用，根及叶药用，全株可提取栲胶
牛鼻拴	*Fortunearia sinensis* Rehd. et Wils.	金缕梅科	Hamamelidaceae	经济：落叶灌木或小乔木，可作园林树木，木材粘韧，常用来做牛鼻拴
丝兰	*Yucca smalliana* Fern.	百合科	Liliaceae	经济：常绿木本，栽培观赏，亦可药用
仙人掌	*Opuntia dillenii*（Ker.-Gaw.）Haw.	仙人掌科	Cactaceae	经济：肉质灌木，观赏植物，根及全株药用
代代花（酸橙）	*Citrus anrantium* L. var. *amara* Engl.	芸香科	Rutaceae	经济：常绿灌木，著名香花植物，供观赏，花可熏茶，果、叶药用
令箭荷花	*Napalxochia ackermannii*（Haw.）Kunth.	仙人掌科	Cactaceae	经济：直立灌木状，著名观赏植物
冬青卫矛（大叶黄杨）	*Euonymus japonicus* Thunb.	卫矛科	Celastraceae	经济：常绿灌木或小乔木，常见绿篱，树皮可药用

种　名		科　名		应　用
北京丁香	*Syrinaga pekinensis* Rupr.	木犀科	Oleaceae	经济：灌木或小乔木，木材供细木工，栽培观赏，花可提芳香油
北桑寄生	*Loranthus tanakae* Franch.et Savat.	桑寄生科	Loranthaceae	经济：落叶灌木，茎枝药用
叶子花	*Bougainvillea spectabilis* Willd.	紫茉莉科	Nyctaginaceac	经济：攀援灌木，供观赏
叶底珠（一叶萩）	*Securinega suffruticosa*（Pall.）Rehd.	大戟科	Euphorbiaceae	经济：落叶小灌木，枝条可供编织，叶、花药用
宁夏枸杞	*Lycium barbarum* L.	唇形科	Labiatae	经济：灌木，根皮、果实入药
巧玲花（毛叶丁香）	*Syringa pubescens* Turcz.	木犀科	Oleaceae	经济：小灌木，观赏花卉，花可作香料
平枝栒子（爬地蜈蚣）	*Cotoneaster horizontalis* Dcne.	蔷薇科	Rosaceae	经济：落叶或半常绿灌木，观赏植物，适于庭院地面配植及盆景材料，植株及根可药用
本氏木蓝（铁扫帚）	*Indigofera bungeana* Walp.	豆科	Leguminosae	经济：落叶灌木，全株药用； 生态：荒山水土保持植物
玉树	*Crassula perforata* L.f.	景天科	Crassulaceae	经济：常绿肉质亚灌木，观赏植物
瓜木（八角枫）	*Alangium platanifolium*（Sieb. et Zucc.）Harms.	八角枫科	Alangiaceae	经济：落叶灌木或小乔木，皮含鞣质，可提栲胶，纤维可作人造棉，根、叶药用
白马骨（六月雪）	*Serissa serissoides*（DC.）Druce.	茜草科	Rubiaceae	经济：小灌木，盆栽供观赏，全株药用
白木乌桕	*Sapium japonicum*（Sieb. et Zucc.）Pax et Hoffm.	大戟科	Euphorbiaceae	经济：灌木或小乔木，种子油可治油漆、硬化油、肥皂等，根皮、叶药用，木材致密，可制家具； 生态：可作山沟、溪谷两岸低湿地保土树种
白杜（桃叶卫矛、丝棉木）	*Euonymus bungeanus* Maxim.	卫矛科	Celastraceae	经济：落叶灌木或小乔木，皮、根入药，木材供细工、雕刻
白刺	*Nitraria sibirica* Pall.	蒺藜科	Zygophyllaceae	经济：落叶低矮有刺灌木，果酸甜可食，可药用，果核可榨油及代粮； 生态：喜盐碱地，耐干旱，重要防风固沙植物
白刺花（马蹄针）	*Sophora viciifolia* Hance	豆科	Leguminosae	经济：灌木，城市绿化； 生态：水土保持

种名		科名		应用
白背叶	*Mallotus apelta*（Lour.）Muell.-Arg.	大戟科	Euphorbiaceae	经济：落叶灌木或小乔木，种子含油率高，可作为桐油代用品，油饼作肥料，茎皮为纤维原料，根、叶药用，叶可作猪饲料
白棠子树	*Callicarpa dichotoma*（Lour.）K. Koch	马鞭草科	Verbenaceae	经济：小灌木，根、叶药用，叶片可提芳香油，可作观赏树种
白萼倒挂金钟	*Fuchsia albo-coccinea* Hort.	柳叶菜科	Onagraceae	经济：灌木，盆栽供观赏
白鹃梅（金瓜果）	*Exochorda racemosa*（Lindl.）Rehd.	蔷薇科	Rosaceae	经济：落叶灌木，春天开花，可供观赏，树皮、枝皮药用
白檀（锦织木）	*Symplocos paniculata*（Thunb.）Miq.	山矾科	Symplocaceae	经济：落叶灌木或小乔木，种子可榨油，树形优美可供观赏； 生态：保土植物
石海椒（黄亚麻）	*Reinwardtia trigyna*（Roxb.）Planch.	亚麻科	Linaceae	经济：常绿亚灌木，温室栽培，供观赏
石楠	*Photinia serrulata* Lindl.	蔷薇科	Rosaceae	经济：常绿大灌木，供绿化及观赏，种子可榨油，根、叶可入药
石榴（安石榴）	*Punica granatum* L.	石榴科	Punicaceae	经济：落叶灌木或小乔木，花供观赏，果实可食，茎皮及外果皮药用； 变种：白石榴，黄石榴，重瓣白石榴，玛瑙石榴，重瓣红石榴，月季石榴（火石榴），重瓣火石榴，墨石榴（铁皮石榴）
辽东水蜡树（钝叶水蜡树）	*Ligustrum obtusifolium* Sieb. et Zucc. ssp. *suave*（Kitag.）Kitag.	木犀科	Oleaceae	经济：落叶灌木，庭院绿化观赏，嫩叶可代茶
辽东楤木	*Aralia elata*（Miq.）Seem.	五加科	Araliaceae	经济：灌木或小乔木，木材可做器具，根药用
龙牙花（象牙红）	*Erythrina corallodendron* L.	豆科	Leguminosae	经济：灌木或小乔木，花美丽，供观赏，树皮可药用
伞花蔷薇	*Rosa maximowicziana* Regel	蔷薇科	Rosaceae	经济：落叶灌木，果实药用，可栽培供观赏，根茎为月季砧木
光叶子花	*Bougainvillea glabra* Choisy	紫茉莉科	Nyctaginaceac	经济：攀援灌木，供观赏
光叶蔷薇	*Rosa wichuraiana* Crep.	蔷薇科	Rosaceae	经济：半常绿灌木，栽培花木，供观赏
决明	*Cassia tora* L.	豆科	Leguminosae	经济：一年生半灌木状草本，种子药用，苗叶和嫩荚可食；栽培供观赏

种 名		科 名		应 用
华山矾	*Symplocos chinensis*(Lour.)Druce	山矾科	Symplocaceae	经济：落叶灌木或小乔木，根皮及叶药用，种子可榨油； 生态：保持水土，绿化
华北忍冬	*Lonicera tatarinowii* Maxim.	忍冬科	Caprifoliaceae	经济：落叶灌木，良好的观赏树种
华北珍珠梅（珍珠梅）	*Sorbaria kirilowii*（Regel）Maxim.	蔷薇科	Rosaceae	经济：落叶灌木，能耐阴，花期长，栽培供观赏
华北绣线菊	*Spiraea fritschiana* Schneid.	蔷薇科	Rosaceae	经济：落叶性灌木，栽培供观赏
华北菝葜	*Snilax sieboldii* Miq.	百合科	Liliaceae	经济：攀援灌木或半灌木，提取鞣质和淀粉，亦可供药用
华茶藨	*Ribes fasciculatum* Sieb. etZucc. var. chinense Maxim.	虎耳草科	Saxifragaceae	经济：灌木，供观赏，果实可酿酒，做果酱
地椒	*Thymus quinquecostatus* Celak	唇形科	Labiatae	经济：矮小半灌木，全草药用
多花胡枝子	*Lespedeza floribunda* Bge.	豆科	Leguminosae	经济：半灌木，能耐干旱，可作家畜饲料及绿肥；生态：可作水土保持植物
多花紫藤	*Wisteria floribunda* DC.	豆科	Leguminosae	经济：落叶攀援灌木，花大美丽，供观赏，根皮和花药用，叶可作饲料，种子有毒
多花蔷薇（野蔷薇）	*Rosa multiflora* Thunb.	蔷薇科	Rosaceae	经济：落叶灌木，庭院栽培，鲜花含芳香油，花、果及根可药用，树皮可提栲胶
多枝柽柳（红柳）	*Tamarix ramosissima* Ledeb.	柽柳科	Tamaricaceae	经济：灌木或小乔木，枝条供编织，枝叶可药用，可作饲料； 生态：优良的防风固沙树种
多腺悬钩子	*Rubus phoenicolasius* Maxim.	蔷薇科	Rosaceae	经济：落叶灌木，果可食用，根、叶药用，茎皮可提取栲胶
夹竹桃	*Nerium indicum* Mill.	夹竹桃科	Apocynaceae	经济：常绿灌木，花美、花期长，供观赏，茎皮纤维供纺织，种植榨油，叶、树皮、根、花、种子均有毒，叶及树皮可药用
尖叶杜鹃（迎红杜鹃）	*Rhododendron mucronulatum* Turcz.	杜鹃花科	Ericaceae	经济：落叶灌木，可供观赏，叶药用
尖叶胡枝子	*Lespedeza hedysaroides*（Pall.）Kitag.	豆科	Leguminosae	经济：草本状半灌木，嫩茎、叶可作饲料和绿肥； 生态：可作水土保持植物

种　名		科　名		应　用
早禾树（珊瑚树、法国冬青）	*Viburnum odoratissimum* Ker.	忍冬科	Caprifoliaceae	经济：常绿灌木或小乔木，木材坚硬细致，根、叶药用，亦为优良绿化观赏树种
朱槿（扶桑）	*Hibicus rosa-sinensis* L.	锦葵科	Malvaceae	经济：常绿灌木，常见观赏植物，叶、花药用
朱蕉	*Cordyline fruticosa*（L.）A.Cheval.	百合科	Liliaceae	经济：常绿灌木，观赏植物
竹叶椒（山椒）	*Zanthoxylum armatum* DC.	芸香科	Rutaceae	经济：半常绿灌木，果皮、种子、嫩叶可作调料，也可药用；叶浓绿有光泽，可作为盆景植物
竹节蓼	*Homalocladium platycladum*（F.Muell.）Bailey	蓼科	Polygonaceac	经济：直立灌木，供观赏，茎叶药用
米仔兰	*Aglaia odorata* Lour.	楝科	Meliaceae	经济：常绿灌木或小乔木，观赏植物； 变种：小叶米仔兰
红叶黄栌	*Cotinus coggygria* Scop. var. *cinerea* Engl.	漆树科	Anacardiaceae	经济：落叶灌木或小乔木，木材可制器具及细木工，树皮、叶可提栲胶，根皮药用；秋天叶变红，也可做观赏树种
红花檵木	*Loropetalum chinense*（R.Br.）Oliver var.ruberum Yieh	金缕梅科	Hamamelidaceae	经济：半常绿小灌木，可作盆景供观赏，根及叶药用
红果山胡椒（红果钓樟）	*Lindera erythrocarpa* Makino	樟科	Lauraceae	经济：落叶灌木或小乔木，木材可做家具，种子榨油，树皮及叶可提取芳香油
红柳	*Periploca sepium* Bge.	萝藦科	Asclepiadaceae	经济：落叶蔓性灌木，根皮供药用，茎皮纤维供纺织； 生态：良好的水土保持林灌木
红背桂花（青紫木）	*Excoecaria cochinchinensis* Lour	大戟科	Euphorbiaceae	经济：小灌木，盆栽供观赏，全株药用； 变种：绿背桂花
红瑞木	*Swida alba*（L.）Opiz	山茱萸科	Cornaceae	经济：落叶灌木，供观赏，种子可榨油工业用
羊踯躅（黄杜鹃）	*Rhododendron molle*（Bl.）G.Don	杜鹃花科	Ericaceae	经济：落叶灌木，供观赏，花有剧毒
老鸹柿	*Diospyros rhombifolia* Hemsl.	柿树科	Ebenaceae	经济：落叶灌木，适作刺篱及盆景，有绿化观赏价值，果实可食
老鸹糊	*Callicarpa giraldii* Hesse ex Rehd.	马鞭草科	Verbenaceae	经济：灌木，嫩枝、叶药用，可作绿化观赏树种
西北栒子	*Cotoneaster zabelii* Schneid.	蔷薇科	Rosaceae	经济：灌木，落叶性，枝条供编织，种子可榨油； 生态：是保土及观赏植物资源

种名		科名		应用
西洋山梅花	*Philadelphus coronarius* L.	虎耳草科	Saxifragaceae	经济：落叶灌木，可栽培供观赏
西洋接骨木	*Sambucus nigra* L.	忍冬科	Caprifoliaceae	经济：落叶灌木或小乔木，花可药用，可栽培观赏
达胡里胡枝子	*Lespedeza davurica*（Laxm.）Schindl.	豆科	Leguminosae	经济：草本状灌木，可作牧草或绿肥，全株药用； 生态：重要的山地水土保持植物
伽蓝菜	*Kalanchoe laciniata*（L.）DC.	景天科	Crassulaceae	经济：多年生肉质半灌木，观赏植物
佛竹	*Bambusa ventricosa* McClure	禾本科	Gramineae	经济：灌木状，珍稀观赏竹种
冻绿	*Rhamnus utilis* Decne.	鼠李科	Rhamnaceae	经济：灌木，种子榨油，果实、树皮及叶可提供黄色染料
卵叶鼠李（小叶鼠李）	*Rhamnus bungeana* J. Vass.	鼠李科	Rhamnaceae	经济：灌木，叶及树皮含绿色染料； 生态：水土保持树种
含笑花	*Michelia figo*（Lour.）Spreng	木兰科	Magnoliaceae	经济：常绿灌木，供观赏，花芳香，也可提制芳香油
吴茱萸（伏辣子）	*Evodia rutaecarpa*（Juss.）Benth.	芸香科	Rutaceae	经济：灌木或小乔木，幼果药用，称“吴萸子”；种子榨油，叶可提取芳香油及黄色染料
李叶绣线菊（笑靥花）	*Spiraea prunifolia* Sieb. et Zucc.	蔷薇科	Rosaceae	经济：落叶灌木，花大多重瓣，供观赏
李叶溲疏（杏叶溲疏）	*Deutzia hamata* Koehne	虎耳草科	Saxifragaceae	经济：灌木，可栽培供观赏
杜鹃花（映山红）	*Rhododendron simsii* Planch.	杜鹃花科	Ericaceae	经济：落叶灌木，著名观赏花卉，根、花、叶可药用
杞柳	*Salix integra* Thunb.	杨柳科	Salicaceae	经济：灌木，枝条可供编筐等用
杨栌（日本锦带花）	*Weigela japonica* Thunb.	忍冬科	Caprifoliaceae	经济：落叶灌木，供观赏
牡丹	*Paeonia suffuruticosa* Andr.	毛茛科	Ranunculaceae	经济：落叶灌木，根皮药用，花大，为名贵观赏花卉
芫花	*Daphne genkwa* Sieb. et Zucc.	瑞香科	Thymelaeaceae	经济：落叶灌木，茎皮纤维为优质纸和人造棉原料，花蕾、根入药
花木蓝（吉氏木蓝）	*Indigofera kirilowii* Maxim. ex Palibin	豆科	Leguminosae	经济：落叶灌木，可栽培供观赏； 生态：保持水土，荒山绿化
花叶丁香	*Syringa persica* L.	木犀科	Oleaceae	经济：灌木，园林绿化树种，花可提芳香油

种 名		科 名		应 用
苎麻	*Boehmeria nivea*（L.）Gaud.	荨麻科	Urticaceae	经济：半灌木，茎皮纤维质量好，根、叶入药，叶可养蚕，种子榨油
迎春花	*Jasminum nudiflorum* Lindl.	木犀科	Oleaceae	经济：落叶灌木，早春庭园观赏树种
连翘（挂拉鞭）	*Forsythis suspensa*（Thunb.）Vahl	木犀科	Oleaceae	经济：落叶灌木，果实药用，为园林绿化、水土保持树种（生态）
鸡麻	*Rhodotypos scandens*（Thunb.）Makino	蔷薇科	Rosaceae	经济：落叶灌木，根和果药用，各大城市栽培供绿化观赏
麦李	*Prunus glandulosa* Thunb.	蔷薇科	Rosaceae	经济：灌木，观赏及野生花木，果可食及加工，种仁药用，庭院栽培多为重瓣变型，如：粉花重瓣麦李（变型）；白花重瓣麦李（变型）
刺天茄	*Solanum indicum* L.	唇形科	Labiatae	经济：小灌木，根药用
单叶蔓荆	*Vitex trifolia* L. var. *simplicifolia* Cham.	马鞭草科	Verbenaceae	经济：落叶灌木，果实药用，茎叶提取芳香油； 生态：良好的固沙植物
垂丝卫矛	*Euonymus oxyphyllus* Miq.	卫矛科	Celastraceae	经济：落叶灌木，皮纤维可代麻和造纸，种子榨油可制肥皂
夜香树	*Cestrum nocturnum* L.			经济：直立或近攀援状灌木，公园或庭院栽培
宜昌荚蒾（小叶荚蒾）	*Viburnum ichangense*（Hemsl.）Rehd.	忍冬科	Caprifoliaceae	经济：落叶灌木，种子榨油，根、叶药用，庭园观赏
杭子梢	*Campylotropis macrocarpa*（Bge.）Rehd.	豆科	Leguminosae	经济：落叶灌木，枝条可编筐，花期长，可栽植供观赏
构骨（老虎刺）	*Ilex crenata* Lindl.	冬青科	Aquifoliaceae	经济：常绿灌木，做庭园观赏树种，叶、果药用，树皮作染料或熬胶，种子油可制肥皂
欧丁香（洋丁香）	*Syringa vulgaris* L.	木犀科	Oleaceae	经济：落叶灌木或小乔木，可引种观赏
欧李	*Prunus humilis* Bge.	蔷薇科	Rosaceae	经济：直立灌木，野生果树资源之一，果味酸，加工后可食，种仁药用； 生态：保土灌木
欧洲雪（雪球）	*Viburnum opulus* L. f. *roseum*（L.）Hegi	忍冬科	Caprifoliaceae	经济：落叶灌木，供观赏
河朔荛花	*Wikstroemia chamaedaphne* Meissn.	瑞香科	Thymelaeaceae	经济：落叶灌木，植株有毒可驱虫，纤维可造纸

种名		科名		应用
玫瑰	*Rosa rugosa* Thunb.	蔷薇科	Rosaceae	经济：直立灌木，花色艳丽，重要观赏花木；花瓣含芳香油，果实可提维生素 C 及各种糖类；花蕾药用
细叶小檗（针雀）	*Berberis poiretii* Schneid.	小檗科	Berberidaceae	经济：落叶灌木，重要的含小檗碱、小檗胺资源植物
细叶水团花	*Adina rubella* Hance	茜草科	Rubiaceae	经济：落叶小灌木，叶治癣，根药用
细圆齿火棘	*Pyracantha crenulata*（D.Don）Roem.	蔷薇科	Rosaceae	经济：常绿灌木或小乔木，供观赏，或作绿篱及果篱，果可食，也叶代茶
罗布麻（茶叶花）	*Apocynum venetum* L.	夹竹桃科	Apocynaceae	经济：半灌木，纤维质量好，全草药用，良好蜜源植物，嫩叶可代茶
苘麻	*Abutilon theophrasti* Medixus	锦葵科	Malvaceae	经济：一年生亚灌木状草本，茎皮纤维供织麻袋、搓绳索等用，种子可提润滑油，可药用
苦竹	*Pleioblastus amarus*（Keng）keng f.	禾本科	Gramineae	经济：灌木状，杆弹性好，主要供观赏
苦糖果	*Lonicera standishii* Carr.	忍冬科	Caprifoliaceae	经济：落叶灌木，嫩枝、叶药用，果可食，园林绿化及水土保持树种（生态）
茅莓	*Rubus parvifolius* L.	蔷薇科	Rosaceae	经济：直立落叶灌木，果可食、酿酒、制蜡等；根及叶可提取栲胶，全株药用
茉莉花	*Jasminum sambac*（L.）Ait.	木犀科	Oleaceae	经济：常绿直立或攀援灌木，盆栽供观赏，花含芳香油，叶、根药用
虎杖	*Polygonum cuspidatum* Sieb.et Zucc.	蓼科	Polygonaceac	经济：多年生灌木状草本，根状茎药用，全株均可提取栲胶
虎刺	*Damnacanthus indicus* Gaertn.f.	茜草科	Rubiaceae	经济：小灌木，盆栽观赏，根可药用
软叶刺葵	*Phoenix roebelenii* O.Brien	棕榈科	Palmae	经济：灌木状、著名观赏植物
郁李（赤李子）	*Prunus japonica* Thunb.	蔷薇科	Rosaceae	经济：灌木，观赏，核仁药用； 生态：山地保土。重瓣郁李（变种）
郁香忍冬	*Lonicera fragrantissima* Lindl.	忍冬科	Caprifoliaceae	经济：半常绿灌木，花大、芳香，作为城市及庭园绿化观赏树种

种名		科名		应用
金丝桃（金丝海棠）	*Hypericum monogynum* L.	藤黄科	Guttiferae	经济：半常绿灌木，果实及根入药，栽培供观赏
金丝梅	*Hypericum patulum* Thunb.	藤黄科	Guttiferae	经济：半常绿灌木，栽培供观赏，根药用
金刚纂（霸王鞭）	*Euphorbia antiquorum* L.	大戟科	Euphorbiaceae	经济：直立灌木，植株可供观赏，叶药用
金花忍冬（黄花忍冬）	*Lonicera chrysantha* Turcz.	忍冬科	Caprifoliaceae	经济：落叶灌木，供观赏； 生态：水土保持树种； 变种：须蕊忍冬
金钟连翘（单叶连翘）	*Forsythia viridissima* Lindl.	木犀科	Oleaceae	经济：落叶灌木，供观赏
金桔（金枣）	*Fortunella margarita*（Lour.）Swingle	芸香科	Rutaceae	经济：灌木或小乔木，供观赏，果可生食或作蜜饯；根、果药用
金银木（金银忍冬）	*Lonicera maackii*（Rupr.）Maxim.	忍冬科	Caprifoliaceae	经济：落叶灌木，优良观赏植物，茎皮造人造棉，种子油制肥皂
金粟兰（珠兰）	*Chloranthus spicatus*（Thunb.）Makino	金粟兰科	Chloranthaceae	经济：常绿亚灌木，提取芳香油，制作香料
陕西荚蒾（土蓝条）	*Viburnum shensianum* Maxim.	忍冬科	Caprifoliaceae	经济：落叶灌木，风景绿化； 生态：水土保持
青木（东瀛珊瑚）	*Aucuba japonica* Thunb.	山茱萸科	Cornaceae	经济：常绿灌木，供观赏
青杞	*Solanum septemlobum* Bge.	唇形科	Labiatae	经济：半灌木状直立草本，全草有毒，可制农药
非洲天门冬	*Asparagus densiflorus*（Kunth）Jessop	百合科	Liliaceae	经济：半灌木，温室、庭院栽培，观赏
南天竹	*Nandina domestica* Thunb.	小檗科	Berberidaceae	经济：常绿直立灌木，供观赏，根茎叶均可药用
变种：川榛	var.*sutchuenensis* Franch.	桦木科	Betulaceae	经济：灌木，种子可制糕点，树皮、叶等可提栲胶
变种：日本三蕊柳	var.*nipponica*（Franch.et Savat.）Seem.	杨柳科	Salicaceae	经济：灌木或小乔木，供薪柴等用； 生态：护岸，绿化树种
变种：蒙山柳	var.*menshanensis* S.B.Liang	杨柳科	Salicaceae	经济：灌木或小乔木，供薪柴等用； 生态：护岸，绿化树种
扁担木（扁担杆子、孩儿拳头）	*Grewia biloba* G. Don var. *parviflora*（Bge.）Hand.-Mazz.	椴树科	Tiliaceae	经济：落叶灌木，茎皮可代麻，种子榨油工业用，根、枝、叶药用
枸杞	*Lycium chinense* Mill.	唇形科	Labiatae	经济：灌木，根皮、果实入药

种 名		科 名		应 用
柊树（刺叶桂）	*Osmanthus heterophylla*（G.Don）P.S.Green	木犀科	Oleaceae	经济：常绿灌木或小乔木，良好的观赏花木，枝、叶、树皮药用
柘树	*Cudrania tricuspidata*（Carr.）Bur.	桑科	Moraceac	经济：用材，家具等，茎皮可打绳造纸等，根皮药用，椹果可食，叶可养蚕； 生态：良好的护坡及绿篱树种
柽柳（红荆条、三春柳）	*Tamarix chinensis* Lour	柽柳科	Tamaricaceae	经济：灌木或小乔木，枝条可编制筐篮，嫩枝及叶可药用； 生态：盐碱地土壤改良及绿化树种
栀子	*Gardenia jasminoides* Ellis	茜草科	Rubiaceae	经济：常绿灌木，可作盆景，果实药用； 变种：大花栀子
树莲花	*Aeonium haworthii* Webb.et Berth.	景天科	Crassulaceae	经济：小灌木，供观赏
洋蔷薇	*Rosa centifolia* L.	蔷薇科	Rosaceae	经济：落叶灌木，栽培供观赏，花可提芳香油
狭叶山胡椒	*Lindera angustifolia* Cheng	樟科	Lauraceae	经济：落叶灌木或小乔木，木材可做家具，种子榨油，质量高于山胡椒，根枝叶果可药用
珊瑚树	*Opuntia salmiana* Parm. ex Pfeiff.	仙人掌科	Cactaceae	经济：灌木状，观赏植物，赏枝
珊瑚樱	*Solanum pseudo-capsicum* L.	唇形科	Labiatae	经济：直立，多分枝小灌木，供观赏，全草药用； 变种：珊瑚豆
珍珠绣线菊（喷雪花）	*Spiraea thunbergii* Blume	蔷薇科	Rosaceae	经济：落叶灌木，花白色、密集，叶秋季变红，供观赏
珍珠梅（东北珍珠梅）	*Sorbaria sorbifolia*（L.）A. Br.	蔷薇科	Rosaceae	经济：灌木，栽培供观赏或作绿篱，枝条入药
结香（黄瑞香）	*Edgeworthia chrysantha* Lindl.	瑞香科	Thymelaeaceae	经济：落叶灌木，观赏花木，全株入药，茎、叶可作土农药
胡枝子	*Lespedeza bicolor* Turcz.	豆科	Leguminosae	经济：直立灌木，可栽培供观赏，嫩叶可作饲料或绿肥，可代茶；根药用，枝条可编筐； 生态：优良保持水土灌木
茶	*Camellia sinensis*（L.）Kuntze	山茶科	Theaceae	经济：常绿灌木或小乔木，优良饮品
草麻黄	*Ephedra sinica Stapf*	麻黄科	Ephedra	经济：灌木，可供药用
荚蒾	*Viburnum dilatatum* Thunb.	忍冬科	Caprifoliaceae	经济：落叶灌木，根、叶、果药用，皮含纤维可供加工，种子含油，果可食及酿酒

种　名		科　名		应　用
虾衣草	*Calliaspidia guttata*（Brand.）Bremek.	爵床科	Acanthaceae	经济：亚灌木，供观赏
重瓣棣棠花	*f. plena Schneid.*	蔷薇科	Rosaceae	经济：棣棠花变种，花重瓣，各大城市常见栽培
钝齿冬青	*Ilex cornuta Thunb.*	冬青科	Aquifoliaceae	经济：常绿多枝灌木，适于庭院配置及绿篱、盆栽等用；变种：龟甲冬青
香茶藨（黄丁香）	*Ribes odoratum* Wendl.	虎耳草科	Saxifragaceae	经济：落叶灌木，供观赏，果实可食用
香椒子（崖椒）	*Zanthoxylum schinifolium* Sieb. et Zucc.	芸香科	Rutaceae	经济：半常绿灌木，果皮、种子、嫩叶可作调料，也可提取香精，种子含油量较高，可作油脂原料
倒挂金钟	*Fuchsia hybrida* Voss.	柳叶菜科	Onagraceae	经济：灌木，盆栽供观赏
圆叶鼠李（山绿柴）	*Rhamnus globosa* Bge.	鼠李科	Rhamnaceae	经济：灌木，种子榨油，茎皮、果实及根可作绿色染料，果实可药用
圆锥绣球	*Hydrangea paniculata* Sieb.	虎耳草科	Saxifragaceae	经济：落叶灌木或小乔木，根药用，称“土常山”
桃叶珊瑚	*Aucuba chinensis* Benth.	山茱萸科	Cornaceae	经济：常绿灌木或小乔木，栽培供观赏
橘（柑橘）	*Citrus reticulata* Blanco	芸香科	Rutaceae	经济：常绿灌木或小乔木，著名果树，果实可食或加工，叶、花、果可提芳香油；本省盆栽观赏； 变种：温州蜜橘，红橘（朱橘）
海仙花（关门柴）	*Weigela coraeensis* Thunb.	忍冬科	Caprifoliaceae	经济：落叶灌木，供观赏
海州常山（臭梧桐）	*Clerodendron trichotomum* Thunb.	马鞭草科	Verbenaceae	经济：灌木，根、茎、叶、花药用
皱皮木瓜（贴梗海棠）	*Chaenomeles speciosa*（Sweet.）Nakai	蔷薇科	Rosaceae	经济：落叶灌木，供观赏，果干制后可入药
秦连翘	*Forsythia giraldiana* Lingelsh	木犀科	Oleaceae	经济：落叶灌木，果实药用，早春开花，观赏
窄叶火棘	*Pyracantha angustifolia*（Franch.）Schneid.	蔷薇科	Rosaceae	经济：常绿灌木或小乔木，供观赏，果含淀粉，可酿酒
粉花绣线菊（日本绣线菊）	*Spiraea japonica* L.	蔷薇科	Rosaceae	经济：落叶性直立灌木，变种较多，栽培供观赏
粉柏	*Sabina squamata*（Buch.-Hamilt.）Ant.cv. 'Meyeri'	柏科	Cupressaceae	经济：灌木，庭院绿化或观赏盆景
绣线菊	*Spiraea salicifolia* L.	蔷薇科	Rosaceae	经济：落叶性直立灌木，栽培供观赏，也是蜜源植物

种名		科名		应用
绣球（阴绣球）	*Hydrangea macrophylla*（Thunb.）Seringe	虎耳草科	Saxifragaceae	经济：落叶灌木，著名观赏花木，花和根药用； 生态：对二氧化硫等毒气抗性较强，可用作矿区绿化
绣球绣线菊	*Spiraea blumei* L.	蔷薇科	Rosaceae	经济：落叶灌木，供观赏
檵木	*Loropetalum chinense*（R.Br.）Oliver	金缕梅科	Hamamelidaceae	经济：半常绿小灌木，可作盆景供观赏，根及叶药用
胶东卫矛	*Euonymus kiautschovicus* Loes.	卫矛科	Celastraceae	经济：直立或蔓性半常绿灌木，可作为垂直绿化材料
臭牡丹	*Clerodendron bungei Steud.*	马鞭草科	Verbenaceae	经济：小灌木，根、茎、叶药用
铁海棠（麒麟刺）	*Euphorbia milii* Ch. des Moulins	大戟科	Euphorbiaceae	经济：直立或稍攀援状灌木，有引种盆栽观赏
假叶树	*Ruscus aculeata* L.	百合科	Liliaceae	经济：常绿小灌木，可栽培观赏
探春花（迎夏）	*Jasminum floridum* Bge.	木犀科	Oleaceae	经济：半常绿灌木，园林绿化观赏
接骨木（接骨丹）	*Sambucus williamsaii* Hance	忍冬科	Caprifoliaceae	经济：落叶灌木或小乔木，茎、根皮及叶供药用，亦为观赏植物
望江南	*Cassia occidentalis* L.	豆科	Leguminosae	经济：灌木或半灌木，供观赏，种子及全草药用
猫乳（长叶绿柴）	*Rhamnella franguloides*（Maxim.）Weberb.	鼠李科	Rhamnaceae	经济：落叶灌木，根供药用，皮含绿色染料
球兰	*Hoya carnosa*（L.F.）R.Br.	萝藦科	Asclepiadaceae	经济：多年生攀援灌木，著名观赏植物，全株药用
绿叶胡枝子	*Lespedeza buergeri* Miq.	豆科	Leguminosae	经济：落叶灌木，种子含油，根、叶可药用
菝葜	*Smilax china* L.	百合科	Liliaceae	经济：攀援灌木，提取鞣质和淀粉，亦可供药用
菱叶绣线菊	*Spiraea vanhouttei*（Briot）Zabel	蔷薇科	Rosaceae	经济：落叶灌木，栽培供观赏
奄闾	*Artemisia keiskeana* Miq.	菊科	Compositae	经济：多年生半灌木状草本，全草及果实药用
野山楂	*Crataegus cuneata* Sieb. et Zucc.	蔷薇科	Rosaceae	经济：落叶灌木，果实可生食及加工制成各种食品，有药用价值，嫩也可代茶
野皂荚（山皂荚）	*Gleditsia microphylla* Gordon ex Y. T. Lee	豆科	Leguminosae	经济：灌木或小乔木，可作绿篱及四旁绿化树种
野花椒（刺椒）	*Zanthoxylum simulans* Hance	芸香科	Rutaceae	经济：落叶灌木，果皮、嫩叶可调味，但不如花椒，种子可榨油

种　名		科　名		应　用
雀儿舌头（黑钩叶）	*Leptopus chinensis*（Bge.）Pojark.	大戟科	Euphorbiaceae	经济：小灌木，庭院绿化，叶可杀虫； 生态：可保持水土
雀舌黄杨	*Buxus bodinieri* L'evl.	黄杨科	Buxaceae	经济：常绿灌木，观赏及园林绿化
雪柳（过街柳）	*Fontanesia fortunei* Carr.	木犀科	Oleaceae	经济：落叶灌木，枝条可编筐，茎皮制人造棉，嫩叶代茶，良好的观赏及绿化植物
雪球荚蒾（粉团）	*Viburnum plicatum* Thunb.	忍冬科	Caprifoliaceae	经济：落叶灌木，优良观赏树种
鹿蹄草	*Pyrola calliantha H.* Andr.	鹿蹄草科	Pyrolaceae	经济：常绿草本状小灌木，全草药用
麻叶绣线菊	*Spiraea cantoniensis* Lour.	蔷薇科	Rosaceae	经济：落叶灌木，栽培供观赏
黄龙柳	*Salix liouana* C.Wang et Ch.Y.Yang	杨柳科	Salicaceae	经济：灌木，枝条可编筐生态：植于河岸，落淤护岸
黄杨（锦熟黄杨）	*Buxus sinic*（Rehd. et Wils.）Cheng	黄杨科	Buxaceae	经济：常绿灌木或小乔木，供观赏或做绿篱，木材坚硬，适于做木梳等工艺美术品。全株药用
黄芦木	*Berberis amurensis* Rupr.	小檗科	Berberidaceae	经济：落叶灌木，可提取黄连素，可药用
黄刺条（金雀花）	*Caragana frutex*（L.）K. Koch	豆科	Leguminosae	经济：直立灌木，栽培供观赏，花药用
黄刺玫（黄刺莓）	*Rosa xanthina* Lindl.	蔷薇科	Rosaceae	经济：直立灌木，供观赏，果实可食、制果酱；花可提取芳香油；花果药用；可作保持水土及园林绿化树种
黄荆	*Vitex negundo* L.	马鞭草科	Verbenaceae	经济：落叶灌木或小乔木，枝条可编织、茎皮造人造棉，花、枝叶可提芳香油，重要蜜源植物； 生态：良好的水土保持灌木； 变种：荆条，杜荆
棕竹（筋头竹）	*Rhapis excelsa*（Thunb.）Henry ex Rehd.	棕榈科	Palmae	经济：常绿丛生灌木，北方温室盆栽，观赏；根、叶可药用
棣棠花	*Kerria japonica*（L.）DC.	蔷薇科	Rosaceae	经济：落叶灌木，观赏花木，茎髓、花可药用
溲疏	*Deutzia scabra* Thunb.	虎耳草科	Saxifragaceae	经济：灌木，可栽培供观赏
短梗胡枝子（短序胡枝子）	*Lespedeza cyrtobotrya* Miq.	豆科	Leguminosae	经济：灌木，茎皮纤维可制人造棉或造纸，嫩叶、枝可作饲料或绿肥

种名		科名		应用
硬骨凌霄	*Tecomaria capensis*（Thunb.）Spach.	紫葳科	Bignoniaceae	经济：蔓生灌木，供观赏
紫丁香（华北紫丁香）	*Syringa oblata* Lindl.	木犀科	Oleaceae	经济：灌木或小乔木，良好的观赏花木，嫩叶代茶，木材可制农具；变种：白丁香
紫荆	*Cercis chinensis* Bge.	豆科	Leguminosae	经济：落叶灌木或小乔木，花美丽，栽培供观赏；树皮、花可药用；栽培变种：白花紫荆
紫薇（百日红、痒痒树）	*Lagerstroemia indica* L.	千屈菜科	Lythraceae	经济：落叶灌木或小乔木，广泛的栽培观赏植物，木材坚硬、耐腐，树皮、叶、花药用； 变形：银薇； 变种：翠薇
紫穗槐（棉槐）	*Amorpha fruticosa* L.	豆科	Leguminosae	经济：落叶灌木，枝条可编筐，嫩叶为家畜饲料及绿肥，蜜源植物； 生态：保持水土，固沙造林和防护林带低层树种
蜡梅	*Chimonanthus praecox*（L.）Link.	蜡梅科	Calycanthaceae	经济：落叶灌木，庭院及公共绿地的观赏植物，根茎叶花均可药用
铺地柏	*Sabina procumbens*（Endl.）Iwata et Kusaka	柏科	Cupressaceae	经济：灌木，观赏
锐齿鼠李（牛李子）	*Rhamnus arguta* Maxim.	鼠李科	Rhamnaceae	经济：灌木，种子榨油，茎和种子熬液可作杀虫剂
阔叶十大功劳（刺黄檗）	*Mahonia bealei*（Fort.）Carr.	小檗科	Berberidaceae	经济：常绿灌木，盆栽观赏，根茎可药用
阔叶箬竹	*Indocalamus latifolius*（Keng）McClure	禾本科	Gramineae	经济：灌木状，茎秆小，叶宽大，颖果可食
楤木	*Aralia chinensis* L.	五加科	Araliaceae	经济：灌木或小乔木，木材可做器具，根药用
榆叶梅	*Prunus triloba* Lindl.	蔷薇科	Rosaceae	经济：灌木或小乔木，观赏花木，变种较多：重瓣榆叶梅，鸾枝梅等生态：在山地沟壑可做保土植物
槐叶决明（茳芒决明）	*Cassia sophera* L.	豆科	Leguminosae	经济：灌木或亚灌木，嫩叶和嫩荚可食，种子和根药用；栽培供观赏
照山白（小花杜鹃）	*Rhododendron micranthum* Turcz.	杜鹃花科	Ericaceae	经济：半常绿灌木，供观赏，枝、叶药用，花、叶有毒
瑞香（红瑞香）	*Daphne odora* Thunb.	瑞香科	Thymelaeaceae	经济：常绿灌木，观赏花木

种名		科名		应用
矮探春（小黄素馨）	*Jasminum humile* L.	木犀科	Oleaceae	经济：半常绿灌木，园林绿化观赏
矮棕竹	*Rhapis humilis* Bl.	棕榈科	Palmae	经济：常绿丛生灌木，北方温室盆栽，观赏；根、叶可药用
福建紫薇	*Lagerstroemia limii* Merr.	千屈菜科	Lythraceae	经济：落叶灌木或小乔木，公园及庭院栽培供观赏
腺齿越桔（毛叶越桔）	*Vaccinium oldhamii* Miq.	杜鹃花科	Ericaceae	经济：落叶灌木，可供观赏，果可食及酿酒
蓝丹花（蓝茉莉）	*Plumbago auriculata* Lam.	白花丹科	Plumbaginaceae	经济：半灌木，观赏花卉
锦鸡儿	*Caragana sinica*（Buc'hoz）Rehd.	豆科	Leguminosae	经济：丛生灌木，根皮药用，栽培供观赏或作绿篱
锦带花	*Weigela florida*（Bge.）A. DC.	忍冬科	Caprifoliaceae	经济：落叶灌木，花美供观赏，对毒气抗性强（生态）
鼠李（大绿）	*Rhamnus davurica* Pall.	鼠李科	Rhamnaceae	经济：灌木或小乔木，木材坚实，种子榨油作润滑油，树皮、叶可提栲胶，果肉药用
榛	*Corylus heterophylla* Fisch. ex Trautv.	桦木科	Betulaceae	经济：灌木，种子可制糕点，树皮、叶等可提栲胶
算盘子	*Glochidion puberum*（L.）Hutch.	大戟科	Euphorbiaceae	经济：落叶灌木，根、枝、叶、果均供药用，种子油可制肥皂
箬叶竹	*Indocalamus longiauritus* Hand.-Mazz.	禾本科	Gramineae	经济：灌木状，茎秆小，叶宽大，颖果可食
翠花掌	*Aeonium spathulatum* Preag.	景天科	Crassulaceae	经济：稍肉质半灌木，供观赏
蜡瓣花	*Corylopsis sinensis* Hemsl.	金缕梅科	Hamamelidaceae	经济：落叶灌木，供观赏，树皮及根可药用
暴马丁香	*Syringa reticulata*（Bl.）Hara var. *amurensis*（Rupr.）Pringle	木犀科	Oleaceae	经济：灌木或小乔木，木材细致坚硬，树皮、茎枝可药用，花可提芳香油，蜜源，可作园林观赏树种
槲寄生	*Viscum coloratum*（Kom.）Nakai	桑寄生科	Loranthaceae	经济：常绿灌木，全株药用
澳洲茄	*Solanum aviculare* Forst.	唇形科	Labiatae	经济：灌木，叶、果实药用，含生物碱
醉鱼草（雉尾花）	*Buddleja lindleyana* Fortune	马钱科	Loganiaceae	经济：直立灌木，花序美，花、叶及根药用
黎檬	*Citrus limonia* Osbeck.	芸香科	Rutaceae	经济：常绿灌木，盆栽供观赏，果汁可食用，叶、花、果提取柠檬香精

种名		科名		应用
燕子掌	*Crassula argentea* L.f.	景天科	Crassulaceae	经济：常绿肉质亚灌木，观赏植物
薄叶鼠李	*Rhamnus leptophylla* Schneid.	鼠李科	Rhamnaceae	经济：灌木，全株药用
薰衣草	*Lavandula angustifolia* Mill.	唇形科	Labiatae	经济：半灌木或矮小灌木，花可提取芳香油
爆仗竹	*Pusselia equisetiformis* Schlecht. et Cham.	玄参科	Scrophulariaceae	经济：常绿灌木，供观赏，全草药用
簸箕柳	*Salix suchowensis* Cheng	杨柳科	Salicaceae	经济：灌木，枝条可编筐；生态：固沙，护堤造林树种
糯米条（华六条木）	*Abelia chinensis* R.Br.	忍冬科	Caprifoliaceae	经济：落叶灌木，全株药用，良好的观赏植物

3.2.3 藤本植物

种名		科名		应用
刀豆	*Canavalia gladiata*（Hacq.）DC.	豆科	Leguminosae	经济：缠绕性草质藤本，嫩荚和种子可食，有药用价值
三裂叶蛇葡萄	*Ampelopsis delavayana* Planch. ex Franch.	葡萄科	Vitaceae	经济：木质藤本，根皮药用
千年不烂心	*Solanum cathayanum* C.Y. Wu et S. C. *Huang*	唇形科	Labiatae	经济：草质藤本，茎、枝、叶药用
山葡萄	*Vitis amurensis* Rupr.	葡萄科	Vitaceae	经济：落叶木质藤本，果可食及酿酒，叶及酿酒后沉淀物可提酒石酸
马兜铃	*Aristolochia debilis* Sieb.et Zucc.	马兜铃科	Aristolochiaceae	经济：多年生草质藤本，根茎叶果实药用
中华猕猴桃（羊桃）	*Actinidia chinensis* Planch.	猕猴桃科	Actinidiaceae	经济：藤本，果实大，味美可食，可酿酒
乌头叶蛇葡萄	*Ampelopsis aconitifolia* Bge.	葡萄科	Vitaceae	经济：木质藤本，根药用
乌蔹莓	*Cayratia japonica*（Thunb.）Gagnep.	葡萄科	Vitaceae	经济：草质藤本，全草药用
五叶地锦（五叶爬山虎）	*Parthenocissus quinquefolia*（L.）Planch.	葡萄科	Vitaceae	经济：落叶藤本，常用作垂直绿化材料，但攀援能力不及爬山虎
五味子（北五味子）	*Schisandra chinensis*（Turcz.）Baill.	木兰科	Magnoliaceae	经济：落叶缠绕性藤本，茎、叶及果实可提取芳香油，果实药用，也是庭园观赏的垂直绿化材料
天门冬	*Asparagus cochinchinensis*（Lour.）Merr.	百合科	Liliaceae	经济：攀援植物，块根药用
文竹	*Asparagus setaceus*（Kunth）Jessop	百合科	Liliaceae	经济：攀援植物，盆栽观赏
木防己	*Cocculus trilobus*（Thunb）DC.	防己科	Menispermaceae	经济：缠绕性落叶藤本，根状茎入药，茎含纤维，可做纺织原料

种名		科名		应用
毛葡萄	*Vitis quinquangularis* Rehd.	葡萄科	Vitaceae	经济：落叶木质藤本，果味甜可食可酿酒，根皮药用
牛尾菜	*Smilax riparia* A.DC.	百合科	Liliaceae	经济：多年生草质藤本，根状茎可供药用
东北蛇葡萄（蛇葡萄）	*Ampelopsis brevipedunculata*（Maxim.）Trautv.	葡萄科	Vitaceae	经济：落叶木质藤本，果可酿酒，根、茎药用
北马兜铃	*Aristolochia contorta* Bge.	马兜铃科	Aristolochiaceae	经济：多年生草质藤本，根茎叶果实药用
白花藤萝（白花藤）	*Wisteria venusta* Rehd. et Wills.	豆科	Leguminosae	经济：落叶攀援大藤本，供观赏
白英	*Solanum lyratum* Thunb.	唇形科	Labiatae	经济：草质藤本，全草药用
白蔹	*Ampelopsis japonica*（Thunb.）Makino	葡萄科	Vitaceae	经济：藤本，全草及块根药用
龙吐珠	*Clerodendron thomsonae* Balf.	马鞭草科	Verbenaceae	经济：木质藤本，观赏植物，叶药用
华北葡萄	*Vitis bryoniaiefolia* Bge.	葡萄科	Vitaceae	经济：落叶高大藤本，果可食及酿酒，全株药用
寻骨风	*Aristolochia mollissima* Hance	马兜铃科	Aristolochiaceae	经济：多年生木质藤本，全株药用
羊乳（四叶参）	*Codonopsis lanceolata*（Sieb. et Zucc.）Trautv.	桔梗科	Campanulaceae	经济：多年生草质藤本，根药用
佛手瓜	*Sechium edule*（Jacq.）Swartz	葫芦科	Cucurbitaceae	经济：多年生宿根草质藤本，果实作蔬菜
扶芳藤	*Euonymus fortunei*（Turcz.）Hand.-Mazz.	卫矛科	Celastraceae	经济：常绿匍匐或攀援灌木，优良垂直绿化树种，茎、叶药用
沙地葡萄	*Vitis rupestris* Scheele	葡萄科	Vitaceae	经济：落叶灌木状或稍攀援，抗旱力强，优良嫁接葡萄的砧木
鸡矢藤	*Paederia scandens*（Lour.）Merr.	茜草科	Rubiaceae	经济：缠绕性藤本，根可药用
刺葡萄	*Vitis davidii* Foëx.	葡萄科	Vitaceae	经济：落叶木质藤本，果可食及酿酒，叶秋季变红，供观赏
河岸葡萄（霜葡萄）	*Vitis riparia* Michx	葡萄科	Vitaceae	经济：落叶木质藤本，良好的葡萄砧木
爬山虎	*Parthenocissus tricuspidata*（Sieb. et Zucc.）Planch.	葡萄科	Vitaceae	经济：落叶木质藤本，根茎药用，也常栽为遮掩墙壁
苦皮藤（苦树皮）	*Celastrus angulatus* Maxim.	卫矛科	Celastraceae	经济：落叶藤本状灌木，根、茎、叶、果药用，皮纤维供造纸及人造棉原料
转子莲（大花铁线莲）	*Clematis patens* Morr. et Decne	毛茛科	Ranunculaceae	经济：多年生草质藤本，花大而美，绿化常用，根可药用
软枣猕猴桃	*Actinidia arguta*（Sieb. et Zucc.）Planch	猕猴桃科	Actinidiaceae	经济：落叶藤本，果可生食，也可酿酒等，有药用价值

种名		科名		应用
金银花（忍冬）	*Lonicera japonica* Thunb.	忍冬科	Caprifoliaceae	经济：半常绿攀援藤本，花药用；生态：良好的园林植物及水土保持树种；变种：红金银花，黄脉金银花
南蛇藤	*Celastrus orbiculatus* Thunb.	卫矛科	Celastraceae	经济：落叶藤本状灌木，根、茎、叶、果药用
厚萼凌霄（美国凌霄）	*Campsis radicans*（L.）Seem.	紫葳科	Bignoniaceae	经济：落叶木质藤本，优良观赏树种
狭叶茜草	*Rubia truppeliana* Loes.	茜草科	Rubiaceae	经济：多年生攀援草本，根供药用
穿叶忍冬	*Lonicera sempervirens* L.	忍冬科	Caprifoliaceae	经济：常绿藤本，供观赏
络石（万字茉莉）	*Trachelospermum jasminoides*（Lindl.）Lem.	夹竹桃科	Apocynaceae	经济：常绿木质藤本，供观赏，根、茎、叶、果实均可药用，茎皮纤维质量好，花含芳香油
美国蘡薁（美国葡萄）	*Vitis labrusca* L.	葡萄科	Vitaceae	经济：落叶高大藤本，果可食及酿酒
茜草	*Rubia cordifolia* L.	茜草科	Rubiaceae	经济：多年生攀援草本，根供药用
倒地铃（风船葛）	*Cardiospermum halicacabum* L.	无患子科	Sapindaceae	经济：草质攀援藤本，全株可药用
党参	*Codonopsis pilosula*（Franch.）Nannf.	桔梗科	Campanulaceae	经济：多年生草质藤本，跟药用
凌霄	*Campsis grandiflora*（Thunb.）Loisel.	紫葳科	Bignoniaceae	经济：落叶木质藤本，优良园林绿化树种，花、根、茎药用
桑叶葡萄	*Vitis ficifolia* Bge.	葡萄科	Vitaceae	经济：落叶木质藤本，果可食及酿酒
猪殃殃	*Galium aparine* L.	茜草科	Rubiaceae	经济：一年生蔓生或攀援草本，全草药用
菜豆（四季豆、芸豆）	*Phaseolus vulgaris* L.	豆科	Leguminosae	经济：一年生缠绕藤本，重要蔬菜，全国广泛种植
菱叶常春藤	*Hedera rhombea*（Miq.）Bean.	五加科	Araliaceae	经济：常绿攀援藤本，棚架及垂直绿化材料
萝藦	*Metaplexis japonica*（Thunb.）Makino	萝藦科	Asclepiadaceae	经济：多年生草质藤本，根供药用，茎皮纤维坚韧，可制人造棉
野葛（葛子）	*Pueraria lobata*（Willd.）Ohwi	豆科	Leguminosae	经济：多年生藤本，根可制葛粉，食用、酿酒、药用；叶可做牧草；生态：全株匍匐蔓延，良好水土保持植物
鹿藿（红荚豆）	*Rhynchosia volubilis* Lour.	豆科	Leguminosae	经济：草质缠绕藤本，种子可食用，亦有药用价值
紫藤	*Wisteria sinensis*（Sims.）Sweet.	豆科	Leguminosae	经济：落叶大藤本，花大美丽，供观赏，根皮和花药用，叶可作饲料，种子有毒

种名		科名		应用
葎叶蛇葡萄	*Ampelopsis humulifolia* Bge	葡萄科	Vitaceae	经济：落叶木质藤本，根皮药用
葛枣猕猴桃（木天蓼）	*Actinidia polygama*（Sieb. et Zucc.）Miq.	猕猴桃科	Actinidiaceae	经济：落叶藤本，果实可食及酿酒，茎皮可造纸，虫瘿可药用
葛晶	*Vitis flexuosa* Thunb.	葡萄科	Vitaceae	经济：落叶木质藤本，果可生食或酿酒，根、茎药用
葡萄	*Vitis vinifera* L.	葡萄科	Vitaceae	经济：落叶木质藤本，著名水果，也可提取多种工业原料，如酒石酸、酒精、醋及鞣酸等，根、藤可药用
雷公藤	*Tripterygum silfordii* Hook.f.	卫矛科	Celastraceae	经济：落叶藤本，根、茎、叶可作杀虫药，茎纤维可造纸
蝙蝠葛	*Menispermum dahuricum* DC.	防己科	Menispermaceae	经济：多年生落叶缠绕藤本，根状茎入药，也可制农药，种子榨油，供工业用
藤萝	*Wisteria villosa* Rehd.	豆科	Leguminosae	经济：落叶大藤本，供观赏，花可食，可加工食品
蘡薁	*Vitis adstricta* Hance	葡萄科	Vitaceae	经济：落叶高大藤本，果可食及酿酒，全株药用

3.2.4 草本植物

种名		科名		应用
一年蓬	*Erigeron annuus*（L.）Pers.	菊科	Compositae	经济：一年或二年生草本，全草药用
一串红（墙下红）	*Salvia splendens* Ker.-Gawl.	唇形科	Labiatae	经济：一年生草本，供观赏
一枝黄花	*Solidago virgaurea* L.var *dahurica* Kitag.	菊科	Compositae	经济：多年生草本，栽培观赏，根及全草入药
丁香蓼	*Ludwigia prostrata* Roxb.	柳叶菜科	Onagraceae	经济：一年生草本，全草药用
二叶舌唇兰	*Platanthera chorantha* Gust. ex Rchb.	兰科	Orchidaceac	经济：多年生草本，块茎药用
二色补血草	*Limonium bicolor*（Bge.）O.Kuntze	白花丹科	Plumbaginaceae	经济：多年生草本，全草药用
二角菱（菱角）	*Trapa bispinosa* Roxb.	菱科	Trapaceae	经济：一年生水生草本，果可食用，也可酿酒，亦有药用价值
二苞黄精	*Polygonatum involucratum*（Franch.et Savat.）Maxim.	百合科	Liliaceae	经济：多年生草本，根状茎药用
八宝（景天）	*Hylotelephium erythrostictum*（Miq.）H.Ohba	景天科	Crassulaceae	经济：多年生草本，全草药用，也是观赏花卉
万年青	*Rohdea japonica*（Thunb.）Roth	百合科	Liliaceae	经济：多年生常绿草本，全株药用，植株常绿可供观赏
万寿菊	*Tagetes erecta* L.	菊科	Compositae	经济：一年生草本，观赏植物，叶、花提取芳香油，可药用

种 名		科 名		应 用
三七草（菊三七）	*Gynura japonica*（L.f.）Juel.	菊科	Compositae	经济：多年生草本，根药用
三毛草	*Trisetum bifidum*（Thunb.）Ohwi	禾本科	Gramineae	经济：可作牧草
三叶委陵菜	*Potentilla freyniana* Bornm.	蔷薇科	Rosaceae	经济：多年生草本，全草药用
三色堇菜	*Viola tricolor* L.	堇菜科	Violaceae	经济：一年生草本，供观赏
三芒草	*Aristida adscensionis* L.	禾本科	Gramineae	经济：可作牧草
三角叶驴蹄草	*Caltha palustrus* L. var. *sibirica* Regel	毛茛科	Ranunculaceae	经济：多年生草本，根可药用
三齿萼野豌豆	*Vicia bungei* Ohwi	豆科	Leguminosae	经济：一年或二年生草本，可作牧草和绿肥
三籽两型豆	*Amphicarpaea trisperma*（Miq.）Baker.	豆科	Leguminosae	经济：一年生缠绕草本，茎、叶可作牧草或绿肥
三脉紫菀（三褶脉紫菀）	*Aster ageratoides* Turcz.	菊科	Compositae	经济：多年生草本，全草药用
习见蓼	*Polygonum plebeium* R.Br	蓼科	Polygonaceac	经济：一年生草本，全草药用，也可作饲料
千日红	*Gomphrena globosa* L.	苋科	Amaranthaceae	经济：一年生直立草本，栽培观赏，花序可药用
千屈菜	*Lythrum salicaria* L.	千屈菜科	Lythraceae	经济：一年生草本，全草药用，可栽培观赏
千金子	*Leptochloa chinensis*（L.）Nees	禾本科	Gramineae	经济：可作饲料
千瓣葵	*Helianthus decapetalus* L. var.multiflorus Hort.	菊科	Compositae	经济：多年生草本，观赏植物
土人参	*Talinum paniculatum*（Jacq.）Gaertn.	马齿苋科	Portulacaceae	经济：多年生草本，根可供药用
土木香（青木香）	*Inula helenium* L.	菊科	Compositae	经济：多年生草本，根药用
土荆芥	*Chenopodium ambrosioides* L.	藜科	Chenopodiaceae	经济：一年或多年生草本，全草药用
土圞儿	*Apios fortunei* Maxim.	豆科	Leguminosae	经济：缠绕草本，块根可食，亦可供药用
大丁草	*Leibnitzia anandria*（L.）Nakai	菊科	Compositae	经济：多年生草本，全草药用
大车前	*Plantago major* L.	车前科	Plantaginaceae	经济：多年生草本，种子及全草药用
大叶苎麻	*Boehmeria longispica* Steud.	荨麻科	Urticaceae	经济：多年生草本，茎皮纤维质量好，根、叶入药
大叶柴胡	*Bupleurum longiradiatum* Turcz.	伞形科	Umbelliferae	经济：多年生草本，根及根茎药用
大叶铁线莲（草本女萎）	*Clematis heracleifolia* DC.	毛茛科	Ranunculaceae	经济：直立草本或半灌木，全草及根药用，园林中可配植树下
大米草	*Spartina anglica* C. E. Hubb.	禾本科	Gramineae	经济：牧草、肥料、造纸原料

种　名		科　名		应　用
大丽花（大丽菊）	*Cahlia pinnata* Cav.	菊科	Compositae	经济：多年生草本，著名观赏植物
大花马齿苋（半枝莲）	*Portulaca grandiflora* Hook	马齿苋科	Portulacaceae	经济：一年生草本，供观赏
大花天竺葵（洋蝴蝶）	*Pelargonium domesticum* Bail.	牻牛儿苗科	Geraniaceae	经济：多年生直立草本，供观赏
大花金鸡菊	*Coreopsis grandiflora* Hogg.	菊科	Compositae	经济：多年生草本，观赏植物
大花美人蕉	*Canna generalis* Bailey	美人蕉科	Cannaceae	经济：多年生草本，观赏植物
大花臭草	*Melica grandiflora*（Hack.）Koidz.	禾本科	Gramineae	经济：可作牧草
大花淫羊藿（仙灵脾）	*Epimedium grandiflorum* Morr.	小檗科	Berberidaceae	经济：多年生草本，全草药用，可补肾壮阳，对精神衰弱、健忘有疗效
大豆	*Glycine max*（L.）Merr.	豆科	Leguminosae	经济：一年生草本，栽培植物，重要油料及粮食作物
大麦	*Hordeum vulgare* L.	禾本科	Gramineae	经济：啤酒等原料，可药用，麦秆可编织、造纸
大刺儿菜	*Cirsium setosum*（Willd.）MB.	菊科	Compositae	经济：多年生草本，全草药用
大岩桐	*Sinningia speciosa* Benth.et Hook.	苦苣苔科	Gesneriaceae	经济：多年生草本，观赏植物
大油芒	*Spodiopogon* Sibiricus Trin.	禾本科	Gramineae	经济：嫩时牧草，老秆可造人造棉及造纸
大狗尾草	*Setaria faberii* Herrm.	禾本科	Gramineae	经济：幼时牧草，老秆造纸
大画眉草	*Eragrostis cilianensis*（All.）Link ex Vign.-Lut.	禾本科	Gramineae	经济：牧草、造纸原料
大茨藻	*Najas marina* L.	茨藻科	Najadaceae	经济：水生草本，植株可作家禽、家畜饲料
大狼把草	*Bidens frondosa* L.	菊科	Compositae	经济：一年生草本，全草入药
大麻	*Cannabis sativa* L.	桑科	Moraceac	经济：一年生草本，茎皮纤维强韧，种子药用，经济价值高
大麻槿（洋麻）	*Hibicus cannabinus*L.	锦葵科	Malvaceae	经济：一年生或多年生草本，茎纤维韧性强，麻质较佳
大戟（京大戟）	*Euphorbia pekinensis* Rupr.	大戟科	Euphorbiaceae	经济：多年生草本，全草药用，全草及根可制农药
大落新妇（朝鲜落新妇、华南落新妇）	*Astilbe grandis* Stapf ex Wils.	虎耳草科	Saxifragaceae	经济：多年生草本，根状茎药用
大藻属	*Pistia* L.	天南星科	Araceae	经济：草本，猪饲料；亦可药用
女菀	*Turczaninowia fastigiata*（Fisch.）DC.	菊科	Compositae	经济：多年生草本，全草药用
小天仙子	*Hyoscyamus bohemicus* F.W.Schmidt	唇形科	Labiatae	经济：一年生草本，根、叶、种子药用

种名		科名		应用
小天蓝绣球（福禄考）	*Pholox drummondii* Hook.	花荵科	Polemoniaceae	经济：一年生草本，观赏花卉
小叶眼子菜	*Potamogeton cristatus* Regel et Maack.	眼子菜科	Potamogetonaceae	经济：水生草本，全草可作饲料
小花鬼针草	*Bodens parviflora* Willd.	菊科	Compositae	经济：一年生草本，全草药用
小花糖芥	*Erysimum cheiranthoides* L.	十字花科	Cruciferae	经济：一年生草本，有些地区以其种子作葶苈子药用
小麦	*Triticum aestivum* L.	禾本科	Gramineae	经济：重要粮食作物
小画眉草	*Eragrostis poaeoides* Beauv.	禾本科	Gramineae	经济：优质牧草
小苜蓿	*Medicago minima*（L.）L.	豆科	Leguminosae	经济：一年生或二年生草本，可作绿肥和牧草
小鱼仙草	*Mosla* Dianthera（Buch.-Ham.）Maxim.	唇形科	Labiatae	经济：一年生草本，全草药用
小冠花	*Coronilla varia* L.	豆科	Leguminosae	经济：多年生草本，牧草，国外民间有药用； 生态：水土保持植物
小窃衣（破子草）	*Torilis japonica*（Houtt.）DC.	伞形科	Umbelliferae	经济：一年生草本，果和根可药用
小茨藻	*Najas minor* All.	茨藻科	Najadaceae	经济：水生草本，植株可作饲料及绿肥
小香蒲	*Typha minima* Funk.	香蒲科	Typhaceae	经济：水生草本，可药用，可作编织造纸原料
小眼子菜	*Potamogeton pusillus* L.	眼子菜科	Potamogetonaceae	经济：水生草本，全草可作饲料或绿肥
小黄花菜	*Hemerocallis minor* Mill.	百合科	Liliaceae	经济：多年生草本，花可食用，根药用
小黄紫堇	*Corydalis ochotensis* Turcz.var. *raddeana* Regel.	罂粟科	Papaveraceae	经济：多年生草本，根药用
小蓬草（加拿大飞蓬）	*Conyza canadensis*（L.）Cronq.	菊科	Compositae	经济：一年生草本，嫩茎、叶可作猪饲料，全草药用
小颖羊毛	*Festuca parvigluma* Steud.	禾本科	Gramineae	经济：优质牧草
小酸浆	*Physalis. Minima* L.	唇形科	Labiatae	经济：一年生草本，全株药用
小藜	*Chenopodium serotinum* L.	藜科	Chenopodiaceae	经济：一年生草本，全草药用
山丹	*Lilium pumilum* DC.	百合科	Liliaceae	经济：多年生草本，鳞茎可食用，亦可入药；花大，可供观赏
山牛蒡	*Synurus deltoides*（Ait.）Nakai	菊科	Compositae	经济：多年生草本，果实药用
山麦冬	*Liriope spicata*（Thunb.）Lour.	百合科	Liliaceae	经济：多年生草本，叶常绿，块根药用，亦可观赏
山茴香	*Carlesia sinensis* Dumm	伞形科	Umbelliferae	经济：多年生草本，可作辛香料用
山蚂蚱	*Silene jenisseensis* Willd.	石竹科	Caryophyllaceae	经济：多年生草本，根药用
山桃草	*Gaura lindheimeri* Engelm.et Gray	柳叶菜科	Onagraceae	经济：多年生草本，供观赏

种 名		科 名		应 用
山莴苣	*Lactuca indica*L.	菊科	Compositae	经济：一年或二年生草本，根及全草药用，优良饲用植物
山梗菜	*Lobelia sessilifloia* Lamb.	桔梗科	Campanulaceae	经济：多年生草本，根、叶和全草药用
山菠菜	*Prunella asiatica* Nakai	唇形科	Labiatae	经济：多年生草本，全草药用
山萝花	*Melampyrum roseum* Maxim.	玄参科	Scrophulariaceae	经济：一年生草本，全草及根药用
山野豌豆	*Vicia amoena* Fisch.	豆科	Leguminosae	经济：多年生草本，良好牧草，全草药用
山影拳（仙人山）	*Cereus pitajaya* DC.	仙人掌科	Cactaceae	经济：肉质木本，供观赏
川续断	*Dipsacus asperoides* C.Y.Cheng et T.N.Ai	川续断科	Dipsacaceae	经济：多年生草本，根药用
广东万年青	*Aglaonema modestum* Schott ex Engl.	天南星科	Araceae	经济：草本，全株可供药用；亦可盆栽观赏
广东丝瓜（棱角丝瓜）	*Luffa acutangula*（L.）Roxb.	葫芦科	Cucurbitaceae	经济：一年生攀援草本，果嫩时作蔬菜，成熟后丝瓜络可供药用，还可供擦洗等
广州蔊菜	*Rorippa cantoniensis*（Lour.）Ohwi	十字花科	Cruciferae	经济：一年或二年生草本，全草药用
飞燕草	*Consolida ajacis*（L.）Schur.	毛茛科	Ranunculaceae	经济：一年生草本，栽培观赏花卉
马兰（鸡儿肠）	*Kalimeris indica*（L.）Sch.-Bip.	菊科	Compositae	经济：多年生草本，全草药用
马利筋	*Asclepias curassavica* L.	萝藦科	Asclepiadaceae	经济：多年生草本，全株药用，可供观赏
马齿苋	*Portulaca oleracea* L.	马齿苋科	Portulacaceae	经济：一年生肉质草本，全草药用，嫩茎叶可食
马唐	*Digitaria sanguinalis*（L.）Scop.	禾本科	Gramineae	经济：优质牧草，亦为田间杂草
马蔺	*Iris lactea Pall.* var. *chinensis*（Fisch.）Koidz.	鸢尾科	Iridaceae	经济：多年生密丛草本，花药用、叶可用来包裹
马蹄纹天竺葵	*Pelargonium zonale* Ait.	牻牛儿苗科	Geraniaceae	经济：多年生直立草本，供观赏
马蹄莲	*Zantedeschia aethiopica*（L.）Spreng.	天南星科	Araceae	经济：草本，花大美丽，观赏花卉
马鞭草	*Verbena officinalis* L.	马鞭草科	Verbenaceae	经济：多年生草本，全草药用
中亚滨藜	*Atriplex centralasiatica lljin*	藜科	Chenopodiaceae	经济：一年生草本，带苞的果实入药，称“软蒺藜”
中华秋海棠	*Begonia sinensis* A.DC.	秋海棠科	Begoniaceae	经济：多年生草本，全草药用
中华结缕草	*Zoysia sinica* Hance	禾本科	Gramineae	经济：理想草坪植物
中华草沙蚕	*Tripogon chinensis*（Franch.）Hack.	禾本科	Gramineae	经济：牧草； 生态：耐干旱、根系发达、保土作用

种名		科名		应用
中型千屈菜	*Lythrum intermedium* Ledeb.ex Colla	千屈菜科	Lythraceae	经济：一年生草本，全草药用，可栽培观赏
丹参	*Salvia miltiorrhiza* Bge.	唇形科	Labiatae	经济：多年生草本，根药用，可栽培观赏
乌头	*Aconitum carmichaeli* Debx.	毛茛科	Ranunculaceae	经济：多年生草本，主根入药
乌菱（红菱）	*Trapa bicornis* Osbeck	菱科	Trapaceae	经济：一年生水生草本，果可食用，也可酿酒，亦有药用价值，茎叶可作猪饲料
云苔	*Brassica campestris* L.	十字花科	Cruciferae	经济：二年生草本，为主要油料作物，也可作蔬菜，种子药用
五脉叶香豌豆（山黧豆）	*Lathyrus quinquenervius*（Miq.）Litv.ex Kom.	豆科	Leguminosae	经济：多年生草本，茎、叶可作饲料和绿肥
五彩苏（彩叶草）	*Coleus scutellarioides*（L.）Benth.	唇形科	Labiatae	积极：直立或上升草本，供观赏
凤仙花（指甲花）	*Impatiens balsamina* L.	凤仙花科	Balsaminaceae	经济：一年生草本，全草及种子药用，普遍的栽培观赏花卉
凤眼莲	*Eichhornia Pontederiaceae*（Mart.）Solms	雨久花科	Pontederiaceae	经济：草本，优良饲料；亦可供观赏
午时花（夜落金钱）	*Phoenicea* L.	梧桐科	Sterculiaeae	经济：一年生草本，著名引种花卉，供观赏
及己	*Chloranthus serratus*（Thunb.）Roem. et Schult.	金粟兰科	Chloranthaceae	经济：多年生草本，全草药用
双稃草	*Diplachne fusca*（L.）Beauv.	禾本科	Gramineae	经济：可作牧草
双穗雀稗	*Paspalum distichum* L.	禾本科	Gramineae	经济：可作牧草； 生态：保土固堤
天人菊	*Gaillardia pulchella* Foug.	菊科	Compositae	经济：一年生草本，供观赏
天仙子	*Hyoscyamus niger* L.	唇形科	Labiatae	经济：二年生草本，根、叶、种子药用
天竺葵	*Pelargonium hortorum* Bailey	牻牛儿苗科	Geraniaceae	经济：多年生直立草本，供观赏
天南星	*Arisaema heterophyllum* Bl.	天南星科	Araceae	经济：草本，块茎药用，称“天南星”
天胡荽	*Hydrocotyle sibthorpioides* Lam.	伞形科	Umbelliferae	经济：多年生草本，全草药用
天麻	*Gastrodia elata* Bl.	兰科	Orchidaceac	经济：多年腐生草本，块茎药用，著名中药
天蓝苜蓿（黑荚苜蓿）	*Medicago lupulina* L.	豆科	Leguminosae	经济：一年生或二年生草本，可作绿肥和牧草，全草药用
天蓝绣球（草夹竹桃）	*Phlox paniculata* L.	花荵科	Polemoniaceae	经济：多年生草本，观赏花卉
孔雀草（小万寿菊）	*Tagetes patula* L.	菊科	Compositae	经济：一年生草本，观赏植物，花及叶可提取芳香胺

种 名		科 名		应 用
少蕊败酱	*Patrinia monandra* C.B.Clarke	败酱科	Valerianaceae	经济：多年生草本，全草及根部药用
巴天酸模	*Rumex patientia* L.	蓼科	Polygonaceac	经济：多年生草本，根、叶药用；根可提栲胶
文殊兰	*Crinum asiaticum* L.var.sinicum Baker	石蒜科	Amaryllidaceae	经济：多年生草本，观赏；叶与鳞茎药用
无瓣蔊菜	*Rorippa dubia*（Pers.）Hara	十字花科	Cruciferae	经济：一年或二年生草本，全草药用
日本乱子草	*Muhlenbergia japonica* Steud.	禾本科	Gramineae	经济：可作牧草
日本续断	*Dipsacus japonicus* Miq.	川续断科	Dipsacaceae	经济：多年生草本，根药用
日本散血丹	*Physaliastrum japonicum*（Franch.et Sav.）Honda	唇形科	Labiatae	经济：多年生草本，全草药用
月见草（山芝麻）	*Oenothera biennis* L.	柳叶菜科	Onagraceae	经济：二年生草本，栽培供观赏，种子可榨油，有药用价值，根药用，有地区大面积种植
月光花	*Calonyction aculeatum*（L.）House	旋花科	Convolvulaceae	经济：一年生草本，栽培供观赏，肉质萼片和嫩叶可作蔬菜
月腺大戟（狼毒）	*Euphorbia ebracteolata* Hayata	大戟科	Euphorbiaceae	经济：多年生草本，根含淀粉可工业用，可药用，全草可做农药杀虫剂
木本曼陀罗	*Datura arborea* L.	唇形科	Labiatae	经济：小乔木，花药用，可供观赏
止血马唐	*Dihitaria ischaemum*（*schreb.*）Schreb.	禾本科	Gramineae	经济：可作牧草
毛水苏	*Stachys baicalensis* Fisch.	唇形科	Labiatae	经济：多年生草本，全草药用，蜜源植物
毛叶秋海棠	*Begonia rex* Putz.	秋海棠科	Begoniaceae	经济：多年生草本，著名赏叶花卉
毛打碗花	*Calystegia dahurica*（Herb.）Choisy	旋花科	Convolvulaceae	经济：多年生草本，根及全草药用
毛连菜（枪刀菜）	*Picris japonica* Thunb.	菊科	Compositae	经济：二年生草本，全草药用
毛脉山莴苣	*Lactuca Raddeana* Maxim.	菊科	Compositae	经济：二年生草本，茎叶可作饲料
毛茛	*Ranunculus japonicus* Thunb.	毛茛科	Ranunculaceae	经济：多年生草本，有毒，全草药用，不可内服
毛鸭嘴草	*Ischaemum antephoroides*（Steud.）Miq.	禾本科	Gramineae	经济：牧草； 生态：固沙
毛曼陀罗	*Datura innoxia* Mill.	唇形科	Labiatae	经济：一年生草本，花药用
毛酸浆	*Physalis pubescens* L.	唇形科	Labiatae	经济：一年生草本，全草药用
毛穗藜芦	*Veratrum maackii* Regel	百合科	Liliaceae	经济：多年生草本，可供药用，剧毒

种名		科名		应用
水飞蓟	*Silybum marianum*（L.）Gaertn.	菊科	Compositae	经济：一年或二年生草本，观赏花卉，瘦果药用
水仙	*Narcissus tazetta* L.var.*chinensis* Roem.	石蒜科	Amaryllidaceae	经济：多年生草本，观赏，鳞茎可药用
水田碎米荠	*Cardamine lyrata* Bge.	十字花科	Cruciferae	经济：多年生草本，幼茎叶可食用，全草药用
水竹叶	*Murdannia Triqutra*（Wall.）Bruckn.	鸭跖草科	Commelinaceae	经济：草本，全草药用，清热解毒
水芹	*Oenanthe javanica*（Bl.）DC.	伞形科	Umbelliferae	经济：多年生草本，嫩茎叶可作蔬菜，全草药用
水苏	*Stachys japonica* Miq.	唇形科	Labiatae	经济：多年生草本，全草或根药用
水苦荬（芒种草）	*Veronica undulata* Wall.	玄参科	Scrophulariaceae	经济：多年生水生草本，带虫瘿的全草药用
水金凤（辉菜花）	*Impatiens noli-tangere* L.	凤仙花科	Balsaminaceae	经济：一年生草本，全草药用
水蓼	*Polygonum hydropiper* L.	蓼科	Polygonaceac	经济：一年生草本，全草药用
水鳖	*Hydrocharis dubia*（Bl.）Backer	水鳖科	Hydrocharitaceae	经济：猪饲料、绿肥
火绒草	*Leontopodium leontopodioides*（Willd）Beauv.	菊科	Compositae	经济：多年生草本，全草药用
牛泷草	*Circaea cordata* Royle	柳叶菜科	Onagraceae	经济：多年生草本，全草药用
牛筋草	*Eleusine indica*（L.）Gaertn.	禾本科	Gramineae	经济：牧草、药用、造纸
牛蒡（大力子）	*Arctium lappa* L.	菊科	Compositae	经济：二年生草本，瘦果药用，称牛蒡子或大力子
牛膝	*Achyrnthes bidentata* Bl.	苋科	Amaranthaceae	经济：多年生草本，根药用
牛膝菊（辣子草）	*Galinsoga parbiflora* Cav.	菊科	Compositae	经济：一年生草本，花序药用
牛鞭草	*Hemarthria altissima*（Poir.）Stapf et C. E. Hubb.	禾本科	Gramineae	经济：幼时可作牧草
王不留行	*Baccaria segetalis*（Neck.）Garcke	石竹科	Caryophyllaceae	经济：一年生或二年生草本，种子药用
瓦松（流苏瓦松）	*Orostachys fimbriatus*（Turcz.）Berger	景天科	Crassulaceae	经济：二年生肉质草本，全草药用
车前	*Plantago asiatica* L.	车前科	Plantaginaceae	经济：多年生草本，种子及全草药用
长冬草	*C.haxapetala* Pall.var. *tchefouensis*（Debeaus）S.Y.Hu.	毛茛科	Ranunculaceae	经济：多年生草本，根可药用
长叶车前	*Plantago lanceolata* L.	车前科	Plantaginaceae	经济：多年生草本，种子油工业用，全草可作猪饲料
长芒草	*Stipa bungeana* Trin. ex Bge.	禾本科	Gramineae	经济：春季抽穗前可作牧草
长刺酸模	*Rumex maritimus* L.	蓼科	Polygonaceac	经济：一年生草本，全草药用
长苞香蒲	*Typha angustata* Bory. Et Chaub.	香蒲科	Typhaceae	经济：水生草本，可药用，可作编织造纸原料

种名		科名		应用
长春花（雁来红）	*Catharanthus roseus*（L.）G.Don	夹竹桃科	Apocynaceae	经济：多年生草本，供观赏，全草药用
长柔毛野豌豆	*Vicia villosa* Roth.	豆科	Leguminosae	经济：一年或二年生草本，优良牧草，亦可作绿肥植物
长药八宝	*Hylotelephium spectabile*（Bor.）H.Ohba	景天科	Crassulaceae	经济：多年生草本，全草药用，也是观赏花卉
长豇豆（长豆角）	*Vigna sesquipedalis*（L.）Fruw.	豆科	Leguminosae	经济：一年生缠绕草本，主要蔬菜之一，种子可药用
长萼鸡眼草（鸡眼草）	*Kummerowia stipulacea*（Maxim.）Makino	豆科	Leguminosae	经济：一年生草本，全草药用，可作牧草或绿肥
长萼堇菜	*Viola inconspicua* Bl.	堇菜科	Violaceae	经济：多年生草本，全草药用
长萼瞿麦	*Dianthus longicalys* Miq.	石竹科	Caryophyllaceae	经济：多年生草本，全草药用
长蕊石头花	*Gypsophila oldhamiana* Miq	石竹科	Caryophyllaceae	经济：多年生草本，根药用
风车草	*Cyperus altenifolius* L.ssp. *flabelliformis*（Rottb.）Kükenth.	莎草科	Cyperaceae	经济：公园庭院栽培，观赏植物
风轮菜	*Clinopodium chinense*（Benth.）O.Ktze.	唇形科	Labiatae	经济：多年生草本，全草药用
丘角菱	*Trapa japoica* Fler.	菱科	Trapaceae	经济：一年生草本，果可食用，提取菱粉、酿酒，茎叶作饲料
丛生隐子草	*Cleistogenes caespitosa* Keng	禾本科	Gramineae	经济：可作牧草
东方香蒲	*Typha orientalis* Presl.	香蒲科	Typhaceae	经济：水生草本，可药用，可作编织造纸原料
东风菜	*Doellingeria scabra*（Thunb.）Nees	菊科	Compositae	经济：多年生草本，根及全草药用
东北延胡索（山延胡索）	*Corydalis ambigua* Cham et Schlecht. *Var. amurensis* Maxim.	罂粟科	Papaveraceae	经济：多年生草本，块茎药用
东北南星	*Arisaema amurense* Maxim.	天南星科	Araceae	经济：草本，块茎药用，称“天南星”
东北堇菜	*Viola mandshurica* W.Beck.	堇菜科	Violaceae	经济：多年生草本，全草药用
东亚唐松草	*Thalictrum hypoleucum* Sieb. et Zucc.	毛茛科	Ranunculaceae	经济：多年生草本，根药用
丝毛飞廉	*Carduus crispus* L.	菊科	Compositae	经济：二年生草本，全草药用
丝瓜	*Luffa cylindrica*（L.）Roem.	葫芦科	Cucurbitaceae	经济：一年生攀援草本，果嫩时作蔬菜，成熟后丝瓜络可供药用，还可供擦洗等
丝穗金粟兰	*Chloranthus fortunei*（A.Gray）Solms	金粟兰科	Chloranthaceae	经济：多年生草本，全草药用
仙人笔	*Kleinia articulata* Haw.	菊科	Compositae	经济：多年生肉质植物，观赏植物
仙人鞭（仙人杖）	*Nyctocereus serpentinus*（Leg. et Rodri.）Britt. et Rose.	仙人掌科	Cactaceae	经济：长大圆柱状依附肉质植物，观赏植物

种 名		科 名		应 用
仙客来（一品冠、兔子花）	*Cyclamen persicum* Mill.	报春花科	Primulaceae	经济：多年生草本，为群众喜爱的观赏植物
兰花美人蕉	*Canna orchioides* Bailey	美人蕉科	Cannaceae	经济：多年生草本，观赏植物
冬瓜	*Benincasa hispida*（Thunb.）Cogn.	葫芦科	Cucurbitaceae	经济：一年生蔓生草本，果实作蔬菜或加工，种子和果皮药用
凹头苋	*Amaranthus lividus* L.	苋科	Amaranthaceae	经济：一年生草本，全草药用
加拿大早熟禾	*Poa compressa* L.	禾本科	Gramineae	经济：可作牧草
北方獐牙菜（当药、水黄莲）	*Swertia diluta*（Turcz.）Benth.et Hook.f.	龙胆科	Gentianaceae	经济：一年生草本，全草药用
北水苦荬	*Veronica anagallis aquatica* L.	玄参科	Scrophulariaceae	经济：多年生水生草本，带虫瘿的全草药用
北玄参	*Scrophularia buergeriana* Miq.	玄参科	Scrophulariaceae	经济：多年生草本，根药用
北京隐子草	*Cleistogenes hancei* Keng	禾本科	Gramineae	经济：可作牧草； 生态：水土保持
北鱼黄草（西伯利亚鱼黄草）	*Merremia sibirica*（L.）Hall.f.	旋花科	Convolvulaceae	经济：一年生缠绕草本，全草及种子药用
北美独行菜（独行菜）	*Lepidium virginicum* L.	十字花科	Cruciferae	经济：一年或二年生草本，种子作葶苈子药用，全草可作饲料
北柴胡	*Bupleurum chinense* DC.	伞形科	Umbelliferae	经济：多年生草本，根及根茎药用
北黄花菜	*Hemerocallis lilio-asphodelus* L.	百合科	Liliaceae	经济：多年生草本，花蕾供食用，美味菜肴；根有毒性，可作杀虫剂
半边莲	*Lobelia chinensis* Lour.	桔梗科	Campanulaceae	经济：多年生矮小草本，全草药用
半枝莲	*Scutellaria barbata* D.Don	唇形科	Labiatae	经济：多年生草本，全草药用
半夏	*Pinellia ternata*（Thunb.）Breit.	天南星科	Araceae	经济：草本，块茎药用（一变种：狭叶半夏）
发草	*Deschampsia caespitosa*（L.）Beauv.	禾本科	Gramineae	经济：草编，幼时牲畜喜食
台湾黄堇	*Corydalis balansae* Prain.	罂粟科	Papaveraceae	经济：多年生草本，根药用
叶下珠	*Phyllanthus urinaria* L.	大戟科	Euphorbiaceae	经济：一年生草本，全草药用
四角菱	*Trapa quadrispinosa* Roxb.	菱科	Trapaceae	经济：一年生水生草本，果可食用，也可酿酒，亦有药用价值，菱盘可作饲料及肥料
四季凤仙花（玻璃翠）	*Impatiens sultanii* Hook.f.	凤仙花科	Balsaminaceae	经济：多年生草本，供观赏
四季秋海棠	*Begonia semperflorens* Link et Ottol	秋海棠科	Begoniaceae	经济：肉质草本，观赏植物
四籽野豌豆	*Vicia tetrasperma*（L.）Moench.	豆科	Leguminosae	经济：一年生草本，可作牧草，全草药用

种　名		科　名		应　用
巨序剪股颖（小糠草）	*Agrostis gigantea* Roth	禾本科	Gramineae	经济：良好牧草
平贝母	*Fritillaria ussuriensis* Maxim.	百合科	Liliaceae	经济：多年生草本，鳞茎药用
平车前	*Plantago depressa* Willd.	车前科	Plantaginaceae	经济：一年生草本，种子及全草药用
打碗花	*Calystegia hederacea* Wall.	旋花科	Convolvulaceae	经济：一年生草本，全草药用
玄参	*Scrophularia ningpoensis* Hemsl.	玄参科	Scrophulariaceae	经济：多年生草本，根药用
玉竹	*Polygonatum odoratum*（Mill.）Druce	百合科	Liliaceae	经济：多年生草本根状茎药用
玉米	*Zea mays* L.	禾本科	Gramineae	经济：主要粮食作物之一，也可制作工艺品
玉蝉花	*Iris ensata* Thunb.	鸢尾科	Iridaceae	经济：多年生草本观赏植物、茎叶可造纸
玉簪	*Hosta plantaginea*（Lam.）Aschers	百合科	Liliaceae	经济：多年生草本，供观赏，全草可药用
瓜子金	*Polygala japonica* Houtt.	远志科	Polygalaceae	经济：多年生草本，全草药用
瓜叶菊	*Cineraria cruenta* Mass. et L'Hér.	菊科	Compositae	经济：多年生草本，春节期间著名观赏花卉
甘草（甜草）	*Glycyrrhiza uralensis* Fisch.	豆科	Leguminosae	经济：多年生草本，根药用，可作工业食品配料，可作香料
甘菊	*Dendranthema lavandulifolium*（Fisch. ex Trautv.）Lang et Shih	菊科	Compositae	经济：多年生草本，花、叶及全株入药
甘蓝（卷心菜）（变种）	*Brassica oleracea* L.var. *capitata* L.	十字花科	Cruciferae	经济：二年生草本，常见蔬菜，叶榨浓汁可药用
甘露子（宝塔菜）	*Stachys sieboldii* Miq.	唇形科	Labiatae	经济：多年生草本，全草或根药用
田皂角（合萌）	*Aeschynomene indica* L.	豆科	Leguminosae	经济：一年生草本，全草药用，优良绿肥和饲料
田旋花	*Convolvulus arvensis* L.	旋花科	Convolvulaceae	经济：多年生草本，全草及花药用
田菁	*Sesbania cannabina*（Retz.）Pers.	豆科	Leguminosae	经济：一年生草本，呈亚灌木状，优良绿肥作物，可改良土壤（生态）可作饲料
白车轴草（白三叶）	*Trifolium repens* L.	豆科	Leguminosae	经济：多年生草本，可作牧草、绿肥，重要蜜源植物； 生态：草皮及优良的水土保持植物
白头翁	*Pulsatilla chinensis*（Bge.）Regel	毛茛科	Ranunculaceae	经济：多年生草本，根药用
白术	*Atractylodes macrocephala* Koidz.	菊科	Compositae	经济：多年生草本，根状茎药用，药圃栽培

种名		科名		应用
白玉兔（两色丸）	*Mammillaria geminispina* Haw.	仙人掌科	Cactaceae	经济：植株略呈圆柱形，小型仙人掌类，供观赏
白芨	*Bletilla striata*（Thunb.）Rchb.f.	兰科	Orchidaceac	经济：多年陆生草本，栽培观赏，假鳞茎药用
白杨草	*Bothriochloa ischaemum*（L.）Keng	禾本科	Gramineae	经济：优良牧草； 生态：重要水土保持禾草
白芥	*Sinapis alba* L.	十字花科	Cruciferae	经济：一年生草本，种子药用，全草可作饲料
白花地丁（白花堇菜）	*Violapatrinii* DC.ex Ging.	堇菜科	Violaceae	经济：多年生草本，全草药用
白花菜	*Cleome gynandra* L.	白花菜科	Capparidaceae	经济：一年生草本，供观赏，种子药用
白芷（兴安白芷，大活）	*Angelica dahurica*（Fisch.）Benth.et Hook.	伞形科	Umbelliferae	经济：多年生草本，根药用，全国各地药圃栽培
白屈菜（土黄连）	*Chelidonium majus* L.	罂粟科	Papaveraceae	经济：多年生草本，全草药用
白茅	*Imperata cylindrica*（L.）Beauv. var. *major*（Nees）C.B.Hubb.	禾本科	Gramineae	经济：优良牧草，亦可药用
白顶早熟禾	*Poa acroleuca* Steud.	禾本科	Gramineae	经济：可作牧草
白背牛尾菜	*Smilax nipponica* Miq.	百合科	Liliaceae	经济：一年生或多年生草本草药用
白草	*Pennisetum flaccidum* Griseb.	禾本科	Gramineae	经济：可作牧草； 生态：根茎发达，保土
白首乌（泰山何首乌）	*Cynanchum bungei* Decne.	萝藦科	Asclepiadaceae	经济：多年生缠绕草本，根供药用
白香草木樨	*Melilotus albus* Desr.	豆科	Leguminosae	经济：二年生草本，家畜牧草，也可做绿肥
白菜（人白菜、黄芽菜）	*Brassica pekinensis*（Lour.）Rupr.	十字花科	Cruciferae	经济：两年生草本，常见蔬菜
白缘蒲公英	*Taraxacum platypecidum* Diels	菊科	Compositae	经济：多年生草本，全草药用
白鲜（千金拔）	*Dictamnusdasycarpus* Turcz.	芸香科	Rutaceae	经济：多年生草本，根皮药用，叶及种子可提芳香油
白薇（瓢儿瓜）	*Cynanchum atratum* Bge.	萝藦科	Asclepiadaceae	经济：多年生直立草本，根药用
矢车菊（蓝芙蓉）	*Centaurea cyanus* L.	菊科	Compositae	经济：一年或二年生草本，栽培供观赏，全草可药用
石刁柏	*Asparagus officinalis* L.	百合科	Liliaceae	经济：直立草本，嫩茎可食
石龙芮	*Ranunculus sceleratus* L.	毛茛科	Ranunculaceae	经济：一年生草本，含原白头翁素，全草药用
石竹	*Dianthus chinensis* L.	石竹科	Caryophyllaceae	经济：多年生草本，全草药用
石沙参（沙参）	*Adenophora polyantha* Nakai	桔梗科	Campanulaceae	经济：多年生草本，根药用
石胡荽（鹅不食草）	*Centipeda minima*（L.）A.Br.et Ascher.	菊科	Compositae	经济：一年生小草本，全草药用

种　名		科　名		应　用
石荠苎	*Mosla scabra*（Thunb.）C.Y.Wu et H.W.Li	唇形科	Labiatae	经济：一年生草本，全草药用
石香薷	*Mosla chinensis* Maxim.	唇形科	Labiatae	经济：一年生草本，全草药用
石斛	*Dendrobium nobile* Lindl.	兰科	Orchidaceac	经济：多年附生草本，茎药用，亦可栽培观赏
石菖蒲	*Acorus tatarinowii* Schott	天南星科	Araceae	经济：草本，根状茎药用，叶常绿，可栽培观赏
石蒜	*Lycoris radiata*（L′ Her）Herb.	石蒜科	Amaryllidaceae	经济：多年生草本，鳞茎药用，解毒杀虫
艾	*Artemisia argyi* L'evl. et Vant.	菊科	Compositae	经济：多年生草本，叶供药用
节节菜	*Rotala indica*（Willd.）Koehne	千屈菜科	Lythraceae	经济：一年生草本，全草药用
辽藁本（热河藁本）	*Ligusticum jeholense*（Nakai et Kitagawa）Nakai et Kitagawa	伞形科	Umbelliferae	经济：多年生草本，根及根茎药用
龙牙草	*Agrimonia pilosa* Ldb.	蔷薇科	Rosaceae	经济：多年生草本，全草药用，全草可提栲胶
龙舌兰	*Agave americana* L.	石蒜科	Amaryllidaceae	经济：多年生草本，供观赏
龙胆	*Gentiana scabra* Bge.	龙胆科	Gentianaceae	经济：多年生草本，根药用
龙须海棠	*Mesembryanthemum spectabile* Haw.	番杏科	Aizoaceae	经济：多年生常绿草本，供观赏
龙常草	*Diarrhena manshurica* Maxim.	禾本科	Gramineae	经济：可作牧草
龙葵	*Solanum nigrum* L.	唇形科	Labiatae	经济：一年生草本，全草药用
亚麻（胡麻）	*Linum suitatissimum* L.	亚麻科	Linaceae	经济：一年生草本，茎皮纤维长而韧，纺织原料，种子可榨油工业用，种子可入药
伊贝母	*Fritillaria pallidiflora* Schrenk	百合科	Liliaceae	经济：多年生草本，鳞茎药用
光叶眼子菜	*Potamogeton lucens* L.	眼子菜科	Potamogetonaceae	经济：水生草本，全草可作饲料或绿肥
光果田麻	*Corchoropsis psilocarpa* Harms et Loes.	椴树科	Tiliaceae	经济：一年生草本，茎皮纤维可代麻
光果宽叶独行菜（北独行菜）	*Lepidium latifolium* L.var. *affine* C.A.Mey	十字花科	Cruciferae	经济：多年生草本，全草药用
光高粱	*Sorghum nitium*（Vahl）Pers.	禾本科	Gramineae	经济：牧草；颖果可食用
光滑柳叶菜	*Epilobium cephalostigma* Hausskn.	柳叶菜科	Onagraceae	经济：多年生草本，全草药用
光稃茅香	*Hierochloë glabra* Trin.	禾本科	Gramineae	经济：可作牧草
全叶延胡索（土元胡）	*Corydalis Repens* Mandl.et Mühl.	罂粟科	Papaveraceae	经济：多年生草本，块茎药用
兴安升麻	*Cimicifuga dahurica*（Trucz.）Maxim.	毛茛科	Ranunculaceae	经济：多年生草本，根状茎粗壮，可药用
列当	*Orobanche coerulescens* Steph.	列当科	Orobanchaecae	经济：多年生寄生草本，全草药用
华东早熟禾	*Poa faberi* Rendle	禾本科	Gramineae	经济：可作牧草

种 名		科 名		应 用
华东蓝刺头	*Echinops grijisii* Hance	菊科	Compositae	经济：多年生草本，根药用，花卉入药
华北白前	*Cynanchum hancockianum*（Maxim.）Al.lljin.	萝藦科	Asclepiadaceae	经济：多年生直立草本，根药用
华北臭草	*Melica onoei* Franch. et Sav.	禾本科	Gramineae	经济：可作牧草
华北剪股颖	*Agrostis clvata* Trin.	禾本科	Gramineae	经济：优质牧草
华北散血丹	*Physaliastrum sinicum* Kuang et A.M.Lu	唇形科	Labiatae	经济：多年生草本，全草药用
华北耧斗菜	*Aquilegia yabeana* Kitag.	毛茛科	Ranunculaceae	经济：多年生草本，可做观赏花卉，种子含油，供工业用
华黄耆	*Astragalus chinensis* L.f.	豆科	Leguminosae	经济：多年生草本，种子药用，称“沙苑子”
华鼠尾草（紫参）	*Salvia chinensis* Benth.	唇形科	Labiatae	经济：一年生草本，全草药用
华旗杆	*Dontostemon dentatus*（Bge.）Ledeb.	十字花科	Cruciferae	经济：二年生草本，种子药用
华蔺	*Butomus umbellatus* L.	花蔺科	Butomaceae	经济：水生草本，水生草本，叶可编织造纸，嫩茎可食，花可供观赏
合掌消	*Cynanchum amplexicaule*（Sieb.et Zucc.）Hemsl.	萝藦科	Asclepiadaceae	经济：多年生直立草本，根药用
吉祥草	*Reineckia carnea*(Andr.)Kunth	百合科	Liliaceae	经济：多年生草本，全草药用，常栽培观赏
吊兰	*Chlorophytum comosum*（Thunb.）Baker	百合科	Liliaceae	经济：多年生草本，观赏，根和全草可药用
吊竹梅	*Zebrina pendula* Schnizl.	鸭跖草科	Commelinaceae	经济：草本，全草药用，也供观赏
向日葵	*Helianthus annuus* L.	菊科	Compositae	经济：一年生高大草本，种子可食，含脂肪油量高，种子皮壳和茎秆可作饲料及工业原料
地丁草（本式紫堇）	*Corydalis bungeana* Turcz.	罂粟科	Papaveraceae	经济：多年生草本，块茎药用
地耳草	*Hypericum japonicum* Thunb.	藤黄科	Guttiferae	经济：一年或多年生草本，全草药用
地构叶（珍珠透骨草）	*Speranskia tuberculata*（Bge.）Baill.	大戟科	Euphorbiaceae	经济：多年生草本，全草药用
地肤	*Kochia scoparia*（L.）Schrad.	藜科	Chenopodiaceae	经济：一年生草本，果实药用，嫩叶可食
地梢瓜	*Cynanchum thesioides*（Freyn）K.Schum.	萝藦科	Asclepiadaceae	经济：多年生直立草本，含橡胶、树脂，可作工业原料，全草药用
地笋（地瓜儿苗）	*Lycopus lucidus* Trucz.	唇形科	Labiatae	经济：多年生草本，全草药用，肥大根状茎可食

种名		科名		应用
地黄	*Rehmannia glutinosa*（Gaert.）Libosch.	玄参科	Scrophulariaceae	经济：多年生草本，根、茎药用
地榆	*Sanguisorba officinalis* L.	蔷薇科	Rosaceae	经济：多年生草本，根药用
地锦	*Euphorbia humifusa* Willd.	大戟科	Euphorbiaceae	经济：一年生匍匐小草本，全草药用
多叶隐子草	*Cleistogenes polyphlla* Keng	禾本科	Gramineae	经济：可作牧草
多头苦荬菜	*Ixeris polycephala* Cass.	菊科	Compositae	经济：一年或二年生草本，全草药用
多花水苋	*Ammannia multiflora* Roxb.	千屈菜科	Lythraceae	经济：一年生草本，全草药用
多枝乱子草	*Muhlenbergia frondosa*（Poir.）*Fernald ssp. Ramosa*（Hack.）T. *Koyamaet Kawano*	禾本科	Gramineae	经济：可作牧草
多被银莲花（两头尖）	*Anemone raddeana Regel*	毛茛科	Ranunculaceae	经济：多年生草本，根状茎药用
延胡索（浙元胡、元胡）	*Corydalis yanhusuo* W.T.Wang	罂粟科	Papaveraceae	经济：多年生草本，块茎药用
扬子毛茛	*Ranunculussieboldill* Miq.	毛茛科	Ranunculaceae	经济：多年生草本，全草药用，捣碎外敷
早开堇菜	*Viola prionantha* Bge.	堇菜科	Violaceae	经济：多年生草本，全草药用
早熟禾	*Poa annua* L.	禾本科	Gramineae	经济：草皮、饲料； 生态：监测环境（对臭氧敏感）
朱顶红	*Hippeastrum rutilum*（Ker-Gawl.）Herb.	石蒜科	Amaryllidaceae	经济：多年生草本，供观赏
杂种车轴草（杂三叶）	*Trifolium hybridum* L.	豆科	Leguminosae	经济：多年生草本，可作牧草，重要蜜源植物
杂配藜	*Chenopodium hybridum* L.	藜科	Chenopodiaceae	经济：一年生草本，全草药用
灯心草	*Juncus effusus* L.	灯心草科	Juncaceae	经济：草本，全草药用
灯心草蚤缀	*Arenaria juncea* Bieb.	石竹科	Caryophyllaceae	经济：多年生草本，全草药用
百子莲	*Agapanthus africanus* Hoffmg.	百合科	Liliaceae	经济：多年生草本，供观赏
百日菊（步步登高）	*Zinnia elegans* Jacq.	菊科	Compositae	经济：一年生草本，观赏植物
百合（变种）	*Var. viridulum* Baker	百合科	Liliaceae	经济：多年生草本，鳞茎可药用，花大，可供观赏
百金花	*Centaurium pulchellum*（Swartz）Druce var.*altaicum*（Griseb.）Kitagawa	龙胆科	Gentianaceae	经济：一年生草本，全草药用
百脉根（牛角花）	*Lotus corniculatus* L.	豆科	Leguminosae	经济：多年生草本，栽培可作饲用植物
百蕊草	*Thesium chinense* Turcz.	檀香科	Santalaceae	经济：多年生半寄生草本，全草药用
竹叶子	*Streptolirion volubile* Edgew.	鸭跖草科	Commelinaceae	经济：草本，全草药用
竹叶眼子菜	*Potamogeton malaianus* Miq.	眼子菜科	Potamogetonaceae	经济：水生草本，全草可作饲料或绿肥

种名		科名		应用
竹灵消（白前）	*Cynanchum inamoenum*（Maxim.）Loes.	萝藦科	Asclepiadaceae	经济：多年生直立草本，根药用
米口袋（甜地丁）	*Gueldenstaedtia multiflora* Bge.	豆科	Leguminosae	经济：多年生草本，全草药用
红车轴草（红三叶）	*Trifolium pratens* L.	豆科	Leguminosae	经济：多年生草本，优良牧草、饲料，绿肥，种子含油，花序药用
红头婆	*Eupatorium japonicum* Thunb.	菊科	Compositae	经济：多年生草本，全草药用
红花（草红花）	*Carthamus tinctorius* L.	菊科	Compositae	经济：一年生草本，花药用，种子含油，亚油酸含量高
红花菜豆（多花菜豆）	*Phaseolus coccineus* L.	豆科	Leguminosae	经济：一年生缠绕草本，花供观赏，荚果供食用
红秋葵（槭葵）	*Hibicus coccineus*（Medicus）Walt.	锦葵科	Malvaceae	经济：多年生直立草本，供观赏，茎皮纤维可代麻
红柴胡（狭叶柴胡）	*Bupleurum scorzonerifolium* Willd.	伞形科	Umbelliferae	经济：多年生草本，根及根茎药用
红萼月见草	*Oenothera erythrosepala* Borb.	柳叶菜科	Onagraceae	经济：二年生草本，栽培供观赏，种子可榨油，有药用价值，根药用
红睡莲	*Nymphaea alba* L. var. *rubra* Lonnr	睡莲科	Nymphaceae	经济：多年生水生草本，栽培供观赏
红蓼	*Polygonum orietale* L.	蓼科	Polygonaceac	经济：一年生高大草本，果实、茎、叶、花、根均可药用
羊毛	*Festuca ovina* L.	禾本科	Gramineae	经济：优质牧草、造纸原料
羊红膻（缺刺叶茴芹）	*Pimpinella thellungiana* Wolff.	伞形科	Umbelliferae	经济：多年生草本，全草药用
羊耳蒜	*Liparis japonica*(Miq.)Maxim.	兰科	Orchidaceac	经济：多年陆生草本，全草药用
羊草	*Leymus chinensis*(Trin.)Tzvel.	禾本科	Gramineae	经济：优质牧草； 生态：耐寒耐旱抗盐碱，神态恢复水土保持
老鸹瓣	*Tulipa edulis*（Miq.）Baker	百合科	Liliaceae	经济：多年生草本，药用，提取淀粉
老鹳草	*Geranium wilfordii* Maxim.	牻牛儿苗科	Geraniaceae	经济：多年生草本，可作牧草
耳基水苋	*Ammannia arenaria* H.B.K.	千屈菜科	Lythraceae	经济：一年生草本，全草药用
芋	*Colocasia esculenta*(L.)Schott	天南星科	Araceae	经济：草本，代粮食品，可提供淀粉
芍药	*Paeonia lactiflora* Pall.	毛茛科	Ranunculaceae	经济：多年生草本，根药用，名贵观赏花卉
芒	*Miscanthus sinensis* Anders.	禾本科	Gramineae	经济：药用，编织等
芝麻（胡麻）	*Sessamum indicum* L.	胡麻科	Pedaliaceae	经济：一年生直立草本，种子榨油食用，黑色种子可药用
西叶葎	*Galium bungei* Steud.	茜草科	Rubiaceae	经济：多年生小草本，全草及根药用

种　名		科　名		应　用
西瓜	*Citrullus lanatus*（Thunb.）Mansfeld.	葫芦科	Cucurbitaceae	经济：一年生蔓生草本，果实为夏季水果，果皮可药用，种子可榨油或炒食
西伯利亚远志	*Polygala sibirica* L.	远志科	Polygalaceae	经济：多年生草本，根药用
西葫芦	*Cucurbita pepo* L.	葫芦科	Cucurbitaceae	经济：一年生蔓生或矮生草本，果实作蔬菜，种子可食
达胡里黄耆（兴安黄耆）	*Astragalus dahuricus*（Pall.）DC.	豆科	Leguminosae	经济：多年生草本，良好饲用植物，亦可作绿肥
防风	*Saposhnikovia varicata*（Turcz.）Schishk.	伞形科	Umbelliferae	经济：多年生草本，根药用
阳芋	*Solannum tuberosum* L.	唇形科	Labiatae	经济：直立草本，块茎食用，山区主粮或作蔬菜
阴行草（刘寄奴）	*Siphonostegia chinensis* Benth.	玄参科	Scrophulariaceae	经济：一年生草本，全草药用
两色金鸡菊	*Coreopsis tinctoria* Nott.	菊科	Compositae	经济：一年生草本，观赏植物
两栖蓼	*Polygonum amphibium* L.	蓼科	Polygonaceac	经济：多年生水陆两生草本，全草药用，清热利湿
乱子草	*Muhlenbergia hugelii* Trin.	禾本科	Gramineae	经济：可作牧草
何首乌	*Polygonum multiflorum* Thunb.	蓼科	Polygonaceac	经济：多年生草本，根供药用，滋补强壮，茎入药可安神
君子兰	*Clivia miniata* Regel	石蒜科	Amaryllidaceae	经济：多年生草本，供观赏
含羞草	*Mimosa pudica* L.	豆科	Leguminosae	经济：多年生草本，全草药用，栽培供观赏，或做实验材料
扯根菜	*Penthorum chinense* Pursh	虎耳草科	Saxifragaceae	经济：多年生草本，全草药用，嫩苗可作蔬菜
报春花	*Primula malacoides* Franch.	报春花科	Primulaceae	经济：二年生草本，供观赏
旱芹（芹菜）	*Apium graveolens* L.	伞形科	Umbelliferae	经济：一年生或二年生草本，供作蔬菜，全草及果实药用
旱金莲	*Tropaeolum majus* L.	旱金莲科	Tropaeolaceae	经济：一年生攀援性草本，观赏植物
束尾草	*Phacelurus latifolius*（Steud.）Ohwi	禾本科	Gramineae	经济：造纸原料； 生态：固沙护堤
扛板归	*Polygonum perfoliatum* L.	蓼科	Polygonaceac	经济：一年生攀援草本，茎叶可药用，亦可提取染料
条叶龙胆（东北龙胆）	*Gentiana manshurica* Kitagawa	龙胆科	Gentianaceae	经济：多年生草本，根药用
沙参（杏叶沙参）	*Adenophora stricta* Miq.	桔梗科	Campanulaceae	经济：多年生草本，根药用
沟酸浆	*Mimulus tenellus* Bge.	玄参科	Scrophulariaceae	经济：多年生草本，茎叶可食，做酸菜
牡蒿	*Artemisia japonica* Thunb.	菊科	Compositae	经济：多年生草本，未开花前全草药用

种名		科名		应用
芙蓉葵（草芙蓉）	*Hibicus moscheutos* L.	锦葵科	Malvaceae	经济：多年生直立草本，供观赏
芜菁	*Brassica rapa* L.	十字花科	Cruciferae	经济：二年生草本，块根可食，或作饲料
芜菁甘蓝（洋大头菜）	*Brassica napobrassica* Mill.	十字花科	Cruciferae	经济：二年生草本，块根可食
芜萍	*Wolffia arrhiza*（L.）Wimmer	浮萍科	Lemnaceae	经济：水生草本，鱼、鸭、鹅饲料
芡实（鸡头米）	*Eruyale ferox* Salisb. ex Konig et Sims.	睡莲科	Nymphaceae	经济：一年生水生草本，种子含淀粉，可食用及药用，全草作饲料、绿肥
芥菜	*Brassica juncea*（L.）Czern. et Coss.	十字花科	Cruciferae	经济：一年生草本，叶子可食，种子及全株药用，种子磨粉为芥末，调味用
芥菜疙瘩	*Brassica napiformis* L.M.Bailay	十字花科	Cruciferae	经济：二年生草本，块根可食
芦竹	*Arundo donax* L.	禾本科	Gramineae	经济：良好管乐原料，造纸、编织
芦苇	*Phragmites communis* Trin.	禾本科	Gramineae	经济：编织、造纸、建筑，根状茎可药用
芦荟	*Alöe vera* L. var. *chinensis*（Haw.）Berg.	百合科	Liliaceae	经济：多年生草本，观赏植物，亦可药用
芫荽（香菜）	*Coriandrum sativum* L.	伞形科	Umbelliferae	经济：一年生草本，供作蔬菜，果实药用
芭蕉	*Musa basjoo* Sieb. Et Zucc.	芭蕉科	Musaceae	经济：多年生丛生草本，栽培供观赏，也可药用
花朱顶红	*Hippeastrum vittatum*（L'Her）Herb.	石蒜科	Amaryllidaceae	经济：多年生草本，供观赏
花烟草	*Nicotiana alata* Link et Otto	唇形科	Labiatae	经济：一年生草本，供观赏
花菱草	*Eschscholtzia californica* Cham.	罂粟科	Papaveraceae	经济：多年生草本，公园栽培供观赏
花椰菜（菜花）	*Brassica oleracea* L.var. *botrytis* L.	十字花科	Cruciferae	经济：二年生草本，变态肉质头状体作蔬菜
芹叶牻牛儿苗	*Erodium cicutarium*（L.）L′Herit.	牻牛儿苗科	Geraniaceae	经济：一年或二年生草本，可作牧草
苇状羊毛	*Festuca arundinacea* Schreb.	禾本科	Gramineae	经济：优质牧草、造纸原料
苋	*Amaranthus tricolor* L.	苋科	Amaranthaceae	经济：一年生草本，茎、叶可作蔬菜，也可观赏
苍术	*Atractylodes lancea*（Thunb.）DC.	菊科	Compositae	经济：多年生草本，根状茎药用
苍耳	*Xanthium sibiricum* Patrin.	菊科	Compositae	经济：一年生草本，种子可榨油，果实药用
苣荬菜	*Sonchus brachyotus* DC.	菊科	Compositae	经济：多年生草本，全草药用

种 名		科 名		应 用
补血草（中华补血草）	*Limonium sienense*（Girard）O.Kuntze	白花丹科	Plumbaginaceae	经济：多年生草本，全草药用
补骨脂	*Psoralea corylifolia* L.	豆科	Leguminosae	经济：一年生草本，可药用
角果藻	*Zannichellia palustris* L.	眼子菜科	Potamogetonaceae	经济：水生草本，全草可作饲料
角盘兰	*Herminium monorchis*（L.）R.Br.	兰科	Orchidaceac	经济：多年生草本，块茎药用
角蒿	*Incarvillea sinensis* Lam.	紫葳科	Bignoniaceae	经济：一年生草本，全草药用
谷子	*Setaria italica*（L.）Beauv.	禾本科	Gramineae	经济：粮食作物，食品原料
豆茶决明（山扁豆）	*Cassia nomame*（Sieb.）Kitag.	豆科	Leguminosae	经济：一年生草本，叶可做茶的代用品
豆瓣菜	*Nasturtium officinale* R.Br.	十字花科	Cruciferae	经济：多年生水生草本，全草药用，南方有作蔬菜
赤小豆	*Phaseolus calcaratus* Roxb.	豆科	Leguminosae	经济：一年生草本，重要经济作物，种子供食用，亦可药用
赤豆（红小豆）	*Phaseolus angularis*（Willd.）W.F.Wight	豆科	Leguminosae	经济：一年生草本，重要经济作物，种子供食用，亦可药用
赤爬	*Thladiantha dubia* Bge.	葫芦科	Cucurbitaceae	经济：攀援草本，果实和根药用
赤麻	*Boehmeria silvestris*（Pamp.）W.T.Wang	荨麻科	Urticaceae	经济：多年生草本，茎皮纤维可作纺织原料
远东羊毛	*Festuca subulata* Trin. ssp. *japonica*（Hack.）T. Koyama et Kawano	禾本科	Gramineae	经济：可作牧草
远东芨芨草	*Achnatherum extremiorientale*（Hara）Keng	禾本科	Gramineae	经济：幼时牧草，老秆造纸
远志	*Polygala tenuifolia* Willd.	远志科	Polygalaceae	经济：多年生草本，根药用
阿尔泰狗娃花（阿尔泰紫菀）	*Heteropappus altaicus*（Willd.）Navopokr.	菊科	Compositae	经济：多年生草本，全草药用
附地菜	*Trigonotis peduncularis*（Trev.）Benth. ex Baker et Moore	紫草科	Boraginaceae	经济：一年或二年生草本，全草药用
陆地棉	*Gossypium hirsutum* L.	锦葵科	Malvaceae	经济：一年生草本，棉纤维品质较优，纺织工业主要原料，种子可榨油，根药用，种子入药
饭包草	*Commelina benghalensis* L.	鸭跖草科	Commelinaceae	经济：草本，全草药用
饭豇豆	*Vigna cylindriea*（L.）Skeels	豆科	Leguminosae	经济：一年生缠绕草本，种子可食，也可药用
鸡冠花	*Celosia cristata* L.	苋科	Amaranthaceae	经济：一年生草本，种子和花药用，栽培供观赏
鸡眼草	*Kummerowia striata*（Thunb.）Schindl.	豆科	Leguminosae	经济：一年生草本，全草药用，可作牧草或绿肥
鸡腿堇菜	*Viola acuminata* Ledeb.	堇菜科	Violaceae	经济：多年生草本，全草药用
麦冬	*Ophiopogon japonicus*（L.f.）Ker-Gawl.	百合科	Liliaceae	经济：多年生草本，块根药用，又可栽培观赏
麦瓶草	*Silene conoidea* L.	石竹科	Caryophyllaceae	经济：一年生草本，全草药用

种 名		科 名		应 用
龟背竹	*Monstera deliciosa* Liebm.	天南星科	Araceae	经济：草本，果序可食用；名贵观赏花卉
乳浆大戟	*Euphorbia esula* L.	大戟科	Euphorbiaceae	经济：多年生草本，全草药用
京芒草	*Achnatherum pekinense*（Hance）Ohwi	禾本科	Gramineae	经济：幼时牧草，老秆造纸
佩兰	*Eupatorium fortunei* Turcz.	菊科	Compositae	经济：多年生草本，全草有香气，可药用
侧金盏花	*Adonis amurensis* Regel et Radde	毛茛科	Ranunculaceae	经济：多年生草本，全草药用
兔儿伞	*Syneilesis aconitifolia*（Bge.）Maxim.	菊科	Compositae	经济：多年生草本，根药用
刺儿菜	*Cirsium segetum* Bge.	菊科	Compositae	经济：多年生草本，全草药用
刺苋	*Amaranthus spinosus* L.	苋科	Amaranthaceae	经济：一年生草本，全草药用
刺果甘草	*Glycyrrhiza pallidiflora* Maxim.	豆科	Leguminosae	经济：多年生草本，茎皮纤维可用于编织，果实药用
刺楸	*Kalopanax septemlobus*（Thunb.）Koidz.	五加科	Araliaceae	经济：落叶乔木，木材供建筑、家具、雕刻等用，根药用，嫩叶可食，树皮及叶含鞣质，种子榨油
刺蓼（廊茵）	*Polygonum senticosum*（Meisn.）*Franch.et* Savat.	蓼科	Polygonaceac	经济：多年生草本，全草药用
刺藜	*Chenopodium aristatum* L.	藜科	Chenopodiaceae	经济：一年生草本，全草药用
卷丹	*Lilium lancifolium* Thunb.	百合科	Liliaceae	经济：多年生草本，鳞茎可食用，亦可入药；花大，可供观赏
咖啡黄葵（秋葵）	*Abelmoschus esculentus*（L.）Moench	锦葵科	Malvaceae	经济：一年生草本，栽培供观赏，种子含油，有小毒，加工后可食，嫩果可作蔬菜
垂笑君子兰	*Clivia nobilis* Lindl.	石蒜科	Amaryllidaceae	经济：多年生草本，供观赏
委陵菊	*Dendranthema potentilloides*（Hand.-Mazz.）Shih	菊科	Compositae	经济：多年生草本，花、叶药用
委陵菜	*Potentilla chinensis* Ser.	蔷薇科	Rosaceae	经济：多年生草本，根可提取栲胶，全草药用，嫩苗可食
宝铎草	*Disporum sessile* D.Don	百合科	Liliaceae	经济：多年生草本，根状茎可药用
宝盖草	*Lamium amplexicaule* L.	唇形科	Labiatae	经济：一年或二年生草本，全草药本
岩败酱	*Patrinia rupestris*（Pall.）Juss.	败酱科	Valerianaceae	经济：多年生草本，全草及根部可供药用
建兰	*Cymbidium ensifolium*（L.）Sw.	兰科	Orchidaceac	经济：多年生陆生草本，供观赏
披碱草	*Elymus dahuricus* Turcz.	禾本科	Gramineae	经济：可作牧草
抱茎苦荬菜	*Ixeris sonchifolia*（Bge.）Hance	菊科	Compositae	经济：多年生草本，全草药用
拂子茅	*Calamagrostis epigeios*（L.）Roth	禾本科	Gramineae	经济：编织、牧草； 生态：耐盐碱、护堤固沙

种名		科名		应用
昙花	*Epiphyllum oxypetalum*（DC.）Haw.	仙人掌科	Cactaceae	经济：肉质植物，供观赏
松蒿	*Phtheirospermum japonicum*（Thunb.）Kanitz.	玄参科	Scrophulariaceae	经济：一年生草本，全草药用
林泽兰（白鼓钉）	*Eupatorium lindleyanum* DC.	菊科	Compositae	经济：多年生草本，全草药用
欧亚旋覆花	*Inula britanica* L.	菊科	Compositae	经济：多年生草本，花药用
油芒	*Spodiopogon cotulifer*（Thunb.）Hack.	禾本科	Gramineae	经济：嫩时可作牧草
沼生焯菜	*Rorippa islandica*（Oed.）Borb.	十字花科	Cruciferae	经济：一年或二年生草本，全草及种子药用
波边大车前	*Plantago major* L.var.*sinuata*（Lam.）Decne.	车前科	Plantaginaceae	经济：多年生草本，种子及全草药用
泥胡菜（和尚头）	*Hemistepta lyrata*（Bge.）Bge.	菊科	Compositae	经济：二年生草本，全草药用
泽芹	*Sium suave* Walt.	伞形科	Umbelliferae	经济：多年生草本，全草药用
泽泻	*Alisma plantago-aquatica* L. var. *orientale* Sam.	泽泻科	Alismataceae	经济：水生草本，球茎、叶、果实均可药用
泽珍珠菜（泽星宿菜）	*Lysimachia candida* Lindl.	报春花科	Primulaceae	经济：一年生草本，全草药用
泽漆	*Euphorbia helioscopia* L.	大戟科	Euphorbiaceae	经济：一年或二年生草本，全草药用，种子可榨油
狐尾藻	*Myriophyllum spicatum* L.	小二仙科	Haloragidaceae	经济：水生草本，可做鱼饲料
狗牙根	*Cynodon dactylon*（L.）Pers.	禾本科	Gramineae	经济：牧草，药用； 生态：根状茎发达，铺草坪，保土
狗舌草	*Senecio integrifolius*（L.）Clairv.	菊科	Compositae	经济：多年生草本，全草药用
狗尾草	*Setaria viridis*（L.）Beauv.	禾本科	Gramineae	经济：秆叶可药用；优质牧草
画眉草	*Eragrostis pilosa*（L.）Beauv.	禾本科	Gramineae	经济：可作牧草，可药用（变种：无毛画眉草）
直立百部	*Stemona sessilifolia*（Miq.）Miq.	百部科	Stemonaceae	经济：多年生草本，块根药用，镇咳祛痰，外用为优良杀虱剂
直立黄耆	*Astragalus adsurgens* Pall.	豆科	Leguminosae	经济：多年生草本，优良家畜饲料，绿肥
知风草	*Eragrostia ferruginea*（Thunb.）Beauv.	禾本科	Gramineae	经济：优质牧草； 生态：根系发达，保土固堤
知母	*Anemarrhena asphodeloides* Bge.	百合科	Liliaceae	经济：多年生草本，根状茎药用
线叶柴胡	*Bupleurum angustissimum*（Franch.）Kitagawa	伞形科	Umbelliferae	经济：多年生草本，根及根茎药用
线叶旋覆花	*Inula linariifolia* Turcz.	菊科	Compositae	经济：多年生草本，花药用
细叶沙参	*Adenophora paniculata* Nannf.	桔梗科	Campanulaceae	经济：多年生草本，根药用

种 名		科 名		应 用
细叶结缕草（天鹅绒）	*Zoysia tenuifolia* Willd. ex Trin.	禾本科	Gramineae	经济、生态：优良草坪植物
细叶鸦葱（笔管草、白茎鸦葱）	*Scrzonera albicaulis* Bge.	菊科	Compositae	经济：多年生草本，根药用
细辛	*Asarum sieboldii* Miq.	马兜铃科	Aristolochiaceae	经济：多年生草本，全草药用
细果野菱	*Trapa maximowiczii* Korsh.	菱科	Trapaceae	经济：一年生草本，果可食用及酿酒
细齿草木樨	*Melilotus dentatus*（Wwldst. et Kit.）Pers.	豆科	Leguminosae	经济：一年或二年生草本，家畜牧草，绿肥，全草药用； 生态：水土保持植物
细柄草	*Capillipedium parviflorum*（R.Br.）Stapf	禾本科	Gramineae	经济：幼时可作牧草
细柄属	*Panicum psilopodium* Trin.	禾本科	Gramineae	经济：可作牧草
细野麻	*Boehmeria gracilis* C.H.Wright	荨麻科	Urticaceae	经济：多年生草本，茎皮纤维可作纺织原料
罗勒	*Ocimum basilicum* L.	唇形科	Labiatae	经济：一年生草本，全草药用
肥皂草	*Saponariä officinalis* L.	石竹科	Caryophyllaceae	经济：多年生草本，供观赏，根可药用，煎煮可产生大量泡沫
肥披碱草	*Elymus excelsus* Turcz.	禾本科	Gramineae	经济：可作牧草
苦瓜（癞葡萄）	*Momordica charantia* L.	葫芦科	Cucurbitaceae	经济：一年生攀援草本，可作蔬菜，根、藤、果实可药用
苦苣菜	*Sonchus oleraceus* L.	菊科	Compositae	经济：一年或二年生草本，茎叶可作饲料，全草可药用
苦参	*Sophora flavescens* Ait.	豆科	Leguminosae	经济：多年生草本或半灌木，根药用，茎皮纤维可作工业原料
苦草	*Vallisneria spiralis* L.	水鳖科	Hydrocharitaceae	经济：水生草本，淡水鱼、家畜饲料
苦菜	*Ixeris chinensis*（Thunb.）Nakai	菊科	Compositae	经济：多年生草本，全草药用，嫩茎叶可食用或作饲料
苦蘵	*Physalis angulata* L.	唇形科	Labiatae	经济：一年生草本，全草药用
茄	*Solanum melongena* L.	唇形科	Labiatae	经济：直立分枝草本至亚灌木，果实为常见蔬菜，根药用，经栽培有多变种
茅香	*Hierochloë odorata*（L.）Beauv.	禾本科	Gramineae	经济：可作香草浸剂； 生态：可作保堤护土植物
茑萝松（茑萝）	*Quamoclit pennata*（Desr.）Boj.	旋花科	Convolvulaceae	经济：一年生缠绕性草本，供观赏
虎头兰	*Cymbidium hookerianum* Rchb.f.	兰科	Orchidaceac	经济：多年生陆生草本，供观赏
虎耳草	*Saxifraga stolonifera* Curt.	虎耳草科	Saxifragaceae	经济：多年生草本，观赏植物，全草药用

种 名		科 名		应 用
虎尾兰	*Sansevieria trifasciata* Prain	百合科	Liliaceae	经济：多年生草本，常见观赏花卉
虎尾草	*Chloris virgata* Swartz	禾本科	Gramineae	经济：可作牧草
虎尾草（狼尾花）	*Lysimachia barystachys* Bge.	报春花科	Primulaceae	经济：多年生草本，根药用
虎眼万年青	*Ornithogalum caudatum* Jacq.	百合科	Liliaceae	经济：多年生草本，栽培供观赏
虎掌	*Pinellia pedatisecta* Schott	天南星科	Araceae	经济：草本，块茎药用，称“天南星”
败酱（黄花龙牙）	*Patrinia scabiosaefolia* Fisch.ex Trev.	败酱科	Valerianaceae	经济：多年生草本，全草及根部药用
贯叶连翘	*Hypericum perforatum* L.	藤黄科	Guttiferae	经济：多年生草本，全草药用
轮叶八宝（轮叶景天）	*Hylotelephium verticillatum*（L.）H.Ohba	景天科	Crassulaceae	经济：多年生草本，全草药用
轮叶节节菜	*Rotala maxicana* Chum.et Schlechtend.	千屈菜科	Lythraceae	经济：一年生草本，全草药用
轮叶过路黄（轮叶排草）	*Lysimachia klattiana* Hance	报春花科	Primulaceae	经济：多年生草本，全草药用
轮叶沙参（沙参、四叶沙参）	*Adenophora tetraphylla*（Thunb.）Fisch.	桔梗科	Campanulaceae	经济：多年生草本，根药用
郁金香	*Tulipa gesneriana* L.	百合科	Liliaceae	经济：多年生草本，栽培观赏；生态监测氟化物
金甲豆（棉豆）	*Phaseolus lunatus* L.	豆科	Leguminosae	经济：一年生攀援状草本，种子供食用，亦可药用
金光菊	*Rudbeckia laciniata* L.	菊科	Compositae	经济：多年生草本，栽培供观赏，又为绿肥植物
金灯藤（日本菟丝子）	*Cuscuta japonica* Choisy	旋花科	Convolvulaceae	经济：一年生寄生草本，种子药用
金色狗尾草	*Setaria glauca*（L.）Beauv.	禾本科	Gramineae	经济：可作牧草，亦为田间杂草
金线草	*Antenoron filiforme*（Thunb.）Roberty et Vautier	蓼科	Polygonaceac	经济：多年生草本，全草药用
金茅	*Eulalia speciosa*（Debeaux）Kuntze	禾本科	Gramineae	经济：茎秆可造纸
金鱼草（龙头花）	*Antirrhinum majus* L.	玄参科	Scrophulariaceae	经济：多年生草本，公园庭院常见栽培，全草可药用
金鱼藻	*Ceratophyllum demersum* L.	金鱼藻科	Ceratophyllaceae	经济：多年生沉水，全草药用
金盏花	*Calendula officinalis* L.	菊科	Compositae	经济：一年生草本，花卉植物，全草药用
金盏银盘	*Bodens biternata*（Lour.）Merr. Et Sherff	菊科	Compositae	经济：一年生草本，全草药用
金钱蒲	*Acorus gramineus* Soland	天南星科	Araceae	经济：草本，根状茎药用，叶常绿，可栽培观赏
雨久花	*Monochoria korsakowii* Regel et Maack	雨久花科	Pontederiaceae	经济：草本，饲料、观赏、药用

种名		科名		应用
青岛百合	*Lilium tsingtauense* Gilg	百合科	Liliaceae	经济：多年生草本，鳞茎可食用，亦可入药；花大，可供观赏
青菜（油菜）	*Brassica chinensis* L.	十字花科	Cruciferae	经济：一年或二年生草本，普见蔬菜
青锁龙	*Crassula lycopodioides* Lam.	景天科	Crassulaceae	经济：多年生常绿草本，供观赏
青蒿	*Artemisia carvifolia* Buch.-Ham	菊科	Compositae	经济：一年生草本，嫩枝叶供药用
青葙	*Celosia argentea* L.	苋科	Amaranthaceae	经济：一年生草本，种子药用，也可栽培观赏
鸢尾	*Iris tectorum* Maxim.	鸢尾科	Iridaceae	经济：多年生草本，根状茎药用；栽培观赏； 生态：大气监测
齿果酸模	*Rumex dentatus* L.	蓼科	Polygonaceac	经济：一年生或多年生草本，根可提栲胶，亦可药用
齿瓣延胡索（土元胡）	*Corydalis remota* Fisch. ex Maxim.	罂粟科	Papaveraceae	经济：多年生草本，块茎药用
剑叶金鸡菊	*Coreopsis lanceolata* L.	菊科	Compositae	经济：多年生草本，观赏植物
剑苞藨草	*Scirpus ehrenbergii* Bocklr.	莎草科	Cyperaceae	经济：球茎可食，秆可编织
匍枝委陵菜	*Potentilla flagellaris* Willd.ex Schlecht.	蔷薇科	Rosaceae	经济：多年生草本，嫩苗可食，亦可作饲料
南方菟丝子（欧洲菟丝子）	*Cuscuta australis* R.Br.	旋花科	Convolvulaceae	经济：一年生寄生草本，种子药用
南瓜（番瓜）	*Cucurbita moschata*（Duch.ex Lam.）Duch.ex Poiret	葫芦科	Cucurbitaceae	经济：一年生蔓生草本，果实作蔬菜食用，种子及全株可药用
南牡蒿	*Artemisia eriopoda* Bge.	菊科	Compositae	经济：多年生草本，全草药用
南苜蓿	*Medicago hispida* Gaertn.	豆科	Leguminosae	经济：一年生或二年生草本，全草可作绿肥和牧草
南美天芥菜（香水草）	*Heliotropium arborescens* L.	紫草科	Boraginaceae	经济：多年生草本，供观赏
厚叶岩白菜	*Bergenia crassifolia*（L.）Fritsch	虎耳草科	Saxifragaceae	经济：多年生草本，供观赏
厚壳树	*Ehretia thyrsiflora*（Sieb. et Zucc.）Nakai	紫草科	Boraginaceae	经济：落叶乔木，可作庭院绿化树，叶、果可作土农药，木材可供建筑及家具，嫩芽可作蔬菜，叶片可代茶
变色白前	*Cynanchum versicolor* Bge.	萝藦科	Asclepiadaceae	经济：多年生草本，根药用
姜	*Zingiber officinale* Rosc.	姜科	Zingiberaceae	经济：多年生草本，块茎为调味品，亦可药用
孩儿参	*Pseudostellaria heterophylla*（Miq.）Pax ex Pax et Hoffm.	石竹科	Caryophyllaceae	经济：多年生草本，块根药用
弯曲碎米荠	*Cardamine flexuosa* With.	十字花科	Cruciferae	经济：一年或二年生草本，全草药用

种名		科名		应用
待霄草	*Oenothera odorata* Jacq.	柳叶菜科	Onagraceae	经济：一年生或二年生草本，供观赏，种子榨油可食用，根药用
扁豆（眉豆）	*Dolichos lablab* L.	豆科	Leguminosae	经济：一年生缠绕草本，嫩荚果可食用，种子可药用
扁茎黄耆（沙苑子）	*Astragalus complanatus* R.Br.ex Bge.	豆科	Leguminosae	经济：多年生草本，种子药用
扁蓿豆	*Melissitus ruthenicus*（L.）C.W.Chang	豆科	Leguminosae	经济：多年生草本，茎、叶可作饲料
挂金灯	*Physalis alkekengi* L.var.francheti（Mast.）Makino	唇形科	Labiatae	经济：多年生草本，果实药用
星星草	*Puccinellia tenuiflora*（Turca.）Scribn. et Merr.	禾本科	Gramineae	经济：可作牧草
春兰	*Cymbidium goeringii*（Rchb.F.）Rchb.f.	兰科	Orchidaceac	经济：多年生陆生草本，供观赏
春黄菊	*Anthemis tinctoria* L.	菊科	Compositae	经济：多年生草本，供观赏
柔毛路边青（柔毛水杨梅）	*Geum japonicum* Thunb.var. *chinense* F.Bolle	蔷薇科	Rosaceae	经济：多年生草本，全株可提取栲胶，全草药用
柔叶荩草	*Arthraxon prionodes*（Steud.）Dandy	禾本科	Gramineae	经济：可作牧草
柳兰	*Chamaenerion angustifolium*（L.）Scop.	柳叶菜科	Onagraceae	经济：多年生草本，全草药用，可提取栲胶
柳叶若	*Isache globosa*（Thunb.）Kuntze	禾本科	Gramineae	经济：可作饲料
柳叶菜	*Epilobium hirsutum* L.	柳叶菜科	Onagraceae	经济：多年生草本，全草药用
柳穿鱼	*Linaria vulgaris* Mill.ssp. *sinensis*（Bebeaux.）Hong	玄参科	Scrophulariaceae	经济：多年生草本，全草药用
树棉（中棉）	*Gossypium arboreum* L.	锦葵科	Malvaceae	经济：一年生或多年生草本，或灌木，棉纤维为纺织原料，种子榨油
歪头菜	*Vicia unijuga* A.Br.	豆科	Leguminosae	经济：多年生草本，嫩茎叶可食，并可作牧草，全草药用
洋金花	*Datura metel* L.	唇形科	Labiatae	经济：一年生草本，花药用；变种：美丽曼陀罗，重瓣白花曼陀罗
洋葱	*Allium cepa* L.	百合科	Liliaceae	经济：多年生草本，鳞茎为常见蔬菜
活血丹	*Glechoma longituba*（Nakai.）Kupr.	唇形科	Labiatae	经济：多年生草本，全草或茎叶药用
点地梅（铜钱草、喉咙草）	*Androsace umbellata*（Lour.）Merr.	报春花科	Primulaceae	经济：一年或二年生草本，全草药用
牯岭野豌豆（红花豆）	*Vicia kulingiana* Baliey	豆科	Leguminosae	经济：多年生草本，全草药用

种 名		科 名		应 用
牵牛	*Pharbitis hederacea*（L.）Choisy.	旋花科	Convolvulaceae	经济：一年生草本，供观赏，种子药用，称“二丑”
独行菜	*Lepidium apetalum* Willd.	十字花科	Cruciferae	经济：一年或二年生草本，嫩叶作野菜食用，全草及种子供药用
独角莲	*Typhonium giagnteum* Engl.	天南星科	Araceae	经济：草本，块茎药用
狭叶水塔花	*Billbergia* Thunb.	凤梨科	Bromeliaceae	经济：水生草本，温室盆栽，供观赏
狭叶米口袋	*Gueldenstaedtia stenophylla* Bge.	豆科	Leguminosae	经济：多年生草本，全草药用
狭叶珍珠菜	*Lysimachia pentapetala* Bge.	报春花科	Primulaceae	经济：一年生草本，全草药用
狭叶香蒲	*Typha angustifolia* L.	香蒲科	Typhaceae	经济：水生草本，可药用，可作编织造纸原料
玻璃秋海棠	*Begonia tuberhybrida* Voss.	秋海棠科	Begoniaceae	经济：多年生草本，供观赏
珊瑚花	*Cyrtanthera carnea*（Lindl.）Bremek.	爵床科	Acanthaceae	经济：多年生草本或亚灌木，供观赏
珊瑚菜（北沙参）	*Glehnia littoralis* Fr.Schmidt ex Miq.	伞形科	Umbelliferae	经济：多年生草本，根药用
珍珠菜（矮桃）	*Lysimachia clethroides* Duby	报春花科	Primulaceae	经济：多年生草本，全草药用，种子含油，嫩叶可食或作饲料
盾叶天竺葵	*Pelargonium peltatum* Ait.	牻牛儿苗科	Geraniaceae	经济：多年生直立草本，供观赏
看麦娘	*Alopecurus aequalis* Sobol.	禾本科	Gramineae	经济：嫩时为牧草
砂引草	*Messerschmidia sibirica* L.	紫草科	Boraginaceae	经济：多年生草本，花可提取香料，植株可药用； 生态：良好的固沙植物
秋画眉草	*Eragrostis autumnalis* Keng	禾本科	Gramineae	经济：可作牧草
秋苦荬菜（苦荬菜）	*Ixeris denticulata*（Houtt.）Stebb.	菊科	Compositae	经济：一年或二年生草本，嫩茎叶可作饲料，全草药用
秋英（大波斯菊）	*Cosmos bipinnatus* Cav.	菊科	Compositae	经济：一年生草本，观赏花卉
秋海棠	*Begonia evansiana* Andr.	秋海棠科	Begoniaceae	经济：多年生草本，全草及块茎药用
穿心莲	*Andrographis paniculata*（Burm.f.）Nees	爵床科	Acanthaceae	经济：一年生直立多分枝草本，全草药用
穿龙薯蓣	*Dioscorea nipponica* Makino	薯蓣科	Dioscoreaceae	经济：多年生草本，根状茎药用
类叶升麻	*Actaea asiatica* Hara	毛茛科	Ranunculaceae	经济：多年生草本，全株有毒，可做土农药
结缕草	*Zoysia japonica* Steud.	禾本科	Gramineae	经济：理想草坪植物
绞股蓝	*Gynostemma pentaphyllum*（Thunb.）Makino	葫芦科	Cucurbitaceae	经济：多年生攀援草木，全草药用
美人蕉	*Canna indica* L.	美人蕉科	Cannaceae	经济：多年生草本，观赏植物，根状茎可药用
美女樱	*Verbena phlogiflora* Cham.	马鞭草科	Verbenaceae	经济：多年生草本，供观赏

种名		科名		应用
美商陆	*Phytolacca americana* L.	商陆科	Phytolaccaceae	经济：多年生草本，根供药用，全草可制土农药，果实可作染色剂
胡萝卜	*Daucus carota L.* var.*sativus* Hoffm.	伞形科	Umbelliferae	经济：二年生草本，根供蔬菜用，或加工，有药用价值，果实入药
茖葱	*Allium vitorialis* L.	百合科	Liliaceae	经济：多年生草本，嫩叶可食用
茜堇菜（白果堇菜）	*Viola phalacrocarpa* Maxim.	堇菜科	Violaceae	经济：多年生草本，全草药用
茳芒香豌豆	*Lathyrus davidii* Hance	豆科	Leguminosae	经济：多年生草本，茎、叶可作饲料，也可做绿肥，种子药用
茴茴蒜	*Ranunculus chinensis* Bge.	毛茛科	Ranunculaceae	经济：一年生草本，全草药用，消炎退肿杀虫
茴香（小茴香）	*Foeniculum vulgare* Mill.	伞形科	Umbelliferae	经济：二年生草本，作蔬菜，果实药用，也可作香料
茵陈蒿	*Artemisia capillaris* Thunb.	菊科	Compositae	经济：多年生草本，幼苗供药用
茼蒿（艾菜）	*Chrysanthemum segetum* L.	菊科	Compositae	经济：一年生草本，供观赏
荆三棱	*Scirpus yagara* Ohwi	莎草科	Cyperaceae	经济：块茎药用
荆芥	*Nepeta cataria* L.	唇形科	Labiatae	经济：多年生草本，全草药用
草木樨	*Melilotus suaveolens* Ledeb.	豆科	Leguminosae	经济：一年或二年生草本，家畜牧草，绿肥，全草药用； 生态：水土保持植物
草木樨状黄耆	*Astragalus melilotoides* Pall.	豆科	Leguminosae	经济：多年生草本，牧草，全草入药； 生态：保持水土植物
草本威灵仙（轮叶婆婆纳）	*Veronicastrum sibiricum*（L.）Pennell.	玄参科	Scrophulariaceae	经济：多年生草本，全草及根药用
草地早熟禾	*Poa pratensis* L.	禾本科	Gramineae	经济：优质牧草
草莓	*Fragaria ananassa* Duch.	蔷薇科	Rosaceae	经济：多年生草本，果实味美，重要水果
草棉	*Gossypium herbaceum* L.	锦葵科	Malvaceae	经济：一年生草本至亚灌木，现仅作为种质保存和育种材料
荔枝草（雪见草）	*Salvia plebeia* R.Br.	唇形科	Labiatae	经济：一年或二年生草本，全草药用
荞麦	*Fagopyrum esculentum* Moench.	蓼科	Polygonaceac	经济：一年生草本，粮食作物，叶可供药用，重要蜜源植物
荠（荠菜）	*Capsella bursa-pastoris*（L.）Medic.	十字花科	Cruciferae	经济：一年或二生草本，全草药用，茎、叶可作野菜，种子含油
荠苨（杏叶沙参、老母肌肉）	*Adenophora trachelioides* Maxim.	桔梗科	Campanulaceae	经济：多年生草本，根药用
荩草	*Arthraxon hispidus*（Thunb.）Makino	禾本科	Gramineae	经济：可药用、制染料，也可作牧草（两变种）
蚤缀	*Arenaria serpyllifolia* L.	石竹科	Caryophyllaceae	经济：一年生或二年生草本，全草药用
费菜（土三七）	*Sedum aizoon* L.	景天科	Crassulaceae	经济：多年生草本，全草药用

种名		科名		应用
钝叶酸模（金不换）	*Rumex obtusifolius* L.	蓼科	Polygonaceac	经济：多年生草本，根药用
除虫菊（白花除虫菊）	*Pyrethrum cinerariifolium* Trev.	菊科	Compositae	经济：多年生草本，供观赏或药用，花序中含杀虫成分
韭（韭菜）	*Allium tuberosum* Rottl.ex Spreng.	百合科	Liliaceae	经济：多年生草本，蔬菜、药用
韭莲	*Zephyranthes grandiflora* Lindl.	石蒜科	Amaryllidaceae	经济：多年生草本，供观赏
香叶天竺葵	*Pelargonium graveolens* L′ Herit	牻牛儿苗科	Geraniaceae	经济：多年生直立草本，供观赏
香矢车菊	*Centaurea moschata* L.	菊科	Compositae	经济：一年生草本，观赏植物
香附	*Cyperus rotundus* L.	莎草科	Cyperaceae	经济：块茎药用
香青	*Anaphalis sinica* Hance	菊科	Compositae	经济：多年生草本，全草药用
香豌豆	*Lathyrus odoratus* L.	豆科	Leguminosae	经济：一年生攀援草本，为观赏植物
香薷	*Elsholtzia ciliata*（Thunb.）Hyland.	唇形科	Labiatae	经济：一年生草本，全草药用
骨缘当归	*Angelica cartilaginomarginata*（Makino）Nakai	伞形科	Umbelliferae	经济：二年或多年生草本，根可药用
鸦葱	*Scrzonera austriaca* Willd.	菊科	Compositae	经济：多年生草本，根药用
唐松草	*Thalictrum aquilegifolia* L. var. *sibiricum* Regel et Tiling	毛茛科	Ranunculaceae	经济：多年生草本，根药用
唐菖蒲	*Gladiolus gandavensis* Ban Houtte	鸢尾科	Iridaceae	经济：多年生草本，观赏； 生态：可作氟化物监测植物
圆叶牵牛	*Pharbitis purpurea*（L.）Voigt	旋花科	Convolvulaceae	经济：一年生草本，供观赏，种子药用，称“二丑”
夏枯草	*Prunella vulgaris* L.	唇形科	Labiatae	经济：多年生草本，全株药用
宽叶荨麻	*Urtica laetevirens* Maxim.	荨麻科	Urticaceae	经济：多年生草本，茎皮纤维可供纺织等，全草药用
射干	*Belamcanda chinensis*（L.）DC.	鸢尾科	Iridaceae	经济：多年生草本，根状茎药用，亦可栽培观赏
展枝沙参	*Adenophora divaricata* Franch. et Sab.	桔梗科	Campanulaceae	经济：多年生草本，根药用
峨参	*Anthriscus sylvestris*（L.）Hoffm.	伞形科	Umbelliferae	经济：二年生或多年生草本，根药用
徐长卿	*Cynanchum paniculatum*（Bge.）Kitag.	萝藦科	Asclepiadaceae	经济：多年生直立草本，根药用
拳蓼	*Ploygonum bistorta* L.	蓼科	Polygonaceac	经济：多年生草本，根状茎药用
晚香玉	*Polianthes tuberosa* L.	石蒜科	Amaryllidaceae	经济：多年生草本，提香料、观赏
栝楼（瓜蒌）	*Trichosanthes kirilowii* Maxim.	葫芦科	Cucurbitaceae	经济：多年生攀援草本，根、果实、果皮、种子药用

种名		科名		应用
桂竹香	*Cheiranthus cheiri* L.	十字花科	Cruciferae	经济：多年生草本，供观赏，种子油供工业用，花药用
桃叶鸦葱（皱叶鸦葱）	*Scrzonera sinensis* Lipsch. et Krasch.	菊科	Compositae	经济：多年生草本，根药用
桔梗	*Platycodon grandiflorus*（Jacq.）A.Dc.	桔梗科	Campanulaceae	经济：多年生草本，可栽培供观赏
浙贝母	*Fritillaria thunbergii* Miq.	百合科	Liliaceae	经济：多年生草本，鳞茎药用
浮叶眼子菜	*Potamogeton natans* L.	眼子菜科	Potamogetonaceae	经济：水生草本，全草可作饲料或绿肥
浮萍	*Lemna minor* L.	浮萍科	Lemnaceae	经济：水生草本，猪、鸭饲料；也可药用
海边香豌豆	*Lathyrus maritimus*（L.）Bigel.	豆科	Leguminosae	经济：多年生草本，种子可食，茎、叶可作牧草
海州香薷	*Elsholtzia splendens* Nakai.ex F.Maekawa	唇形科	Labiatae	经济：一年生草本，全草药用
海芋	*Alocasia macrorrhiza*（L.）Schott	天南星科	Araceae	经济：草本，块茎药用，根状茎含淀粉可工业用
烟台翠雀花	*Delphinium tchefoense* Franch.	毛茛科	Ranunculaceae	经济：多年生草本，全草可做土农药，根药用，有毒；可做观赏花卉
烟草	*Nicotiana tabacum* L.	唇形科	Labiatae	经济：一年生草本，卷烟原料，全株可作农药，亦有药用价值
烟管头草（金挖耳）	*Carpesium cernuum* L.	菊科	Compositae	经济：多年生草本，全草药用
热河黄精	*Polygonatum macropodium* Turcz.	百合科	Liliaceae	经济：多年生草本，根状茎药用
狼尾草	*Pennisetum alopecuroides*（L.）Spreng.	禾本科	Gramineae	经济：饲料、制草绳等
狼把草	*Bodens tripartita* L.	菊科	Compositae	经济：一年生草本，全草入药
皱叶酸模	*Rumex crispus* L.	蓼科	Polygonaceac	经济：多年生草本，根、叶可提栲胶；根药用
皱果苋	*Amaranthus viridis* L.	苋科	Amaranthaceae	经济：一年生草本，全草药用
益母草	*Leonurus japonicus* Houtt.	唇形科	Labiatae	经济：一年或二年生草本，全草药用
盐地碱蓬	*Suaeda salsa*（L.）Pall.	藜科	Chenopodiaceae	经济：一年生草本，长于盐碱荒地，种子可食用
窄叶野豌豆	*Vicia angustifolia* L.	豆科	Leguminosae	经济：一年生草本，茎、叶可作牧草
笋瓜	*Cucurbita maxima* Duch.ex Lam.	葫芦科	Cucurbitaceae	经济：一年生蔓生草本，果实作蔬菜，种子油可食，种子和瓜蒂药用
粉条儿菜	*Aletria spicata*（Thunb.）Franch.	百合科	Liliaceae	经济：多年生草本，根药用，润肺止咳等

种名		科名		应用
臭草	*Melica scabrosa* Trin	禾本科	Gramineae	经济：可作牧草
荷兰菊	*Aster novi-belgii* L.	菊科	Compositae	经济：多年生草本，供观赏
荷包牡丹	*Dicentra spectabilis*（L.）Lem.	罂粟科	Papaveraceae	经济：多年生草本，供观赏，全草药用
荷包花	*Calceolaria crenatiflora* Cav.	玄参科	Scrophulariaceae	经济：一年生草本，供观赏
荷叶山麦冬	*Liriop graminifolia*（L.）Baker	百合科	Liliaceae	经济：多年生草本，块根药用，亦可观赏
荸荠	*Eleocharis tuberosa*（Roxb.）Roem. Et Schult	莎草科	Cyperaceae	经济：球茎可食用，亦可药用
荻	*Miscanthus sacchariflorus*（Maxim.）Hack.	禾本科	Gramineae	经济：根茎药用，亦可造纸；生态：优良固堤护坡植物
荇菜	*Nymphoides peltatum*（Gmel.）O.Kuntze	龙胆科	Gentianaceae	经济：多年生水生草本，全草药用，也是美丽的水生观赏植物
莠枝秀竹	*Microstegium vimineum*（Trin.）A. Camus	禾本科	Gramineae	经济：嫩时可放牧；老秆为造纸原料
莲（荷花）	*Nelumbo nucifera* Gaertn.	睡莲科	Nymphaceae	经济：多年生水生草本，根状茎、种子皆可食用，亦可药用
莲子草	*Alternanthera sessilis*（L.）DC.	苋科	Amaranthaceae	经济：多年生草本，全草药用
莴苣	*Lactuca sativa* L.	菊科	Compositae	经济：一年或二年生草本，供作蔬菜，种子药用 变种：莴笋，生菜
蚕豆	*Vicia faba* L.	豆科	Leguminosae	经济：一年生草本，种子供食用或作饲料，荚果、种子、花及叶均可药用
诸葛菜（二月蓝）	*Orychophragmus violaceus*（L.）O.E.Sch	十字花科	Cruciferae	经济：一年生或二年生草本，嫩茎、叶浸泡后可食，种子可榨油，全草药用
豇豆（豆角）	*Vigna sinensis*（L.）Endl.	豆科	Leguminosae	经济：一年生缠绕草本，主要蔬菜之一，种子可药用
赶山鞭（小叶牛心菜）	*Hypericum attenuatum* Choisy	藤黄科	Guttiferae	经济：多年生草本，全草药用
透茎冷水花	*Pilea mongolica* Wedd.	荨麻科	Urticaceae	经济：一年生草本，根状茎药用
透骨草（接生草）	*Phryma leptostachya* L.var *asiatica* Hara	透骨草科	Phrymataceae	经济：多年生草本，全草及根药用
铁苋菜（血见愁）	*Acalypha australis* L.	大戟科	Euphorbiaceae	经济：一年生草本，可做野菜或家畜饲料，全草药用
铃兰	*Convallaria majalis* L.	百合科	Liliaceae	经济：多年生草本，全草药用
高雪轮	*Silene armeria* L.	石竹科	Caryophyllaceae	经济：一年或二年生草本，供观赏
高粱	*Sorghum vulgare* Pers.	禾本科	Gramineae	经济：食用、食品原料、入药
鸭舌草	*Monochoria vaginalis*（Burm.f.）Presl	雨久花科	Pontederiaceae	经济：草本，饲料、全草药用
鸭茅	*Dactylis glomerata* L.	禾本科	Gramineae	经济：优良牧草

种　名		科　名		应　用
鸭跖草	*Commelina communis* L.	鸭跖草科	Commelinaceae	经济：草本，全草药用，也可作饲料
鸭嘴草	*Ischaemum aristatum* L. var. *glaucum*（Honda）T. Koyama	禾本科	Gramineae	经济：牧草； 生态：固沙
假贝母	*Bolbostemma paniculatum*（Maxim.）Franq.	葫芦科	Cucurbitaceae	经济：多年生草本，鳞茎药用
假黄麻（甜麻）	*Corchorus aestuans* L.	椴树科	Tiliaceae	经济：一年生草本，茎皮纤维可代麻用或造纸，嫩叶煮汤，可解暑
假酸浆	*Nicandra physaloides*（L.）Gaertn.	唇形科	Labiatae	经济：一年生草本，全草药用
假稻	*Leersia japonica* Makina	禾本科	Gramineae	经济：可作牧草
商陆	*Phytolacca acinosa* Roxb.	商陆科	Phytolaccaceae	经济：多年生草本，根供药用，全草可制土农药，果实可作染色剂
啤酒花（忽布）	*Humulus lupulus* L.	桑科	Moraceac	经济：多年生宿根性草本，果穗供制啤酒，茎皮纤维造纸，雌花药用
堇菜	*Viola verecunda* A.Gray.	堇菜科	Violaceae	经济：多年生草本，全草药用
婆婆纳	*Veronica didyma* Tenore	玄参科	Scrophulariaceae	经济：一年生草本，全草药用
婆婆针	*Bodens bipinnata* L.	菊科	Compositae	经济：一年生草本，全草药用
弹裂碎米荠	*Cardamine impatiens* L.	十字花科	Cruciferae	经济：一年或二年生草本，全草药用，种子可榨油
悬铃木叶苎麻	*Boehmeria platanifolia* Franch.et Savat.	荨麻科	Urticaceae	经济：多年生草本，茎皮纤维质量好，根、叶入药，种子榨油
救荒野豌豆（大巢菜）	*Vicia sativa* L.	豆科	Leguminosae	经济：一年生或二年生草本，全草药用，嫩茎叶可食；又为优良饲料及绿肥
旋花	*Calystegia sepium*（L.）R.Br.	旋花科	Convolvulaceae	经济：多年生草本，根药用
旋蒴苣苔（猫耳朵、牛耳草）	*Boea hygrometrica*（Bge.）R.Br.	苦苣苔科	Gesneriaceae	经济：多年生草本，全草药用
旋覆花	*Inula japonica* Thunb.	菊科	Compositae	经济：多年生草本，根、叶、花供药用
曼陀罗	*Datura stramonium* L.	唇形科	Labiatae	经济：一年生草本，花药用
梯牧草	*Phleum pratense* L.	禾本科	Gramineae	经济：优质牧草
牻牛儿苗	*Erodium stephanianum* Willd.	牻牛儿苗科	Geraniaceae	经济：一年或二年生草本，全草药用
猪毛菜	*Salsola collina* Pall.	藜科	Chenopodiaceae	经济：一年生草本，全草药用，嫩叶可食
猫儿菊	*Achyrophorus ciliatus*（Thunb.）Sch.	菊科	Compositae	经济：多年生草本，根药用
猫眼草	*Euphorbia lunulata* Bge.	大戟科	Euphorbiaceae	经济：多年生草本，全草药用
球果堇菜	*Viola collina* Bess.	堇菜科	Violaceae	经济：多年生草本，全草药用

种名		科名		应用
甜瓜（香瓜）	*Cucumis melo* L.	葫芦科	Cucurbitaceae	经济：一年生匍匐或攀援草本，果实为盛夏水果之一，全草和种子药用； 变种：菜瓜（脆瓜、稍瓜）
甜菊（甜叶菊）	*Stevia rebaudianum* Bertoni	菊科	Compositae	经济：多年生草本，提取甜菊苷，高甜度低热量甜味剂
甜菜	*Beta vulagaris* L.	藜科	Chenopodiaceae	经济：制糖原料，亦可药用
盒子草	*Actinostemma tenerum* Griff.	葫芦科	Cucurbitaceae	经济：一年生攀援草本，种子及全草药用，种子榨油，油饼可作肥料或饲料
眼子菜	*Potamogeton distinctus* A. Benn.	眼子菜科	Potamogetonaceae	经济：水生草本，全草可药用，又可作鸡、鸭饲料
粗糠树	*Ehretia macrophylla* Wall.	紫草科	Boraginaceae	经济：落叶乔木，可栽培供观赏
粘毛卷耳	*Cerastium viscosum* L.	石竹科	Caryophyllaceae	经济：二年生草本，全草药用
续随子	*Euphorbia lathyris* L.	大戟科	Euphorbiaceae	经济：二年生草本，种子药用，种子含油，可制肥皂及润滑油
绶草	*Spiranthes sinensis*（Pers.）Ames.	兰科	Orchidaceac	经济：多年陆生草本，全草或根药用
绿豆	*Phaseolus radiatus* L.	豆科	Leguminosae	经济：一年生草本，重要经济作物，种子供食用，亦可药用
绿蓟（崂山蓟）	*Cirsium chinense* Gardn. et Champ.	菊科	Compositae	经济：多年生草本，根药用
菅草	*Themeda japonica*（Willd）C. Tanaka	禾本科	Gramineae	经济：全草药用，可作牧草，秆可造纸及盖屋； 生态：水土保持优良植物
菊叶委陵菜	*Potentilla tanacetifolia* Willd.ex Schlecht.	蔷薇科	Rosaceae	经济：多年生委陵菜，全草药用，根可提栲胶
菊芋（洋姜）	*Helianthus tuberosus* L.	菊科	Compositae	经济：多年生草本，块茎俗称“洋姜”，可食，可工业用，有药用价值，新鲜的茎、叶可作青储饲料，营养价值高
菊花	*Dendranthema morifolium*（Ramat.）Tzvel.	菊科	Compositae	经济：多年生草本，习见观赏花卉
菊苣	*Cichorium intybus* L.	菊科	Compositae	经济：多年生草本，茎叶可作蔬菜，根含菊糖及芳香族物质，根可药用
菖蒲	*Acorus calamus* L.	天南星科	Araceae	经济：草本，根状茎药用，也可提取发油，供医药及工业用
菘蓝	*Isatis indigotica* Fort.	十字花科	Cruciferae	经济：二年生草本，根、叶药用，叶可提取蓝色染料
菟丝子	*Cuscuta chinensis* Lam.	旋花科	Convolvulaceae	经济：一年生寄生草本，种子药用
菠菜	*Spinacia oleracea* L.	藜科	Chenopodiaceae	经济：一年生草本，常见蔬菜

种 名		科 名		应 用
菥蓂（遏蓝菜）	*Thlaspi arvense* L.	十字花科	Cruciferae	经济：一年生草本，种子油供工业或食用，全草、种子均可药用
溚草	*Koeleria cristata*（L.）Pers.	禾本科	Gramineae	经济：可作牧草
菰	*Zizania latifolia*（Griseb.）Turcz.	禾本科	Gramineae	经济：可药用
菵草	*Beckmannia syzigachne*（Steud.）*Fermald*	禾本科	Gramineae	经济：耐盐碱，优良牧草
菹草	*potamogeton crispus* L.	眼子菜科	Potamogetonaceae	经济：水生草本，全草可作饲料或绿肥
萝卜	*Raphanus sativus* L.	十字花科	Cruciferae	经济：二年或一年生草本，根作蔬菜，种子药用，亦可榨油
萤蔺	*Scirpus juncoides* Roxb.	莎草科	Cyperaceae	经济：全草可药用，清凉解毒、凉血利尿
蛇瓜（蛇豆）	*Trichosanthes anguina* L.	葫芦科	Cucurbitaceae	经济：一年生攀援草本，果供蔬菜食用，果、种子、根可药用
蛇含委陵菜	*Potentilla kleiniana* Wight.et Arn.	蔷薇科	Rosaceae	经济：一年、两年或多年生草本，全草药用
蛇床	*Cnidium monnieri*（L.）Cuss.	伞形科	Umbelliferae	经济：一年生草本，果实药用
蛇莓	*Duchesnea indica*（Andr.）Focke	蔷薇科	Rosaceae	经济：多年生草本，全草药用
鄂报春（四季樱草、四季报春）	*Primula obconica* Hance	报春花科	Primulaceae	经济：多年生草本，供观赏
野大豆	*Glycine soja* Sieb.et Zucc.	豆科	Leguminosae	经济：一年生缠绕草本，茎、叶可作牧草，种子药用
野古草	*Arundinella hirta*（Thunb.）Tanaka	禾本科	Gramineae	经济：优良牧草； 生态：阴坡生长旺盛，保土护坡
野亚麻	*Linum stelleroides* Planch.	亚麻科	Linaceae	经济：一年或二年生草本，茎皮纤维可造人造棉或造纸，种子榨油，可药用
野百合	*Lilium brownii* F.E.Brown ex Miellez	百合科	Liliaceae	经济：多年生草本，鳞茎可药用，花大，可供观赏
野百合（农吉利）	*Crotalaria sessiliflora* L.	豆科	Leguminosae	经济：一年生草本，全草药用
野芝麻	*Lamium barbatum* Sieb.et Zucc.	唇形科	Labiatae	经济：多年生草本，全草药用
野西瓜苗	*Hibicus trionum* L.	锦葵科	Malvaceae	经济：一年生草本，全草药用
野苜蓿（黄花苜蓿）	*Medicago falcata* L.	豆科	Leguminosae	经济：多年生草本，优良饲用植物，全草药用
野青茅	*Deyeuxia arundinacea*（L.）Beauv.	禾本科	Gramineae	经济：可作牧草（一变种：北方野青茅）
野鸢尾	*Iris dichotoma* Pall.	鸢尾科	Iridaceae	经济：多年生草本，根药用

种名		科名		应用
野胡萝卜	*Daucus carota* L.	伞形科	Umbelliferae	经济：二年生草本，果实药用，根药用
野韭	*Allium ramosum* L.	百合科	Liliaceae	经济：多年生草本，叶及花序可为蔬菜
野菊	*Dendranthema indicum*（L.）Des Moul.	菊科	Compositae	经济：多年生草本，花、叶及全株入药
野葵	*Malva verticillata* L.	锦葵科	Malvaceae	经济：二年生草本，种子、根、叶药用，嫩苗可作野菜
野塘草（香丝草）	*Conyza bonariensis*（L.）Cronq.	菊科	Compositae	经济：一年生草本，全草药用
野蓟	*Cirsium maackii* Maxim.	菊科	Compositae	经济：多年生草本，全草药用
野黎	*Eriochloa villosa*（Thunb.）Kunth	禾本科	Gramineae	经济：牧草
铜山阿魏	*Ferula tunshanica* SU.	伞形科	Umbelliferae	经济：多年生草本，根可腌制咸菜
铜锤草（红花酢浆草）	*Oxalis corymbosa* DC.	酢浆草科	Oxalidaceae	经济：多年生草本，全草药用，也供观赏
银边翠（六月雪）	*Euphorbia marginata* Pursh.	大戟科	Euphorbiaceae	经济：一年生直立草本，栽培供观赏，全草药用
银线草	*Chloranthus japonicus* Sieb.	金粟兰科	Chloranthaceae	经济：多年生草本，提取芳香油，全草药用
隐花草	*Crypsis aculeata*（L.）Ait.	禾本科	Gramineae	经济：可作牧草
雀麦	*Bromus japonicus* Thunb.	禾本科	Gramineae	经济：可作牧草、颖果提淀粉
雀稗	*Paspalum thunbergii* Kunth	禾本科	Gramineae	经济：可作牧草
雪香兰	*Freesia refracta* Klatt	鸢尾科	Iridaceae	经济：多年生草本观赏、花可提取香精
鹿药	*Smilacina japonica* A. Gray	百合科	Liliaceae	经济：多年生草本，根状茎可药用
鹿葱	*Lycoris squamigera* Maxim.	石蒜科	Amaryllidaceae	经济：多年生草本，鳞茎药用，栽培供观赏
黄毛掌（金乌帽子）	*Opuntia microdasys*（Lehm.）Pfeiff.	仙人掌科	Cactaceae	经济：茎簇生，供观赏
黄水仙	*Narcissus pseudo-narcissus* L.	石蒜科	Amaryllidaceae	经济：多年生草本，观赏
黄瓜	*Cucumis sativus* L.	葫芦科	Cucurbitaceae	经济：一年生蔓生或攀援草本，果实为重要蔬菜，藤、叶可药用
黄芩	*Scutellaria baicalensis* Georgi	唇形科	Labiatae	经济：多年生草本，根药用
黄花烟草	*Nicotiana rustica* L.	唇形科	Labiatae	经济：一年生草本，提取烟碱，或作土农药
黄花菜（金针菜）	*Hemerocallis citrina* Baroni	百合科	Liliaceae	经济：多年生草本，花蕾供食用，美味菜肴；根有毒性，可作杀虫剂
黄花蒿	*Artemisia annua* L.	菊科	Compositae	经济：一年生草本，全草供药用

种名		科名		应用
黄果茄	*Solanum xanthocarpum* Schrad. et Wendl.	唇形科	Labiatae	经济：直立或匍匐草本，果实可提取索拉索丁（Solasodine）的原料
黄秋英（黄花波斯菊）	*Cosmos sulphureus* Cav.	菊科	Compositae	经济：一年生草本，观赏花卉
黄香草木樨	*Melilotus officinalis*（L.）Desr.	豆科	Leguminosae	经济：一年或二年生草本，家畜牧草，也可做绿肥，蜜源植物
黄海棠（海南连翘、大叶牛心菜）	*Hypericum ascyron* L.	藤黄科	Guttiferae	经济：多年生草本，全草药用，可栽培观赏
黄莲花	*Lysimachia davurica* Ledeb.	报春花科	Primulaceae	经济：多年生草本，可栽培观赏
黄堇（千人耳子）	*Corydalis pallida*（Thunb.）Pers.	罂粟科	Papaveraceae	经济：多年生草本，根药用
黄睡莲	*Nymphaea mexicana* Zucc.	睡莲科	Nymphaceae	经济：多年生水生草本，供观赏，山东栽培较少
黄鹌菜	*Yongia japonica*（L.）DC.	菊科	Compositae	经济：一年生草本，嫩茎叶可作饲料
黄精	*Polygonatum sibiricum* Delar. ex Redoute	百合科	Liliaceae	经济：多年生草本，根状茎药用
黄蜀葵	*Abelmoschus manihot*（L.）Medicus	锦葵科	Malvaceae	经济：一年生或多年生草本，常栽培供观赏，种子、根和花药用
博落迴	*Macleaya cordata*（Willd.）R.Br.	罂粟科	Papaveraceae	经济：多年生草本，全草药用
喜旱莲子草	*Alternanthera philoxeroides*（Mart.）Griseb.	苋科	Amaranthaceae	经济：多年生草本，全草药用
御谷	*Pennisetum glaucum*（L.）R.Br.	禾本科	Gramineae	经济：果实可食，味甜
惠兰	*Cymbidium faberi* Rolfe	兰科	Orchidaceac	经济：多年生陆生草本，供观赏
戟叶堇菜	*Viola betonicifolia* J.E.Smith.	堇菜科	Violaceae	经济：多年生草本，全草药用
斑叶竹节秋海棠	*Begonia maculata* Raddi	秋海棠科	Begoniaceae	经济：多年生草本，供观赏
斑叶秋海棠	*Begonia argento-guttata* Lemoine	秋海棠科	Begoniaceae	经济：多年生草本，供观赏
斑地锦	*Euphorbia supina* Rafin.	大戟科	Euphorbiaceae	经济：一年生匍匐小草本，全草药用
朝阳青茅	*Cleistofenes hackelii*（Honda）Honda	禾本科	Gramineae	经济：可作牧草； 生态：水土保持　（变种：宽叶隐子草）
朝鲜苍术	*Atractylodes coreana*（Nakai）Kitam.	菊科	Compositae	经济：多年生草本，根状茎药用
朝鲜唐松草	*Thalictrum coreanum* Lévl.	毛茛科	Ranunculaceae	经济：多年生草本，根药用
朝鲜碱茅	*Puccinellia chinampoensis* Ohwi	禾本科	Gramineae	经济：可作牧草
棉枣儿	*Scilla scilloides*（Lindl.）Druce	百合科	Liliaceae	经济：多年生草本，含淀粉，可作工业浆料；亦可药用

种　名		科　名		应　用
䅟子	*Eleusine coracana*（L.）Gaertn.	禾本科	Gramineae	经济：工艺品原料
款冬	*Tussilago farfara* L.	菊科	Compositae	经济：多年生草本，花药用
渥丹	*Lilium concolor* Salisb.	百合科	Liliaceae	经济：多年生草本，鳞茎可食用，亦可入药；花大，可供观赏
猩猩草	*Euphorbia heterophylla* L.	大戟科	Euphorbiaceae	经济：一年生草本，供观赏
番红花	*Crocus sativus* L.	鸢尾科	Iridaceae	经济：多年生草本重要药用植物，即：藏红花
番茄	*Lycopersicom esculentum* Mill.	唇形科	Labiatae	经济：一年生草本，果实作蔬菜和水果
番薯（甘薯、地瓜）	*Ipomoea batatas*（L.）Lam.	旋花科	Convolvulaceae	经济：一年生草本，块茎为主要粮食之一，茎叶是优良饲料
短毛金线草	*Antenoron neofiliforme*(Nakai）Hara	蓼科	Polygonaceac	经济：多年生草本，全草药用
短毛独活	*Heracleum moellendorffii* Hance	伞形科	Umbelliferae	经济：多年生草本，根药用
短梗箭头唐松草	*Thalictrum Simplex* L.bar brevipes Hara	毛茛科	Ranunculaceae	经济：多年生草本，全草药用
硬杆子草	*Capillipedium glaucopsis*（Steud.）Stapf	禾本科	Gramineae	经济：幼时可作牧草
硬质早熟禾	*Poa sphondylodes* Trin.	禾本科	Gramineae	经济：牲畜喜食牧草
筋骨草	*Ajuga ciliata* Bge.	唇形科	Labiatae	经济：多年生草本，全草药用
紫马唐	*Digitaria violasens* Link	禾本科	Gramineae	经济：优质牧草
紫云英	*Astragalus sinicus* L.	豆科	Leguminosae	经济：一年生草本，优良绿肥和饲草，种子及全草药用
紫竹梅	*Setcreasea purpurea* Boom.	鸭跖草科	Commelinaceae	经济：草本，赏叶植物
紫羊毛	*Festuca rubra* L.	禾本科	Gramineae	经济：优质牧草、造纸原料
紫花地丁	*Viola philippica* Cav.Lcons et Descr.	堇菜科	Violaceae	经济：多年生草本，全草药用
紫花前胡	*Peucedanum dedursivum*（Miq.）Maxim.	伞形科	Umbelliferae	经济：多年生草本，根药用
紫苏（白苏）	*Perilla frutescens*（L.）Britt.	唇形科	Labiatae	经济：一年生草本，全草药用，可作香料，种子榨油
紫罗兰	*Matthiola incana*（L.）R.Br.	十字花科	Cruciferae	经济：二年或多年生草本，栽培观赏
紫苜蓿（紫花苜蓿）	*Medicago sativa* L.	豆科	Leguminosae	经济：多年生草本，优良饲料及牧草，也可做绿肥，种子含油，根药用； 生态：水土保持植物
紫茉莉	*Mirabilis jalapa* L.	紫茉莉科	Nyctaginaceac	经济：一年或多年生草本，栽培供观赏，根、叶供药用
紫盆花	*Scabiosa atropurpurea* L.	川续断科	Dipsacaceae	经济：多年生草本，可供观赏
紫草	*Lithospermum enythrorhizon* Sieb.et Zucc.	紫草科	Boraginaceae	经济：多年生草本，根药用

种 名		科 名		应 用
紫菀	*Aster tataricus* L.f.	菊科	Compositae	经济：多年生草本，根及根茎药用
紫萍	*Spirodela polyrrhiza*（L.）Schleid.	浮萍科	Lemnaceae	经济：水生草本，全草药用，也可作饲料
紫筒草	*Stenosolenium saxatiles*（Pall.）Turcz.	紫草科	Boraginaceae	经济：多年生草本，全草药用
紫萼	*Hosta ventricosa*（Salisb.）Stearn	百合科	Liliaceae	经济：多年生草本，供观赏，全草可药用
紫露草	*Tradescantia reflexa* Raf.	鸭跖草科	Commelinaceae	经济：草本，观赏植物
萱草	*Hemerocallis fulva*（L.）L.	百合科	Liliaceae	经济：多年生草本，观赏植物；变种：重瓣萱草
萹蓄	*Polygonum aviculare* L.	蓼科	Polygonaceac	经济：一年生草本，全草药用，也可作饲料
落地生根	*Bryothyllum pinnatum*（Lam.）Oken	景天科	Crassulaceae	经济：多年生草本，稀成亚灌木，全草药用，亦为观赏花卉
落花生（花生）	*Arachis hypogaea* L.	豆科	Leguminosae	经济：一年生草本，重要油料作物，茎、叶为饲料或绿肥
落葵	*Basella rubra* L.	落葵科	Basellaceae	经济：一年生缠绕草本，可食，全草药用
落新妇（红升麻）	*Astilbe chinensis*（Maxim.）Frandh. et Savat.	虎耳草科	Saxifragaceae	经济：多年生草本，根状茎药用，根状茎，茎及叶可提烤胶
葎草（拉拉秧）	*Humulus scandens*（Lour.）Merr.	桑科	Moraceac	经济：一年生蔓性草本，茎皮强韧，全草药用，种子榨油
葛缕子	*Carum carvi* L.	伞形科	Umbelliferae	经济：多年生草本，全草及根药用，果实可提香料
葫芦（瓠）	*Lagenaria siceraria*（Molina）Standl.	葫芦科	Cucurbitaceae	经济：一年生攀援草本，瓠瓜嫩时可食，成熟后木质化可作容器，果、种子有药用价值； 变种：瓠子，小葫芦，瓠瓜
葱	*Allium fistulosum* L.	百合科	Liliaceae	经济：多年生草本，重要蔬菜、调味品，亦可药用
葱莲	*Zephyranthes candida*（Lindl.）Herb.	石蒜科	Amaryllidaceae	经济：多年生草本，供观赏
葵叶茑萝	*Quamoclit sloteri* House	旋花科	Convolvulaceae	经济：一年生缠绕性草本，供观赏
葶苈	*Draba nemorosa* L.	十字花科	Cruciferae	经济：一年或二年生草本，种子含油，可工业用
蒌蒿	*Artemisia selengensis* Turcz. ex Besser	菊科	Compositae	经济：多年生草本，全草药用
裂叶牵牛	*Pharbitis nille*（L.）Choisy	旋花科	Convolvulaceae	经济：一年生草本，供观赏，种子药用
裂叶秋海棠	*Begonia laciniata* Roxb.	秋海棠科	Begoniaceae	经济：多年生草本，供观赏

种名		科名		应用
裂叶荆芥	*Schizonepeta tenuifolia* (Benth.) Briq.	唇形科	Labiatae	经济：一年生草本，全草、花穗药用，也可提芳香油
裂稃草	*Schizachyrium brevifolium* (Swartz.) Nees	禾本科	Gramineae	经济：可作牧草
酢浆草	*Oxalis corniculata* L.	酢浆草科	Oxalidaceae	经济：多年生草本，全草药用
阔叶山麦冬	*Liriope platyphylla* Wang et Tang	百合科	Liliaceae	经济：多年生草本，叶常绿，块根药用，亦可观赏
韩信草	*Scutellaria indica* L.	唇形科	Labiatae	经济：多年生草本，全草药用
鹅观草	*Roegneria kamoji* Ohwi	禾本科	Gramineae	经济：可作牧草
鹅肠菜	*Malachium aquaticum* (L.) Fries	石竹科	Caryophyllaceae	经济：多年生草本，全草药用
鹅绒藤	*Cynanchum chinense* R.Br.	萝藦科	Asclepiadaceae	经济：多年生缠绕草本，全株可药用
黑三菱	*Sparganium stoloniferum* Hamit.	黑三菱科	Sparganiaceae	经济：水生草本，可作牛马饲料；块茎可药用
黑心金光菊（黑眼菊）	*Rudbeckia hirta* L.	菊科	Compositae	经济：一年或二年生草本，供观赏
黑水缬草	*Valeriana amurensis* Smir.ex Kom.	败酱科	Valerianaceae	经济：多年生草本，根部药用
黑麦草	*Lolium perenne* L.	禾本科	Gramineae	经济：可作牧草
黑藻	*Hydrilla verticillata* (L.f.) Rich.	水鳖科	Hydrocharitaceae	经济：水生草本，猪饲料、绿肥
墓回头（异叶败酱）	*Patrinia heterophylla* Bge.	败酱科	Valerianaceae	经济：多年生草本，全草及根部可供药用
微齿眼子菜	*Potamogeton maackianus* A. Benn.	眼子菜科	Potamogetonaceae	经济：水生草本，全草可作饲料或绿肥
慈姑	*Sagittaria sagittifolia* L.	泽泻科	Alismataceae	经济：水生草本，球茎可食可药用，地上部分可作家畜饲料
滨麦	*Leymus mollis* (Trin.) Hara	禾本科	Gramineae	生态：固沙植物； 经济：嫩时为牧草
睡莲（子午莲）	*Nymphaea tetragona* Georgi	睡莲科	Nymphaceae	经济：多年生水生草本，根状茎可食用亦可药用，全草做绿肥，公园池沼栽培供观赏
矮韭	*Allium anisopodium* Ledeb.	百合科	Liliaceae	经济：多年生草本，鳞茎药用
矮雪轮	*Silene pendula* L.	石竹科	Caryophyllaceae	经济：一年或二年生草本，供观赏
碎米荠	*Cadamine hrisuta* L.	十字花科	Cruciferae	经济：一年生草本，可作野菜食用，也可用药用，种子榨油
稗	*Echinochloa crusgallii* (L.) Beauv.	禾本科	Gramineae	经济：颖果可酿酒、制糖；秆叶为饲料（五变种）
腺毛委陵菜	*Potentilla longifolia* Willd.ex Schlecht.	蔷薇科	Rosaceae	经济：多年生草本，西藏以全草药用
腺梗豨莶	*Siegesbeckia pubescens* Makino	菊科	Compositae	经济：一年生草本，全草药用
蒜	*Allium sativum* L.	百合科	Liliaceae	经济：药用、蔬菜

种名		科名		应用
蒲公英（婆婆丁）	*Taraxacum mongolicum* Hand.-Mazz.	菊科	Compositae	经济：多年生草本，全草药用
蒺藜	*Tribulus terrestris* L.	蒺藜科	Zygophyllaceae	经济：一年生草本，果实药用，种子油可工业用
蒿子杆（茼蒿）	*Chrysanthemum carinatum* Schousb.	菊科	Compositae	经济：一年生草本，春夏普通蔬菜
蓍（千叶蓍）	*Achillea millefolium* L.	菊科	Compositae	经济：多年生草本，栽培供观赏，叶、花含芳香油，全草药用
蓖麻	*Ricinus communis* L.	大戟科	Euphorbiaceae	经济：一年生草本，种子含脂肪油达 70%，优良润滑油，有药用价值，叶可养蚕，茎皮可造纸
蓝萼香茶菜	*Rabdosia japonica*（Burm.f.）Hara var.glaucocalys（Maxim.）Hara	唇形科	Labiatae	经济：多年生草本，全草药用
蓟（大蓟）	*Cirsium japonicum* DC.	菊科	Compositae	经济：多年生草本，全草药用
蓟罂粟	*Argemone mexicana* L.	罂粟科	Papaveraceae	经济：一年生草本，供观赏，种子可药用
蓬子菜	*Galium verum* L.	茜草科	Rubiaceae	经济：多年生草本，全草可供药用
虞美人	*Papaver rhoeas* L.	罂粟科	Papaveraceae	经济：一年生草本，供观赏
蜂斗菜	*Petasites japonicus*（Sieb. et Zucc.）F.Schmidt	菊科	Compositae	经济：多年生草本，叶柄作蔬菜，全草及根状茎药用
裸花水竹叶	*Murdannia nudiflora*（L.）Brenna	鸭跖草科	Commelinaceae	经济：草本，全草药用，外敷治蛇疮
路边青（水杨梅）	*Geum aleppicum Jacq.*	蔷薇科	Rosaceae	经济：多年生草本，全株可提取栲胶，全草药用
锦绣苋	*Alternanathera bettzickiana*（Regel）Nichols.	苋科	Amaranthaceae	经济：多年生草本，全草药用；叶片颜色多，常用来布置花坛
锦葵（大花葵）	*Malva siensis* Cavan.	锦葵科	Malvaceae	经济：二年或多年生草本，供观赏，白色花常药用
雏菊（延命菊）	*Bellis perennis* L.	菊科	Compositae	经济：多年或一年生葶状草本，观赏花卉
鼠尾粟	*Sporobolus indicus*（L.）R. Br. var. *purpurea-suffusus*（Ohwi）T. Koyoma	禾本科	Gramineae	经济：嫩时为牧草；老秆可编织、造纸
鼠尾鞭（扭仙人指）	*Aporocactus flagelliformis*（L.）Lem.	仙人掌科	Cactaceae	经济：匍匐或攀援，习见盆景，观赏植物
鼠掌老鹳草	*Geranium sibiricum* L.	牻牛儿苗科	Geraniaceae	经济：多年生草本，全草药用
鼠麴草	*Gnaphalium affine* D.Don	菊科	Compositae	经济：一年生草本，茎、叶药用
墙草	*Parietaria micrantha* Ledeb.	荨麻科	Urticaceae	经济：一年生细弱草本，全草药用

种名		科名		应用
槭叶秋海棠	*Begonia digyna* Irmsch.	秋海棠科	Begoniaceae	经济：多年生草本，供观赏
漆姑草	*Sagina japonica*（Sw.）Ohwi	石竹科	Caryophyllaceae	经济：一年或二年生草本，全草药用
漏芦（祁州漏芦）	*Stemmacantha uniflora*（L.）Ditrich	菊科	Compositae	经济：多年生草本，根药用
瘦瘠伪针茅	*Pseudoraphis spinescens*（R.Br.）Vickery var. depauperata（Nees）Bor.	禾本科	Gramineae	经济：可作牧草
碧冬茄（矮牵牛）	*Petunia hybrida* Vilm.	唇形科	Labiatae	经济：一年生草本，供观赏
碱茅	*Puccillia distans*（L.）Parl.	禾本科	Gramineae	经济：可作牧草
碱蓬	*Suaeda glauca*（Bge.）Bge.	藜科	Chenopodiaceae	经济：一年生草本，长于盐碱荒地，种子可榨油
缨绒花	*Emilia sagittata*（Vahl.）DC.	菊科	Compositae	经济：一年生草本，观赏植物
罂粟（鸦片花）	*Papaver somniferum* L.	罂粟科	Papaveraceae	经济：一年生草本，果实乳汁药用，硕果可药用，但也可制作毒品危害社会
翠菊（江西腊）	*Callistephus chinensis*（L.）Nees	菊科	Compositae	经济：一年或二年生草本，观赏花卉，花、叶均入药
聚合草（爱国草）	*Symphytum officinale* L.	紫草科	Boraginaceae	经济：多年生草本，可作牧草
膜荚黄耆（黄耆）	*Astragalus membranaceus*（Fisch.）Bge.	豆科	Leguminosae	经济：多年生草本，根药用
蓼蓝	*Polygonum tincotorium* Ait.	蓼科	Polygonaceac	经济：一年生草本，叶药用，亦可提取染料
焯菜	*Rorippa indica*（L.）Hiern.	十字花科	Cruciferae	经济：一年或二年生草本，全草药用
蔺状隐花草	*Crypsis schoenoides*（L.）Lam.	禾本科	Gramineae	经济：可作牧草
蜀葵（一丈红）	*Althaea rosea*（L.）Cavan.	锦葵科	Malvaceae	经济：多年生直立草本，供观赏，种子、根、花药用
蜘蛛抱蛋（一叶兰）	*Aspidistra elatior* Bl.	百合科	Liliaceae	经济：多年生常绿草本，供观赏，亦可药用
蜜柑草	*Phyllanthus matsumurae* Hayata	大戟科	Euphorbiaceae	经济：一年生草本，全草药用，也可做饲料
蜡菊（麦秆菊）	*Helichrysum bracteatum*（Vent.）Andr.	菊科	Compositae	经济：一年或二年生草本，栽培供观赏
蝇子草	*Silene fortunei* Vis.	石竹科	Caryophyllaceae	经济：多年生草本，根药用
豨莶	*Siegesbeckia orientalis* L.	菊科	Compositae	经济：一年生草本，全草药用
辣椒	*Capsicum annuum* L.	唇形科	Labiatae	经济：一年生草本，果实为蔬菜和调味品，根茎药用； 变种：鸡心椒，菜椒（灯笼椒），长辣椒
酸模	*Rumex.acetosa* L.	蓼科	Polygonaceac	经济：多年生草本，全草药用

种名		科名		应用
酸模叶蓼	*Polygonum lapathifolium* L.	蓼科	Polygonaceac	经济：一年生草本，果实药用
墨兰	*Cymbidium sinense*（Andr.）Willd.	兰科	Orchidaceac	经济：多年生陆生草本，供观赏
播娘蒿（麦蒿）	*Descurainia sophia*（L.）Webb.ex Prantl	十字花科	Cruciferae	经济：一年生草本，种子含油，可供食用及药用
潮风草	*Cynanchum ascyrifolium*（Franch.et Sav.）Matsum.	萝藦科	Asclepiadaceae	经济：多年生直立草本，根药用
瘤毛獐牙菜	*Swertia pseudochinensis* Hara	龙胆科	Gentianaceae	经济：一年生草本，全草药用
稻	*Oryza sativa* L.	禾本科	Gramineae	经济：重要粮食作物和食品原料；秆可造纸及编织
缬草（拔地麻）	*Valeriana officinalis* L.	败酱科	Valerianaceae	经济：多年生草本，根状茎及根药用
蕺菜	*Houttuynia cordata* Thunb.	三白草科	Saururaceae	经济：多年生草本，全草药用
蝎子草	*Girardinia cuspidata* Wedd.	荨麻科	Urticaceae	经济：一年生草本，茎皮纤维可供纺织等
豌豆	*Pisum sativum* L.	豆科	Leguminosae	经济：一年生攀援草本，种子及嫩叶可食，种子、茎、叶可药用；可作绿肥或饲料
醉蝶花	*Cleome spinosa* L.	白花菜科	Capparidaceae	经济：一年生草本，观赏花卉，蜜源植物，全草药用
鹤虱	*Lappula myosotis* V.Wolf	紫草科	Boraginaceae	经济：一年生草本，果实药用，种子可榨油
鹤望兰	*Strelitzia reginae* Aiton	芭蕉科	Musaceae	经济：多年生草本，供观赏
黎	*Panicum miliaceum* L.	禾本科	Gramineae	经济：食用、酿酒
橘草	*Cympbopogon goeringii*（Steud.）A. Camus	禾本科	Gramineae	经济：牧草，造纸原料、提制芳香油
橙红茑萝（圆叶茑萝）	*Quamoclit coccinea*（L.）Moench	旋花科	Convolvulaceae	经济：一年生缠绕性草本，供观赏
燕子海棠	*Kalanchoe blossefeldiana* Poell	景天科	Crassulaceae	经济：多年生肉质草本或亚灌木，观赏植物
篦齿眼子菜	*Potamogeton pectinatus* L.	眼子菜科	Potamogetonaceae	经济：水生草本，全草可作饲料或绿肥
糖稷	*Panicum bisulcatum* Thunb.	禾本科	Gramineae	经济：可作牧草
糙叶败酱	*Patrinia scabra* Bge.	败酱科	Valerianaceae	经济：多年生草本，全草及根部可供药用
糙叶黄耆	*Astragalus scaberrimus* Bge.	豆科	Leguminosae	经济：多年生草本，可作牧草；生态：水土保持植物
糙苏	*Phlomis umbrosa* Turcz.	唇形科	Labiatae	经济：多年生草本，根药用
糙隐子草	*Cleistogenes squarrosa*（Trin.）Keng	禾本科	Gramineae	经济：可作牧草
蕹菜	*Ipomoea aquatica* Forsk.	旋花科	Convolvulaceae	经济：一年生草本，茎、叶供作蔬菜，亦可药用

种名		科名		应用
薄荷	*Mentha haplocalyx*（Briq.）Kudo	唇形科	Labiatae	经济：多年生草本，全草药用，也可提取挥发油
薏苡	*Coix lacryma-jobi* L.	禾本科	Gramineae	经济：颖果可食用、酿酒、药用；茎秆可造纸，制作工艺品
薯蓣	*Dioscorea opposita* Thunb.	薯蓣科	Dioscoreaceae	经济：多年生草本，根状茎为重要蔬菜，亦可药用
颠茄	*Atropa belladonna* L.	唇形科	Labiatae	经济：多年生草本，重要药用植物，全草有毒
擘蓝（球茎甘蓝）	*Brassica caulorapa* Pasq.	十字花科	Cruciferae	经济：二年生草本，球茎及叶为蔬菜，种子油可食用，叶和种子可药用
爵床	*Rostellularia procumbens*（L.）Ness	爵床科	Acanthaceae	经济：细弱草本，全草药用
繁缕	*Stellaria media*（L.）Cyr.	石竹科	Caryophyllaceae	经济：一年生或二年生草本，全草药用
藏报春	*Primula sinensis Sabine ex* Lindl.	报春花科	Primulaceae	经济：多年生草本，栽培已久的温室观赏植物
瞿麦	*Dianthus superbus* L.	石竹科	Caryophyllaceae	经济：多年生草本，全草药用
翻白草	*Potentilla discolor* Bge.	蔷薇科	Rosaceae	经济：多年生草本，全草药用，嫩苗可食
藜	*Chenopodium album* L.	藜科	Chenopodiaceae	经济：一年生草本，全草药用
藜芦	*Veratrum nigrum* L.	百合科	Liliaceae	经济：多年生草本，可供药用，剧毒
攀倒甑（白花败酱）	*Patrinia villosa*（Thunb.）Juss.	败酱科	Valerianaceae	经济：多年生草本，全草及根部可供药用，民间作蔬菜及饲料
瓣蕊唐松草	*Thalictrum petaloideum* L.	毛茛科	Ranunculaceae	经济：多年生草本，根药用，称：马尾连
藿香	*Agastache rugosa*（Fish.et Mey.）O.Ktze.	唇形科	Labiatae	经济：多年生直立草本，全草药用
藿香蓟（胜红蓟）	*Ageratum conyzoides* L.	菊科	Compositae	经济：一年生草本，栽培观赏，全草药用
蟹爪兰（蟹爪莲）	*Schlumbergera truncata*（Haw.）K. Schum	仙人掌科	Cactaceae	经济：肉质植物，供观赏
鳞叶龙胆	*Gentiana squarrosa* Ledeb.	龙胆科	Gentianaceae	经济：一年生草本，全草药用
露珠草	*Cricaea quadrisulcata*（Maxim.）Franch.	柳叶菜科	Onagraceae	经济：多年生草本，全草药用
鳢肠（旱莲草、墨旱莲）	*Eclipta prostrata*（L.）L. Mant.	菊科	Compositae	经济：一年生草本，全草药用
麝香石竹	*Dianthus caryophyllus* L.	石竹科	Caryophyllaceae	经济：多年生草本，供观赏
囊颖草	*Sacciolepis indica*（L.）A. Chase	禾本科	Gramineae	经济：可作牧草
虉草	*Phalaris arundinacea* L.	禾本科	Gramineae	经济：嫩时为优良牧草，秆可编制和造纸

3.3 生态经济树种

种名		科名		应用
三叶海棠	*Malus sieboldii*（Regel）Rehd.	蔷薇科	Rosaceae	生态：灌木，植株保土性能好
三蕊柳	*Salix triandra* L.	杨柳科	Salicaceae	生态：灌木或小乔木，护岸，绿化树种； 变种：蒙山柳变种，日本三蕊柳
小叶女贞（小白蜡树）	*Ligustrum quihoui* Carr.	木犀科	Oleaceae	生态：落叶灌木，抗二氧化硫性能较强，可作工矿区绿化
小叶鼠李（护山棘）	*Rhamnus parvifolia* Bge.	鼠李科	Rhamnaceae	生态：灌木，生于干燥山坡，可用于干旱地水土保持
小冠花	*Coronilla varia* L.	豆科	Leguminosae	生态：草本，水土保持植物
中华草沙蚕	*Tripogon chinensis*（Franch.）Hack.	禾本科	Gramineae	生态：草本，耐干旱、根系发达、保土作用
中国沙棘（醋柳，酸刺）	*Hippophae rhamnoides* L. ssp. *sinensis* Rousi	胡颓子科	Elaeagnaceae	生态：灌木，优良的保土固沙植物和薪炭林树种
双穗雀稗	*Paspalum distichum* L.	禾本科	Gramineae	生态：草本，保土固堤
日本云杉	*Picea polita*（Sieb. et Zucc.）Carr.	松科	Pinaceae	生态：庭院绿化，青岛 1898 年引种
日本五叶松	*Pinus parviflora* Sieb. et Zucc.	松科	Pinaceae	生态，庭院绿化、盆景
日本桤木（赤杨）	*Alnus japonica*（Thunb.）Steud.	桦木科	Betulaceae	生态：乔木护岸，固堤，涵养水源
日本落叶松	*Larix kaempferi*（Lamb.）Carr.	松科	Pinaceae	生态：适应性强，可用于造林。木材用途同落叶松
木槿	*Hibicus syriacus* L.	锦葵科	Malvaceae	生态：落叶灌木，对污染气体抗性较强，可在大气污染较重的地区栽种； 变型：粉紫重瓣木槿； 变种：短苞木槿
毛叶石楠（鸡零子）	*Photinia villosa*（Thunb.）DC.	蔷薇科	Rosaceae	生态：灌木，保土灌土
毛鸭嘴草	*Ischaemum antephoroides*（Steud.）Miq.	禾本科	Gramineae	生态：草本，固沙
水杉	*Metasequoia glyptostroboides* Hu et Cheng	杉科	Taxodiaceae	生态：树姿优美，可植为绿化树
火炬松	*Pinus taeda* L.	松科	Pinaceae	生态：树姿优美，是理想的庭院绿化树
火炬树	*Rhus typhina* L.	漆树科	Anacardiaceae	生态：灌木或落叶小乔木，抗旱性能强，宜作干旱山地水土保持树种
牛奶子（麦粒子）	*Elaeagnus umbellata* Thunb.	胡颓子科	Elaeagnaceae	生态：灌木，水土保持，防护林树种
北京隐子草	*Cleistogenes hancei* Keng	禾本科	Gramineae	生态：草本，水土保持

种名		科名		应用
北美香柏	*Thuja occidentalis* L.	柏科	Cupressaceae	生态：庭院绿化树
本氏木蓝（铁扫帚）	*Indigofera bungeana* Walp.	豆科	Leguminosae	生态：灌木，荒山水土保持植物
田菁	*Sesbania cannabina*（Retz.）Pers.	豆科	Leguminosae	生态：一年生草本，优良绿肥作物，可改良土壤
白木乌桕	*Sapium japonicum*（Sieb. et Zucc.）Pax et Hoffm.	大戟科	Euphorbiaceae	生态：灌木或小乔木，可作山沟、溪谷两岸低湿地保土树种
白车轴草（白三叶）	*Trifolium repens* L.	豆科	Leguminosae	生态：草本，草皮及优良的水土保持植物
白皮松	*Pinus bungeana* Zucc. ex Endl.	松科	Pinaceae	生态，较能耐盐碱，理想的绿化树种；用材树种，种子可食
白扦	*Picea meyeri* Rehd. et Wils.	松科	Pinaceae	生态：北方大城市常栽培作庭院绿化树，也可用材
白杨草	*Bothriochloa ischaemum*（L.）Keng	禾本科	Gramineae	生态：草本，重要水土保持禾草
白刺	*Nitraria sibirica* Pall.	蒺藜科	Zygophyllaceae	生态：灌木，喜盐碱地，耐干旱，重要防风固沙植物
白刺花（马蹄针）	*Sophora viciifolia* Hance	豆科	Leguminosae	生态：灌木，水土保持
白草	*Pennisetum flaccidum* Griseb.	禾本科	Gramineae	生态：草本，根茎发达，保土
白檀（锦织木）	*Symplocos paniculata*（Thunb.）Miq.	山矾科	Symplocaceae	生态：落叶灌木或小乔木，保土植物
辽东桤木（水东瓜）	*Aluns sibirica* Fisch.ex Turcz.	桦木科	Betulaceae	生态：乔木，速生用材、护岸保土
刚松	*Pinus rigida* Mill	松科	Pinaceae	生态：城市绿化、试种造林
华山松	*Pinus armandii* Franch.	松科	Pinaceae	生态：山地造林、园林绿化经济，木材优良，树干可提树脂，树皮可提栲胶
华山矾	*Symplocos chinensis*（Lour.）Druce	山矾科	Symplocaceae	生态：灌木或小乔木，保持水土，绿化
华北落叶松	*Larix pincipis-rupprechtii* Mayr.	松科	Pinaceae	生态：高山林场主要树种，木材坚韧，树皮可提栲胶
多花胡枝子	*Lespedeza floribunda* Bge.	豆科	Leguminosae	生态：灌木，可作水土保持植物
多枝柽柳（红柳）	*Tamarix ramosissima* Ledeb.	柽柳科	Tamaricaceae	生态：灌木或小乔木，优良的防风固沙树种
尖叶胡枝子	*Lespedeza hedysaroides*（Pall.）Kitag.	豆科	Leguminosae	生态：灌木，可作水土保持植物
早熟禾	*Poa annua* L.	禾本科	Gramineae	生态：草本，监测环境（对臭氧敏感）
池杉	*Taxodium ascendens* Brongn.	杉科	Taxodiaceae	生态：湿地造林或庭院树； 用材：建筑、电杆、枕木、造船
红松	*Pinus koraiensis* Sieb. et Zucc.	松科	Pinaceae	生态：山地造林、园林绿化经济，木材优良，种子“松子”可食、可入药

种名		科名		应用
红柳（杠柳）	*Periploca sepium* Bge.	萝藦科	Asclepiadaceae	生态：灌木，良好的水土保持林
羊草	*Leymus chinensis*（Trin.）Tzvel.	禾本科	Gramineae	生态：草本，耐寒耐旱抗盐碱，生态恢复水土保持
西北栒子	*Cotoneaster zabelii* Schneid.	蔷薇科	Rosaceae	生态：灌木，是保土及观赏植物资源
达胡里胡枝子	*Lespedeza davurica*（Laxm.）Schindl.	豆科	Leguminosae	生态：灌木，重要的山地水土保持植物
卵叶鼠李（小叶鼠李）	*Rhamnus bungeana* J. Vass.	鼠李科	Rhamnaceae	生态：灌木，水土保持树种
旱柳	*Salix matsudana* Koidz.	杨柳科	Salicaceae	生态：固沙保土，四旁绿化
杜梨（棠梨）	*Pyrus betulaefolia* Bge.	蔷薇科	Rosaceae	生态：乔木或大灌木，华北防护林及沙荒地的主要造林树种之一
束尾草	*Phacelurus latifolius*（Steud.）Ohwi	禾本科	Gramineae	生态：草本，固沙护堤
求米草	*Oplismenus undulatifolius*（Arduino）Roem. et. Schult.	禾本科	Gramineae	生态：草本，林下保土植物
沙枣（桂香柳）	*Elaeagnus angustifolia* L.	胡颓子科	Elaeagnaceae	生态：灌木，固沙、保土、改良盐碱地及四旁绿化的重要树种
花木蓝（吉氏木蓝）	*Indigofera kirilowii* Maxim. ex Palibin	豆科	Leguminosae	生态：灌木，保持水土，荒山绿化
赤松	*Pinus densiflora* Sieb. et. Zucc.	松科	Pinaceae	生态：鲁东丘陵主要造林树种
连翘（挂拉鞭）	*Forsythis suspensa*（Thunb.）Vahl	木犀科	Oleaceae	生态：灌木，为园林绿化、水土保持树种
侧柏	*Platycladus oriedtalis*（L.）Franco	柏科	Cupressaceae	生态：石灰岩山地主要造林树种，常见的庭院绿化树种 木材坚实耐用（常见有三个变种）
刺椿（刺叶椿）	*Ailanthus vilmoriniana* Dode	苦木科	Simaroubaceae	生态：落叶乔木，抗污染能力好，适于城镇工矿区栽种
单叶蔓荆	*Vitex trifolia* L. var. *simplicifolia* Cham.	马鞭草科	Verbenaceae	生态：灌木，良好的固沙植物
垂柳	*Salix babylonica* L.	杨柳科	Salicaceae	生态：公园多栽为观赏树
拂子茅	*Calamagrostis epigeios*（L.）Roth	禾本科	Gramineae	生态：草本，耐盐碱、护堤固沙
构树	*Broussonetia papyrifera*（L.）Vent.	桑科	Moraceac	生态：乔木，适应性强，抗干旱贫瘠及烟害，适宜作城镇及工矿区绿化用树
枫杨	*Pterocarya stenoptera* DC.	胡桃科	Juglandaceae	生态：乔木，山沟，河岸造林树种
欧李	*Prunus humilis* Bge.	蔷薇科	Rosaceae	生态：灌木，保土
欧洲云杉	*Picea abies*（L.）Karst.	松科	Pinaceae	生态：青岛引种绿化树，生长良好
油松	*Pinus tabulaeformis* Carr.	松科	Pinaceae	生态：鲁中南山地丘陵区主要荒山造林树种
狗牙根	*Cynodon dactylon*（L.）Pers.	禾本科	Gramineae	生态：草本，根状茎发达，铺草坪，保土

种名		科名		应用
知风草	*Eragrostia ferruginea*（Thunb.）Beauv.	禾本科	Gramineae	生态：草本，根系发达，保土固堤
细叶结缕草（天鹅绒）	*Zoysia tenuifolia* Willd. ex Trin.	禾本科	Gramineae	生态：草本，优良草坪植物
细齿草木樨	*Melilotus dentatus*（Wwldst. et Kit.）Pers.	豆科	Leguminosae	生态：草本，水土保持植物
罗汉柏	*Thujopsis dolabrata*（L.f.）Sieb. et Zucc.	柏科	Cupressaceae	生态：良好的绿化树种
苦糖果	*Lonicera standishii* Carr.	忍冬科	Caprifoliaceae	生态：落叶灌木，园林绿化及水土保持树种
茅香	*Hierochloë odorata*（L.）Beauv.	禾本科	Gramineae	生态：草本，可作保堤护土植物
茅根	*Perotis hordeiformis* Nees ex Trin.	禾本科	Gramineae	生态：草本，固沙保土
虱子草	*Tragus berteronianus* Schult.	禾本科	Gramineae	生态：草本，植株矮小，可以护岸
郁李（赤李子）	*Prunus japonica* Thunb.	蔷薇科	Rosaceae	生态：灌木，山地保土；重瓣郁李（变种）
郁金香	*Tulipa gesneriana* L.	百合科	Liliaceae	生态：草本，监测氟化物
金花忍冬（黄花忍冬）	*Lonicera chrysantha* Turcz.	忍冬科	Caprifoliaceae	生态：落叶灌木，水土保持树种；变种：须蕊忍冬
金钱松	*Pseudolarix amabilis*（Nelson）Rehd.	松科	Pinaceae	生态：可用于造林，树姿优美，是理想的公园、庭院绿化树种
金银花（忍冬）	*Lonicera japonica* Thunb.	忍冬科	Caprifoliaceae	生态：半常绿攀援藤本，良好的园林植物及水土保持树种； 变种：红金银花，黄脉金银花
陕西荚蒾（土蓝条）	*Viburnum shensianum* Maxim.	忍冬科	Caprifoliaceae	生态：落叶灌木，水土保持
青扦	*Picea wilsonii* Mast.	松科	Pinaceae	生态：青岛、济南等栽培作庭院绿化树
鸢尾	*Iris tectorum* Maxim.	鸢尾科	Iridaceae	生态观测：草本，大气监测
柘树	*Cudrania tricuspidata*（Carr.）Bur.	桑科	Moraceac	生态：灌木，良好的护坡及绿篱树种
柽柳（红荆条、三春柳）	*Tamarix chinensis* Lour	柽柳科	Tamaricaceae	生态：灌木或小乔木，盐碱地土壤改良及绿化树种
砂引草	*Messerschmidia sibirica* L.	紫草科	Boraginaceae	生态：草本，良好的固沙植物
胡枝子	*Lespedeza bicolor* Turcz.	豆科	Leguminosae	生态：灌木，优良保持水土灌木
草木樨	*Melilotus suaveolens* Ledeb.	豆科	Leguminosae	生态：草本，水土保持植物
草木樨状黄耆	*Astragalus melilotoides* Pall.	豆科	Leguminosae	生态：草本，保持水土植物
重阳木	*Bischofia polycarpa*（L'evl.）Airy-Shaw	大戟科	Euphorbiaceae	生态：乔木，适宜作行道树及河堤防护树种
唐菖蒲	*Gladiolus gandavensis* Ban Houtte	鸢尾科	Iridaceae	生态：草本，可作氟化物监测植物
绣球（阴绣球）	*Hydrangea macrophylla*（Thunb.）Seringe	虎耳草科	Saxifragaceae	生态：灌木，对二氧化硫等毒气抗性较强，可用作矿区绿化

种 名		科 名		应 用
臭椿（樗树）	*Ailanthus altissima*（Mill.）Swingle	苦木科	Simaroubaceae	生态：落叶乔木，抗污染能力好，适于城镇工矿区栽种
荻	*Miscanthus sacchariflorus*（Maxim.）Hack.	禾本科	Gramineae	生态：草本，优良固堤护坡植物
鸭嘴草	*Ischaemum aristatum* L. var. *glaucum*（Honda）T. Koyama	禾本科	Gramineae	生态：草本，固沙
假苇拂子茅	*Calamargrostis pseudophragmites*（Hall.f.）Koel.	禾本科	Gramineae	生态：草本，良好保土固沙植物
菅草	*Themeda japonica*（*Willd*）*C. Tanaka*	禾本科	Gramineae	生态：草本，水土保持优良植物
野古草	*Arundinella hirta*（Thunb.）Tanaka	禾本科	Gramineae	生态：草本，阴坡生长旺盛，保土护坡
银杏	*Ginkgo biloba* L.P	银杏科	Ginkgoaceae	生态：树形优美，绿化观赏树，木材优良，种子名白果，可食，可入药。叶可杀虫，亦可作肥料
雀儿舌头（黑钩叶）	*Leptopus chinensis*（Bge.）Pojark.	大戟科	Euphorbiaceae	生态：小灌木，可保持水土
雪松	*Cedrus deodara*（Roxb.）Loud.	松科	Pinaceae	生态，用于园林绿化树
黄龙柳	*Salix liouana* C.Wang et Ch.Y.Yang	杨柳科	Salicaceae	生态：灌木，植于河岸，落淤护岸
黄荆	*Vitex negundo* L.	马鞭草科	Verbenaceae	生态：灌木，良好的水土保持灌木；变种：荆条，杜荆
黄檀	*Dalbergia hupeana* Hance	豆科	Leguminosae	生态：乔木，荒山造林先锋树种
朝阳青茅	*Cleistofenes hackelii*（Honda）*Honda*	禾本科	Gramineae	生态：草本，水土保持；变种：宽叶隐子草
朝鲜柳	*Salix koreensis* Anderss.	杨柳科	Salicaceae	生态：四旁绿化树种
朝鲜柳变种：山东柳	var. *shandongensis* C.F.fang	杨柳科	Salicaceae	生态：四旁绿化树种
湖北海棠	*Malus hupehensis*（Pamp.）Rehd.	蔷薇科	Rosaceae	生态：灌木，保土树种
紫苜蓿（紫花苜蓿）	*Medicago sativa* L.	豆科	Leguminosae	生态：草本，水土保持植物
紫穗槐（棉槐）	*Amorpha fruticosa* L.	豆科	Leguminosae	生态：灌木，保持水土，固沙造林和防护林带低层树种
落叶松	*Larix gmelini*（Rupr.）Rupr.	松科	Pinaceae	生态：林场造林，木材耐久用，树皮可提栲胶
榆	*Ulmus pumila* L.	榆科	Ulmaceae	生态：乔木，净化空气，吸收二氧化硅能力极强
榆叶梅	*Prunus triloba* Lindl.	蔷薇科	Rosaceae	生态：灌木，在山地沟壑可做保土植物
槐树	*Sophora japonica* L.	豆科	Leguminosae	生态：乔木，树姿美观，耐烟尘，可作绿化树种；变种有：龙爪槐，紫叶槐等

种 名		科 名		应 用
滨麦	*Leymus mollis*（Trin.）Hara	禾本科	Gramineae	生态：草本，固沙植物
锦带花	*Weigela florida*（Bge.）A. DC.	忍冬科	Caprifoliaceae	生态：落叶灌木，花美供观赏，对毒气抗性强
獐毛	*Aeluropus littoralis*（Gouan）Parl. var. *sinensis* Debeaux	禾本科	Gramineae	生态：草本，匍匐茎发达，保土固堤
樟子松	*Pinus sylvestris* L.var. *mongolica* Litv.	松科	Pinaceae	生态：很有潜力的造林树种
糙叶黄耆	*Astragalus scaberrimus* Bge.	豆科	Leguminosae	生态：草本，水土保持植物
簸箕柳	*Salix suchowensis* Cheng	杨柳科	Salicaceae	生态：灌木，固沙，护堤造林树种

3.4 药用植物

山东省的药用植物共有 77 科，175 属，281 种。其中常绿乔木有 15 科，25 属，28 种；落叶乔木有 31 科，56 属，89 种；常绿灌木有 20 科，24 属，30 种；落叶灌木有 32 科，69 属，111 种；常绿藤本有 2 科，2 属，2 种；落叶藤本有 7 科，11 属，22 种。

3.4.1 乔木

种 名		科 名		药用部位
七叶树	*Aesculus chinensis* Bge.	七叶树科	Hippocastanaceae	种子
三尖杉	*Cephalotaxus fortunei* Hook.f	三尖杉科	Cephalotaxaceae	种子
三球悬铃木	*Platanus orientalis* L.	悬铃木科	Platanaceae	小坚果煎汁
女贞	*Ligustrum lucidum* Ait.	木犀科	Oleaceae	果药用名“女贞子”，叶、树皮、根、茎
山合欢	*Albizia kalkora*（Roxb.）Prain	豆科	Leguminosae	根、茎皮、花
山皂荚	*Gleditsia japonica* Miq.	豆科	Leguminosae	荚、种子、刺
山胡椒	*Lindera glauca*（Sieb. Et Zucc.）Bl.	樟科	Lauraceae	根、枝、叶、果
山茶花	*Camellia japonica* L.	山茶科	Theaceae	花
山楂	*Crataegus pinnatifida* Bge.	蔷薇科	Rosaceae	果实制成饮片
山樱花	*Prunus serrulata* Lindl.	蔷薇科	Rosaceae	种核
川楝	*Melia toosendan* Sieb.et Zucc.	楝科	Meliaceae	果实、根、茎皮
中国沙棘	*Hippophae rhamnoides* L.ssp. *sinensis* Rousi	胡颓子科	Elaeagnaceae	果实
乌桕	*Sapium sebiferum*（L.）Roxb.	大戟科	Euphorbiaceae	根皮、叶
天女花	*Magonlia sieboldii* K.Koch	木兰科	Magnoliaceae	花可制浸膏
无花果	*Ficus carica* L.	桑科	Moraceae	隐花果、叶片
无患子	*Sapindus mukorossi* Gaertn.	无患子科	Sapindaceae	根、果
日本辛夷	*Magonlia kobus* DC.	木兰科	Magnoliaceae	花蕾
日本厚朴	*Magonlia hypoleuca* Sieb.et Zucc.	木兰科	Magnoliaceae	树皮

种　名		科　名		药用部位
木瓜	*Chaeomeles sinensis*（Thouin.）Koenhe	蔷薇科	Rosaceae	果
木犀	*Osmanthus fragrans*（Thunb.）Lour.	木犀科	Oleaceae	花
毛叶石楠	*Photinia villosa*（Thunb.）DC.	蔷薇科	Rosaceae	根
水松	*Glyptostrobus pensilis*（Staunt.）Koch	杉科	Taxodiaceae	叶、枝及球果药用
火炬树	*Rhus typhina* L.	漆树科	Anacardiaceae	根皮、茎皮
东北杏	*Prunus mandshurica*（Maxim.）Koehne	蔷薇科	Rosaceae	种仁
凹叶厚朴	*Magonlia biloba*（Rehd.et Wils.）Cheng	木兰科	Magnoliaceae	树皮、花
北京花楸	*Sorbus discolor*（Maxim.）Maxim.	蔷薇科	Rosaceae	果
北美鹅掌楸	*Liriodendron tulipifera* L.	木兰科	Magnoliaceae	叶、树皮
玉兰	*Magonlia denudata* Desr.	木兰科	Magnoliaceae	花蕾、树皮
白木乌桕	*Sapium japonicum*（Sieb. et Zucc.）Pax et Hoffm.	大戟科	Euphorbiaceae	根皮、叶
白背叶	*Mallotus apelta*（Lour.）Muell.-Arg.	大戟科	Euphorbiaceae	根、叶
白桦	*Betula plaatyphylla* Suk.	桦木科	Betulaeae	树皮、芽
白梨	*Pyrus bretschneideri* Rehd.	蔷薇科	Rosaceae	果
石榴	*Punica granatum* L.	石榴科	Punicaceae	茎皮、外果皮
光叶石楠	*Photinia glabra*（Thunb.）Maxim.	蔷薇科	Rosaceae	叶
华山矾	*Symplocos chinensis*（Lour.）Druce	山矾科	Symplocaceae	根皮、叶
华桑	*Morus cathayana* Hemsl.	桑科	Moraceae	根、皮、叶及果
合欢	*Albizia julibrissin* Durazz.	豆科	Leguminosae	树皮、花蕾
多枝柽柳	*Tamarix ramosissima* Ledeb.	柽柳科	Tamaricaceae	枝叶
朱砂玉兰	*Magonlia sprengeri* Pamp.	木兰科	Magnoliaceae	花蕾、树皮
朱槿	*Hibicus rosa-sinensis* L.	椴树科	Tiliaceae	叶、花
红松	*Pinus koraiensis* Sieb.et Zucc.	松科	Pinaceae	种子入药，称“海松子”
红楠	*Machilus thunbergii* Sieb.et Zucc.	樟科	Lauraceae	树皮
怀槐	*Maackia amurensis* Rupr. et Maxim.	豆科	Leguminosae	茎枝
杉木	*Cunninghamia lanceolata*（Lamb.）Hook.	杉科	Taxodiaceae	树皮含单宁，根、叶可入药
李	*Prunus salicina* Lindl.	蔷薇科	Rosaceae	根、叶、种核、树胶
杏	*Prunus armeniaca* L.	蔷薇科	Rosaceae	种仁
杜仲	*Eucommia ulmoides* Oliv.	杜仲科	Eucommiaceae	树皮
杜松	*Juniperus rigida* Sieb. et Zucc.	柏科	Cupressaceae	球果
沙枣	*Elacagnus angustifolia* L.	胡颓子科	Elaeagnaceae	果实
皂荚	*Gleditsia sinensis* Lam.	豆科	Leguminosae	荚、种子、刺
花曲柳	*Fraxinus rhynchophylla* Hance	木犀科	Oleaceae	干、枝
花红	*Malus asiatica* Nakai	蔷薇科	Rosaceae	树皮、根
花楸树	*Sorbus pohuashanensis*（Hance）Hedl.	蔷薇科	Rosaceae	果

种　名		科　名		药用部位
苏铁	*Cycas revoluta* Thunb.	苏铁科	Cycadaceae	种子
鸡桑	*Morus australis* Poir.	桑科	Moraceae	根、皮、叶及果
鸡蛋花	*Plumeria rubra* L.cv.Acutifolia	夹竹桃科	Apocynaceae	花、树皮
侧柏	*Platycladus orientalis*（L.）Franco（Biota orientalis（L.）Endl.）	柏科	Cupressaceae	种子及生鳞叶的小枝药用，种子药用称为“柏子仁”
刺椿	*Ailanthus vilmoriniana* Dode	苦木科	Simaroubaceae	根皮、翅果
刺楸	*Kalopanax septemlobus*（Thunb.）Koidz.	五加科	Araliaceae	根
构树	*Broussonetia papyrifera*（L.）Vent.	桑科	Moraceae	根皮、果实、叶及皮内乳汁
枇杷	*Eriobotrya japonica*（Thunb.）Lindl.	蔷薇科	Rosaceae	叶、花、果、种仁、根
枣	*Ziziphus jujuba* Mill.	鼠李科	Rhamnaceae	果实、核仁、树皮、根、叶
枫香树	*Liquidambar formosana* Hance	金缕梅科	Hamamelidaceae	树脂、果序球
油松	*Pinus tabulaeformis* Carr.	松科	Pinaceae	松节、松枝及花粉
油桐	*Vernicia fordii*（Hemsl.）Airy-Shaw.	大戟科	Euphorbiaceae	根、叶、花、果
罗汉松	*Podocaarpus macrophyllus*（Thunb.）D. Don.	罗汉松科	Podocarpaceae	种子
苦木	*Picrasma quassioides*（D. Don.）Benn.	苦木科	Simaroubaceae	树皮
苦楝	*Melia azedarach* L.	楝科	Meliaceae	皮、叶、果
茉莉花	*Jasminum sambac*（L.）Ait.	木犀科	Oleaceae	叶、根
金桔	*Fortunella margarita*（Lour.）Swingle	芸香科	Rutaceae	根、果
厚朴	*Magonlia officinalis* Rehd.et Wils.	木兰科	Magnoliaceae	树皮、花芽、果实、根皮
枸桔	*Poncirus trifoliata*（L.）Raf.	芸香科	Rutaceae	小果制干或切半称“枳实”，成熟的果实为“枳壳”
枸橼	*Citrus medica* L.	芸香科	Rutaceae	果皮
柊树	*Osmanthus heterophylla*（G.Don）P.S.Green	木犀科	Oleaceae	枝、叶、树皮
柘树	*Cudrania tricuspidata*（Carr.）Bur.	桑科	Moraceae	根皮
柚子	*Citrus grandis*（L.）Osbeck.	芸香科	Rutaceae	叶、果皮
柽柳	*Tamarix chinensis* Lour	柽柳科	Tamaricaceae	嫩枝、叶
柿树	*Diospyros kaki* L.f.	柿树科	Ebenaceae	柿蒂（宿存萼)、柿霜
狭叶山胡椒	*Lindera angustifolia* Cheng	樟科	Lauraceae	根、皮、叶、果
重阳木	*Bischofia polycarpa*（L'evl.）Airy-Shaw	大戟科	Euphorbiaceae	叶、根、树皮
香圆	*Citrus wilsonii* Tanaka	芸香科	Rutaceae	果是“枳实”、“枳壳”的药源；果皮药用称“香橼片”，与陈皮有类似作用
香椿	*Toona sinensis*（A.Juss.）Roem.	楝科	Meliaceae	根皮、果
唐棣	*Amelanchier sinica*（Schneid.）Chun	蔷薇科	Rosaceae	树皮
圆柏	*Sabina chinensis*（L.）Ant.	柏科	Cupressaceae	枝叶
桃	*Prunus persica*（L.）Batch.	蔷薇科	Rosaceae	枝叶、根皮、花、果、种仁

种名		科名		药用部位
桑	*Morus alba* L.	桑科	Moraceae	根、皮、叶及果
梧桐	*Firmiana platanifolia*（L.f.）Marsili	梧桐科	Sterculiaceae	花、果、根皮、叶
泰山盐肤木	*Rhus taishanensis* S.B.Liang	漆树科	Anacardiaceae	根皮、茎皮
海桐	*Pittosporum tobira*（Thunb.）Ait.	海桐花科	Pittosporaceae	根、种子、叶
盐肤木	*Rhus chinensis* Mill.	漆树科	Anacardiaceae	叶上寄生的“五倍子”（虫瘿）供工业及药用
臭椿	*Ailanthus altissima*（Mill.）Swingle	苦木科	Simaroubaceae	根皮、翅果
臭檀	*Evodia daniellii*（Benn.）Hemsl.	芸香科	Rutaceae	种子
望春花	*Magonlia biondii* Pamp.	木兰科	Magnoliaceae	花蕾
梅	*Prunus mume*（Sieb.）Sieb. et Zucc.	蔷薇科	Rosaceae	果
梓树	*Catalpa ovata* G.Don.	紫葳科	Bignoniaceae	叶、根内白皮
野梧桐	*Mallotus japonicus* Muell.-Arg.	大戟科	Euphorbiaceae	根、叶
银杏	*Ginkgo biloba* L.	银杏科	Ginkgoaceae	种子
黄花夹竹桃	*Thevetia peruviana*（Pers.）K.Schum.	夹竹桃科	Apocynaceae	果仁
黄檗	*Phellodendron amurense* Rupr.	芸香科	Rutaceae	内皮
喜树	*Camptotheca acuminata* Decne.	蓝果树科	Nyssaceae	枝、根、叶、皮、果实
棕竹	*Rhapis excelsa*（Thunb.）Henry ex Rehd.	棕榈科	Palmae	根及叶鞘纤维
棕榈	*Trachycarpus fortunei*（Hook.）H. Wendl.	棕榈科	Palmae	果实
湖北海棠	*Malus hupehensis*（Pamp.）Rehd.	蔷薇科	Rosaceae	根
鹅掌楸	*Liriodendron chinense*（Hensl.）Sarg.	木兰科	Magnoliaceae	树皮
楸子	*Malus prunifolia*（Willd.）Borkh.	蔷薇科	Rosaceae	果
榅桲	*Cydonia oblonga* Mill.	蔷薇科	Rosaceae	果
槐树	*Sophora japonica* L.	豆科	Leguminosae	果实、花蕾、花
稠李	*Prunus padus* L.	蔷薇科	Rosaceae	花、果、叶
蒙桑	*Morus mongolica* Schneid.	桑科	Moraceae	根、皮、叶及果
蒲葵	*Livistona chinensis*（Jacq.）R. Br.	棕榈科	Palmae	果实、根、叶
漆	*Toxicodendron vernicifluum*（Stokes.）F. A. Barkl.	漆树科	Anacardiaceae	干漆、叶、花、种子
蜡瓣花	*Corylopsis sinensis* Hemsl.	金缕梅科	Hamamelidaceae	根皮、叶
樟树	*Cinnamomum comphora*（L.）Presl.	樟科	Lauraceae	各部位均可提制樟脑及樟油
樱桃	*Prunus preudocerasus* Lindl.	蔷薇科	Rosaceae	核仁、树皮
糠椴	*Tilia mandshurica* Rupr. Et Maxim.	椴树科	Tiliaceae	花
檫木	*Sassafras tzumu*（Hemal.）Hemsl.	樟科	Lauraceae	根、树皮
碧桃	*Amygdalus persica* var. *persica*	蔷薇科	Rosaceae	桃胶
枳（枸橘）	Poncirus trifoliata	芸香科	Rutaceae	枳实、枳壳均入药
千头柏	*Platycladus orientalis*（L.）Franco cv. *Sieboldii*	柏科	Cupressaceae	种子与生鳞叶的小枝入药

3.4.2 灌木

种　名		科　名		药用部位
八角枫	*Alangium chinense*（Lour.）Harms.	八角枫科	Alangiaceae	根、叶
十大功劳	*Mahonia fortunei*（Lindl.）Fedde	小檗科	Berberidaceae	根、茎
卫矛	*Euonymus alatus*（Thunb.）Sieb.	卫矛科	Celastraceae	根、枝、木栓翅
大叶胡颓子	*Elaeagnus macrophylla* Thunb.	胡颓子科	Elaeagnaceae	根、叶
小叶女贞	*Ligustrum quihoui* Carr.	木犀科	Oleaceae	树皮、叶
小叶锦鸡儿	*Caragana microphylla* Lam.	豆科	Leguminosae	根、花、种子
小蜡树	*Ligustrum sinense* Lour.	木犀科	Oleaceae	树皮、叶
山茱萸	*Cornus officinalia* Sieb.et Zucc.	山茱萸科	Cornaceae	果实
山莓	*Rubus corchorifolius* L.f.	蔷薇科	Rosaceae	根、叶
山麻杆	*Alchornea davidii* Franch.	大戟科	Euphorbiaceae	AA
马缨丹	*Lantana camara* L.	马鞭草科	Verbenaceae	根、茎、叶
中麻黄	*Ephedra intermedia* Schrenk ex Mey.	麻黄科	Ephedraceae	枝叶
云实	*Caesalpinia decapetala*（Roth.）Alston	豆科	Leguminosae	根、茎、果实
五加	*Acanthopanax gracilisylus* W.W.Smith.	五加科	Araliaceae	根皮药用，称“五加皮”
六道木	*Abelia biflora* Turcz.	忍冬科	Caprifoliaceae	果
天门冬	*Asparagus cochinchinensis*（Lour.）Merr.	百合科	Liliaceae	块根
天目琼花	*Viburnum sargentii* Kochne	忍冬科	Caprifoliaceae	嫩枝、叶、果实
无梗五加	*Acanthopanax sessiliflorus*（Rupr.et Maxim.）Seem.	五加科	Araliaceae	根皮亦称“五加皮”
月季	*Rosa chinensis* Jacq.	蔷薇科	Rosaceae	花、叶、根
木兰	*Magonlia liliflora* Desr.	木兰科	Magnoliaceae	花蕾、树皮
木半夏	*Elacagnus multiflora* Thunb.	胡颓子科	Elaeagnaceae	根、叶、果
木本曼陀罗	*Datura arborea* L.	茄科	Solanaceae	花
木芙蓉	*Hibicus mutabilis* L.	椴树科	Tiliaceae	花、叶、根
木贼麻黄	*Ephedra equisetina* Bge.	麻黄科	Ephedraceae	枝叶
木槿	*Hibicus syriacus* L.	椴树科	Tiliaceae	树皮、花
毛胡枝子	*Lespedeza tomentosa*（Thunb.）Sieb.	豆科	Leguminosae	根
毛梾	*Swida walteri*（Wanger.）Sojak	山茱萸科	Cornaceae	根皮
毛樱桃	*Prunus tomentosa* Thunb.	蔷薇科	Rosaceae	种核，名“大李仁”
水茄	*Solanum torvum* Swartz.	茄科	Solanaceae	根
牛奶子	*Elacagnus umbellata* Thunb.	胡颓子科	Elaeagnaceae	根、叶、果
牛叠肚	*Rubus crataegifolius* Bge.	蔷薇科	Rosaceae	根、果
丝兰	*Yucca smalliana* Fern.	百合科	Liliaceae	根
仙人掌	*Opuntia dillenii*（Ker.-Gaw.）Haw.	仙人掌科	Cactaceae	根及全株
玳玳花	*Citrus aurantium* L. var. *amara* Engl.	芸香科	Rutaceae	果皮、桔白、桔红、桔核
冬青卫矛	*Euonymus japonicus* Thunb.	卫矛科	Celastraceae	树皮
北桑寄生	*Loranthus tanadae* Franch. et Sav.	桑寄生科	Loranthaceae	茎枝
叶底珠	*Securinega suffruticosa*（Pall.）Rehd.	大戟科	Euphorbiaceae	叶、花
宁夏枸杞	*Lycium barbarum* L.	茄科	Solanaceae	根皮、果实

种　名		科　名		药用部位
巧玲花	*Syringa pubescens* Turcz.	木犀科	Oleaceae	茎
平枝栒子	*Cotoneaster horizontalis* Dcne.	蔷薇科	Rosaceae	植株、根
本氏木蓝	*Indigofera bungeana* Walp.	豆科	Leguminosae	全株
瓜木	*Alangium platanifolium*（Sieb.et Zucc.）Harms.	八角枫科	Alangiaceae	根、叶
白马骨	*Serissa serissoides*（DC.）Druce.	茜草科	Rubiaceae	全株
白杜	*Euonymus bungeanus* Maxim.	卫矛科	Celastraceae	皮、根
白刺	*Nitraria sibirica* Pall.	蒺藜科	Zygophyollaceae	果实
白棠子树	*Callicarpa dichotoma*（Lour.）K.Koch	马鞭草科	Verbenaceae	根、叶
白鹃梅	*Exochorda racemosa*（Lindl.）Rehd.	蔷薇科	Rosaceae	根皮、枝皮
石楠	*Photinia serrulata* Lindl.	蔷薇科	Rosaceae	根、叶
辽东楤木	*Aralia elata*（Miq.）Seem.	五加科	Araliaceae	根皮
龙牙花	*Erythrina corallodendron* L.	豆科	Leguminosae	树皮
龙吐珠	*Callicarpa thomsonae* Balf.	马鞭草科	Verbenaceae	叶
伞花蔷薇	*Rosa maximowicziana* Regel	蔷薇科	Rosaceae	果
华东菝葜	*Smilax sieboldii* Miq.	百合科	Liliaceae	根
多花蔷薇	*Rosa multiflora* Thunb.	蔷薇科	Rosaceae	花、果、根、种子、叶
多腺悬钩子	*Rubus phoenicolasius* Maxim.	蔷薇科	Rosaceae	根、叶
夹竹桃	*Nerium indicum* Mill.	夹竹桃科	Apocynaceae	叶、树皮
寻骨风	*Aristolochia mollissima* Hance	马兜铃科	Aristolochiaceae	全株
尖叫杜鹃	*Rhododendron mucronulatum* Turcz.	杜鹃花科	Ericaceae	叶
早禾树	*Viburnum odoratissimum* Ker.	忍冬科	Caprifoliaceae	根、叶
竹叶椒	*Zanthoxylum armatum* DC.	芸香科	Rutaceae	果皮、种子、嫩叶
竹节蓼	*Homalocladium platycladum*（F，Muuell.）Bailey	蓼科	Polygonaceae	茎叶
红背桂花	*Exzcoecaria cochinchinensis* Lour.	大戟科	Euphorbiaceae	全株
老鸦糊	*Callicarpa giraldii Hesse ex* Rehd.	马鞭草科	Verbenaceae	嫩枝、叶
西洋接骨木	*Sambucus nigra* L.	忍冬科	Caprifoliaceae	花
达胡里胡枝子	*Lespedeza davurica*（Laxm.）Schindl.	豆科	Leguminosae	全株
吴茱萸	*Evodia rutaecarpa*（Juss.）Benth.	芸香科	Rutaceae	幼果药用称“吴萸子”
扶芳藤	*Euonymus fortunei*（Turcz.）Hand.-Mazz.	卫矛科	Celastraceae	茎、叶
杜鹃花	*Rhododendron simsii* Planch.	杜鹃花科	Ericaceae	根、花、叶
杠柳	*Periploca sepium* Bge.	萝藦科	Asclepiadaceae	根皮供药用，称“北五加皮”
芫花	*Daphne genkwa* Sieb. et Zucc.	瑞香科	Thymelaeaceae	花蕾、根
花椒	*Zanthoxylum bungeanum* Maxim.	芸香科	Rutaceae	果皮
苎麻	*Boehemria nivea*（L.）Gaud.	荨麻科	Urticaceae	根、茎、叶
连翘	*Forsythis suspensa*（Thunb.）Vahl	木犀科	Oleaceae	果实
鸡麻	*Rhodotypos scandens*(Thunb.)Makino	蔷薇科	Rosaceae	根、果
麦李	*Prunus glandulosa* Thunb.	蔷薇科	Rosaceae	种仁
刺天茄	*Solanum indicum* L.	茄科	Solanaceae	根

种 名		科 名		药用部位
宜昌荚蒾	*Viburnum ichangense*（Hemsl.）Rehd.	忍冬科	Caprifoliaceae	叶、根
构骨	*Ilex crenata* Lindl.	冬青科	Aquifoliaceae	叶、果
欧李	*Prunus humilis* Bge.	蔷薇科	Rosaceae	种核，作郁李仁
玫瑰	*Rosa rugosa* Thunb.	蔷薇科	Rosaceae	花蕾
细叶小檗	*Berberis poiretii* Schneid.	小檗科	Berberidaceae	含小檗碱、小檗胺
细叶水团花	*Adina rublla* Hance	茜草科	Rubiaceae	叶、根
苦参	*Sophora flavescens* Ait.	豆科	Leguminosae	根
苦糖果	*Lonicera standishii* Carr.	忍冬科	Caprifoliaceae	嫩枝、叶
茅莓	*Rubus parvifolius* L.	蔷薇科	Rosaceae	全株
虎刺	*Damnacanthus indicus* Gaertn.f.	茜草科	Rubiaceae	根
郁李	*Prunus japonica* Thunb.	蔷薇科	Rosaceae	核仁，名“郁李仁”
金丝桃	*Hypericum monogynum* L.	藤黄科	Guttiferae	果实、根，果作连翘代用品
金丝梅	*Hypericum patulum* Thunb.	藤黄科	Guttiferae	根
金刚纂	*Euphorbia antiquorum* L.	大戟科	Euphorbiaceae	叶
金银花	*Lonicera japonica* Thunb.	忍冬科	Caprifoliaceae	花药用，称“金银花”或“双花”
南天竹	*Nandina domestica* Thunb.	小檗科	Berberidaceae	根、叶、果
南蛇藤	*Celastrus orbiculatus* Thunb.	卫矛科	Celastraceae	根、茎、叶、果
扁担木	*Grewia biloba* G.Don var. *parviflora*（Bge.）Hand.-Mazz.	椴树科	Tiliaceae	根、枝、叶
枸杞	*Lycium chinense* Mill.	茄科	Solanaceae	根皮、果实
栀子	*Gardenia jasminoides* Ellis	茜草科	Rubiaceae	果实
洋蔷薇	*Rosa centifolia* L.	蔷薇科	Rosaceae	花提取“蔷薇油”
珊瑚樱	*Solanum pseudo-capsicum* L.	茄科	Solanaceae	全株
珍珠梅	*Sorbaria sorbifolia*（L.）A.Br.	蔷薇科	Rosaceae	枝条
结香	*Edgeworthia chrysantha* Lindl.	瑞香科	Thymelaeaceae	全株
胡枝子	*Lespedeza bicolor* Turcz.	豆科	Leguminosae	根
草麻黄	*Ephedra sinica* Stapf	麻黄科	Ephedraceae	枝叶
荚蒾	*Viburnum dilatatum* Thunb.	忍冬科	Caprifoliaceae	枝、叶、果
圆叶鼠李	*Rhamnus globosa* Bge.	鼠李科	Rhamnaceae	果实烘干、捣碎和红糖水煎服
圆锥绣球	*Hydrangea paniculata* Sieb.	虎耳草科	Saxifragaceae	根
海州常山	*Callicarpa trichotomum* Thunb.	马鞭草科	Verbenaceae	根、茎、叶、花
皱皮木瓜	*Chaeomeles speciosa*（Sweet.）Nakai	蔷薇科	Rosaceae	果干
秦连翘	*Forsythis giraldiana* Lingelsh	木犀科	Oleaceae	果
绣球	*Hydrangea macrophylla*（Thunb.）Seringe	虎耳草科	Saxifragaceae	花、根
臭牡丹	*Callicarpa bungei* Steud.	马鞭草科	Verbenaceae	根、茎、叶
接骨木	*Sambucus williamsaii* Hance	忍冬科	Caprifoliaceae	茎、根皮、叶
望江南	*Cassia occidentalis* L.	豆科	Leguminosae	种子、全株
猫乳	*Rhamnella franguloidea*（Maxim.）Weberb.	鼠李科	Rhamnaceae	根

种名		科名		药用部位
球兰	*Hoya carnosa*（L.F.）R.Br.	萝藦科	Asclepiadaceae	全株
绿叶胡枝子	*Lespedeza buergeri* Miq.	豆科	Leguminosae	根、叶
菝葜	*Smilax china* L.	百合科	Liliaceae	根状茎
野山楂	*Crataegus cuneata* Sieb.et Zucc.	蔷薇科	Rosaceae	果实制成饮片
黄杨	*Buxus sinic*（Rehd.et Wils.）Cheng	黄杨科	Buxaceae	全株
黄芦木	*Berberis amurensis* Rupr.	小檗科	Berberidaceae	根、茎的皮部含小檗碱、小檗胺，可提取黄连素
黄刺条	*Caragana frutex*（L.）K.Koch	豆科	Leguminosae	花
黄刺玫	*Rosa xanthina* Lindl.	蔷薇科	Rosaceae	花、果
黄荆	*Vitex negundo* L.	马鞭草科	Verbenaceae	茎叶、果实、根
棣棠花	*Kerria japonica*（L.）DC.	蔷薇科	Rosaceae	茎髓、花
紫荆	*Cercis chinensis* Bge.	豆科	Leguminosae	树皮、花
紫薇	*Lagerstroemia indica* L.	千屈菜科	Lythraceae	树皮、叶、花
蜡梅	*Chimonanthus praecox*（L.）Link.	蜡梅科	Calycanthaceae	根、茎、叶、花，花浸入生油中制成“蜡梅油”
阔叶十大功劳	*Mahonia fbealei*（Fort.）Carr.	小檗科	Berberidaceae	根、茎
楤木	*Aralia chinensis* L.	五加科	Araliaceae	根
槐叶决明	*Cassia sophera* L.	豆科	Leguminosae	种子、根
照山白	*Rhododendron micranthum* Turcz.	杜鹃花科	Ericaceae	枝、叶
锦鸡儿	*Caragana sinica*（Buc'hoz）Rehd.	豆科	Leguminosae	根皮
鼠李	*Rhamnus davurica* Pall.	鼠李科	Rhamnaceae	果肉
截叶铁扫帚	*Lespedeza cuneata*（Dum. Cours）G. Don	豆科	Leguminosae	根、全株
算盘子	*Glochidion puberum*（L.）Huch.	大戟科	Euphorbiaceae	根、枝、叶、果
暴马丁香	*Syringa reticulata*（Bl.）Hara var.amurensis（Rupr.）Pringle	木犀科	Oleaceae	树皮、茎枝
澳洲茄	*Solanum aviculare* Forst.	茄科	Solanaceae	叶、果实含生物碱、茄解碱、索拉马琴
醉鱼草	*Buddleja lindleyana* Fortune	马钱科	Loganiaceae	花、叶、根
薄叶鼠李	*Rhamnus leptophylla* Schneid.	鼠李科	Rhamnaceae	全株
檵木	*Loropetalum chinense*（R.Br.）Oliver	金缕梅科	Hamamelidaceae	根、叶
爆仗竹	*Russelia equisetiformis* Schlecht.et Cham.	玄参科	Scrophulariaceae	全株
糯米条	*Abelia chinensis* R.Br.	忍冬科	Caprifoliaceae	全株
美人蕉	*Canna indica* L.	美人蕉科	Cannaceae	根茎清热利湿
常春藤	*Hedera nepalensis*	五加科	Araliaceae	全株供药用
紫珠	*Callicarpa bodinieri* Levl.	马鞭草科	Verbenaceae	根或全株入药，能通经和血
小果白刺	*Nitraria sibirica* Pall.	蒺藜科	Zygophyllaceae	果入药健脾胃、助消化
金叶女贞	*Ligustrum vicaryi*	木犀科	Oleaceae	金叶女贞具有收敛利尿、兴奋等功效
芙蓉菊	*Crossostephium chinense*（L.）Makino	菊科	Compositae	是一种民间草药，治小儿惊风，解麻痘作痒有效

3.4.3 藤本植物

3.4.3.1 常绿藤本植物

种 名		科 名		药用部位
络石	*Trachelospermum jasminoides*（Lindl.）Lem.	夹竹桃科	Apocynaceae	根、茎、叶、果实
鸡矢藤	*Paederia scandens*（Lour.）Merr.	茜草科	Rubiaceae	根

3.4.3.2 落叶藤本植物

种 名		科 名		药用部位
三叶木通	*Akebia trifoliata*（Thunb.）Koidz	木通科	Lardizabalaceae	根、藤、果
三裂叶蛇葡萄	*Ampelopsis delavayana* Planch.ex Franch.	葡萄科	Vitaceae	根皮
乌头叶蛇葡萄	*Ampelopsis aconitifolia* Bge.	葡萄科	Vitaceae	根
五叶木通	*Akebia quinata*（Thunb.）Decne.	木通科	Lardizabalaceae	茎藤
五味子	*Schisandra chinensis*（Turcz.）Baill.	木兰科	Magnoliaceae	果
木防己	*Cocculus trilobus*（Thunb）DC.	防己科	Menispermaceae	根状茎
毛葡萄	*Vitis quinquangularis* Rehd.	葡萄科	Vitaceae	根皮
东北蛇葡萄	*Ampelopsis brevipedunculata*（Maxim.）Trautv.	葡萄科	Vitaceae	根、茎
白蔹	*Ampelopsis japonica*（Thunb.）Makino	葡萄科	Vitaceae	全株及块根
华北葡萄	*Vitis bryoniaiefolia* Bge.	葡萄科	Vitaceae	全株
多花紫藤	*Wisteria floribunda* DC.	豆科	Leguminosae	根皮、花
爬山虎	*Pathenocissus tricuspidata*（Sieb. et Zucc.）Planch.	葡萄科	Vitaceae	根茎
软枣猕猴桃	*Actinidia arguta*（Sieb. et Zucc.）Planch	猕猴桃科	Actinidiaceae	果实
凌霄	*Campsis grandiflora*（Thunb.）Loisel.	紫葳科	Bignoniaceae	花、根、茎
野葛	*Pueraria lobata*（Willd.）Ohwi	豆科	Leguminosae	根提取总黄酮，花
紫藤	*Wisteria sinensis*（Sim.）Sweet.	豆科	Leguminosae	根皮、花
葎叶蛇葡萄	*Ampelopsis humulifolia* Bge.	葡萄科	Vitaceae	根皮
葛枣猕猴桃	*Actinidia polygama*（Sieb. et Zucc.）Miq.	猕猴桃科	Actinidiaceae	虫瘿，果实可提取新药 polygmol
葛藟	*Vitis rupestris* Scheele	葡萄科	Vitaceae	根、茎
葡萄	*Vitis vinifera* L.	葡萄科	Vitaceae	根、藤
蝙蝠葛	*Menispermum dahuricum* DC.	防己科	Menispermaceae	根状茎
蘡薁	*Vitis adstricta* Hance	葡萄科	Vitaceae	全株

3.5 景观树种

山东省的观赏植物共有 66 科，167 属，327 种。其中常绿乔木有 17 科，32 属，45 种；落叶乔木有 21 科，36 属，83 种；常绿灌木有 25 科，43 属，64 种；落叶灌木有 26 科，65 属，126 种；常绿藤本有 1 科，1 属，1 种；落叶藤本有 4 科，4 属，8 种。

3.5.1 乔木

种 名		科 名		观赏部位
一球悬铃木	*Platanus occidentalis* L.	悬铃木科	Platanaceae	叶、果序球
七叶树	*Aesculus chinensis* Bge.	七叶树科	Hippocastanaceae	花、叶
二球悬铃木	*Platanus scerifolia*（Ait.）Willd.	悬铃木科	Platanaceae	叶、果序球
三叶海棠	*Malus sieboldii*（Regel）Rehd.	蔷薇科	Rosaceae	花
三角榕	*Ficus diversifolia* Bi.	桑科	Moraceae	叶、果
三角槭	*Acer buergerianum* Miq.	槭树科	Acerceae	叶、花
三球悬铃木	*Platanus orientalis* L.	悬铃木科	Platanaceae	叶、果序球
大叶早樱	*Prunus subhirtella* Miq.	蔷薇科	Rosaceae	花
大鲜果	*Malus sulardii* Britt.	蔷薇科	Rosaceae	花
女贞	*Ligustrum lucidum* Ait.	木犀科	Oleaceae	花、果
山皂荚	*Gleditsia japonica* Miq.	豆科	Leguminosae	花、叶
山桃	*Prunus davidiana*（Carr.）Franch.	蔷薇科	Rosaceae	花
山楂	*Crataegus pinnatifida* Bge.	蔷薇科	Rosaceae	花、果
山樱花	*Prunus serrulata* Lindl.	蔷薇科	Rosaceae	花
中华槭	*Acer sinense* Pax	槭树科	Acerceae	叶、花
云片柏	*cv.*“*Breviramea*”	柏科	Cupressaceae	树冠
天女花	*Magonlia sieboldii* K.Koch	木兰科	Magnoliaceae	花梗、花
文冠果	*Xanthoceras sorbifolia* Bge.	无患子科	Sapindaceae	花
日本七叶树	*Aesculus turbinata* Bl.	七叶树科	Hippocastanaceae	花、叶
日本五针松	*Pinus parviflora* Sieb. et Zucc.	松科	Pinaceae	叶、树形
日本辛夷	*Magonlia kobus* DC.	木兰科	Magnoliaceae	花
日本厚朴	*Magonlia hypoleuca* Sieb.et Zucc.	木兰科	Magnoliaceae	花
木瓜	*Chaeomeles sinensis*（Thouin.）Koenhe	蔷薇科	Rosaceae	花、果
毛山荆子	*Malus manshurica*（Maxim.）Kom.	蔷薇科	Rosaceae	花、果
毛山楂	*Crataegus maximowiczii* Schneid.	蔷薇科	Rosaceae	花、果
毛叶木瓜	*Chaeomeles cathayensis*（Hemsl.）Schneid.	蔷薇科	Rosaceae	花、果
毛叶石楠	*Photinia villosa*（Thunb.）DC.	蔷薇科	Rosaceae	果
毛刺槐	*Robinia hispida* L.	豆科	Leguminosae	花
水杉	*Metasequoia glyptostroboides* Hu et Cheng	杉科	Taxodiaceae	树形
水榆花楸	*Sorbus alnifolia*（Sieb. et Zucc.）K. Koch	蔷薇科	Rosaceae	花、果
火炬松	*Pinus taeda* L.	松科	Pinaceae	树形、树冠
火炬树	*Rhus typhina* L.	漆树科	Anacardiaceae	果穗、叶、花
长叶刺葵	*Phoenix canariensis* Hort.ex Chabaud.	棕榈科	Palmae	树形
长裂葛萝槭	*Acer grosseri* Pax var.*hersii*（Rehd.）Rehd.	槭树科	Acerceae	枝干、叶、花
东北杏	*Prunus mandshurica*（Maxim.）Koehne	蔷薇科	Rosaceae	花
东京樱花	*Prunus yedoensis* Matsum.	蔷薇科	Rosaceae	花
凹叶厚朴	*Magonlia biloba*（Rehd.et Wils.）Cheng	木兰科	Magnoliaceae	叶、花
北京花楸	*Sorbus discolor*（Maxim.）Maxim.	蔷薇科	Rosaceae	花、果
北美肥皂荚	*Gymnocladus dioeca* K.Koch	豆科	Leguminosae	花、叶
北美鹅掌楸	*Liriodendron tulipifera* L.	木兰科	Magnoliaceae	花、叶

种名		科名		观赏部位
玉兰	*Magonlia denudata* Desr.	木兰科	Magnoliaceae	花
玉铃花	*Styrax obassia* Sieb.et Zucc.	安息香科	Styracaceae	花
白兰花	*Michelia alba* DC.	木兰科	Magnoliaceae	花、叶
白皮松	*Pinus bungeana* Zucc. ex Endl.	松科	Pinaceae	树形
白梨	*Pyrus bretschneideri* Rehd.	蔷薇科	Rosaceae	花
白檀	*Symplocos paniculata*（Thunb.）Miq.	山矾科	Symplocaceae	树冠、花、果
光叶石楠	*Photinia glabra*（Thunb.）Maxim.	蔷薇科	Rosaceae	叶、花、果
华山松	*Pinus armandii* Franch.	松科	Pinaceae	树形、树冠
印度胶树	*Ficus elastica* Roxb.	桑科	Moraceae	叶
合欢	*Albizia julibrissin* Durazz.	豆科	Leguminosae	花
多花泡花树	*Meliosma myriantha* Sieb.et Zucc.	清风藤科	Sabiaceae	花、果、树冠
朱砂玉兰	*Magonlia sprengeri* Pamp.	木兰科	Magnoliaceae	花
朱槿	*Hibicus rosa-sinensis* L.	椴树科	Tiliaceae	花
竹柏	*Podocarpus nagi*（Thunb.）Zoll.et Mor.ex Zoll.	罗汉松科	Podocarpaceae	叶、树形
米仔兰	*Aglaia odorata* Lour.	楝科	Meliaceae	花
红千层	*Callistemon rigidus* R.Br.	桃金娘科	Myrtaceae	花
红叶樱桃李	*Prunus cerasifera* Ehrh.f.*atropurpurea*（Jacq.）Rehd.	蔷薇科	Rosaceae	花
羽扇槭	*Acer japonicum* Thunb.	槭树科	Acerceae	叶、花
西府海棠	*Malus micromalus* Makino	蔷薇科	Rosaceae	花、果
含笑花	*Michelia figo*（Lour.）Spreng	木兰科	Magnoliaceae	花、叶
怀槐	*Maackia amurensis* Rupr. et Maxim.	豆科	Leguminosae	花
皂荚	*Gleditsia sinensis* Lam.	豆科	Leguminosae	花、叶
花楸树	*Sorbus pohuashanensis*（Hance）Hedl.	蔷薇科	Rosaceae	花、果
苏铁	*Cycas revoluta* Thunb.	苏铁科	Cycadaceae	叶
鸡爪槭	*Acer palmatum* Thunb.	槭树科	Acerceae	叶、花
鸡蛋花	*Plumeria rubra* L.cv.Acutifolia	夹竹桃科	Apocynaceae	花
刺柏	*Juniperus formosana* Hayata	柏科	Cupressaceae	树形
垂丝海棠	*Malus halliana* Kochne.	蔷薇科	Rosaceae	花、枝叶
垂柳	*Salix babylonica* L.	杨柳科	Salicaceae	枝叶
垂珠花	*Styrax dasyanthus* Perk.	安息香科	Styracaceae	花
枇杷	*Eriobotrya japonica*（Thunb.）Lindl.	蔷薇科	Rosaceae	叶、果
欧洲李	*Prunus domestica* L.	蔷薇科	Rosaceae	花
欧洲甜樱桃	*Prunus avium* L.	蔷薇科	Rosaceae	花
罗汉松	*Podocaarpus macrophyllus*（Thunb.）D. Don.	罗汉松科	Podocarpaceae	叶、树形
罗汉柏	*Thujopsis dolabrata*（Linn f.）Sieb. et Zucc.	柏科	Cupressaceae	树形
软叶刺葵	*Phoenix roebelenii* O.Brien	棕榈科	Palmae	叶、树形
金松	*Sciadopitys verticillata*（Thunb.）Sieb. et Zucc.	杉科	Taxodiaceae	树形
金桔	*Fortunella margarita*（Lour.）Swingle	芸香科	Rutaceae	果
金钱松	*Pseudolarix amabilis*（Nels.）Rehd.	松科	Pinaceae	叶、树形
青榨槭	*Acer davidii* Franch.	槭树科	Acerceae	树冠、叶、果穗、花

种　名		科　名		观赏部位
鱼尾葵	*Caryota ochlandra* Hance	棕榈科	Palmae	叶、树形
南洋杉	*Araucaria cunninghamii* Sweet	南洋杉科	Araucariaceae	树冠
厚叶石斑木	*Raphiolepis umbellata*（Thunb）Makino	蔷薇科	Rosaceae	花
厚朴	*Magonlia officinalis* Rehd.et Wils.	木兰科	Magnoliaceae	花、叶
枸橼	*Citrus medica* L.	芸香科	Rutaceae	花
柏木	*Cuperessus funebris* Endl.	柏科	Cupressaceae	树形
柚子	*Citrus grandis*（L.）Osbeck.	芸香科	Rutaceae	花
美国山核桃	*Carya illinoensis*（Wangenh.）K. Koch	胡桃科	Juglandaceae	全株
茶条槭	*Acer ginnala* Maxim.	槭树科	Acerceae	叶、花
香圆	*Citrus wilsonii* Tanaka	芸香科	Rutaceae	花
唐棣	*Amelanchier sinica*（Schneid.）Chun	蔷薇科	Rosaceae	花、果
桃	*Prunus persica*（L.）Batch.	蔷薇科	Rosaceae	花
梧桐	*Firmiana platanifolia*（L.f.）Marsili	梧桐科	Sterculiaceae	花、叶
泰山盐肤木	*Rhus taishanensis* S.B.Liang	漆树科	Anacardiaceae	果穗、叶、花
海桐	*Pittosporum tobira*（Thunb.）Ait.	海桐花科	Pittosporaceae	花、果
海棠花	*Malus spectabilis*（Ait.）Borkh.	蔷薇科	Rosaceae	花
盐肤木	*Rhus chinensis* Mill.	漆树科	Anacardiaceae	果穗、叶、花
秤锤树	*Sinojackia xylocarpa* Hu	安息香科	Styracaceae	花、果
粉柏	*Sabina aquamata*（Buch. -Hamilt.）Ant. cv. ‘Meyeri’	柏科	Cupressaceae	叶、树形
荷花玉兰	*Magonlia grandiflora* L.	木兰科	Magnoliaceae	花
蚊母树	*Distylium racemosum* Sieb.et Zucc.	金缕梅科	Hamamelidaceae	叶、果
假槟榔	*Archontophoenix alexandrae* H. Wendl. et Drude	棕榈科	Palmae	叶、树形
望春花	*Magonlia biondii* Pamp.	木兰科	Magnoliaceae	花
梅	*Prunus mume*（Sieb.）Sieb. et Zucc.	蔷薇科	Rosaceae	花
野皂荚	*Gleditsia microphylla* Gordon ex Y. T. Lee	豆科	Leguminosae	花、叶
野茉莉	*Styrax japonica* Sieb.et Zucc.	安息香科	Styracaceae	花
银杏	*Ginkgo biloba* L.	银杏科	Ginkgoaceae	树冠、树形
黄花夹竹桃	*Thevetia peruviana*（Pers.）K.Schum.	夹竹桃科	Apocynaceae	花
棕竹	*Rhapis excelsa*（Thunb.）Henry ex Rehd.	棕榈科	Palmae	叶形
棕榈	*Trachycarpus fortunei*（Hook.）H. Wendl.	棕榈科	Palmae	叶、树形
榔榆	*Ulmus parvifolia* Jacq.	榆科	Ulmaceae	叶、花
湖北花楸	*Sorbus hupehensis* Schneid.	蔷薇科	Rosaceae	花、果
湖北海棠	*Malus hupehensis*（Pamp.）Rehd.	蔷薇科	Rosaceae	花、果
短叶罗汉松	*Podocarpus macrophyllus*（Thunb.）D.Don.var. maki Endl.	罗汉松科	Podocarpaceae	叶、树形
硬骨凌霄	*Tecomaria capensis*（Thunb.）Spach.	紫葳科	Bignoniaceae	花
铺地柏	*Sabina procumbens*（Endl.）Iwata et Kusaka	柏科	Cupressaceae	树形
鹅掌楸	*Liriodendron chinense*（Hensl.）Sarg.	木兰科	Magnoliaceae	花、叶
塞山梅	*Styrax confusus* Hemsl.	安息香科	Styracaceae	花
榅桲	*Cydonia oblonga* Mill.	蔷薇科	Rosaceae	花、果

种 名		科 名		观赏部位
榆叶梅	*Prunus triloba* Lindl.	蔷薇科	Rosaceae	花、果
槐树	*Sophora japonica* L.	豆科	Leguminosae	树冠
矮棕竹	*Rhapis humilis* BI.	棕榈科	Palmae	叶
福建柏	*Fokienia hodginsii*（Dunn）Henry et Thomas	柏科	Cupressaceae	叶、树形
稠李	*Prunus padus* L.	蔷薇科	Rosaceae	花
蒲葵	*Livistona chinensis*（Jacq.）R. Br.	棕榈科	Palmae	叶、树形
榕树	*Ficus microcarpa* L.	桑科	Moraceae	叶、树形
蜡瓣花	*Corylopsis sinensis* Hemsl.	金缕梅科	Hamamelidaceae	花、叶
樱桃	*Prunus preudocerasus* Lindl.	蔷薇科	Rosaceae	花

3.5.2 灌木

种 名		科 名		观赏部位
一品红	*Euphorbia pulcherrima* Willd.	大戟科	Euphorbiaceae	叶、花
人面竹	*Phyllostachys aurea* Carr. ex A. et C. Riviere	禾本科	Gramineae	叶、树形
十大功劳	*Mahonia fortunei*（Lindl.）Fedde	小檗科	Berberidaceae	花、果、叶
三裂绣线菊	*Spiraea trilobata* L.	蔷薇科	Rosaceae	花
土庄绣线菊	*Spiraea pubescens* Turcz.	蔷薇科	Rosaceae	花
大叶胡颓子	*Elaeagnus macrophylla* Thunb.	胡颓子科	Elaeagnaceae	花
大花溲疏	*Deutzia grandifloea* Bge.	虎耳草科	Saxifragaceae	花
小令箭荷花	*Napalxochia phyllanthoides*（DC.）Britt.et Rose.	仙人掌科	Cactaceae	花
小叶锦鸡儿	*Caragana microphylla* Lam.	豆科	Leguminosae	花
小米空木	*Stephanandra incisa*（Thunb.）Zabel	蔷薇科	Rosaceae	叶、花
小花溲疏	*Deutzia parviflora* Bge.	虎耳草科	Saxifragaceae	花
山茱萸	*Cornus officinalia* Sieb.et Zucc.	山茱萸科	Cornaceae	花、果
山梅花	*Philadelphus incanus* Koehne	虎耳草科	Saxifragaceae	花
山麻子	*Ribes mandschuricum*（Maxim.）Kom.	虎耳草科	Saxifragaceae	叶、果
山麻杆	*Alchornea davidii* Franch.	大戟科	Euphorbiaceae	枝干、叶、花
山影拳	*Cereus pitajaya* DC.	仙人掌科	Cactaceae	茎
山踯躅	*Rhododendron indicum*（L.）Sweet	杜鹃花科	Ericaceae	花
马缨丹	*Lantana camara* L.	马鞭草科	Verbenaceae	花
云实	*Caesalpinia decapetala*（Roth.）Alston	豆科	Leguminosae	花、叶
六道木	*Abelia biflora* Turcz.	忍冬科	Caprifoliaceae	花
凤尾丝兰	*Yucca gloriosa* L.	百合科	Liliaceae	叶、花
凤尾竹	*Bambusa multiplex*（Lour.）Reausch.var.*nana*（Roxb.）Keng f.	禾本科	Gramineae	叶、树形
天目琼花	*Viburnum sargentii* Kochne	忍冬科	Caprifoliaceae	花
太平花	*Philadelphus pekinensis* Rupr.	虎耳草科	Saxifragaceae	花
无毛风箱果	*Physocarpus opulifolius*（L.）Maxim.	蔷薇科	Rosaceae	花
无毛溲疏	*Deutzia glabrata* Kom.	虎耳草科	Saxifragaceae	花
日本女贞	*Ligustrum japonicum* Thunb.	木犀科	Oleaceae	花

种名		科名		观赏部位
日本小檗	*Berberis thunbergii* DC.	小檗科	Berberidaceae	枝、叶
日本紫珠	*Callicarpa japonica* Thunb.	马鞭草科	Verbenaceae	花
月季	*Rosa chinensis* Jacq.	蔷薇科	Rosaceae	花
木兰	*Magonlia liliflora* Desr.	木兰科	Magnoliaceae	花
木半夏	*Elacagnus multiflora* Thunb.	胡颓子科	Elaeagnaceae	花
木本曼陀罗	*Datura arborea* L.	茄科	Solanaceae	花
木芙蓉	*Hibicus mutabilis* L.	椴树科	Tiliaceae	花
木香	*Rosa banksiae* Ait.	蔷薇科	Rosaceae	花
木绣球	*Viburnum macrocephalum* Fort.	忍冬科	Caprifoliaceae	花
木犀	*Osmanthus fragrans*（Thunb.）Lour.	木犀科	Oleaceae	花
木槿	*Hibicus syriacus* L.	椴树科	Tiliaceae	花
毛樱桃	*Prunus tomentosa* Thunb.	蔷薇科	Rosaceae	花
水竹	*Phyllostachys heteroclada* Oliver	禾本科	Gramineae	叶、树形
牛奶子	*Elacagnus umbellata* Thunb.	胡颓子科	Elaeagnaceae	花
丝兰	*Yucca smalliana* Fern.	百合科	Liliaceae	叶、花
仙人掌	*Opuntia dillenii*（Ker.-Gaw.）Haw.	仙人掌科	Cactaceae	茎枝
仙人鞭	*Nyctocereus serpentinus*(Leg.et Rodri.)Britt.et Rose.	仙人掌科	Cactaceae	茎
玳玳花	*Citrus aurantium* L. var. *amara* Engl.	芸香科	Rutaceae	花
令箭荷花	*Napalxochia ackermannii*（Haw.）Kunth.	仙人掌科	Cactaceae	花
北京丁香	*Syringa pekinensis* Rupr.	木犀科	Oleaceae	花
叶子花	*Bougainvillea spectabilis* Willd.	紫茉莉科	Mirabilis L.	花
四照花	*Dendrobenthamia japonica*（DC.）Fang var.*chinensis*（Osborn）Fang	山茱萸科	Cornaceae	花
巧玲花	*Syringa pubescens* Turcz.	木犀科	Oleaceae	花
平枝栒子	*Cotoneaster horizontalis* Dcne.	蔷薇科	Rosaceae	花枝、花
玉树	*Crassula perforata* L.f.	景天科	Crassulaceae	叶
白马骨	*Serissa serissoides*（DC.）Druce.	茜草科	Rubiaceae	花
白毛掌	*Opuntia leucotricha* DC.	仙人掌科	Cactaceae	茎枝
白玉兔	*Mammillaria geminispina* Haw.	仙人掌科	Cactaceae	茎
白刺花	*Sophora viciifolia* Hance	豆科	Leguminosae	花
白棠子树	*Callicarpa dichotoma*（Lour.）K.Koch	马鞭草科	Verbenaceae	花
白萼倒挂金钟	*Fuchsia albo-coccinea* Hort.	柳叶菜科	Onagraceae	花
白鹃梅	*Exochorda racemosa*（Lindl.）Rehd.	蔷薇科	Rosaceae	花
石海椒	*Reinwardtia trigyna*（Roxb.）Planch.	亚麻科	Linaceae	花
石楠	*Photinia serrulata* Lindl.	蔷薇科	Rosaceae	叶、花、果
石榴	*Punica granatum* L.	石榴科	Punicaceae	花
辽东水蜡树	*Ligustrum obtusifolium* Sieb.et Zucc.ssp.*suave*（Kitag.）Kitag.	木犀科	Oleaceae	花、果
龙牙花	*Erythrina corallodendron* L.	豆科	Leguminosae	花
龙吐珠	*Callicarpa thomsonae* Balf.	马鞭草科	Verbenaceae	花
伞花蔷薇	*Rosa maximowicziana* Regel	蔷薇科	Rosaceae	花

种 名		科 名		观赏部位
光叶子花	*Bougainvillea glabra* Choisy	紫茉莉科	Mirabilis L.	花
光叶蔷薇	*Rosa wichuraiana* Crep.	蔷薇科	Rosaceae	花
华北忍冬	*Lonicera tatarinowii* Maxim.	忍冬科	Caprifoliaceae	花、果
华北珍珠梅	*Sorbaria kirilowii*（Regel）Maxim.	蔷薇科	Rosaceae	花
华北绣线菊	*Spiraea fritschiana* Schneid.	蔷薇科	Rosaceae	花
华茶藨	*Ribes fasciculatum* Sieb. et Zucc. var. *chinese* Maxim.	虎耳草科	Saxifragaceae	叶、花
多花蔷薇	*Rosa multiflora* Thunb.	蔷薇科	Rosaceae	花
夹竹桃	*Nerium indicum* Mill.	夹竹桃科	Apocynaceae	花
尖叫杜鹃	*Rhododendron mucronulatum* Turcz.	杜鹃花科	Ericaceae	花
早禾树	*Viburnum odoratissimum* Ker.	忍冬科	Caprifoliaceae	花
朱蕉	*Cordyline fruticosa*（L.）A.Cheval	百合科	Liliaceae	全株
竹叶椒	*Zanthoxylum armatum* DC.	芸香科	Rutaceae	叶
竹节蓼	*Homalocladium platycladum*（F，Muuell.）Bailey	蓼科	Polygonaceae	全株
红背桂花	*Exzcoecaria cochinchinensis* Lour.	大戟科	Euphorbiaceae	叶、花
红瑞木	*Swida alba*（L.）Opiz	山茱萸科	Cornaceae	花
羊踯躅	*Rhododendron molle*（Bl.）G.Don	杜鹃花科	Ericaceae	花
老鸦柿	*Diospyros rhombifolia* Hemsl.	柿树科	Ebenaceae	花、果
老鸦糊	*Callicarpa giraldii* Hesse ex Rehd.	马鞭草科	Verbenaceae	花
西北栒子	*Cotoneaster zabelii* Schneid.	蔷薇科	Rosaceae	花枝
西洋山梅花	*Philadelphus coronarius* L.	虎耳草科	Saxifragaceae	花
西洋接骨木	*Sambucus nigra* L.	忍冬科	Caprifoliaceae	花
伽蓝菜	*Kalanchoe laciniata*（L.）DC.	景天科	Crassulaceae	花、叶
佛竹	*Bambusa ventricosa* McClure	禾本科	Gramineae	叶、树形
李叶绣线菊	*Spiraea prunifolia* Sieb.et Zucc.	蔷薇科	Rosaceae	花
李叶溲疏	*Deutzia hamata* Koehne	虎耳草科	Saxifragaceae	花
杜鹃花	*Rhododendron simsii* Planch.	杜鹃花科	Ericaceae	花
杨栌	*Weigela japonica* Thunb.	忍冬科	Caprifoliaceae	花
花木蓝	*Indigofera kirilowii* Maxim. ex Palibin	豆科	Leguminosae	花
迎春花	*Jasminum nudiflorum* Lindl.	木犀科	Oleaceae	花
鸡麻	*Rhodotypos scandens*（Thunb.）Makino	蔷薇科	Rosaceae	叶、花
麦李	*Prunus glandulosa* Thunb.	蔷薇科	Rosaceae	花、果
龟背竹	*Monstera deliciosa* Liebm.	天南星科	Araceae	全株
宜昌荚蒾	*Viburnum ichangense*（Hemsl.）Rehd.	忍冬科	Caprifoliaceae	花
昙花	*Epiphyllum oxypetalum*（DC.）Haw.	仙人掌科	Cactaceae	花
杭子梢	*Campylotropis macrocarpa*（Bge.）Rehd.	豆科	Leguminosae	花
构骨	*Ilex crenata Lindl.*	冬青科	Aquifoliaceae	叶、花、果
欧洲雪球	*Viburnum opulus* L.f. *roseum*（L.）Hegi	忍冬科	Caprifoliaceae	花
玫瑰	*Rosa rugosa* Thunb.	蔷薇科	Rosaceae	花
细圆齿火棘	*Pyracantha crenulata*（D.Don）Roem.	蔷薇科	Rosaceae	花
苦竹	*Pleioblastus amarus*（Keng）Keng f.	禾本科	Gramineae	叶、树形
茉莉花	*Jasminum sambac*（L.）Ait.	木犀科	Oleaceae	花
虎刺	*Damnacanthus indicus* Gaertn.f.	茜草科	Rubiaceae	花、果

种　名		科　名		观赏部位
郁李	*Prunus japonica* Thunb.	蔷薇科	Rosaceae	花、果
郁香忍冬	*Lonicera fragarntissima* Lindl.	忍冬科	Caprifoliaceae	花、果
金丝桃	*Hypericum monogynum* L.	藤黄科	Guttiferae	花
金丝梅	*Hypericum patulum* Thunb.	藤黄科	Guttiferae	花
金刚纂	*Euphorbia antiquorum* L.	大戟科	Euphorbiaceae	茎、刺、叶、花
金花忍冬	*Lonicera chrysantha* Turcz.	忍冬科	Caprifoliaceae	花
金钟连翘	*Forsythis viridissima* Lindl.	木犀科	Oleaceae	花
金银木	*Lonicera maackii*（Rupr.）Maxim.	忍冬科	Caprifoliaceae	花、果
青木	*Aucuba japonica* Thunb.	山茱萸科	Cornaceae	花
非洲天门冬	*Asparagus densiflorus*（Kunth）Jessop	百合科	Liliaceae	全株
南天竹	*Nandina domestica* Thunb.	小檗科	Berberidaceae	花、叶
柊树	*Osmanthus heterophylla*（G.Don）P.S.Green	木犀科	Oleaceae	花、叶
栀子	*Gardenia jasminoides* Ellis	茜草科	Rubiaceae	花
树莲花	*Aeonium haworthii* Webb.et Berth.	景天科	Crassulaceae	花
洋蔷薇	*Rosa centifolia* L.	蔷薇科	Rosaceae	花
珊瑚树	*Opuntia salmiana* Parm.ex Pfeiff.	仙人掌科	Cactaceae	茎枝
珊瑚樱	*Solanum pseudo-capsicum* L.	茄科	Solanaceae	花、果
珍珠绣线菊	*Spiraea thunbergii* Blume	蔷薇科	Rosaceae	花
珍珠梅	*Sorbaria sorbifolia*（L.）A.Br.	蔷薇科	Rosaceae	花
穿叶忍冬	*Lonicera sempervirens* L.	忍冬科	Caprifoliaceae	叶、果、花
结香	*Edgeworthia chrysantha* Lindl.	瑞香科	Thymelaeaceae	花
胡枝子	*Lespedeza bicolor* Turcz.	豆科	Leguminosae	花
钝齿冬青	*Ilex cornuta* Thunb.	冬青科	Aquifoliaceae	花、果
香茶藨	*Ribes odoratum* Wendl.	虎耳草科	Saxifragaceae	花
倒挂金钟	*Fuchsia hybrida* Voss.	柳叶菜科	Onagraceae	花
桃叶珊瑚	*Aucuba chinensis* Benth.	山茱萸科	Cornaceae	花、果
流苏树	*Chionanthus retusus* Lindl.	木犀科	Oleaceae	花
海仙花	*Weigela coraeensis* Thunb.	忍冬科	Caprifoliaceae	花
皱皮木瓜	*Chaeomeles speciosa*（Sweet.）Nakai	蔷薇科	Rosaceae	花、果
秦连翘	*Forsythis giraldiana* Lingelsh	木犀科	Oleaceae	花
窄叶火棘	*Pyracantha angustifolia*（Franch.）Schneid.	蔷薇科	Rosaceae	花
粉花绣线菊	*Spiraea japonica* L.	蔷薇科	Rosaceae	花
绣线菊	*Spiraea salicifolia* L.	蔷薇科	Rosaceae	花
绣球	*Hydrangea macrophylla*（Thunb.）Seringe	虎耳草科	Saxifragaceae	花
绣球绣线菊	*Spiraea blumei* L.	蔷薇科	Rosaceae	花
铁海棠	*Euphorbia milii* Ch.des Moulins	大戟科	Euphorbiaceae	刺、花
假叶树	*Ruscus aculeata* L.	百合科	Liliaceae	茎枝、果
探春花	*Jasminum floridum* Bge.	木犀科	Oleaceae	花、果
接骨木	*Sambucus williamsaii* Hance	忍冬科	Caprifoliaceae	花、果穗
望江南	*Cassia occidentalis* L.	豆科	Leguminosae	花
球兰	*Hoya carnosa*（L.F.）R.Br.	萝藦科	Asclepiadaceae	花

种 名		科 名		观赏部位
菱叶绣线菊	*Spiraea vanhouttei*（Briot）Zabel	蔷薇科	Rosaceae	花
野山楂	*Crataegus cuneata* Sieb.et Zucc.	蔷薇科	Rosaceae	花、果
雀舌黄杨	*Buxus bodinieri* L'evl.	黄杨科	Buxaceae	花、叶
雪柳	*Fontanesia fortunel* Carr.	木犀科	Oleaceae	花
雪球荚蒾	*Viburnum plicatum* Thunb.	忍冬科	Caprifoliaceae	花
麻叶绣线菊	*Spiraea cantoniensis* Lour.	蔷薇科	Rosaceae	花
黄毛掌	*Opuntia microdasys*（Lehm.）Pfeiff.	仙人掌科	Cactaceae	茎枝
黄古竹	*Phyllostachys angusta* McClure	禾本科	Gramineae	叶、树形
黄皮刚竹	*f.houzeauana* C.D.Chu et C.S.Chao	禾本科	Gramineae	叶、树形
黄杨	*Buxus sinic*（Rehd.et Wils.）Cheng	黄杨科	Buxaceae	花、叶
黄刺条	*Caragana frutex*（L.）K.Koch	豆科	Leguminosae	花、枝叶
黄刺玫	*Rosa xanthina* Lindl.	蔷薇科	Rosaceae	花
黄槽竹	*Phyllostachys aureosulcata* McClure	禾本科	Gramineae	叶、树形
棣棠花	*Kerria japonica*（L.）DC.	蔷薇科	Rosaceae	花
溲疏	*Deutzia scabra* Thunb.	虎耳草科	Saxifragaceae	花
紫丁香	*Syringa oblata* Lindl.	木犀科	Oleaceae	花
紫竹	*Phyllostachys nigra*（Lodd.）Munro	禾本科	Gramineae	叶、树形
紫荆	*Cercis chinensis* Bge.	豆科	Leguminosae	花
紫薇	*Lagerstroemia indica* L.	千屈菜科	Lythraceae	花
蜡梅	*Chimonanthus praecox*（L.）Link.	蜡梅科	Calycanthaceae	花、枝
阔叶十大功劳	*Mahonia fbealei*（Fort.）Carr.	小檗科	Berberidaceae	花、果、叶
阔叶箬竹	*Indocalanus latifolius*（Keng）McClure	禾本科	Gramineae	叶、树形
槐叶决明	*Cassia sophera* L.	豆科	Leguminosae	花
照山白	*Rhododendron micranthum* Turcz.	杜鹃花科	Ericaceae	花
瑞香	*Daphne odora* Thunb.	瑞香科	Thymelaeaceae	花
矮探春	*Jasminum humile* L.	木犀科	Oleaceae	花、果
福建紫薇	*Lagerstroemia limii* Merr.	千屈菜科	Lythraceae	花
腺齿越橘	*Vaccinium oldhamii* Miq.	杜鹃花科	Ericaceae	花
锦鸡儿	*Caragana sinica*（Buc'hoz）Rehd.	豆科	Leguminosae	花、枝叶
锦带花	*Weigela florida*（Bge.）A.DC.	忍冬科	Caprifoliaceae	花
鼠尾鞭	*Aporocactus flagelliformis*（L.）Lem.	仙人掌科	Cactaceae	茎
翠花掌	*Aeonium spathulatum* Preag.	景天科	Crassulaceae	花
暴马丁香	*Syringa reticulata*（Bl.）Hara var.*amurensis*（Rupr.）Pringle	木犀科	Oleaceae	花
槽里黄刚竹	*f.youngii* C.D.Chu et C.S.Chao	禾本科	Gramineae	叶、树形
醉鱼草	*Buddleja lindleyana* Fortune	马钱科	Loganiaceae	花序
黎檬	*Citrus limonia* Osbeck.	芸香科	Rutaceae	花
燕子掌	*Crassula argentea* L.f.	景天科	Crassulaceae	叶
檵木	*Loropetalum chinense*（R.Br.）Oliver	金缕梅科	Hamamelidaceae	叶、花
爆仗竹	*Russelia equisetiformis* Schlecht.et Cham.	玄参科	Scrophulariaceae	花
蟹爪兰	*Schlumbergera truncata*（Haw.）K.Schum	仙人掌科	Cactaceae	茎枝、花
糯米条	*Abelia chinensis* R.Br.	忍冬科	Caprifoliaceae	花、萼片

3.5.3 藤本植物

常绿藤本：

种名		科名		观赏部位
络石	*Trachelospermum jasminoides*（Lindl.）Lem.	夹竹桃科	Apocynaceae	叶、花、果实
石血	*T. jasminoides*（Lindl.）Lem. var. *heterophyllum* Tsiang	夹竹桃科	Apocynaceae	叶

落叶藤本：

种名		科名		观赏部位
五味子	*Schisandra chinensis*（Turcz.）Baill.	木兰科	Magnoliaceae	叶
白花藤萝	*Wisteria venusta* Rehd.et Wills.	豆科	Leguminosae	花
多花紫藤	*Wisteria floribunda* DC.	豆科	Leguminosae	花
刺葡萄	*Vitis davidii* Foex.	葡萄科	Vitaceae	叶、果
厚萼凌霄	*Campsis radicans*（L.）Seem.	紫葳科	Bignoniaceae	花
凌霄	*Campsis grandiflora*（Thunb.）Loisel.	紫葳科	Bignoniaceae	花
紫藤	*Wisteria sinensis*（Sim.）Sweet.	豆科	Leguminosae	花
藤萝	*Wisteria villosa* Rehd.	豆科	Leguminosae	花

3.6 抗污染树种

在园林绿化中，能够抵抗一些污染物的侵害并起到卫生防护作用的植物称为防污植物。山东省位于我国东部偏北，地理位置在34°20′～38°30′N和114°45′～122°42′E之间，东临海洋，西靠大陆，气候温和，雨量集中，四季分明，属于暖温带季风气候。夏季盛行偏南风，炎热多雨，冬季刮偏北风，寒冷干燥；春季天气多变，干旱少雨多风沙；秋季天气晴爽，冷暖适中。年平均气温11～14℃，由南而北，自西向东递减。山东省工业发达，地处黄河经济带与环渤海经济区的交汇点、华北地区和华东地区的结合部，在全国经济格局中占有重要地位。但是，山东省城市大气中的污染物含量较高，因此在进行绿化的过程中，适当地选中一些防污植物对于吸收大气中的污染物、降低环境污染有一定的帮助。

山东省的防污植物物种丰富，对于不同的污染物如 SO_2、HF、NO_2、Cl_2 等都有很好的防污染物种。主要抗性强的有33科，59属，70种。

主要包括：

（一）针叶松类：侧柏、圆柏、龙柏、云杉、白皮松。

（二）阔叶树类。

1．常绿树

（1）乔木：女贞、广玉兰。

（2）灌木：大叶黄杨、栀子、日本女贞、桂花。

2．落叶树

（1）乔木：臭椿、合欢、构树、沙枣、楸树、丝棉木、华北卫矛、梓树、朴树、小叶朴、梧桐、白蜡、鹅掌楸、北美鹅掌楸、玉兰、苦楝、桑树、泡桐、悬铃木、加拿大杨、毛白杨、麻栎、刺槐、栾树、西府海棠、皂角、胡颓子、垂柳、旱柳、国槐、榆树、板栗、山楂、柿树、君迁子、无花果、银杏、核桃、元宝槭、石榴、枣。

（2）灌木：紫穗槐、榆叶梅、金银木、小叶黄杨、火炬树、连翘、黄栌、丁香、珍珠梅、杜梨、木槿、紫薇、小叶女贞、柽柳。

（3）藤本：爬山虎、紫藤、野蔷薇、紫荆。

按照植物所抗污染物的不同可分为：

1．抗 SO_2 的植物

（1）抗性强：大叶黄杨、无花果、胡颓子、女贞、小叶女贞、广玉兰、构树、皂荚、华北卫矛、榆树、白蜡、沙枣、柽柳、臭椿、侧柏、枣、旱柳、瓜子黄杨、紫穗槐、加拿大杨、刺槐、栾树、丁香、杜梨、野蔷薇、珍珠梅、黄栌、连翘、火炬树、胡颓子、金银木、西府、棠、榆叶梅、紫荆、元宝槭。

（2）抗性较强：臭椿、朴树、桑树、玉兰、木槿、鹅掌楸、紫穗槐、刺槐、紫薇、麻栎、合欢、泡桐、楸树、柿、侧柏、楝树、白蜡、榆树、桂花、栀子、皂荚、枣、梧桐、丝棉木、国槐、合欢、麻栎、紫藤、板栗、柿树、山楂、龙柏、白皮松、云杉。

2．抗 Cl_2 的植物

（1）抗性强：大叶黄杨、龙柏、瓜子黄杨、木槿、无花果、丝棉木、胡颓子、广玉兰、构树、皂荚、榆树、白蜡、沙枣、柽柳、臭椿、侧柏、枣、爬山虎、紫藤、紫荆。

（2）抗性较强：臭椿、女贞、小叶女贞、泡桐、桑树、玉兰、紫薇、朴树、楸树、石榴、合欢、榆树、皂荚、白蜡、栀子、梧桐、丝棉木、国槐、合欢、麻栎、紫藤、板栗、柿树、山楂、龙柏、白皮松、云杉、刺槐、银杏、华北卫矛、龙柏、云杉。

3．抗 HF 的植物

（1）抗性强：大叶黄杨、广玉兰、无花果、瓜子黄杨、丝棉木、构树、皂荚、华北卫矛、榆树、白蜡、沙枣、柽柳、臭椿、侧柏、枣、爬山虎、丁香、连翘、胡颓子。

（2）抗性较强：女贞、小叶女贞、紫薇、臭椿、皂荚、朴树、桑树、榆树、楸树、玉兰、刺槐、泡桐、垂柳、石榴、白蜡、梧桐、丝棉木、国槐、山楂、龙柏。

4．抗 HCl 的植物：瓜子黄杨、无花果、大叶黄杨、紫藤、构树、臭椿、华北卫矛、榆树、沙枣、柽柳、丝棉木、国槐、刺槐、紫荆。

5．抗 O_3 的植物：银杏。

6．抗 H_2S 的植物：构树、桑树、无花果、瓜子黄杨、泡桐。

7．抗 NO_2 的植物：构树、桑树、无花果、石榴、泡桐。

8．能吸收有害气体的绿化树种：构树、大叶黄杨、臭椿、女贞、悬铃木、紫薇、丝棉木、桑树、毛白杨、构树、加拿大杨、刺槐、紫穗槐、垂柳、板栗、沙枣、榆树、皂荚、华北卫矛、山楂、瓜子黄杨、侧柏、龙柏、旱柳、梧桐、国槐、银杏。

9．吸滞粉尘能力强的绿化树种：朴树、木槿、泡桐、悬铃木、女贞、广玉兰、臭椿、楸树、楝树、桑树、丝棉木、紫薇、刺槐、沙枣、国槐、榆树、构树、侧柏、龙柏、梧桐、核桃。

表 3-1 山东主要抗污染树种资源一览表

种名		科名	抗污染物	作用
丁香	*Syringa vulgaris*	木犀科	SO_2、HF	对有害气体抗性较强，有吸收有害气体的能力，可作为大气污染的抗毒净化树种、行道树
大叶黄杨	*Euonymus japonicus* Thumb.	卫矛科	Cl_2、HF、粉尘	对有害气体抗性很强，吸收有毒气体的能力强，可作为大气污染的抗毒净化树种、行道树或绿篱
女贞	*Ligustrum lucidum* Ait.	木樨科	SO_2、HF、Cl_2、粉尘	对有害气体抗性较强，吸收有害气体的能力较强，吸滞粉尘的能力很强
小叶女贞	*Ligustrum quihoui* Carr.	木樨科	SO_2、HF、Cl_2、粉尘	对有害气体抗性较强，吸收有害气体的能力较强，吸滞粉尘的能力很强
小叶朴	*Celtis bungeana* Bl.	榆科	SO_2、HF、Cl_2、粉尘	对有害气体抗性较强，吸滞灰尘、粉尘的能力很强，可作为大气污染地区的绿化树木、行道树、防护林等
小叶黄杨	*Buxus microphylla* sieb.	黄杨科	SO_2、Cl_2、H_2S、HCl	对有害气体抗性很强，可在污染地区用作绿篱及绿化树种
山楂	*Crataegus pinnatifida bunge*	蔷薇科	SO_2、HF、Cl_2	对有害气体抗性较强，吸收 SO_2 的能力很强，可在大气污染地区栽培
广玉兰	Magnolia grandiflora L.	木兰科	SO_2、NO_2、Cl_2、粉尘	有一定抗有毒气体能力，有吸硫能力，有吸收汞蒸汽的能力，吸滞粉尘能力强，可作为工厂中度污染地带的绿化树种
云杉	*Picea asperata* Mast.	松科	SO_2	对有害气体有一定的抗性，吸收有害气体的能力较强，可作为大气污染的抗毒净化树种、行道树
元宝槭	*Acer truncatum* Bunge	槭树科	SO_2	有一定抗有毒气体能力，有吸硫能力，有吸收汞蒸汽的能力，吸滞粉尘能力强，可作为工厂中度污染地带的绿化树种
无花果	*Ficus carica* L.	桑科	SO_2、SO_3、Cl_2、H_2S、NO_2、硝酸雾、苯	对毒气体抗性强，有吸收有害气体的能力，可作为大气污染的抗毒净化树种
日本女贞	*Ligustrum japonicum* Thumb.	木樨科	SO_2、HF、O_3、Cl_2、粉尘	对有害气体抗性较强，吸收有害气体的能力较强，吸滞粉尘的能力很强
木兰	*Magnolia denudate* Desr.	木兰科	SO_2、Cl_2	对有害气体抗性较强，有吸硫能力，可作为大气污染较轻地区的防污绿化树种
木槿	*Hibiscus syriacus* L.	锦葵科	SO_2、Cl_2、HCl	对有害气体抗性较强，有吸收有害气体的能力，可作为大气污染的抗毒净化树种、行道树
毛白杨	*Populus tomentosa* Carr	杨柳科	SO_2、Cl_2、HF	在北方地区表现对有害气体有一定抗性，吸毒净化的能力很强，可作为大气污染较轻地区的防污净化树种
火炬树	*Rhus typhina* L.	漆树科	SO_2	对有害气体抗性较强，吸收有害气体的能力较强，吸滞粉尘的能力很强

种名		科名	抗污染物	作用
丝棉木	*Euonymus bungeanus* Maxim.	卫矛科	SO_2、Cl_2、粉尘	对有害气体抗性强，吸收有毒气体的能力很强，吸滞粉尘能力强
加拿大杨	*Populus Canadensis moench*	杨柳科	SO_2、Cl_2、HF	在北方地区表现对有害气体有一定抗性，吸毒净化的能力很强，可作为大气污染较轻地区的防污净化树种
北美鹅掌楸	*Liriodendron tulipifera* L.	木兰科	SO_2、Cl_2	对有害气体抗性较强，可作为大气污染地区的绿化树种
白皮松	*Pinus bungeana zucc.*	松科	SO_2、HF	本种在常绿针叶树一类中对有害气体的抗性较强，可在大气污染不太严重的地区作为行道树、防护林树、造林树以及庭院绿化树
白蜡	*Fraxinus chinensis* Roxb.	木樨科	SO_2、Cl_2	对有害气体抗性较强，对 SO_2 等有害气体有一定的吸收能力，可作为大气污染地区的绿化树种和行道树
石榴	*Punica granatum* L.	石榴科	SO_2、NO_2、Cl_2、HF、粉尘	对有害气体有一定抗性，有一定的吸毒能力，有阻滞灰尘的能力，可作为大气污染地区的绿化树种或绿篱
龙柏	*Juniperus chinensis* var. *kaizuca* Hort.	柏科	SO_2、HF、Cl_2	对有害气体抗性较强，有吸硫的能力，可作为大气污染的抗毒净化树种、行道树或绿篱
华北卫矛	*Euonymus maackii* Rupr.	卫矛科	SO_2、HF、烟尘	对有害气体抗性很强，有吸附前粉尘的能力，可作为大气污染的抗毒净化树种
合欢	*Albizzia julibrissin* Durazz	豆科	SO_2、Cl_2、HCl	对有害气体抗性较强，有一定的吸收有害气体的能力，可作为大气污染地区的绿化树种或行道树
朴树	*Celtis sinensis* Pers.	榆科	SO_2、HF、Cl_2、粉尘	对有害气体抗性较强，吸滞灰尘、粉尘的能力很强，可作为大气污染地区的绿化树木、行道树、防护林等
西府海棠	*Malus micromalu*	蔷薇科	SO_2	对有害气体抗性较强，可作为大气污染地区的绿化树种
君迁子	*Diospyris lotus* L.	柿树科	SO_2、HF	对有害气体有一定的抗性，可在污染较轻的地区栽培、作为果树或绿化树种
圆柏	*Juniperus chinensis*	柏科	SO_2、HF、Cl_2	对有害气体有一定抗性，是针叶树种对 Cl_2 和 HF 抗性较强的树种，能吸收有害气体，可作为大气污染的抗毒净化树种、行道树或绿篱
旱柳	*Salix matsudana* Koidz.	杨柳科	SO_2	对有害气体抗性不太强，吸收有害气体的能力较强，可作为大气污染较轻地区的防污净化树种、行道树和防护林等
杜梨	*Pvrus betulaefolia*	蔷薇科	SO_2	对有害气体抗性一般，但防粉尘能力强，可在无有害散放的工矿区栽培，作为防尘林树种
沙枣	*Elaeagnus angustifoilia* L.	胡颓子科	SO_2、HF、粉尘	对有害气体抗性很强，有吸收有毒气体的能力，有抵抗和吸滞粉尘的能力，可作为大气污染的抗毒净化树种、行道树或绿篱
皂角	*Gleditsia sinensis* Lam.	豆科	SO_2、HF、Cl_2	对有害气体抗性较强，有一定的吸污能力，可作为工矿区的防污绿化树种

种　名		科名	抗污染物	作　用
连翘	*Forsythia suspensa*	木樨科	SO_2、HF	对含氟化合物等有害气体抗性较强，吸收有害气体的能力较强，吸滞粉尘的能力很强
侧柏	*Biota orientalis* Endl.	柏科	SO_2	对有害气体如SO_2等抗性很强，是常绿针叶树种抗性最强的树种之一，尤其在华北、西北、东北等冬季常绿树种贫乏的地区，值得大量发展。同时侧柏耐瘠薄及碱土壤，抗干旱，可作为大气污染地区的造林树种
刺槐	*Robnina pseudoacacia* L.	豆科	Cl_2等	对有害气体抗性较强，吸收有害气体的能力较强，可作为大气污染较重地区的防污净化树种
国槐	*Sophora japonica* L.	豆科	SO_2、Cl_2、HCl、HF	对有害气体抗性较强，有一定抗有毒气体能力，可作为大气污染地区的防污净化树种、行道树和防护林等
垂柳	*Salix babylonica* L.	杨柳科	SO_2、HF	对有害气体抗性不太强，吸收有害气体尤其是SO_2的能力较强，可作为大气污染较轻地区的防污净化树种、行道树和防护林等
板栗	*Castanea mollissima* BL.	壳斗科	SO_2、Cl_2	对有害气体抗性较强，吸收有毒气体的能力较强，可作为工厂特别是丘陵区工厂周围的绿化树种及干果树种
构树	*Broussonetia papyrifera* Vent.	桑科	SO_2、HF、HCl、Cl_2、粉尘	对SO_2、HF、HCl、Cl_2等有毒气体具有很强或较强的抵抗力，还具有较强的吸滞粉尘的能力
枣	*Zizyphus jujuba mill.*	鼠李科	SO_2、Cl_2、HF	对有害气体抗性强，可作为大气污染较轻地区的防污净化树种
泡桐	*Paulownia fortunei hemsl.*	玄参科	SO_2、H_2S、HF、Cl_2、NO_2	抗有害气体能力较强，吸收HF的能力较强，可作为大气污染较重的地区的绿化树种
爬山虎	*Parthenocissus quinquefolia planch.*	葡萄科	SO_2、HF、Cl_2、HCl	爬山虎对HF的抗性较强，利用爬山虎作为污染去或工厂车间墙壁上的垂直绿化植物，具有较好的保护和改善环境的效果
苦楝	*Melia azedarach* L.	楝科	SO_2	抗有害气体能力较强，有吸收有害气体的能力，可作为工厂中度污染地带的绿化树种和行道树
金银木	*Lonicera maackii*（Rupr.）Maxim.	忍冬科	SO_2	对有害气体抗性较强，可作为大气污染地区的绿化树种
柽柳	*Tamarix ramosissima* Ledeb.	柽柳科	HF	对有害气体抗性较强，耐干旱、风沙、瘠薄、盐碱
柿树	Diospyris kaki L.	柿树科	SO_2、HF	对有害气体有一定的抗性，可在污染较轻的地区栽培，作为果树或绿化树种
栀子	*Gardenia jasinoides* Ellis	茜草科	SO_2	对有害气体有一定的抗性，有吸收有害气体的能力，稍有吸滞粉尘的能力，可在大气污染不太严重的地区栽培
华北珍珠梅	*Sorbaria kirilowii*　Maxim	蔷薇科	SO_2	对有害气体抗性较强，有吸硫的能力，可作为大气污染的抗毒净化树种、行道树或绿篱

种 名		科名	抗污染物	作 用
胡颓子	*Elaeagnus pungens*	胡颓子科	SO_2、HF	对有害气体抗性较强，吸收有害气体的能力较强，吸滞粉尘的能力很强
核桃	*Juglans regia* L.	胡桃科	SO_2	对有害气体抗性一般，但防粉尘能力强，可在无有害散放的工矿区栽培，作为防尘林树种
栾树	*Koelreuteria* Paniculata Laxm.	无患子科	SO_2	对有害气体抗性较强，有一定的吸污能力，可作为工矿区的防污绿化树种
桂花	*Osmanthus fragrans* Lour.	木樨科	SO_2、Cl_2	桂花对 Cl_2 的抗性较强，有吸收有毒气体的能力，可在大气污染不太严重的城市工厂区栽培
桑树	*Morua alba* L.	桑科	SO_2、H_2S、NO_2、Cl_2	对有害气体如 SO_2 等抗性很强，有吸收有害气体的能力，可作为中度污染地区的绿化树种
梧桐	*Firmiana simplex* W.F. Wight	梧桐科	SO_2	对有害气体抗性较强，能吸收有害气体，可作为工厂中度污染地区的绿化树种和行道树
臭椿	*Ailanthus altissima* Swingle	苦木科	SO_2、HF、NO_2、Cl_2	对 SO_2、HF、NO_2、Cl_2 的抗性很强，还有很强的吸收有害气体的能力。可作为大气污染严重地区的净化空气、保护环境的优良绿化树种
悬铃木	*Platanus aceriflia* Willd.	悬铃木科	HF、粉尘	对有害气体如 Cl_2、SO_2 等抗性不强，吸收有害气体的能力较强，吸滞灰尘、粉尘的能力很强，阻挡噪声的能力也比较强，遮荫效果好，是著名的行道树和庭荫树种，可在有烟尘污染或有害气体污染较轻的工厂或城市栽培
梓树	*Cataipa ovata* Don.	紫葳科	SO_2、Cl_2、粉尘	对有害气体抗性较强，吸滞灰尘、粉尘的能力较强，可作为大气污染地区的绿化树木、行道树、防护林等
野蔷薇	*Rose multiflora*	蔷薇科	SO_2	对有害气体有一定抗性，能吸收有害气体，可作为大气污染的抗毒净化树种或绿篱
银杏	*Ginkgo bibloba* L.	银杏科	SO_2、HF、Cl_2、O_3	叶片对有害气体的抗性不强，有较强的吸收 SO_2 的能力，可作为大气污染地区的绿化树种和行道树
麻栎	*Quercus aculissima* Carr.	壳斗科	SO_2、Cl_2	抗有害气体能力较强，可在工矿区特别是山区工厂栽培
黄栌	*Cotinus coggygria*	漆树科	SO_2	对有害气体抗性较强，吸收有害气体的能力较强，有吸滞粉尘的能力，可作为大气污染地区的绿化树种
紫荆	*Cercis chinensis* Bunge	豆科	SO_2、Cl_2、HCl	对有害气体抗性较强，有一定的吸污能力，可作为工矿区的防污绿化树种
紫薇	*Lagerstroemia indica* L.	千屈菜科	SO_2、HF、Cl_2、粉尘	对有害气体抗性较强，吸收有害气体的能力较强，有吸滞粉尘的能力，可作为大气污染地区的绿化树种
紫穗槐	*Amorpha fruticosa* L.	豆科	SO_2、HF	对有害气体抗性强，吸收有害气体的能力强，可在污染地区用作绿篱及固沙固坡的植物
紫藤	*Wisteria sinensis* Sweet	豆科	SO_2、Cl_2、HCl	对有害气体抗性强，吸收有害气体的能力较强，可作为大气污染地区的防污净化树种
鹅掌楸	*Liriodendron chinensis* Sarg.	木兰科	SO_2、Cl_2	对有害气体抗性较强，可作为大气污染地区的绿化树种

种 名		科名	抗污染物	作 用
楸树	*Cataipa bungei* Mey.	紫葳科	SO_2、Cl_2、粉尘	对有害气体抗性较强，吸滞灰尘、粉尘的能力较强，可作为大气污染地区的绿化树木、行道树、防护林等
榆叶梅	*Prunus triloba*	蔷薇科	SO_2	对有害气体抗性较强，有吸硫能力，可作为大气污染较轻地区的防污绿化树种
榆树	*Ulmus pumila* L.	榆科	HF、SO_2	对有害气体抗性强，吸收有害气体的能力较强，吸滞粉尘的能力特强，可作为污染地区的绿化树种

3.7 环境指示植物

指示植物（indicative plant）是指一定区域范围内能指示生长环境或某些环境条件的植物种、属或群落。指示植物与被指示对象之间在全部分布区内保持联系的称为普遍指示植物；只在分布区的一定地区内保持联系的则称为地方指示植物。地方指示植物在数量上远远多于普遍指示植物。按指示对象可分为：①土壤指示植物。用植被来鉴别土壤性质的植物。如：铁芒萁为酸性土的指示植物；柏木为石灰性土壤的指示植物；多种碱蓬是强盐渍化土壤的指示植物；葎草是富氮土壤的指示植物；那杜草是黏重土壤的指示植物。②环境污染指示植物。如唐菖蒲的叶片边缘和尖端出现淡黄色片状伤斑，则说明空气中存在氟化氢污染。此外，植物的某些特征，如花的颜色、生态类群、年轮、畸形变异、化学成分等也具有指示某种生态条件的意义。

不同植物在生理上存在着特异性，故对不同的污染物质，表现出的反应和敏感性也不一样，受害后出现的症状各异。当大气受到二氧化硫、氟化氢、氯气等污染时，这些有害气体可以通过叶片上的气孔进入到植物体内，受害的部位首先是叶片，叶片会出现各种伤斑，不同的有害气体所引起的伤斑也不一样。二氧化硫进入植物体内，伤斑往往出现在叶脉间，呈点状和块状，颜色变成白色或浅褐色；氯能很快地破坏叶绿素，使叶片产生褪色伤斑，严重时甚至全叶漂白脱落；光化学烟雾含有各种氧化能力极强的物质，可使叶片背面变成银白色、棕色、古铜色或玻璃状，叶片正面出现一道横贯全叶的坏死带，严重时整片叶子变色，很少发生点状和块状伤斑；二氧化氮使叶脉间和近叶缘处出现不规则的白色或棕色解体伤斑；臭氧往往使叶片表面出现黄褐色或棕褐色斑点；氟引起的伤斑大多集中在叶尖和叶的边缘，呈环状和带状。指示植物不仅能告诉人们环境受到那种有害气体的污染，同时还能粗略地反映出污染程度的大小。所以人们称赞这些植物是保护环境的“监测员”，根据监测结果，即可采取有效治理措施。

利用指示植物监测环境污染有以下优点：

1. 比使用仪器成本低，方法简单，使用方便，预报及时，适于开展群众性监测活动。在工厂的四周栽种上一些指示植物，既可监测污染，又美化了环境，一举两得。例如，一家工厂根据植物的受害症状，发现了管道漏气事故，就可以及时采取有效措施。

2. 对污染很敏感，在人还未感觉到，甚至连仪器还测试不出来的时候，一些植物却出现了明显的受害症状——或花朵变色、或叶呈斑点、或枝叶枯黄，等等。例如，大气中二氧化硫的浓度达到 1×10^{-6}～5×10^{-6}时，人才能闻到气味，浓度为 10×10^{-6}～15×10^{-6}时，才对人有明显的刺激作用；但对二氧化硫敏感的植物，在浓度为 0.3×10^{-6}时，就会出现明显的反应，在 7 小时内就会出现受害症状。又如，氟的浓度在 8×10^{-6}时，才开始对人体有害；而当氟的浓度为 0.005×10^{-6}时，敏感植物菖兰就会出现受害症状。

3．植物不仅能监测现时的污染，而且还能指示过去的污染情况。比如，根据一些树木年生长量的变化（从树干的年轮来测定），估测过去 30 年中大气污染的程度，结果相当准确。而这些，用一般仪器是测不出来的。

山东的土壤、气候呈现多样性，矿质资源丰富，因此，合理利用指示植物对于山东省的经济发展有着重要的推动作用，山东省目前的主要指示植物有 31 科，44 属，49 种。

按照植物类型可分为：

（一）针叶松类：侧柏、雪松、华北落叶松、油松、云杉

（二）阔叶树类

1．常绿树

（1）乔木：女贞。

（2）灌木：大叶黄杨、栀子。

2．落叶树

（1）乔木：构树、小叶朴、紫玉兰、泡桐、毛白杨、刺槐、西府海棠、垂柳、榆树、板栗、柿树、核桃、石榴、麻栎、桃、杏、苹果、山桃、毛樱桃、黄花柳、榛子、大果榆、白桦、悬铃木。

（2）灌木：金银木、小叶黄杨、连翘、黄栌、丁香、珍珠梅、紫薇、小叶女贞、柽柳、胡枝子、杜鹃、枸杞、蜡梅、酸枣、荆条、牡丹。

（3）藤本：紫藤、山葡萄。

按照植物所指示的环境不同，可分为：

1．指示碱性土壤：

侧柏、丁香、柽柳、枸杞、酸枣。

2．指示酸性土壤：

石榴、麻栎、胡枝子、杜鹃、板栗、柿树、华北落叶松、黄花柳、榛子、珍珠梅。

3．指示二氧化硫：

雪松、华北落叶松、构树、泡桐、毛白杨、苹果、丁香、紫薇、蜡梅、白桦、栀子、核桃。

4．指示氧化氮：

石榴、杜鹃。

5．指示氟化氢：

雪松、杜鹃、大叶黄杨、桃、杏、西府海棠、苹果、山桃、毛樱桃、小叶黄杨、油松、连翘。

6．指示氯化氢：

华北落叶松、山桃、山葡萄。

7．指示氯气：

华北落叶松、构树、泡桐、紫薇。

8．指示臭氧：

女贞、丁香、山葡萄、紫玉兰、垂柳、牡丹。

9．指示氨：

毛白杨、刺槐、紫藤、小叶女贞、悬铃木。

10．指示汞：

垂柳、女贞。

表 3-2　山东主要污染指示树种资源一览表

种　名		科　名	指示特征
欧丁香	*Syringa vulgaris* L.	木樨科	落叶灌木，较耐旱，多见于山地阳坡和石灰岩砂质的瘠薄土地上，耐臭氧，生于褐土和棕壤上
大叶黄杨	*Euonymus japonicus* Thumb.	卫矛科	氟化氢，叶片局部出现伤斑，之后颜色加深成棕色斑块，最后叶片大部分枯萎，仅留叶脉及叶柄附近仍为绿色
大果榆	*Ulmus macrocarpa*	榆科	中旱生，耐干旱耐瘠薄，常见于栗钙土和褐土上
女贞	*Ligustrum lucidum* Ait.	木樨科	臭氧、汞
小叶女贞	*Ligustrum quihoui* Carr.	木樨科	氨
小叶朴		榆科	中生，耐干旱贫瘠的土地，多生长于低山丘陵地区
小叶黄杨	*Buxus microphylla sieb.*	黄杨科	氟化氢，叶片局部出现伤斑，之后颜色加深成棕色斑块，最后叶片大部分枯萎，仅留叶脉及叶柄附近仍为绿色
山桃	*Amygdalus davidiana*（Carr.）C. de Vos ex Henry	蔷薇科	氯化氢、氟化氢，一般叶脉间叶肉最先出现棕色斑点，最后整个叶片除叶脉附近叶肉外全部枯萎，仅留叶脉及叶柄附近仍为绿色
山葡萄	*Vitis amurensis* Rupr	葡萄科	氯化氢、臭氧，叶面上出现分散的浅黄色的透光斑点，严重时出现孔洞，这是由于酸雾附着在叶片上所致
云杉	*Picea asperata mast.*	松科	酸性土
毛白杨	*Populus tomentosa* Carr	杨柳科	二氧化硫、氨，一般叶脉间叶肉最先出现棕色斑点，最后整个叶片除叶脉附近叶肉外全部枯萎，仅留叶脉及叶柄附近仍为绿色
毛樱桃	*Prunus tomentosa* Thunb	蔷薇科	氟化氢，叶片局部出现伤斑，之后颜色加深成棕色斑块，最后叶片大部分枯萎，仅留叶脉及叶柄附近仍为绿色
白桦	*Betula platyphylla* Suk.	桦木科	二氧化硫，一般叶脉间叶肉最先出现棕色斑点，最后整个叶片除叶脉附近叶肉外全部枯萎，仅留叶脉及叶柄附近仍为绿色
石榴	*Punica granatum* L.	石榴科	酸性土壤、氧化氮，当氧化氮达到一定浓度时，叶片上出现密集的深绿色水侵蚀斑痕，最后叶片全部枯萎

种名		科名	指示特征
华北落叶松	*Larix principis-rupprechtii* Mayr	松科	二氧化硫、氯气、氯化氢、酸性土壤，叶面上出现分散的浅黄色的透光斑点，严重时出现孔洞，这是由于酸雾附着在叶片上所致
西府海棠	*Malus micromalu* Makine	蔷薇科	氟化氢，叶片局部出现伤斑，之后颜色加深成棕色斑块，最后叶片大部分枯萎，仅留叶脉及叶柄附近仍为绿色
杏	*Prunus armeniaca* L.	蔷薇科	氟化氢，叶片局部出现伤斑，之后颜色加深成棕色斑块，最后叶片大部分枯萎，仅留叶脉及叶柄附近仍为绿色
杜鹃	*Rhododendron simsii* Planch.	杜鹃花科	酸性土壤、氟化氢、氧化氮，当氟化氢或氧化氮达到一定浓度时，叶片上出现密集的深绿色水侵蚀斑痕，最后叶片全部枯萎，仅留叶脉及叶柄附近仍为绿色
牡丹	*Paeonia suffruticosa* Andr	芍药科	臭氧
连翘	*Forsythia suspensa* Vahl	木樨科	氟化氢，叶片局部出现伤斑，之后颜色加深成棕色斑块，最后叶片大部分枯萎，仅留叶脉及叶柄附近仍为绿色
侧柏	*Biota orientalis* Endl.	柏科	碱性土壤，多见于石灰岩土质山地
刺槐	*Robnina pseudoacacia* L.	豆科	氨、碱性土
垂柳	*Salix babylonica* L.	杨柳科	中生灌木或小乔木，在森林区的河滩地，森林草原带的灌木或湿润沙地有散生。可指示臭氧、汞
板栗	*Castanea mollissima* Bl.	壳斗科	酸性土壤
构树	*Broussonetia papyrifera* Vent.	桑科	二氧化硫、氯气、钙质土，一般叶脉间叶肉最先出现棕色斑点，最后整个叶片除叶脉附近叶肉外全部枯萎，仅留叶脉及叶柄附近仍为绿色
油松	*Pinus tabulaeformis* Carr.	松科	氟化氢，叶片局部出现伤斑，之后颜色加深成棕色斑块，最后叶片大部分枯萎，仅留叶脉及叶柄附近仍为绿色
泡桐	*Paulownia fortunei* Hemsl.	玄参科	二氧化硫、氯气，一般叶脉间叶肉最先出现棕色斑点，最后整个叶片除叶脉附近叶肉外全部枯萎，仅留叶脉及叶柄附近仍为绿色
苹果	*M.pumila* Mill.	蔷薇科	二氧化硫、氟化氢，一般叶脉间叶肉最先出现棕色斑点，最后整个叶片除叶脉附近叶肉外全部枯萎，仅留叶脉及叶柄附近仍为绿色
金银木	*Lonicera maackii*（Rupr.）Maxim.	忍冬科	灌木，耐干旱，喜生于棕壤地带
枸杞	*Lycium barbarum* L.	茄科	碱性土壤
柽柳	*Tamarix chinensis* Lour.	柽柳科	耐干旱耐盐碱的旱中生落叶灌木，常生长于盐碱荒滩和海滨泥滩和内陆盐渍土上，是盐渍地指示植物
柿树	*Diospyros kaki* Thunb.	柿树科	酸性土壤
栀子	*Gardenia jasinoides* Ellis	茜草科	二氧化硫，一般叶脉间叶肉最先出现棕色斑点，最后整个叶片除叶脉附近叶肉外全部枯萎，仅留叶脉及叶柄附近仍为绿色

种　名		科　名	指示特征
珍珠梅	*Sorbaria kirilowii* Maxim	蔷薇科	中生灌木，多见于山地丘陵杂木林中，多指示微酸性棕壤或褐土
胡枝子	*Lespedeza davurica*（Laxm.）Schindl.	蝶形花科	酸性土壤
荆条	*Vitex negundovar.heterophylla* Rehd	马鞭草科	山地旱生，喜温耐旱，多见于褐土区
核桃	*Juglans regia* L.	胡桃科	二氧化硫，一般叶脉间叶肉最先出现棕色斑点，最后整个叶片除叶脉附近叶肉外全部枯萎，仅留叶脉及叶柄附近仍为绿色
桃	*P.persicaa*（L.）Batch.	蔷薇科	氟化氢，叶片局部出现伤斑，之后颜色加深成棕色斑块，最后叶片大部分枯萎，仅留叶脉及叶柄附近仍为绿色
悬铃木	*Platanus aceriflia* Willd.	悬铃木科	氨
雪松	*Cedrus deodara* G. Don	松科	二氧化硫、氟化氢，一般叶脉间叶肉最先出现棕色斑点，最后整个叶片除叶脉附近叶肉外全部枯萎，仅留叶脉及叶柄附近仍为绿色
麻栎	*Quercus acutissima* Carr.	壳斗科	酸性土壤
黄花柳	*Salix caprea*	杨柳科	微酸土壤、山地中生
黄栌	*Cotinus coggygria* Scop	漆树科	中旱生，喜暖温，耐干旱，在酸性、中性、微碱性土上均能生长，多见于石灰岩山地
紫玉兰	*Magnolia liliflora* Desr.	木兰科	臭氧
紫薇	*Lagerstroemia indica* L.	千屈菜科	二氧化硫、氯气，一般叶脉间叶肉最先出现棕色斑点，最后整个叶片除叶脉附近叶肉外全部枯萎，仅留叶脉及叶柄附近仍为绿色
紫藤	*Wisteria sinensis* Sweet	豆科	氨
蜡梅	*Chimonanthus praecox*(Linn)Link	蜡梅科	二氧化硫，一般叶脉间叶肉最先出现棕色斑点，最后整个叶片除叶脉附近叶肉外全部枯萎，仅留叶脉及叶柄附近仍为绿色
榆树	*Ulmus pumila* L.	榆科	中旱生，耐干旱贫瘠
榛子	*Corylus heterophylla* Fisch. ex. Trautv	桦木科	山地中生灌木，多在棕壤土上出现，微酸到中性土壤
酸枣	*Semen Ziziphi* Spinosae	鼠李科	旱中生灌木，耐干旱瘠薄，多见于石灰岩山地

3.8　油料树种

山东省的油料植物共有45科，75属，119种。其中常绿乔木有12科，16属，20种；落叶乔木有22科，34属，57种；常绿灌木有4科，4属，4种；落叶灌木有13科，21属，34种；落叶藤本有4科，4属，4种。

3.8.1 乔木

种名		科名		产品器官及应用
七叶树	*Aesculus chinensis* Bge.	七叶树科	Hippocastanaceae	种子
三尖杉	*Cephalotaxus fortunei* Hook.f	三尖杉科	Cephalotaxaceae	种仁可榨油供制肥皂、蜡、油漆及硬化油
三角槭	*Acer buergerianum* Miq.	槭树科	Acerceae	种子
三桠乌药	*Lindera obtusiloba* Bl.	樟科	Lauraceae	种子榨油，供制肥皂及润滑油
女贞	*Ligustrum lucidum* Ait.	木犀科	Oleaceae	种子榨油供工业用
山合欢	*Albizia kalkora*（Roxb.）Prain	豆科	Leguminosae	种子
山胡椒	*Lindera glauca*（Sieb. Et Zucc.）Bl.	樟科	Lauraceae	种子榨油，供制肥皂及机械润滑油
山茶花	*Camellia japonica* L.	山茶科	Theaceae	种子榨油，食用及工业用
山桃	*Prunus davidiana*（Carr.）Franch.	蔷薇科	Rosaceae	种仁
马尾松	*Pinus massoniana* Lamb.	松科	Pinaceae	树干提炼松香和松节油，种子含油约 30%，可食用
中国沙棘	*Hippophae rhamnoides* L.ssp.sinensis Rousi	胡颓子科	Elaeagnaceae	种子
乌桕	*Sapium sebiferum*（L.）Roxb.	大戟科	Euphorbiaceae	种子油可制油漆、机器润滑油等
元宝槭	*Acer truncatum* Bge.	槭树科	Acerceae	种子榨油供食用及工业用
文冠果	*Xanthoceras sorbifolia* Bge.	无患子科	Sapindaceae	种仁含油 56.3%～70%，可作食用油
无患子	*Sapindus mukorossi* Gaertn.	无患子科	Sapindaceae	种油可制肥皂及润滑油
日本榧树	*Torreya nucifera*（L.）Sieb. et Zucc.	红豆杉科	Taxaceae	种子榨油，供食用，并可制成润滑剂或蜡
月桂	*Laurus nobilis* L.	樟科	Lauraceae	种子榨油，工业用
毛叶山桐子	*Idesia polycarpa* Maxim.var.*vestita* Diels.	大风子科	Flacourtiaceae	种子油可制肥皂和润滑油，亦为桐油代用品
玳玳花	*Citrus aurantium* L. var. *amara* Engl.	芸香科	Rutaceae	种子
北美圆柏	*Sabina virginiana*	柏科	Cupressaceae	木材可提炼高倍显微镜用油
玉铃花	*Styrax obassia* Sieb.et Zucc.	安息香科	Styracaceae	种子榨油，用于制皂及滑润机械
白木乌桕	*Sapium japonicum*（Sieb. et Zucc.）Pax et Hoffm.	大戟科	Euphorbiaceae	种子油可制油漆、硬化油、肥皂和蜡烛等
白背叶	*Mallotus apelta*（Lour.）Muell.-Arg.	大戟科	Euphorbiaceae	种子含油率 41.12%，是一种良好的干性油，可做桐油的代用品
白檀	*Symplocos paniculata*（Thunb.）Miq.	山矾科	Symplocaceae	种子榨油供制漆、肥皂及机械滑润用
光叶石楠	*Photinia glabra*（Thunb.）Maxim.	蔷薇科	Rosaceae	种子
全缘栾树	*Koelreuteria bipinnata Franch.*var. *integrifoliola*（Merr.）T.	无患子科	Sapindaceae	种子油可制肥皂及润滑油

种　名		科　名		产品器官及应用
华山松	*Pinus armandii* Franch.	松科	Pinaceae	种子含油 40%，可作食用油
华山矾	*Symplocos chinensis*（Lour.）Druce	山矾科	Symplocaceae	种子
地锦槭	*Acer mono* Maxim.	槭树科	Acerceae	种子榨油供食用及工业用
竹柏	*Podocarpus nagi*（Thunb.）Zoll.et Mor.ex Zoll.	罗汉松科	Podocarpaceae	种子榨油，供食用及工业用
红松	*Pinus koraiensis* Sieb.et Zucc.	松科	Pinaceae	木材及树根可提松节油；种子可榨油供食用
红果山胡椒	*Lindera erythrocarpa* Makino	樟科	Lauraceae	种子
红枝柴	*Meliosma oldhamii* Maxim.	清风藤科	Sabiaceae	种子油可做润滑油
红楠	*Machilus thunbergii* Sieb.et Zucc.	樟科	Lauraceae	种子
怀槐	*Maackia amurensis* Rupr. et Maxim.	豆科	Leguminosae	种子
杉木	*Cunninghamia lanceolata*（Lamb.）Hook.	杉科	Taxodiaceae	种子含油率 20%
杉松	*Abies holophylla* Maxim	松科	Pinaceae	种子含油 30%，可供工业用
李	*Prunus salicina* Lindl.	蔷薇科	Rosaceae	种仁
花曲柳	*Fraxinus rhynchophylla* Hance	木犀科	Oleaceae	种子含油 15.8%，可制肥皂及工业用油
刺椿	*Ailanthus vilmoriniana* Dode	苦木科	Simaroubaceae	种子
刺楸	*Kalopanax septemlobus*（Thunb.）Koidz.	五加科	Araliaceae	种子
刺槐	*Robinia pseudoacacia* L.	豆科	Leguminosae	种子含油 12%
欧洲甜樱桃	*Prunus avium* L.	蔷薇科	Rosaceae	种仁
油松	*Pinus tabulaeformis* Carr.	松科	Pinaceae	种子含油 30%～40%，供食用及工业用
油桐	*Vernicia fordii*（Hemsl.）Airy-Shaw.	大戟科	Euphorbiaceae	种子出油率约 35%，是很好的干性油，为油漆和涂料工业的重要原料
苦楝	*Melia azedarach* L.	楝科	Meliaceae	种子油可制肥皂、润滑油
金钱松	*Pseudolarix amabilis*（Nels.）Rehd.	松科	Pinaceae	种子
青榨槭	*Acer davidii* Franch.	槭树科	Acerceae	种子
厚朴	*Magonlia officinalis* Rehd.et Wils.	木兰科	Magnoliaceae	种子榨油，制皂及提香精用
扁桃	*Prunus amygdalus* Batsch	蔷薇科	Rosaceae	种仁含油量高
枸桔	*Poncirus trifoliata*（L.）Raf.	芸香科	Rutaceae	种子
狭叶山胡椒	*Lindera angustifolia* Cheng	樟科	Lauraceae	种子榨油，供制肥皂及润滑油
种	*种拉丁文*	科	科拉丁文	备注（部位、含油量）
美国山核桃	*Carya illinoensis*（Wangenh.）K. Koch	胡桃科	Juglandaceae	种仁
胡桃	*Juglans regia* L.	胡桃科	Juglandaceae	核仁，作高级食用油及工业用
胡桃楸	*Juglans mandshurica* Maxim.	胡桃科	Juglandaceae	种仁榨油，供食用
茶条槭	*Acer ginnala* Maxim.	槭树科	Acerceae	种子
重阳木	*Bischofia polycarpa*（L'evl.）Airy-Shaw	大戟科	Euphorbiaceae	种子含油量 30%，可作润滑油，并可作食用油

种　名		科　名		产品器官及应用
栾树	*Koelreuteria paniculata* Laxm.	无患子科	Sapindaceae	种子油可制肥皂及润滑油
臭椿	*Ailanthus altissima*（Mill.）Swingle	苦木科	Simaroubaceae	种子
臭檀	*Evodia daniellii*（Benn.）Hemsl.	芸香科	Rutaceae	种子
荷花玉兰	*Magonlia grandiflora* L.	木兰科	Magnoliaceae	种子含油率 42.5%
野茉莉	*Styrax japonica* Sieb.et Zucc.	安息香科	Styracaceae	种子榨油，用于制皂及滑润机械
野胡桃	*Juglans cathayensis* Dode	胡桃科	Juglandaceae	种子榨油，可供食用，亦可制肥皂、润滑油
野梧桐	*Mallotus japonicus* Muell.-Arg.	大戟科	Euphorbiaceae	种子榨油，是一种良好的干性油，可做桐油的代用品
黄花夹竹桃	*Thevetia peruviana*（Pers.）K.Schum.	夹竹桃科	Apocynaceae	种子
黄连木	*Pistacia chinensis* Bge.	漆树科	Anacardiaceae	种子榨油可做润滑油及肥皂
黄檗	*Phellodendron amurense* Rupr.	芸香科	Rutaceae	种子榨油，制皂及工业用
紫椴	*Tilia amurensis* Rupr.	椴树科	Tiliaceae	种子
塞山梅	*Styrax confusus* Hemsl.	安息香科	Styracaceae	种子
榆叶梅	*Prunus triloba* Lindl.	蔷薇科	Rosaceae	种仁
稠李	*Prunus padus* L.	蔷薇科	Rosaceae	种子
蒙椴	*Tilia mongolica* Maxim.	椴树科	Tiliaceae	种子
榛	*Corylus heterophylla* Fisch. ex Trautv.	桦木科	Betulaeae	种子含油 51.6%
漆	*Toxicodendron vernicifluum*（Stokes.）F. A. Barkl.	漆树科	Anacardiaceae	种子油可制肥皂、油墨
樟树	*Cinnamomum comphora*（L.）Presl.	樟科	Lauraceae	种子
黎檬	*Citrus limonia* Osbeck.	芸香科	Rutaceae	种仁
檫木	*Sassafras tzumu*（Hemal.）Hemsl.	樟科	Lauraceae	种子榨油，供制皂及油漆
黄连木	*Pistacia chinensis* Bunge	漆树科	Anacardiaceae	种子榨油可作润滑油或制皂
乌桕	*Sapium sebiferum*（L.）Roxb.	大戟科	Euphorbiaceae	种子油适于涂料，可涂油纸、油伞等
文冠果	*Xanthoceras sorbifolium* Bunge	无患子科	Sapindaceae	种仁含脂肪 57.18%
山桐子	*Idesia polycarpa* Maxim.	大风子科	Flacourtiaceae	果实、种子均含油
接骨木	*Sambucus williamsii* Hance	忍冬科	Caprifoliaceae	果实含油量达 35%～44%
香椿	*Toona sinensis*（A. Juss.）Roem.	楝科	Meliaceae	种子含油率 29.0%～38.5%

3.8.2 灌木

常绿灌木：

种　名		科　名		产品器官及应用
木犀	*Osmanthus fragrans*（Thunb.）Lour	木犀科	Oleaceae	果榨油可食用
石楠	*Photinia serrulata* Lindl.	蔷薇科	Rosaceae	种子
夹竹桃	*Nerium indicum* Mill.	夹竹桃科	Apocynaceae	种子
构骨	*Ilex crenata* Lindl.	冬青科	Aquifoliaceae	种子油可制肥皂

落叶灌木：

种名		科名		产品器官及应用
山茱萸	*Cornus officinalia* Sieb.et Zucc.	山茱萸科	Cornaceae	种子油可制肥皂
山麻杆	*Alchornea davidii* Franch.	大戟科	Euphorbiaceae	种子榨油供制肥皂
乌苏里鼠李	*Rhamnus ussuriensis* J.Vess.	鼠李科	Rhamnaceae	种子油供润滑油用
天目琼花	*Viburnum sargentii* Kochne	忍冬科	Caprifoliaceae	种子油可制肥皂及润滑油
毛胡枝子	*Lespedeza tomentosa*（Thunb.）Sieb.	豆科	Leguminosae	种子含油约 7%
毛梾	*Swida walteri*（Wanger.）Sojak	山茱萸科	Cornaceae	种子含油率 27%～38%，供食用及工业用
毛樱桃	*Prunus tomentosa* Thunb.	蔷薇科	Rosaceae	种子
白刺	*Nitraria sibirica* Pall.	蒺藜科	Zygophyollaceae	果核
灯台树	*Bothrocaryum controversum*（Hemsl.）Pojark.	山茱萸科	Cornaceae	种子油可制肥皂及润滑油
红瑞木	*Swida alba*（L.）Opiz	山茱萸科	Cornaceae	种子榨油供工业用
西北栒子	*Cotoneaster zabelii* Schneid.	蔷薇科	Rosaceae	种子
冻绿	*Rhamnus utilis* Decne.	鼠李科	Rhamnaceae	种子榨油，可做润滑油
吴茱萸	*Evodia rutaecarpa*（Juss.）Benth.	芸香科	Rutaceae	种子榨油，供制皂及机械润滑用
花椒	*Zanthoxylum bungeanum* Maxim.	芸香科	Rutaceae	种子
苎麻	*Boehemria nivea*（L.）Gaud.	荨麻科	Urticaceae	种子
刺苞南蛇藤	*Celastrus flagellaris* Rupr.	卫矛科	Celastraceae	种子含油 50%，供制润滑油
垂丝卫矛	*Euonymus oxyphyllus* Miq.	卫矛科	Celastraceae	种子榨油可制肥皂
宜昌荚蒾	*Viburnum ichangense*（Hemsl.）Rehd.	忍冬科	Caprifoliaceae	种子油可制肥皂及润滑油
玫瑰	*Rosa rugosa* Thunb.	蔷薇科	Rosaceae	种子含油约 14%
金银木	*Lonicera maackii*（Rupr.）Maxim.	忍冬科	Caprifoliaceae	种子油可制肥皂
扁担木	*Grewia biloba* G.Don var. *parviflora*（Bge.）Hand.-Mazz.	椴树科	Tiliaceae	种子
荚蒾	*Viburnum dilatatum* Thunb.	忍冬科	Caprifoliaceae	种子油可制肥皂及润滑油
香椒子	*Zanthoxylum schinifolium* Sieb. et Zucc.	芸香科	Rutaceae	种子含油量高，为半干性油
圆叶鼠李	*Rhamnus globosa* Bge.	鼠李科	Rhamnaceae	种子榨油供润滑油用
绿叶胡枝子	*Lespedeza buergeri* Miq.	豆科	Leguminosae	种子
野花椒	*Zanthoxylum simulans* Hance	芸香科	Rutaceae	种子榨油叫“野花椒油”
黄芦木	*Berberis amurensis* Rupr.	小檗科	Berberidaceae	种子榨油，工业用
锐齿鼠李	*Rhamnus arguta* Maxim.	鼠李科	Rhamnaceae	种子榨油，可做润滑油
鼠李	*Rhamnus davurica* Pall.	鼠李科	Rhamnaceae	种子榨油作润滑油
算盘子	*Glochidion puberum*（L.）Huch.	大戟科	Euphorbiaceae	种子油可制肥皂
胡枝子	*Lespedeza bicolor* Turcz.	豆科	Leguminosae	种子油可供食用或作机器润滑油

3.8.3 藤本植物

种　名		科　名		产品器官及应用
五叶木通	*Akebia quinata*（Thunb.）Decne.	木通科	Lardizabalaceae	种子
五味子	*Schisandra chinensis*（Turcz.）Baill.	木兰科	Magnoliaceae	种子榨油做润滑用
葛藟（沙地葡萄）	*Vitis rupestris* Scheele	葡萄科	Vitaceae	种子
蝙蝠葛	*Menispermum dahuricum* DC.	防己科	Menispermaceae	种子榨油，工业用
苘麻（草本）	*Abutilon theophrasti* Medicus	锦葵科	Malvaceae	种子含油量约 15%～16%，供制皂、油漆和工业用润滑油
蓖麻（草本）	*Ricinus communis* L.	大戟科	Euphorbiaceae	蓖麻油在工业上用途广

3.9 薪炭植物

山东省的薪炭植物共有 11 科，15 属，20 种。其中常绿乔木有 1 科，1 属，3 种；落叶乔木有 11 科，14 属，17 种。

常绿乔木

种　名		科　名		燃烧值（kcal/kg）
马尾松	*Pinus massoiana* Lamb.	松科	Pinaceae	4 840～5 040
湿地松	*Pinus elliottii* Engelm.			5 000
晚松	*Pinus rigida* Mill. var. *serotina*（Michx.）Loud.ex Hoopes			4 810

落叶乔木

种　名		科　名		燃烧值（kcal/kg）
麻栎	*Quercus acutissima* Carruth	壳斗科	Fagaceae	4 681.8
栓皮栎	*Quercus variabilis* Bl.	壳斗科	Fagaceae	4 687
枫香树	*Liquidambar foemosana* Hance	金缕梅科	Hamamelidaceae	4 600
楝树	*Melia azedarach* L.	楝科	Meliaceae	4 500
桑树	*Morus alba* L.	桑科	Moraceae	4 100～4 400
旱柳	*Salix matsudana* Koidz.	杨柳科	Salicaceae	4 315～4 437
刺槐	*Robinia pseudoacacia* L.	豆科	Leguminosae	4 544
山杏	*Prunus armenica* var.*ansu* Maxim.	蔷薇科	Rosaceae	4 708～4 751
东北杏	*Prunus mandshuruca*（Maxim.）Koehne	蔷薇科	Rosaceae	4 708～4 751
山桃	*Prunus davidiana*（Carr.）Franch.	蔷薇科	Rosaceae	4 609～4 848
黄栌木	*Cotinus coggygria*	漆树科	Anacardiaceae	4 689
火炬树	*Rhus typhina* L.	漆树科	Anacardiaceae	3 890
黄荆	*Vitex negundo* L.	马鞭草科	Verbenaceae	4 575

种　名		科　名		燃烧值（kcal/kg）
紫穗槐	*Amorpha fruticosa* L.	豆科	Leguminosae	4 063～4 548
胡枝子	*Lespedeza bicolor* Turcz.	豆科	Leguminosae	4 604～4 849
小叶锦鸡儿	*Caragana microphylla*（pall）Lam.	豆科	Leguminosae	4 721～4 821
沙枣	*Elacagnus angustifolia* L.	胡颓子科	Elaeagnaceae	4 340～4 931
桤木	*Alnus cremastogyne* Burk.	桦木科	Betulaceae	
杜梨	*Pyrus betulifolia* Bunge	蔷薇科	Rosaceae	4 459
沙柳	*Salix mongolica*	杨柳科	Salicaceae	4 283
兰考泡桐	*Paulownia elongata* S. Y. Hu	玄参科	Scrophulariaceae	4 870
臭椿	*Ailanthus altissima*（Mill.）Swingle	苦木科	Simaroubaceae	4 760
白蜡树	*Fraxinus chinensis* Roxb. Roxb.	木犀科	Oleaceae	4 479

4 灌藤植物资源

据调查，山东省 2 280 余种高等植物中有藤本植物等附生性高位芽植物 150 余种，隶属于 29 科、69 属，除其中少数为引种栽培的园艺植物外，大多数是自然分布的野生种类。其中双子叶植物科属最多，单子叶植物较少。

在藤本植物 29 科中，种数 10 个以上的 4 个科共 82 种，占藤本植物种总数的 54.7%，即：豆科 26 种，葡萄科 22 种，旋花科 17 种，葫芦科 17 种。由此可见，这些大科对山东植物区系的性质和植被群落组成、结构及其特点起着十分重要的作用。

在山东省的 150 种藤本植物中，本质藤本植物有 63 种，占藤本植物总数的 42%，草质藤本植物 87 种。

据《山东植物志》记载，山东省共有灌木 351 种、1 亚种、60 变种、11 变型、2 栽培变型，分属 68 科，占种数的 17.4%，科数的 37.2%。其中，引种栽培的有 173 种、1 亚种、43 变种、8 变型、2 栽培变型，占灌木种类总数的 53.4%。在这些种灌木中，荒山裸岩地区常见的种约有 18 种。

4.1 灌木植物资源

山东共有 68 科，163 属，421 种。如表 4-1、表 4-2 所示。

表 4-1 山东常绿灌木

种 名		科 名
十大功劳	*Mahonia fortunei*（Lindl.）Fedde	小檗科 Berberidaceae
大叶胡颓子	*Elaeagnus macrophylla* Thunb.	胡颓子科 Elaeagnaceae
山茶花	*Camellia japonica* L.	山茶科 Theaceae
山踯躅	*Rhododendron indicum*（L.）Sweet	杜鹃花科 Ericaceae
中麻黄	*Ephedra intermedia* Schrenk ex Mey.	麻黄科 Ephedraceae
凤尾丝兰	*Yucca gloriosa* L.	百合科 Liliaceae
日本女贞	*Ligustrum japonicum* Thunb.	木犀科 Oleaceae
木贼麻黄	*Ephedra equisetina* Bge.	麻黄科 Ephedraceae
木犀	*Osmanthus fragrans*（Thunb.）Lour.	木犀科 Oleaceae
丹桂	*Osmanthus fragrans*（Thunb.）Lour. cv.“Auranfiacus”	
银桂	*Osmanthus fragrans*（Thunb.）Lour. cv.“Semperflorens”	
金桂	*Osmanthus fragrans*（Thunb.）Lour. cv.“latifolius”	
四季桂	*Osmanthus fragrans*（Thunb.）Lour. cv.“thunbergii”	

种名		科名
玳玳花	*Citrus aurantium* L. var. amara Engl.	芸香科 Rutaceae
冬青卫矛	*Euonymus japonicus* Thunb.	卫矛科 Celastraceae
银边黄杨	*Euonymus japonicus* Thunb. var. *albo-marginatus* T. Moore	
金心黄杨	*Euonymus japonicus* Thunb. var. *aureo-variegatus* Regel.	
金边黄杨	*Euonymus japonicus* Thunb. var. *aureo-marginatus* Regel.	
斑叶黄杨	*Euonymus japonicus* Thunb. var. *viridi-variegatus* Rehd.	
平枝栒子	*Cotoneaster horizontalis* Dcne.	蔷薇科 Rosaceae
石楠	*Photinia serrulata* Lindl.	蔷薇科 Rosaceae
光叶蔷薇	*Rosa wichuraiana* Crep.	蔷薇科 Rosaceae
夹竹桃	*Nerium indicum* Mill.	夹竹桃科 Apocynaceae
白花夹竹桃	*Nerium indicum* Mill. cv. “Baihua”	
朱槿	*Hibicus rosasinensis* L.	锦葵科 Malvaceae
重瓣朱槿	*Hibicus rosasinensis* L. var. *rubroplenus* Sweet	
朱蕉	*Cordyline fruticosa*（L.）A. Cheval	百合科 Liliaceae
竹叶椒	*Zanthoxylum armatum* DC.	芸香科 Rutaceae
米仔兰	*Aglaia odorata* Lour.	楝科 Meliaceae
小叶米仔兰	*Aglaia odorata* Lour. var. *microphyllina* C. DC.	
含笑花	*Michelia figo*（Lour.）Spreng	木兰科 Magnoliaceae
早禾树	*Viburnum odoratissimum* Ker.	忍冬科 Caprifoliaceae
构骨	*Ilex crenata* Lindl.	冬青科 Aquifoliaceae
细圆齿火棘	*Pyracantha crenulata*（D. Don）Roem.	蔷薇科 Rosaceae
苦竹	*Pleioblastus amarus*（Keng）Keng f.	禾本科 Gramineae
软叶刺葵	*Phoenix roebelenii* O. Brien	棕榈科 Palmae
郁香忍冬	*Lonicera fragrantissima* Lindl.	忍冬科 Caprifoliaceae
金丝桃	*Hypericum monogynum* L.	藤黄科 Guttiferae
金丝梅	*Hypericum patulum* Thunb.	藤黄科 Guttiferae
青木	*Aucuba japonica* Thunb.	山茱萸科 Cornaceae
洒金珊瑚	*Aucuba japonica* Thunb. var. *variegata* D'Ombr.	
枸橼	*Citrus medica* L..	芸香科 Rutaceae
佛手柑	*Citrus medica* L. var. *sarcodactylis*（Noot.）Swingle	
柊树	*Osmanthus heterophylla*（G. Don）P. S. Green	木犀科 Oleaceae
栀子	*Gardenia jasminoides* Ellis	茜草科 Rubiaceae
大花栀子	*Gardenia jasminoides* Ellis var. *grandiflora* Nakai	
茶	*Camellia sinensis*（L.）Kuntze	山茶科 Theaceae
钝齿冬青	*Ilex cornuta* Thunb.	冬青科 Aquifoliaceae
龟甲冬青	*Ilex cornuta* Thunb. var. *nummularia* Yatabe	
桃叶珊瑚	*Aucuba chinensis* Benth.	山茱萸科 Cornaceae
桔	*Citrus reticulata* Blanco	芸香科 Rutaceae
温州密桔	*Citrus reticulata* Blanco var. *unshiu* Hu	
红桔	*Citrus reticulata* Blanco var. *erythrosa* Hu	
窄叶火棘	*Pyracantha angustifolia*（Franch.）Schneid.	蔷薇科 Rosaceae
假叶树	*Ruscus aculeata* L.	百合科 Liliaceae

种 名		科 名
雀舌黄杨	*Buxus bodinieri* L'evl.	黄杨科 Buxaceae
黄杨	*Buxus sinic*（Rehd. et Wils.）Cheng	黄杨科 Buxaceae
棕竹	*Rhapis excelsa*（Thunb.）Henry ex Rehd.	棕榈科 Palmae
阔叶十大功劳	*Mahonia bealei*（Fort.）Carr.	小檗科 Berberidaceae
阔叶箬竹	*Indocalamus latifolius*（Keng）McClure	禾本科 Gramineae
照山白	*Rhododendron micranthum* Turcz	杜鹃花科 Ericaceae
瑞香	*Daphne odora* Thunb.	瑞香科 Thymelaeaceae
矮探春	*Jasminum humile* L.	木犀科 Oleaceae
矮棕竹	*Rhapis humilis* Bl.	棕榈科 Palmae
箬叶竹	*Indocalamus longiauritus* Hand.～Mazz	禾本科 Gramineae
黎檬	*Citrus limonia* Osbeck.	芸香科 Rutaceae
檵木	*Loropetalum chinense*（R. Br.）Oliver	金缕梅科 Hamamelidaceae
红花檵木	*Loropetalum chinense*（R. Br.）Oliver var. *ruberum* Yieh	
爆杖竹	*Russelia equisetiformis* Schlecht. et Cham.	玄参科 Scrophulariaceae

表 4-2 落叶灌木资源

种 名		科 名
一品红	*Euphorbia pulcherrima* Willd.	大戟科 Euphorbiaceae
二乔玉兰	*Magnolia soulangeana* Soul. – Bod.	木兰科 Magnoliaceae
八角枫	*Alangium chinense*（Lour.）Harms.	八角枫科 Alangiaceae
三叶海棠	*Malus sieboldii*（Regel）Rehd.	蔷薇科 Rosaceae
三角榕	*Ficus diversifolia* Bl. .	桑科 Moraceae
三桠乌药	*Lindera obtusiloba* Bl.	樟科 Lauraceae
三裂绣线菊	*Spiraea trilobata* L.	蔷薇科 Rosaceae
三蕊柳	*Salix triandra* L.	杨柳科 Salicaceae
蒙山柳	var. *menshanensis* S. B. Liang	
日本三蕊柳	var. *nipponica*（Franch. et Savat.）Seem	
卫矛	*Euonymus alatus*（Thunb.）Sieb.	卫矛科 Celastraceae
土庄绣线菊	*Spiraea pubescens* Turcz.	蔷薇科 Rosaceae
大花溲疏	*Deutzia grandiflora* Bge.	虎耳草科 Saxifragaceae
小令箭荷花	*Napalxochia phyllanthoides*（DC.）Beritt. et Rose.	仙人掌科 Cactaceae
小叶女贞	*Ligustrum quihoui* Carr.	木犀科 Oleaceae
小叶山毛柳	*Salix pseudopermollis* C. Y. Yu et Ch. Y. Yang	杨柳科 Salicaceae
小叶锦鸡儿	*Caragana microphylla* Lam.	豆科 Leguminosae
小叶鼠李	*Rhamnus parvifolia* Bge.	鼠李科 Rhamnaceae
小米空木	*Stephanandra incisa*（Thunb.）Zabel	蔷薇科 Rosaceae
小米椒	*Capsicum frutescens* L.	茄科 Solanaceae
樱桃椒	var. *cerasiforme* Bailey	
朝天椒	var. *conoides* Bailey	
簇生椒	var. *fasciculatum* Bailey	
小花溲疏	*Deutzia parviflora* Bge.	虎耳草科 Saxifragaceae
小蜡树	*Ligustrum sinense* Lour.	木犀科 Oleaceae

种 名		科 名
红药小蜡	var. *multiflorum* Bean.	
山东山楂	*Crataegus shandongensis* F. Z. Li et W. D. Peng	蔷薇科 Rosaceae
山胡椒	*Lindera glauca*（Sieb. et Zucc.）Bl.	樟科 Lauraceae
山莓	*Rubus corchorifolius* L. f.	蔷薇科 Rosaceae
山梅花	*Philadelphus incanus* Koehne	虎耳草科 Saxifragaceae
山麻子	*Ribes manschuricum*（Maxim.）Kom.	虎耳草科 Saxifragaceae
山麻杆	*Alchornea davidii* Franch.	大戟科 Euphorbiaceae
中国沙棘	*Hippophae rhamnoides* L. ssp. *sinensis* Rousi	胡颓子科 Elaeagnaceae
中国黄花柳	*Salix sinica*（Hao）C. Wang et C. F. Fang	杨柳科 Salicaceae
乌苏里鼠李	*Rhamnus ussuriensis* J. Vess.	鼠李科 Rhamnaceae
云实	*Caesalpinia decapetala*（Roth.）Alston	豆科 Leguminosae
五加	*Acanthopanax gracilistylus* W. W. Smith.	五加科 Araliaceae
六道木	*Abelia biflora* Turcz.	忍冬科 Caprifoliaceae
天女花	*Mognolia sieboldii* K. Koch	木兰科 Magnoliaceae
天目琼花	*Viburnum Sargentii* Kochne	忍冬科 Caprifoliaceae
太平花	*Philadelphus pekinensis* Rupr.	虎耳草科 Saxifragaceae
无毛风箱果	*Physocarpus opulifolius*（L.）Maxim.	蔷薇科 Rosaceae
无毛溲疏	*Deutzia glabrata* Kom.	虎耳草科 Saxifragaceae
无花果	*Ficus carica* L.	桑科 Moraceae
无梗五加	*Acanthopanax sessiliflorus*（Rupr. et Maxim.）Seem.	五加科 Araliaceae
日本小檗	*Berberis thunbergii* DC.	小檗科 Berberidaceae
紫叶小檗	var. *atropurpurea* Chenault.	
日本辛夷	*Magnolia kobus* DC.	木兰科 Magnoliaceae
日本紫珠	*Callicarpa japonica* Thunb.	马鞭草科 Verbenaceae
月季花	*Rosa chinensis* Jacq.	蔷薇科 Rosaceae
月月红	var. *semperflorens* Koehne	
小月季	var. *minina* Voss	
绿月季	var. *viridiflora* Dipp.	
木兰	*Magnolia liliflora* Desr.	木兰科 Magnoliaceae
木半夏	*Elaeagnus multiflora* Thunb.	胡颓子科 Elaeagnaceae
木芙蓉	*Hibicus mutabilis* L.	锦葵科 Malvaceae
木绣球	*Viburnum macrocephalum* Fort.	忍冬科 Caprifoliaceae
八仙花	*f. keteleeri*（Carr.）Rehd.	
木槿	*Hibicus syriacus* L.	锦葵科 Malvaceae
粉紫重瓣木槿	*f. amplissimus* Gagnep. f.	
短苞木槿	var. *brevibracteatus* S. Y. Hu	
毛叶木瓜	*Chaenomeles cathayensis*（Hemsl.）Schneid.	蔷薇科 Rosaceae
毛叶石楠	*Photinia villosa*（Thunb.）DC.	蔷薇科 Rosaceae
毛刺槐	*Robinia hispida* L.	豆科 Leguminosae
毛掌叶锦鸡儿	*Caragana leveillei* Kom.	豆科 Leguminosae
毛榛	*Corylus mandshurica* Maxim.	桦木科 Betulaeae
毛樱桃	*Prunus tomentosa* Thunb.	蔷薇科 Rosaceae

种 名		科 名
水茄	*Solanum torvum* Swartz.	茄科 Solanaceae
水栒子	*Cotoneaster multiflorus* Bge.	蔷薇科 Rosaceae
水榆花楸	*Sorbus alnifolia*（Sieb. et Zucc.）K. Koch	蔷薇科 Rosaceae
裂叶水榆	var. *lobulata* Rehd.	
火炬树	*Rhus typhina* L.	漆树科 Anacardiaceae
牛奶子	*Elaeagnus umbellata* Thunb.	胡颓子科 Elaeagnaceae
牛叠肚	*Rubus crataegifolius* Bunge.	蔷薇科 Rosaceae
牛鼻栓	*Fortunearia sinensis* Rehd. et Wils.	金缕梅科 Hamamelidaceae
东北鼠李	*Rhamnus schneideri* L'evl. et Vant var. manshurica（Nakai）Nakai	鼠李科 Rhamnaceae
令箭荷花	*Napalxochia ackermannii*（Haw.）Kunth.	仙人掌科 Cactaceae
北京丁香	*Syringa pekinensis* Rupr.	木犀科 Oleaceae
叶子花	*Bougainvillea spectabilis* Willd	紫茉莉科 Mirabilis L.
叶底珠	*Securinega suffruticosa*（Pall.）Rehd.	大戟科 Euphorbiaceae
四照花	*Dendrobenthamia japonica*（DC.）Fang var. *chinensis*（Osborn）Fang	山茱萸科 Cornaceae
宁夏枸杞	*Lycium barbarum* L.	茄科 Solanaceae
巧玲花	*Syringa pubescens* Turcz.	木犀科 Oleaceae
小叶巧玲花	*ssp. microphylla*（Diels）M. C. Chang et X. L. Chen	
本氏木蓝	*Indigofera bungeana* Walp.	豆科 Leguminosae
玉铃花	*Styrax obassia* Sieb. et Zucc.	安息香科 Styracaceae
瓜木	*Alangium platanifolium*（Sieb. et Zucc.）Harms.	八角枫科 Alangiaceae
白马骨	*Serissa serissoides*（DC.）Druce.	茜草科 Rubiaceae
白木乌桕	*Sapium japonicum*（Sieb. et Zucc.）Pax et Hoffm.	大戟科 Euphorbiaceae
白杜	*Euonymus bungeanus* Maxim.	卫矛科 Celastraceae
白刺	*Nitraria sibirica* Pall.	蒺藜科 Zygophyllaceae
白刺花	*Sophora viciifolia* Hance	豆科 Leguminosae
白背叶	*Mallotus apelta*（Lour.）Muell.～Arg.	大戟科 Euphorbiaceae
白棠子树	*Callicarpa dichotoma*（Lour.）K. Koch	马鞭草科 Verbenaceae
白萼倒挂金钟	*Fuchsia albo-coccinea* Hort.	柳叶菜科 Onagraceae
白鹃梅	*Exochorda racemosa*（Lindl.）Rehd.	蔷薇科 Rosaceae
白檀	*Symplocos paniculata*（Thunb.）Miq.	山矾科 Symplocaceae
石榴	*Punica granatum* L.	石榴科 Punicaceae
白石榴	var. *albescens* DC.	
黄石榴	var. *flavescens* Sweet.	
重瓣白石榴	var. *multiplex* Sweet.	
玛瑙石榴	var. *lagrellei* Van. Houtte	
重瓣红石榴	var. *planiflora* Hayne	
月季石榴	var. *nana*（L.）Pers.	
重瓣火石榴	var. *plena* Voss.	
墨石榴	var. *nigra* Hort.	
辽东水蜡树	*Ligustrum obtusifolium* Sieb. et Zucc. ssp. *suave*（Kitag.）Kitag.	木犀科 Oleaceae

种名		科名
辽东楤木	*Aralia elata*（Miq.）Seem.	五加科 Araliaceae
龙牙花	*Erythrina corallodendron* L.	豆科 Leguminosae
伞花蔷薇	*Rosa maximowicziana* Regel	蔷薇科 Rosaceae
光叶子花	*Bougainvillea glabra* Choisy	紫茉莉科 Mirabilis L.
华山矾	*Symplocos chinensis*（Lour.）Druce	山矾科 Symplocaceae
华北忍冬	*Lonicera tatarinowii* Maxim.	忍冬科 Caprifoliaceae
华北珍珠梅	*Sorbaria kirilowii*（Regel）Maxim.	蔷薇科 Rosaceae
华北绣线菊	*Spiraea fritschiana* Schneid.	蔷薇科 Rosaceae
大叶华北绣线菊	var. *angulata*（Schneid.）Reld.	
小叶华北绣线菊	var. *parvifolia* Liou	
华茶藨	*Ribes fasciculatum* Sieb. et Zucc. var. *chinense* Maxim.	虎耳草科 Saxifragaceae
华桑	*Morus cathayana* Hemsl	桑科 Moraceae
多花一叶萩	*Securinega multiflora* S. B. Liang	大戟科 Euphorbiaceae
多花蔷薇	*Rosa multiflora* Thunb.	蔷薇科 Rosaceae
粉团蔷薇	var. *cathayensis* Rehd. et Wils.	
七姊妹	var. *platyphylla* Thory	
荷花蔷薇	var. *carnea* Thory	
多枝柽柳	*Tamarix ramosissima* Ledeb.	柽柳科 Tamaricaceae
多腺悬钩子	*Rubus phoenicolasius* Maxim.	蔷薇科 Rosaceae
尖叶杜鹃	*Rhododendron mucromulatum* Turcz.	杜鹃花科 Ericaceae
杨栌	*Weigela japonica* Thunb.	忍冬科 Caprifoliaceae
竹节蓼	*Homalocladium platycladum*（F. Muell.）Bailey	蓼科 Polygonaceae
红叶黄栌	*Cotinus coggygria* Scop. var. *cinerea* Engl.	漆树科 Anacardiaceae
毛黄栌	var. *pubbescens* Engl.	
红花锦鸡儿	*Caragana rosea* Turcz.	豆科 Leguminosae
红果山胡椒	*Lindera erythrocarpa* Makino	樟科 Lauraceae
长梗红果山胡椒	var. *longipes* S. B. Liang	
红背桂花	*Excoecaria cochinchinensis* Lour.	大戟科 Euphorbiaceae
绿背桂花	var. *viridis*（Pax et Hoffm.）Merr.	
红瑞木	*Swida alba*（L.）Opiz	山茱萸科 Cornaceae
羊踯躅	*Rhododendron molle*（Bl.）G. Don	杜鹃花科 Ericaceae
老鸦柿	*Diospyros rhombifolia* Hemsl.	柿树科 Ebenaceae
老鸦糊	*Callicarpa giraldii* Hesse ex Rehd.	马鞭草科 Verbenaceae
西北栒子	*Cotoneaster zabelii* Schneid.	蔷薇科 Rosaceae
西洋山梅花	*Philadelphus coronaries* L.	虎耳草科 Saxifragaceae
西洋接骨木	*Sambucus nigra* L.	忍冬科 Caprifoliaceae
达胡里胡枝子	*Lespedeza davurica*（Laxm.）Schindl.	豆科 Leguminosae
阴山胡枝子	*Lespedeza inschanica*（Maxim.）Schindl.	豆科 Legumnosae
冻绿	*Rhamnus utilis* Decne.	鼠李科 Rhamnaceae
毛冻绿	var. *hypochrysa*（Schneid.）Rehd.	
卵叶鼠李	*Rhamnus bungeana* J.Vass.	鼠李科 Rhamnaceae
吴茱萸	*Evodia rutaecarpa*（Juss.）Benth.	芸香科 Rutaceae

种 名		科 名
李叶绣线菊	*Spiraea prunifolia* Sieb. et Zucc.	蔷薇科 Rosaceae
李叶溲疏	*Deutzia hamata* Koehne	虎耳草科 Saxifragaceae
杜梨	*Pyrus betulaefolia* Bunge.	蔷薇科 Rosaceae
杜鹃花	*Rhododendron simsii* Planch.	杜鹃花科 Ericaceae
杞柳	*Salix integra* Thunb	杨柳科 Salicaceae
沙地葡萄	*Vitis rupestris* Scheel	葡萄科 Vitaceae
牡丹	*Paeonia suffruticosa* Andr.	毛茛科 Ranunculaceae
芫花	*Daphne genkwa* Sieb. et Zucc.	瑞香科 Thymelaceae
花木蓝	*Indigofera kirilowii* Maxim. ex Palibin	豆科 Leguminosae
花叶丁香	*Syringa persica* L.	木犀科 Oleaceae
花椒	*Zanthoxylum bungeanum* Maxim.	芸香科 Rutaceae
花楸树	*Sorbus pohuashanensis*（Hance）Hedl.	蔷薇科 Rosaceae
迎春花	*Jasminum nudiflorum* Lindl.	木犀科 Oleaceae
连翘	*Forsythia suspensa*（Thunb.）Vahl.	木犀科 Oleaceae
鸡桑	*Morus australis* Poir	桑科 Moraceae
鸡麻	*Rhodotypos scandens*（Thunb.）Makino	蔷薇科 Rosaceae
麦李	*Prunus glandulosa* Thunb.	蔷薇科 Rosaceae
粉花重瓣麦李	*f. sinensis*（Pers.）Koehne	
白花重瓣麦李	*f. alboplena* Koehne	
刺天茄	*Solanum indicum* L.	茄科 Solanaceae
刺毛白叶莓	*Rubus spinulosoides* Metc.	蔷薇科 Rosaceae
刺榆	*Hemiptelea davidii* Planch	榆科 Ulmaceae
单叶蔓荆	*Vitex trifolia* L. var. *simplicifolia* Cham.	马鞭草科 Verbenaceae
垂丝卫矛	*Euonymus oxyphyllus* Miq.	卫矛科 Celastraceae
宜昌荚蒾	*Viburnum ichangense*（Hemsl.）Rehd.	忍冬科 Caprifoliaceae
杭子梢	*Campylotropis macrocarpa*（Bge.）Rehd.	豆科 Leguminosae
欧丁香	*Syringa vulgaris* L.	木犀科 Oleaceae
欧李	*Prunus humilis* Bge.	蔷薇科 Rosaceae
欧洲雪球	*Viburnum opulus* L. f. *roseum*（L.）Hegi	忍冬科 Caprifoliaceae
河蒴荛花	*Wikstroemia chamaedaphne* Meissn.	瑞香科 Thymelaceae
玫瑰	*Rosa rugosa* Thunb.	蔷薇科 Rosaceae
细叶小檗	*Berberis poiretii* Schneid	小檗科 Berberidaceae
细叶水团花	*Adina rubella* Hance	茜草科 Rubiaceae
苦木	*Picrasma quassioides*（D. Don）Benn.	苦木科 Simaroubaceae
苦糖果	*Lonicera standishii* Carr.	忍冬科 Caprifoliaceae
茅莓	*Rubus parvifolius* L.	蔷薇科 Rosaceae
虎刺	*Damnacanthus indicus* Gaertn. f.	茜草科 Rubiaceae
郁李 重瓣郁李	*Prunus japonica* Thunb. var. *kerii* Koehne	蔷薇科 Rosaceae
金刚纂	*Euphorbia antiquorum* L.	大戟科 Euphorbiaceae
金花忍冬	*Lonicera chrysantha* Turcz.	忍冬科 Caprifoliaceae
须蕊忍冬	var. *longipes* Maxim.	

种 名		科 名
金钟连翘	*Forsythia viridissima* Lindl.	木犀科 Oleaceae
金橘	*Fortunella margarita*（Lour.）Swingle	芸香科 Rutaceae
金银木	*Lonicera maackii*（Rupr.）Maxim.	忍冬科 Caprifoliaceae
陕西荚蒾	*Viburnum shensianum* Maxim.	忍冬科 Caprifoliaceae
南天竹	*Nandina domestica* Thunb.	小檗科 Berberidaceae
厚叶石斑木	*Raphiolepis umbellata*（Thunb）Makino	蔷薇科 Rosaceae
覆盆子	*Rubus idaeus* L.	蔷薇科 Rosaceae
扁担木	*biloba G. Don* var. *parviflora*（Bge.）Hand. –Mazz.	椴树科 Tiliaceae
柘树	*Cudradnia tricuspidata*（Carr.）Bur	桑科 Moraceae
柽柳	*Tamarix chinensis* Lour.	柽柳科 Tamaricaceae
树莲花	*Aeonium haworthii* Webb. et Berth.	景天科 Crassulaceae
洋蔷薇	*Rosa centifolia* L.	蔷薇科 Rosaceae
狭叶山胡椒	*Lindera angustifolia* Cheng	樟科 Lauraceae
珊瑚樱	*Solanum pseudo-capsicum* L.	茄科 Solanaceae
珊瑚豆	var. *diflorum*（Vell.）Bitter	
珍珠绣线菊	*Spiraea thunbergii* Sieb. ex. Blume	蔷薇科 Rosaceae
珍珠梅	*Sorbaria sorbifolia*（L.）A. Br.	蔷薇科 Rosaceae
结香	*Edgeworthia chrysantha* Lindl.	瑞香科 Thymelaceae
胡枝子	*Lespedeza bicolor* Turcz.	豆科 Leguminosae
茶条槭	*Acer ginnala* Maxim.	槭树科 Acerceae
荚蒾	*Viburnum dilatatum* Thunb.	忍冬科 Caprifoliaceae
香茶藨	*Ribes odoratum* Wendl.	虎耳草科 Saxifragaceae
香椒子	*Zanthoxylum schinifolium* Sieb. et Zucc.	芸香科 Rutaceae
圆叶鼠李	*Rhamnus globosa* Bge.	鼠李科 Rhamnaceae
圆锥绣球	*Hydrangea paniculata* Sieb.	虎耳草科 Saxifragaceae
桑	*Morus alba* L.	桑科 Moraceae
泰山柳	*Salix taishanensis* C. Wang et C. F. Fang	杨柳科 Salicaceae
泰山盐肤木	*Rhus taishanensis* S. B. Liang	漆树科 Anacardiaceae
海仙花	*Weigela coraeensis* Thunb.	忍冬科 Caprifoliaceae
海州常山	*Clerodendron trichotomum* Thunb.	马鞭草科 Verbenaceae
皱皮木瓜	*Chaenomeles speciosa*（Sweet.）Nakai	蔷薇科 Rosaceae
盐肤木	*Rhus chinensis* Mill.	漆树科 Anacardiaceae
光枝盐肤木	var. *glabrus* S. B. Liang	
秦连翘	*Forsythia giraldiana* Lingelsh	木犀科 Oleaceae
粉花绣线菊	*Spiraea japonica* L. f.	蔷薇科 Rosaceae
光叶粉花绣线菊	var. *fortunei*（Planch.）Rehd.	
绣线菊	*Spiraea salicifolia* L.	蔷薇科 Rosaceae
绣球	*Hydrangea macrophylla*（Thunb.）Seringe	虎耳草科 Saxifragaceae
绣球绣线菊	*Spiraea blumei* G. Pon.	蔷薇科 Rosaceae
胶东卫矛	*Euonymus kiautschovicus* Loes.	卫矛科 Celastraceae

种名		科名
胶东桦	*Betula jiaodogensis* S. B. Liang	桦木科 Betulaeae
臭牡丹	*Clerodendron bungei* Steud.	马鞭草科 Verbenaceae
铁海棠	*Euphorbia milii* Ch. des Moulins	大戟科 Euphorbiaceae
接骨木	*Sambucus williamsaii* Hance	忍冬科 Caprifoliaceae
梅	*Prunus mume*（Sieb.）Sieb. et Zucc.	蔷薇科 Rosaceae
红梅	*f. alphandii*（Carr.）Rehd.	
冰梅	*f. alboplena*（Bailey）Rehd.	
绿萼梅	*f. viridicalyx*（Makino）T. Y. Chen	
朱砂梅	*f. purpurea*（Makino）T. Y. Chen	
照水梅	var. *pendula* Sieb.	
杏梅	var. *bungo* Makino	
猫乳	*Rhamnella franguloides*（Maxim.）Weberb.	鼠李科 Rhamnaceae
绿叶胡枝子	*Lespedeza buergeri* Miq.	豆科 Leguminosae
菱叶绣线菊	*Spiraea vanhouttei*（Briot）Zabel	蔷薇科 Rosaceae
野山楂	*Crataegus cuneata* Sieb. et Zucc.	蔷薇科 Rosaceae
野皂荚	*Gleditsia microphylla* Gordon ex Y. T. Lee	豆科 Leguminosae
野花椒	*Zanthoxylum simulans* Hance	芸香科 Rutaceae
雀儿舌头	*Leptopus chinensis*（Bge.）Pojark.	大戟科 Euphorbiaceae
雪柳	*Fontanesia fortunei* Carr.	木犀科 Oleaceae
雪球荚蒾	*Viburnum plicatum* Thunb.	忍冬科 Caprifoliaceae
麻叶绣线菊	*Spiraea cantoniensis* Lour.	蔷薇科 Rosaceae
黄龙柳	*Salix liouana* C. Wang et Ch. Y. Yang	杨柳科 Salicaceae
黄芦木	*Berberis amurensis* Rupr.	小檗科 Berberidaceae
黄刺条	*Caragana frutex*（L.）K. Koch	豆科 Leguminosae
黄刺玫	*Rosa xanthina* Lindl.	蔷薇科 Rosaceae
单瓣黄刺玫	*f. normalis* Rehd. et Wils.	
黄荆	*Vitex negundo* L.	马鞭草科 Verbenaceae
荆条	var. *heterophylla*（Franch.）Rehd.	
牡荆	var. *cannabifolia*（Sieb. et Zucc.）Hand. –Mazz.	
黄榆	*Ulmus macrocarpa* Hance	榆科 Ulmaceae
黄蔷薇	*Rosa hugonis* Hemsl.	蔷薇科 Rosaceae
朝鲜鼠李	*Rhamnus koraiensis* Schneid.	鼠李科 Rhamnaceae
棣棠花	*Kerria japonica*（L.）DC.	蔷薇科 Rosaceae
重瓣棣棠	*f. plena* Schneid.	
湖北山楂	*Crataegus hupehensis* Sarg.	蔷薇科 Rosaceae
溲疏	*Deutzia scabra* Thunb.	虎耳草科 Saxifragaceae
紫花重瓣溲疏	var. *plena* Rehd.	
白花重瓣溲疏	var. *candidissima* Reld.	
猬实	*Kolkwitzia amabilis* Graebn.	忍冬科 Caprifoliaceae
疏毛海桐叶白英	*Solanum pittosporifolium* Hemsl. var. *pilosum* C. Y. Wu. et S. C. Huang	茄科 Solanaceae
短梗胡枝子	*Lespedeza cyrtobotrya* Miq.	豆科 Leguminosae

种　名		科　名
硬骨凌霄	*Tecomaria capensis*（Thunb.）Spach.	紫葳科 Bignoniaceae
紫丁香	*Syringa oblata* Lindl.	木犀科 Oleaceae
白丁香	var. *alba Hort. ex* Rehd.	
紫荆	*Cercis chinensis* Bge.	豆科 Leguminosae
白花紫荆	*f. alba* Hsu.	
紫薇	*Lagerstroemia indica* L.	千屈菜科 Lythraceae
银薇	*f. alba*（Nichols.）Rehd.	
翠薇	var. *rubra Lavallee*	
紫穗槐	*Amorpha fruticosa* L.	豆科 Leguminosae
蜡梅	*Chimonanthus praecox*（L.）Link.	蜡梅科 Calycanthaceae
锐齿鼠李	*Rhamnus arguta* Maxim.	鼠李科 Rhamnaceae
楤木	*Aralia chinensis* L.	五加科 Araliaceae
榆叶梅	*Prunus triloba* Lindl.	蔷薇科 Rosaceae
重瓣榆叶梅	*f. plena* Dipp.	
鸾枝梅	*f. pezoldii*（K.Koch）Bailey.	
福建紫薇	*Lagerstroemia limii* Merr.	千屈菜科 Lythraceae
腺齿越桔	*Vaccinium oldhamii* Miq.	杜鹃花科 Ericaceae
蒙桑	*Morus mongolica* Schneid	桑科 Moraceae
锦鸡儿	*Caragana sinica*（Buc'hoz）Rehd.	豆科 Leguminosae
锦带花	*Weigela florida*（Bge.）A. DC.	忍冬科 Caprifoliaceae
鼠李	*Rhamnus davurica* Pall.	鼠李科 Rhamnaceae
截叶铁扫帚	*Lespedeza cuneata*（Dum. Cours）G. Don	豆科 Leguminosae
榛	*Corylus heterophylla* Fisch. ex Trautv	桦木科 Betulaeae
川榛	var. *sutchuenensis* Franch	
算盘子	*Glochidion puberum*（L.）Hutch.	大戟科 Euphorbiaceae
蜡瓣花	*Corylopsis sinensis* Hemsl.	金缕梅科 Hamamelidaceae
酸枣	*Ziziphus jujuba Mill.* var. *spinosa*（Bge.）Hu ex H. F. Chow	鼠李科 Rhamnaceae
暴马丁香	*Syringa reticulata*（Bl.）Hara var. *amurensis*（Rupr.）Pringle	木犀科 Oleaceae
樱桃忍冬	*Lonicera fragrantissima* Lindl. ssp. *phyllocarpa*（Maxim.）Hsu et H. J. Wang	忍冬科 Caprifoliaceae
澳洲茄	*Solanum aviculare* Forst.	茄科 Solanaceae
醉鱼草	*Buddleja lindleyana* Fortune	马钱科 Loganiaceae
薄叶鼠李	*Rhamnus leptophylla* Schneid.	鼠李科 Rhamnaceae
鞘柄菝葜	*Smilax stans* Maxim	百合科 Liliaceae
簸箕柳	*Salix suchowensis* Cheng	杨柳科 Salicaceae
蟹爪兰	*Schlumbergera truncata*（Haw.）K. Schum	仙人掌科 Cactaceae
糯米条	*Abelia chinensis* R. Br.	忍冬科 Caprifoliaceae

4.2 亚灌木、半灌木、草本状灌木资源

表 4-3 亚灌木、半灌木、草本状灌木资源

种 名		科 名
大叶铁线莲	*Clematis heracleifolia* DC.	毛茛科 Ranunculaceae
小赤麻	*Boehmeria spicata*（Thunb.）Thunb.	荨麻科 Urticaceae
毛胡枝子	*Lespedeza tomentosa*（Thunb.）Sieb.	豆科 Leguminosae
长叶铁扫帚	*Lespedeza caraganae* Bge.	豆科 Leguminosae
长柄山马蝗	*Podocarpium podocarpum*（DC.）Yang et Huang	豆科 Leguminosae
兰花丹	*Plumbago auriclata* Lam.	白花丹科 Plumbaginaceae
玉树	*Crassula perforata* L. f.	景天科 Crassulaceae
田菁	*Sesbania cannabina*（Retz.）Pers.	豆科 Leguminosae
地椒	*Thymus quinquecostatus* Celak.	唇形科 Labiatae
多花胡枝子	*Lespedeza floribunda* Bge.	豆科 Leguminosae
尖叶胡枝子	*Lespedeza hedysaroides*（Pall.）Kitag.	豆科 Leguminosae
伽蓝菜	*Kalanchoe laciniata*（L.）DC.	景天科 Crassulaceae
苎麻	*Boehmeria nivea*（L.）Gaud.	荨麻科 Urticaceae
细梗胡枝子	*Lespedeza virgata*（Thunb.）DC.	豆科 Leguminosae
罗布麻	*Apocynum ventum* L.	夹竹桃科 Apocynaceae
茄	*Solanum melongena* L.	茄科 Solanaceae
金粟兰	*Chloranthus spicatus*（Thunb.）Makino	金粟兰科 Chloranthaceae
非洲天门冬	*Asparagus densiflorus*（Kunth）Jessop	百合科 Liliaceae
草麻黄	*Ephedra sinica Stapf*	麻黄科 Ephedraceae
草棉	*Gossypium herbaceum* L.	锦葵科 Malvaceae
虾衣草	*Calliaspidia guttata*（Brand.）Bremek.	爵床科 Acanthaceae
海岛棉	*Gossypium barbadense* L.	锦葵科 Malvaceae
望江南	*Cassia occidentalis* L.	豆科 Leguminosae
鹿蹄草	*Pyrola calliantha* H. Andr.	鹿蹄草科 Pyrolaceae
喜冬草	*Chimaphila japonica* Miq.	鹿蹄草科 Pyrolaceae
槐叶决明	*Cassia sophera* L.	豆科 Leguminosae
翠花掌	*Aeonium spathulatum* Preag	景天科 Crassulaceae
蓼子扑	*Inula salsoloides*（Turcz.）Ostenf.	菊科 Compositae
燕子海棠	*Kalanchoe blossefeldiana* Poell	景天科 Crassulaceae
燕子掌	*Crassula argentea* L. f.	景天科 Crassulaceae
薰衣草	*Lavandula angustifolia* Mill.	唇形科 Labiatae

表 4-4 灌木状草本资源

种 名		科 名
毛白莲蒿	*Artemisia sacrorum* Ledeb.var.*messerschmidtiana*（Bess）Y.R.Ling	菊科 Compositae
毛苦参	*Sophora flavescens* Ait.vargalegoides Hemsl.	豆科 Leguminosae
牛茄子	*Solanum surattense* Burm. f.	茄科 Solanaceae
白莲蒿	*Artemisia sacrorum* Ledeb.	菊科 Compositae
决明	*Cassia tora* L.	豆科 Leguminosae
苘麻	*Abutilon theophrasti* Medicus	锦葵科 Malvaceae
苦参	*Sophora flavescens* Ait.	豆科 Leguminosae
虎杖	*Polygonum cuspidatum* Sieb.et Zucc.	蓼科 Polygonaceae
青杞	*Solanum septemlobum* Bge.	茄科 Solanaceae
树棉	*Gossypium arboreum* L.	锦葵科 Malvaceae
倒挂金钟	*Fuchsia hybrida* Voss.	柳叶菜科 Onagraceae

4.3 藤本植物资源

4.3.1 木质藤本

共有 21 科，31 属，62 种。

表 4-5 常绿木质藤本资源

种 名		科 名	攀援方式
木香	*Rosa banksiae* Ait.	蔷薇科 Rosaceae	茎攀援
石血	*Trachelospermum jasminoides*（Lindl.）Lem.var. *heterophyllum* Tsiang	夹竹桃科 Apocynaceae	气根攀援
扶芳藤	*Euonymus fortunei*（Turcz.）Hand.-Mazz.	卫矛科 Celastraceae	匍匐或攀援
龟背竹	*Monstera deliciosa* Liebm	天南星科 Araceae	气根攀援
茉莉花	*Jasminum sambac*（L.）Ait.	木犀科 Oleaceae	直立或攀援
金银花	*Lonicera japonica* Thunb.	忍冬科 Caprifoliaceae	茎攀援
穿叶忍冬	*Lonicera sempervirens* L.	忍冬科 Caprifoliaceae	茎攀援
络石	*Trachelospermum jasminoides*（Lindl.）Lem.	夹竹桃科 Apocynaceae	茎攀援
探春花	*Jasminum floridum* Bge.	木犀科 Oleaceae	直立或攀援
菱叶常春藤	*Hedera rhombea*（Miq.）Bean.	五加科 Araliaceae	气根攀援
槲寄生	*Viscum coloratum*（Kom.）Nakai	桑寄生科 Loranthaceae	寄生

表 4-6 落叶木质藤本资源

种 名		科 名	攀援方式
三叶木通	*Akebia trifoliate*（Tunb.）Koidz.	木通科 Lardizabalaceae	攀附或缠绕于物体
三裂叶蛇葡萄	*Ampelopsis delavayana* Plach.ex Franch.	葡萄科 Vitaceae	卷须攀援
山葡萄	*Vitis amurensis* Rupr.	葡萄科 Vitaceae	卷须攀援

种　名		科　名	攀援方式
马缨丹	*Lantana camara* L.	马鞭草科 Verbenaceae	直立或半藤状
中华猕猴桃	*Actinidia chinensis* Planch.	猕猴桃科 Actinidiaceae	茎攀附
乌头叶蛇葡萄	*Ampelopsis aconitifolla* Bge.	葡萄科 Vitaceae	卷须攀援
五叶木通	*Akebia quinata*（Tunb.）Decne.	木通科 Lardizabalaceae	茎攀附
五叶地锦	*Parthenocissus quinquefolla*（L.）Planch.	葡萄科 Vitaceae	吸盘
五味子	*Schisandra chinensis*（Turcz.）Baiil.	木兰科 Magnoliaceae	缠绕
太行铁线莲	*Clematis kirilowii* Maxim.	毛茛科 Ranunculaceae	叶攀援
木防己	*Cocculus trilobus*（Thunb.）DC	防己科 Menispermaceae	缠绕
毛果扬子铁线莲	*Clematis ganpiniana*（Lévl.et Vant.）Tamura var. *tenuisepala*（Maxim.）C.T.Ting	毛茛科 Ranunculaceae	叶攀援
毛葡萄	*Vitis quinquangularis* Rehd.	葡萄科 Vitaceae	卷须攀援
东北蛇葡萄	*Ampelopsis brevipedunculata*（Maxim.）Trautv.	葡萄科 Vitaceae	卷须攀援
北桑寄生	*Loranthus tanakae* Franch.et Savat.	桑寄生科 Loranthaceae	寄生
白花藤萝	*Wisteria venusta* Rehd.et Wills.	豆科 Leguminosae	茎攀附
白蔹	*Ampelopsis japonica*（Thunb.）Makino	葡萄科 Vitaceae	卷须攀援
龙吐珠	*Clerodendron thomsonae* Balf.	马鞭草科 Verbenaceae	茎攀附
华东菝葜	*Smilax sieboldii* Miq.	百合科 Liliaceae	卷须
华北葡萄	*Vitis bryoniaiefolia* Bge.	葡萄科 Vitaceae	卷须攀援
多花紫藤	*Wisteria floribunda* DC.	豆科 Leguminosae	茎攀附
寻骨风	*Aristolochia mollissima* Hance	马兜铃科 Aristolochiaceae	茎攀附
异叶爬山虎	*Parthenocissus heterophylla*（Bl.）Merr.	葡萄科 Vitaceae	吸盘
杠柳	*Periploca sepium* Bge.	萝藦科 Asclepiadaceae	蔓性灌木
鸡矢藤	*Paederia scandens*（Lour.）Merr.	茜草科 Rubiaceae	缠绕
刺苞南蛇藤	*Celastrus flagellaris* Rupr.	卫矛科 Celastraceae	茎攀附
刺葡萄	*Vitis davidii* Foex.	葡萄科 Vitaceae	卷须攀援
夜香树	*Cestrum nocturnum* L.	茄科 Solanaceae	直立或近攀援灌木
河岸葡萄	*Vitis riparia* Michx	葡萄科 Vitaceae	卷须攀援
爬山虎	*Parthenocissus tricuspidata*（Sieb.et Zucc.）Planch.	葡萄科 Vitaceae	吸盘
苦皮藤	*Celastrus angulatus* Maxim.	卫矛科 Celastraceae	茎攀附
软枣猕猴桃	*Actinidia arguta*（Sieb. et Zucc.）Planch.	猕猴桃科 Actinidiaceae	茎攀附
南蛇藤	*Celastrus orbiculatus* Thunb.	卫矛科 Celastraceae	茎攀附
厚萼凌霄	*Campsis radicans*（L.）Seem.	紫葳科 Bignoniaceae	气根攀援
枸杞	*Lycium chinense* Mill.	茄科 Solanaceae	蔓性灌木
美国蘡薁	*Vitis labrusca* L.	葡萄科 Vitaceae	卷须攀援
凌霄	*Campsis grandiflora*（Thunb.）Loisel.	紫葳科 Bignoniaceae	气根攀援
桑叶葡萄	*Vitis ficifolla* Bge.	葡萄科 Vitaceae	卷须攀援
球兰	*Hoya carnosa*（L.F.）R.Br.	萝藦科 Asclepiadaceae	气根攀援
菝葜	*Smilax china* L.	百合科 Liliaceae	卷须
野葛	*Pueraria lobata*（Willd.）Ohwi	豆科 Leguminosae	匍匐蔓生
紫藤	*Wisteria sinensis*（Sim.）Sweet.	豆科 Leguminosae	茎攀附

种 名		科 名	攀援方式
葎叶蛇葡萄	*Ampelopsis humulifolla* Bge.	葡萄科 Vitaceae	卷须攀援
葛枣猕猴桃	*Actinidia polygama*（Sieb.et Zucc.）Miq.	猕猴桃科 Actinidiaceae	茎攀附
葛藟	*Vitis flexuosa* Thunb.	葡萄科 Vitaceae	卷须攀援
葡萄	*Vitis vinifer* L.	葡萄科 Vitaceae	卷须攀援
雷公藤	*Tripterygum wilfordii* Hook.f.	卫矛科 Celastraceae	茎攀附
褐毛铁线莲	*Clematis fusca* Turcz.	毛茛科 Ranunculaceae	叶攀援
蝙蝠葛	*Menispermum dahuricum* DC.	防己科 Menispermaceae	缠绕攀援或产生不定根攀附
藤萝	*Wisteria villosa* Rehd.	豆科 Leguminosae	茎攀附
蘡薁	*Vitis adstricta* Hance	葡萄科 Vitaceae	卷须攀援

4.3.2 草质藤本

共 16 科，43 属，84 种。见表 4-7。

表 4-7 草质藤本资源

种 名		科 名	攀援方式	习 性
刀豆	*Canavalia gladiata*（Jacq.）DC.	豆科 Leguminosae	缠绕	一年生或多年生
三齿萼野豌豆	*Vicia bungei* Ohwi	豆科 Leguminosae	卷须攀援	一年生或二年生
三籽两型豆	*Amphicarpaea trisperma*（Miq.）Baker.	豆科 Leguminosae	缠绕	一年生
千年不烂心	*Solanum cathayanum* C. Y. Wu et S. C. Huang	茄科 Solanaceae	茎缠绕	多年生
土圞儿	*Apios fortunei* Maxim.	豆科 Leguminosae	缠绕	多年生
小马泡	*Cucumis bisexualis* A. M. Lu.et G. C. Wang ex Z.Y.Zhang.	葫芦科 Cucurbitaceae	匍匐草本	一年生
山绿豆	*Phaseolus radiatus* L.	豆科 Leguminosae	缠绕	一年生
山野豌豆	*Vicia amoena* Fisch.	豆科 Leguminosae	卷须攀援	多年生
广东丝瓜	*Luffa acutangula*（L.）Roxb.	葫芦科 Cucurbitaceae	卷须攀援	一年生
马兜铃	*Aristolochia debilis* Sieb. et Zucc.	马兜铃科 Aristochiaceae	茎缠绕	多年生
乌蔹莓	*Cayratia japonica*（Thunb.）Gagnep.	葡萄科 vitaceae	卷须攀援	一年生
天门冬	*Asparagus cochinchinensis*（Lour.）Merr.	百合科 Liliaceae	茎缠绕	多年生
少花猪殃殃	*Galium puciflorum* Bge.	茜草科 Rubiaceae	钩刺攀援	多年生
月光花	*Calonyction aculeatum*（L.）House	旋花科 Convolvulaceae	缠绕	一年生
毛打碗花	*Calystegia dahurica*（Herb.）Choisy	旋花科 Convolvulaceae	茎缠绕	多年生
牛尾菜	*Smilax riparia* A.DC.	百合科 Liliaceae	卷须攀援	多年生
长柔毛野豌豆	*Vicia villosa* Roth.	豆科 Leguminosae	蔓生或攀援	一年生或二年生
长豇豆	*Vigna sesquipedalis*（L.）Fruw.	豆科 Leguminosae	缠绕	一年生
长裂旋花	*Calystegia sepium*（L.）R. Br. var. *japonica*（Choisy）Makino	旋花科 Convolvulaceae	茎缠绕	多年生

种 名		科 名	攀援方式	习 性
丝瓜	*Luffa cylindrical*（L.）Roem.	葫芦科 Cucurbitaceae	卷须攀援	一年生
北马兜铃	*Aristolochia contorta* Bge.	马兜铃科 Aristochiaceae	茎缠绕	多年生
北鱼黄草	*Merremia sibirica*（L.）Hall. f.	旋花科 Convolvulaceae	缠绕	一年生
四籽野豌豆	*Vicia tetrasperma*（L.）Moench.	豆科 Leguminosae	卷须攀援	一年生
田旋花	*Convolvulus arvensis* L.	旋花科 Convolvulaceae	茎平卧或缠绕	多年生
白英	*Solanum lyratum* Thunb.	茄科 Solanaceae	茎缠绕	多年生
白背牛尾菜	*Smilax nipponica* Miq.	百合科 Liliaceae	直立或上部稍攀援	一年生或多年生
白首乌	*Cynanchum bungei* Decne.	萝藦科 Asclepiadaceae	缠绕	多年生
尖叶牛尾菜	*Smilax riparia* A.DC. var.*acuminate*（C.H.Wright）Wang et Tang	百合科 Liliaceae	卷须攀援	多年生
竹叶子	*Streptolirion volubile* Edgew.	鸭跖草科 Commelinaceae	缠绕	一年生
红花菜豆	*Phaseolus coccineus* L.	豆科 Leguminosae	缠绕	一年生
何首乌	*Fallopia multiflora* Thunb.	蓼科 Polygonaceae	茎缠绕	多年生
佛手瓜	*Sechium edule*（Jacq.）Swartz	葫芦科 Cucurbitaceae	茎攀援	多年生
扛板归	*Polygonum perfoliatum* L.	蓼科 Polygonaceae	钩刺攀援	一年生
赤瓟	*Thladiantha dubia* Bge.	葫芦科 Cucurbitaceae	卷须攀援	多年生
麦仁珠	*Galium tricorne* Stokes	茜草科 Rubiaceae	钩刺攀援	多年生
苦瓜	*Momordica charantia* L.	葫芦科 Cucurbitaceae	卷须攀援	一年生
茑萝松	*Quamoclit pennata*（Desr.）Boj.	旋花科 Convolvulaceae	缠绕	一年生
虎藿	*Rhynchosia volubilis* Lour.	豆科 Leguminosae	缠绕	多年生
转子莲	*Clematis patens* Morr. et Decne	毛茛科 Ranunculaceae	茎攀援	多年生
金甲豆	*Phaseolus lunatus* L.	豆科 Leguminosae	茎攀援	一年生
金灯藤	*Cuscuta japonica* Choisy	旋花科 Convolvulaceae	寄生，茎缠绕	一年生
南方菟丝子	*Cuscuta anstralis* R. Br.	旋花科 Convolvulaceae	寄生，茎缠绕	一年生
变色白前	*Cynanchum versicolor* Bge.	萝藦科 Asclepiadaceae	茎下部直立，上部缠绕	多年生
变种小葫芦	*Lagenaria siceraria*（Molina）Standl. var. *microcarpa*（Naud.）Hara	葫芦科 Cucurbitaceae	卷须攀援	一年生
扁豆	*Dolichos lablab* L.	豆科 Leguminosae	缠绕	一年生
牵牛	*Pharbitis hederacea*（L.）Choisy.	旋花科 Convolvulaceae	茎缠绕	一年生
狭叶茜草	*Rubia truppeliana* Loes.	茜草科 Rubiaceae	茎攀援	多年生
穿龙薯蓣	*Dioscorea nipponica* Makino	薯蓣科 Dioscoreaceae	缠绕	多年生
绞股蓝	*Gynostemma pentaphyllum*（Thunb.）Makino	葫芦科 Cucurbitaceae	卷须攀援	多年生
茜草	*Rubia cordifolia* L.	茜草科 Rubiaceae	茎攀援	多年生
香豌豆	*Lathyrus odoratus* L.	豆科 Leguminosae	卷须攀援	一年生
倒地铃	*Cardiospermum halicacabum* L.	无患子科 Sapindaceae	卷须攀援	一年生

种　名		科　名	攀援方式	习　性
圆叶牵牛	*Pharbitis purpurea*（L.）Voigt	旋花科 Convolvulaceae	茎缠绕	一年生
栝楼	*Trichosanthes kirilowil* Maxim.	葫芦科 Cucurbitaceae	卷须攀援	多年生
窄叶野豌豆	*Vicia angustifolia* L.	豆科 Leguminosae	卷须攀援	一年生
豇豆	*Vigna sinensis*（L.）Endl.	豆科 Leguminosae	缠绕	一年生
啤酒花	*Humulus lupulus* L.	桑科 Moraceae	茎缠绕	多年生
啤酒花菟丝子	*Cuscuta lupuliformis* Krocker	旋花科 Convolvulaceae	寄生，茎缠绕	一年生
救荒野豌豆	*Vicia sativa* L.	豆科 Leguminosae	卷须攀援	一年生或二年生
旋花	*Calystegia sepium*（L.）R. Br.	旋花科 Convolvulaceae	茎缠绕	多年生
猪殃殃	*Galium aparine* L.	茜草科 Rubiaceae	蔓生或钩刺攀援	一年生
瓠子	*Lagenaria siceraria*（Molina）Standl.var.hispida（Thunb.）Hara	葫芦科 Cucurbitaceae	卷须攀援	一年生
甜瓜	*Cucumis melo* L.	葫芦科 Cucurbitaceae	蔓生或卷须攀援	一年生
盒子草	*Actinostemma tenerum* Griff.	葫芦科 Cucurbitaceae	卷须攀援	一年生
菜豆	*Phaseolus vuagaris* L.	豆科 Leguminosae	茎缠绕或直立	一年生
菟丝子	*Cuscuta chinensis* Lam.	旋花科 Convolvulaceae	寄生，茎缠绕	一年生
萝藦	*Metapiexis japonica*（Thunb.）Makino	萝藦科 Asclepiadaceae	茎攀援	多年生
蛇瓜	*Trichosanthes anguina* L.	葫芦科 Cucurbitaceae	卷须攀援	一年生
野生大豆	*Glycine soja* Sieb. Et Zucc	豆科 Leguminosae	缠绕	一年生
野海茄	*Solanum japonense* Nakai	茄科 Solanaceae	茎缠绕	一年生
黄瓜	*Cucumis sativus* L.	葫芦科 Cucurbitaceae	蔓生或卷须攀援	一年生
确山野豌豆	*Vicia kioshanica* Bail.	豆科 Leguminosae	卷须攀援	多年生
落葵（木耳菜）	*Basella rubra* L.	落葵科 Basellaeae	缠绕	一年生
葎草	*Humulus scandens*（Lour.）Merr.	桑科 Moraceae	钩刺攀援	一年生
葫芦	*Lagenaria siceraria*（Molina）Standl.	葫芦科 Cucurbitaceae	卷须攀援	一年生
葵叶茑萝	*Quamoclit sloteri* House	旋花科 Convolvulaceae	缠绕	一年生
裂叶牵牛	*Pharbitis nille*（L.）Choisy.	旋花科 Convolvulaceae	茎缠绕	一年生
隔山消	*Cynanchum wilfordii*（Maxim.）Hemsl.	萝藦科 Asclepiadaceae	缠绕	多年生
鹅绒藤	*Cynanchum chinense* R.Br.	萝藦科 Asclepiadaceae	缠绕	多年生
豌豆	*Pisum sativum* L.	豆科 Leguminosae	卷须攀援	一年生
橙红茑萝	*Quamoclit coccinea*（L.）Moench	旋花科 Convolvulaceae	缠绕	一年生
薯蓣	*Dioscorea opposita* Thunb.	薯蓣科 Dioscoreaceae	缠绕	多年生
藤长苗	*Calystegia pellita*（Ledeb.）G. Don.	旋花科 Convolvulaceae	茎缠绕	多年生
攀援天门冬	*Asparagus brachyphyllus* Turcz.	百合科 Liliaceae	茎缠绕	多年生

5 树种资源

5.1 山东省造林树种名录

1．银杏科——Ginkgonaceae.

银杏属——*Ginkgo* Linn

银杏 *G. biloba* Linn

2．松科——Pinaceae.

（1）冷杉亚科——*Abietoideae* Pilger.

1）冷杉属——*Abies* Mill.

日本冷杉——*A. firma* Sieb. et Zucc.

杉松 *A. holophylla* Maxim.

2）云杉属——*Picea* Dietr.

白扦 *P. meyeri* Rehd. et Wils

青扦 *P. wilsonii* Mast.

欧洲云杉 *P. abies*（Linn）Karst.

日本云杉 *P. polita*（Sieb. et Zucc.）Carr.

（2）落叶松亚科——*Laricoideae* Melchior et Werd.

3）落叶松属——*Larix* Mill.

落叶松 *L. gmelinii*（Rupr.）Rupr

华北落叶松 *L. principis-rupprechtii* Mayr.

黄花松 *L. olgensis* Henry.

日本落叶松 *L. kaempferi*（Lamb.）Carr.

红果日本落叶松 var. *rubescens* Lnokuma

杂色果日本落叶松 f. *variegata* Linfu

大果日本落叶松 f. *macrocarpa* Linfu

4）金钱松属——*Pseudolarix* Gord.

金钱松 *P. amabilis*（Nelson）Rehd.

5）雪松属——*Cedrus* Trew

雪松 *C. deodara*（Roxb.）G. Don

（3）松亚科——*Pinoideae* Pilger

6）松属——*Pinoideae* Linn

红松 *P. koraiensis* Sieb. et Zucc.

华山松 *P. armandi* Franch.

日本五针松 *P. parviflora* Sieb. et Zucc.

白皮松 *P. bungeana* Zucc. ex Endl.

赤松 *P. densiflora* Sieb. et Zucc.

樟子松 *P. sylvestris* Linn var. mongolica Litv.

油松 *P. tabulaeformis* Carr.

马尾松 *P. massoniana* Lamb.

黄山松 *P. taiwanensis* Hayata.

黑松 *P. thunbergil* Parl.

火炬松 *P. taeda* Linn

湿地松 *P. elliottii* Engelm.

刚松 *P. rigida* Mill.

北美短针松 *P. banksiana* Lamb.

3．杉科——Taxodiaceae

（1）杉木属——*Cunninghamia* R. Br.

杉木 *C. lanceolata*（Lamb.）Hook.

（2）柳杉属——*Cryptomeria* D. Don

柳杉 *C. fortunei* Hooibrenk ex Otto et Dietr.

日本柳杉 *C. japonica*（Linn f.）D. Don.

（3）水松属——*Glyptostrobus* Endl.

水松 *G. pensilis*（Staunt.）Koch.

（4）落羽杉属——*Taxodium* Rich

落羽杉 *T. distichum*（Linn）Rich.

池杉 *T. ascendens* Brongn

（5）水杉属——Metasequoia Miki ex Hu et Cheng.

水杉 *M. glyptostroboides* Hu et Cheng.

4．柏科——Cupressaceae

（1）崖柏属——*Thuja* Linn

北美香柏 *T. occidentalis* Linn

（2）侧柏属——*Platycladus* Spach

侧柏 *P. orientalis*（Linn）Franco

千头柏 cv. '*Sieboldii*'

黄金球柏 cv. '*Semperaurescens*'

金塔柏 cv. '*Beverleyensis*'

圆枝侧柏 cv. '*Yuanzhicebai*'

（3）柏木属——*Cupressus* Linn

柏木 *C. funebris* Endl

（4）扁柏属——*Chamaecyparis* Spach.

日本扁柏 *C. obtuse*（Sieb. et Zucc.）Endl.

日本花柏 *C. pisifera*（Sieb. et Zucc.）Endl.

线柏 cv. '*Filifera*'

绒柏 cv. '*Squarrosa*'

羽叶花柏 cv. '*Plumosa*'

（5）圆柏属——*Sabina* Mill

圆柏 *S. chinensis*（Linn）Ant.

龙柏 cv. '*kaizuca*'

球桧 cv. '*Globosa*'

金球桧 cv. '*Aurecoglobosa*'

塔柏 cv. '*Pyramidalis*'

鹿角桧 cv. '*Pfitzriana*'

北美圆柏 *S. virginiana*（Linn）Ant.

铺地柏 *S. procumbens*（Endl.）Iwata et Kusaka

（6）刺柏属——*Juniperus* Linn

刺柏 *J. formosana* Hayata

杜松 *J. rigida* Sieb. et Zucc

欧洲刺柏 *J. communis* Linn

5．三尖杉科——Cephalotaxaceae

三尖杉属——*Cephalotaxus* Sieb. et Zucc. ex Endl.

三尖杉 *C. fortunei* Hook. f.

6．红豆杉科——Taxaceae

（1）红豆杉属——*Taxus* Linn

伽罗木 *T. cuspidata* Sieb. et Zucc. var. *umbraculifera* Makino

（2）榧属——*Torreya* Arn.

日本榧树 *T. nucifera*（Linn）Sieb. et Zucc.

7．麻黄科——Ephedraceae

麻黄属——*Ephedra* Tourn ex Linn

草麻黄 *E. sinica* Stapf

8．杨柳科——Salicaceae

（1）杨属——*Populus* Linn

银白杨 *P. alba* Linn

新疆杨 *P. bolleana* Lauche

毛白杨 *P. tomentosa* Carr.

抱头毛白杨 *P. fastigiata* Y. X. Wang

山杨 *P. davidiana* Dode

小叶杨 *P. simonil* Carr.

塔形小叶杨 *P. fastigiata* Schneid.

青杨 *P. cathayana* Rehd.

八里庄杨——*P. xxiaozhuanica* W. Y. Hsu et Liang cv. ‘*Balizhuang yang*’

加拿大杨 *P. canadensis* Moench

钻天杨 *P. nigra Linn* var. *italica* Koehne

箭杆杨 *P. nigra Linn* var. *thevestina*（Dode）Bean.

（2）柳属——*Salix* Linn

旱柳 *S.matsudana* Koidz

馒头柳 *f. umbraculifera* Schneid

龙爪柳 *f. tortuosa* Vilm.

朝鲜柳 *S. Koreensis* Anderss.

山东柳 var. *shandongensis* C. F. Fang

垂柳 *S. babylonica* Linn

筐柳 *S. linearistipularis*（Franch.）Hao

日本三蕊柳 *S. subfragilis* Anderss.

腺柳 *S. chaenomeloides* Kimura

泰山柳 *S. taishanensis* C. Wang et C. F. Fang.

9．胡桃科——Juglandaceae

（1）化香树属——*Platycarya* Sieb. et Zucc.

化香树 *P. strobilacea* Sieb. et Zucc.

（2）枫杨属——*Pterocarya* Kunth.

枫杨 *P. stenoptera* C. DC.

（3）胡桃属——*Juglans* Linn

胡桃 *J. regia* Linn

胡桃楸 *J. mandshurica* Maxim.

野核桃 *J. cathayensis* Dode.

华东野核桃 var. *formosana*（Hayata）A. M. Lu et R. H. Chang.

（4）山核桃属——*Carya* Nutt.

美国山核桃 *C. illinoensis*（Wangenh.）K. Koch.

10．桦木科——Betulaceae

（1）榛属——*Corylus* Linn

榛 *C. heterophylla* Fisch. ex Trautv.

川榛 var. *sutchuenesis* Franch.

毛榛 *C. mandshurica* Maxim.

（2）鹅耳枥属——*Carpinus* Linn

鹅耳枥 *C. turczaninowii* Hance

小叶鹅耳枥 var. *stipulata*（H. Winkl.）H. Winkl

千金榆 *C. cordata* Blume.

（3）桤木属——*Alnus* Mill.

日本桤木 *A. japonica*（Thunb.）Steud.

辽东桤木 *A. sibirica* Fisch. ex Turcz.

（4）桦木属——*Betula* Linn

白桦 *B. platyphylla* Suk.

坚桦 *B. chinensis* Maxim.

11．壳斗科——Fagaceae

（1）栗属——*Castanea* Mill.

板栗 *C. mollissima* Blume.

（2）麻栎属——*Quercus* Linn

麻栎 *Q. acutissima* Carr.

北方麻栎 var. *septemtrionalis* Liou.

栓皮栎 *Q. variabilis* Blume.

小叶栎 *Q. chenii* Nakai

沼生栎 *Q. palustris* Muench.

槲树 *Q. dentata* Thunb，

河北栎 *Q. hopeiensis* Liou.

柞槲栎 *Q. mongolico-dentata* Uyeki.

槲栎 *Q. aliena* Blume

锐齿槲栎 var. *acuteserrata* Maxim.

北京槲栎 var. *pekingensis* Schott.

白栎 *Q. fabri* Hance

夏栎 *Q. robur* Linn

抱栎 *Q. glandulifera* Blume.

短柄抱 var. *brevipetiolata*（DC.）Nakai.

蒙古栎 *Q. mongolica* Fisch.

粗齿蒙栎 var. *grosseserrata* Rehd. et Wils

辽东栎 *Q. liaotungensis* Koidz.

12．榆科——Ulmaceae

（1）榆属——*Ulmus* Linn

白榆 *U. pumila* Linn

大果榆 *U. macrocarpa* Hance

榔琊榆 *U. chenmoui* Cheng

黑榆 *U. davidiana* Planch.

春榆 var. *japonica*（Rehd.）Nakai.

红果榆 *U. szechuanica* Fang

旱榆 *U. glaucescens* Franch.

美国榆 *U. americana* Linn

欧洲白榆 *U. laevis* Pall.

榔榆 *U. parvifolia* Jacq.

（2）榉树属——*Zelkova* Spach

光叶榉 *Z. serrata* Makino

榉树 *Z. schneideriana* Hand. –Mazz.

（3）刺榆属——*Hemiptelea* Planch.

刺榆 *H. davidii* Planch.

（4）糙叶树属——Aphananthe Planch.

糙叶树 *A. aspera* Planch.

（5）朴属——*Celtis* Linn

小叶朴 *C. bungeana* Blume

大叶朴 *C. koraiensis* Nakai

珊瑚朴 *C. julianae* Schneid.

朴树 *C. sinensis* Pers.

（6）青檀属——*Pteroceltis* Maxim.

青檀 *P. tatarinowii* Maxim.

13．桑科——Moraceae

（1）桑属——*Morus* Linn

桑 *M. alba Linn*

垂枝桑 cv. *'Pendula'*

九曲桑 cv. *'Tortuosa'*

鲁桑 cv. 'Multicaulis'

鸡桑 *M. australis Poir.*

蒙桑 *M. mongolica Schneid.*

（2）构属——*Broussonetia* L'Her. ex Vent.

构树 *B. papyrifera*（Linn）L'Her. ex Vent.

（3）柘属——*Cudrania* Trec.

柘树 *C. tricuspidata*（Carr.）Bur

（4）榕属——Ficus Linn

无花果 *F. carica* Linn

14．桑寄生科——Loranthaceae

（1）桑寄生属——*Loranthus* Linn

北桑寄生 *L. europaeum* Jacq.

（2）槲寄生属——*Viscum* Linn

槲寄生 *V. coloratum*（Komar.）Nakai

15．毛茛科——Ranunculaceae

（1）芍药属——*Paeonia* Linn

牡丹 *P. suffruticosa* Andr.

（2）铁线莲属——*Clematis* Linn

大叶铁线莲　*C. heracleifolia* DC.

威灵仙　*C. chinensis* Osbeck

短尾铁线莲　*C. brevicaudata* DC.

褐毛铁线莲　*C. fusca* Turcz.

转子莲　*C. Patens* Morr. et. Decne.

16．木通科——Lardizabalaceae.

木通属——*Akebia* Decne.

木通　*A. quinata*（Thunb.）Decne.

17．小檗科——Berberidaceae

（1）小檗属——*Berberis* Linn

小檗　*B. thunbergii* DC.

黄芦木　*B. amurensis* Rupr.

（2）十大功劳属——*Mahonia* Nutt.

阔叶十大功劳　*M. bealei*（Fort.）Carr.

（3）南天竹属——*Nandina* Thunb.

南天竹　*N. domestica* Thunb

18．防己科——Menispermaceae.

青藤属——*Cocculus* DC.

木防己　*C. trilobus*（Thunb.）DC.

19．木兰科——Magnoliaceae.

（1）木兰属——*Magnolia* Linn

辛夷　*M. liliflora* Desr.

望春花　*M. biondii* Pamp.

日本辛夷　*M. kobus* DC.

玉兰　*M. denudata* Desr.

紫花玉兰　var. *purpurascens* Rehd. et Wils.

重瓣玉兰　cv. ‘*Plena*’

二乔玉兰　*M. soulangeana*（Lindl.）Soul. –Bod.

厚朴　*M. officinalis* Rehd. et Wils.

日本厚朴　*M. obovata* Thunb.

凹叶厚朴　*M. biloba*（Rehd. et Wils.）Cheng

天女花　*M. sieboldii* K. Koch

荷花玉兰　*M. grandiflora* Linn

（2）鹅掌楸属——*Liriodendron* Linn

鹅掌楸　*L. chinense*（Hemsl.）Sarg.

美国鹅掌楸　*L. tulipifera* Linn

（3）北五味子属——*Schisandra* Michx.

北五味子 *S. chinensis*（Turcz.）Baill.

20．蜡梅科——Calycanthaceae

蜡梅属——*Chimonanthus* Lindl.

蜡梅 *C. praecox*（Linn）Link

21．樟科——Lauraceae

（1）樟属——*Cinnamomum* Trew.

樟树 *C. camphora*（Linn）Presl

（2）润楠属——*Machilus* Nees

红楠 *M. thunbergii* Sieb. et Zucc.

（3）月桂属——*Laurus* Linn

月桂 *L. nobilis* Linn

（4）山胡椒属——*Lindera* Thunb.

山胡椒 *L. glauca*（Sieb. et Zucc.）Blume

红果山胡椒 *L. erythrocarpa* Makino

三桠乌药 *L. obtusiloba* Blume

（5）檫木属——*Sassafras* Franch.

檫木 *S. tzumu*（Hemsl.）Hemsl.

22．虎耳草科——Saxifragaceae

（1）山梅花属——*Philadelphus* Linn

太平花 *P. pekinensis* Rupr.

西洋山梅花 *P. coronarius* Linn

山梅花 *P. incanus* Koehne

（2）溲疏属——*Deutzia* Thunb.

溲疏 *D. scabra* Thunb.

重瓣溲疏 var. *plena* Rehd.

白花重瓣溲疏 var. *candidissima* Rehd.

大花溲疏 *D. grandiflora* Bunge

小花溲疏 *D. parviflora* Bunge

崂山溲疏 *D. glabrata* Kom.

（3）绣球属——*Hydrangea* Linn

绣球 *H. macrophylla*（Thunb.）Seringe

圆堆绣球 *H. paniculata* Sieb.

（4）茶藨子属——*Ribes* Linn

华茶藨 *R. fasciculatum* Sieb. et Zucc. var. chinense Maxim.

山麻子 *R. manschuricum*（Maxim.）Kom.

香茶藨 *R. odoratum* Wendl.

23．海桐花科——Pittosporaceae

海桐花属——*Pittosporum* Banks

海桐 *P. tobira*（Thunb.）Ait.

24．金缕梅科——Hamamelidaceae

（1）枫香属——*Liquidambar* Linn

枫香 *L. formosana* Hance

（2）蚊母树属——*Distylium* Sieb. et Zucc.

蚊母树 *D. racemosum* Sieb. et Zucc.

25．杜仲科——Eucommiaceae

杜仲属——*Eucommia* Oliv.

杜仲 *E. ulmoides* Oliv.

26．悬铃木科——Platanaceae.

悬铃木属——*Platanus* Linn

三球悬铃木 *P. orientalis* Linn

二球悬铃木 *P. acerifolia*（Ait）Willd.

一球悬铃木 *P. occidentalis* Linn

27．蔷薇科——Rosaceae

（1）绣线菊亚科——*Spiraeoideae* Agardh

1）绣线菊属——*Spiraea* Linn

绣线菊 *S. salicifolia* Linn

粉花绣线菊 *S. japonica* Linn

华北绣线菊 *S. fritschiana* Schneid.

大叶绣线菊 var. *angulata*（Schneid.）Rehd.

小叶绣线菊 var. *Parvifolia* Liou

麻叶绣线菊 *S. cantoniensis* Lour.

菱叶绣线菊 *S. vanhouttei*（Briot）Zabel

三裂绣线菊 *S. trilobata* Linn

绣球绣线菊 *S. blumei* G. Don

土庄绣线菊 *S. pubescens* Turcz.

李叶绣线菊 *S. prunifolia* Sieb. et Zucc.

珍珠绣线菊 *S. thunbergii* Sieb. ex Blume

2）风箱果属——*Physocarpus*（Cambess.）Maxim.

无毛风箱果 *P. opulifolius*（Linn）Maxim.

3）小米空木属——*Stephanandra* Sieb. et Zucc.

小米空木 *S. incisa*（Thunb.）Zabel

4）珍珠梅属——*Sorbaria*（Ser.）A. Br. ex Aschers.

珍珠梅 *S. sorbifolia*（Linn）A. Br.

华北珍珠梅 *S. kirilowii*（Regel）Maxim.

5）白鹃梅属——*Exochorda* Lindl.

白鹃梅 *E. racemosa*（Lindl.）Rehd.

（2）蔷薇亚科——*Rosoideae* Focke.

6）蔷薇属——*Rosa* Linn

多花蔷薇 *R. multiflora* Thunb.

粉团蔷薇 var. *cathayensis* Rehd. et Wils.

荷花蔷薇 var. *carnea* Thory

七姊妹 var. *platyphylla* Thory

光叶蔷薇 *R. wichuraiana* Crep.

月季花 *R. chinensis* Jacq.

月月红 var. *semperflorens* Koehne

小月季 var. *minina* Voss

绿月季 var. *viridiflora* Dipp.

洋蔷薇 *R. centifolia* Linn

玫瑰 *R. rugosa* Thunb.

黄刺玫 *R. xanthina* Lindl.

黄蔷薇 *R. hugonis* Hemsl.

木香花 *R. banksiae* Aiton.

7）棣棠花属——*Kerria* DC.

棣棠花 *K. japonica*（Linn.）DC.

8）鸡麻属——*Rhodotypus* Sieb. et Zucc.

鸡麻 *R. scandens*（Thunb.）Makino

9）悬钩子属——*Rubus* Linn

牛迭肚 *R. crataegifolius* Bunge

山莓 *R. corchorifolius* Linn f.

茅莓 *R. parvifolius* Linn

多腺悬钩子 *R. phoenicolasius* Maxim.

覆盆子 *R. idaeus* Linn

（3）苹果亚科——*Maloideae* Weber（Pomoideae Focke）

10）栒子属——*Cotoneaster* B. Ehrhart.

西北甸子 *C. zabelii* Schneid.

11）山楂属——*Crataegus* Linn

山楂 *C. pinnatifida* Bunge

山里红 var. *major* N. E. Br.

秃山楂 var. *psilosa* Schneid.

野山楂 *C. cuneata* Sieb. et Zucc.

毛山楂 *C. maximowiezii* Schneid.

12）欧楂属——*Mespilus* Linn

欧楂 *M. germinica* Linn

13）火棘属——*Pyracantha* Roem.

细圆齿火棘 *P. crenulata*（D. Don）Roem.

窄叶火棘 *P. angustifolia*（Franch.）Schneid.

14）石楠属——*Photinia* Lindl.

毛叶石楠 *p. villosa*（Thunb.）DC.

石楠 *p. serrulata* Lindl.

光叶石楠 *P. giabra*（Thunb.）Maxim..

15）枇杷属——*Eriobotrya* Lindl

枇杷 *E. japonica*（Thunb.）Lindl.

16）石斑木属——*Raphiolepis* Lindl.

厚叶石斑木 *R. umbellata*（Thunb.）Makino

17）花楸属——*Sorbus* Linn

花楸树 *S. pohuashanensis*（Haxim.）Hedl.

北京花楸 *S. discolor*（Mance.）Maxim.

水榆花楸 *S. alnifolia*（Sieb. et Zucc.）K. Koch

裂叶水榆 var. *lobulata* Rehd.

18）唐棣属——*Amelanchier* Medic.

唐棣 *A. sinica*（Schneid.）Chun

19）榅桲属——*Cydonia* Mill.

榅桲 *C. oblonga* Mill.

20）木瓜属——*Chaenomeles* Lindl.

木瓜 *C. sinensis*（Thouin）Koehne

毛叶木瓜 *C. cathayensis*（Hemsl.）Schneid.

邹皮木瓜 *C. speciosa*（Sweet）Nakai

21）梨属——*Pyrus* Linn

白梨 *P. bretschneideri* Rehd.

沙梨 *P. pyrifolia*（Burm. f.）Nakai

杜梨 *P. betulaefolia* Bunge

豆梨 *P. calleryana* Dcne.

褐梨 *P. phaeocarpa* Rehd.

秋子梨 *P. ussuriensis* Maxim.

洋梨 *P. communis* Linn

22）苹果属——*Malus* Mill.

苹果 *M. pumila* Mill.

红花 *M. asiatica* Nakai

楸子 *M. prunifolia*（Willd.）Borkh.

海棠花 *M. spectabilis*（Ait.）Borkh.

红海棠 var. *riversii*（Kirchn.）Rehd.

白海棠 var. *albiplena* Schelle.

西府海棠　*M. micromalus* Makino
湖北海棠　*M. hupehensis*（Pamp.）Rehd.
垂丝海棠　*M. halliana* Koehne
山荆子　*M. baccata*（Linn）Borkh.
毛山荆子　*M. manshurica*（Maxim.）Kom.
三叶海棠　*M. sieboldii*（Regel）Rehd.

（4）李亚科——*Prunoideae* Focke

23）李属——Prunus Linn

杏　*P. armeniaca* Linn
　　山杏　var. *ansu* Maxim.
辽杏　*P. mandshurica* Koehne
梅　*P. mume*（Sieb.）Sieb. et Zucc.
　　红梅 cv. '*Alphandii*'
　　白梅　cv. '*Alba*'
　　照水梅　cv. '*Pendula*'
　　绿萼梅　cv. '*Viridicalyx*'
　　玉蝶梅　cv. '*Albo-plena*'
　　杏梅　cv. '*Bungo*'
李　*P. salicina* Lindl.
杏李　*P. simonii* Carr.
欧洲李　*P. domestica* Linn
樱桃李　*P. cerasifera* Ehrh.
　　紫叶李　f. *atropurpurea* Jacq.
　　黑叶李　f. *nigra* Bailey.
桃　P. *persica*（Linn.）Batsch.
　　蟠桃　var. *piatycarpa* Bailey
　　油桃　var. *nucipersica* Schneid.
　　碧桃　var. *duplex* Rehd.
　　垂枝碧桃　var. *pendula* Dipp.
　　寿星桃　var. *densa* Makino
　　紫叶桃 var. *atropurpurea* Schneid.
山桃　*P. davidiana*（Carr.）Franch.
　　白花山桃 var. *alba* Bean
　　红花山桃　var. *rubra* Bean
扁桃　*P. amygdalus* Stokes.
榆叶梅　*P. triloba* Lindl.
　　重瓣榆叶梅　f. *plena* Dipp.
　　鸾枝梅　f. *petzoldii* Bailey

樱花　*P. subhirtella* Miq.

樱桃　*P. pseudocerasus* Lindl.

欧洲甜樱桃　*P. avium* Linn

欧洲酸樱桃　*P. cerasus* Ledeb.

山樱　*P. serrulata* Lindl.

日本樱花　*P. yedoensis* Mats.

毛樱桃　*P. tomentosa* Thunb.

郁李　*P. japonica* Thunb.

麦李　*P. glandulosa* Thunb.

欧李　*P. humilis* Bunge

稠李　*P. padus* Linn

28．豆科——Leguminoeae

（1）含羞草亚科——*Mimosoideae* Taub.

1）合欢属——*Albizzia* Durazz.

合欢　*A. julibrissin* Durazz

山槐　*A. kalkora*（Roxb.）Prain.

（2）云实亚科——Caesalpinioideae Taub.

2）紫荆属——*Cercis* Linn

紫荆　*C. chinensis* Bunge

3）云实属——*Caesalpinia* Linn

云实　*C. sepiaria* Roxb.

4）肥皂荚属——*Gymnocladus* Linn

北美肥皂荚　*G. dioeca* K. Koch

5）皂荚属——*Gleditsia* Lam.

野皂荚　*G. heterophylla* Bunge

猪牙皂　*G. officinalis* Hemsl.

皂荚　*G. sinensis* Lam.

山皂荚　*G. melanacantha* Tang et Wang

（3）蝶形花亚科——*Pupilionoideae* Taub.

6）锦鸡儿属——*Caragana* Lam.

锦鸡儿　*C. sinica*（Bue'hoz）Rehd.

小叶锦鸡儿　*C. microphylla* Lam.

黄荆条　*C. frutex*（Linn）K. Koch

红花锦鸡儿　*C. rosea* Turcz.

毛掌叶锦鸡儿　*C. leveillei* Kom.

7）葛藤属——*Pueraria* DC.

葛藤　*P. lobata*（Willd.）Ohwi.

8）胡枝子属——*Lespedeza* Michx.

胡枝子 *L. bicolor* Turcz.

美丽胡枝子 *L. formosa*（Vog.）Koehne

短枝胡枝子 *L. cyrtobotrya* Miq.

绿叶胡枝子 *L. buergeri* Miq.

达呼里胡枝子 *L. davurica*（Laxm.）Schindl.

毛胡枝子 *L. tomentosa*（Thunb.）Sieb.

多花胡枝子 *L. floribunda* Bunge

细梗胡枝子 *L. virgata*（Thunb.）DC.

长叶胡枝子 *L caraganae* Bunge

截叶胡枝子 *L. cuneata*（Dum. Cours）G. Don.

尖叶胡枝子 *L. hedysaroides*（Pall.）Kitag.

细叶胡枝子 var. *subsericea* Kitag.

阴山胡枝子 *L. inschanica*（Maxim.）Schindl.

9）马鞍树属——*Maackia* Rupr. et Maxim.

朝鲜槐 *M. amurensis* Rupr. et Maxim.

毛叶朝鲜槐 var. *buergeri* Schneid.

10）槐属——*Sophora* Linn

槐树 *S. japonica* Linn

龙爪槐 var. *penduia* Loud.

紫花槐 var. *pubescens* Bosse

五叶槐 f. *oligophylla* Franch.

苦参 *S. flavescens* Ait.

毛苦参 var. *galegoides* Hemsl

马蹄针 *S. viciifolia* Hance

11）刺槐属——*Robinia* Linn

刺槐 *R. pseudoacacia* Linn

无刺槐 var. *inermis* DC.

小叶刺槐 var. *microphylla* Loud.

毛刺槐 *R. hispida* Linn

12）黄檀属——*Dalbergia* Linn f.

黄檀 *D. hupeana* Hance

13）木蓝属——*Indigofera* Linn

吉氏木蓝 *I. kirilowii* Maxim. ex palib.

本氏木蓝 *I. bungeana* Steud.

马棘 *I. pseudotinctoria* Matsum.

14）紫穗槐属——*Amorpha* Linn

紫穗槐 *A. fruticosa* Linn

15）紫藤属——*Wisteria* Nutt.

紫藤 *W. sinensis* Sweet

藤萝 *W. villosa* Rehd.

白花藤 *W. venusta* Rehd. et Wils.

多花紫藤 *W. floribunda* DC.

29．蒺藜科——Zygophyllaceae

白刺属——*Nitraria* Linn

白刺 *N. sibirica* Pall.

30．芸香科——Rutaceae

（1）花椒属——*Zanthoxylum* Linn

花椒 *Z. bungeanum* Maxim.

野花椒 *Z. simulans* Hance

竹叶椒 *Z. planispinum* Sieb. et Zucc.

香椒子 *Z. schinifolium* Sieb. et Zucc.

（2）吴茱萸属——*Euodia* J. R. et G. Forst.

臭檀 *E. daniellii*（Benn.）Hemsl.

吴茱萸 *E. rutaecarpa*（Juss.）Benth.

（3）黄檗属——*Phellodendron* Rupr.

黄檗 *P. amurense* Rupr.

（4）枸橘属——Poncirus Raf.

枸橘 *P. trifoliate*（Linn）Raf.

31．苦木科——Simaroubaceae

（1）臭椿属——*Ailanthus* Desf.

臭椿 *A. altissima*（Mill.）Swingle

白椿 cv. *'Baichun'*

千头椿 cv. *'Qiantouchun'*

刺椿 *A. vilmoriniana* Dode

（2）苦木属——*Picrasma* Blume

苦木 *P. quassioides*（D. Don）Benn.

32．楝科——Meliaceae

（1）香椿属——*Toona*（Endl.）Roem.

香椿 *T. sinensis*（A. Juss.）Roem.

（2）楝属——*Melia* Linn

苦楝 *M. azedarach* Linn

33．大戟科——Euphorbiaceae

（1）油桐属——*Vernicia* Lour.（Aleurites Forst.）

油桐 *V. fordii*（Hemsl.）Airy Shaw.

（2）野桐属——*Mallotus* Lour.

白背叶 *M. apelta*（Lour.）Muell. –Arg.

野梧桐　*M. japonicus* Muell. –Arg.

（3）山麻杆属——*Alchornea* Sw.

山麻杆　*A. davidii* Franch.

（4）乌桕属——*Sapium* P. Br.

乌桕　*S. sebiferum*（Linn）Roxb.

白木乌桕　*S. japonicum*（Sieb. et Zucc.）Pax et Hoffm.

（5）重阳木属——*Bischofia* Blume

重阳木　*B. polycarpa*（Levl.）Airy Shaw

（6）算盘子属——*Glochidion* Forst.

算盘子　*G. puberum*（Linn）Hutch.

（7）一叶萩属——*Securinega* Juss.

叶底珠　*S. suffruticosa*（Pall.）Rehd.

（8）雀儿舌头属——*Leptopus* Decne.（Andrachne Linn）

雀儿舌头　*L. chinensis*（Bunge）Pojark.

34．黄杨科——Buxaceae

黄杨属——Buxus Linn

黄杨　*B. sinica*（Rehd. et Wils.）Cheng

雀舌黄杨 *B. bodinieri* Levl.

35．漆树科——Anacardiaceae

（1）黄连木属——*Pistacia* Linn

黄连木　*P. chinensis* Bunge.

（2）黄栌属——*Cotinus* Mill.

红叶黄栌　*C. coggygria* Scop. var. *cinerea* Engl.

毛黄栌　*C. coggygria* Scop. var. *pubescens* Engl.

（3）盐肤木属——*Rhus* Linn

盐肤木　*R. chinensis* Mill.

光叶盐肤木　var. *glabrus* S. B. Liang

泰山盐肤木　*R. taishanensis* S. B. Liang

火炬树　*R. typhina* Linn

（4）漆属——*Toxicodendron* Mill.

漆丁　*T. verniciflnum*（Stokes）F. A. Barkley

36．冬青科——Aquifoliaceae

冬青属——*Ilex* Linn

枸骨　*I. cornuta* Linn

钝齿冬青　*I. Crenata* Thunb.

37．卫矛科——Celastraceae

（1）卫矛属——*Euonymus* Linn

卫矛　*E. aiatus*（Thunb.）Sieb.

白杜 *E. bungeanus* Maxim.

垂丝卫矛 *E. oxyphyllus* Miq.

胶东卫矛 *E. kiautschovicus* Loes.

冬青卫矛 *E. japonicus* Thunb.

金心黄杨 var. *aureo-variegatus* Reg.

金边黄杨 var. *aureo-marginatus* Nichols.

银边黄杨 var *albo-marginatus* T. Moore

（2）南蛇藤属——*Celastrus* Linn

南蛇藤 *C. orbiculatus* Thunb.

苦树皮 *C. angulatus* Maxim.

（3）雷公藤属——*Tripterygium* Hook. f.

雷公藤 *T. wilfordii* Hook. f.

38．槭树科——Aceraceae

槭属——*Acer* Linn

元宝槭 *A. truncatum* Bunge

地锦槭 *A. mono* Maxim.

三角槭 *A. buergerianum* Miq.

中华槭 *A. sinense* Pax

鸡爪槭 *A. palmatum* Thunb.

红鸡爪槭 cv. '*Rubellum*'

红边鸡爪槭 cv. '*Roseo-marginatum*'

线裂叶鸡爪槭 cv. '*Linearilobum*'

羽扇槭 *A. japonicum Thunb.*

细叶羽扇槭 cv. '*Heyhachii*'

茶条槭 *A. ginnala Maxim.*

长裂葛萝槭 *A. grosseri* Pax var. *hersii*（Rehd.）Rehd.

青榨槭 *A. davidii* Franch.

梣叶槭 *A. negundo* Linn

39．七叶树科——Hippocastanaceae

七叶树属——*Aesculus* Linn

七叶树 *A. chinensis* Bunge

40．无患子科——Sapindaceae

（1）无患子属——*sapindus* Linn

无患子 *S. mukorossi* Gaertn.

（2）栾树属——*Koelreuteria* Laxm.

栾树 *K. paniculata* Laxm.

金缘栾树 *K. integrifoliola* Merr.

（3）文冠果属——*Xanthoceras* Bunge

文冠果 *X. sorbifolia* Bunge

41．清风藤科——Sabiaceae

泡花树属——*Meliosma* B lume

多花泡花树 *M. myriantha* Sieb. et Zucc.

红花柴 *M. oldhamii* Miq.

42．鼠李科——Rhamnaceae

（1）鼠李属——*Rhamnus* Linn

鼠李 *R. davurica* Pall.

冻绿 *R. utilis* Decne.

锐齿鼠李 *R. arguta* Maxim.

圆叶鼠李 *R. globosa* Bunge

小叶鼠李 *R. parvifolia* Bunge

长叶鼠李 *R. crenata* Sieb. et Zucc.

（2）枳椇属——*Hovenia* Thunb.

北枳椇 *H. dulcis* Thunb.

（3）猫乳属——*Rhamnella* Miq.

猫乳 *R. franguloides*（Maxim.）Web.

（4）枣属——*Ziziphus* Mill.

枣 *Z. jujuba* Mill.

无刺枣 var. *inermis*（Bunge）Rehd.

酸枣 var. *spinosa*（Bunge）Hu ex H. F. Chow

龙爪枣 cv. *'Tortuosa'*

43．葡萄科——Vitaceae

（1）葡萄属——*Vitis* Linn

葡萄 *V. vinifera* Linn

山葡萄 *V. amurensis* Rupr.

霜葡萄 *V. riparia* Michx.

葛藟 *V. flexuosa* Thunb.

沙地葡萄 *V. rupestris* Scheele

毛葡萄 *V. quinquangularis* Rehd.

桑叶葡萄 *V. ficifolia* Bunge

美国蘡薁 *V. labrusca* Linn

樱薁 *V. adstricta* Hance

华北葡萄 *V. bryoniaefolia* Bunge

刺葡萄 *V. davidii* Foex.

（2）蛇葡萄属——*Ampelopsis* Michx.

蛇葡萄 *A. brevipedunculata*（Maxim.）Trautv.

葎叶蛇葡萄 *A. humulifolia* Bunge

异叶蛇葡萄 var. *heterophylla*（Thunb.）Koch

裂掌草葡萄 *A. aconitifolia* Bunge var. glabra Diels

白蔹 *A. japonica*（Thunb.）Makino

（3）爬山虎属——*Parthenocissus* Planch.

爬山虎 *P. tricuspidata*（Sieb. et Zucc.）Planch.

异叶爬山虎 *P. heterophylla*（Blume）Merr.

（4）乌蔹莓属——*Cayratia* Juss.

大叶乌蔹莓 *C. oligocarpa*（Level. et vant.）Gagnep.

44．椴树科——Tiliaceae

（1）椴树属——*Tilia* Linn

糠椴 *T. mandshurica* Rupr. et Maxim.

紫椴 *T. amurensis* Rupr.

南京椴 *T. miqueliana* Maxim.

欧椴 *T. platyphyllus* Scop.

蒙椴 *T. mongolica* Maxim.

光叶糯米椴 *T. henryana* Szysz. var. *subglabra* V. Engl.

华东椴 *T. eurosinica* Creizat

（2）扁担杆属——*Grewia* Linn

扁担木 *G. biloba* G. Don var. *parviflora*（Bunge）Hand. –Mazz.

45．锦葵科——Malvaceae

木槿属——*Hibiscus* Linn

木槿 *H. syriacus* Linn

46．梧桐科——Sterculiaceae

梧桐属——*Firmiana* Marsigli

梧桐 *F. simplex*（Linn）W. F. Wight.

47．猕猴桃科——Actinidiaceae

猕猴桃属——*Actinidia* Lindl.

软枣猕猴桃 *A. arguta*（Siieb. et Zucc.）Planch.

木天蓼 *A. polygama*（Siieb. et Zucc.）Miq.

猕猴桃 *A. chinensis* Planch.

48．山茶科——Theaceae

茶属——*Camellia* Linn

茶树 *C. sinensis*（Linn）O. Ktze.

山茶花 *C. japonica* Linn

49．柽柳科——Tamaricaceae

柽柳属——*Tamarix* Linn

柽柳 *T. chinensis* Lour.

桧柽柳 *T. juniperina* Bunge

50．大风子科——Flacourtiaceae

山桐子属——*Idesia* Maxim.

毛叶山桐子 *I. polycarpa* Maxim. Var. *vestita* Diels

51．瑞香科——Thymelaeaceae

（1）荛花属——*Wikstroemia* Endl.

河朔荛花 *W. chamaedaphne* Meissn.

（2）瑞香属——*Daphne* Linn

芫花 *D. genkwa* Sieb. et Zucc.

（3）结香属——Edgeworthia Meissn.

结香 *E. chrysantha* Lindl.

52．胡颓子科——Elaeagnaceae

（1）沙棘属——*Hippophae* Linn

沙棘 *H. rhamnoides* Linn

（2）胡颓子属——*Elaeagnus* Linn

沙枣 *E. angustifolia* Linn

牛奶子 *E. umbellata* Thunb.

木半夏 *E. multiflora* Thunb.

大叶胡秃子 *E. macrophylla* Thunb.

53．千屈菜科——Lythraceae

紫薇属——*Lagerstroemia* Linn

紫葳 *L. indica* Linn

翠薇 var. *rubra* Lavallee

银薇 var. *alba* Nicholson

浙江紫薇 *L. chekiangensis* Cheng

54．石榴科——Punicaceae

石榴属——*Punica* Linn

石榴 *P. granatum* Linn

白石榴 var. *albescens* DC.

重瓣红石榴 var. *pleniflora* Hyne

玛瑙石榴 var. *legrellei* Van Houtte

墨石榴 var. *nigra* Hort.

月季石榴 var. *nana* Sweet

重瓣月季石榴 var. *plena* Voss.

重瓣白石榴 var. *multiplex* Sweet

黄石榴 var. *flavescens* Sweet

55．珙桐科——Nyssaceae

喜树属——*Camptotheca* Decne.

喜树 *C. acuminata* Decne.

56．八角枫科——Alangiaceae

八角枫属——*Alangium* Lam.

八角枫 *A. chinense*（lour.）Harms

瓜木 *A. platanifolium*（Sieb. et Zucc.）Harms

57．五加科——Araliaceae

（1）刺楸属——*Kalopanax* Miq.

刺楸 *K. septemlobus*（Thunb.）Koidz.

深裂叶刺楸 var. *maximowiczi*（V. Houtte）Hand. –Mazz.

（2）常春藤属——*Hedera* Linn

菱叶常春藤 *H. rhombea*（Miq.）Bean.

（3）五加属——*Acanthopanax* Miq.

五加 *A. gracilistylus* W. W. Smith

（4）楤木属——*Aralia* Linn

楤木 *A. chinensis* Linn

辽东楤木 *A. elata*（Miq.）Seem.

58．山茱萸科 Cornaceae

（1）山茱萸属——*Cornus* Linn

四照花 *C. kousa* Hance var. chinensis Osborn

山茱萸 *C. officinalis* Sieb. et Zucc.

红瑞木 *C. alba* Linn

毛梾 *C. walteri* Wanger.

灯台树 *C. controversa* Hemsl.

（2）桃叶珊瑚属——*Aucuba* Thunb.

桃叶珊瑚 *A. chinensis* Benth.

青木 *A. japonica* Thunb.

洒金叶珊瑚 var. *variegata*（D'ombr）Rehd.

59．杜鹃花科——Ericaceae

（1）杜鹃花属——*Rhododendron* Linn

尖叶杜鹃 *R. mucronulatum* Turcz.

照山白 *R. micranthum* Turcz.

山踯躅 *R. indicum*（Linn）Sweet

（2）越橘属 *Vaccinium* Linn

腺齿越橘 *V. oldhamil* Miq.

60．柿树科——Ebenaceae

柿属——*Diospyros* Linn

君迁子 *D. iotus* Linn

柿树 *D. kaki* Linn f.

野柿 var. *sylvestris* Makino

61．山矾科——Symplocaceae

山矾属——*Symplocos* Jacq.

白檀 *S. paniculata*（Thunb.）Miq.

华山矾 *S. chinensis*（Lour.）Druce.

62．野茉莉科——Styracaceae

野茉莉属——*Styrax* Linn

野茉莉 *S. japonica* Sieb. et Zucc.

毛萼野茉莉 var. *calycothrix* Gilg.

玉玲花 *S. obassia* Sieb. et Zucc.

63．木犀科——Oleaceae

（1）梣属——*Fraxinus* Linn

梣 *F. chinensis* Roxb.

大叶白蜡树 *F. rhynchophylla* Hance

美国红梣 *F. pennsylvanica* Marsh.

绒毛白蜡树 *F. velutina* Torr.

水曲柳 *F. mandshurica* Rupr.

（2）雪柳属——*Fontanesia* Labill.

雪柳 *F. fortunei* Carr.

（3）连翘属——*Forsythia* Vahl

连翘 *F. suspense*（Thunb.）Vahl

金钟花 *F. viridissima* Lindl.

（4）丁香属——*Syringa* Linn

暴马丁香 *S. reticulata*（Blume）Hara var. *mandshurica*（Maxim.）Hara

北京丁香 *S. pekinensis* Rupr.

紫丁香 *S. oblata* Lindl.

白丁香 var. *affinis* Lingelsh.

洋丁香 *S. vulgaris* Linn

花叶丁香 *S. persica* Linn

四季丁香 *S. microphylla* Diels

巧玲花 *S. pubescens* Turcz.

（5）木犀属——*Osmanthus* Lour.

桂花 *O. fragrans* Lour.

丹桂 cv. '*Aurantiacus*'

银桂 cv. '*Semperflorens*'

金桂 cv. '*Latifolius*'

四季桂 cv. '*Thunbergii*'

柊树 *O. heterophyllus*（G. Don）P. S. Green

（6）女贞属——*Ligustrum* Linn

女贞 *L. lucidum* Ait.

日本女贞 *L. japonicum* Thunb.

小叶女贞 *L. quihoui* Carr

小蜡树 *L. sinense* Lour.

红药小蜡 var. *multiflorum* Bean.

水蜡树 *L. obtusifolium* Sieb. et Zucc.

（7）流苏树属——*Chionanthus* Linn

流苏树 *C. retusus* Lindl. et Paxt.

（8）茉莉花属——*Jasminum* Linn

迎春花 *J. nudiflorum* Lindl.

探春花 *J. floridum* Bunge

矮探春 *J. humile* Linn

64．夹竹桃科——Apocynaceae

络石属——*Trachelospermum* Lem.

络石 *T. jasminoides*（Lindl.）Lem.

石血 var. *heterophyllum* Tsiang

65．萝藦科——Asclepiadaceae

杠柳属——*Periploca* Linn

杠柳 *P. sepium* Bunge

66．紫草科——Boraginaceae

厚壳树属——*Ehretia* Linn

厚壳树 *E. thyrsiflora*（Sieb. et Zucc.）Nakai

67．马鞭草科——Verbenaceae

（1）海州常山属——*Clerodendron* Linn

海州常山 *C. trichotomum* Thunb.

臭牡丹 *C. bungei* Steud

（2）紫珠属——*Callicarpa* Linn

白棠子树 *C. dichotoma*（Lour.）K. Koch

日本紫珠 *C. japonica* Thunb.

老鸦糊 *C. giraldii* Hesse. ex Rehd.

（3）牡荆属——*Vitex* Linn

黄荆 *V. negundo* Linn

荆条 var. *heterophylla*（Franch.）Rehd.

牡荆 var. *cannabifolia*（Sieb. et Zucc.）Hand. –Mazz.

单叶荆蔓 *V. trifolia* Linn var. *simplicifolia* Cham.

68．茄科——Solanaceae

枸杞属——*Lycium* Linn

宁夏枸杞 *L. barbarum* Linn

枸杞 *L. chinense* Mill.

69．玄参科——Scrophulariaceae

泡桐属——*Paulownia* Sieb. et Zucc.

白花泡桐 *P. fortunei*（Seem.）Hemsl.

楸叶泡桐 *P. catalpifolia* Gong Tong

兰考泡桐 *p. elongata* S. Y. Hu

毛泡桐 *P. tomentosa*（Thunb.）Steud.

光桐 var. *tsinlingensis*（Pai.）Gong Tong

70．紫葳科——Bignoniaceae

（1）梓树属——*Catalpa* Linn

梓树 *C. ovata* Don

楸树 *C. bungei* C. A. Mey.

灰楸 *C. fargesii* Bureau

黄金楸 *C. speciosa* Ward.

（2）凌霄属——*Campsis* Lour.

凌霄 *C. grandiflora*（Thunb.）Loisel.

美洲凌霄 *C. radicans*（Linn）Seem.

红黄萼凌霄 *C. tagliabuana*（Vis.）Rehd.

71．茜草科——Rubiaceae

（1）栀子属——*Gardenia* Ellis.

栀子 *G. jasminoides* Ellis.

大花栀子 var. *grandiflora* Nakai

（2）鸡矢藤属——*Paederia* Linn

鸡矢藤 *P. scandens*（Lour.）Merr. var. tomentosa（Bl）Hand. –Mazz.

（3）水团花属——*Adina* Salisb.

细叶水团花 *A. rubella* Hance

72．忍冬科——Caprifoliaceae

（1）接骨木属——*Sambucus* Linn

接骨木 *S. williamsii* Hance

西洋接骨木 *S. nigra* Linn

（2）荚蒾属——*Viburnum* Linn

旱禾树 *V. odoratissimum* Ker.

木绣球 *V. macrocephalum* Fort.

八仙花 f. *keteleeri*（Carr.）Rehd.

陕西荚蒾 *V. shensianum* Maxim.

雪球荚蒾 *V. plicatum* Thunb.

荚蒾 *V. dilatatum* Thunb.

宜昌荚蒾 *V. ichangense*（Hemsl.）Rehd.

欧洲荚蒾 *V. opulus* Linn f. roseum（L.）Hegi.

天目琼花 *V. sargentii* Koehne

（3）忍冬属——*Lonicera* Linn

金银花 *L. japonica* Thunb.

红金银花 var. *chinensis* Wakey

黄脉金银花 var. *aureo-reticulata*（T. Moore）Nichols

金花忍冬 *L. chrysantha* Turcz..

长梗金花忍冬 var. *longipes* Maxim.

金银木 *L. maackii*（Rupr.）Maxim.

北京忍冬 *L. pekinensis* Rehd.

苦糖果 *L. standishii* Carr.

华北忍冬 *L. tatarinowii* Maxim.

（4）锦带花属——*Weigela* Thunb.（Diervilla Adans）

锦带花 *W. florida*（Bunge）A. DC.

海仙花 *W. coraeensis* Thunb.

杨栌 *W. japonica* Thunb.

（5）六道木属——Abelia R. Br.

六道木 *A. bflora* Turcz.

糯米条 *A. chinensis* R. Br.

73．禾本科——Gramineae

竹亚科——Bambusoideae

（1）刚竹属——*Phyllostachys* Sieb. et Zucc.

毛竹 *P. pubescens* Mazel ex H. de Lehaie

桂竹 *P. bambusoides* Sieb. et Zucc.

紫竹 *P. nigra*（Lodd. ex Lindl.）Munro

金毛竹 var. *henonis*（Mitf.）Stapf ex Rendle

黄槽竹 *P. aureosulcata* McClure

金鞭玉竹 f. *spectabilis* C. D. Chu et C. S. Chao

刚竹 *P. viridis*（*Young*）McClure

绿皮黄筋竹 f. *houzeauana* C. D. Chu et C. S. Chao

黄皮绿筋竹 f. *youngii* C. Chu et C. S. Chao.

罗汉竹 *P. aurea* Carr. ex A. et C. Riviere

淡竹 *P. glauca* McClure

筠竹 f. *yunzhu* J. L. Lu

旱竹 *p. praecox* C. D. Chu et C. S. Chao

乌哺鸡竹 *P. vivax* McClure

黄吉竹 *P. angusta* McClure

早园竹 *P. propinqua* McClure

灰竹 *P. nuda* McClure

筷竹 *P. nidularia* Munro

水竹 *P. heteroclada* Oliver

木竹 f. *solida*（S. L. Chen）C.P. Wang et Z. H. Yu

（2）苦竹属——*Pleioblastus* Nakai

苦竹 *P. amarus*（Keng）Keng f.

（3）箣竹属——*Bambusa* Schreber

凤尾竹 *B. multiplex*（Lour.）Raeusch var. nana（Roxb.）Keng f.

（4）箬竹属——*Indocalamus* Nakai

箬叶竹 *I. Longiauritus* Hand. –Mazz.

阔叶箬竹 *I. Latifolius*（Keng）McClure

74. 百合科——Liliaceae

（1）菝葜属——*Smilax* Linn

菝葜 *S. china* Linn

华东菝葜 *S. sieboldii* Miq.

（2）丝兰属——*Yucca* Linn

丝兰 *Y. filamentosa* Linn

凤尾丝兰 *Y. gloriosa* Linn

5.2 山东省主要经济林树种

5.2.1 物种资源

一、猕猴桃科（Actinidiaceae）

1. 猕猴桃属（*Actinidia* Lindl）

（1）中华猕猴桃（*A.chinenis planch.*）

（2）美味猕猴桃（*A.delicioca* C.F.Liang et A.R.Ferguson）

（3）葛枣猕猴桃（*A.polygama* Miq.）

（4）狗枣猕猴桃[*A.Kolomikta*（Rupr.et Maxim.）Maxim.]

二、漆树科（Anacardiaceae）

2. 黄连木属（Pistacia）

（5）阿月浑子（*P. vera* L.）

三、桦木科（Betulaceae）

3. 榛属（*Corylus* L.）

（6）毛榛（*C.mandshurica* Maxim.）

（7）欧洲榛子（*C.avellana* L.）

（8）平榛（*C.heterophylla* Fisch.）

四、忍冬科（Caprifoliaceae）

4．忍冬属（*Lonicera* Linn）
（9）金银花（*Lonicera japonica* Thunb）
两个变种：
I. 红金银花（*L.japonica* Thunb.var.aeroveticulatw（T.Moore）Nichols）
II. 黄脉金银花（*L.japonica* Thunb.var.aeroveticulatw（T.Moore）Nichols）
五、山茱萸科（Cornaceae）
5．山茱萸属（*Cornus* Linn）
（10）毛梾{车梁木}（*C.walteri* Wanger.）
六、柿科（Ebenaceae）
6．柿属（*Diospyro* L.）
（11）柿树（*D.kaki* L.）
（12）君迁子（*D.lotus* L.）
七、杜鹃科（Ericaceae）
7．越橘属（*Vaccinium* L.）
（13）越橘（*Vaccinium* spp.）
八、杜仲科（Eucommiaceae）
8．杜仲属（*Eucommia* Oliv.）
（14）杜仲（*Eucommia ulmoides* Oliu.）
九、三毛榉科（Fagaccae）
9．栗属（*Castanea* Mill.）
（15）板栗（*Castanea mollissima* Bl.）
（16）野板栗（*Castanea* spp.）
（17）茅栗（*C.seguinii* Dode.）
（18）日本栗（*C.crenata* Sieb.et Zucc.）
一个变种：
朝鲜栗（*C.crenata* var.*dulcis* Nakai）
十、胡秃子科（Flaeagnaceae）
10．沙棘属（*Hippophae* L.）
（19）沙棘（*H.rhamnoidae* L.）
11．胡颓子属（Elaeagnus L.）
（20）沙枣（*E.angustifolia* L.）
十一、银杏科（Ginkgoaceae）
12．银杏属（*Ginkgo* L.）
（21）银杏（*G.biloba* L.）
一个变种：
叶籽银杏（*G.biloba* var.*epiphylla* Mak.）
十二、核桃科（Juglandaceae）
13．核桃属（*Juglaus* L.）

（22）普通核桃（*Juglans regia* L.）
（23）核桃楸（*Juglans mandshurica* Maxim.）
（24）野核桃（*Juglans cathayensis* Dode）
一个变种：
华东野核桃（*Juglans cathayensis* Dode var. *formosana*（Hyata.）A.M.Lu.et.R.H.Chang）
（25）黑核桃（*Juglans nigra* L.）
14．山核桃属（*Carya* Nutt.）
（26）长山核桃[薄壳山核桃]（*C.illinoinensis Koch.*；*C.pecan* Engl.et Graebn.）
（27）山核桃（*C.cathayensis* Sarg.）
十三、木通科（Lardizablaceae）
15．木通属（*Akebia* Decne.）
（28）三叶木通{八月柞}（*A.trifoliata* Koidz.；*A.lobatz* Dene.）
十四、楝科（Meliaceae）
16．香椿属（*Toona* Roem.）
（29）香椿（*Toona sinensis* Roem.）
十五、桑科（Moraceae）
17．榕属（*Ficus* L.）
（30）无花果（*F.carica* L.）
18．桑属（*Morus* L.）
（31）白桑[家桑、鲁桑]（*M.alba* L.）
（32）黑桑[果桑]（*M.nigra* L.）
（33）三桑[鸡桑]（*M.australis* Poiret）
十六、安石榴科（Punicaceae）
19．石榴属（*Punica* L.）
（34）石榴（*P.granatum* L.）
十七、鼠李科（Rhamnaceae）
20．枣属（*Zizyphus* Mill.）
（35）普通枣（*Z.jujuba* Mill.；*Z.sativa* Gaevtn.）
四个变种：
Ⅰ. 无刺枣（*Z.jujuba* Mill.var.*inermis* Rehd.）
Ⅱ. 龙须枣（*Z.jujuba* Mill.var.*tortusa* Hort.）
Ⅲ. 葫芦枣（*Z.jujuba* Mill.var.*lageniformis* Hort.）
Ⅳ. 宿萼枣（*Z.jujuba* Mill.var.*carmosicalleis* Hort.）
（36）酸枣（*Z.spinosus* Hu）
21．枳椇属（*Hovenia* Thunb.）
（37）枳椇（*H.dulcis* Thunb.）
十八、蔷薇科（Rosaceae）
22．梨属（*Pyrus* L.）

（38）白梨（*P.bretschneideri* Rehd.）

（39）沙梨[*P.pyrifolia*（Burm.）Nakai；P.serotina Rehd.]

（40）秋子梨（*P.ussuriensis* Maxim.）

（41）洋梨（*P.communis* L.）

（42）杜梨（*P.betulaefolia* Bge.）

（43）褐梨（*P.phaeocarpa* Rehd.）

（44）豆梨（*P.salleryana* Dene.）

23．苹果属（*Malus* Mill）

（45）苹果（*M.domestisa* Borkh.；*M.pumila* Mill.）

三个变种：

1）红肉苹果（*M.pumila* var.*niedzwetzkyana* Dieck.）

2）道生苹果（*M.pumila* var.*praecox* Pall.）

3）乐园苹果（*M.pumila* var.*paradisiaca* Schneid.）

（46）沙果（*M.asiatica* Nakai.）

变种：

槟子（*M.asiatica* var.*rinki* Asami）

（47）白海棠（*M.souladii* Britt.）

（48）楸子（*M.prunifolia* Borkh.）

（49）西府海棠（*M.micromalus* Mak.）

（50）山荆子（*M.baccata Borkh.*）变种：

毛山荆子（*M.baccata* var.*mandshirica* Schneid.）

（51）三叶海棠（*M.sieboldii*（Reg.）Rehd.）

（52）湖北海棠（*M.hupehensis*（pamp.）Rehd.）

（53）河南海棠（*M.honanensis* Rehd.）

（54）新疆野苹果（*M.sieversii*（Ldb.）Roem.）

24．木瓜属（*Chaenomeles* Lindl.）

（55）木瓜[光皮木瓜]（*C.sinensis*（Thouin.）Koehne）

（56）贴梗海棠[皱皮木瓜]（*C.speciosa*（Sweet）Nakal；*C.lagenaria*（Loisel.）Koidz.）

25．榅桲属（*Cydonia* Mill.）

（57）榅桲[文香果]（*C.oblonga* Mill.）

变种：

苹果形榅桲（*C.oblonga* var.*moliformis* Schneid）

26．山楂属（*Crataegus* L.）

（58）山楂[山里红]（*C.pinnatifide* Bge.）

变种：

大果山楂（*C.pinnatifide* Bge.var.major N.E.Brown）

（59）野山楂（*C.cuneata* Sieb.et Zucc.）

（60）山东山楂[瓦特山楂、药楂子]（*C.wattiana* Tiemsl.el Lace.）

27．树莓属{悬钩子属}（*Rubus* L.）
（61）托盘[覆盆子、牛达肚]（*R.crataegifolius* Bge.）
（62）茅莓[草杨莓子、小叶悬钩子]（*R.pavifolius* L.）
（63）粗毛悬钩子[覆盆子]（*R.idaeus* L.）
28．草莓属（*Fragaria* L.）
（64）东方草莓（*F.orientalis* A.Los.）
（65）草莓（*F.vesca L.*）的变种：
四季草莓（*F.vesca* var. *semporflorens* L.）
（66）凤梨草莓{大果草莓}（*F.ananassa* Duch.；*F.grandiflora* Ehrh.）
29．李属（*Prunus*.L.）
（67）桃（*P.persica* L.）
四个变种：
1）蟠桃（*P.persica* var.*compresa* Bean.）
2）寿星桃（*P.persica* var.*densa* Makino）
3）油桃（*P.persica* var.*nucipersica* L.；*P.persica* var.*nectarina* MAxim.）
4）碧桃（*P.persica* var.*duplex* Rehd.）
（68）山桃（*P.davidiana* Carr.）
（69）扁桃{巴旦杏}（*P.amygdlus* Stokes.；*P.communis* Fritsch）
（70）榆叶梅（*P.triloba* Lindl.）
（71）甘肃桃[毛桃]（*P.kansuensis* Rehd.；*P.kansuensis*（Rehd.）Kov.et Kost）
（72）光核桃（*P.mira* Koehne.）
（73）新疆桃（*P.persica* spp.*ferganensis* Kost.et Rieb.）
（74）杏（*P.armeniaca L.*）
（75）西伯利亚杏（*P.sibirca* L.）
（76）东北杏{辽杏}（*P.mandshurica* Koehne.）
（77）梅（*P.mume* Sieb.et Zucc.）
（78）李（*P.salicins* Lindl.）
（79）杏梅[杏李，秋根子]（*P.simonii* Carr.）
（80）欧洲李（*P.domestica* L.）
（81）樱桃李（*P.cerasifera* Ehrh.）
变种：
紫叶李（*P.cerasifera* var.*pissardii* Bailey.；*P.cerasifera* Ehrh.f. atropurpura.Jacq.）
（82）中国樱桃（*P.pseudocerasus* Lindl.）
（83）甜樱桃（*P.avium* L.）
（84）酸樱桃（*P.vulgaris* Ledeb.；*Cerasus vulgavis* Mill.）
（85）山樱桃[青肤樱]（*P.serulata*（Lindl.）G.Don.）
（86）毛樱桃（*P.tomentosa* Thunb.）
（87）马哈利樱桃（*P.mahaleb*（L.）Mill.）

30．蔷薇属（Rosa L.）
（88）刺梨（*R.roxburghii* Tratt.）
十九、芸香科（Rutaceae）柑橘亚科（Aurantioideae）
31．枳属（*Poncirus*（L.）Raf.）
（89）枸橘[枳壳]（*P.trifoliata*（L.）Raf.）
32．金柑属（*Fortunella* Swing.）
（90）金橘（*F.margarita*（Lour.）Swingle）
33．柑橘属（*Citrus* L.）
（91）枸橼[香橼]（*C.medica* L.）
变种：
佛手（*C.medica* var.*sarcodactylis* Swingle）
（92）甜橙（*C.sinensis Osbeck*）
34．花椒属（*Zanthoxylum* L.）
（93）花椒（*Z.siniulars* Hance）
（94）崖椒{枸椒}（*Z.schinifolium* Sieb.et Zucc.）
二十、无患子科（Sapindaceae）
35．文官果属（Xanthoceras Bge.）
（95）文官果（*X.sorbifolia* Bge.）
二十一、茶藨子科[虎耳草科]（Saxifragaceae）
36．茶藨子属（*Ribes* L.）
（96）欧洲醋栗（*R.grossularia* L.）
（97）东北茶藨子（*R.mandshuricum* Komarov）
（98）蔓茶藨子（*R.fasciculatum* Sieb.et Zucc.）
（99）黑穗醋栗（*R.nigrum* L.）
二十二、山茶科（Theaceae）
37．茶属（*Camellia* Linn）
（100）中国茶（*C.sinensis* L.）
二十三、葡萄科（Vitiaceae）
38．葡萄属（*Vitis* L.）
（101）山葡萄[野葡萄]（*V.amurensis* Rupr.）
（102）毛葡萄[岩垒、燕、山葡萄、野葡萄]（*V.quinquangularis* Rehd.）
（103）蘡薁（*V.thunbergii* Sieb.et Zucc.；*V.adstricta* Hance）
变种：
多裂叶蘡薁（*V.thunbergii* var.*adsticta*（Hance）Gagn.）
（104）葛藟[岩垒葡萄]（*V.flexuosa* Thunb.）
（105）欧洲葡萄（*V.vinefera* L.）
（106）美洲葡萄[狐葡萄]（*V.labrusca* L.）
（107）秋葡萄（*V.romanetii* Roman.）

（108）桑叶葡萄（*V.ficifolia* Bunfe）

（109）沙地葡萄劳德种[匈牙利 1 号]（*V.rupestris du* Lot）

（110）河岸葡萄（*V.rapari* Portalis）

（111）白河（*V.berlandierix*V.riparia Kober5-BB）

39．蛇葡萄属（*Amperlopsis* Michx.）

（112）葎草叶蛇葡萄[水葫芦]（*A.humulifolia* Bge.）

（113）蛇葡萄（*A.sinica*（Miq.）W.T.Wang；*A.brevipedunculata* Koehne）

（114）白蔹（*A.japonica*（Thunb.）Makino）

5.2.2 品种资源

经过多年的引种栽培，山东的经济林植物的品种资源多样，主要品种见表 5-1。

表 5-1 山东省经济林优良品种一览表

树种	优良品种
大果沙棘	向阳、优胜、橙色、阿尔泰新闻、浑金、辽 I 、楚伊、乌兰格木、辽 II 、阿楚拉、阿利伊、雄 CIII、草新 2 号、白丘
山楂	大货、敞口、大金星、大绵球、辽红山楂、豫北红、滦红 2 号
无花果	麦司依陶芬、合 18 号、布兰瑞克、青皮、紫果一号、棕色土耳
木瓜	细皮剩花、豆青、罗扶、长俊、红霞
石榴	87-青 7、崔家石榴、马穿甜、大青皮甜、大马芽甜、青皮谢花甜、红皮甜、白石榴、软仁石榴、泰山大红石榴
李	帅李、昌乐牛心李、玉皇李、长李 7 号、单县红李、密思李
杏	仁用杏：龙王帽、一窝蜂、白玉扁、优一、扁榛子、红巴旦、串角滚子 鲜食杏：红荷包杏、红玉杏、大红杏、崂山红杏、红金榛、邹平水杏、二花槽、李梅杏、冬杏、龙园桃杏、凯特杏
板栗	石丰、燕红、后韩庄 20 号、烟清、烟泉、莒南 003 号、华丰、华光
枣	山西梨枣、大瓜枣、大白枣、山东梨枣、脆枣、长大枣王、成武冬枣、薛城冬枣、驴奶头枣、长冬枣、金丝 1 号、金丝 2 号、鲁源小枣
苹果	红富士优系：秋富 1、长富 2、长富 1、岩富 10、早生富士、红王将、惠民短枝红富士 元帅系短枝型品种：新红星、魁红、超红、艳红、首红 其他：辽伏、贝拉、藤牧一号、嘎拉、津轻、北海道 9 号、新乔纳金、短枝陆奥、静香
金银花	“亚特”金银花、“亚特红”金银花、“亚特青蕾”金银花、“亚特立木”金银花
柿子	金瓶柿、大柿子、大合柿、九月青、八月黄、小萼子、小面糊、安溪油柿、金饼柿、恭城火柿、惠水盘柿、于都盆柿、罗田甜柿、富有、次朗
茶	优良类型：云南大叶、类型 11 号、类型 3 号、鲁茶 8 号、鲁茶 7 号、鲁茶 5 号、鲁茶 9 号、鲁茶 3 号 优良品种：龙井 43 号、金寨 1 号、浙农 139 号、皖农 95 号、乌牛早、迎霜、洛舍、农抗早 4 号、劲峰
草莓	宝交早生、戈雷拉、达娜、春香、丰香、女峰、明宝、丽红、明晶
香椿	黑油椿、红油椿、红香椿、苔椿、褐香椿、红芽绿香椿、水椿、青毛椿、红叶香椿
核桃	香铃、丰辉、鲁光、元丰

树种	优良品种
桃	极早熟品种：春蕾、玫瑰露、新星、五月红油桃、早红珠油桃、曙光油桃、艳光油桃、新泽西州油桃 早熟品种：农安水蜜、早凤王、甜油桃1号、甜油桃2号、新红早蟠桃 中熟品种：仓方早生、秦光油桃、美秋、红芙蓉 晚熟品种：京蜜、国光蜜、重阳红、莱选1号、霜红蜜、仲秋蟠桃、梁山蜜桃、九月菊、冬雪蜜、昌邑冬桃
桑	叶用：8033号、鲁绣1号、湖桑32号、育71-1号、7307号、选792号、伦敦40号、吉湖4号、嘉陵16号、黄鲁选、7946号、粤桑2号、川7637号、农桑12号 果用：无核大十、白玉王、红果一号 条用：育151号、育237号、选秋1号、育2号
梨	白梨系统：鸭梨、慈梨、苹果梨、秋白梨、库尔勒香梨、栖霞大香水、早酥梨、锦丰、晋酥梨、秦酥梨、金花、晋蜜梨 沙梨系统：金水1号、苍溪雪梨、晚三吉梨、丰水梨、幸水、20世纪梨、黄花梨、宝珠梨 秋子梨系统：南果梨、京白梨、苹香梨、龙香梨 西洋梨系统：巴梨、茄梨、三季梨、锦香梨
梅	太公、大青梅、大叶叶里青、消梅、青梅、胭脂梅、四月梅、大核青、丰后
猕猴桃	美味猕猴桃系：秦美、秦翠、秦香、红阳、通山5号、川猕1号、川猕2号、徐冠、徐香、贵长、米良1号、金魁、华美1号 中华猕猴桃系：早鲜、庐山香、魁蜜、金丰、贵蜜、皖蜜、华光2号、秋魁
银杏	地方品种：大佛指、大佛手、大马铃、洞庭皇、大金坚、卵果佛手、大梅核、大白果、园果 选育良种：郯城9号、郯城5号、郯城16号、郯城111号、郯城107号 引进良种：久寿、金兵卫、藤九郎、荣神、长濑、冻早生
葡萄	鲜食早熟品种：乍娜、紫珍香、京秀、青提 鲜食中熟品种：玫瑰香、巨丰、里扎马特、瑰香怡 鲜食晚熟品种：泽香、龙眼、红地球、红意大利、瑞比尔 加工品种：意斯林、白羽、赤霞珠、宝石、霞多丽、佳利酿、无核白
榛子	15-5品系、11-8品系
樱桃	斯坦勒、拉宾斯、光锋、红樱桃、红丰、红灯、莱阳矮樱桃、那翁、大紫、红灯、芝罘红、艳红、滨库、斯坛拉、先锋、拉宾斯

5.3 山东常见园林绿化树种

随着生活水平的提高，城乡绿化成了人们越来越迫切的要求。现阶段，城市绿化和乡村绿化在功能要求上还有所不同，城市绿化注重提升城市的景观质量，而乡村绿化则更注重实用性，如蔽荫、减少风沙、用材收果等。从生态学角度看来，绿化对人居环境的美化和优化并不具有同等的意义。人居环境的美化可以提供给人们一个优美的休憩环境，具有较大的社会效益；而人居环境的优化则更应重视维持人居生态系统的健康发展，其中的生态效益和经济效益更为重要。当前山东的城市绿化过程中存在着诸多问题，比如：绿化植物群落结构比较单一；忽视生境条件和生态影响，盲目引种，单纯考虑了美化效果而忽视了生态与环境效益；不注重对大树的保护，大树进城、伐大树种小树、以草代树等等。

针对这些问题，本着倡导兼顾树种的生态效益、环境效益和美化效益的原则，将城乡绿化树种进行分类排序，试图为充分利用好植物资源，观叶、观花、观果、观枝干的树木相互搭配，乔、灌、草、藤相互搭配提供一些有益的借鉴。

表 5-2　山东常见园林绿化树种一览表

树种	科名	树木类型	观赏部位	园林用途
七叶树 *Aesculus chinensis* Bunge	七叶树科 Hippocastanaceae	落叶乔木	叶片、花果	庭荫树、行道树、草坪点缀
三角枫 *Acer buergerianum* Miq	槭树科 Aceracede	落叶乔木	树姿、干皮、叶片、果实	行道树、庭荫绿化
卫矛 *Euonymus alatus*（Thunb.）Sieb	卫矛科 Celastraceae	常绿灌木	枝条、叶片、果实	景点绿化
大叶铁线莲 *Clematis heracleifolia* DC	毛茛科 Ranunculaceae	落叶灌木	叶片、花、果	与地被绿化
女贞 *Ligustrum lucidum* Ait	木犀科 Oleaceae	常绿小乔木	叶片、花、果	公园、街道、厂区、庭院绿化
小叶杨 *Populus simonii* Carr	杨柳科 Salicaceae	落叶乔木	树形，叶片	行道绿化，四旁绿化
小檗 *Berberis thunbergii* DC	小檗科 Berberidaceae	落叶小灌木	叶色，果实	草坪、花坛点缀，作绿篱
山茱萸 *Cornus officinalis* Sieb. et Zucc	山茱萸科 Cornaceae	落叶小乔木	叶片、花果	点缀、景点绿化
广玉兰 *Magnolia grandiflora* L	木兰科 Magnoliaceae	落叶乔木	叶片，花冠	庭院、城镇、景点绿化
乌桕 *Sapium sebiferum*（L.）Roxb	大戟科 Euphorbiaceae	落叶乔木	叶片、果实	点缀树种、厂区绿化
云片柏 *Chamaecyparis obtusa* Endl var. *breviramea* Reg	柏科 Cupressaceae	常绿乔木	叶片、树冠	景点绿化
孔雀柏 *Chamaecyparis obtusa* Endl var. *filicoides* Hartw.et Ruempl	柏科 Cupressaceae	常绿乔木	叶片、枝条、树冠	景点绿化
文冠果 *Xanthoceras sorbifolia* Bunge	无患子科 Sapindaceae	落叶小乔木	叶、花、果	景点绿化
无花果 *Ficus carica* L	桑科 Moraceae	落叶小乔木	叶片，果实	庭院绿化
日本冷杉 *Abies firma* Sieb.et Zucc	松科 Pinaceae	常绿针叶乔木	枝叶、球果、树冠	庭院、景点绿化
日本花柏 *Chamaecyparis obtusa* Endl	柏科 Cupressaceae	常绿乔木	叶片、树冠、枝条	景点绿化
日本扁柏 *Chamaecyparis obtusa* Endl	柏科 Cupressaceae	常绿乔木	叶片、树冠、枝条	景点绿化
日本落叶松 *Larix Kaempferi*（Lamb）Carr	松科 Pinaceae	落叶乔木	树冠、枝叶	园林绿化，点缀树种

树种	科名	树木类型	观赏部位	园林用途
月季 *Rosa chinensis* Jacq	蔷薇科 Rosaceae	落叶灌木	枝叶，花色	景点绿化，点缀绿化
木瓜 *Chaenomeles sinensis* Koehne	蔷薇科 Rosaceae	落叶小乔木	树皮、叶片、花冠、果实	庭院、景点绿化
木绣球 *Viburnum macrocephalum* Fort	忍冬科 Caprifoliaceae	落叶小乔木	花冠	庭院绿化，草坪点缀
木槿 *Hibiscus syriacus* L.	锦葵科 Malvaceae	落叶灌木	枝叶、花形、花色	园林点缀树种
毛白杨 *Populus tomentosa* Carr	杨柳科 Salicaceae	落叶乔木	树干、干皮，叶片	行道绿化，四旁绿化
毛梾 *Cornus walteri* Wanger	山茱萸科 Cornaceae	落叶小乔木	叶片、树干、果实	行道绿化、庭院点缀
水杉 *Metasequoia glyptostroboides* Hu et Cheng	杉科 Taxodiaceae	落叶乔木	树姿、叶片	行道绿化
火炬树 *Rhus typhina* L.	漆树科 Anacardiaceae	落叶小乔木	叶片、花序、果实	坡地绿化、矿区绿化
火棘 *Pyracantha fortuneana* Li	蔷薇科 Rosaceae	常绿灌木	枝条，树姿，花色	草坪、门侧、假山绿化
丝兰 *Yucca filamentosa* L.	百合科 Liliaceae	常绿木本	叶片、花冠	草坪、花坛点缀绿化
冬青卫矛 *Euonymus japonicus* Thunb.	卫矛科 Celastraceae	常绿灌木	叶片、花冠、果实	行道树、景点绿化
加杨 *Populus canadensis* Moench	杨柳科 Salicaceae	落叶乔木	树冠，叶片	行道绿化，四旁绿化
北美圆柏 *Sabina virginiana*（L.）Ant	柏科 Cupressaceae	常绿乔木	树冠、枝叶	行道、亭园、景点绿化
北美香柏 *Thuja occidentalis* L.	柏科 Cupressaceae	常绿乔木	枝叶	园林绿化树种
四照花 *Cornus* Kousa Hance var.*chinensis* Osborn	山茱萸科 Cornaceae	落叶灌木	叶片、花	庭院、景点绿化
白玉兰 *Magnolia denudata* Desr	木兰科 Magnoliaceae	落叶乔木	叶片，花冠	庭院、景点绿化
白皮松 *Pinus bungeana* zucc.exEndl	松科 Pinaceae	常绿针叶乔木	干皮、枝叶	园林绿化，点缀树种
白榆 *Ulmus pumila* L.	榆科 Ulmaceae	落叶乔木	叶片、花、果实	四旁绿化
白蜡 Fraxinus *chinensis* Roxb	木犀科 Oleaceae	落叶小乔木	树干、树姿、花果	行道绿化
石楠 *Photinia serrulata* Lindl	蔷薇科 Rosaceae	常绿小乔木	树冠、叶片	庭院绿化
石榴 *Punica granatum* L.	石榴科 Punicaceae	落叶大灌木	树姿、叶片、花果	庭院绿化、景点绿化

树种	科名	树木类型	观赏部位	园林用途
辽东恺木 *Alnus sibirica* Fisch.ex Turcz	桦木科 Betulaceae	落叶乔木	树姿、叶片	湿润地带、河流两岸的绿化
龙柏 *Sabina chinensis*（L.）Ant.cv.Kaizura	柏科 Cupressaceae	常绿乔木	树冠、枝叶	行道、亭园绿化
华山松 *Pinus armandii* Franch	松科 Pinaceae	常绿针叶乔木	干皮、枝叶、球果	园林绿化，点缀树种
华北五角枫（元宝枫） *Acer truncatum* Bunge	槭树科 Aceracede	落叶乔木	树形、叶片、花冠、果实	厂区绿化、景点绿化
华北珍珠梅 *Sorba Kirilowii*（Regel）Maxim	蔷薇科 Rosaceae	落叶灌木	枝叶，花色、花序，树姿	景点绿化，点缀绿化
华北紫丁香 *Syringa oblata* Lindl	木犀科 Oleaceae	落叶灌木	叶片、花冠、果实	景点、庭院绿化
合欢 *Albizia julibrissin* Durazz	豆科 Leguminosae	落叶乔木	树姿、花色、果实	草坪、花坛、庭院绿化
多花蔷薇 *Rosa multiflora* Thunb	蔷薇科 Rosaceae	落叶蔓生灌木	枝条，花色	长廊、门侧、假山绿化
夹竹桃 *Nerium indicum* Mill	夹竹桃科 Apocynaceae	常绿灌木	叶片、花	庭院绿化
尖叶杜鹃 *Rhododendron mucronulatum* Turcz	杜鹃科 Ericaceae	落叶灌木	树冠、花	庭院绿化
朴树 *Celtis sinensis* Pers	榆科 Ulmaceae	落叶乔木	树干，叶片、花、果实	四旁绿化，点缀树种
红叶李 *Prunus cerasifera* Ehrh	蔷薇科 Rosaceae	落叶小乔木	树冠、叶片、花冠	庭院、景点绿化
红叶臭椿 *Ailanthus altissima* cv.	苦木科 Simaroubaceac	落叶乔木	树干、叶片	行道树、景点绿化
红瑞木 *Cornus alba* L.	山茱萸科 Cornaceae	落叶灌木	叶片、枝条、花	庭院、景点绿化
羽叶花柏 *Chamaecyparis obtusa* Endl cv.	柏科 Cupressaceae	小乔木状，常绿	叶片、枝条、树冠	景点绿化
扶芳藤 *Euonymus fortunei* Hand-Mazz	卫矛科 Celastraceae	常绿灌木	枝条、叶片	花墙，绿篱
旱柳 *Salix matsudana* Koidz	杨柳科 Salicaceae	落叶乔木	树干、叶片	行道、四旁绿化，河岸、沙地防护
杏树 *Prunus armeniaca* L	蔷薇科 Rosaceae	落叶乔木	树冠、叶片、花冠、果实	庭院、景点绿化
杜仲 *Eucommia ulmoides* Oliv	杜仲科 Eucommiaceae	落叶乔木	枝叶，树姿	景点绿化
杜梨 *Pyrus betulaefolia* Bunge	蔷薇科 Rosaceae	落叶乔木	树冠、叶片、花冠、果实	庭院、景点绿化
沙枣 *Elaeagnus angustifolia* L.	胡颓子科 Elaeagnaceae	落叶小乔木	枝条、花果	景点绿化
牡丹 *Paeonia suffruticosa* Andr	毛茛科 Ranunculaceae	落叶灌木	叶片，花	与松、竹搭配，与芍药混栽

树种	科名	树木类型	观赏部位	园林用途
皂荚 *Gleditsia sinensis* Lan	豆科 Leguminosae	落叶乔木	树姿、花色、果实	广场、草坪、建筑物周围绿化
花木蓝 *Indigofera Kirilowii* Maxim.ex Palib.	豆科 Leguminosae	落叶小灌木	枝叶、花色、果实	景点点缀
花香树 *Platycarya strobilacea* Sieb. et Zucc	胡桃科 Juglandaceae	落叶小乔木	羽状复叶、花序、果实	点缀树种
花桃 *Prunus davidiana*（Carr）Franch	蔷薇科 Rosaceae	落叶小乔木	叶片、花冠、果实	庭院、山坡、草坪、景点绿化
花椒 *Zanthoxylum bungeanum* Maxim	芸香科 Rutaceae	落叶灌木	枝叶、花果	绿篱、庭院绿化
赤松 *Pinus densiflora* Sieb.etZucc	松科 Pinaceae	常绿针叶乔木	球果、针叶、干形	庭园、寺庙绿化
迎春 *Jasminum nudiflornm* Lindl	木犀科 Oleaceae	落叶小灌木	枝条、花	悬崖、庭院、草坪、景点、四旁绿化
连翘 *Forsythia suspensa*（Thunb.）Vahl	木犀科 Oleaceae	落叶灌木	枝叶、花	宅旁院内，路边篱下，花坛点缀
鸡爪槭 *Acer palmatum* Thunb	槭树科 Aceracede	落叶乔木	树形、叶片、果实	景点绿化
侧柏 *Platycladus orientalis*（L.）Franco	柏科 Cupressaceae	常绿乔木	树冠、叶片	寺庙、墓地、纪念馆、绿篱
刺柏 *Juniperus Formosana* Hayata	柏科 Cupressaceae	常绿小乔木	树形，叶片、球果	景观绿化
刺槐 *Robinia pseudoacacia* L.	豆科 Leguminosae	落叶乔木	花色、果实	四旁绿化、行道树
国槐 *Sophora japonica* L.	豆科 Leguminosae	落叶乔木	树姿、花色、果实	庭荫树、行道树
垂柳 *Salix babylonica* L.	杨柳科 Salicaceae	落叶乔木	树姿，叶片	行道绿化，四旁绿化，湖岸、河边绿化
构树 *Broussonetia papyrifera*（L）Vent	桑科 Moraceae	落叶小乔木	叶片，果实	四旁绿化
枣树 *Ziziphus jujuba* Mill	鼠李科 Rhamnaceae	落叶小乔木	叶、花、果	景点绿化
枫杨 *Pterocarya stenoptera* Dc	胡桃科 Juglandaceae	落叶乔木	羽状复叶、花序、果实	行道绿化，河沟两岸绿化
枫香 *Liquidambar formosana* Hance	金缕梅科 Hamamelidaceae	落叶乔木	冬芽，叶片，球果	景点绿化
欧李 *Prunus humilis* Bunge	蔷薇科 Rosaceae	落叶直立灌木	枝条、叶片、花冠、果实	庭院、景点点缀
油松 *Pinus tabulaeformis* Carr.	松科 Pinaceae	常绿针叶乔木	树姿、球果、针叶	景点、宏伟建筑孤植、列植
爬山虎 *Parthenocissus tricuspidata* Planch	葡萄科 Vitaceae	落叶木质藤本	枝蔓、叶片	垂直绿化
玫瑰 *Rosa rugosa* Thunb	蔷薇科 Rosaceae	落叶丛生灌木	枝条，花色	长廊、门侧、假山绿化

树种	科名	树木类型	观赏部位	园林用途
线柏 *Chamaecyparis obtusa* Endl cv	柏科 Cupressaceae	小乔木状，常绿	叶片、枝条、树冠	景点绿化
苦楝 *Melia azedarach* L.	楝科 Meliaceae	落叶乔木	叶片、果实	庭荫、行道绿化
郁李 *Prunus japonica* Thunb	蔷薇科 Rosaceae	落叶灌木	枝条、花冠、果实	点缀草坪、花坛、景点
金叶桧 *Sabina chinensis*（L.）Ant.cv. Aurea	柏科 Cupressaceae	常绿灌木	枝叶、树冠	行道、景点绿化
金钱松 *Pseudolarix amabilis rehd*	松科 Pinaceae	落叶乔木	树姿、簇叶	园林绿化，点缀树种
金球桧 *Sabina chinensis*（L.）Ant.cv. Auyeoglobosa	柏科 Cupressaceae	丛生常绿灌木	叶色，树冠	模纹绿化
金银木 *Lonicera maackii*（Rupr.）Maxim	忍冬科 Caprifoliaceae	落叶直立灌木	叶、花、果	景点绿化
金银花 *Lonicera japonica* Thunb	忍冬科 Caprifoliaceae	半常绿蔓生藤本	叶、花	篱墙栏杆、花廊门架、假山悬崖绿化
青扦（细叶云杉） *Picea Wilsonii* Mast	松科 Pinaceae	常绿针叶乔木	枝叶、球果、树冠	庭院、景点绿化
青桐 *Firmiana simplex*（L.）W.F.Wight	梧桐科 Sterculiaceae	落叶乔木	干形、干皮、叶片	庭荫绿化、行道绿化
青檀 *Pteroceltis tatarinowii* Maxim	榆科 Ulmaceae	落叶乔木	树冠，叶片、花、果实	亭园和行道绿化
匍匐龙柏 *Sabina chinensis*（L.）Ant.cv.Kaizura	柏科 Cupressaceae	常绿灌木状	枝叶	模纹绿化、地被绿化
南天竹 *Nandina domestica* Thunb	小檗科 Berberidaceae	落叶小灌木	枝叶，果实	草坪、花坛点缀
南蛇藤 *Celastrus orbiculatus* Thunb	卫矛科 Celastraceae	落叶藤本	枝条、叶片、果实	坡地、假山绿化
扁担杆子 *Grewia biloba* G.Don	椴树科 Tiliaceae	落叶灌木	叶片、花、果	边坡、路旁绿化
枳椇 *Hovenia dulcis* Thunb	鼠李科 Rhamnaceae	落叶小乔木	叶、花、果	景点绿化
枸杞 *Lycium chinense* Mill	茄科 Solanaceae	落叶蔓生灌木	花果	庭院棚架绿化
枸骨 *Ilex cornuta* Lindl	冬青科 Aquifoliaceae	常绿灌木	叶片、树冠、果实	花坛、草坪点缀
枸橘 *Poncirus trifoliata*（L.）Raf	芸香科 Rutaceae	落叶小乔木	枝叶、花果	绿篱、庭院绿化
柏木 *Cupressus funebris* Endl	柏科 Cupressaceae	常绿乔木	树冠、枝条、叶片	陵园墓道、门庭和纪念性建筑物四周
柘树 *Cudrania tricuspidata*（Carr）Bur	桑科 Moraceae	落叶小乔木	叶片，果实	四旁绿化

树种	科名	树木类型	观赏部位	园林用途
柳杉 *Cryptomeria fortunei* Hooibrenk ex Otto etDietr	杉科 Taxodiaceae	常绿乔木	枝叶	景点绿化
柽柳 *Tamarix chinensis* Lour	柽柳科 Tamaricaceae	落叶灌木	枝条、叶片、花序	景点绿化
柿树 *Diospyros kaki* L.	柿树科 Ebenaceae	落叶乔木	树冠、枝干、叶片、花果	庭院绿化，背景、点缀树种
狭叶十大功劳 *Mahonia fortunei* Fedde	小檗科 Berberidaceae	落叶灌木	叶形、叶色，花序	草坪、花坛点缀，作绿篱
砂地柏 *Sabina vulgaris* Ant	柏科 Cupressaceae	常绿匍匐灌木	树姿，叶色	地被绿化
秋叶泡桐 *Paulownia catalpifolia* Gong Tong	玄参科 Scrophulariaceae	落叶乔木	树冠、花	四旁绿化
绒毛白蜡 *Fraxinus velutina* Torr	木犀科 Oleaceae	落叶乔木	树冠、花果	行道绿化
绒柏 *Chamaecyparis obtusa* Endl cv.	柏科 Cupressaceae	常绿灌木	叶片、枝条、树冠	景点绿化
胡枝子 *Lespedeza formosa*（Vog.）Koehne	豆科 Leguminosae	落叶灌木	枝叶、花色、果实	坡地绿化
重阳木 *Bischofia polycarpa* Airy-Shaw	大戟科 Euphorbiaceae	落叶乔木	树姿、花冠	庭荫、行道绿化
凌霄 *Campsis grandiflora*（Thunb.）Loisel	紫葳科 Bignoniaceae	落叶藤本	枝蔓、叶片、花	假山、棚架绿化
圆柏（桧柏） *Sabina chinensis*（L.）Ant	柏科 Cupressaceae	常绿乔木	树冠、枝叶	行道、亭园绿化
核桃 *Juglans regia* L.	胡桃科 Juglandaceae	落叶乔木	羽状复叶、花序、果实	点缀树种
核桃楸 *Juglans regia f.mandshurica* Maxim	胡桃科 Juglandaceae	落叶乔木	羽状复叶、花序、果实	点缀树种
栾树 *Koelreuteria paniculata* Laxm	无患子科 Sapindaceae	落叶乔木	叶、花、果	景点绿化
桂花 *Osmanthus fragrans* Lour	木犀科 Oleaceae	常绿灌木	叶片、花	庭院绿化
桃叶卫矛 *Euonymus bungeanus* Maxim	卫矛科 Celastraceae	落叶小乔木	树姿、叶片、果实	景点绿化、点缀树种
桑树 *Morus alba* L	桑科 Moraceae	落叶小乔木	叶片，果实	四旁绿化
流苏 *Chionanthus retusus* Lindl.et Paxt	木犀科 Oleaceae	常绿乔木	叶片、花	景点、四旁绿化
海州常山 *Clerodendron trichotomum* Thunb	马鞭草科 Verbenaceae	落叶灌木	花	景点、庭院、行道绿化
海桐 *Pittosporum tobira*（Thunb）Ait	海桐花科 Pittosporaceae	常绿灌木	叶片、树姿	点缀，绿篱

树种	科名	树木类型	观赏部位	园林用途
海棠 *Malus spectabilis*（Ait）Borkh	蔷薇科 Rosaceae	落叶小乔木	树皮、叶片、花冠、果实	庭院、景点绿化
盐肤木 *Rhus chinensis* Mill	漆树科 Anacardiaceae	落叶小乔木	叶片、花序、果实	点缀树种
绣线菊 *Spiraea szlicifolia* L	蔷薇科 Rosaceae	落叶灌木	枝叶，花色，树姿	景点绿化，点缀绿化
偃柏 *Sabina chinensis*（L.）Ant var.*sargentii* Cheng et L.K.Fu	柏科 Cupressaceae	匍匐灌木	枝条	亭园绿化
常春藤 *Hedera nepalensis var.sinensis*（Tobl）Rehd	五加科 Araliaceae	落叶大藤本	枝蔓、叶片	绿篱、模纹绿化
悬铃木 *Platanus sp*	悬铃木科 Platanaceae	落叶乔木	叶片，树姿，果实	行道绿化，庭院绿化
梅 *Prunus mume* sieb et Zucc	蔷薇科 Rosaceae	落叶小乔木	树姿、花形	庭院、景点绿化
梓树 *Catalpa ovata* G.Don	紫葳科 Bignoniaceae	落叶乔木	树姿、叶片、花冠、果序	四旁绿化
淡竹 *Phyllostachys glauca* Mcclure	禾本科 Gramineae	常绿乔木状	秆形、秆色、枝叶	庭院、景点绿化
猕猴桃 *Actinidia chinensis* Planch	猕猴桃科 Actinidiaceae	落叶藤本	茎枝、叶片、花果	棚架绿化
球桧 *Sabina chinensis*（L.）Ant.cv.Globosa	柏科 Cupressaceae	常绿灌木	枝叶、树冠	行道、景点
蛇葡萄 *Ampelopsis humulifolia* Bunge	葡萄科 Vitaceae	落叶木质藤本	枝蔓、花果、叶片	篱壁攀援绿化
野葡萄 *Cayratia oligocarpa* Gagnep	葡萄科 Vitaceae	落叶木质藤本	枝蔓、叶片	垂直绿化
银杏 *Ginkgo biloba* L	银杏科 Ginkgoaceae	落叶阔叶乔木	枝叶、种子	可作行道、园林、寺庙、河岸、池畔等绿化风景树种
雪松 *Cedrus deodara* G.Don	松科 Pinaceae	常绿针叶乔木	树姿、枝叶	庭院绿化
鹿角桧 *Sabina chinensis*（L.）Ant.cv.Pfitzeriana	柏科 Cupressaceae	常绿灌木	枝叶	模纹绿化，盆景制作
鹿角桧 *Sabina chinensis*（L.）Ant.cv.Pfitzeriana	柏科 Cupressaceae	丛生常绿灌木	叶色，树冠	亭园、景点绿化
麻栎 *Quercus acutissima* Carr	壳斗科 Fagaceae	落叶乔木	叶片	点缀树种
黄杨 *Buxus sinica*（Rehd.et Wils）Cheng	黄杨科 Buxaceae	常绿灌木	叶片、树冠	草坪、花坛点缀，绿篱

树种	科名	树木类型	观赏部位	园林用途
黄连木 *Pistacia chinensis* Bunge	漆树科 Anacardiaceae	落叶乔木	树姿、叶片、花序	行道、庭院绿化，草坪点缀
黄刺玫 *Rosa xanthina* Lindl	蔷薇科 Rosaceae	落叶灌木	花色	草坪、路边点缀树种
黄栌 *Cotinus coggygria* Scop	漆树科 Anacardiaceae	落叶大灌木	树姿、叶片	行道、庭院绿化，草坪点缀，景点绿化
黄荆 *Vitex negundo* L.	马鞭草科 Verbenaceae	落叶灌木	花	点缀树种
塔柏 *Sabina chinensis*（L.）Ant.cv. Pyramidalis	柏科 Cupressaceae	常绿乔木	树冠、枝叶	行道绿化
棕榈 *Trachycarpus fortunei*（Hook.f.）H.Wendl	棕榈科 Palmae	常绿小乔木	叶片、秆皮	草坪、庭院点缀绿化
溲疏 *Deutzia scabra* Thunb	虎耳草科 Saxifragaceae	落叶灌木	枝叶，花色	绿化点缀
紫玉兰 *Magnolia liliflora* Desr	木兰科 Magnoliaceae	落叶小乔木	叶片，花冠	庭院、景点绿化
紫荆 *Cercis chinensis* Bunge	豆科 Leguminosae	落叶大灌木	树姿、花色、果实	草坪、花坛、庭院、窗前、角隅绿化
紫椴 *Tilia amurensis* Rupr	椴树科 Tiliaceae	落叶乔木	树姿、叶片、果序	庭荫、行道绿化
紫薇 *Lagerstroemia indica* L.	千屈菜科 Lythraceae	落叶灌木或小乔木	干皮、叶片、花序、果序	庭院绿化、景点绿化
紫穗槐 *Amorpha fruticosa* L.	豆科 Leguminosae	落叶小灌木	枝条、花色、果实	坡地、厂区绿化
紫藤 *Wisteria sinensis* Sweet	豆科 Leguminosae	落叶攀缘藤本	树姿、花色、果实	湖畔、池边、假山、石坊等绿化
蜡梅 *Chimonanthus praecox* Link	蜡梅科 Chimonanthaceae	落叶灌木	枝条，花	庭院、景点绿化
落羽杉 *Taxodium distichum*（l.）Rich	杉科 Taxodiaceae	落叶乔木	树姿、枝叶	沿河两岸、水渠两侧、水库周围
葛藤 *Pueraria lobata*（Willd.）Ohwi	豆科 Leguminosae	匍匐落叶藤本	枝叶	坡地绿化
葡萄 *Vitis vinfera* L.	葡萄科 Vitaceae	落叶木质藤本	枝蔓、花果、叶片	棚架绿化
铺地柏 *Sabina procumbes*（Endl）Lwata et Kusaka	柏科 Cupressaceae	常绿匍匐状灌木	树冠，叶形、叶色	地被绿化、假山绿化和树桩盆景制作
鹅耳枥 *Carpinus turczaninowii* Hance	桦木科 Betulaceae	落叶小乔木	叶片，果序	点缀树种
鹅掌楸 *Liriodendron chinense* Sarg	木兰科 Magnoliaceae	落叶乔木	叶片，花冠，树冠	庭院、景点绿化

树种	科名	树木类型	观赏部位	园林用途
黑松 *Pinus thunbergii* Parl	松科 Pinaceae	常绿针叶乔木	冬芽、针叶、树体	城镇绿化
椿树 *Ailanthus altissima*（Mingle）Swingle	苦木科 Simaroubaceac	落叶乔木	树冠、叶片、花序、果实	行道树
榆叶 *Prunus triloba* Lindl	蔷薇科 Rosaceae	落叶大灌木	枝条、叶片、花冠	庭院、房前屋后绿化
榉树 *Zelkova schneideriana* Hand-Mazz	榆科 Ulmaceae	落叶乔木	叶片、花、果实	四旁绿化
稠李 *Prunus padus* L.	蔷薇科 Rosaceae	落叶乔木	叶片、花色、果实	庭院、景点绿化
锦带花 *Weigela florida*（Bunge）A.DC.	忍冬科 Caprifoliaceae	落叶直立灌木	枝叶、花冠	庭院、道路绿化
鼠李 *Rhamnus davurica* Pall	鼠李科 Rhamnaceae	落叶小乔木	叶、花、果	景点绿化
蜀桧 *Sabina komarvii*（Florin）Cheng et W.T.Wang	柏科 Cupressaceae	常绿小乔木	树冠，叶形、叶色	行道、亭园、绿地周遍、路边花坛和墙垣内外
槲树 *Quercus dentata* Thunb	壳斗科 Fagaceae	落叶乔木	叶片	点缀树种
樟子松 *Pinus sylvestris* var. *mongolica* Litv	松科 Pinaceae	长绿针叶乔木	嫩枝、针叶	景点绿化
樱花 *Prunus subhirtella*（Miq）Sok	蔷薇科 Rosaceae	落叶小乔木	树冠、叶片、花冠	庭院、景点绿化
薄壳山核桃 *Carya illinoensis*（Wangenh.）K.Koch	胡桃科 Juglandaceae	落叶乔木	羽状复叶、花序、果实	行道绿化，亭园绿化
檵木 *Loropetalum chinense* Oliv	金缕梅科 Hamamelidaceae	落叶乔木	枝、叶、花、果，树姿	景点绿化

6　山东主要栽培树种的品种资源

6.1　杨树主要品种介绍

1．中林 46

雌株，杂交育种。成年树形特征：叶形，短枝叶肩印形，长枝叶三角形，短枝叶长 10 cm，宽 9 cm，长枝叶长 13 cm，宽 12 cm；叶色，绿色；叶面被毛状态，无；叶基形状，短枝叶微楔形，长枝叶截形；叶尖端，短枝叶锐尖，长枝叶长锐尖；叶缘，波状锯齿；叶基腺点数 2；第二叶脉与中脉夹角 40°；叶中脉颜色，浅黄绿；叶柄长度，短枝叶 8 cm，长枝叶 7 cm；叶柄被毛状态，无；叶柄颜色，浅黄绿；树皮裂纹，微粗糙，潜裂；树皮颜色，灰黑褐色；冠形，宽冠，长卵形；冠幅 4.35 m；树冠锥形。形质指标：树干通直度，第一层枝分枝角度 63.3°。

在沂南 4 年树高 13.64 m，胸径 15.64 cm，材积较 72 杨提高 17%。缺点是易风折。

备注：$D_{1.3}$=16.0 cm；$D½h$= 9.4 cm；D_4=12.7 cm；胸高形率，$q_2=D½/D_{1.3}$=9.4/16.0=0.59；$q_4=D_4/D_{1.3}$=12.7/16.0=0.79。

适合在土壤肥力中等以上，沈阳以南、长江以北等地区栽培。

2．PE-19-66（也叫 T66）

美洲黑杨：雄株。树干直，树冠开展，枝条较粗。适应性较强，育苗、造林成活率较高。成年树形特征：叶形，短枝叶正三角，长枝叶，长三角；短枝叶长 11.3 cm，宽 10.3 cm；长枝叶长 17 cm，宽 15 cm；叶色，绿；叶面被毛状态，无；叶基形状，短枝叶截形，长枝叶截形；叶尖端，短枝叶锐尖，长枝叶长尖；叶缘，被状锯齿；叶基腺点数，无；第二叶脉与中脉夹角 70°；叶中脉颜色，浅红；叶柄长度，短枝叶 10.8 cm，长枝叶 12 cm；叶柄被毛状态，无；叶柄颜色，浅黄绿；树皮裂纹，深纵裂；树皮颜色，灰褐；整枝能力，无；冠形，卵形，宽冠；冠幅 5.2 cm；树冠，宽冠。第一层分枝角度 78.3°。

早期速生，在山东莒县试验林中，单株材积比 I-69 杨大 23.7%。在济南 8 年生树高 20.7 m，胸径 30.7 cm，木材密度、力度指标及纤维长度均大于 I-69 杨。在全省各平原地区中等肥力土地及偏低肥力土地均适宜生长。–27℃条件下无冻害，经得起异常低温的考验。抗风性较强，优于中林 46。6 年生材，气干密度 0.439 4 g/cm^3，纤维长度 1.096 0 mm，力学强度较强、纤维长度较长，可作为纤维用材，较沙兰杨更为适用。木材密度、力学指标及纤维长度均优于 I-69 杨。

备注：$D_{1.3}$=17.2 cm，$D½h$=9.8 cm，D_4=13.3 cm；胸高形率，$q_2=D½h/D_{1.3}$=9.8/17.2=0.57，$q_4=D_4/D_{1.3}$=13.3/17.2=0.77。

3．S307-26（也叫 T26）

美洲黑杨，雄株。树干直，树冠开展，枝条较粗。适应性较强，育苗、造林成活率高。成年树形特征：叶形，短枝叶三角形，长枝叶三角形；短枝叶长 14 cm，宽 13.5 cm，长枝叶长 16.5 cm，宽 13.5 cm；叶色，绿；叶面被毛状态，无；叶基形状，短枝叶心形，长枝叶心形；叶尖端，短枝叶锐尖，长枝叶锐尖；叶缘，波状锯齿；叶基腺点数 2；第二叶脉与叶中脉夹角 60°；叶中脉颜色，浅黄绿；叶柄长度，短枝叶 12 cm，长枝叶 13 cm；叶柄被毛状态，无；叶柄颜色，浅黄绿；树皮裂纹，浅裂；树皮颜色，灰褐色；整枝能力，强；冠形，圆锥形；冠幅 5.4 m；树冠，宽。第一层分枝角度 60°。

早期速生，材质优在莒县试验林中，5 年生胸径 18.6 cm，树高 15.8 m，比 I-69 杨单株材积大 36.6%，木材密度及纤维长度均大于 I-69 杨。在山东东明试验林中，胸径年均生长 4.0 cm，树高年均生长 2.9 m 以上。在全省平原地区中等肥力土地区、偏低肥力土地均适宜生长，在–27℃条件下无冻害发生，经得起异常低温的考验。抗风性较强，6 年生材，主干密度为 0.436 g/cm^3，纤维长度为 0.980 7 mm，力学强度较强，纤维长度较长。

备注：$D_{1.3}$=18.2 cm，$D½h$=10.6 cm，D_4=14.4 cm；胸高形率，q_2=$D½h/D_{1.3}$=10.6/18.2=0.58，q_4=$D_4/D_{1.3}$=14.4/18.2=0.79。

4．I-107（Populus×eura 米 ericana cv.‘74/76’，又称为 P.×eura 米 ericana cv.‘Neva’）（植物新品种保护登记名称为“尼娃 107 杨”）

欧美杨，雌株。树干通直，树冠较窄，侧枝细。苗期特征：苗干通直，1 年生苗高一般为 3～4 m，苗干中部皮孔均匀分布；叶片为三角形、质厚、秋季为深绿色、叶边缘皱具波浪形；叶芽为钝三角形，芽长 6 mm 左右，顶端为褐色、基部淡绿色，叶芽与茎干紧密相贴；苗皮为灰青色，排列棱线明显。

成年树形特征：叶形，短枝叶正三角，长枝叶长三角；短枝叶长 8.2 cm，宽 9.2 cm；长枝叶长 10.6 cm，宽 13 cm；叶色，中绿；叶面被毛状态，无；叶基形状，短枝叶截形，长枝叶截形；叶尖端，短枝叶钝尖，长枝叶钝尖；叶缘，线波细齿状；叶基点腺数，无；第二叶脉与中脉夹角 60°；叶中脉颜色，浅黄；叶柄长度，短枝叶 6 cm，长枝叶 8.2 cm；叶柄被毛状态，无；叶柄颜色，浅黄；树皮裂纹，浅裂；树皮颜色，黑灰色；整枝能力，强；冠形，长卵形；冠幅 4.8 m；树冠，窄冠；第一枝分枝角度 45°。

无性繁殖容易，育苗、造林成活率高。抗逆性强，适应范围广。速生，材积生长量超过中林 46 杨 5%～20%。木材材质好。抗虫能力强。

备注：$D_{1.3}$=19.2 cm，$D½h$=11.4 cm，D_4=14.8 cm；胸高直径，q_2=$D½h/D_{1.3}$=11.4/19.2=0.59，q_4=$D_4/D_{1.3}$=14.8/19.2=0.77。

5．L-108（Populus×eura 米 ericana cv.‘Guariento’）（植物新品种保护登记名称为“库安托 108 杨”）

此品种是意大利罗马农林中心选育出欧美天然杂种，保存者为意大利杨树研究所，其无性系名称是以意大利画家“Guariento”命名。雌株。1984 年回国带回，从意大利杨树研究所引入我国。进行杨树工业用材林新品种选育，经过 16 年。

苗期特征：苗干通直，1 年生苗高为 3～3.5 m，叶片三角形、质厚、深绿色、边缘皱具波浪形；叶芽长 6 mm 左右，宽而较钝，顶端为褐色，基部淡绿色，叶芽与基干紧密相贴；干部棱线明显；茎皮颜色略深于欧美杨 107 杨。

大树特征：树干通直，树冠窄，尖削度小，主干与侧枝夹角小于 45°，侧枝较细，树皮粗裂，皮孔菱形，树皮深褐色。

早期速生是欧美杨 108 杨主要生物学特征。在华北地区试验中欧美杨 108 杨 1 年生胸径一般生长量为 3～4 cm，高生长 3～4 m，超过对照Ⅰ-214 杨 119%，超过中林 46 杨 45% 左右。

成年树形特征：叶形，短枝叶近三角形（心形），长枝叶三角形（心形）；短枝叶长 9.3 cm。宽 8.3 cm，长枝叶长 14.6 cm，宽 14.2 cm；叶色，深绿；叶面被毛状态，无；叶基形状，短枝叶截形，长枝叶截形；叶尖端，短枝叶锐尖，长枝叶锐尖；叶缘，波状锯齿；叶基腺点数 2；第二叶脉与中脉夹角 60°；叶中脉颜色，浅黄绿；叶柄长度，短枝叶 6.8 cm，长枝叶 9.5 cm；叶柄被毛状态，无；叶柄颜色，浅黄绿；树皮裂纹，深裂；树皮颜色，灰褐色；整枝能力，强；冠形，长卵形；冠幅，4.4 m；树冠，窄冠。第一层枝分枝角度 72.5°。

备注：$D_{1.3}$=16.1 cm，$D½h$=8.3 cm，D_4=13.7 cm，胸高形率，$q_2=D½h/D_{1.3}$=8.3/16.1=0.52，$q_4=D_4/D_{1.3}$=13.7/16.1=0.85。

6．109 杨（Populus deltoides×Populus alba cv.‘米 incio’）（植物新品种保护登记名称为“米奇 109 杨”）

米奇 109 杨是派间杂种，是由意大利杨树研究所利用人工控制授粉杂交所保存的杂种无性系。其母本为采自美国伊利诺伊州的美洲黑杨（Populus deltoides cv.‘71/55’），父本是为选自意大利 Carapelle 的银白杨（P.alba）的花粉。杂交所获杂种无性系命名为“米 incio”，雄株。由中国林业科学研究院林业研究所张绮纹于 1984 年从意大利杨树研究所引进我国。

主要形态特征是树干直、冠窄、树皮深褐色。有深细的纵裂。侧枝与主干角在 45°左右。苗干通直，1 年生苗高 3～3.5 m，叶片三角形，淡绿色，叶基部微心形，叶片主脉与第二侧脉夹角为 60°，叶先端窄尖。叶芽长 14 m 米左右，叶芽形状窄而尖，端部细长略弯，尖端不紧贴茎干，叶芽尖端为褐色，基部略显浅绿色，小棱圆。

7．110 杨（Populus deltoides×Populus 米 axi 米 owiczii cv.‘Eridano’）（植物新品种保护登记名称为“埃瑞达诺 110 杨”）

属于黑杨派与青杨派派间杂种。1955 年由意大利杨树研究所利用人工控制授粉所获杂种，其母本为美洲黑杨（P.deltoides cl.‘Ⅰ-37’），父本为采自日本东京青杨派马氏杨（P.米 axi 米 wizxii）花粉，杂种人工无性系被命名为“Eridano”。雄株。1984 年由中国林业科学研究院研究所进修后引进我国。经“九五”国家科技攻关 2000 年定为我国杨树纸浆材定向选育新品种，通过国家新品种鉴定，编号为“110”。

苗期特征：苗干通直，1 年生苗高为 3.5 m 左右，叶长宽比为 1.1∶1，叶柄略短，叶片为长三角形，叶片较薄，边缘微呈波浪形，叶芽形态宽而钝，长约 7 mm，叶芽与茎干紧密相贴。

大树特征：雄株，树干通直，树冠较窄，分枝角度较小，侧枝与主干夹角小于 45°，树皮粗，有浅纵裂，叶形为长三角形，属于黑杨派与青杨派中间类型，叶茎平，叶柄短于欧美杨叶柄。大树树皮灰白色，有环状浅裂。树干基部呈方柱形，为该无性系很重要特征。

早期速生。在较好立地条件下早期年胸径生长量一般在 3 cm 左右，在同一立地条件年生长量低于欧美杨 107 杨和欧美杨 108 杨，但明显超过Ⅰ-214 杨，实验测定 4 年生单株材积可超过Ⅰ-214 杨 73%。

易繁殖育苗和造林成活率高。在保证水肥条件下，常规扦插育苗成活率在 95%以上。选取 1 年生苗干，插穗直径应为 1～1.5 cm，长度为 12～15 cm 育苗适宜，育苗密度每亩扦插 3 000～4 000 株适宜，组培苗不定芽分化率明显高于欧美杨无性系。造林选取 1 根 1 干或 2 根 1 干苗木，在保证水肥条件下，造林成活率均在 93%以上。

8．111 杨（Populus×eura 米 ericana cv.‘Bellotto’）（植物新品种保护登记名称为“贝洛托 111 杨”）

此品种是由意大利杨研究所利用人工控制授粉，通过有性杂交所获杂种无性系，其母本是采自美国 Sto 米 erille 地方的美洲黑杨（编号为 P.deltoides cv.‘217/958’），父本是自由授粉所获半同胞家系的欧美杨无性系，雌株。1984 年中国林业科学研究院林业研究所张绮纹赴意大利进修后带回。

大树树干通直，树冠窄小，是窄冠的欧美杨，侧枝细、树形美观，侧枝与主干夹角在 45°左右，树皮浅灰色，树皮较肖滑，无明显纵裂。苗干通直，1 年生苗高在 3.5 m 以下，叶片三角形，顶端略尖，叶深绿色，叶芽钝三角形，长约 7 mm，基部淡绿色，顶端为浅褐色，叶芽与茎干紧贴，苗干棱线明显。

早期速生，其速生性可与欧美杨 107 杨、欧美杨 108 杨相媲美，在水肥保证条件人工林欧美杨 111 杨每年胸径增长 4 cm 左右，树高每年增长 3～4 m。人工林立木材积每年每亩能净增 2～2.5 m^3。生长速度相当快。欧美杨 111 杨也是工业原材料优良树种。

欧美杨 111 杨造林成活率也很高，在条件较好的地方营造人工林造林成活率均达 95%以上。木材基本材性包括木材基本密度、纤维长度以及 1%NaOH 抽提物测定优于Ⅰ-214 杨。此外，欧美杨木材韧性强又树冠较窄，很抗风折。

欧美杨 111 杨适种范围很广，主要在我国华北地区。但种植我国长江以北、淮河以南地区长势也很好。

9．84-323

美洲黑杨，雌株。干直，树冠半开展。具有速生、优质、适应性强、育苗及造林成活率高等优点。成年树形特征：短枝叶正三角形，长枝叶正三角形；短枝叶长 9.2 cm，宽 9.2 cm，长枝叶长 12 cm，宽 12 cm；叶色，绿色；叶面被毛状态，无；叶基形状，短枝叶截形，长枝叶截形；叶尖端，短枝叶无，长枝叶无；叶缘，波状；叶基点腺数 2 第二叶脉与中脉夹角 65°；叶中脉颜色，浅黄绿；叶柄长度，短枝叶 10 cm，长枝叶 9.3 cm；叶柄被毛状态，无；叶柄颜色，浅黄绿；树皮裂纹，中裂；树皮颜色，灰褐色；整枝能力，整；冠形，长卵形；冠幅 4.6 m；树冠，略宽。第一层分枝角度 51°。

在山东东明试验林中，胸径年均生长 4.0 cm，树高年均生长 2.9 m 以上。

备注：$D_{1.3}$=16.3 cm，$D\frac{1}{2}h$=10.2 cm，D_4=12.2 cm；胸高形率，$q_2=D\frac{1}{2}h/D_{1.3}$=10.2/16.3=0.63，$q_4=D_4/D_{1.3}$=12.2/16.3=0.75。

10．84-324

美洲黑杨，雌株。干直，树冠半开展。具有速生、优质、适应性强、育苗及造林成活率高等优点。成年树形特征：叶形，短枝叶三角形，长枝叶三角形；短枝叶长 9.1 cm，宽 9.2 cm，长枝叶长 9.5 cm，宽 10 cm；叶色，深绿；叶面被毛状态，无；叶基形状，短枝叶无，长枝叶无；叶尖端，短枝叶锐尖，长枝叶锐尖；叶缘，波状锯齿；叶基腺点数，无；第二叶脉与中脉夹角 45°；叶中脉颜色，浅黄绿；叶柄长度，短枝叶 7 cm，长枝叶 8 cm；叶柄被毛状态，无；叶柄颜色，黄绿；树皮裂纹，浅裂；树皮颜色，灰褐色；整枝能力，强；冠形，长卵圆形；冠幅 4.1 m；第一层枝分枝角度 55°。

在山东东明试验林中，胸径年均生长 4.4 cm，树高年均生长 3.0 m 以上。

备注：$D_{1.3}$=17.3 c，$D½h$=11.1 cm，D_4=12.8 cm；胸高形率，$q_2=D½h/D_{1.3}$=11.1/17.3=0.64，$q_4=D_4/D_{1.3}$=12.8/17.3=0.74。

11．79-35

欧美杨，雌株。干直，分枝细，树冠较窄。抗逆性强，适应范围广，育苗及造林成活率高。成年树形特征：短枝叶三角形，长枝叶三角形；短枝叶长 10.5 cm，宽 9 cm，长枝叶长 13 cm，宽 14 cm；叶色，绿；叶面被毛状态，无；叶基形状，短枝叶截形，长枝叶截形；叶尖端，短枝叶锐尖，长枝叶锐尖；叶缘，波状锯齿；叶基腺点数 2；第二叶脉与中脉夹角 65°；叶中脉颜色，浅黄绿；叶柄长度，短枝叶 6.2 cm，长枝叶 10 cm；叶柄被毛状态，无；叶柄颜色，浅黄绿；树皮裂纹，浅裂；树皮颜色，灰褐色；整枝能力，中；冠形，长卵形；冠幅 4.8 m；树冠，略宽。第一层枝分枝角度 60°。

速生，在鲁西南地区的试验林中，胸径年均生长量可达 4.5 cm，树高年均生长 3.0 m 以上，单株材积比中林 46 杨提高 23.3%，木材基本密度 0.392 g/cm^3，纤维长度 1.06 mm。

备注：$D_{1.3}$=14.2 cm，$D½h$=9.4 cm，D_4=10.8 cm；胸高形率，$q_2=D½h/D_{1.3}$=9.4/14.2=0.66，$q_4=D_4/D_{1.3}$=10.8/14.2=0.76。

12．中菏 1 号

美洲黑杨，雄株。树干直，侧枝粗，树冠开展。成年树形特征：叶形，短枝叶正三角形，长枝叶长三角形；短枝叶长 10.5 cm，宽 10.5 cm，长枝叶长 16 cm，宽 14 cm；叶色，绿；叶面被毛状态，无；叶基形状，短枝叶截形，长枝叶截形；叶尖端，短枝叶锐尖，长枝叶锐尖；叶缘，波状锯齿；叶基腺点数，无；第二叶脉与中脉夹角 55°；叶中脉颜色，浅黄；叶柄长度，短枝叶 11.5 cm，长枝叶 11 cm，叶柄被毛状态，无；叶柄颜色，浅黄；树皮裂纹，中裂；树皮颜色，灰褐色；整枝能力，强；冠形，锥塔形；冠幅 6 m；树冠，宽冠。第一层枝分枝角度 60°。

适应性较强，育苗、造林成活率较高，速生，在宁阳 4 年试验林中，胸径年均生长量 4.5 cm。木材基本密度 0.373 g/cm^3，纤维长度 0.96 m。

备注：$D_{1.3}$=20.7 cm，$D½h$=11 cm，D_4=17.1 cm，胸高形率，$q_2=D½h/D_{1.3}$=11/20.7=0.53，$q_4=D_4/D_{1.3}$=17.1/20.7=0.83。

17．102/74

欧美杨，雄株。干直，树冠开展。成年树形特征：叶形短枝叶正三角形，长枝叶心形；短枝叶长 12.8 cm，宽 11.5 cm，长枝叶长 14 cm，宽 13 cm；叶色，深绿；叶面被毛状态，无；叶基形状，短枝叶截形，长枝叶心形；叶尖端，短枝叶锐尖，长枝叶锐尖；叶缘，波状锯齿；叶基腺点数，无；第二叶脉与中脉夹角 75°；叶中脉颜色，浅黄绿；叶柄长度，短枝叶 10.7 cm，长枝叶 10 cm；叶柄被毛状态，无；叶柄颜色，浅黄绿；树皮裂纹，深纵裂；树皮颜色，灰褐色；整枝能力，强；冠形，锥塔；冠幅 4.8 m；树冠，宽。第一层枝分枝角度 66.7°。

适应性较强，育苗、造林成活率较高，速生，在山东莒县试验林中，5 年生树高 16.3 m，胸径 19.2 cm。木材基本密度 0.404 g/cm^3，纤维长度 0.92 mm。

备注：$D_{1.3}$=12.9 cm，$D½h$=7.6 cm，D_4=9.3 cm；胸高形率，$q_2=D½h/D_{1.3}$=7.6/12.9=0.59，$q_4=D_4/D_{1.3}$=9.3/12.9=0.72。

18．L-802

美洲杨，树干直，树冠开展。成年树形特征：叶形，短枝叶近三角形，长枝叶近三角形；短枝叶长 8.4 cm，宽 8.5 cm，长枝叶长 15.8 cm，宽 16.2 cm；叶色，绿；叶面被毛状态，无；叶基形状，短枝叶截形，长枝叶心形；叶尖端，短枝叶锐尖，长枝叶锐尖；叶缘，波状锯齿；叶基腺点数 4；第二叶脉与中脉夹角 35°；叶中脉颜色，黄绿色；叶柄长度，短枝叶 8 cm，长枝叶 12.3 cm；叶柄被毛状态，无；叶柄颜色，绿黄；树皮裂纹，深裂；树皮颜色，黑褐色；整枝能力，强；冠形，长圆锥形；冠幅 5.4 m；树冠，宽冠。第一层枝分枝角度 63.3°。

喜温暖湿润环境，适应性较强，育苗、造林成活率较高。速生，在莱阳 4 年生试验林中，胸径 17.4 cm，树高 12.9 m，材积比 I69 大 27.5%。木材基本密度 0.410 g/cm^3，纤维长度 0.95 mm。

备注：$D_{1.3}$=18.3 cm，$D½h$=12.2 cm，D_4=14.6 cm；胸高形率，$q_2=D½h/D_{1.3}$=12.2/18.3=0.67，$q_4=D_4/D_{1.3}$=14.6/18.3=0.80。

23．W_1-141

成年树形特征：叶形，短枝叶正三角形，长枝叶正三角形；短枝叶长 8.7 cm，宽 9.5 cm，长枝叶长 12 cm，宽 13 cm；叶色，无；叶面被毛状态，无；叶基形状，短枝叶截形，长枝叶心形；叶尖端，短枝叶锐尖，长枝叶锐尖；叶缘，波状锯齿；叶基腺点数，无；第二叶脉与中脉夹角 65°；叶中脉颜色，浅黄；叶柄长度，短枝叶 7.6 cm，长枝叶 6.8 cm；叶柄被毛状态，无；叶柄颜色，浅黄；树皮裂纹，浅纵裂；树皮颜色，银灰；整枝能力，十分强；冠形，长卵形；冠幅 4.0 m；树冠，多层锥形，窄冠，侧枝细；形质指标：树干通直度，第一层枝分枝角度 43.3°。

备注：$D_{1.3}$=13.3 cm，$D½h$=7.4 cm，D_4=10.3 cm；胸高形率，$q_2=D½/D_{1.3}$=7.4/13.3=0.56，$q_4=D_4/D_{1.3}$=10.3/13.3=0.77。

24．I-69

成年树形特征：叶形，短枝叶正三角形，长枝叶长三角形；短枝叶长 7.8 cm，宽 6.7 cm，长枝叶长 11.4 cm，宽 11.1 cm；叶色，绿；叶面被毛状态，无；叶基形状，短枝叶心形，长枝叶心形；叶尖端，短枝叶锐尖，长枝叶锐尖；叶缘，波状锯齿；叶基腺点数 2；第二叶脉与中脉夹角 60°；叶中脉颜色，浅黄绿；叶柄长度，短枝叶 6.6 cm，长枝叶 9.1 cm；叶柄被毛状态，无；叶柄颜色，绿浅黄；树皮裂纹，深纵裂；树皮颜色，黑褐色；整枝能力，强；冠形，长卵形；冠幅 5.2 m；树冠，略宽。形质指标：树干通直度，第一层枝分枝角度 72.5°。

备注：$D_{1.3}$=16.3 cm，$D½h$=9 cm，D_4=12.3 cm，胸高形率，$q_2=D½h/D_{1.3}$=9/16.3=0.55，$q_4=D_4/D_{1.3}$=12.3/16.3=0.75。

25．I-214

成年树形特征：叶形，短枝叶卵形，长枝叶三角形；短枝叶长 8.6 cm，宽 6.5 cm，长枝叶长 17 cm，宽 16 cm；叶色，浅黄绿；叶面被毛状态，无；叶基形状，短枝叶楔形，长枝叶截形；叶尖端，短枝叶长渐尖，长枝叶锐尖；叶缘，浅状锯齿；叶基腺点数 2；第二叶脉与中脉夹角 30°；叶中脉颜色，黄绿；叶柄长度，短枝叶 8 cm，长枝叶 9.5 cm；叶柄被毛状态，无；叶柄颜色，黄绿；树皮裂纹，细裂纹；树皮颜色，褐色；整枝能力，一般；冠形，卵形；冠幅 3.6 m；树冠，稍窄宽。形质指标：树干通直度，第一层枝分枝角度 56.7°。

备注：$D_{1.3}$=14.4 cm，$D½h$=9.3 cm，D_4=10 cm，胸高形率，$q_2=D½h/D_{1.3}$=9.3/14.4=0.65，$q_4=D_4/D_{1.3}$=10/14.4=0.69。

29．中林 23

中林 23 是由中国林业科学院林研所黄东森研究员等选育成功的优良品种。其母本是美洲黑杨Ⅰ-69 杨，父本是欧亚黑杨。该品种为雌株，树干通直圆满，4 月初放叶。9 月中旬封顶。

中林 23，速生、优质、抗寒、病虫害少、插条易成活。在山东菏泽县，6 年生树高达 18.9 m，胸径 26 cm，单株材积 0.395 m^3，显著比母本Ⅰ-69 杨速生；材质优良，纤维变化幅度小，适于做造纸、火柴、胶合板等各种用材；病虫害少，抗水泡型溃疡病、杨树烂皮病、早期落叶病等，对天社蛾、潜叶蛾抗性较强。但由于其侧枝多，苗期需要及时打杈。与中林 46 相比，它较抗寒，推广范围可比中林 46 适当向北扩展，适于华北暖温带生长。

30．中林 28

中林 28 是由中国林业科学院林研所黄东森研究员等选育成功的优良品种。其母本是美洲黑杨Ⅰ-69 杨，父本是欧亚黑杨，该品种为雌株，树干通直圆满，4 月初放叶，9 月末封顶。

中林 28，速生、优质、病虫害少。在山东菏泽曹县，5 年生树高达 16.9 m，胸径 22.3 cm，单株材积 0.263 1 m^3，比 214 杨提高了 47.5%；其材质优良，纤维变化幅度小，适于做造纸、火柴、胶合板等的原料；病虫害少，抗水泡型溃疡病、杨树烂皮病、早期落叶病等，对天社蛾、潜叶蛾抗性较强。但其侧枝多，苗期需要及时打杈。

该品种 1989 年和 1990 年分别被列入林业部及国家重点推广计划。中林 28 适于生长地区与中林 46 同。

31．NL-80106

NL-80106 是由南京林业大学王明庥教授等通过人工杂交选育的优良品种。其母本是美洲黑杨Ⅰ-69 杨，父本是小叶杨。在南京 3 月 24 日开花，11 月落叶。

NL-80106 具有速生、抗病、易繁殖、抗旱、材质好等优良特性。该品种干形圆满，但通直度欠佳，树皮褐色、浅纵裂。5 年生树高 19.73 m，胸径 26.31 cm，材积比亲本Ⅰ-69

杨提高 13%以上；高抗水泡型溃疡病，并且远远高于父本小叶杨；水培 26 天即可生出不定根，并能很快形成稳定的根系；能忍受比 I-69 杨低得多的水分胁迫，在干旱条件下，造林成活率仍高于 96%；侧枝细，树干利用率高，木材容重、纤维性状均达到木材工业的工艺标准。

NL-80106 在较差的环境下，仍能自动表现出较高的生长潜力，可望对黄淮海广大平原地区的林业生产和工业用材基地建设发挥重要作用。

32．NL-1388

成年树形特征：叶形，短枝叶正三角形，长枝叶正三角形；短枝叶长 10 cm，宽 10 cm，长枝叶长 12 cm，宽 12.5 cm；叶色，中绿；叶面被毛状态，无；叶基形状，短枝叶截形，长枝叶截形；叶尖端，短枝叶锐尖，长枝叶锐尖；叶缘，波状锯齿；叶基腺点数，无；第二叶脉与中脉夹角 50°；叶中脉颜色，浅黄；叶柄长度，短枝叶 8.4 cm，长枝叶 9.5 cm；叶柄被毛状态，无；叶柄颜色，浅黄；树皮裂纹，浅裂；树皮颜色，黑褐色；整枝能力强；冠形，圆卵形；冠幅 4.6 m；形质指标：树干通直度，第一层枝分枝角度 65°。

备注：$D_{1.3}$=14.9 cm，$D½h$=8.8 cm，D_4=10.7 cm；胸高形率，$q_2=D½h/D_{1.3}$=8.8/14.9=0.59，$q_4=D4/D1.3$=10.7/14.9=0.72。

34．中黑防 1 号杨

树干通直，圆满，皮灰绿色，光滑披白粉，皮孔线形，横向不规则排列，叶阔卵形，先端渐尖，叶缘具锯齿，萌枝叶大，长 17～18 cm，宽 13～14 cm，短枝叶长 7.5 cm，宽 7.0 cm，叶柄扁平，叶基部心形；芽褐色，较大，有黏液，长渐尖，萌枝微红色，枝条菱形，分枝角 45°。对灰斑病、黑病、锈病有较强的抗性。

35．中黑防 2 号杨

形态特征与中黑防 1 号杨基本相似。主要区别是叶卵形，叶基部近截形，短枝叶基部楔形，先端尾尖，成年树皮呈不规则块状干裂。

中黑防 1 号、2 号杨，5 年生材积生长量比对照种小黑杨分别提高 105.87%和 178.47%，在全合台试验地 12 年生材积比对照小黑杨分别提高 40.59%和 31.87%，总纤维含量 81.8%，是制浆和人造丝的优良原料。生根能力强，繁殖容易，扦插育苗，一般成活率 90%以上。

36．中绥 12 号

乔木，雄株。干略弯曲，冠长卵形，侧枝平展；皮光滑灰绿色，1 年生枝条有棱线无槽沟，皮孔短线形，分布匀；芽尖线细窄渐尖，长 6～7 mm，棕色，与茎紧贴，顶芽树脂呈淡黄色。短枝叶变异较大，叶基部圆楔形，腺点数量不定，叶尖宽渐尖，叶脉绿色，叶柄全绿，1 年生萌枝主脉部分红色，叶长 18 cm，宽 15.5 cm，圆锯齿，两边缘各 60 齿左右，叶柄淡红色。

年生长量 $D_{1.3}$ 为 2.3 cm，H 为 1.4 m，13 年生生长量 $D_{1.3}$ 29.8 cm，H18.16 m，V0.468 3 m^3。木材密度 0.374 6 g/cm^3，纤维长 0.948 9 mm，纤维宽 22.43 μm，壁腔比 0.197 3，为造纸材种。

38．南林 95 杨

形态特征：美洲黑杨杂种，具有美洲黑杨的基本形态特征。乔木，树形高大，干形通直圆满，尖削度小，分枝粗度中等，树皮薄；叶片大，心形，叶长 14～19 cm，叶宽 13～17 cm，叶色绿色，叶柄长 9～11 cm，淡绿色；一年生枝条灰青色，枝条基部形状为圆形，中上部略成五边形，木质化棱线明显；皮孔中下部为圆形，上为椭圆形，皮孔大小为 2～8 mm；一年生扦插苗苗高 4～4.5 m，基径 2～3 cm，叶片数在 57～70 之间；芽长卵形，浅紫红色，长 7～10 mm，顶端尖，紧贴（梢部芽）。

物候学特性：3 月 18—26 日开花，4 月 4—8 日为芽萌动期，4 月 12 日放叶，11 月 26—28 日落叶，整个生长期为 239 天。

生长量指标：7 年生树高生长量为 22～25 m，平均胸径 30～32 cm，单株材体积达 0.457 4～0.640 8 m^3；平均年生长量树高 3.57 m，胸径 4.57 cm，材积生长量达到 24.72 m^3/hm^2，10 年为一个轮伐期，每公顷可产优质单板杨木 247.2 m^3。

适应性及抗性指标：抗溃疡病及褐斑病，较耐干旱瘠薄，在内陆花斑盐碱地上生长良好，材积生长量比对照 I-69 杨高 92.4%。无性繁殖能力较强，遗传稳定性较强，可在黄河以南地区推广造林。

栽培学特性：南林 95 杨喜光、喜水、喜肥，在光照比较充足的情况下，生长十分迅速。大田育苗密度 2 700～4 000 株/亩，穗条长 15 cm，直插，扦插季节为春季 3 月中旬至下旬，在黄淮地区扦插时间尽量往后移，但不得超过清明，同时扦插前条种应在水中浸泡 1 周；造林技术，用作单板大径级用材造林的的密度为 18～28 株/亩（株距最好为 6 m×6 m），穴规格长×宽×深为 80 cm×80 cm×100 cm，栽植深度 60～80 cm，造林苗最好采用二根一杆大苗，易培育成无节高档良材，灌足底水，栽植时间每年春季 3 月下旬芽萌动之前，尽量做到当地育苗，当地造林，随起随栽，缩短起苗到栽植之间的时间，确保造林成活率。

用途：主要用于杨树单板用材造林品种，也可作为纤维板及纸浆用材造林品种。

39．南林 895 杨

形态特征：美洲黑杨杂种，具有美洲黑杨的基本形态特征。乔木，树形高大，干形通直圆满，尖削度小，分枝粗度中等，树皮薄；叶片大，心形，叶长 12～17 cm，叶宽 14～16 cm，叶色绿色，叶柄长 7～10 cm，淡绿色；一年生枝条颜色青绿色，枝条基部形状为圆形，中上部微呈五边形，木质化棱线明显；皮空中下部为圆形，上为椭圆形，皮孔大小为 2～6 mm；一年生扦插苗苗高 4.5～5 m，基茎 3 cm，叶片数在 79～100 之间；芽长卵形，淡紫红色，基部绿色，长 6～8 mm，顶端尖，不紧贴（梢芽部）。

物候学特性：3 月 18—26 日开花，4 月 4—8 日为芽萌动期，4 月 12 日放叶，11 月 26—30 日落叶，整个生长期为 241 天。

生长量指标：7 年生树高生长量为 24～26 m，胸径 32～34 cm，平均单株材积达 0.461 4～0.650 0 m^3；平均年生长量树高 3.71 m，胸径 4.85 cm，材积生长量达到 26.46 m^3/hm^2，10 年为一个轮伐期，每公顷可产优质单板杨木 264.64 m^3。

适应性及抗性指标：抗溃疡病及褐斑病，较耐干旱瘠薄，在内陆花斑盐碱地上生长良好，材积生长量比对照 I-69 杨高 138.68%。且具有较强的无性繁殖能力和较强的遗传稳定性，可在黄淮地区、江淮平原及长江中下游流域等广大地区推广造林。

栽培学特性：南林 895 喜光、喜水、喜肥，在光照水肥比较充足的情况下，生长十分迅速。大田育苗密度 2 700～4 000 株/亩，穗条长 15 cm，直插，扦插季节为每年春季 3 月中旬至下旬，在黄淮地区扦插时间应尽量往后移，但不得超过清明，同时扦插前种条应在水浸泡 1 周；造林技术：用作培育杨树大径级单板用材造林的苗木建议采用两根一杆大苗（这样很容易培育成无节高档良材，一方面可缩短砍伐周期，另一方面可提高经济效益），造林密度在 18～28 株/亩（建议采用 18 株/亩，株行距 6 m×6 m），穴规格长×宽×深为 80 cm×80 cm×100 cm，栽植深度 60～80 cm，栽植时将苗木浸泡两到三天，栽时要夯实，栽完后要灌足底水，栽植时间每年春季 3 月下旬芽萌动期之前，尽量做到当地育苗，当地造林，随起随栽，缩短起苗到栽植之间得时间，确保造林成活率。

用途：主要用于培育杨树大径级单板用材造林品种，也可作为纤维板用材、纸浆用材等工业用材造林品种。除此之外，还可用作农田林网、四旁植树等绿化品种。

42．抗虫杨 12

雌株，抗食叶害虫，杀虫率可达 72%。树干通直圆满。单株高生长 3.1 m/年，径生长 4.5 cm/年，材积生长 0.002 4 m^3/年亩，木材密度 0.371 g/cm^3。世界银行贷款林业持续发展项目推广品种。适合在新疆、甘肃、内蒙古、宁夏、北京、天津、河北、河南、山西、陕西、山东以及辽宁、吉林南部等地栽培。抗食叶害虫，杀虫率可达 72%。

6.2 大樱桃的种质资源和主要优良品种

6.2.1 种质资源概况

大樱桃，也称西洋樱桃，是欧洲甜樱桃（*Cerasus avium* L. Moench.）和欧洲酸樱桃（*Cerasus vulgavis* Mill）及其杂交种的总称，因果个比中国原产的樱桃大而得名。在植物学上它们同属于蔷薇科（Rosaceae）樱桃属（Cerasus）。

1．欧洲甜樱桃

（1）树种名称

中文名称：欧洲甜樱桃（Ou Zhou Tian Ying Tao）

别名：甜樱桃，大樱桃，洋樱桃

英文名：Sweet cherry

拉丁学名：*Cerasus avium* L. Moench.

（2）分类学情况：属于蔷薇科（Rosaceae）樱桃属（*Cerasus*）

（3）形态特征：乔木，高达 20 m，胸径可达 30 cm。树皮灰褐色；枝直立，小枝浅红褐色，无毛。叶卵圆形、倒卵形至椭圆形，长 6～15 cm，宽 4～8 cm，先端长渐尖或突尖，基部宽楔形或圆形，缘有细钝的单锯齿或重锯齿，齿端有腺体，侧脉 10～13 对，上面光滑无毛，下面有时被短柔毛；叶柄长 2～5 cm，靠近叶基处有 1～6 腺体；托叶长 1 cm 左右，条形，有腺齿。伞形花序有 2～4 花组成；梗长 2～6 cm，总梗极短，在基部常围以翻卷张开的宿存芽鳞，花后反折；花直径 2.5～3.5 cm；萼筒钟形，萼片三角形，全缘或略有锯齿，开花时外翻；花瓣倒卵形，先端截形或有微凹，白色，开花后期略带粉色。核果卵状球形或圆球形，先端尖，基部微凹，径 1.1～2.5 cm，果肉多汁或较硬，熟时黄色、暗红色或紫红色，味甘甜或略苦；核卵形或长卵形。花期 4 月；果熟期 6 月。

（4）分布与适生区环境条件：原产欧洲及亚洲西部。目前，从伊犁北部起，径高加索到欧洲西部一带山地，广泛分布有野生甜樱桃。烟台芝罘区近郊引种最多，多辟成专用果园栽培。国内除烟台集中栽培外，华北、华东沿海各城市也有。甜樱桃为喜温果树，适于在温暖的气候下栽培。抗寒力较弱，一般在-24℃的低温下花芽即受冻。对高温的适应力亦较弱。最适于栽培的土壤为轻结构的土壤，在沙壤土上植株生长旺盛，产量高。对光的要求较高，在遮荫下植株生长不良。耐干旱能力较差。

（5）产品及用途：甜樱桃为著名的栽培大樱桃种系之一，果形大，风味优美，适宜生吃及加工成罐头或酒水；种仁可榨油；花供观赏。

（6）国内生产概况：目前国内栽培区主要在山东烟台、威海、青岛，旅大，河北。山西、北京、江苏、安徽、河南、浙江、新疆等省区也有引种。据不完全统计，全国栽培面积已超过 4 000 hm^2，总产量约为 5 000 t。

2．欧洲酸樱桃

（1）树种名称

中文名称：欧洲酸樱桃（Ou Zhou Suan Ying Tao）

别名：酸樱桃

英文名：Sour cherry

拉丁学名：*Cerasus vulgavis* Mill

（2）分类学情况：属于蔷薇科（Rosaceae）樱桃属（*Cerasus*）

（3）形态特征：乔木，高可达 10 m。树皮暗褐色，老时片状剥落；枝开张下垂，嫩枝红褐色，无毛。叶椭圆状倒卵形至卵圆形，长 5～12 cm，宽 3～8 cm，先端急尖，基部楔形并常有 2～4 腺体，叶缘有细密而钝的重锯齿，侧脉 7～11 对，上面光绿色，无毛，下面淡绿色，无毛或仅在幼时被短柔毛；叶柄长 1～5 cm，无腺或具有 1～2 腺体；托叶条形，长约 8 mm，有腺齿。伞形花序多由 2～4 花组成，基部常有多数直立的叶状苞鳞包围，并有明显的叶状苞；花梗长 2.5～3.5 cm，无毛；花直径 2～3.5 cm；萼筒倒钟形或倒圆锥形，萼片三角形，开花时平展或反折；花瓣倒卵形，先端截形或微凹，白色；雄蕊多数；花柱无毛。核果扁球形或球形，基部通常不凹陷，径 1.2～1.9 cm，熟时多鲜红色或紫黑色，果肉软，味多酸甜，粘核；核近球形。花期 3—4 月；果期 5—6 月。

（4）分布与适生区环境条件：原产欧洲及亚洲西部。烟台郊区及威海、龙口等地有引种栽培。国内引种区同欧洲甜樱桃。此种抗寒力较弱，但较苹果品种抗寒。此种为抗旱力强的果树，在抗旱力方面仅次于杏而强于苹果、梨和李。对土壤和栽培要求低。

（5）产品及用途：酸樱桃主要用于加工果酱和果汁，鲜果因其酸度高，果肉酒红色，储运性差，主要用作加工原料，经济价值较低，在生产上常作为甜樱桃的授粉树或砧木。

（6）国内生产概况：我国基本上没有种植酸樱桃，又因国外用于加工的酸樱桃用机械采收，而我国果品采收都用手工，反而增加了采收成本，显示不出我国的优势，因此短期内我国不会大规模发展酸樱桃。

6.2.2 主要优良品种

1．那翁

（1）品种来源：又名黄樱桃、大脆、黄洋樱桃，为欧洲原产的一个古老品种，1880—1885 年由韩国仁川引入。

（2）生物学特征：果实大，长心脏形，黄色，阳面有红色晕。平均单果重 7 g，果肉可食部分占 93.6%。6 月中旬成熟。果皮薄而韧，肉质致密、嫩脆，味极甜。果实含糖量 11.0%，品质极上。核中大。

（3）产品经济性状：那翁萌发率高，成枝力弱，花束状果枝极多且寿命长，结果部位外移较慢，冠内枝条稀疏。开始结果早，产量高而稳定，品质好。盛果期一般株产 50 kg 左右，最高株产可达 150～200 kg。果实宜鲜食，适加工，也较耐贮运。但因花束状果枝转化为中、长枝的能力差，疏于管理时，树冠上部的多年生枝易枯衰死亡。

（4）适生区和主要产区：那翁适应性强，在山丘地砾质壤土和砂壤土栽培，有水浇条件的地方栽培最为理想。目前烟台、大连等地是该种的主栽培区。

2．大紫

（1）品种来源：又名大红樱桃、大红袍、大叶子。原产前苏联克里木，1890 年引入我国山东烟台，后传至辽宁和河北昌黎、秦皇岛等地。

（2）生物学特征：果实大，阔心脏形至阔卵形，紫红色。平均单果重 7.04 g，果肉可食部分占 97.4%。5 月底至 6 月上旬成熟。果皮薄，肉软多汁，味甜。果实可溶性固形物含量 12%～16.8%，品质上等。核大，阔椭圆形，平均单粒重 0.62 g。

（3）产品经济性状：芽萌发率高，成枝力极强。顶芽延伸能力强，短果枝和花束状果枝能够转化为中、长枝。结果早，花期晚，是良好的授粉树，但结果部位外移相对较快，丰产性较差。盛果期株产达 100 多千克，最高株产可达 165 kg。耐旱性差，耐贮运性也较差。

（4）适生区和主要产区：大紫长势健壮，适应性强，在山丘地砾质壤土和砂壤土栽培。可在城市近郊、工矿附近以及交通便利的地方适当发展。目前烟台地区栽培较多。

那翁和大紫是两个老品种，目前成龄树主要是这两个品种。

3．红灯

（1）品种来源：是大连农科所育成的一个甜樱桃品种。1963 年杂交，亲本为那翁×黄玉，1974 年命名。

（2）生物学特征：果实大，肾脏形。缝合线及背侧稍凹入，果顶平，果肩明显。果柄粗，较短。平均单果重 9.2 g，最大单果重 12 g，果面底色黄白，果肉紫红色，可食部分占 92.9%。肉质较硬，汁多，酸甜适口，可溶性固形物含量 14.5%～15%。品质上。5 月底至 6 月上旬成熟。

（3）产品经济性状：红灯丰产、质优，宜鲜食，耐贮运。树势很强，生长旺，萌芽率中等，成枝力强，枝条粗壮，盛果期树势不衰弱，经济寿命长。因生长势强，易贪青，生产上应注意控制后期生长，防治春季冻害。幼树成花稍晚，成龄树花束状果核多，丰产性好，连续结果能力强。花粉量大，有自花结实能力，但生产中必须配置授杨树，授粉品种以那翁、红艳、红蜜、先锋较好。采果前遇雨，果实有轻微裂果是其缺点。适宜发展。

（4）适生区和主要产区：本品种早熟、果个大，着色好，抗裂果，耐运输，可以在环渤海及京津等适宜地区发展，另外，该品种在保护地中表现优良，宜作为保护地的主栽品种大力发展。在辽宁旅大及山东烟台、威海、青岛等地均有栽培。

4．芝罘红

（1）品种来源：原名烟台红樱桃，系烟台市芝罘区农林局于 1979 年在该区上夼村发现的自然实生品种，为大紫的偶然实生株。

（2）生物学特征：果实中大至大，阔心脏形，鲜红色，有光泽。缝合线稍凹，果顶平，稍有果肩。果柄长而粗，一般长 5.6 cm。平均单果重 6 g，最大单果重 9.5 g，果肉可食部分占 91.4%。果肉较硬，浅粉红色，汁较多，可溶性固形物含量 15%。果皮不易剥离，离核。风味佳良，品质上。6 月上旬成熟，成熟期较整齐。

（3）产品经济性状：芝罘红为一成熟期早、果实美观、肉质较硬、品质佳良的甜樱桃品种。树势强健、生长旺盛，成枝力强。长、中、短、花束状，果枝均能结果，幼树以长中果枝结果为主，盛果期以短果枝和花束状果枝结束为主。长、中、短各类结果枝结果能力均强，产量高而且稳定，果实耐贮运。一般栽植后第 3 年即可结果，第 4 年有显著的商品产量，第 5 年即可达到丰产要求。芝果红自花不结实，建园需搭配授粉树，品种可为滨库、红灯、红丰等。

（4）适生区和主要产区：芝罘红大樱桃适应性及抗逆性均强，从烟台市范围内栽培情况看，生长结果表现良好，抗晚霜性能优于那翁、大紫、红灯、红丰等品种。从辽宁、山西、陕西、云南、北京等地区反馈的信息看，在适合大樱桃栽培的区域，芝果红大樱桃均表现出良好的适应性及抗逆性。

5．红艳

（1）品种来源：大连市农科所杂交育成，亲本为那翁×黄玉。20 世纪 80 年代引入昌黎果树所。

（2）生物学特性：果实心脏形，平均单果重 7 g，最大单果重 9.5 g，缝合线强，对称，果肩不明显。果柄较细长。果面底色淡黄，70%着鲜红色，有光泽。果皮厚韧。果肉浅黄色，肉质细软，汁多，风味甜，可溶性固形物含量 15%。离核。品质上。5 月底成熟。

（3）产品经济性状：幼树树势强，成龄树树势中庸，树姿开张。萌芽率高，成枝力中等，分枝多，细弱枝结果多，极易成花，丰产性很好。有自花结实能力，但生产中必须配置授粉树，授粉品种以红灯、红蜜等为宜。

（4）适生区和主要产区：该品种是红灯的姊妹系，与红灯相比，果个稍小，着色及硬度不及红灯，但结果早，丰产性更强，树体开张，品质更好，是早熟、丰产、优质的优良品种，适宜露地和保护地栽培。

6．滨库

（1）品种来源：原产美国俄勒冈州，为 Republican 的自然杂交种，原名 Bing，是美国栽培最多的品种，约有 100 余年的栽培历史。

（2）生物学特征：果实大，阔心脏形。果顶平圆，缝合线深而明显。果面深红色至紫红色，缝合线处色泽尤深。果柄粗长，长 4.1 cm。果实纵径 2 cm，宽径 2.2 cm。平均单果重 5.3 g。果皮厚韧，肉质脆硬，浅红色，多汁，酸甜适口，品质上。半离核，核小。6 月中下旬成熟。

（3）产品经济性状：滨库为一丰产、质优、耐贮运的中熟甜樱桃优良品种。树势强健，树冠较大，树姿开张。枝条粗壮、直立，分枝力较弱，以花束状果枝结果为主。丰产稳产性好，而且是一个优良的授粉品种。果实采收前遇雨，易裂果是其缺点。

（4）适生区和主要产区：美国主栽培品种之一，山东烟台有栽培。

7．斯坦拉

（1）品种来源：又名斯坦勒，为世界上第一个自花授粉结实的甜樱桃优良品种，由加拿大夏地农业研究站育成，原名 Stella。1987 年引入山东省。

（2）生物学特性：果实大，心脏形。果顶钝圆，缝合线不明显。果面紫红色，色泽艳丽。果柄细长，长 3.5～4 cm。平均单果重 7.1 g，最大单果重 9.2 g，果肉可食部分占 91%。果肉淡红色，肉质致密，汁多，甜酸爽口，可溶性固形物含量 16.8%，品质上。6 月中下旬成熟。

（3）产品经济性状：树势强健，枝条粗壮，树姿开张，萌芽率高。花粉多，自花结实，也是良好的授粉品种树。早果性、丰产性突出，较抗裂果，较耐贮运。唯耐寒性较弱，是其缺点。

（4）适生区和主要产区：适宜露地和保护地栽培，在烟台、泰安等地有少量栽培。

8．先锋

（1）品种来源：又名范、王，原名 Van。系加拿大哥伦比亚省育成的优良甜樱桃品种。1988 年引入山东烟台市。

（2）生物学特性：果实大，肾脏形。果顶平，缝合线明显。果面紫红色，具光泽，颇艳丽。果柄短粗，为本品种果实比较明显的特征。平均单果重 8.5 g，最大单果重 10.5 g，果肉可食部分占 91.2%。果皮厚而韧，果肉玫瑰红色，肉质肥厚、硬脆，汁多，甜酸可口，可溶性固形物含量 17%，品质上。核小，圆形。6 月中下旬成熟。

（3）产品经济性状：树势强健，枝条粗壮，年年结果，抗寒性强，很少裂果，较耐贮运，常温可贮藏 7 天。自花不实，需异花授粉，授粉品种以滨库、那翁为佳。花粉量多，也是一个极好的授粉品种，适宜的授粉品种有雷尼、那翁、滨库、斯坦拉等。早果性、丰产性甚好，以花束状果枝和短果枝结果为主，连续结果能力强，是一个优良的晚熟品种。

（4）适生区和主要产区：北美三大主栽品种之一，在欧、美、亚洲均有栽培。在烟台大樱桃产区试栽，结果早，丰产性强，品质优良，适宜露地和保护地栽培。

9．拉宾斯

（1）品种来源：系加拿大育成的一个自花结实品种。亲本为先锋×斯坦拉。原名 Lapins。

（2）生物学特性：果实极大，果实近圆形或卵圆形，平均单果重 7～8 g。缝合线稍凹，对称。果柄中长、中粗。果皮厚而韧，紫红色，光泽美观；果肉肥厚、硬脆，汁多，酸甜可口。可溶性固形物含量 16%，风味、质地佳良。6 月中下旬成熟。

（3）产品经济性状：树势健壮，侧枝发育良好，树姿较直立；不但可自花结实，也宜作其他品种的授粉树。裂果很轻，耐寒性好，且无病毒感染。早果性、丰产性突出。最适宜充分成熟时采收，耐贮运，适合鲜销。是一个高产、抗裂果的晚熟优良品种。

（4）适生区和主要产区：为加拿大重点推广品种之一，是优良的晚熟品种，适宜露地和保护地栽培。

此外，佐藤锦、雷尼、烟台1号、萨米脱、美早、红丰、美国白樱桃、意大利早红、早大果、早红宝石、抉择、友谊、尼伦、萨姆、沙蜜脱、胜利、艳阳、巨王等品种近几年也有一定的发展趋势。

6.3 无花果种质资源和主要优良品种

无花果原产阿拉伯南部，有近5 000年的栽培历史，我国引进栽培已有1 000多年。无花果富含糖类、酶类、多种氨基酸、维生素、矿物质和丰富的钙质，每百克果肉中含钙量高达26～38.45 mg，还含有多种抗癌物质。山东、江苏、河南等地已有成片栽培，加工产品已有10余种。

6.3.1 树种资源概况

（1）概况

树种名称：无花果（Wu Hua Guo）；别名：圣果、蜜果、明目果、木馒头；古名：阿驿、映日果、优昙钵；英文名：Fig；拉丁学名：*Ficus carica* L.。

分类学情况：无花果属于桑科（Moraceae）无花果属（*Ficus*.L）植物，此属有600种以上，作为果树栽培的只有无花果一种，为多年生落叶乔木或灌木。无花果按其授粉关系和花的类型可以分为4个变种：①原生型无花果（*F.carica* var.*sylvestris* Shinn.）该种为阿拉伯及小亚细亚一带的原始野生种。一年结3次果，即春果、夏果和秋果，果实不适于食用。主要用途是作为无花果传粉蜂的寄主，专供斯米尔那型和中间型无花果完成授粉。②普通无花果（*F.carica* var.*hortensis* Shinn.）花序中只有雌花，单性结实。如果人工授粉，也可以产生种子。一年结果两次，夏果较大，秋果较小。目前世界各国的主要栽培品种都属此类。③斯米尔那型无花果（*F.carica* var.*smyrnica* Shinn.）在小亚细亚的斯米尔那地区栽培，故得此名。花序中只形成雌花，必须经过传粉受精后，才能长成果实。果实种子多且含有油脂，许多制干用的优良品种属于这一类。④中间型无花果（*F.carica* var.*intermedia* Shinn.）也叫圣比罗型。第一批花序为单性结实，第二批和第三批花序必须经过授粉才能结实，所以称为中间类型。目前生产中栽培的夏果专用种紫陶芬、白圣比罗等是其代表种。

形态特征：无花果多数为小乔木或灌木，环境适宜也可长成大乔木。树冠开张，呈圆头形或广圆形。树皮光滑，多年生枝灰白色，一年生枝灰绿色，根、茎、枝、叶和果实各器官均有乳汁管。单叶互生，有叶柄，长7～11 cm，叶片大，掌状3～7裂，希不裂。落叶后枝条上留下大型叶痕，多呈三角形或扁圆形。叶腋内多2～3个芽，小而圆锥形者为叶芽，大而圆者为花芽。无花果为隐头花序。果实为花托及小花膨大发育而成的聚花果，浆果，外观只见果而不见花，故称“无花果”。果实形状因品种不同而有倒圆锥形、扁圆形、卵圆形等。果皮颜色亦因品种不同而有黄色、绿色、紫色、红色和褐色，果肉颜色有红色、紫色、粉白色。果实成熟时下垂，纵径范围为4～8 cm，横径范围为3～7 cm。

（2）分布与适生区环境条件

目前无花果的分布遍及亚洲、欧洲、非洲和美洲大陆的 50 多个国家和地区。主要产区集中在地中海沿岸诸国，产量较大的国家有西班牙、意大利、土耳其、希腊和美国。

我国无花果分布面广，除东北、西藏和青海外，均有零星分布。目前山东省的烟台、威海、济宁，江苏省的南通、盐城、南京和镇江，上海市郊区，福州市等地都建有集中栽培的无花果园。新疆的喀什、和田等地有传统栽培的无花果园。

无花果适于较温暖的气候，以年平均温度为 15℃，夏季最高平均温度为 30℃，冬季最低平均温度为 5℃以上，积温达 4 800℃的地区，生长结果和果实品质最好。冬季温度达 –12℃时，新梢顶端受冻。在–20～–22℃时，则地上部全株死亡。

无花果对湿度要求不严格，但果实成熟季节降雨易产生裂果。无花果不耐涝，但抗旱能力较强。无花果对土壤的要求不严格，微酸和微碱的土壤均能正常生长。以保水力较好的沙壤土最好。

（3）产品及用途

无花果皮薄无核，味美甘甜，具有很高的营养价值和保健价值。含有大量助消化的酶类、多种氨基酸、维生素、矿物质和丰富的钙质，为补钙佳果；无花果又被誉为“富硒水果”；还含有苯甲醛、佛手柑内酯等多种抗癌物质；无花果基本不喷施农药，属绿色果品。主要产品有无花果汁、果酒、果干、果酱和罐头，其中速冻果和去皮罐头远销日本和西欧。

（4）国内生产概况

无花果良种引选和栽培技术研究带动了无花果从传统的零星种植转向大田集约栽培。据统计，江苏、上海和浙江 3 省无花果栽培面积已近 2 000 hm^2，山东省栽培面积已有 300 hm^2。目前已有十几种产品问世。但是至今我国无花果的发展仍处于起步阶段，无花果的贮藏运输保鲜及精深加工产品尚待进一步研究开发。

6.3.2 主要优良品种

（1）玛斯义陶芬

由日本引入，该品种在日本的栽培面积约占无花果总面积的 80%。树势中庸偏弱，树冠开张。叶片稍大，叶多为 5 裂，裂刻中等，叶柄长，休眠顶芽呈赤褐色，树形矮化。本种为夏秋果兼用种，夏果。

大品质好，但结果量少。秋果个大，平均单果重 80 g 左右。自 8 月下旬成熟，陆续采收到 10 月中旬。果皮淡紫红色，果皮薄，有韧性，较耐贮运，裂果少。果目鳞片赤紫色，果肉桃红色，肉质稍粗，成熟果含糖量为 18%，丰产。耐寒性较弱（幼树期易受冻害），是保护地栽培的优良品种。

（2）布兰瑞克

原产法国。树势中庸，主干不明显，多主枝丛生。叶革质，掌状 5～7 深裂，裂刻长度超过叶长的 1/2，裂片窄条形，果实成熟前绿色，成熟后黄褐色，果皮极薄，果肉琥珀色到淡粉红色，味甘甜，成熟果含糖量达 18%～20%，品质上等，果形不正，长卵性偏斜一方，果颈极短，果目开张，果实中空。夏果极少，平均单果重 100～120 g，风味优于秋果。秋果丰产，平均单果重 30～40 g。抗寒性较强。

（3）宁选 1 号

是南京农大在青皮品种中选出的优良品种。树势旺盛，主干明显，年新梢生长量大，夏果和秋果结实均较多，夏果平均单果重 100 g 左右，秋果平均单果重为 40～50 g，成熟果含糖量 20%以上，品质极佳，很丰产，产量在同类品种中位居榜首。抗寒、耐盐碱和抗病虫能力均较强，属晚熟品种，其丰产优质和抗性等方面均超过青皮。

（4）谷川

由日本引入。树势旺盛，主干明显，分枝数量少，新梢生长量较大，树冠较大。叶掌状 5 裂，裂刻深超过叶长的 1/2，但裂叶较宽。顶芽为红色。夏果早熟，山东荣成成熟期为 7 月上旬，可采至 8 月上旬。果形为扁圆锥形，果形指数为 0.89，果目略大，中空，果实熟前绿色，熟后金黄色，非常美观，果肉琥珀色到粉红色，果肉细腻甘甜，含糖量达 18%以上，品质中上等。单果重 80 g，产量较高，抗寒性较强，是夏果专用优良品种。树干通直，3 年生树高 2.14 m，可作为园林绿化和城市绿化的优良树种。

（5）青皮

胶东沿海地区最早引进栽培的品种。树势旺盛，主干明显，叶大粗糙，色深亮绿，3～5 浅裂，叶缘具明显的波状锯齿，果实扁，倒圆锥形，果实成熟前绿色，熟后黄绿色，果肉紫红色，果目小，开张。夏果和秋果结实均较多，夏果平均单果重 80～100 g 左右，秋果平均单果重 40～50 g，果皮韧度较大，果汁较多，成熟果含糖量在 20%左右，品质极佳，丰产，较抗寒，属晚熟品种。

（6）金傲芬（A212）

1998 年山东省林科院由美国加利福尼亚引入我国。该品种树势旺，分枝少，树皮光滑灰褐色。叶片较大，掌状 5 裂，裂深 12～15 cm，叶形指数 0.94，叶缘具微波状锯齿，叶色浓绿，叶柄平均长 14.5 cm。以秋果为主，平均单果重 90 g，最大 160 g，果实卵圆形，果颈显明，果柄 0.9～1.8 cm，果径 6～7 cm，果形指数 0.95，果目微开不足 0.5 cm，果皮金黄色，果肉淡黄色，可溶性固形物 18%～20%。鲜食风味极佳，品质极上，极丰产，较耐寒。扦插当年结果，两年生单株产量达 9 kg 以上，夏果发育期约 64 天，秋果发育期 62 天。果熟期 7 月下旬至 10 月下旬。为最佳黄果品种。

（7）波姬红（A132）

1998 年山东省林科院由美国德克萨斯州引入我国。树势中庸、健壮，树姿开张，分枝力强，新梢年生长量可达 2.5 m，叶片较大，多为掌状 5 裂，裂刻深而狭，叶缘具有不规则波状锯齿。叶柄长 15 cm，黄绿色。耐寒、耐盐碱性较强。极丰产。果实夏秋果兼用，以秋果为主，果长卵圆或长圆锥形，果形指数 1.37 cm，皮色鲜艳，条状褐色或紫红色。果肋较明显。果柄 0.4～0.6 cm。果目开张径 0.5 cm。秋果平均单果重 75 g，最大单果重 110 g。果肉微中空、浅红或红色，味甜、汁多，可溶性圆形物含量 16%～20%，品质极佳。为鲜食大型红色无花果优良品种。山东嘉祥果熟期 7 月下旬至 10 月中下旬。

（8）日本紫果 Violette Solise

1997 年由日本引入我国。为日本目前销价最高、最受欢迎的红色优良无花果品种。树势健旺，分枝力强。新梢年生长量 1.5～2.5 m，枝皮绿色或灰绿、青灰色。叶片大而厚、宽卵圆形，叶形指数 0.97，掌状 5 深裂，裂刻深达 18.5 cm，叶柄长 10 cm。果实春秋兼用，以秋果为主。果扁圆卵形，果颈不明显，果皮薄深紫红色，易产生糖液外溢现象。果肉鲜艳红色、致密、汁多、甜酸适度，果、叶富含微量元素硒，可溶性固形物含量 18%～23%，品质极佳，较耐贮运，为目前国内外最受欢迎的鲜食和加工兼用优良品种。该品种丰产，较耐寒，果熟期 8 月下旬至 10 月下旬。

（9）B110

1998 年山东省林科院由美国加利福尼亚引入我国。夏秋果兼用品种。树势中庸，分枝较少，树冠较开张。新梢年生长量 1.3～2.3 m，叶片掌状 4～5 裂，裂刻深 14～18 cm，叶径 19～22 cm。叶柄长 6～10 cm，叶色浓绿。果实长卵圆形，果形指数 1.16。果皮黄绿或浅绿色，果肉红色，汁多、味甜，可溶性固形物含量 18%～22%，品质极佳。该品种丰产性能特别强，较耐寒，果实个大，产量高，果目小，不易被昆虫侵染，具一定抗病能力，是鲜食和加工制干最佳良种，也是美国加州大学推广的优良品种。

6.4 香椿种质资源和主要优良品种

香椿原产于我国，是一种多用途优良树种，有着重要的经济价值。本文简要介绍了香椿种资源的分类学特征、形态特征、分布区域和分布环境及其经济利用价值。根据其经济价值的高低，选取了其中具有代表性的几种香椿优良品种进行了品种来源和生物学特征的描述，并对主要的产品经济性状进行了介绍。

6.4.1 种资源概况

（1）概况

香椿（Xiangchun，*Toona sinensis*（A.Juss.）Roen）又名香椿头（Xiangchuntou）、椿芽（Chunya）、红椿树（hongchunshu）、椿花树（chunhuashu），英文名 Chinese tonna，属楝科香椿属，多年生落叶乔木。

形态学特征主要有：树干直立，分枝少，小枝皮孔小而显著，髓心粗而圆。树皮赭褐色至灰褐色，不规则纵裂，呈片层状剥落。偶数羽状互生复叶，有时因顶端一叶不发育而呈奇数，叶有香气。花为圆锥或聚散花序，两性，有香气。花瓣白色，呈覆瓦状排列。花萼小，呈杯状。内有花盘，5 裂。雄蕊 5 枚，子房上位，5 室，每室倒生 6～10 个胚珠。蒴果椭圆状，长 2～3.5 cm 横径 1～1.5 cm。种子近椭圆形，扁平，红褐色，长 5～7 mm，一端具矩形膜质翅。根系发达。

（2）分布与适生区环境条件

香椿为我国特有经济树种，国外仅限于引种栽培。

香椿垂直分布的最高点为海拔 1 600～1 800 m，在年平均气温 8～23℃，绝对最低气温–25℃，绝对最高气温 35℃的地区均可正常生长发育。大多分布在 1 500 m 以下的平原或山地，与 3 500℃积温等值线和年降水量 400～600 mm 等值线相吻合，为我国的亚热带至暖温带地区。区域内年平均气温为 8.7～23.4℃，绝对最低气温为–25℃，年平均降水量为 600～2 000 mm，年平均湿度为 63%～85%。北界为辽阳至锦州及陕西延安，西至甘肃省的庆阳、平凉、定西至兰州一线，南至云贵、广东，东至台湾和山东胶东半岛。其中以河南、河北和山东为最多。

香椿的生长环境从以下几个方面来阐述：①土壤。要求不严格，酸性土、中性土、钙质土和轻度盐碱土（含盐量 0.2%以下）中均能生长。最适有机质含量 1.0%以上、含磷量 30 uL 以上的湿润壤土、黏土、沙壤土。②光照。为喜光树种。最适为日照时数长、季节温差和昼夜温差大的地方。③温度。喜温暖湿润气候，对低温较敏感。④水分。抗旱和耐涝性较差。地下水位影响较大，最适为 1.0～2.0 m。

（3）产品及用途

①幼芽叶的使用价值

香椿嫩芽和叶是食用部分。香椿芽叶富含多种营养物质，除鲜食外，还可以制成各种各样高档加工品，供人们四季食用，这里简介几种香椿的深加工工艺。a．嫩芽腌渍加工。工艺流程为：选料→冲洗→控水晾干→下缸撒盐→倒缸→揉搓→并缸→晾晒→撒明盐→装缸→封藏。b．辣味香椿芽的加工。工艺流程为：选料→冲洗→控水晾干→切碎→拌盐→倒缸→拌辅料→轻揉→再拌盐装缸→封藏。c．香椿粉的加工。工艺流程为：选料→冲洗→晾干→盐水浸泡→晒干→粉碎→过筛→加辅料→装袋。d．香椿汁的熬制：将不能直接食用的香椿老叶、已木质化的椿芽下端、1～2 年生的枝条或茎干，熬制成香椿汁，作炒菜或腌菜、鱼肉的调味品，色泽美观、味香可口。其工艺流程为：冲洗→切碎→熬煮→密闭→冷却→过滤去渣→加盐→装缸封存。香椿老叶还可做家禽的饲料。

②优良用材

木材有光泽，花纹魅力，纹理通直，心材管孔中有侵添体，木材有一定程度的防腐性和防蚀性能，干燥后不变形，加工容易，油漆和胶粘力上等。用途广泛，主要是高级家具、室内装饰等用材，也可做建筑、造船等用材。

③药用价值

香椿的芽、叶、果实和树皮等含有川楝素、甾醇和鞣质、具有一定的药用价值。香椿煎剂有抑制金黄色葡萄球菌、肺炎球菌、痢疾杆菌、绿浓杆菌、大肠杆菌的作用。香椿芽性味甘平，有清热解毒、健胃理气、杀虫之功效，主治子宫炎、肠炎、痢疾等病；香椿叶可治疮、疥、风、疽等病。香椿树皮和根、性凉苦涩，具清热解毒、收敛、杀虫等功效，主治久泻、久痢、伤风、痔疮、便血、蛔虫等病。香椿的果实叫香莲子，性温、辛、苦，无毒，能扶风散寒、止痛，可治风寒外感、头晕、心胃气痛、风湿、关节疼痛等病症。将蒴果研碎，用热酒冲服，可治鱼刺哽喉等症。

④油料树种

香椿种子又称“香莲子”，含油率为 38.5%，为干性油，有香气，无色，可食用，也可制肥皂及油漆。香椿木材和根含有 0.5%～1.0%的芳香油，商品名为“香椿木油”，可做雪茄黏合剂。

⑤香椿的观赏价值

香椿为落叶乔木，寿命长。树干粗壮直立，树皮赭色，直裂剥落，皮孔少。枝粗叶大，树冠开阔，羽状复叶，修长舒展。有一定的观赏价值。

⑥优良的蜜源植物

香椿的花为白色顶生圆锥花序，气味芳香，5—6 月份开花。泌蜜期较长，可达 15 天左右；泌蜜量多。

（4）国内生产概况

目前我国香椿未推广大规模种植，仅零星种植，种植面积和产量缺乏权威准确数据，产品供不应求，国内市场目前缺口极大。

香椿为我国特产，出口为我国专利，香椿芽每年出口约1万多吨，远销东南亚各国，国际市场非常广阔。

6.4.2 主要优良品种

（1）黑油椿　安徽太和县农家品种。幼树生长旺盛，萌芽力强，枝条短而粗壮，树冠较开张，树干生长较慢，木材暗红色。芽苞3月底开裂，初出幼芽为紫红色，光泽油亮，以后自下而上渐变为墨绿色，尖端暗紫色。椿苔和叶轴向阳面为紫红色，背面为绿色，一般8～13天就可长成商品芽。椿芽粗壮肥嫩，油脂多，味甘甜，香味浓郁，纤维少，食之无渣，品质上乘，是菜用香椿的优良品种、该品种较早熟，春季萌芽早，产量高，10年生树一次可采椿芽10 kg左右。喜肥水，适宜在平原地区种植。

（2）红油椿　安徽太和县农家品种。幼树生长旺盛，枝条粗壮较直立，树冠紧凑，树干生长快，通直光滑，材质好，颜色红润。初出幼芽为鲜红色，展叶时变为鲜紫色，光泽鲜亮，椿苔和叶轴为鲜红色。一般8～12天即可长成商品芽。椿芽粗壮肥嫩，味甘甜，油脂多，香味浓郁，纤维少，品质优良。椿芽略带苦涩，鲜食时可用开水速烫一下，以除去苦涩。椿芽品质较黑油椿差，采收期也比黑油椿晚5天，是较好的菜用、材菜兼用品种。

（3）青油椿　安徽省太和县农家品种；树势旺盛，生长快，干材通直，树冠紧凑。抽枝力强，枝条较细长，嫩枝深绿色，后转变为青灰色。皮孔小，长椭圆形。树干皮灰褐色。浅纵裂，常翘起；复叶小叶10～14对。叶片薄，绿色，边缘具粗锯齿；幼芽仍为紫红色，开放时为青绿色，幼叶青色，鲜嫩多汁，无苦涩味。但味稍淡，耐老，宜鲜食；采收期比黑油椿约迟1周；属菜用、材用兼用品种。

（4）红香椿　山东沂蒙山区和河南焦作地区都有的农家品种。一年生茎干绿色，大树主干明显，树皮灰褐色，纵裂浅。树势强健，树干通直，枝条粗壮、直立，树冠紧凑，木材红褐色。幼芽初放时为红棕色，随着芽苔的伸长，渐变为绿色。叶轴表面淡红棕色，较长时间不褪色。椿芽6～8天长成商品芽，芽苔和叶轴肥大粗壮。椿芽脆嫩多汁，香味浓郁，略带苦涩，腌制后香味纯正。该品种较耐低温，喜肥水，适于保护地集约栽培。属材菜兼用品种。

（5）苔椿　山东沂水、蒙阴农家品种。幼树生长旺盛，主干明显，侧枝开张。初出幼芽淡红褐色，展叶后表面黄绿色，背面微红色，叶片皱缩叶面散生许多淡红色斑点，叶轴表面淡红色，8～13天长成商品芽。幼芽极易抽薹，故名“苔椿”。椿苔发达粗壮，脆嫩多汁，香味浓郁，且长时间不易老化，上市时间可延长到立夏以后。属材菜兼用品种。

（6）褐香椿　山东沂水、莱芜农家品种。幼树长势中等。分枝力强，枝条粗壮较开张。该品种有自然矮化株，两年生树干高仅40 cm左右，为保护地矮比集约栽培优良品种，嫩芽褐红色，光泽油亮，粗壮肥大。小叶叶片较大，肥厚，叶片皱缩，微披白茸毛，叶轴和叶柄表面为深红色，可以保持较长时间，5～12天长成商品芽。椿芽脆嫩多汁、无渣，香味极浓，略带苦涩，鲜食时需用开水烫一下，腌制后香味纯正。该品种喜肥水，耐寒性较差，保护地栽培时需注意肥水供应和保温。

（7）水椿　安徽太和农家品种。树势强健，主干明显，抽枝力极强，材积增长快。椿芽浅紫色，极宜抽薹，椿薹粗壮肥嫩，多汁无渣，香味较淡，无苦涩味，鲜食最好，清脆可口。叶轴正面紫红色，背面淡绿色；椿芽不易老化，上市时间可延长至谷雨后，是较好的材菜兼用品种。

（8）红芽绿香椿　山东农家品种，分布全省各地。幼树生长旺盛，大树树冠圆头形，侧枝较密，主干不明显。芽苞初放时为浅棕红色，很快转为绿色，但顶端1/4～1/3处的嫩芽及椿薹始终为深棕色。椿芽肥大粗壮，香气较淡，木质比较慢，无苦涩味；该品种较耐低温，芽苞开裂时间早，采芽时间长，产量高，属材菜兼用品种。

（9）米儿红　安徽太和县农家品种。树势弱，萌芽力强，成枝率高，枝条细而硬，树冠开张度小。当年生小枝紫红色，1～2年生枝紫褐色。木材紫红色，材质优良。芽紫红色，苦涩，食之有渣，食用价值小。发芽晚，谷雨后上市。为用材品种。

（10）紫油椿　陕西秦巴山区农家品种；幼树长势强劲，萌芽力强，枝条粗壮。树冠开张；树皮棕褐色。芽及幼叶紫红色，光泽油亮，肥大粗壮。小叶叶面皱缩，肥厚。香味极浓，稍带苦涩味，口感脆嫩多汁，品质佳。

（11）艳红椿　陕西秦巴山区衣家品种；幼树树皮粉褐色，长势中等，枝条较细，树冠紧凑；芽初放时为鲜红色，色泽艳丽。叶轴黄褐色，被白色茸毛，粗壮。小叶对称，叶柄极短。芽体肥嫩，香味浓郁，不易木质化，带苦涩味，口感细腻多汁，为菜用佳品。

（12）红香椿1号　红香椿1号是经无性系选择和多点无性系区试筛选培育而成的。是材、菜兼用型的香椿新品种，主干通直高大，树皮红褐色，皮孔稀，树冠卵圆形。该品种可食嫩芽肥壮，产菜量高，4月3日前后芽萌动，4月20日前后展叶。单芽25 g左右，鲜红色，香味浓郁，品质优良。含蛋白质9.63%，比对照实生香椿高24.3%；每100 g含维生素C 76 mg，比对照多7.1%；含油脂。3年大田栽培条件下产菜比对照（实生苗木）增加33.3%～43.8%，2年生冬季温室催芽产菜量比对照（实生苗木）增多66.7%。

（13）速生红椿7号　豫西农林良种基地选育。该品种是用红椿6号同普通的红、白两个常见香椿品种进行嫁接、人工授粉杂交选育而成的集三个品种于一体的香椿良种，既继承了传统红椿香味浓郁、植株粗壮，色香味俱佳的特点，又吸收了白香椿产量高，发芽快的优点，与其他品种对比试验表明增产30%，提早发芽5～10天。

（14）青毛椿　安徽太和县农家品种。树冠紧凑，干皮灰褐色，干皮薄，易剥落边材灰色，心材褐色。生长迅速，抗弯性强，材质好。叶片较薄，边缘有重锯齿。芽青绿色，尖端微红，有光泽。芽苔粗壮，香味浓，苦涩味重。常作为用材树种。

（15）红叶香椿　山东农家品种。芽初放时为棕红色，与红香椿极相似。小叶表面边缘淡红棕色，光亮，有皱缩。叶轴及小叶柄表面、小叶正反面的主脉均为棕红色。树冠外冠红色。大树主干明显，多弯曲，树皮淡灰褐色，浅纵裂，有光滑感。芽苔较细，香气较红香椿略淡，无苦涩味。

6.5 桑树种质资源和主要优良品种

6.5.1 树种资源概况

（1）概况

桑树（Sang shu），属于桑科（Moraceae），桑属（*Morus* L.），英文名 Mulberry，学名 *Morus* spp.。桑属有许多种及变种，我国有 15 个种 4 个变种，是世界上桑树最多的国家。桑树为落叶多年生小乔木；体内有白色乳汁；树冠广倒卵形，树皮灰褐色；叶片互生，卵形或倒卵形，长 5～10（20）cm，宽 4～8 cm，裂叶或全叶，叶缘有锯齿；叶脉上有疏毛，并具腋毛；托叶侧生，早落性；叶柄长 1～1.25 cm；葇荑花序，雌雄同株或异株，无花柱或花柱极短，柱头两裂；果实肥厚多肉，相集而成为复合果，称为桑葚，长 1～1.25 cm，黑紫色或白色；花期 4 月，5—6 月果熟。

（2）分布与适应性环境条件

桑树原产于我国中部，现在全国各地均有栽培，尤以长江中下游为多。垂直分布一般在海拔 1 200 m 以下，西部可达 1 500 m。朝鲜、日本、前苏联、欧洲亦有分布。桑树喜光，喜温暖，适应性强，耐旱，耐寒，耐水湿和瘠薄。

（3）产品及用途

桑树是重要的经济林木之一。其树叶宽阔，枝叶茂盛，秋季叶色变黄，颇为美观，又能抗烟尘，适于城市、工矿的绿化或作防护林。桑树按照不同的用途可分为叶用桑、果用桑、条用桑。其中叶用桑以采叶养蚕为主；果用桑以采果为主，具有葚多味甜的特点；条用桑以枝条作编织材料为主。此外，桑树还有其他用途，如以培养木材为主的材用桑、可供采集种子繁育砧木用的种子桑。种子含油约 30%，供油漆等用；根皮、枝、叶、果入药，具有清肺热、祛风湿、补肝肾的功效。

（4）国内生产概况

由于桑树栽培面积和用途各不尽相同，因此面积和生产情况较难统计。

6.5.2 主要优良栽培品种

6.5.2.1 优良叶用桑品种

1．8033：山东蚕业研究所 20 世纪 90 年代中期由大冠桑（母系）×黑鲁采桑杂交选育而成全省各地广泛种植。枝条粗长而直，皮青灰色，节间直；冬芽长三角形，黄白色，枝条上部芽尖离生，中下部贴生，副芽少；叶心脏形，叶尖短尾状，叶缘乳头齿，叶基浅心形；叶长 24 cm，宽 23 cm，开雌花，花较多，葚紫红色。

早生早熟品种，叶质较优，万蚕产茧量、万蚕茧层量、吨桑产茧量比湖桑 32 号提高 3%～5%，对桑疫病抗病力较强，黄落叶发生较早。

适合华北各桑区栽培，山东为主产区。

2．鲁绣 1 号：山东蚕业研究所应用成龄桑诱导技术，由选 792 染色体加倍而成，其染色体以四倍体为主，混有少量二倍体，表现为嵌合体效应。树形稍开展，枝条粗短，节间较密，节距 3.3 cm 左右，无侧枝；叶长心脏形，稍下垂着生，叶片较大，深绿色，光泽强，叶肉厚，叶面平滑，叶脉粗壮突出；叶尖锐头近短尾状，叶缘钝锯齿，叶基截形，叶柄较粗；开雌花，先叶后花，桑葚较少，紫黑色。

晚生中熟品种。叶质优，发芽率较高，万蚕产茧量、万蚕茧层量均比湖桑 32 号高 6%以上，产叶量比湖桑 32 号高 17.89%，枝条充实，耐寒、抗病能力强，耐瘠性较差。

适合华北各桑区栽培，山东为主产区。

3．湖桑 32 号：（又名荷叶白）原产浙江省海宁市，经由浙江省农业科学院蚕桑研究所和中国农业科学院蚕业研究所试验鉴定为优良品种。

树形开展，枝条粗长稍弯曲，有卧伏枝，节间微曲，节距 4.5 cm，叶序 2/5；叶长心形，叶色淡绿，叶尖锐头或短尾状，叶缘乳头齿，叶基深心形，叶长 22.8 cm，宽 20.1 cm，叶面光滑稍波皱，叶片稍下垂，叶柄粗长；雌花，葚少，紫黑色。

发芽期、成熟期为湖桑中较迟的品种，产叶量较高，叶质中等；抗病、抗寒性中等。

适宜在华北平原栽培。山东省大量引进栽培。

4．育 71—1 号：中国农科院蚕业所从杂交组合（育 54 号×育 2 号）中选出单株，经多年选育而成。

树形稍开展，枝条粗长而直，皮青灰色，冬芽饱满，呈三角形，节间较密，叶心形，叶色深绿，富有光泽，叶片较长，叶肉厚，叶尖锐头，叶柄较粗，叶片着生状态平伸；开雌花。发芽早，发芽率高，耐贮藏，较耐桑蓟马、红蜘蛛为害；万蚕产茧量、万蚕茧层量以及茧层率均高于湖桑 32 号。

全国各桑区广泛种植。

5．7307：中国农业科学院蚕业研究所从实生苗圃中选出优良单株，属鲁桑种系。

树形直立，枝条粗长而直，皮灰棕色，节间微曲，节距 3.6 cm，叶序 2/8 或 3/8，皮孔较小，多为圆形。冬芽三角形，紫褐色，贴生，副芽小而少。叶心脏形或长心脏形，较平展，深绿色，叶面光滑，稍泡皱，有光泽。雌雄同株，雄花穗较少。

晚生晚熟品种。江苏镇江栽培，发芽期 4 月 13—17 日，开叶期 18—23 日，成熟期 5 月 15—19 日，秋叶硬化期 9 月中旬。发芽率低，发条力中等，无侧枝，叶质优，节间密，产叶量高。抗病力和抗旱性中等，较耐寒。

适于长江流域栽培。

6．选 792 号：山东省蚕业研究所从梨叶大桑中选出单株，经系统选择培育而成。

树形较直立，枝态稍扩展，条直而长，粗细中等，节间较密，皮褐色，无侧枝，皮孔较稀小，圆形，黄褐色；冬芽小三角形深褐色，紧贴枝条着生，鳞片包被较紧，副芽极少，单侧生，芽褥稍突出；叶长卵圆形，大小中等，稍下垂着生，一般叶长 23 cm，叶幅 17 cm，叶色深绿光泽强，叶肉厚，叶面平滑，叶脉较突出，平行生长，叶尖锐头，近短尾状，叶缘钝锯齿，叶基截形，叶柄粗细中等而较长；开雌花，先叶后花，桑椹紫黑色。

春季发芽较晚，发芽后开叶快，新梢生长快，桑叶成熟和荷叶白相近，属晚生中熟品种，生长芽较多，发芽率较强，发条数较多，产叶量高，叶质好，秋叶硬化迟，耐剪伐，适合密植，耐水耐肥，抗病力较强。

抗寒性强，宜长江以北蚕区均栽植。

7．伦教 40 号：广东省农业科学院、华南农业大学、原广东省农业厅合作，从伦教蚕种场桑园的广东桑系统中选出的优良单株培育而成。

枝条直而整齐，皮黄褐色，节间长短中等；冬芽三角形，饱满，棕褐色，副芽大而多；叶卵圆形大而厚，深绿色，叶面平滑有光泽，叶尖锐头，叶基深心形；开雌花，椹肥大但种子甚少。

发芽早，产地元月上旬脱苞；发条数中等，桑叶成熟快，硬化亦快，叶桑 20 天可采叶一次；桑叶含水量多，凋萎慢，耐贮藏，产叶量高；对花叶病抵抗力强。

宜在珠江三角洲栽培。

8．吉湖 4 号：吉林省蚕业研究所从吉九桑×湖桑 2 号杂交组合中单株选择培育而成，吉林全省蚕区栽植。

枝条长而微弯曲，姿态开展有卧伏枝，侧枝较少，节间中等，皮灰褐色；冬芽三角形、贴着、褐色，副芽不明显，叶序 2/5；叶卵圆形，间有裂叶，叶色深绿，叶面平滑光泽强，叶长 24 cm，叶幅 18.5 cm，叶尖短尾状或双头状，叶缘乳头齿，雌雄同株，雌花多。

发芽期早，发芽率高。生长芽多，叶片成熟快，秋叶硬化迟，产叶量高；十年生单株全年产叶量 7.8 kg，抗病力强，耐寒力强，叶质好。

适宜在平原水、肥充足土地栽植；吉林省各地有栽培。

9．嘉陵 16 号：西南农业大学蚕桑丝绸学院通过西庆 1 号（2n=56）×育 2 号（2n=28）杂交选育而成的三倍体优良品种。

枝叶生长旺盛，枝条直立而较长，皮色青灰，冬芽小三角形，节距 3.6 cm，叶序 2/5，大形裂叶，叶肉较厚，叶色深绿。

早生中熟桑品种。发芽早，发芽率高，营养生长特旺，叶质优，产量高。抗病较强。

适宜于长江流域及西南、西北部分蚕区栽培推广。现四川、重庆等地区有较大面积推广。

10．黄鲁选：河北省农林科学院特产蚕桑研究所从黄鲁桑芽变枝条中选拔选育而成的优良桑品种。

树型开展，枝条粗壮而直，皮青黄色，节间距 3.5 cm，皮目小而多；冬芽小，三角形，芽尖贴枝条，棕黄色，无副芽；叶长椭圆形，翠绿，叶基心形，叶面有缩皱，光泽强。

中生中熟桑品种。发芽率高，长势旺，发条数多，枝条长，叶形大，叶片厚，秋叶硬化迟，产叶量高，叶质优，抗寒性强。

宜在北方蚕区栽培推广。

11．7946：山东省蚕业研究所经湖桑 32 号×黑鲁桑杂交选育而成，是中生中熟桑品种。

枝条粗直而长，皮暗褐色，节间较直，节距 4 cm，叶序 2/5。冬芽正三角形，赤褐色，贴生于枝条，副芽少。叶卵圆形，深绿色，叶尖短尾状，叶缘乳头，叶基浅心形，叶片较厚，叶面光滑，有光泽。

发条数中等，发芽率高，发条力强，生长旺，产叶量高，叶质较优。抗寒、抗旱、抗风力强，适宜黄河流域及北方蚕区栽培。

北方栽培应注意防寒，现已在北方蚕区栽培。

12．粤桑 2 号：广东省农业科学院蚕业研究所经 19 号（2×）×11 号（4×）育成的三倍体优良桑品种。

枝条直，树形开展，群体整齐度好。皮褐色，副芽少。叶心脏形和卵形。叶色深绿，叶肉厚，叶面有光泽。

早生早熟杂优组合。具有发芽早，生长整齐，发条数多，叶片多且大，单叶较重，产叶量高，叶质优。

适宜珠江，长江流域栽培推广。

13．川 7637：四川省农业科学院蚕业研究所用中桑 5801×6031 一代杂交种子经 60COr 射线处理后，选出优良单株培育而成的桑树优良品种。

植株生长旺盛，春季新梢生长速度快，发条数中上，秋季 3～4 年树龄平均条长可达 2.25 m，枝条直立，粗细均匀，节间密，树冠紧凑，发芽率达 78%，叶片大而厚，采摘性能良好，耐贮藏。

产叶量比对照湖桑 32 号高 15%～19%，万头产茧量高 3.28%～19.96%。桑疫病发病率低，秋叶硬化率低，生产性能良好。

适宜在长江中上游平地、丘陵栽培推广。

14．农桑 12 号：浙江省农业科学院蚕桑研究所经北 S1 号×桐乡青杂交选育而成的优良桑品种。

树型直立，树冠紧凑，发条数多，条长而直，无侧枝，皮色黄褐，节形稍弯，枝条基部根原体明显突出，节距 5 cm，叶序 2/5，皮孔 15～18 个/cm^2，小圆形，椭圆形，黄褐色。冬芽长三角形，紫褐色，芽尖稍离开枝条，副芽大而多。叶心脏形，深绿色，叶尖短尾，叶缘乳头齿，叶基浅心形，叶面平而光滑，光泽较强，叶柄中粗，着叶向上斜伸。

属鲁桑种，发条数多，长势旺，叶肉厚，叶质优，产量高。浙江区试鉴定亩产叶量 1 866.66 kg，万头蚕茧层量 3.97 kg。抗病较强。

宜在长江、黄河流域部分蚕区引种栽植。

15．农桑 14 号：浙江省农业科学院蚕桑研究所经北 K1 号×实生桑 1 号杂交选育而成的优良桑品种。

树型直立稍开展，发条数多，枝条粗直而长，无侧枝，皮色灰褐，枝条基部根原体明显突出，节距 3.7 cm；叶序 3/8，皮孔 24～28 个/cm^2，圆形、椭圆形黄褐色。冬芽正三角形，棕褐色，着生紧贴枝条，副芽大而多。叶心脏形，叶色墨绿，叶尖短尾，叶缘乳头齿，叶基浅心形，叶肉较厚，叶面光滑稍平，光泽较强，叶柄中粗，叶向上斜伸。

属鲁桑中熟型品种，发条数多，枝条粗直而长，叶肉较厚，质量优，产量高；浙江区试鉴定亩产桑叶 1 870.83 kg；万头蚕茧层量 3.90 kg。抗病较强，桑蓟马、红蜘蛛为害较轻。

宜在长江、黄河流域部分蚕区引种栽植。

6.5.2.2 优良果用桑品种

1．无核大十：本品种由广东蚕业研究所培育。

三倍体鲜食果桑品种，具有挂果早、成熟早、果大、无籽、汁多、味美等特点；果长筒形，紫黑色，单果重 2.5～3.0 g；抗病性强，抗旱、耐寒性稍差。

适合北方气候温和地区以及长江流域栽植。

2．白玉王：本品由西北农林科技大学蚕桑丝绸研究所培育。

果实长筒形，乳白色，单果重 4～6 g，糖度高，味甜，口感好；露地栽培，成熟期 30

天左右；适应性强，抗旱耐寒。

3．红果一号：本品由西北农林科技大学蚕桑丝绸研究所培育。

果实卵圆形，鲜红色，单果重2～3 g，味酸甜，籽少汁多，产量高；露地栽培，成熟期20天左右，适宜果汁加工；适应性强，抗旱耐寒，适合北方地区栽植。

6.5.2.3 优良条用桑品种

1．育151号：中国农业科学院蚕业研究所从早青桑×育2号的杂交组合中单株选出培育而成的，江苏、浙江、安徽等省正栽培推广。

枝条粗长而直，皮青灰色，节间直，节距5.1 cm，枝条粗细开差大，侧枝少，叶序2/5～3/8；冬芽三角形黄褐色，芽肩离开枝条，近斜生，副芽大而稍多；叶长心脏形，叶尖长锐头，叶缘钝齿，叶基心形，叶长17.1 cm，叶幅14.5 cm，叶绿色有光泽，叶柄细短。

产地发芽期为3月下旬至4月初，开叶期4月中旬，成熟较快，属早生早熟桑；发芽率71%～77.5%，生长芽多，长势旺；抗病力较强。

适宜长江流域以南地区栽培。

2．育237号：中国农业科学院蚕业研究所从早青桑×育2号的杂交组合中选择的单株培育而成。

枝条长而直，皮青灰色，节间直，节距5 cm，叶序2/5～3/8；冬芽三角形、淡褐色，副芽小而少；成叶心脏形，叶尖急尖锐头，叶缘钝齿，叶基心形，叶长17 cm，叶幅 15 cm，叶身平展、绿色，叶面光滑，叶柄细而短，雌雄同株，雄花多。

产地发芽期3月下旬至4月初，开叶期4月中旬，叶成熟快，是中生早熟桑；发芽率72%～85%，生长芽18%～23%；秋叶硬化迟，发条数较多，长势旺；抗病力较强。

适宜于长江流域以南地区栽培。

3．选秋 1 号：黑龙江省蚕业科学研究所从原省桑育种场秋雨桑园中单株选择培育而成，是我国最北部寒冷地区能推广栽培的品种。

树形开展，枝条稍弯，侧枝稍多，皮赤褐色；冬芽大盾形，芽尖稍离生，暗红色，芽鳞4～5片紧包，芽褥突出，有副芽；节距4.6 cm，不弯曲；叶心脏形，叶肉厚，叶尖短尾状，叶缘锐齿，叶基心形，叶色深绿光泽强，叶面平滑，叶长 16 cm，叶幅 12 cm，叶序2/5；雌雄同株，雌花多，雄花少。

产地发芽期5月15日，发芽率86%，发条数较多，生长势旺。

适宜在黑龙江省蚕区栽培推广。

4．育2号：中国农业科学院蚕业研究所用湖桑39号×广东桑的杂交组合中选出的单株。

树冠扩展面较小，树形强健，枝条长，枝态直立，节间直，节距4.5 cm，皮青灰色，侧枝多；冬芽卵圆形，淡黄褐色，副芽大而多；成叶长心脏形，叶色绿，叶形较小，叶肉稍薄，叶身平无缩皱，叶尖锐头状，叶基近心形，叶柄细长；雌雄同株，雄花多，雌花极少。

发芽早，成熟期适中，属早生中熟品种；发芽率高，一般达90%，生长芽占20%，单芽着叶数多；生长快，长势旺；发条数较多，条长而直，产叶量高，耐剪伐，抗病力强，抗寒性较弱，不耐旱。

宜在江苏、浙江、广东、湖北等省栽培。

6.6 大果沙棘

大果沙棘（*Hippophae rhamnoides* L.）是胡颓子科沙棘属，为多年生落叶小乔木或灌木。大果沙棘是从沙棘的栽培品种筛选培育出来的果大、无刺或少刺系列品种。大果沙棘是一种兼具生态、经济价值的优良树种，具有抗逆性强，生态适应幅度宽阔等特点，是植被破坏后或无林地植被恢复的先锋树种。大果沙棘具有较高的经济价值：①为非豆科固氮植物，有很强的培肥地力、改良土壤的作用。②果实和叶子含有 160 多种有利于人体健康的生物活性物质，含有 18 种氨基酸中人体必需的 8 种。果实中平均含 VC 868.3 mg/100 g，最高达 1 253 mg/100 g，其 VC 含量是山楂的 20 倍，是猕猴桃的 2～3 倍，是苹果的 200 倍，而且所含的维生素 C 相当稳定；含胡萝卜素 3～4 mg/100 g，VE 10～15 mg/100 g，VB1 0.2～0.4 mg/100 g，VB2 0.4～0.5 mg/100 g。有机酸 3%～4%，糖 20%以上，蛋白质 10.5%，油脂 6%～8%，每 100 g 油脂中含 VA 100 m。叶子含蛋白质 16.37%～17.13%，其中赖氨酸 1.13%，是畜禽食用饲料中少有的高赖氨酸植物之一。种子含油率 8%～10.5%，富含 12 种微量元素及亚油酸、亚麻酸、磷脂类、酚类等。③为优良的饲料植物，粗蛋白 20.13%，粗脂肪 3.25%，钙 1.08%，其产量可达 16 000 kg/（$hm^2 \cdot a$），是苜蓿的 2.5 倍。④为优质的园林绿化树种，其果实橙黄色，枝干下垂，叶茂密，极具观赏价值。⑤为优良的燃料薪柴，其风干柴热值达 19 489.07 kJ/g，明显高于刺槐的 18 986.99 kJ/g，为原煤热值的 2/3 强。

6.6.1 山东滨海盐碱地品种资源

1．橙色。由西伯利亚里萨文科学研究所通过卡图尼礼品和萨彦岭种群沙棘杂交育成。已在俄罗斯符拉基米尔州，下诺夫宁罗德州、鄂木斯克州和阿尔泰边区栽培。树冠呈正椭圆形，中等密度，比较紧凑，棘刺较少，4 年树龄进入结果期。芽萌动 3 月 12 日，展叶始期 3 月 18 日；始花期 3 月 25 日，盛花期 4 月 3 日，末花期 4 月 15 日，果始期 4 月 27 日，膨大期 5 月 4 日，成熟期 6 月 25 日；11 月 4 日叶开始变色，11 月 28 日叶全落。7 月份为枝条最大生长量（15.5 cm）。果实呈椭圆形，橙红色，果实横径 0.8 cm，纵径 0.98 cm，果形系数 1.23，果实千粒重 430 g。抗病虫害能力强。

2．浑金。是西伯利亚里萨文科园艺科学研究所通过谢尔宾卡通种群野生沙棘杂交育成，已在俄罗斯库尔干纳州、车里雅宾斯克州、阿尔泰边区和乌德穆尔特森林昔原带栽培。植株长势中等，树冠张开型，棘刺较少，芽萌动是 3 月 19 日，展叶期 3 月 23 日，叶开始变色 11 月 8 日，11 月 30 日叶全落。枝条最大生长量是 7 月（10.5 cm），平均枝条生长量 28.6 cm，分枝角度 44.8°；2 年生枝的发枝数 3.8 个，当年顶端生长量 21.1 cm，侧枝生长量 26.5 cm，2 年生枝系的枝刺数 1.8 个。本品种耐干旱，在大田条件下能抗病虫害。

3．优胜。该品种由西伯利亚里萨文科园艺科学研究所通过谢尔宾卡 1 号与卡通种群野生沙棘杂交育成，已在俄罗斯阿尔泰地区、新西伯利亚州、狄明州、库尔干纳州、彼尔姆州、斯维尔德洛夫州和车里雅宾斯克州栽培。植株长势中等，树冠呈圆形，枝干细而下垂，树冠稀疏，叶片中等大小。芽萌动是 3 月 10 日，展叶始期 3 月 17 日，始花期 3 月 20 日，盛花期 3 月 23 日，末花期 4 月 5 日。果始期 5 月 2 日，膨大期 5 月 6 日，成熟期

6月20日。11月5日开始变色，11月27日叶全落。枝条最大生长量是8月（14.1 cm），年枝条平均生长量33.8 cm，分枝个数4个，分枝角度40.3°；2年生枝的发枝数3.6个，当年顶端生长量18.6 cm，侧枝生长量22 cm，每10 cm长叶片数10.4个，叶片长度3 cm，宽度0.5 cm，2年生枝系的枝刺数平均值2.2个。

4．楚伊。该品种是西伯利亚里萨文科园艺科学研究所通过杂交的途径（楚伊×楚伊）育成的，已在原苏联的阿尔泰边区，克拉斯诺达尔斯克边区，新西伯利亚州、伊尔库茨克州和库尔干纳州等15个州进行了栽培。树冠呈叉开式，圆形，枝条稀疏，植株长势较弱，棘刺较少。芽萌动3月12日，展叶始期3月17日，始花期3月29日，盛花期4月5日，末花期4月17日。果始期4月25日，膨大期5月3日，成熟期6月24日。11月5日叶开始变色，12月1日叶全落。7月为枝条最大生长量(10.2 cm)，年平均枝条生长量37.8 cm，分枝角度 50.7°。2 年生枝的发枝数 4.5 个，当年顶端生长量 22.5 cm，当年侧枝生长量25.5 cm。每10 cm长叶片数12.1个，叶片长度3.7 cm，宽度0.6 cm。2年生枝系的枝刺数2.3个。本品种较抗病虫害。

5．阿尔泰新闻。该品种是由西伯利亚里萨文科园艺科学研究所从卡通种群沙棘通过自由授粉选育出来的，已在俄罗斯阿尔泰边区和克美罗沃洲栽培。树冠稠密呈大展开式，圆形，树皮呈棕色，枝干无刺，叶片较大，呈阔披针形。芽萌动期3月10日，展叶始期3月17日，始花期3月23日，盛花期3月21日，末花期4月3日，果始期4月15日，膨大期5月3日，成熟期6月19日，11月6日叶开始变色，11月27日叶全落。8月份枝条最大生长量为14.5 cm。

6．阿楚拉。该品种是由布里亚特果树浆果试验站通过选择育种的方法从雅甘戈尔河湾的野生沙棘通过自由授粉育出的，已在俄罗斯布里亚特自治共和国栽培。植株长势中等，棘刺程度中等，树冠叉开式。3月12日芽萌动，展叶始期是3月23日，11月7日叶开始变色，11月30日叶全落。枝条最大生长量是7月（14.5 cm）。

7．向阳。由莫斯科大学植物园选育出来的。树冠紧凑，呈微叉开式。芽萌动是3月10日，展叶始期3月19日，始花期是3月25日，盛花期3月26日，末花期4月2日；果始期4月15日，膨大期5月2日；11月5日叶开始变色，11月27日叶全落。枝条最大生长量为8月份（14.6 cm），年平均枝条生长量36.9 cm，分枝个数4.5个，分枝角度44.3°；2年生枝的发枝数4.6个，当年顶端枝条生长量27.5 cm，侧枝生长量29.1 cm。每10 cm长叶片数15.6片，叶片长度3.6 cm，宽度0.6 cm；2年生枝系的枝刺数平均值2个。果实为中等大小，呈圆形，橙黄色，有光泽，果实横径0.77 cm，纵径0.93 cm，果形系数1.21，果实千粒重390 g。

8．阿列伊。是由西伯利亚里萨文科园艺科学研究所通过阿尔泰新闻与卡通种群杂交育成，为目前唯一的在俄罗斯推广雄株品种。植株长势很强。芽萌动3月15日，展叶始期3月20日，始花期3月24日，盛花期4月3日，末花期4月15日。11月7日叶开始变色，11月28日叶全落。枝条最大生长量是7月（16.9 cm），平均枝条生长量32.1 cm；分枝角度39.4°；2年生枝的发枝数3.8个，当年顶端生长量13 cm，侧枝生长量29.5 cm。每10 cm长叶片数13.2个，叶片长度2.9 cm，宽度0.5 cm，2年生枝系的枝刺数平均2.5个。该品种1987年已进入国家品种试验。

9．乌兰格木。该品种属无刺或少刺、大果、丰产型品种。芽萌动3月11日，展叶始期3月16日，始花期3月21日，盛花期3月24日，末花期4月3日。11月8日叶开始变色，11月27日叶全落。枝条年最大生长量是8月（15.3 cm）。

10．草新2号。在引进品种乌兰固木和丘依斯克的基础上，通过比较测定选育出的无刺或少刺型牧用品种。以雄株为主，枝条发育旺盛，萌蘖力强。牲畜啃食后，可再发多数新梢，很快恢复树势。年平均枝条生长量30.8 cm，分枝个数5.3个，分枝角度45°，2年生枝的发枝数4.1个。当年顶端生长量22.1 cm，侧枝生长量22.2 cm。每10 cm长叶片数12.5个，叶片长度3.3 cm，宽度0.6 cm。

11．辽Ⅰ。辽Ⅰ与辽Ⅱ，为1994年选育出沙棘优良品种。这两个品种均是在引进品种丘依斯克的基础上，利用杂种后代的遗传分化选育出来的，属大果、无刺或少刺型高产品种。树型较开张，芽萌动3月11日，展叶始期3月17日，始花期3月26日，盛花期3月31日，末花期4月5日。果始期4月20日，膨大期5月3日，成熟期6月22日。11月8日叶开始变色，11月28日叶全落。枝条年最大生长量是8月（18.2 cm），平均枝条生长量31.6 cm，分枝个数4.5，分枝角度41.5°，2年生枝的发枝数3.7个。当年顶端生长量22.2 cm，侧枝生长量26.9 cm。每10 cm长叶片数15.3片，叶片长度3.6 cm，宽度0.6 cm。2年生枝系的枝刺数平均值1.7个。果实横径0.76 cm，纵径0.9 cm，果形系数1.2，果实千粒重370 g。果实成熟期早于辽Ⅱ。根瘤数目42个。

12．辽Ⅱ。较辽Ⅰ树型较紧凑，分枝角度较小，顶端优势明显。芽萌动3月10日，展叶始期3月17日；始花期3月21日，盛花3月28日，末花期4月7日。11月10日叶开始变色，11月28日叶全落。9月枝条生长量最大（15.3 cm）。平均枝条生长量37 cm，分枝个数5个，枝条总量185，分枝角度44°。2年生枝的发枝枝数6.2．当年顶端生长量25.7 cm，侧枝生长量26.9 cm。每10 cm长叶片数12.8片，叶片长度4 cm，宽度0.7 cm。根瘤总个数153个。

13．白丘。在引进品种丘依斯克的基础上，经过2代测定选择，选育出的丰产型品种。适应能力及萌蘖力强，有枝刺。年平均枝条生长量31.6 cm，分枝角度39°，2年枝的发枝数5.3个，当年顶端生长量33 cm，侧枝生长量27.5 cm。每10 cm长叶片数15.3，叶片长度4 cm，宽度0.6 cm；2年生枝系的枝刺数1.7个，根瘤数目233个。

14．混雄和雄$C_{Ⅲ}$。在引进品种乌兰格木的基础上，通过比较测定选育出的雄株品种，为目前较优良的雄株品种。混雄是选育出的雄$C_{Ⅰ}$、$C_{Ⅱ}$、$C_{Ⅲ}$的混合品种。芽萌动3月10日，展叶始期3月19日，始花期3月25日，盛花期3月29日，末花期4月4日，11月9日叶开始变色，12月1日叶全落。最大生长量是8月份（14.3）。

15．雄$C_{Ⅲ}$：雄$C_{Ⅲ}$为纯正品种。年平均枝条生长量24 cm，分枝个数5个，分枝角度50.7°。2年生枝的发枝数3.8个，当年顶端生长量18.2 cm，侧枝生长量28 cm。每10 cm长叶片数13.9片，叶片长度4.6 cm，宽度0.7 cm。2年生枝系的枝刺数平均值2.4。

6.6.2 有发展前途的品种资源

经过多年研究，我国已选育出很多大果沙棘优良新品种，这些品种大多都是用中国沙棘实生苗或同引进品种杂交苗中选育出来的，适应性强，营养物质含量丰富或观赏性强，有许多省已经开始引进。现将这些品种在原产地生长特性介绍如下：

红霞。在中国沙棘基础上选育的无性系观赏品种。树体特征为主干型，与中国沙棘的典型特征无显著差异。果实橘红色，近圆形或扁圆形，果柄长 0.2 cm，果实纵径 0.6 cm，横径 0.7 cm，百果重 20～25 g，果实极密，单株产量量通常在 15～20 kg 以上。果实成熟期为 9 月下旬。叶落后，橘红的果实依然挂满枝头，极为美观，赏果期可达 3 个月以上。该品种枝刺较多，景观容易保持。需用营养繁殖法繁殖。

乌兰蒙沙。在中亚沙棘基础上选育的无性系观赏品种。主干型，树体特征与中亚沙棘一般特征无异。生长健壮，适应能力较强，病虫害罕见。果实卵圆形或长圆形，橘红色，果柄长 0.35 cm，果实纵径 0.8～1.0 cm，横径 0.6～0.7 cm，百果重 20～25 g。果色艳丽，结实量大，观赏期可达 4 个月。果实 8 月份成熟，至翌春浆果不落。该品种的果实及种子含油量高，除作观赏之用外，还可兼作油用品种。该品种果较涩，鸟不喜食，作为观景对象容易长期保持。需用营养繁殖，嫩枝扦插效果较好。

乌兰沙林。是在引进乌兰固木等品种遗传分化基础上选育的高产品种。属树体灌丛型，树高 1.5～2.0 m，皮棕褐色，单叶互生，线状披针形，长 4～5 cm，宽 0.9～1.1 cm，叶面暗绿色，叶背灰绿色，叶柄短。雌雄异株，花单性，风媒传粉。浆果长圆形或椭圆形，高 1.0～1.3 cm，横径 0.8～1.1 cm，橘黄色，顶部常有红晕。果柄长 0.4～0.5 cm。百粒鲜果重 55～68 g。无刺或基本无刺。风干果含油率可达 20%，种子含油率 19%。适于经济型沙棘园栽培。该品种对立地条件要求较高，在施肥、灌水等集约栽培条件下，每公顷产果量可达 15.0～22.5 t。该品种较少发生病虫害。靠营养繁殖，主要通过扦插繁殖。

6.7 茶树良种资源

我国现有茶树栽培品种 600 多个，其中有较大栽培面积的有 250 多个。下面分别就茶树抗寒或适应此方生长的优良品种作一简述。共 93 个，其中，有性繁殖系 36 个，无性繁殖系 57 个。

6.7.1 有性繁殖系

1.1 祁门种

又名祁门槠叶种。有性繁殖系，属灌木型、中叶类、中生种。产于安徽省祁门县。各地都有栽培，格鲁吉亚、俄罗斯、印度、日本、越南、巴基斯坦等国都有引种。

植株无明显主干，分枝密度中等，树姿半开张。叶椭圆或长椭圆形，叶面微隆起，叶色绿。育芽力强，春芽 3 月下旬萌发，4 月中旬一芽三叶盛期，百芽重 48.8 g，芽叶黄绿色，茸毛中等，持嫩性强。产量高，一般亩产 200 kg 左右。结实力强。

春茶鲜叶含氨基酸 3.51%、茶多酚 20.69%、儿茶素总量 15.26%、咖啡碱 4.04%。制工夫红茶（红条茶），条索紧细苗秀，色泽乌润，滋味醇厚甜润，回味隽永，具有果香或似花香的独特香气（俗称祁门香），是制“祁红”的当家种。制绿茶，色绿润，香气高爽，味鲜醇，品质优良。抗寒性强，易栽培。适宜长江南北红、绿茶兼制区种植。

1.2 黄山种

有性繁殖系，属灌木型、中叶类、中生种。产于安徽省歙县黄山一带。山东省有较大面积引种。

植株树姿半开张，分枝密度中等，叶片呈水平状着生。叶椭圆形，叶色绿，叶面隆起或微隆起，叶质较厚软。育芽力强，春芽4月初萌发，4月中下旬一芽三叶盛期，百芽重49.8 g，芽叶色绿，多茸毛，持嫩性强。产量高，一般亩产可超200 kg。结实力强。

春茶鲜叶含氨基酸4.98%、茶多酚27.37%、儿茶素总量13.8%、咖啡碱4.43%，适制绿茶，品质优。制“黄山毛峰”，条紧有锋苗，白毫显露，色泽翠绿油润，香气清鲜持久，滋味厚醇耐泡。引种山东制成的“雪青”、“沂蒙翠芽”为地方名茶。抗寒性强，易栽培。适宜于绿茶区尤其江北茶区种植。

1.3 茗洲种

有性繁殖系，属灌木型、大叶类、中生种。原产于安徽省休宁县流口一带，主要分布于皖南茶区。

植株大小中等。树姿半开张，叶片呈水平状着生。叶长椭圆形，叶色绿，叶面微隆，叶身平，叶质较厚软。芽叶绿色，较肥壮，百芽重50.4 g，持嫩性较强。育芽力强，发芽整齐，产量较高，亩产达150 kg以上。结实力较强。

春茶鲜叶含氨基酸3.33%、茶多酚26.17%、咖啡碱4.15%、儿茶素总量10.75%。适于制红、绿茶。红茶香气较高，绿茶滋味鲜醇。抗寒性强，易栽培。适于安徽红、绿茶区种植。可采用茶籽直播或扦插育苗。

1.5 碧波茶

有性繁殖系，属小乔木型、大叶类、中生种。原产甘肃省文县。

树姿半开张，分枝较密，叶片呈水平状着生。叶长椭圆形、绿色，叶面微隆起；芽叶茸毛多，绿色，春茶一芽三叶盛期在4月中旬，百芽重33.0 g。花冠直径3 cm，子房有毛，花柱3裂。抗寒性中。

春茶鲜叶含氨基酸2.9%、茶多酚20.48%、咖啡碱4.67%。适于制绿茶。适宜在甘肃省南部宜茶区种植。

1.6 乐昌白毛茶

有性繁殖系，属乔木型、大叶类、早生种。原产广东省乐昌县，在仁化、乳源、曲江等县也有分布。

植株较高大，树姿直立，分枝较稀。春茶3月中旬萌发，一芽三叶盛期在4月中旬，百芽重87.0 g。芽叶茸毛多，呈绿或淡绿色。结实力中等。产量高，亩产可达225 kg。

鲜叶含氨基酸1.62%、茶多酚37.99%、儿茶素总量22.6%。适于制红、绿茶。红茶滋味浓厚，茶汤呈“冷后浑”；绿茶白毫密披，赛如银针。品质优良。抗寒性强，能在长江以南地区正常生长。适宜在华南、华中红、绿茶兼制区种植。

1.8 湄潭苔茶

又名苔子茶。有性繁殖系，属灌木型、中叶类、中生种。原产贵州省湄潭县。川、陕、皖、浙、湘等省有引种。

树姿开张，分枝密。育芽力强，春芽3月下旬萌发，一芽三叶盛期4月中旬，百芽重

74.0 g，芽叶茸毛较多，春梢绿色，夏梢带微紫色。产量高，亩产可达 350 kg 以上。结实力强。

春茶鲜叶含氨基酸 2.56%、茶多酚 27.08%、儿茶素总量 18.13%、咖啡碱 4.92%。适于制绿茶，滋叶醇爽。抗性强，适应性广。适宜在贵州茶区种植。用茶籽育苗，需进行选苗移栽。适合多行密植。

1.10 信阳种

有性繁殖系，属灌木型、中叶类、早生种。原产河南省信阳县车云、震雷两地。主要分布在信阳茶区，是加工“信阳毛尖”的当家品种。

植株较矮小，树姿半开张，分枝密。叶形有椭圆、长椭圆和披针形，叶色绿或深绿，叶面微隆起，叶质中等。芽叶绿色或黄绿色，茸毛较多，嫩叶平或背卷，百芽重 52.0 g。春芽 3 月中下旬萌发，一芽三叶期盛在 4 月中旬。产量高，一般亩产 150～200 kg。结实力强。

春茶鲜叶含氨基酸 3.17%、茶多酚 23.14%、咖啡碱 3.80%。适制绿茶，品质优。“信阳毛尖”为全国历史名茶之一，以外形细圆、紧直多毫，内质清香味浓而著称，1915 年曾获巴拿马万国博览会奖。抗寒性强，适应性广。适宜江北绿茶区种植。可用茶籽或扦插育苗。实生苗需选苗移栽。

1.17 云台山种

又名云台山大叶种、安化神。有性繁殖系，属灌木型、中叶类、中生种。原产湖南省安化县，栽培历史悠久。已引种 10 多个省及越南、柬埔寨、阿尔及利亚等国。

植株较高大，树姿半开张，分枝密度中等，叶片呈水平或上斜状着生。叶长椭圆形、绿色或黄绿色，叶面微隆起，叶质较厚软。春芽 3 月下旬萌发，4 月中旬为一芽三叶盛期，百芽重 76.0 g，芽叶黄绿色，持嫩性较强。产量较高，一般亩产达 150 kg。结实力中。

春茶鲜叶含氨基酸 2.85%、茶多酚 22.63%、儿茶素总量 10.38%、咖啡碱 4.62%。适制工夫红茶和绿茶。抗寒性较强。适宜长江南北茶区种植。

1.19 君山种

有性繁殖系，属灌木型、中叶类、中生种。原产湖南省岳阳市洞庭湖君山。

树姿半开张，分枝密，叶长近水平状着生。叶椭圆形、绿色，叶面微隆起。春茶一芽三叶期在 4 月中下旬，芽叶绿色，茸毛中等，百芽重 32.5 g。产量较高，一般亩产达 150 kg 以上。结实力强。

适制绿茶。用其单芽制成的“君山银针”（黄茶类）是全国传统名茶之一，以其芽身金黄，汤金橙黄，香气清纯，滋味甜爽，饮誉海内外。抗寒性和适应性均强，适宜湖南绿茶区种植。

1.20 宜兴种

有性繁殖系，属灌木型、小叶类、中生种。原产江苏省宜兴县，主要分布在苏南茶区。

树姿半开张，分枝密，叶片呈上斜或水平状着生。叶形椭圆，叶身平或略背卷。春芽萌发在 3 月中下旬，一芽三叶盛期在 4 月下旬，百芽重 33.0 g，芽叶绿色或淡绿色，较纤细，茸毛较少，持嫩性较差。产量较高，一般亩产可达 160 kg。结实力强。

春夏茶鲜叶含氨基酸 2.91%、茶多酚 29.11%、儿茶素总量 17.77%、咖啡碱 3.74%。适制绿茶，品质较优。抗寒性强，适应性广。可在长江南北茶区种植。

1.32 十里香

有性繁殖系，属灌木型、中叶类、中生种。原产云南省昆明市金马区十里铺。是云南栽培的小叶种之一。

树姿半开张，分枝密。叶长椭圆或披针形，叶色较暗绿，叶面微隆起，叶质中等。芽叶黄绿色，峣有茸毛，百芽重 39.0 g。产量较高。结实力较弱。适制绿茶。十里香是云南传统名茶之一，有“一杯十里香，满屋都飘香”之美誉。该茶特点是，条索紧细油润，香气高鲜，滋味醇爽，与用大叶茶制的滇绿，风格迥异。抗寒性较强，适合云南制高档绿茶的地区种植。以扦插育苗为宜。

1.33 鸠坑种

有性繁殖系，属灌木型、中叶类、中芽种。原产浙江省淳安县鸠坑乡，主要分布在淳安、开化等浙西茶区。20 世纪 50 年代以后，浙江各茶区和湖南、江苏、安徽、云南、四川、甘肃、湖北等省均有较大面积推广。马里、几内亚、阿尔及利亚等国亦有引种。

植株大小中等，树姿半开张，分枝较密。叶片呈水平或下垂状着生。叶椭圆形、绿色、有光泽，叶面微隆起，叶尖渐尖，叶身平展，叶质中等。春芽萌发期，浙北地区一般在 3 月下旬，一芽三叶盛期在 4 月中旬。育芽力强，芽叶较肥壮，茸毛中等。一芽三叶百芽重 40.5 g。开花结实性较强。抗寒性强，适应性广。

春茶鲜叶含氨基酸约 3.42%、茶多酚约 20.9%。产量较高。适制绿茶，制成炒青茶外形细紧，色绿油润，香高味鲜浓。制“鸠坑毛尖茶”，品质优，为浙江名茶之一。该品种耐采性较差，推广中应注意采养结合。适宜于江南和江北绿茶区种植。

1.34 龙井种

有性繁殖系。属灌木型、中叶类、早生种。原产浙江省杭州市西湖区，主要分布在龙井茶区。20 世纪 50 年代初原苏联亦有引种。

植株大小中等，自然生长一般高 2～3 m，群体组成较杂，发芽期有早生、中生和晚生等多种类型。叶形有长叶、圆叶和瓜子等形，其中长叶型约占群体的 15%，是适制龙井茶的优良类型。多数树姿半开展，叶片呈水平或稍上斜状着生。芽叶较纤细，萌芽力强，轮次多，耐采摘。一芽三叶百芽重 20.2 g。抗寒性强，适应性广。

春茶鲜叶含氨基酸约 4.0%、茶多酚 19.67%。制龙井扁茶，品质优良。适宜在浙江茶区推广种植。

6.7.2 无性繁殖系

2.1 安徽 1 号

无性繁殖系，属灌木型、大叶类、中生种。由安徽省农业科学院祁门茶叶研究所选育而成。苏、赣、豫等省有引种。

植株大小中等，树姿半开张，分枝密度中等，叶片呈上斜状着生。叶椭圆形，叶面微隆，叶色绿，有光泽。春芽 3 月底萌发，一芽三叶盛期在 4 月下旬，百芽重 71.0 g，芽叶黄绿色，尚肥壮，茸毛多，持嫩性强，产量高。高产茶园亩产可超 360 kg。

春茶鲜叶含氨基酸 3.51%、茶多酚 25.6%、儿茶素总量 11.28%。适于制红、绿茶。制红茶，乌润显金毫，香气浓纯略有花香，滋味浓醇爽口；制绿茶，香气清高，滋味醇厚，品质优良。抗寒性强。适宜于长江南北红、绿茶兼制区推广。栽培行距不小于 1.5 m。适时修剪、打顶，扩大蓬面。

2.2 安徽 3 号

无性繁殖系，属灌木型、大叶类、中生种。由安徽省农业科学院祁门茶叶研究所选育而成。赣、豫等省有引种。

树姿半开张，分枝密度大，叶片呈水平或稍上斜状着生。叶长椭圆形，叶色绿有光泽，叶质较软。育芽力强，春芽 3 月中旬萌发，一芽三叶盛期在 4 月中旬，百芽重 53.0 g，持嫩性强。产量高，13 龄茶树亩产可达 288 kg。

春茶鲜叶含氨基酸 3.26%、茶多酚 23.40%、儿茶素总量 9.88%。适于制红、绿茶，品质均优。制工夫红茶，紧细有锋苗，香高味醇，汤色叶底红亮，具有“祁红”独特风格；制绿茶，嫩香持久，滋味醇厚爽口。是制“毛峰”、“剑毫”的优质原料。抗寒性强，能耐 –10℃低温，适宜于长江南北红、绿茶兼制区推广。应注意苗期管理，防治炭疽病、云纹叶枯病等病害。宜用营养钵夏秋扦插育苗。

2.3 安徽 7 号

无性繁殖系，属灌木型、中叶类、中生种。由安徽省农业科学院祁门茶叶研究所选育而成。赣、豫等省有少量引种。

树姿半开张，分枝较密，叶片上斜状着生。叶椭圆形，叶色深绿，叶身稍内折，叶质较厚脆。春芽萌发在 3 月下旬，一芽三叶盛期在 4 月中下旬，百芽重 43.0 g，芽叶淡绿色，茸毛中等，育芽力强。产量高，13 龄茶树亩产可达 290 kg。

春茶鲜叶含氨基酸 3.52%、茶多酚 24.38%、儿茶素总量 9.91%。适于制绿茶，条索紧细，绿润显毫，有兰花香，滋叶醇厚鲜爽，制“剑毫”、“太白银毫”品质优异。抗寒性强，并耐旱、耐瘠。适应性广。可在长江南北绿茶区推广。

2.4 皖农 95

无性繁育系，属灌木型、中叶类，早生种。由原皖南农学院选育而成。湘、浙等省有少量引种。

树姿开张，分枝密，叶片呈水平状着生。叶长椭圆形，叶色绿，叶质软，叶面微隆。育芽力强，产量高，5 龄茶园亩产可达 270 kg 以上。

春茶鲜叶含氨基酸 3.84%、茶多酚 33.42%。适于制红、绿茶，品质优良。抗寒性强。适宜于江南红、绿茶兼制区推广。新茶园定植行距应不小于 1.5 m。

2.8 福鼎大白茶

又名福鼎白毫，简称福大、福鼎。无性繁殖系，小乔木型、中叶类、早生种。原产福建省福丁县柏柳乡，已有 100 余年栽培历史。在浙、湘、鄂、赣、苏、皖、桂、川、黔、豫等省（区）有大面积栽培。

植株较高大，可达 2 m 左右，树姿半开张，分枝部位较高。叶色绿，叶形椭圆，叶质较软，侧脉平均 9 对。在杭州春芽 3 月中旬萌发，一芽三叶盛期在 4 月上旬。芽叶肥壮，茸毛特多，一芽三叶百芽重 63.0 g，生长期长，育芽力强。抗逆性强。单产高。

春茶鲜叶含氨基酸 4.37%、茶多酚 16.2%。适于制绿茶、白茶和毛峰类名茶，品质优，具板栗香；加工红茶，品质优良，有甜香。分枝性能强，新梢生育迅速，轮次多，宜及时分批多次采摘，并注意采养结合。根系粗大分布深，应选择土层深厚的红、黄壤土栽培。在种植前应全面深耕40～50 cm，并施足基肥，条栽行株距为150 cm×25 cm较为适宜。适宜在长江以南绿茶区及白茶区推广种植。

2.9 福鼎大毫茶

无性繁殖系，属小乔木型、大叶类、早生种。原产福建省福鼎县汪家洋村，栽培历史约100年。1958年开始大量繁育，逐步在福建全省推广，苏、浙、川、赣、鄂等省也有引种。

植株主干明显，分枝部位较高，树势高大，树姿较直立，自然生长树高可达2～3 m，树幅2 m左右，分枝尚密。叶片呈水平或下垂状着生。叶色绿，富光泽，叶形椭圆或长椭圆，叶身内折，侧脉较明显，平均9.5对。芽叶肥壮，茸毛粗而长，一芽三叶百芽重104.0 g。萌芽、开采期与福鼎大白茶相近，芽头尚密。抗逆性强，单产高。

春茶鲜叶含氨基酸约3.5%、茶多酚约25.7%。适于制红、绿茶与白茶。红茶汤色红浓，叶醇厚，白毫显露，品质优良。无性繁殖能力强，短穗扦插成活率高。植株比较直立，宜条栽密植，每亩种植4 000～5 000株为宜。分枝部位较高，第一次定型修剪高度应在20 cm以上。根系分布较深，应选择土层深厚的地段建立茶园，并在定植前深耕和施足基肥。适宜在长江以南红、绿茶区及白茶区推广。

2.10 福安大白茶

又名高岭大白茶。无性繁殖系，属小乔木型、大叶类、早生种。原产于福建省福安县穆阳乡的高岭村。70年代后大量繁殖，主要分布于闽东茶区，桂、川、浙、湘、鄂、黔、赣、苏、皖等省（区）亦有引种。

植株较高，主干明显，树高2.8 m，幅宽2.7 m左右。树势半开张，枝条粗壮，分枝性较弱。叶片着生略上斜，叶色深绿，富光泽，叶形长椭圆，叶面平滑，侧脉平均8对。芽叶肥壮，茸毛尚多，一芽三叶百芽重98.0 g。抗寒、抗旱性较强。单产高。

春茶含氨基酸约1.8%、茶多酚约28.2%。适于制红茶、绿茶和白茶。制工夫红茶，条状紧实，白毫多，色泽油润，香高，味浓醇，叶底肥厚红亮。制白毫银针，品质优异，芽壮毫显。制绿茶品质亦好。

该品种较为耐肥，应选择肥沃山洼地段种植。品种分枝较少，幼树宜适时多次定剪，以促使树冠早日建立。适宜于长江以南红、绿茶区和白茶区推广。

2.12 毛蟹

又名茗花。无性繁殖系，灌木型、中叶类、中生种。原产福建省安溪县虎邱乡福美村，已有80余年栽培历史。主要分布在福建省各茶区，现已推广到广东、江西、湖南、湖北、浙江等省种植。

植株大小中等，树姿半开张，分枝密。叶色深绿，叶片稍上斜着生，叶形椭圆，叶尖渐尖，叶身平展，叶肉厚而脆，叶齿深锐，分布均匀，叶缘微波状，叶脉7～8对。芽叶较肥壮，茸毛特多。春茶萌发期一般在3月下旬，一芽三叶盛期在4月中旬，育芽能力强。抗病虫力强。一芽三叶百芽重69.0 g。扦插发根力强，成活率高。

春茶鲜叶含氨基酸3.0%、茶多酚约20.1%。单产高。适于制乌龙茶和红、绿茶。制乌龙茶，色泽乌润，香气清高，滋味清醇；制红、绿茶，芽毫显露，品质良好。适宜在长江以南乌龙茶区和红、绿茶区推广。

2.14 福云6号

无性繁殖系，小乔木型、大叶类、特早生种。福建省农业科学院茶叶研究所从福鼎大白茶与云南大叶种自然杂交后代中系统选育而成。已在福建省大面积推广，浙江、湖南、安徽、广西、湖北、江西、江苏、四川、贵州等省（区）亦有较大数量引种。

植株高大，树姿半开张，分枝部位较高，密度较大，叶片呈水平或稍下垂状着生。叶色淡绿，叶椭圆形和长椭圆形，叶尖渐尖，叶面微隆起，叶片较厚，叶质较脆，叶缘波状，叶身内折，叶齿细浅，叶脉9～11对。育芽力强，芽叶较肥壮，茸毛多。春芽萌发期当地在3月初，一芽二叶开采期在3月下旬，一芽三叶百芽重69.0 g。较耐寒、耐旱，适应性广。

春茶鲜叶含茶多酚约24.06%、水浸出物42.25%。单产高。适于制红、绿茶和毛峰名茶。制工夫红茶，条索细秀，显毫，色泽乌润，叶醇，叶底红亮；制炒青或毛峰，条索细紧有峰苗，汤色碧绿，香高味浓，叶底嫩绿。适宜在长江以南红、绿茶区推广。

2.15 福云7号

无性繁殖系，小乔木型、大叶类、中生种。70年代，福建省农业科学院茶叶研究所从福鼎大白茶与云南大叶种自然杂交后代中系统选育而成。目前在福建各茶区广泛栽培，浙江、四川、湖南、贵州等省也有少量引种。

植株高大，树姿直立，枝条粗壮，分枝稀疏，叶片水平着生。叶色黄绿，有光泽，叶椭圆形或长椭圆形，叶尖渐尖，叶面平滑，叶缘平，叶片较厚，叶质柔软，叶脉10～11对。芽叶肥壮，茸毛多，一芽三叶百芽重95.0 g。抗寒、抗旱能力尚强，适应性较广。扦插发根力强。

春茶鲜叶含茶多酚24.6%、水浸出物44.3%。单产高。适于制红、绿茶。制工夫红茶，条索壮实显毫，色乌润，味醇具有“滇红”风格，汤色红浓。制烘青绿茶，条索壮实，白毫银辉秀丽，汤色黄绿明亮。窨制茉莉花茶（毛尖），外形、内质均优。适宜于中南的南部红、绿茶区推广。

2.16 福云10号

无性繁殖系，小乔木型、中叶类、早生种。70年代，福建省农业科学院茶叶研究所从福鼎大白茶与云南大叶种自然杂交后代中系统选育而成。已在福建茶区大面积栽培，浙江、湖南、四川、贵州、云南等省也有少量引种。

植株较高大，树姿半开张，分枝部位较高，叶片稍上斜或水平状着生。叶色浓绿有光泽，叶形椭圆，叶面隆起，叶身内折，叶柄带紫红色，侧脉7～10对，叶片较薄，叶质较柔软，叶齿整齐。发芽密度大，芽叶较肥壮，持嫩性强，茸毛多，一芽三叶百芽重64.0 g。抗寒、抗旱性较强，适应性广。

春茶鲜叶含茶多酚23.4%、水浸出物42.2%。单产高。适于制红、绿茶。制工夫红茶，色泽乌润，显毫，味浓醇，有“滇红”风味，汤色红亮；制烘青绿茶，白毫银辉，滋味浓醇，叶底嫩绿带黄，汤色绿略黄。适宜在华中以南红、绿茶区推广。

2.18 福云595

无性繁殖系，小乔木型、大叶类、早生种。福建省农业科学院茶叶研究所从福鼎大白茶与云南大叶种自然杂交后代中系统选育而成。

植株高大，树姿较直立，主干较明显，分枝稍稀，顶端优势强。叶色绿，富光泽，叶长椭圆形，叶质厚脆，叶面隆起。芽叶肥壮，茸毛多，一芽三叶百芽重111.0 g。生长势旺盛，抗寒性尚强，抗旱性较强。

春茶鲜叶含氨基酸约3.1%、茶多酚约25.4%。单产高。适于制红、绿茶，品质良好。适宜在福建各茶区推广。

2.19 信阳10

无性繁殖系，属灌木型、中叶类、中生种。由河南省信阳地区茶叶试验场选育而成。湘、鄂等省有少量引种。

树姿半开张，分枝密，叶片呈上斜状着生。叶长椭圆形、色绿、有光泽、叶面平，叶质中等。育芽力强，发芽整齐，春芽萌发在3月下旬。芽叶淡绿色，茸毛较多，持嫩性强，百芽重41.0 g。产量高，比福鼎大白茶增产38.3%，7龄茶园亩产可达245 kg。

春茶鲜叶含氨基酸3.29%、茶多酚22.46%。适制绿茶，外形紧细，香气高锐，味鲜爽口，品质优；尤适制毛尖类名优茶。抗寒性和适应性均强。适宜于江北和高海拔绿茶区推广。定植时可用1.3～1.4 m行距，采用双行双株条栽，以早成园。

2.25 白毫早

无性繁殖系，属灌木型、中叶类、早生种。由湖南省农业科学院茶叶研究所选育而成。豫、鄂、皖等省有引种。

树姿半开张，分枝密，叶片呈上斜状着生。叶长椭圆形、绿色，叶面平，叶身稍内折。芽叶绿黄色，较肥壮，茸毛多。春芽萌发早，比福鼎大白茶早3～7天，但持嫩性较差。产量高，亩产可达300 kg以上。

春茶鲜叶含氨基酸4.08%、茶多酚24.07%。适制绿茶，尤适制毛尖一类高档茶。抗寒性强。可在长江南、北绿茶区推广。须防晚霜危害初生芽，并要适时嫩采。

2.36 乌牛早

无性繁殖系，属灌木型、中叶类、特早生种。原产浙江省永嘉县罗溪乡，系当地茶农单株选育而成。主要分布于乌牛、黄田两区。近年由于名优茶的发展，乌牛早品种已在浙江及毗邻省区获得较大面积推广。

植株大小中等，一般树高2 m左右。树姿半开张。叶绿色、有光泽、椭圆或卵圆形，茸毛中等，叶面微隆起。芽叶尚壮，一芽三叶百芽重40.5 g。杭州地区3月中旬发芽，3月下旬达一芽一叶，开采期早。育芽力和持嫩性强。抗性强，结实少。单产高。

春芽鲜叶含氨基酸约4.2%、茶多酚约17.6%。适制绿茶和扁形绿茶，品质良好。适宜在浙江“龙井”及绿茶区作搭配品种种植。

2.37 黄叶早

无性繁殖系，属灌木型、中叶类、特早生种。原产浙江省温州市郊茶山，由当地茶农单株选育而成。

树姿直立，分枝较密，一般树高2 m左右。叶片呈上斜状着生，叶绿色（嫩叶黄绿色）、椭圆形，叶身内折似瓢状，叶面平展或微隆起，叶质较硬脆。杭州地区 3 月中旬萌发，3 月下旬达一芽一叶，开采期早。育芽力强，芽叶肥壮，茸毛较少，一芽三叶百芽重 43.7 g。抗性较强，单产中等。

春茶鲜叶氨基酸含量约 4.10%、茶多酚约 17.8%。适制绿茶，品质中下。适宜在浙江绿茶区作搭配品种种植。

2.40 龙井 43

无性繁殖系，属灌木型、中叶类、特早生种。由中国农业科学院茶叶研究所从龙井群体品种中系统选育而成。全国已有 14 个省试种，在浙江、江苏、安徽等省的推广面积较大。

植株大小中等，自然生长一般高 2～3 m。树姿半开张，分枝密，叶片呈上斜状着生。叶绿色、有光泽、椭圆形，叶质中等，叶尖渐尖，叶面平，叶缘微波状，叶齿浅。育芽力强，发芽特早而整齐，密度大，一般在 3 月中旬萌发，3 月下旬达一芽一叶期，在杭州地区清明前 3～4 天开采。芽叶纤细，茸毛少。一芽三叶百芽重 39.0 g。抗寒性强，适应性广。

春茶鲜叶含氨基酸约 3.7%、茶多酚约 18.5%、儿茶素总量约 12.08%。单产高。适制绿茶和扁茶。制成“西湖龙井”茶，外形扁平光滑、挺秀，色泽嫩绿，香郁持久，滋味甘醇爽口，汤色清绿明亮，叶底嫩黄绿。适宜在江南和江北绿茶区推广。该品种抗旱力较弱，新梢持嫩性较差，在栽培时，宜选择土层深厚，有机质丰富的土壤栽种，并注意分批采摘。

2.41 龙井长叶

无性繁殖系，属灌木型、中叶类、早生种。由中国农业科学院茶叶研究所从龙井群体种中采用系统育种法育成。主要栽培于龙井茶区。河南、江苏、安徽等省亦有引种。

树姿 较直立，分枝较密；叶绿色、长椭圆形，叶缘微波状，叶面平，叶尖渐尖，平均叶长 10.47 cm，叶宽 4.13 cm。芽叶黄绿色，茸毛较少，新梢持嫩性强。春茶萌芽早，一般 3 月中旬萌发，3 月底可达一芽一叶，开采期早。一芽三叶百芽重 36.2 g。

春茶鲜叶含氨基酸约 4.1%、茶多酚约 18.6%、儿茶素总量 16.42%。单产高。适制龙井等扁茶和绿茶，香高味醇，品质优良。抗寒性强，扦插繁殖成活率高。适宜在长江南北绿茶区推广。

2.42 寒绿

无性繁殖系，属灌木型、中叶类、早生种。由中国农业科学院茶叶研究所从格鲁吉亚 8 号后代中采用系统育种法育成。

植株半开张，分枝密。春茶萌发比福鼎大白茶早 3～9 天，在长江中下游茶区 3 月底或 4 月初达一芽一叶，4 月上中旬达一芽三叶期，开采期早。芽叶黄绿微带紫色，茸毛多。叶片为椭圆形、绿色，叶面平，叶尖渐尖，锯齿粗深。平均叶长 9.14 cm，叶宽 3.65 cm。一芽三叶百芽重 32.0 g。

春茶鲜叶含氨基酸约 3.4%、茶多酚约 21.3%、儿茶素约 15.38%。适制绿茶，品质优良。产量比福鼎大白茶高 20%左右。抗性较强。适宜在长江南北绿茶区推广。北方茶区需注意苗期防寒，宜选择避风向阳的地块种植。

2.43 菊花春

无性繁殖系，属灌木型、中叶类、早生种。由中国农业科学院茶叶研究所于 20 世纪

70年代从云南大叶种与平阳群体品种的自然杂交后代中，采用系统选种法育成。现在浙江、江苏、安徽、四川、江西等省引种推广。

植株大小中等，树姿半开张，分枝密，叶片呈上斜状着生。叶黄绿色、有光泽、椭圆形，叶尖钝尖，叶面微隆起，叶片薄，叶质软，叶缘微波状，叶齿粗。育芽力强，芽叶纤细、黄绿色、茸毛多，一芽三叶百芽重29.7 g，持嫩性强。搞寒性较强，适应性广。

春茶鲜叶含氨基酸约3.55%、茶多酚约27.1%、咖啡碱约4.0%、水浸出物39.5%。适制红茶和绿茶。春茶制炒青绿茶和烘青，条索嫩绿，细紧显毫，香气鲜浓，滋味鲜醇，汤色明亮。夏秋茶适制红碎茶（或红条茶），棕色带红，香气清爽，滋味较浓，汤色叶底红亮，品质与大白茶相似。该品种扦插发根力强，扦插成活率高，秋季生长结束期晚，宜适当多采秋茶，或进行冬季修剪。适宜在江南红、绿茶区推广。

2.44 碧云

无性繁殖系，属小乔木型、中叶类、中生种。由中国农业科学院茶叶研究所于70年代，从平阳群体和云南大叶种茶的自然杂交后代中经系统选育而成。已在浙江茶区推广，安徽、江苏、江西、湖南等省也有引种。

植株较高大，树姿直立，分枝部位较高，分枝密度中等。叶片呈上斜状着生，叶绿色、长椭圆形，叶尖钝尖，叶面隆起，叶缘微波状，中齿细浅。发芽密度中等，育芽力强，芽叶肥壮，茸毛中等，一芽三叶百芽重51.7 g。抗寒、抗旱力强，适应性广。栽种时适当缩小行距和加强修剪，以增加树冠密度。

春茶鲜叶含氨基酸约3.6%、茶多酚约25.2%、咖啡碱约3.9%、水浸出物约39.5%。适制绿茶和毛峰名茶。制成炒青和烘青绿茶，具有条索细紧，色泽翠绿，香气高爽、纯正，滋味鲜醇之特色。适宜在长江南北绿茶地区推广。

2.46 碧峰

无性繁殖系，灌木型、中叶类、早生种。由中国农业科学院茶叶研究所从鸠坑群体中经系统选育而成。

树姿开张，分枝密度中等。叶绿色、椭圆形，叶面平，叶身稍内折，叶尖渐尖。春茶萌发较早，杭州地区3月中下旬萌芽。4月初达一芽一叶，开采期早。发芽密度中等，芽叶绿色、多茸毛，嫩叶稍背卷状。

春茶鲜叶含氨基酸3.6%、茶多酚约22.4%、儿茶素总量14.9%、咖啡碱3.46%。单产高。适制绿茶和毛峰等名茶。适应性广，适宜在浙江绿茶区推广。

2.48 迎霜

无性繁殖系，属小乔木型、中叶类、早生种。由浙江省杭州市茶叶科学研究所于70年代，从福鼎大白茶和云南大叶种的自然杂交后代中采用系统选育法育成。已在浙江区推广。安徽、江苏、河南、湖北、广西、贵州、湖南、江西等省（区）亦有引种。

植株大小中等，树姿直立，分枝密度中等，分枝部位较高。叶黄绿色、椭圆形，叶面稍内折，叶尖渐尖，叶缘波状，叶质柔软，叶齿浅密。生长期长，在杭州地区霜降季节尚能抽芽，故名迎霜。芽叶较肥壮，茸毛多，持嫩性强，一芽三叶百芽重45.0 g。

春茶鲜叶含氨基酸2.5%、茶多酚约30.5%。单产高。适制红茶和绿茶。春制炒青绿茶，香高持久，味鲜浓；夏秋制工夫红茶，外形细紧，乌润，内质香高、味鲜浓，汤色红亮。

适于江南红、绿茶区推广。该品种树姿直立，顶端优势强，种植时应适当密植。

2.49 劲峰

无性繁殖系，属小乔木型、中叶类、早生种。由杭州市茶叶科学研究所在 70 年代，从福鼎大白茶和云南大叶种的自然杂交后代中采用单株选育而成。浙江茶区已有推广。广西、安徽、江苏、湖北、河南、陕西、贵州、江西等省（区）也有引种。

植株较高大，树姿半开张，分枝密度中等。叶片呈水平状着生。叶绿色、富有光泽、椭圆形，叶肉较厚，发芽密度中等，育芽力强。芽叶肥壮，色浓绿微带紫，茸毛多，一芽三叶百芽重 46.0 g。较耐寒，适应性广。扦插成活率高。

春夏茶鲜叶含氨基酸 2.6%、茶多酚约 27.4%。单产较高。适制红、绿茶。春季制毛峰和炒青茶，条索肥壮，紧实，绿润显毫，香高持久，味鲜浓，汤色嫩绿清澈，叶底明亮；夏秋季制工夫红茶，外形细紧，乌润有毫，香高味浓，汤色较红亮；制红碎茶，品质较优良。适宜在江南茶区推广。

2.53 眉峰

无性繁殖系，属小乔木型、大叶类、早芽种。由杭州市茶叶科学研究所从福云种实生后代中采用系统育种法育成。

树姿半开张，长势旺。叶绿色、椭圆形，叶缘波状。芽叶绿色，肥壮而多茸毛，一芽三叶百芽重 55.0 g。产量较高。春茶鲜叶含氨基酸约 3.8%、茶多酚约 23.3%。适制红、绿茶，品质优良，抗寒性较强。适宜在浙江红、绿茶区推广。

2.55 浙农 12

无性繁殖系，属小乔木型、中叶类、中芽种。由浙江农业大学茶学系于 70 年代，从福鼎大白茶与云南大叶种自然杂交后代中经系统选育而成。已在浙江部分茶区推广。安徽、陕西、广西、贵州、湖南、江西、江苏等省（区）亦有少量引种。

植株高大，树姿半开张，枝茎粗壮，分枝密度中等，叶片呈稍上斜状着生。叶绿色、富有光泽、椭圆形，叶面隆起。春芽萌发期一般在 3 月下旬，一芽三叶盛期在 4 月中旬，生长期长，杭州地区霜降前后仍有芽叶可采。芽叶肥壮，育芽力强。发芽密度中等，芽叶鲜绿色，茸毛特多，一芽三叶百芽重 68.0 g。抗旱性强，抗寒性较弱。

春茶鲜叶含氨基酸 3.8%、茶多酚约 24.6%。单产高。适制红、绿茶和毛峰类名茶。制红碎茶，香味浓厚，叶底红亮，可达到出口二套样标准水平。制绿茶，外形绿翠多毫，香高持久，滋味浓鲜，汤色绿亮。适宜在江南红、绿茶区推广。

2.56 浙农 113

无性繁殖系，属小乔木型、中叶类、早生种。由浙江农业大学茶学系从福云自然杂交后代中系统选育而成。

植株大小中等，树姿半开张，分枝较密。叶绿色、椭圆形，叶面微隆起。芽叶尚壮，发芽整齐，茸毛多，一芽三叶百芽重 88.0 g。抗寒性强，抗旱性与抗病虫性较强。

春茶鲜叶含氨基酸约 3.1%、茶多酚约 22.1%。单产高。适制绿茶和毛尖类名茶。条索纤细，色泽绿润，白毫显明，清香持久，滋味鲜浓，品质特优。适宜于长江南北绿茶区推广。

2.57　浙农 121

无性繁殖系，属小乔木型、大叶类、早生种。由浙江农业大学茶学系从福鼎大白茶与云南大叶种自然杂交后代中系统选育而成。

植株大小中等，树姿半开张，分枝密度中等。叶绿色、椭圆形，叶面隆起。芽叶肥壮，茸毛较多。一芽三叶百芽重 105.0 g。发芽整齐，抗旱性与抗寒性较强，无性繁殖力强，移栽成活率高。

春茶鲜叶含氨基酸约 3.3%、茶多酚约 22.4%。单产较高。适制红、绿茶。加工绿茶，栗香持久，滋味浓鲜；加工红碎茶，达到出口二套样水平。适于浙江省红、绿茶区推广。

7　受保护植物物种资源

7.1　国家级受保护植物物种

自 1984 年国务院环境保护委员会公布了第一批《中国珍稀濒危保护植物名录》，经过 20 多年的深入调查与研究，中国的珍稀濒危植物保护工作已经取得了巨大的成就，珍稀濒危保护植物编目也几经修改。1987 年，国家环境保护委员会和中国科学院植物研究所出版了《中国珍稀濒危保护植物名录》（第一册），将国家级保护植物由 1984 年的 354 种增加到 389 种。1989 年出版了《中国植物红皮书》（第一册）。1999 年 8 月 4 日，国务院正式批准公布了《国家重点保护野生植物名录（第一批）》，标志着野生植物保护工作纳入了法制化轨道。该名录共列国家级保护植物 13 类 419 种，其中一级保护的 4 类 67 种，二级保护的 9 类 352 种，总共包括了约 1 700 余种植物。随着时间的推移，这些名录可能还会发生一定的变化。

国家重点保护野生植物名录中主要涉及蕨类植物、裸子植物和被子植物三个大的类群。其中蕨类植物主要包括铁线蕨科、观音座莲科、铁角蕨科、蹄盖蕨科、桫椤科、鳞毛蕨科、水韭科、瓶儿小草科、鹿角蕨科、水龙骨科、中国蕨科等类群，裸子植物主要包括苏铁科、银杏科、松科、柏科、杉科、三尖杉科、罗汉松科、红豆杉科等类群，被子植物主要包括槭树科、漆树科、番荔枝科、五加科、小檗科、桦木科、伯乐树科、蜡梅科、忍冬科、石竹科、卫矛科、连香树科、藜科、半日花科、使君子科、菊科、隐翼科、四数木科、龙脑香科、胡颓子科、岩高兰科、杜鹃花科、杜仲科、大戟科、壳斗科、大风子科、瓣鳞花科、禾本科、藤黄科、金缕梅科、七叶树科、水鳖科、胡桃科、樟科、豆科、百合科、亚麻科、千屈菜科、木兰科、楝科、防已科、桑科、芭蕉科、肉豆蔻科、蓝果树科、金莲木科、铁青树科、木犀科、柳叶菜科、兰科、列当科、棕榈科、山龙眼科、大花草科、毛茛科、鼠李科、红树科、马尾树科、蔷薇科、茜草科、芸香科、杨柳科、无患子科、山榄科、虎耳草科、玄参科、海桑科、省沽油科、百部科、梧桐科、安息香科、蒟蒻薯科、柽柳科、山茶科、瑞香科、椴树科、昆栏树科、榆科、伞形科、荨麻科、马鞭草科、蒺藜科等类群。

以 1999 年正式批准公布的《国家重点保护野生植物名录》为基础，参考 1989 年版名录，结合山东的植物资源保护和开发利用的实际情况，以下列出其中一些主要的植物种类，分属于 101 科，共计 368 种。其中蕨类植物 11 科 13 种，裸子植物 8 科 71 种，被子植物 82 科 284 种。在这些植物中，山东野生分布的有狭叶瓶儿小草、小花木兰、杜仲、黄檗、野生山茶、野生玫瑰、野生大豆等，已经引种栽培的有水杉、银杏等 40 余种。

国家级受保护野生植物物种名录

（按受保护级别和中文名笔画，加※者为山东有分布或已经有引种栽培的种类）

中文学名	受保护级别	拉丁学名
人参	1	*Panax ginseng* C. A. Mey. ※
水杉	1	*Metasequoia glypostroboides* Hu et Cheng ※
秃杉	1	*Taiwania flousiana* Gaussen
金花茶	1	*Camellia chrysantha*（Hu）Tuyama
珙桐	1	*Davidia involucrata* Baill ※
望天树	1	*Parashorea chinensis* Wang Hsie
桫椤	1	*Alsophila spinulosa*（Wall. ex Hook.）Tryon ※
银杉	1	*Cathaya argyrophylla* Chun et Kuang
七子花	2	*Heptacodium miconioides* Rehd.
十齿花	2	*Dipentodon sinicus* Dunn
三棱栎	2	*Trigonobalanus doichangensis*（A. Camus）Forman
叉叶苏铁	2	*Cycas micholitzii* Dyer ※
大别山五针松	2	*Pinus dabeshanensis* Cheng et Law
大果青扦	2	*Picea neoveitchii* Mast. ※
大苞白山茶	2	*Camellia granthamiana* Sealy
大树杜鹃	2	*Rhododendron protistum* Balf. f. et Forr.var. *giganteum*（Forrest ex Tagg）Chamberlain
小勾儿茶	2	*Berchemiella wilsonii* Nakai
小花异裂菊	2	*Heteroplexis microcephala* Y. L. Chen
山白树	2	*Sinowilsonia henryi Hemsl.*
山铜材	2	*Chunia bucklandioides* H. T. Chang
山楂海棠	2	*Malus komarovii*（Sarg.）Rehd.
广西青梅	2	*Vatica guangxiensis* X. L. Mo
马尾树	2	*Rhoiptelea chiliantha* Diels et Hand.-Mazz. ※
马蹄参	2	*Diplopanax stachyanthus* Hand.-Mazz.
中国蕨	2	*Sinopteris grevilleoides*（Christ）C. Chr. et Ching ※
云南山茶花	2	*Camellia reticulata* Lindl.
云南石梓	2	*Gmelina arborea* Roxb.
云南金钱槭	2	*Dipteronia dyeriana* Henry
云南娑罗双	2	*Shorea assamica* Dyer
云南梧桐	2	*Firmiana major*（W. W. Smith）Hand.-Mazz.
云南黄连	2	*Coptia teeta* Wall.
云南穗花杉	2	*Amentotaxus yunnanensis* Li
元宝山冷杉	2	*Abies yuanbaoshanensis* Y. J. Lu et L. K. Fu
双蕊兰	2	*Diplandrorchis sinica* S. C. Chen
天目铁木	2	*Ostrya rehderiana* Chun
太白红杉	2	*Larix chinensis* Beissn.
太行花	2	*Taihangia rupestris* Yu et Li
巴东木莲	2	*Manglietia patungensis* Hu
木瓜红	2	*Rehderodendron macrocarpum* Hu

中文学名	受保护级别	拉丁学名
毛叶坡垒	2	*Hopea mollissima* C. Y. Wu
毛枝五针松	2	*Pinus wangii Hu et* Cheng
毛瓣金花茶	2	*Camellia pubipetala* Y. Wan et S. Z. Huang
水松	2	*Glyptostrobus pensilis*（Staunt.）Koch ※
水青树	2	*Tetracentron sinense* Oliv. ※
长叶榧	2	*Torreya jackii* Chun
长果秤锤树	2	*Sinojackia dolichocarpa* C. J. Qi
长柄双花木	2	*Disanthus cercidifolius* Maxim var. *longipes* H. T. Chang
长蕊木兰	2	*Alcimandra cathcartii*（Hook. f. et Thoms.）Dandy
长瓣短柱茶	2	*Camellia grijsii* Hance
东兴金花茶	2	*Camellia tunchinensis* H. T. Chang
东京桐	2	*Deutzianthus tonkienensis* Gagnep
半日花	2	*Helianthemum soongoricum* Schrenk
台湾杉	2	*Taiwania cryptomerioides* Hayata
台湾蝶兰	2	*Phalaenopsis aphrodite* Reichb. f.
台湾穗花杉	2	*Amentotaxus formosana* Li
四川红杉	2	*Larix mastersiana* Rehd. et Wils.
四川牡丹	2	*Paeonia szechuanica* Fang
四合木	2	*Tetraena mongolica* Maxim.
四药门花	2	*Tetrathyrium subcordatum* Benth.
四数木	2	*Tetrameles nudiflora* R. Br.
对开蕨	2	*Phyllitis japonica* Kom.
巨柏	2	*Cupressus gigantea* Cheng et L. K. Fu
平果金花茶	2	*Camellia pingguoensis* D. Fang
永瓣藤	2	*Monimopetalum chinense* Rehd.
玉龙蕨	2	*Sorolepidium glaciale* Christ
白皮云杉	2	*Picea aurantiaca* Mast.
白豆杉	2	*Pseudotaxus chienii*（Cheng）Cheng
龙棕	2	*Trachycarpus nana* Becc.
伞花木	2	*Eurycorymbus cavaleriei*（Levl.）Rehd. et Hand.-Mazz.
光叶珙桐	2	*Davidia involucrata Baill* var. *vilmoriniana*（Dode）Wanger
光叶蕨	2	*Cystoathyrium chinense* Ching
华东黄杉	2	*Pseudotsuga gaussenii* Flous
华盖木	2	*Manglietiastrum sinicum* Law
合柱金莲木	2	*Sinia rhodoleuca* Diels
异形玉叶金花	2	*Mussaenda anomala* Li
异裂菊	2	*Heteroplexis vernonioides* Chang
百山祖冷杉	2	*Abies beshanzuensis* M. H. Wu
红皮糙果茶	2	*Camellia crapnelliana* Tutcher
红桧	2	*Chamaecyparis formosensis* Matsum.
红榄李	2	*Lumnitzera littorea*（Jack.）Voigt
舟山新木姜子	2	*Neolitsea sericea*（Bl.）Koidz.

中文学名	受保护级别	拉丁学名
西藏延龄草	2	*Trillium govanianum* Wall. ex Royle
观光木	2	*Tsoongiodendron odorum* Chun
伯乐树	2	*Bretschneidera sinensis* Hemsl.
杜仲	2	*Eucommia ulmoides* Oliv. ※
贡山三尖杉	2	*Cephalotaxus lanceolata* K. M. Feng
连香树	2	*Cercidiphyllum japonicum* Sieb. et Zucc.
刺参	2	*Oplopanax elatus* Nakai
坡垒	2	*Hopea hainanensis* Merr. et Chun ※
岩高兰	2	*Empetrum nigrum* L. var. japonicum K. Koch
岷江柏木	2	*Cupressus chengiana* S. Y. Hu
昆栏树	2	*Trochodendron aralioides* Sieb. et Zucc.
版纳青梅	2	*Vatica xishuangbannaensis* G. D. Tao et J. H. Zhang
金丝李	2	*Garcinia paucinervis* Chun et How
金佛山兰	2	*Tangtsinia nanchuanensis* S. C. Chen
金钱松	2	*Pseudolarix kaempferi*（Lindl.）Gord. ※
金铁锁	2	*Psammosilene tunicoides* W. C. Wu et C. Y. Wu
南湖大山柳叶菜	2	*Epilobium nankotaizanense* Yamamoto
星叶草	2	*Circaeaster agrestis* Maxim.
显脉金花茶	2	*Camellia euphlebia* Merr. ex Sealy
柄翅果	2	*Burretiodendron esquirolii*（Levl.）Rehd.
栌菊木	2	*Nouelia insignis* Franch.
独叶草	2	*Kingdonia uniflora* Balf. f. et W. W. Smith
独花兰	2	*Changnienia amoena* Chien
狭叶坡垒	2	*Hopea chinensis* Hand.-Mazz.
狭叶瓶儿小草	2	*Ophioglossum thermale* Kom. ※
疣粒野生稻	2	*Oryza granulata* Nees et Arn. ex Hook. f.
药用野生稻	2	*Oryza officinalis* Wall. ex Watt
革苞菊	2	*Tugarinovia mongolica* Iljin
香木莲	2	*Manglietia aromatica* Dandy
香果树	2	*Emmenopterys henryi* Oliv.
原始观音座莲	2	*Archangiopteris henryi* Christ et Gies.
圆籽荷	2	*Apterosperma oblata* H. T. Chang
夏蜡梅	2	*Calycanthus chinensis* Cheng et S. Y. Chang
峨眉含笑	2	*Michelia wilsonii* Finet et Gagnep.
峨眉黄连	2	*Coptis omeiensis*（Chen）C. Y. Cheng
核桃	2	*Juglans regia* L. N. ※
格木	2	*Erythrophloeum fordii* Oliv.
海南油杉	2	*Keteleeria hainanensis* Chun et Tsiang
海南海桑	2	*Sonneratia hainanensis* Ko，E. Y. Chen et S. Y. Chen
海南假韶子	2	*Paranephelium hainanense* H. S. Lo
海南粗榧	2	*Cephalotaxus mannii* Hook. f.
皱皮油丹	2	*Alseodaphne rugosa* Merr. et Chun

中文学名	受保护级别	拉丁学名
盐桦	2	*Betula halophila* Ching ex P. C. Li
秤锤树	2	*Sinojackia xylocarpa* Hu
笔筒树	2	*Sphaeropteris lepifera*（Hook.）Tryon
绢毛异裂菊	2	*Heteroplexis sericophylla*
翅果油树	2	*Elaeagnus mollis* Diels
荷叶铁线蕨	2	*Adiantum reniforme* L. var. *sinense* Y. X. Ling
蚬木	2	*Burretiodendron hsienmu* Chun et How
资源冷杉	2	*Abies ziyuanensis* L. K. Fu et S. L. Mo
崖柏	2	*Thuja sutchenensis* Franch
康定云杉	2	*Picea montigena* Mast.
梵净山冷杉	2	*Abies fanjingshanensis* W. L. Huang，Y. L. Tu et S. Z. Fang
猪血木	2	*Euryodendron excelsum* H. T. Chang
绵刺	2	*Potannia mongolica* Maxim.
野生荔枝	2	*Litchi chinensis* Sonn. var. *euspontanea* Hsue
野茶树	2	*Camellia sinensis*（L.）Oltze. var. assamica（Mast.）Kitam. ※
银杏	2	*Ginkgo biloba* L. ※
鹿角蕨	2	*Platycerium wallichii* Hook. ※
黄山梅	2	*Kirengeshoma palmata* Yatabe
喙核桃	2	*Annamocarya sinensis*（Dode）Leroy
掌叶木	2	*Handeliodendron bodinieri*（Levl.）Rehd.
普陀鹅耳枥	2	*Carpinus putoensis* Cheng
普通野生稻	2	*Oryza rufipogon* Griff.
琼棕	2	*Chuniophoenix hainanensis* Burret
短叶黄杉	2	*Pseudotsuga brevifolia* Cheng et L. K. Fu
紫荆木	2	*Madhuca pasguieri*（Dubard.）Lam.
缘毛太行花	2	*Taihangia rupestris* var. *ciliata* Yu et Li
萼翅藤	2	*Calycopteris floribunda*（Roxb.）Lam.
董棕	2	*Caryota urens* L.
蛛网萼	2	*Platycrater arguta* Sieb. et Zucc.
雅加松	2	*Pinus massoniana* Lamb. var. *hainanensis* Cheng et L. K. Fu
鹅掌楸	2	*Liriodendron chinense*（Hemsl.）Sarg.※
新疆野苹果	2	*Malus sieversii*（Ledeb.）Roem.
滇桐	2	*Craigia yunnanensis* W. W. Smith et W. E. Evans
矮沙冬青	2	*Ammopiptanthus nanus*（M. Pop.）Cheng f.
矮琼棕	2	*Chuniophoenix humilis* C. Z. Tang et T. L. Wu
福建柏	2	*Fokienia hodginsii*（Dunn）Henry et Thomas ※
蒜头果	2	*Malania oleifera* Chun et Lee
裸果木	2	*Gymnocarpos przewalskii* Maxim.
澜沧黄杉	2	*Pseudotsuga forrestii* Craib
膝柄木	2	*Bhesa sinica* H. T. Chang et S. Y. Liang
蕉木	2	*Oncodostigma hainanense*（Merr.）Tsiang et P. T. Li
篦子三尖杉	2	*Cephalotaxus oliveri* Mast.

中文学名	受保护级别	拉丁学名
藤枣	2	*Eleutharrhena macrocarpa*（Diels）Forman
攀枝花苏铁	2	*Cycas panzhihuaensis* L. Zhou et S. Y. Yang
囊瓣木	2	*Saccopetalum prolidicum*（Chun et How）Tsiang
八角莲	3	*Dysosma versipellis*（Hance）M. Cheng
千果榄仁	3	*Terminalia myriocarpa* Huerck et. Muell.-Arg.
大王杜鹃	3	*Rhododendron rex* Levl.
大叶木兰	3	*Magnolia henryi* Dunn
大叶木莲	3	*Manglietia megaphylla* Hu et Cheng
大叶龙角	3	*Taraktogenos annamensis* Gagrep.
大叶柳	3	*Salix magnifica* Hemsl.
大果木莲	3	*Manglietia grandis* Hu et Cheng
大果青冈	3	*Cyclobalanopsis rex*（Hemsl.）Schott.
小花木兰	3	*Magnolia sieboldii* K. Koch ※
小花龙血树	3	*Dracaena cambodiana* Pierre ex Gagnep.
山红树	3	*Pellacalyx yunnanensis* Hu
干果木	3	*Xerospermum bonii*（Lec.）Radlk.
中华水韭	3	*Isoetes sinensis* Palmer
乌天麻	3	*Gastrodia elata* Bl. f. glauca S. Chow
云南七叶树	3	*Aesculus wangii* Hu ex Fang
云南肉豆蔻	3	*Myristica yunnanensis* Y. H. Li
云南拟单性木兰	3	*Parakmeria yunnanensis* Hu
云南苏铁	3	*Cycas siamensis* Miq.
云南紫薇	3	*Lagerstroemia intermedia* Koehne
云南榧树	3	*Torreya yunnanensis* Cheng et L. K. Fu
五桠果叶木姜子	3	*Litsea dilleniifolia* P. Y. Pai et P. H. Huang
天目木兰	3	*Magnolia amoena* Cheng
天目木姜子	3	*Litsea auriculata* Chien et Cheng
天竺桂	3	*Cinnamomum japonicum* Sieb.
天麻	3	*Gastrodia elata* Bl. ※
巴戟天	3	*Morinda officinalis* How
无喙兰	3	*Archineottia gaudissartii*（Hand.-Mazz.）S. C. Chen
无翼坡垒	3	*Hopea exalata* Lin，Yang et Hsue
毛叶紫树	3	*Nyssa yunnanensis* W. C. Yin
水曲柳	3	*Fraxinus mandshurica* Rupr. ※
水椰	3	*Nypa fruticans* Wurmb.
爪耳木	3	*Otophora unilocularis*（Leenh.）H. S. Lo
牛皮杜鹃	3	*Rhododendron chrysanthum* Pall.
见血封喉	3	*Antiaris toxicaria*（Pers.）Lesch.
长叶云杉	3	*Picea smithiana*（Wall.）Boiss. ※
长叶竹柏	3	*Podocarpus fleuryi* Hickel
长白松	3	*Pinus sylvestris L.* var. *sylvestriformis*（Takenouchi）Cheng et C. D. Chu
长白柳	3	*Salix polyadenia* Hand.-Mazz. var. *tschanbaischanica*（Y. L. Chou et Chang）Y. L.Chou

中文学名	受保护级别	拉丁学名
长苞冷杉	3	*Abies georgei* Orr
长苞铁杉	3	*Tsuga longibracteata* Cheng
长喙厚朴	3	*Magnolia rostrata* W. W. Smith
乐东拟单性木兰	3	*Parakmeria lotungensis*（Chun et C. Tsoong）Law.
兰花蕉	3	*Orchidentha chinensis* T. L. Wu
凹叶厚朴	3	*Magnolia officinalis* subsp. *biloba*（Rehd. et Wils）Cheng et Law ※
半枫荷	3	*Semiliquidambar cathayensis* H. T. Chang
台湾水青冈	3	*Fagus hayatae* Palib. ex Hayata
台湾苏铁	3	*Cycas taiwaniana* Carruth.
台湾黄杉	3	*Pseudotsuga wilsoniana* Hayata
台湾帽蕊草	3	*Mitrastemon kawasakii* Hayata
巨花远志	3	*Polygala arcuata* Hayata
平贝母	3	*Fritillaria ussuriensis* Maxim. ※
田林细子龙	3	*Amesiodendron tienlinensis* H. S. Lo
白桂木	3	*Artocarpus hypargyreus* Hance ex Benth.
白梭梭	3	*Haloxylon persicum* Bunge ex Boiss. et Buhse
白菊木	3	*Leucomeris decora* Kurz
龙眼	3	*Dimocarpus longan* Lour.
任木	3	*Zenia insignis* Chun
伊犁贝母	3	*Fritillaria pallidiflora* Schrenk
光叶天料木	3	*Homalium lacticum* Gagnep. var. *glabratum* C. Y. Wu
兴凯湖松	3	*Pinus takahasii* Nakai
华南五针松	3	*Pinus kwangtungensis* Chun ex Tsiang
华南锥	3	*Castanopsis concinna* Hance
华榛	3	*Corylus chinensis* Franch.
合果木	3	*Paramichelia baillonii*（Pierre）Hu
吊皮锥	3	*Castanopsis kawakamii* Hayata
地枫皮	3	*Illicium difengpi* K. I. B. et K. I. M.
多室八角金盘	3	*Fatsia polycarpa* Palib. ex Hayata
延龄草	3	*Trillium tschonoskii* Maxim.
灰杨	3	*Populus pruinosa* Schrenk
红天麻	3	*Gastrodia elata* Bl. f. clata
红花木莲	3	*Manglietia insignis*（Wall.）Bl.
红豆树	3	*Ormosia hosiei* Hemsl. et Wils.
红椿	3	*Toona ciliata* Roem.
羊角槭	3	*Acer yangjuechi* Fang et P. L. Chiu
羽叶丁香	3	*Syringa pinnatifolia* Hemsl.
肉苁蓉	3	*Cistanche deserticola* Ma ※
西伯利亚云杉	3	*Picea obovata* Ledeb. ※
西伯利亚红松	3	*Pinus sibirica*（Loud.）Mayr. ※
西伯利亚冷杉	3	*Abies sibirica* Ledeb.
西康玉兰	3	*Magnolia wilsonii*（Finet et Gagnep.）Rehd.

中文学名	受保护级别	拉丁学名
丽江铁杉	3	*Tsuga forrestii* Downie
似血杜鹃	3	*Rhododendron haematodes* Franch.
旱地油杉	3	*Keteleeria xerophila* Hsueh et S. H. Huo
沉水樟	3	*Cinnamomum micranthum*（Hayata）Hayata
沙冬青	3	*Ammopiptanthus mongolicus*（Maxim.）Cheng f. ※
陆均松	3	*Dacrydium pierrei* Hickel
鸡毛松	3	*Podocarpus imbricatus* Blume
麦吊云杉	3	*Picea brachytyla*（Franch.）Pritz.
刺五加	3	*Acanthopanax senticosus*（Rupr. et Maxim.）Harms. ※
和蔼杜鹃	3	*Rhododendron jucundum Balf. f. et W. W. Smith*
宝华玉兰	3	*Magnolia zenii* Cheng
庙台槭	3	*Acer miaotaiense* P. C. Tsoong
松毛翠	3	*Phyllodoce caerulea*（L.）Babingt.
林生芒果	3	*Mangifera sylvatica* Roxb.
油丹	3	*Alseodaphne hainanensis* Merr.
油杉	3	*Keteleeria fortunei*（Murr.）Carr.
版纳黑檀	3	*Dalbergia fusca* var. *enneandra* Zou et Liu
玫瑰	3	*Rosa rugosa* Thunb. ※
肥牛树	3	*Cephalomappa sinensis*（Chun et How）Kosterm.
苞叶杜鹃	3	*Rhododendron redowskianum* Maxim.
金刚大	3	*Croomia japonica* Miq.
金钱槭	3	*Dipteronia sinensis* Oliv.
降香黄檀	3	*Dalbergia odorifera* T. Chen ※
青皮	3	*Vatica mangachapoi* Blauco
顶果木	3	*Acrocarpus fraxinifolius* Wight et Arn.
剑叶龙血树	3	*Dracaena cochinchinensis*（Lour.）S. C. Chen
南方铁杉	3	*Tsuga chinensis*（Franch.）Pritz. var. *tchekiangensis*（Flous）Cheng et L. K. Fu
厚朴	3	*Magnolia officinalis* Rehd. et Wils. ※
姜状三七	3	*Panax zingiberensis* C. Y. Wu et K. M. Feng
思茅木姜子	3	*Litsea pierrei* Lec. var. *szemois* Liou
柔毛油杉	3	*Keteleeria pubescens* Cheng et L. K. Fu
盈江龙脑香	3	*Dipterocarpus retusus* Bl.
绒毛皂荚	3	*Gleditsia vestita* Chun et How ex B. G. Li
绒毛番龙眼	3	*Pometia tomentosa*（Bl.）Teysm. et Binn.
胡杨	3	*Populus euphratica* Oliv. ※
胡豆莲	3	*Euchresta japonica* Hook. f. et Regel
胡黄连	3	*Neopicrorhiza scrophulariiflora*（Pennell）Hong
草苁蓉	3	*Boschniakia rossica*（Cham. et Schltd.）Fedtsch. et Flerov. ※
贺兰山丁香	3	*Syringa pinnatifolia* Hemsl. var. *alashanica* Ma et S. Q. Zhou
闽楠	3	*Phoebe bournei*（Hemal.）Yang
香子含笑	3	*Michelia hedyosperma* Law
香水月季	3	*Rosa odorata*（Andr.）Sweet.

中文学名	受保护级别	拉丁学名
圆叶玉兰	3	*Magnolia sinensis*（Rehd. et Wils.）Stapf
宽叶水韭	3	*Isoetes japonica A.* Br.
峨眉山莓草	3	*Sibbaldia omeiensis* Yu et Li
峨嵋拟单性木兰	3	*Parakmeria omeiensis* Cheng
扇蕨	3	*Neocheiropteris palmatopedata*（Bak.）Christ
核桃楸	3	*Juglans mandshurica* Maxim. ※
桃儿七	3	*Sinopodophyllum emodi*（Wall. et Royle）Ying
浙江楠	3	*Phoebe chekiangensis* C. B. Shang
海南大风子	3	*Hydnocarpus hainanensis*（Merr.）Sleum.
海南巴豆	3	*Croton laui* Merr. et Metc.
海南风吹楠	3	*Horsfieldia hainanensis* Merr.
海南罗汉松	3	*Podocarpus annamiensis* N. E. Gray
海南梧桐	3	*Firmiana hainanensis* Kosterm.
海南紫荆木	3	*Madhuca hainanensis* Chun et How
海菜花	3	*Ottelia acuminata*（Gagnep.）Dandy
皱叶乌头	3	*Aconitum nagarum stapf* var. *heterotrichum* Fletch. et Lauener
秦岭冷杉	3	*Abies chensiensis* Van Tiegh.
绣球茜	3	*Dunnia sinensis* Tutcher
钻天柳	3	*Chosenia arbutifolia*（Pall.）A. Skv. ※
假人参	3	*Panax pseudo-ginseng* Wall.
假山龙眼	3	*Heliciopsis terminalis*（Kurz）Sleum.
梓叶槭	3	*Acer catalpifolium* Rehd.
梭梭	3	*Haloxylon ammodendron*（C. A. Mey.）Bunge ※
筇竹	3	*Qiongzhuea tumidinoda* Hsueh et Yi
粗枝木楝	3	*Amoora dasyclada*（How et T. Chen）C. Y. Wu
粘木	3	*Ixonanthes chinensis* Champ.
绿天麻	3	*Gastrodia elata* Bl. f. *viridis* Makino
野大豆	3	*Glycine soja* Sieb. et Zucc. ※
银叶桂	3	*Cinnamomum mairei* Levl.
银鹊树	3	*Tapiscia sinensis* Oliv.
隐翼	3	*Crypteronia paniculata* Bl.
雪莲	3	*Saussurea involucrata* Kar. et Kir. ex Maxim.
黄山木兰	3	*Magnolia cylindrica* Wils.
黄山花楸	3	*Sorbus amabilis* Cheng ex Yu
黄天麻	3	*Gastrodia elata* Bl. f. flavida S. Chow
黄杉	3	*Pseudotsuga sinensis* Dode
黄牡丹	3	*Paeonia delavayi* Franch. var. *lutea*（Franch.）Finet. et Gagnep.
黄连	3	*Coptis chinensis* Franch. ※
黄枝油杉	3	*Keteleeria calcarea* Cheng et L. K. Fu
黄蓍	3	*Astragalus membranaceus*（Fisch.）Bunge
黄檗	3	*Phellodendron amurense* Rupr. ※
喜马拉雅长叶松	3	*Pinus roxbourghii* Sarg.

中文学名	受保护级别	拉丁学名
喜马拉雅红豆杉	3	*Taxus wallichiana* Zucc.
景东翅子树	3	*Pterospermum kingtungense* C. Y. Wu ex Hsue
朝鲜崖柏	3	*Thuja koraiensis* Nakai
棕背杜鹃	3	*Rhododendron fictolacteum* Balf. f.
猬实	3	*Kolkwitzia amabilis* Graebn. ※
琴叶风吹楠	3	*Horsfieldia pandurifolia* Hu
短柄乌头	3	*Aconitum brachypodum* Diels
短萼黄连	3	*Coptis chinensis* Franch. var. *brevisepala* W. T. Wang et Hsiao
短穗竹	3	*Brachystachyum densiflorum*（Reudle）Keng
硫黄杜鹃	3	*Rhododendron sulfureum* Franch.
紫斑牡丹	3	*Paeonia suffruticosa* var. *papaveracea*（Andr.）Kerner ※
缘毛红豆	3	*Ormosia howii* Merr. et Chun ex Merr. et L. Chen
黑节草	3	*Dendrobium candidum* Wall. ex Lindl.
新疆贝母	3	*Fritillaria walujewii* Regel
楠木	3	*Phoebe zhennan* S. Lee et F. N. Wei ※
榆绿木	3	*Anogeissus acuminata*（Roxb. ex DC.）Guill. et Perr. var. *lanceolata* Wall. ex Clarke
滇波罗蜜	3	*Artocarpus lakoocha* Roxb.
滇南风吹楠	3	*Horsfieldia tetratepala* C. Y. Wu
滇楠	3	*Phoebe nanmu*（Oliv.）Gamble
瑞丽山龙眼	3	*Helicia shweliensis* W. W. Smith
矮牡丹	3	*Paeonia suffruticosa* var. *spontanea* Rehd.
蒙古扁桃	3	*Prunus mongolica* Maxim.
蒙古黄蓍	3	*Astragalus membranaceus* var. *mongolicus*（Bunge）Hsiao ※
蓝果杜鹃	3	*Rhododendron cyanocarpum*（Franch.）W. W. Smith
锡金海棠	3	*Malus sikkimensis*（Wenz.）Koehne
锯叶竹节树	3	*Carallia diplopetala* Hand.-Mazz.
管肉苁蓉	3	*Cistanche tubulosa*（Schrenk）R. Wight
翠柏	3	*Calocedrus macrolepis* Kurz. ※
德昌杉木	3	*Cunninghamia unicanaliculata* D. Y. Wang et H. L. Liu
樟子松	3	*Pinus sylvestris* L. var. *mongolica* Litv. ※
蝴蝶果	3	*Cleidiocarpon cavaleriei*（Levl.）Airy Shaw
蝴蝶树	3	*Heritiera parvifolia* Merr.
篦齿苏铁	3	*Cycas pectinata* Griff.
穗花杉	3	*Amentotaxus argotaenia*（Hance）Pilger
瓣鳞花	3	*Frankenia pulverulenta* L.

*加※者为山东有分布或已经有引种的种类。

7.2 山东的珍稀濒危植物

山东省珍稀濒危植物的研究开始于20世纪90年代初，初步的调查研究结果表明，山东现有100余种野生植物已经处在濒危或稀少状态（表7-1），列入国家野生植物保护名录的有10余种，其中列为国家2级保护的有狭叶瓶儿小草、野生茶树、野生杜仲等3～6种，列为国家3级保护的有小花木兰、野生大豆、野生玫瑰等10余种。几乎所有的山东特有物种，如青岛百合、青岛老鹳草、山东贯众、烟台翠雀等，均已处于濒危状态。目前虽然省内尚未正式颁布有关保护名录，但是由于这些野生植物对森林生态环境的依赖性一般都较强，是林业生产和经营中必须注意保护的内容。

表7-1 山东的珍稀濒危植物

种名		科名
草问荆	*Equisetum pretense* Ehrh.	木贼科 Equisetaceae
狭叶瓶尔小草	*Ophioglossum themale* Kom	瓶尔小草科 Ophiogloasacaee
紫萁	*Osmunda japonica* Thunb	紫萁科 Osmundaceae
芒萁	*Dicranopteris dichotoma*（Thunb）Bernh	里白科 Gleicheniaceae
水蕨	*Ceratopteris pterioides*（Hook）Hieron	水蕨科 Parkeriaceae
山东蛾眉蕨	*Lunathyrium shandongense* J.X.Li et F.Z.Li	蹄盖蕨科 Athyriaceae
全缘贯众	*Cyrtomium falcatum*（L.f.）Presl	鳞毛蕨科 Dryopteridaceae
山东贯众	*C.shangdongense* J.X.Li	鳞毛蕨科 Dryopteridaceae
多果满江红	*Azolla imbricata*（Roxb.）Nakai var. *prolifera* Y. X. Lian	满江红科 Azollaceae
草麻黄	*Ephedra sinica* Stapf	麻黄科 Ephedraceae
华北地杨梅	*Luzula oligantha G. Sam.*	灯心草科 Juncaceae
直立百科	*Stemona sessilifolia*（Miq.）Miq.	百部科 Stemonaceae
二苞黄精	*Polygonatum involucratum*（Franch. et Sav.）Maxim.	百合科 Liliaceare
山东万寿竹	*Disporum smilacina* A. Gray	百合科 Liliaceare
野百合	*Lilium brownii* f.E. Brown ex Miellez	百合科 Liliaceare
山丹	*Lilium concolor* Salisb.	百合科 Liliaceare
卷丹	*Lilium lancifolium* Thunb.	百合科 Liliaceare
青岛百合	*Lilium tsingtauense* Gilg	百合科 Liliaceare
野鸢尾	*Iris dichotoma* Pall.	鸢尾科 Iridaceae
鸢尾	*Iris tectorum* Maxim.	鸢尾科 Iridaceae
蜈蚣兰	*Cleisostoma scolopendrifoium*（Makino）Garay	兰科 Orchidaceae
天麻	*Gastrodia elata* B.	兰科 Orchidaceae
紫点杓兰	*Cypripedium guttatum* Sw.	兰科 Orchidaceae
丝穗金粟兰	*Chloranthus fortunei*（A. Gray）Solms	金粟兰科 Chloranthaceae
胡桃楸	*Juglans mandshurica* Maxim.	胡桃科 Juglandaceae
野核桃	*Juglans cathayensis* Dode	胡桃科 Juglandaceae
化香树	*Platycarya strobilacea* Sieb. Et Zucc	胡桃科 Juglandaceae
坚桦	*Betula chinensis* Maxim	桦木科 B etulaceae
刺榆	*Hemiptelea davidii*（Hance）Planch.	榆科 Ulmaceae
青檀	*Pteroceltis tatarinowii* Maxim.	榆科 Ulmaceae
北桑寄生	*Loranthus tanakae* Franch. et Sav	桑寄生科 Loranthaceae
北细辛	*Asarum heterotropoides* Fr. Schmidt var. *mandshuricum*（Maxim.）Kitag	马兜铃科 Aristochiaceae

种名		科名
灯心草蚤缀	*Arenaria juncea* L.	石竹科 Caryophyllaceae
芡实	*Euryale ferox* Salisb	睡莲科 Nymphaeaceae
华乌头	*Aconitum Chinese* Paxt	毛茛科 Ranunculaceae
展毛乌头	*Aconitum carmichaeli* Debx. var. *truppelianum*（Ulbr.）W. T. Wang et Hsiao	毛茛科 Ranunculaceae
烟台翠雀	*Delphinium chefoensis* Franch	毛茛科 Ranunculaceae
山东银莲花	*Anemone chosenicola* Ohwi. var. *schangtungensis*（Hand.-Mazz.）Tamura	毛茛科 Ranunculaceae
小花木兰	*Magnolia siebodii* K. Koch	木兰科 Magnoliaceae
红果山胡椒	*Lindera erythrocarpa* Makino	樟科 Lauraceae
三桠乌药	*Lindera obtusiloba* Bl	樟科 Lauraceae
红楠	*Machilus thunbergii* Sieb. et Zucc	樟科 Lauraceae
全叶延胡素	*Corydalis repens* Mandl. Et Muhldorf	罂粟科 Papaveraceae
崂山溲疏	*Deutzia glabrata* Kom.	虎耳草科 Saxifragaceae
鸡麻	*Rhodotypus scandens*（Thunb.）Makino	蔷薇科 Rosaceae
玫瑰	*Rosa rugosa* Thunb	蔷薇科 Rosaceae
毛叶石楠	*Photinia villosa*（Thunb.）DC.	蔷薇科 Rosaceae
山东栒子	*Cotoneaster schantungensis* Klotz.	蔷薇科 Rosaceae
泰山花楸	*Sorbus taishanensis* F.Z.Li et X.D.Chen	蔷薇科 Rosaceae
野百合	*Crotalaria sessiliflora* L.	豆科 Leguminosae
野生大豆	*Glycine soja* Sieb. Et Zucc	豆科 Leguminosae
海边香豌豆	*Lathyrus maritimus*（L.）Bigel	豆科 Leguminosae
甘草	*Glycyrrhiza uralensis* Fisch	豆科 Leguminosae
膜荚黄耆（黄芪）	*Astragalus membranceus*（Fisch.）Bunge	豆科 Leguminosae
青岛老鹳草	*Geranium tsingtaunse* Yabe	牻牛儿苗科 Geraniaceae
白刺	*Nitraria sibirica* Pall.	蒺藜科 Zygophyllaceae
竹叶椒	*Zanthoxylum planispinum* Sieb. et Zucc	芸香科 Rotaceae
白鲜	*Dictammus dasycarpus* Turcz	芸香科 Rotaceae
白木乌桕	*Sapium japonicum*（Sieb. Et Zucc）Pax.. et Hoffm	大戟科 Euphobiaceae
算盘子	*Glochidion puberum*（L.）Hutch.	大戟科 Euphobiaceae
蜜甘草	*Phyllanthus matsumurae* Hayata	大戟科 Euphobiaceae
倒地铃	*Cardiospermum halicacabum* L.	无患子科 Sapindaceae
多花泡花树	*Meliosma myriatha* Sieb. et Zucc	清风藤科 Sabiaceae
红柴枝	*Meliosma oldhamii* Maxim.	清风藤科 Sabiaceae
水金凤	*Impatiens noli-tangere* L.	凤仙花科 Balsaminaceae
北枳椇（拐枣）	*Hovenia dulcis* Thunb	鼠李科 Rhamnaceae
田麻	*Corchoropsis tomentosa*（Thunb.）Makino.	椴树科 Tiliaceae
狗枣猕猴桃	*Actinidia koiomikta*（Rupr. Et Maxim）Planch	猕猴桃科 Actinidiaceae
软枣猕猴桃	*Actinidia arguta*（Sieb. et Zucc.）Planch.	猕猴桃科 Actinidiaceae
山茶	*Camellia japonica* L	山茶科 Theaceae
黄海棠	*Hypericum ascyron* L.	藤黄科 Guttiferae

种 名		科 名
中华秋海棠	*Begonia sinensis* D C .	秋海棠科 Begoniaceae
大叶胡颓子	*Elaeagnus macrophylla* Thunb	胡颓子科 Elaeagnaceae
八角枫	*Alangium chinense*（Lour.）Harms	八角枫科 Alangiaceae
五加	*Acanthopanax gracilistylus* W. W. Smith	五加科 Araliaceae
无梗五加	*Acanthopanax sessiflorus*（Rupr. et Maxim.）Seem	五加科 Araliaceae
滨海前胡	*Peucedanum japonicum* L.	伞形科 Umbelliferae
珊瑚菜	*Glehnia littoralis* F. Schmidt ex Miq	伞形科 Umbelliferae
山茴香	*Carlesia sinensis* Dunn	伞形科 Umbelliferae
鹿蹄草	*Pyrola calliantha* H. Andr.	鹿蹄草科 Pyrolaceae
尖叶杜鹃（迎红杜鹃）	*Rhododendron mucronulatum* Turcz	杜鹃花科 Ericaceae
腺齿越橘	*Vaccinium oldhamii* Miq.	杜鹃花科 Ericaceae
樱草	*Primula jesoana* Miq	报春花科 Primulaceae
紫花补血草	*Limonium frachetii*（Debeax）O. Kuntze	白花丹科 Plumbaginaceae
野柿	*Diospyros Kaki* L. f. var. *sylvestris* Makino	柿树科 Ebenaceae
华山矾	*Symplocos chinensis*（*lour.*）Druie	山矾科 Symplocaceae
玉玲花	*Styrax obassia* Sieb. et Zucc	野茉莉科 Styracaceae
野茉莉	*Styrax japonica* Sieb. et Zucc	野茉莉科 Styracaceae
流苏树	*Chionanthus retusus* Lindl. et Paxt	木犀科 Oleaceae
龙胆	*Gentiana scabra* Bge	龙胆科 Gentianaceae
石血	*Trachelospermum jasminoides*（Lindl.）var.*heterophyllum* Tsing	夹竹桃科 Apocynaceae
徐长卿	*Cynanchum paniculatum*（Bunge）Kitagawa	萝藦科 Asclepiadaceae
紫草	*Lithospermum erythrorhizon* Sieb. Et zuce	紫草科 Boraginaceae
单叶蔓荆	*Vitex trifolia* L. var. *simplicifolia* Cham	马鞭草科 Verbenaceae
沙滩黄芩	*Scutellaria strigillosa* Hemsl.	唇形科 Labiatae
列当	*Orobanche coerulescens* Steph.	列当科 Orobanchaceae
宜昌荚蒾	*Viburnum ichangensis*（Hemsl.）Rehd	忍冬科 Caprifoliaceae
天目琼花	*Viburnum sargentii* Koehne	忍冬科 Caprifoliaceae
羊乳	*Codonopsis lanceolata* Benth. et Hook. f.	桔梗科 Campanulaceae
桔梗	*Platycodon grandiflorus*（jacq.）A. DC.	桔梗科 Campanulaceae

参考文献

[1] 上海市园林管理处．城市绿化植树[M]．北京：中国建筑工业出版社，1976.

[2] 上海林学会科普委员会，上海市园林管理局绿化宣传站．城市绿化手册[M]．北京：中国林业出版社，1984.

[3] 于雷．滨州盐渍土防护林树种选择的研究[J]．辽宁林业科技，2001，2：7-10.

[4] 于云江，等．风和风沙流对不同固沙植物生理状况的影响[J]．植物学报，1998，4：962-968.

[5] 于绍夫．大樱桃栽培新技术[M]．济南：山东科学技术出版社，1997.

[6] 山东经济植物编写组．山东经济植物[M]．济南：山东人民出版社，1978.

[7] 山东省农业区划委员会办公室，山东省农业区划委员会林业专业组．山东省林业区划[M]．1983.

[8] 马传栋，黄海海．平原区生态农业[M]．济南：山东大学出版社，1991.

[9] 中国科学院植物研究所二室．环境污染与植物[M]．北京：科学出版社，1978.

[10] 卞勇．观察不同植物耐涝性的一种实验方法[J]．生物学通报，2004，39（9）：56.

[11] 尹忠东，周心澄，朱金兆．影响水土流失的主要因素研究概述[J]．世界林业研究，2003，3.

[12] 方万泉．利用藤本植物保持水土[J]．水土保持研究，2002，9（2）.

[13] 毛才良，孙醉君，顾姻，等．江苏绿化树种耐涝性调查[J]．江苏林业科技，1996，23（2）：25-28.

[14] 王仁卿，张昭洁．山东稀有濒危保护植物[M]．济南：山东大学出版社，1993.

[15] 王仁卿，周光裕．山东植被[M]．济南：山东科学技术出版社，2000.

[16] 王仁卿，张淑萍．千年湿地会议评述[J]．国际学术动态，2001，1：34-37.

[17] 王仁卿，等．从第五届国际湿地会议看湿地保护与研究趋势[J]．生态学杂志，1997，16（5）：72-76.

[18] 王太明，房用，刘德玺．大果沙棘及其开发前景[J]．经济林研究，2000，2：56-57.

[19] 王太明，房用，刘德玺．对山东大果沙棘产业化开发的探讨[J]．林业科技开发，2001，3：5-7.

[20] 王太明，房用，等．山东省湿地现状、存在问题及研究趋势[J]．山东林业科技，2001，6：32-34.

[21] 王玉珍．山东省东营市盐碱地野生药用植物资源[J]．特种经济动植物，2004（10）：25.

[22] 王宇霖．落叶果树种类学[M]．北京：农业出版社，1988.

[23] 王和祥，汤巧香，马晓军，等．天津市园林地被植物的引种栽培[J]．天津建设科技，1995（20）：27-31.

[24] 王莱蓉，刘任重，刘勤红，等．山东省棉花种质资源研究现状及发展方向[J]．山东农业科学，2001，3：6-8.

[25] 王倩．香椿栽培技术[M]．北京：中国农业出版社，1999.

[26] 王淑侠，等．推荐几个果用桑品种[J]．陕西蚕业，1994.

[27] 王惠萍．河西走廊生态经济型农田林网模式的试验[J]．防护林科技，2002，1：17-20.

[28] 王淼，陶大立．长白山主要树种耐旱性的研究[J]．应用生态学报，1998，9（1）：7-10.

[29] 包启伟．福建西北部木本攀援植物观赏与应用[J]．浙江林学院学报，2000，17（2）.

[30] 卢琦．中国沙情[M]．北京：开明出版社，2000.
[31] 史德明．土壤侵蚀的野外调查研究方法介绍[J]．土壤学报，1964.
[32] 叶功高，等．沿海防护林城市环境过程中的地位及发展对策[J]．福建林业科技，2001，3：6-10.
[33] 龙庄如，梁玉堂．应把藤本和草本植物纳入山区林业生产结构[J]．山东林业科技，1995，5：2-6.
[34] 乔勇进，许景伟，谢韶颖，等，槭树资源及其在山东园林建设中的应用[J]．山东林业科技，2004（9）：50-51.
[35] 全国盐碱土绿化开发协作组编辑委员会．盐碱土造林绿化与综合开发文集[C]．北京：中国环境科学出版社，1992.
[36] 刘洪章．沙棘栽培技术[J]．北方果树，1999，2：23-24.
[37] 刘振元，刘金，赵良军．盐碱土绿化技术[M]．北京：中国林业出版社，2004.
[38] 刘燕主编．园林花卉学．北京：中国林业出版社，2003.
[39] 华北树木志编写组．华北树木志．北京：中国林业出版社，1984.
[40] 华德公主编．山东蚕桑．北京：中国农业出版社，2002.
[41] 吕平会，戈卫．大樱桃种质资源筛选及快繁技术研究[J]．西北园艺，2002（4）：10-11.
[42] 孙庆雷，曲忠全．介绍几个大果型大樱桃新品种[J]．烟台果树，2002（1）：56-56.
[43] 朱连奇，许叔明，陈沛云．山区土地利用/覆被变化对土壤侵蚀的影响[J]．地理研究，2003，4.
[44] 朱宪珍，房用，孟振农．山东灌藤植物[M]．呼和浩特：远方出版社，2004.
[45] 江苏植物研究所．防污绿化植物[M]．北京：科学出版社，1978.
[46] 许峰，郭索彦，张增祥．20 世纪末中国土壤侵蚀的空间分布特征[J]．地理学报，2003.
[47] 许越先，等．鲁西北平原开发治理与农业新技术研究．北京：科学出版社，1994.
[48] 许慕农．香椿农家品种选择初报[J]．山东林业科技，1985.
[49] 邢存旺，等．泥质海岸盐碱地主要造林树种造林效果调查分析[J]．河北林业科技，1998，4：22-25.
[50] 何梅．27 种乔灌木水分生态生理及耐临时性干旱的多种途径初探[J]．贵州林业科技，1998，26（1）：17-25.
[51] 吴禄平，吕德国，刘国成．甜樱桃无公害生产技术[M]．北京：中国农业出版社，2002.
[52] 张纪林，等．沿海防护体系的结构与功能及发展趋势[J]．世界林业研究，1998，1：50-56.
[53] 张和义．香椿优质高效生产新技术[M]．北京：金盾出版社，2002.
[54] 张美蓉，赵兰勇，刘军．山东省野生菊花种质资源调查与分类研究[J]．山东林业科技，2004，151（2）：13-15.
[55] 张硕新，申卫军，张远迎，等．几个抗旱树种木质部栓塞脆弱性的研究[J]．西北林学院学报，1997，12（2）：1-6.
[56] 张新忠．甜樱桃优良品种简介[J]．河北果树，2000（B08）：29-32.
[57] 李国林主编．中国盐碱地绿化造林与可持续发展研讨会论文集[C]．天津：天津科学技术出版社，2001.
[58] 李绍忠，等．北方泥质海岸防护林生态工程研究[J]．应用生态学报，1996，2：122-128.
[59] 李绍忠，等．辽宁泥质海岸防护林的树种选择[J]．防护林科技，1996，2：4-6.
[60] 李荣锦，等．沿海防护林体系对农业环境保护功能及效益[J]．江苏林业科技，2000，6：44-47.
[61] 李雪华．不同措施对提高造林成活率的研究[J]．辽宁林业科技，2002，4：1-3.
[62] 杨京平，等．生态安全的系统分析[M]．北京：化学工业出版社，2002.

[63] 杨明，赵兰勇．山东平阴玫瑰种质资源调查研究及类型划分[J]．园林植物，2003，7：61-65．
[64] 杨金生．无花果栽培新技术[M]．南京：江苏科学技术出版社，1996．
[65] 陈汉斌，郑亦津，李法增．山东植物志（上卷）[M]．青岛：青岛出版社，1990．
[66] 陈汉斌，郑亦津，李法增．山东植物志（下卷）[M]．青岛：青岛出版社，1997．
[67] 陈有民．园林树木学[M]．北京：中国林业出版社，1997．
[68] 陈远生，等．海岸带农林生态系统建立技术[J]．防护林科技，1996，4：11-15．
[69] 陈静芬．香椿栽培技术[J]．北京：金盾出版社，1995．
[70] 国家林业局科技司．“九五”国家重点科技攻关林业项目重大成果汇编[M]．北京：中国林业出版社，2001．
[71] 孟康敏，等．辽宁滨州盐碱土地改良及造林技术研究[J]．林业科学，1997，2：25-33．
[72] 房用．杨树生物量结构及估测模型的研究[J]．辽宁林业科技，2002，5：5-7．
[73] 房用．山东灌藤植物造林技术[J]．水土保持研究，2003，4．
[74] 房用，等．山东林业重点生态系统保护和利用方向[J]．水土保持研究，2003，3．
[75] 房用，等．山东省盐碱地林业综合治理技术的探讨[J]．林业科技开发，2002，4：44-45．
[76] 房用，等．杨树薪炭林的研究[J]．辽宁林业科技，2000，5：8-9．
[77] 房用，等．刺槐薪炭林密度与采柴周期试验[J]．安徽林业科技，1999，1：4-6．
[78] 房用，等．薪炭林树种选择技术的研究[J]．山东林业科技，2000，2 增刊．
[79] 绍达元，丁菊凤．大樱桃丰产栽培技术[M]．青岛：青岛出版社，1997．
[80] 侯学煜．指示植物[M]．中国科学院出版，1952．
[81] 南京林业学校主编．花卉学．北京：中国林业出版社，1993．
[82] 姜善海，徐睦斌．红色早熟大樱桃新品种——芝罘红[J]．山东林业科技，2000（4）：34-35．
[83] 荀守华．无花果高产栽培技术[J]．济南：山东科学技术出版社，1999．
[84] 费廷瑞．指示植物与造林[M]．北京：中国林业出版社，1992．
[85] 赵可夫，冯立田．中国盐生植物资源[M]．北京：科学出版社，2001．
[86] 赵延茂，宋朝枢．黄河三角洲自然保护区科学考察集[M]．北京：中国林业出版社，1995．
[87] 赵克昌．农田防护林更新树种选择及配置模式研究[M]．防护林科技，2002，3：14-17．
[88] 赵博．适宜温室栽培的大樱桃优良品种[J]．新农业，2000（7）：18-18．
[89] 倪国孚，陈爱玉．桑树良种苗木繁育技术[M]．北京：金盾出版社，1995．
[90] 徐文铎，邹春静．中国沙地森林生态系统[M]．北京：中国林业出版社，1998．
[91] 徐德成，等．山东省半岛砂质海岸的特点和生态评价[J]．防护林科技，1998，3：11-15．
[92] 郭发曾，姚敦义，等．山东植物研究[M]．北京：科学技术出版社，1995．
[93] 顾杰，等．海门沿海防护林体系工程建设技术研究[J]．江苏林业科技，1998，4：23-28．
[94] 顾万春，王棋，游应天，等．森林遗传资源学概论[M]．北京：科学技术出版社，1998．
[95] 顾佳清，张智奇，周音，等．树种耐水湿筛选研究综述[J]．上海农业学报，2004，20（4）：66-69．
[96] 高尚武，马文元．森林能源研究[M]．北京：科学技术出版社，1991．
[97] 高翔，等．20 种经济林木实用新技术[M]．北京：中国农业出版社，2002．
[98] 康立新，等．沿海防护林体系生态效益研究概述[J]．江苏林业科技，1995，3：1-5．
[99] 龚洪柱，魏庆莒，金子明，等．盐碱地造林学[M]．北京：中国林业出版社，1986．

[100] 彭镇华，唐忠铭，於凤安．安徽淮河流域耐水湿树种的聚类分析及布局研究[J]．安徽农业大学学报，1994，21（2）：101-108.

[101] 楚秀生，李根英，隋新霞，等．山东小麦种质资源研究回顾与展望[J]．植物遗传资源科学，2001，2（4）：59-63.

[102] 管文轲．沙区主要造林树种节水灌溉制度的研究[J]．防护林科技，2002，2：9-11.

[103] 蔡永立，宋永昌．藤本植物生活型系统的修订及中国亚热带东部藤本植物的生活型分析[J]．生态学报，2000（05）.

[104] 蔡永立，宋永昌．中国亚热带东部藤本植物的多样性[J]．武汉植物学研究，2000，18（5）.

[105] 谭伯高．园林绿化树种选择[M]．北京：中国建筑工业出版社，1983.

[106] 谭淑玲，李庆国，温育岫，等．山东野生果树种质资源及开发利用[J]．经济林研究，2005，23（2）：86-88.

[107] 德生．甜樱桃良种简介[J]．东南亚南亚信息，2003（5）：33.

[108]（日）嚶田宏著，陈未申，王先业译．环境污染与指示植物[M]．北京：科学出版社，1984.

[109]《中国湿地保护行动计划》中国林业出版社，北京.

[110]《中国湿地保护研讨会文集》中国林业出版社，北京.

[111]《全国薪炭研讨会文集》中国林业出版社，北京，1995.

[112] C.Darwin 著，张肇骞译．攀援植物的运动和习性[M]．北京：科学出版社，1998.

[113] 贺勇，李磊，李俊毅，等．北方 30 种景观树种净化空气效益分析[J]．东北林业大学学报，2010，38（5）：37-39.

[114] 刘寅，贾黎明，张博，等．滨海盐碱地绿化植物筛选及耐盐性评价研究进展[J]．西南林业大学学报，2011，31（3）：80-84.

[115] 康俊水，张淑英，李枚，等．滨海盐碱地耐盐地被植物引种开发的研究，2003，4：1-7.

[116] 宋丹，张华新，刘涛，等．滨海盐碱地引种及植物耐盐性评价研究与展望．农业网络信息，2006，2：98-100.

[117] 王卫斌，李鹏宇．滨海盐碱地优良地被植物千屈菜[J]．北方园艺，2008，5：161-162.

[118] 赵鸣，王卫斌．耐盐地被植物在黄河三角洲园林绿化中的应用[J]．山东林业科技，2008，2（175）：52-54.

[119] 刘会超．耐盐和盐生园林植物引种、筛选、利用及其耐盐机理的研究[J]．中国林业科学研究院，2004.

[120] 王继刚，乔勇进，刘风清．浅论山东省野生经济树种的保护和开发[J]．防护林科技，2002，4（53）：55-58.

[121] 孙明高，石语来．山东青石山区主要经济树种的抗旱特性[J]．山东农业大学学报，1999，30（4）：336-344.

[122] 刘寅．天津滨海耐盐植物筛选及植物耐盐性评价指标研究[J]．北京林业大学，2011.

[123] 李秀全，徐有明．我国主要木本油料树种资源开发与林业生物能源林建设的探讨[J]．生物质化学工程，2006.S1：230-234.

[124] 王晗生．薪炭植物特征分析及其评选[J]．陕西林业科技，1995，4：39-44.

[125] 谢小丁．盐生植物在黄河三角洲滨海盐碱地绿化中的应用模式研究[J]．山东农业大学，2006.

[126] 彭辅松．植物燃值与发展速生、丰产薪炭林的关系[J]．武汉植物学研究，1990，8（2）：194-198.